AF453164

COURS

DE

MACHINES A VAPEUR.

Cours de navigation et d'hydrographie, par M. *Dubois*, ancien officier de marine, professeur à l'école navale. 1 fort vol. grand in-8, renfermant plus de 200 grandes figures intercalées dans le texte et 10 planches gravées.   15 fr.

De la boussole. Des connaissances des temps. Du cercle à réflexion. Du sextant et de l'octant. Des erreurs d'observations. Des chronomètres. Les règles. Détermination de l'heure vraie ou moyenne d'un lieu à l'aide d'une hauteur de soleil ou d'un autre astre. Détermination de la latitude et de la longitude. Déterminer la variation du compas. Des courants. Des cartes marines.

Géodésie. Détermination des positions géographiques des sommets principaux du canevas géodésique. Du nivellement géodésique. Lever d'une carte marine et d'un plan hydrographique. Détails topographiques.

Cours d'astronomie, géométrie céleste, mécanique céleste et notions sur les marées, à l'usage des officiers de marine, par M. *Dubois*, ancien officier de marine, professeur à l'école navale. 1 vol. grand in-8, avec de nombreuses figures intercalées dans le texte et 4 grandes planches gravées.   10 fr.

Définitions astronomiques. Mouvement général de la sphère céleste. Coordonnées servant à déterminer la position d'un astre dans la voûte céleste. Instruments propres à mesurer le temps, les instants et les angles. Etude des étoiles. Etude du soleil. Etude de la lune. Différents modes d'observation. Eclipses. Calculs des éclipses. Etudes des planètes et des satellites. Notions sur les comètes. Eléments de mécanique céleste. Détermination des rapports des masses planétaires à la masse du soleil. Aberration de la lumière. Notions sur les marées.

Cours élémentaire d'analyse, à l'usage de la marine, contenant un très-grand nombre d'applications; par M. *Meunier-Joannet*, professeur à l'école navale. 1 vol. grand in-8, avec de nombreuses figures dans le texte.   10 fr.

Tableau des formules de trigonométrie. Complément de géométrie et d'algèbre. Notions de géométrie analytique. Eléments de calcul différentiel et intégral. Equations diverses et applications. Géométrie à trois dimensions.

Ouvrage approuvé par S. Exc. M. le ministre de la marine.

Instruction sur les bois de marine et leur application aux constructions navales, suivie du **Tarif officiel pour la recette et le classement des bois de construction**, par M. *de Lapparent*, ingénieur de la marine. 1 volume in-4° avec figures sur bois, accompagné

  1° D'un Tarif donnant l'équarrissage au milieu et le cube, *au cinquième déduit*, des arbres dont la hauteur et le tour, au pied et sur écorce, sont connus;

  2° De 42 planches gravées représentant : le *dendromètre* (instrument pour mesurer la hauteur des arbres sur pied); des *coupes* de navire, où l'on voit la fonction, dans la charpente d'un vaisseau, de chacune des pièces qui figurent au tarif officiel; enfin de *découpes* d'arbres indiquant le meilleur parti à tirer des arbres, d'après leurs formes et leurs dimensions, avec l'extrait du tarif officiel;

  3° De 16 planches lithographiées *en couleur*, montrant les qualités et les vices principaux des bois de chêne.   20 fr.

Ouvrage publié d'après les ordres de S. Exc. M. le ministre de la marine.

Tarifs et tableaux divers pour le cubage et le classement des bois de marine, par M. *de Lapparent*, ingénieur de la marine. 1 vol. in-12.   3 fr.

Tarif de recette et de classement des bois de chêne.

Tableau des équarrissages théoriques, correspondant aux divers diamètres sur franc-bois.

Tableau pour servir au classement approximatif des arbres sur pied jugés propres au service de la marine.

Tableaux régulateurs des équarrissages bruts à donner aux arbres en grume.

Tarif pour le cubage estimatif, au 1,5 déduit, des arbres sur pied.

Tarif pour le cubage, au 1/5 déduit, des bois en grume ou équarris.

Tarif de cubage pour les bois équarris, comprenant toutes les longueurs de 20 en 20 cent. et tous les équarrissages de 2 en 2 cent.

Chaque tarif est précédé d'une explication détaillée.

Ouvrage approuvé par S. Exc. le Ministre de la marine.

Construction des bâtiments de mer; tracé, calculs de déplacement et stabilité hydrostatique, par M. *Viel*, dessinateur au ministère de la marine. In-8 grand raisin accompagné de 29 planches gravées.   15 fr.

COURS

DE

MACHINES A VAPEUR

FAIT A BREST

AUX MÉCANICIENS DE LA MARINE IMPÉRIALE;

PAR

M. L. DU TEMPLE,

LIEUTENANT DE VAISSEAU, CHEVALIER DE LA LÉGION D'HONNEUR,
COMMANDANT LA DEUXIÈME COMPAGNIE DES MÉCANICIENS DE LA MARINE IMPÉRIALE.

Ouvrage approuvé par S. E. M. le Ministre de la Marine.

TOME SECOND

suivi de la légende explicative des planches.

EXPOSITION GÉNÉRALE DES MACHINES A VAPEUR.

DESCRIPTION. — MONTAGE. — CONDUITE.

TRAVAIL. — ENTRETIEN ET RÉPARATIONS.

HISTORIQUE.

RÉDIGÉ D'APRÈS LE PROGRAMME OFFICIEL.

Accompagné d'un atlas de 23 planches gravées.

LES QUESTIONS DU PROGRAMME DES CANDIDATS AU LONG COURS ET AU CABOTAGE SONT
INDIQUÉES DANS UNE TABLE A PART.

PARIS

ARTHUS BERTRAND, ÉDITEUR,

LIBRAIRIE MARITIME ET SCIENTIFIQUE
RUE HAUTEFEUILLE, 21.

Tous droits réservés.

1860

PRÉFACE DE L'ÉDITEUR.

Ce volume devait paraître dans les premiers jours du mois de juin ; mais, le programme des questions à adresser dans les examens des mécaniciens ayant été changé vers cette époque, l'auteur a jugé qu'il devait traiter les quelques questions nouvelles qui ne se trouvaient pas dans son cours. On les trouvera dans les notes qui terminent ce volume. Il a pensé aussi qu'il devait faire, du programme nouveau, une table des matières, chaque question étant suivie des pages où l'on trouvera les réponses à ces questions.

Mais il a cru devoir conserver la première table des matières, parce qu'elle donne la possibilité de suivre un ordre rationnel qui facilite beaucoup l'étude des machines.

TABLE DES MATIÈRES

CONTENUES DANS LES DEUX VOLUMES.

Nota. Cette table contient le programme officiel des questions à adresser dans les examens des mécaniciens.

Ce programme doit remplacer celui qui fait suite au règlement du 11 décembre 1856, relatif aux examens des mécaniciens.

TOME PREMIER.

EXPOSITION GÉNÉRALE DES MACHINES.

1. La description sommaire que nous allons donner, indiquant le but de chaque organe d'une machine à vapeur, servira de définitions, et permettra de donner un sens précis à chacun des mots nouveaux qu'on va rencontrer, tout en facilitant beaucoup l'intelligence des détails qui suivront.

En laissant de côté le mécanisme industriel ou le propulseur que doit faire marcher une machine à vapeur quelconque, cette dernière doit satisfaire aux trois conditions suivantes :

1° Produire de la vapeur ;

2° Utiliser cette vapeur ;

3° Annuler la force de cette vapeur alors que, n'étant plus nécessaire, elle devient inutile.

De là trois organes principaux, indispensables, qu'on rencontre dans toutes les machines à vapeur.

1° Le générateur ou la chaudière, dans laquelle l'eau est transformée en vapeur au moyen de la chaleur. Cette partie de la machine, par le fait, produit et emmagasine la vapeur.

2° L'organe qui permet d'utiliser la vapeur. Le plus souvent c'est un cylindre dans lequel un piston peut monter et descendre alternativement sous l'influence de la vapeur formée dans la chaudière.

3° L'organe dans lequel la vapeur perd sa force expansive. Comme ce résultat est obtenu généralement par la condensation de la vapeur, ce troisième organe principal se nomme le *condenseur*.

Que le condenseur soit l'atmosphère ou un vase clos, peu importe ; il y a toujours condensation de la vapeur. Il est vrai que, dans le premier cas, après la condensation, il reste toute la pression atmosphérique qui pèse sur le piston ; tandis que, dans le second cas, la pression restant après la condensation est bien inférieure à celle de l'atmosphère. L'usage, contraire ici à la raison, fait que l'on désigne sous le nom de machines sans condensation celles qui ont pour condenseur l'atmosphère ; cette appellation vicieuse peut brouiller les idées de celui qui commence l'étude des machines.

Ainsi, toute machine à vapeur, quel que soit son système particulier, quel que soit le mécanisme industriel qu'elle doit faire mouvoir, aura les trois organes suivants :

1° Chaudière,

2° Cylindre,

3° Condenseur.

CHAUDIÈRE.

Foyer.

2. La chaudière doit produire et emmagasiner la vapeur. Il doit donc exister un endroit pour faire le feu, un autre pour contenir l'eau et un troisième pour recevoir la vapeur formée. Le premier s'appelle le foyer, le second le réservoir d'eau, et le troisième le réservoir de vapeur.

Dans tous les foyers domestiques on met le combustible sur des chenets ou sur une grille, de manière que l'air nécessaire à la combustion puisse arriver par en dessous. Cette disposition est aussi celle adoptée dans la plupart des chaudières à vapeur.

Le foyer se trouve ainsi partagé en deux parties principales dans le sens de la hauteur.

Cendrier.

La partie inférieure est le cendrier, qui donne passage à l'air tout en recevant les cendres et les escarbilles, résidus non combustibles qui passent entre les barreaux des grilles.

Fourneau.

La partie inférieure du foyer, celle dans laquelle se fait la combustion, se nomme le fourneau.

Courants de flamme.

Tout le parcours que l'on fait faire, dans l'intérieur de la chaudière, aux gaz échauffés et à la fumée, pour utiliser une partie de leur chaleur, sont les courants de flamme, carneaux ou tubes, peu importe. Cette partie est la suite du fourneau.

Cheminée.

Elle est terminée par la cheminée dont le but est

1° De produire un tirage suffisant pour que de l'air nouveau vienne toujours entretenir la combustion ;

2° De conduire à une certaine hauteur les gaz qui pourraient nuire à la santé des hommes ;

3° De mettre les objets environnants à l'abri de l'incendie que pourraient produire les flammèches qui sortent souvent des cheminées.

On doit pouvoir, dans certaines circonstances, diminuer et même suspendre le passage de l'air entre les barreaux des grilles; c'est pour cette raison que l'on ferme le cendrier par une porte, ou encore la cheminée par un registre; clef semblable à celle que l'on met sur le tuyau d'un poêle. *Porte des cendriers et registre de la cheminée.*

Comme nous l'avons dit plus haut, la grille sépare le cendrier du fourneau ; elle est composée de barreaux placés dans le sens de la longueur du foyer, laquelle est limitée, au fond du foyer, par une espèce de petit mur ordinairement en briques réfractaires, nommé l'autel. Il a pour but 1° d'empêcher le charbon de tomber au fond du foyer, quand la grille ne s'appuie pas sur ce fond ; 2° de mettre le fond de la chaudière à l'abri de l'action directe de la flamme du foyer; 3° enfin de redresser cette flamme pour la conduire dans les courants de flamme. *Grille et barreaux de grille.* *Autel.*

Tels sont les organes indispensables, nécessaires, qu'on trouvera dans tous les foyers, quel que soit leur système, qu'ils soient en maçonnerie ou qu'ils fassent partie de la chaudière elle-même, comme cela arrive généralement pour les machines marines, les locomotives et les locomobiles.

Une partie de l'eau de la chaudière sort à l'état de vapeur ; il faut remplacer cette eau ; sans cela, la chaudière se viderait au bout de peu de temps. *Alimentation.*

L'organe qui remplit ce but est l'alimentation.

Il est de la plus grande importance de connaître toujours à quelle hauteur se trouve le niveau du liquide dans la chaudière ; il y aura donc un moyen de constater la hauteur de ce niveau. Ce résultat est atteint par les tubes de niveau. Ces tubes en verre, placés à l'extérieur des chaudières, en vue des chauffeurs, communiquent, par leur partie supérieure, avec la vapeur du réservoir de vapeur et, par leur partie inférieure, avec le réservoir d'eau, et sont placés entre ces deux réservoirs. Les choses se passant dans les tubes de niveau comme dans les chaudières elles-mêmes, le niveau de l'eau dans les premiers est à la hauteur du niveau de l'eau dans les secondes. *Tubes de niveau.*

Mais bien des accidents peuvent rendre les indications des tubes de niveau fausses; les communications avec la chaudière peuvent se boucher; l'intérieur du tube peut se salir au point de ne plus permettre de voir le niveau de l'eau. Il a donc fallu trouver le moyen de contrôler les indications des tubes de niveau, et même de les remplacer au besoin. Ce second moyen est donné par les robinets-jauges, petits robinets qui sont fixés sur la chau- *Robinets-jauges.*

dière et qu'on peut ouvrir à volonté. Ils sont ordinairement au nombre de trois : le plus bas est à quelques centimètres au-dessous du niveau d'eau normal; le second est à la hauteur même de ce niveau; enfin le troisième est à quelques centimètres au-dessus. La machine en marche et le niveau de l'eau à la hauteur convenable, le robinet inférieur doit donner de l'eau seulement, celui du milieu de l'eau et de la vapeur mêlées, et celui supérieur de la vapeur seule.

Flotteurs. Le niveau de l'eau est encore indiqué par des flotteurs qui font marcher une flèche sur un cadran placé à l'extérieur de la chaudière.

Sifflet d'alarme. Beaucoup de chaudières ont maintenant un sifflet d'alarme, qui parle quand le niveau de l'eau descend à une hauteur dangereuse pour le générateur.

Tuyau de vidange ou d'extraction ou de prise d'eau. La chaudière doit pouvoir se vider. Aussi établit-on, à la partie inférieure, un gros robinet, nommé robinet de vidange. A bord des navires à vapeur, ce robinet est remplacé par un tuyau qui établit la communication de la chaudière avec l'extérieur du navire. Si la chaudière est au-dessous du niveau de la mer et que la pression qui existe dans son intérieur ne soit que celle de l'atmosphère, ce tuyau permet à l'eau de la mer de venir dans la chaudière; alors le tuyau prend le nom de tuyau de prise d'eau, et le robinet qui le ferme celui de robinet de prise d'eau. Si, au contraire, la pression dans la chaudière est plus forte que celle exercée à l'extérieur, l'eau de la chaudière peut passer par le même tube pour se rendre à la mer. Dans cette circonstance, le tuyau de prise d'eau devient le tuyau d'extraction, et son robinet prend le nom de robinet d'extraction.

Pompes d'extraction. Il y a quelquefois tout un système de pompes sur ce tuyau; ce sont les pompes d'extraction; elles ont pour but de renouveler l'eau de la chaudière dans un temps donné, de manière à empêcher les dépôts de sel.

Manomètre. Les tôles d'une chaudière ont une épaisseur en rapport avec la pression qu'elles doivent supporter; si on dépassait la limite extrême de cette pression, on s'exposerait à voir les tôles céder et, par suite, la chaudière sauter. D'un autre côté, il faut de toute nécessité que la vapeur que l'on emploie ait bien la pression voulue; sans cette condition, la machine ne développerait pas la force qu'on attend d'elle. Pour ces deux raisons, il faut pouvoir sans cesse connaître la pression de la vapeur produite; le manomètre est l'organe qui remplit ce but.

Mettre la chaudière à l'abri d'une explosion est d'une importance si grande, qu'on ajoute un organe particulier pour remplir cette fonction; c'est la soupape de sûreté. Cette soupape est appliquée, du dehors en dedans, sur la face supérieure du réservoir de vapeur, et elle est chargée d'un poids calculé de telle sorte qu'elle se lève sous l'effort de la vapeur, quand la pression de cette dernière dépasse celle que peut supporter sans danger la chaudière. *Soupape de sûreté.*

Au-dessus de cette soupape se trouve un tuyau qui suit ordinairement la cheminée des navires à vapeur; ce tuyau, qui donne passage à la vapeur sortant par la soupape de sûreté, s'appelle tuyau d'évacuation. *Tuyau d'évacuation.*

On verra plus tard que les chaudières sont faites pour supporter une très-grande pression intérieure, mais qu'elles ne pourraient résister à la pression atmosphérique, si par une circonstance quelconque le vide venait à se produire instantanément dans leur intérieur. Aussi met-on, pour empêcher leur écrasement, une soupape dite atmosphérique, s'ouvrant de dehors en dedans. Si la pression intérieure est plus forte que celle extérieure, la soupape atmosphérique est appliquée sur son siège et ne donne pas passage à l'air; si le contraire a lieu, la soupape atmosphérique s'ouvre et l'égalité de pression s'établit au dedans et au dehors de la chaudière. *Soupape atmosphérique.*

Enfin toutes les chaudières peuvent être mises en communication avec l'organe qui utilise la vapeur, le cylindre; cette communication est obtenue au moyen du tuyau de conduite de vapeur. *Tuyau de conduite de vapeur.*

L'obturateur qui permet d'établir ou d'interrompre cette communication est la soupape d'arrêt. *Soupape d'arrêt.*

Il est souvent nécessaire de faire pénétrer des hommes dans les chaudières, soit pour les nettoyer, soit pour les réparer; à cet effet, on pratique, à la partie supérieure, un trou nommé trou d'homme, assez grand pour donner passage à un chauffeur. Outre cette ouverture principale, il y a encore des portes de sel ou autoclaves, qui s'ouvrent partout où les dépôts de sel peuvent s'accumuler. Ainsi il y en a à la hauteur du dessus des fourneaux, et à la partie de la chaudière qui forme le dessous des foyers. *Ouvertures qui donnent accès dans la chaudière. Trous d'homme. Portes de sel ou autoclaves*

Les chaudières que nous employons portent généralement plusieurs foyers; chacun de ces foyers est séparé de son voisin par une couche d'eau comprise entre deux tôles; ces couches d'eau sont ce qu'on appelle des lames d'eau. *Lames d'eau.*

Nappes d'eau.

En dessus des fourneaux il existe une certaine épaisseur d'eau ; il en est de même au-dessous des cendriers ; ces deux parties prennent le nom de nappe d'eau supérieure et nappe d'eau inférieure. Les lames d'eau font communiquer entre elles les nappes d'eau.

CYLINDRE.

5. Le seul moyen véritablement pratique, mis en usage, jusqu'à ce jour, pour utiliser la force élastique de la vapeur d'eau, consiste dans l'emploi d'un cylindre fermé des deux côtés, dans lequel peut monter et descendre un piston étanche.

Si l'on suppose le piston au bas du cylindre, et qu'un robinet permette l'introduction de la vapeur (à une tension supérieure à la pression atmosphérique) au-dessous du piston, alors qu'un autre robinet met la partie supérieure du cylindre en communication avec l'atmosphère, le piston montera en chassant l'air qui se trouve au-dessus de lui. Si, fermant l'introduction de la vapeur, on fait communiquer la partie inférieure du cylindre avec l'atmosphère, et que, interrompant la communication de la partie supérieure avec l'atmosphère, on fasse arriver la vapeur dans cette partie, les phénomènes suivants se présenteront.

La vapeur qui a fait monter le piston, en vertu de sa tendance à occuper un espace plus grand, se précipitera par l'ouverture qui est libre et se répandra dans l'air. Dès lors, la résistance n'étant plus que le poids de l'atmosphère, la vapeur qui arrivera au-dessus du piston le fera descendre. Manœuvrant de nouveau les robinets de manière à faire arriver la vapeur au bas du cylindre et à établir la communication de la partie supérieure avec l'atmosphère, on fera remonter le piston. En continuant à agir de même on produira un mouvement rectiligne alternatif.

Tiroir.

L'organe particulier qui sert à établir alternativement la communication du cylindre avec la chaudière et avec l'atmosphère, ou avec le vase clos dans lequel se fait la condensation, se nomme le tiroir.

Couvercle et fond du cylindre.

Le cylindre est fermé d'un côté par le couvercle, de l'autre par le fond. Mais, comme le cylindre est souvent horizontal ou incliné, on pourrait confondre le couvercle et le fond ; pour nous, le couvercle sera toujours du côté de l'arbre moteur et le fond du côté opposé.

Le couvercle et le fond du cylindre portent des soupapes de sûreté chargées soit au moyen d'un poids, soit par le fait de la tension d'un ressort d'acier. Le but de ces soupapes est de permettre à l'eau, qui vient souvent de la chaudière dans le cylindre, de s'échapper au dehors ; on prévient ainsi la rupture du cylindre. *Soupapes de sûreté du cylindre.*

Pour lubrifier les parties du piston et du cylindre qui sont en contact, le cylindre porte, à l'une de ses extrémités, un godet qui permet de faire pénétrer, dans l'intérieur, du suif fondu qui sert au graissage. Cette disposition a lieu pour toutes les parties de la machine qui ont besoin d'être lubrifiées. *Godets graisseurs.*

Les ouvertures pratiquées au haut et au bas du cylindre, pour permettre à la vapeur d'y pénétrer ou de sortir pour se rendre au condenseur, se nomment les orifices du cylindre. Elles communiquent avec l'organe de distribution de la vapeur, le tiroir. *Orifices du cylindre.*

Dans tout cylindre il existe un piston étanche, qui monte ou descend sous l'action de la vapeur ; ce mouvement est transmis au dehors par la tige du piston. Cette tige traverse soit le couvercle, soit le fond du cylindre, en passant dans une boîte à étoupe, nommée presse-étoupe. *Piston. Tige du piston.*

CONDENSEUR.

4. Les machines dans lesquelles la vapeur, après avoir agi en dessus ou en dessous du piston, se rend dans l'atmosphère sont dites sans condensation, et cependant l'atmosphère est véritablement leur condenseur. Telles sont la plupart des machines qui emploient de la vapeur à une tension de plusieurs atmosphères. Dans ce cas, le dessus et le dessous du piston sont alternativement chargés par le poids de l'atmosphère, que la vapeur doit soulever avant de produire le moindre travail utile. *Machine sans condensation.*

Si l'on pouvait détruire cette résistance, annuler en quelque sorte le poids de l'atmosphère, une plus grande partie de la puissance expansive de la vapeur pourrait être utilisée. C'est à ce résultat qu'on arrive en ramenant la vapeur qui vient d'agir, soit au-dessus, soit au-dessous du piston, à l'état liquide dans un vase clos. Dans ce cas, le cylindre ne communique plus avec l'atmosphère, mais bien avec une caisse fermée, qui prend le nom de condenseur. *Machine à condensation. Condenseur fermé.*

Un tuyau, nommé tuyau d'injection, amène l'eau de la mer *Injection.*

dans le condenseur ; un obturateur quelconque ferme ce tuyau. Le tuyau et son obturateur forment l'organe d'injection.

Ainsi donc, la vapeur, après avoir agi pour faire monter ou descendre le piston, est mise en communication avec le condenseur, où le contact avec l'eau froide la fait revenir à l'état de liquide.

Purger.

Préalablement, dans les machines ainsi disposées, on fait arriver la vapeur dans le condenseur de manière à ce qu'elle chasse l'air et l'eau qui peuvent s'y trouver ; c'est ce qu'on appelle purger. Si maintenant la vapeur qui vient d'agir est condensée, elle occupera, dans ce nouvel état, un espace considérablement plus petit que celui qu'elle occupait auparavant, et produira, dans le condenseur une espèce de vide plus ou moins parfait, suivant la bonté du système de la machine et le perfectionnement de ses différents organes. Dès lors il n'y a plus, opposée à l'action

Baromètre du condenseur.

de la vapeur sur le piston, la pression atmosphérique ; car celle qui existe dans le condenseur est beaucoup plus faible. Cette

Indicateur du vide.

pression est indiquée par le baromètre du condenseur ou par l'indicateur du vide.

On comprend que plus le vide du condenseur est parfait, et plus il est possible d'utiliser une plus grande partie de la force élastique de la vapeur ; on voit, ainsi, que, dans les machines qui condensent la vapeur dans un vase clos, la vapeur peut être employée à une pression égale ou de peu supérieure à celle de l'atmosphère.

Espèce de machines qui condensent en vase clos.

Donc, toutes les machines qui emploient de la vapeur à une pression très-peu supérieure à celle de l'atmosphère, et qu'on nomme pour cette raison machines à basse pression, sont nécessairement à condensation. Parmi les machines à haute pression utilisées sur les navires, celles qui n'emploient pas la vapeur à une pression de plus de trois atmosphères, et qu'on désigne plus particulièrement sous le nom de machines à moyenne pression, sont toutes à condensation. Il y a aussi des machines à haute pression, proprement dites, qui utilisent la condensation de la vapeur.

Pompe à air.

L'eau de l'injection, celle provenant de la vapeur condensée, et l'air qui arrive avec l'eau de l'injection ou qui pénètre par les joints de la machine, rempliraient bientôt le condenseur, et dès lors la condensation serait impossible et la machine s'arrêterait.

Il faut donc pouvoir vider le condenseur ; c'est la fonction de la pompe dite pompe à air ; l'eau du condenseur est aspirée par elle et refoulée dans un réservoir nommé bâche, qui communique avec l'extérieur du navire par un gros tube nommé tuyau de décharge.

L'eau du condenseur, ayant une température assez élevée et contenant moins de sel que l'eau ordinaire, devait naturellement être employée pour remplacer celle transformée en vapeur dans la chaudière ; aussi on a ajouté au mécanisme une pompe dite alimentaire ou pompe d'alimentation, qui prend une partie de l'eau arrivée dans la bâche pour la pousser dans la chaudière.

RENVOIS DE MOUVEMENTS DE LA MACHINE.

5. Le mouvement rectiligne alternatif du piston est transformé en un autre circulaire continu, au moyen des renvois de la machine.

Quand le piston fait osciller une espèce de grand fléau de balance articulé à une manivelle faisant partie de l'arbre moteur, la machine est dite à balancier ou à connexion indirecte.

Si, au contraire, le piston agit sans l'intermédiaire d'un balancier sur la manivelle de l'arbre, la machine est à connexion directe.

6. Si la vapeur distribuée par le tiroir arrive pendant tout le temps de la course du piston, la force expansive de la vapeur n'est pas utilisée ; la machine est dite alors sans détente.

7. Si, au contraire, la vapeur n'arrive que pendant une partie de la course du piston, et qu'elle ait ainsi la possibilité de développer sa force expansive, la machine est dite à détente.

8. Si cette détente est toujours la même et en dehors de la volonté du mécanicien, la machine est à détente fixe et n'a pas d'organe particulier pour produire cet effet ; le tiroir de distribution se chargeant de cette fonction.

9. Mais, si le mécanicien peut augmenter ou diminuer à sa volonté la détente, la machine est à détente variable, et un organe particulier, nommé détente, doit être ajouté au mécanisme de la machine.

PROPULSEURS.

10. Si le navire est à roues, ces dernières sont généralement au nombre de deux, placées une de chaque bord un peu sur l'a-

vant du milieu du navire. Une forte pièce de fer, nommée arbre, perpendiculaire au plan longitudinal, les unit entre elles.

Hélices. Si le navire est à hélice, ce propulseur est à l'arrière, et l'arbre qui le porte est placé dans le sens de la longueur du bâtiment.

Arbre de couche ou arbre moteur. **11.** Que le navire soit à roues ou à hélice, l'arbre sur lequel est fixé le propulseur s'appelle l'arbre de couche ou l'arbre moteur, et porte les manivelles qui reçoivent le mouvement des pistons. Cependant, dans certains navires à hélice, l'obligation de donner une grande vitesse à ce propulseur a fait séparer l'arbre moteur de l'arbre de l'hélice; le premier porte une grande roue à engrenage, qui communique le mouvement à un pignon placé sur l'arbre de l'hélice.

Machine à transmission. **12.** De cette manière, les deux arbres sont indépendants l'un de l'autre, et la machine est dite à transmission.

RÉSUMÉ.

13. Ainsi, résumant ce que nous venons de dire, toutes les machines possèdent les trois organes principaux suivants :

1° La chaudière, dont les organes particuliers sont le foyer avec ses courants de flamme et sa cheminée, l'alimentation avec sa pompe, l'extraction, le manomètre, les tubes de niveau et les robinets-jauges, enfin la soupape de sûreté, celle atmosphérique et les tuyaux de conduite;

2° Le cylindre, dont les organes particuliers sont le piston, le tiroir, l'organe de détente variable ;

3° Le condenseur, atmosphère ou vase clos.

Les machines à basse pression et celles à moyenne pression, et quelques-unes à haute pression, ont un condenseur fermé, dont les organes particuliers sont l'injection, la pompe à air et la bâche.

Ce que nous venons de dire se rapporte à toutes les machines, quel que soit leur système, quelle que soit la disposition de leurs renvois de mouvement.

DIVISION GÉNÉRALE DES MACHINES A VAPEUR.

14. Les machines pouvant être considérées sous divers points

de vue, le mode de les classer change avec la base que l'on
adopte.

Ainsi, en ne tenant compte que de la pression de la vapeur,
qui leur donne le mouvement, elles forment deux grandes divisions :

1° Les machines à basse pression,

2° Les machines à haute pression.

Si l'on considère seulement la manière d'agir de la vapeur, on
aura encore deux grandes divisions, renfermant chacune deux
subdivisions :

1° Machines à condensation en vase clos.......... ..{ Sans détente.
  Avec détente.

2° Machines à condensation dans l'atmosphère, connues{ Sans détente.
  sous le nom de machines sans condensation....... .{ Avec détente.

Si on prend pour base les moyens de transmission de mouvement, on aura deux divisions :

1° Les machines à balancier ou à connexion indirecte,

2° Les machines à connexion directe.

Enfin, si on ne considère que le propulseur, on aura

1° Les machines à roues,

2° Les machines à hélice.

Quant à nous, nous laisserons de côté les systèmes particuliers
au mécanisme de chaque machine, qui ne sont, par le fait, que
des moyens plus ou moins ingénieux, plus ou moins écono-
miques de transformer le mouvement rectiligne alternatif, donné
par le piston, en un autre mouvement approprié au travail industriel que l'on veut produire. Nous ne considérerons, pour
classer les machines, que la vapeur employée,

1° Suivant la pression qu'elle peut avoir,

2° La manière dont elle agit,

3° Enfin si sa force expansive est utilisée ou non.

La première considération nous fournit le moyen de partager
les machines à vapeur en deux grandes divisions, qui sont :

Première division. — Les machines à basse pression, dans
lesquelles la vapeur agit sur le piston avec une pression comprise
entre une et deux atmosphères.

Deuxième division. — Les machines à haute pression, dans

lesquelles la vapeur agit sur le piston avec une pression supérieure à deux atmosphères.

Considérant maintenant la manière dont la vapeur agit, nous remarquerons que, dans certaines machines, la vapeur est condensée en vase clos, après avoir été utilisée, et que, dans d'autres, cette vapeur s'écoule dans l'atmosphère. Cette considération ne modifie en rien la première division des machines, puisque toutes celles à basse pression sont à condensation, mais elle donne deux subdivisions pour la deuxième division ; car, parmi les machines à haute pression employées pour la navigation, celles qui n'emploient la vapeur qu'à une pression de deux à trois atmosphères, et nommées plus particulièrement machines à moyenne pression, sont toujours à condensation.

Quant aux machines à haute pression qui emploient de la vapeur à une pression supérieure à trois atmosphères, elles sont généralement sans condensation et peu employées sur les navires.

Parmi les machines à basse pression, il y en a dans lesquelles la vapeur agit seulement d'un côté du piston, la pression atmosphérique agissant de l'autre. Ces machines ont reçu le nom de machines atmosphériques. D'autres ne reçoivent encore la vapeur que d'un côté, mais l'atmosphère n'agit plus sur l'autre côté ; l'égalité de pression est établie en dessus et en dessous du piston, et le poids des différentes pièces du mécanisme attachées au balancier du côté opposé au piston fait remonter ce dernier. Ces deux systèmes de machines sont à simple effet. Enfin d'autres reçoivent la vapeur alternativement d'un côté et de l'autre du piston, et sont désignées sous le nom de machines à double effet. Toutes les machines à moyenne et à haute pression sont dans ce cas.

Si nous considérons le temps pendant lequel la vapeur arrive dans le cylindre, nous verrons que, dans les unes, la vapeur entre pendant tout le temps de la course du piston ou à peu près ; dans les autres, au contraire, l'introduction est interrompue, alors que le piston a encore une partie de sa course à parcourir.

Dans les premières la force expansive de la vapeur n'est pas utilisée, elles sont dites sans détente ; dans les secondes cette propriété de la vapeur est mise à profit, et les machines sont dites à détente. Or toutes les machines à basse ou à haute pression peuvent être à détente ou sans détente.

Le tableau suivant donne le résumé de ce qui vient d'être dit en classant les machines d'après la pression, la manière d'agir de la vapeur et le temps pendant lequel elle agit.

DIVISION GÉNÉRALE DES MACHINES A VAPEUR.

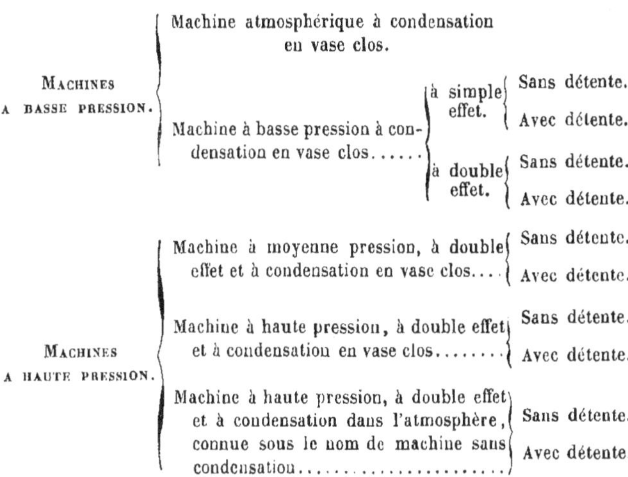

Nous ne faisons pas entrer dans cette classification, tout arbitraire du reste, les différents systèmes à l'étude, l'expérience n'ayant pas encore prononcé sur leur utilité pratique. Tels sont les turbines à vapeur ou roues-chaudières, les appareils à réaction et les machines rotatives.

MACHINE ATMOSPHÉRIQUE A CONDENSATION.

15. Quoique cette machine ait été utilisée sur un navire à grande vitesse, elle ne peut être considérée comme une machine marine, ou comme devant recevoir une application plus étendue; nous ne la donnerons donc que pour mieux faire voir le chemin parcouru par l'intelligence humaine depuis son apparition jusqu'à nos jours.

Cette machine fut inventée par Newcomen, et resta sans perfectionnement bien sensible jusqu'à l'invention du condenseur par Watt; alors seulement elle devint une machine capable de remplacer les moteurs animés. Dans cette machine, le haut du

Machine atmosphérique de Newcomen. Pl. I, fig. 1 et 2.

cylindre est ouvert, pour que la pression atmosphérique puisse agir ; le dessous est en communication alternativement soit avec la chaudière, soit avec le condenseur. Si c'est avec la chaudière, la pression de la vapeur qui dépasse celle de l'atmosphère fait bien vite équilibre à celle-ci, le piston se trouve soustrait à son influence, et le poids des pompes, qu'il manœuvre par l'intermédiaire d'un balancier, l'entraîne en haut du cylindre.

Alors l'introduction de la vapeur est fermée et la communication avec le condenseur ouverte ; la vapeur qui vient d'agir sous le piston est condensée ; la force qui tout à l'heure faisait équilibre à la pression atmosphérique agissant sur le piston est détruite ; le piston reste donc soumis à cette seule force qui le pousse vers le fond du cylindre.

Cette machine avait les défauts suivants :

Le piston, soumis à l'influence d'une force agissant avec une énergie à peu près constante, recevait une vitesse croissante et arrivait à bout de course avec une très-grande vitesse qui produisait des chocs terribles. On ne put remédier à cet inconvénient qu'en faisant entrer de l'air sous le piston ou en rendant le vide moins parfait, ce qui diminue le travail utilisable tout en augmentant la dépense de combustible. En outre, le poids de l'atmosphère, qui joue un si grand rôle dans cette machine et dont l'énergie n'est pas constante, donnait des variations assez grandes dans la vitesse du mouvement pour empêcher l'application de la machine de Newcomen à un travail mécanique demandant un moteur régulier.

16. Watt, en 1769, fit une nouvelle machine, dite machine à simple effet, dans laquelle les inconvénients signalés plus haut disparaissaient. L'atmosphère n'agit plus sur le piston ; le cylindre est fermé par le haut. Cette partie et celle d'au-dessous peuvent communiquer avec le condenseur, entre elles et avec la chaudière, au moyen de trois soupapes, ayant chacune une fonction particulière à remplir.

Si l'on suppose la machine purgée, c'est-à-dire si la vapeur occupe l'intérieur du cylindre, le dessus et le dessous du piston communiquant ensemble, ce piston est en équilibre au milieu de la vapeur introduite, et le poids des pompes suspendues à l'extrémité opposée du balancier le fait monter au haut du cylindre.

Si alors on ouvre la communication du bas du cylindre avec le condenseur, fermant celle qui fait communiquer le dessus et le dessous du piston, la soupape d'introduction restant ouverte pour

Machine à simple effet de Watt.
Pl. I, fig. 3.

laisser arriver la vapeur au-dessus du piston, la résistance au-dessous du piston est détruite; celle de la vapeur, agissant au-dessus, restant la même, le piston est poussé au bas du cylindre. A ce moment, si on ferme l'introduction de la vapeur et la communication avec le condenseur, en ouvrant celle qui permet à la vapeur du dessus du piston de passer au-dessous de lui, ce dernier se trouve de nouveau en équilibre et remonte sous le poids des tiges de pompes.

17. Arrivé à ce point, la machine à vapeur n'était pas encore un moteur universel; son emploi était restreint à la manœuvre des pompes, dont le mouvement rectiligne alternatif s'accordait parfaitement avec celui du piston. Pour généraliser son emploi, il fallait transformer le mouvement du piston en un mouvement circulaire continu; c'est ce que fit Watt en mettant sa machine à double effet, c'est-à-dire produisant la même force, soit que le piston descendît, soit qu'il montât.

Machine à double effet de Watt. Pl. I, fig. 4.

Dans cette machine, qui est le point de départ de toutes celles que nous voyons aujourd'hui, la vapeur, après avoir agi soit au-dessus, soit au-dessous du piston, se rend au condenseur.

L'organe de distribution, appelé tiroir, donne les moyens d'établir ces communications nécessaires.

18. Dans les machines à basse pression, la tension de la vapeur formée dans la chaudière ne dépasse guère 1 atmosphère et demie; le manomètre n'indique au plus qu'une pression de 45 centimètres de mercure, et cette pression se réduit à 38 centimètres de mercure pour le cylindre.

Machine à basse pression.

Ainsi donc, en supposant le vide parfait dans le condenseur, la pression sur le piston ne peut pas dépasser $1^k.518$ par centimètre carré de surface.

19. Dans les machines à moyenne pression, la tension de la vapeur formée dans la chaudière ne dépasse guère deux atmosphères et demie; le manomètre n'indique au plus qu'une pression de 120 centimètres de mercure. Ainsi, dans ces machines supposées parfaites, la pression dans le cylindre ne peut pas dépasser deux atmosphères et demie, et la charge du piston $2^k.584$ par centimètre de surface.

Machine à moyenne pression.

20. La tension de la vapeur formée dans les chaudières des machines à haute pression n'a réellement de limites que celles données par la résistance du métal employé; cependant, le plus souvent, la vapeur exerce une pression de 4 kilogrammes sur chaque centimètre carré de surface du piston.

Machine à haute pression.

AVANTAGES ET DÉSAVANTAGES DES MACHINES CONSIDÉRÉES SOUS LE POINT DE VUE DE LA VAPEUR QU'ELLES EMPLOIENT.

21. Des considérations particulières déterminent ordinairement le choix de l'espèce de machine à vapeur que l'on doit employer ; par suite, le seul guide, dans cette circonstance, est la connaissance parfaite des avantages et des inconvénients de chacune d'elles.

Nous allons énumérer ces avantages et ces inconvénients en ne considérant les machines que sous le point de vue de la vapeur qu'elles emploient.

22. 1° La tension de la vapeur est si faible, que non-seulement les chaudières sont à l'abri des explosions, mais encore les autres organes de la machine sont peu fatigués et, par suite, peu sujets aux avaries ;

2° Pour la même raison, le frottement est peu considérable et, par suite, les dépenses en matières grasses sont aussi faibles que possible ;

3° La vitesse du piston étant très-petite, comparée à celle des pistons des machines à moyenne et à haute pression, la conduite des machines à basse pression est beaucoup plus facile que celle des autres ;

4° Enfin les conditions dans lesquelles elles se trouvent font qu'elles peuvent rendre de très-longs services.

Pour se convaincre de cette vérité, il suffit de voir nos vieilles frégates à vapeur à roues, sur lesquelles on peut toujours compter.

1° La tension de la vapeur étant peu considérable, on est forcé de donner au piston une surface très-grande et, par suite, d'augmenter le cylindre et les autres organes du mécanisme ; il résulte de tout cela beaucoup d'encombrement et un très-grand poids ;

2° Pour la même raison, l'usage de la détente dans ces machines est très-limité ;

3° La surface des organes, comme nous l'avons dit plus haut, étant considérable, le rayonnement fait perdre beaucoup de chaleur ;

4° Enfin ces machines ne peuvent pas fonctionner sans condenseur fermé, ou du moins alors elles perdent presque toute leur puissance ; de plus, cette condensation en vase clos demande une grande quantité d'eau.

23. 1° La tension de la vapeur étant plus considérable que dans les machines à basse pression, le piston a besoin d'une surface moins grande, il en résulte une diminution dans le volume de la machine et dans son poids ;

2° La détente de la vapeur est plus utilisable ;

3° La surface des organes étant moins considérable, le rayonnement fait perdre moins de chaleur ;

4° Ces machines peuvent fonctionner sans un vide aussi parfait que celui exigé par les machines à basse pression ; elles peuvent même se passer d'un condenseur fermé ;

5° Enfin on peut donner au piston de ces machines la vitesse nécessaire à l'hélice propulsive, il s'ensuit une complication de renvois de mouvements moins grande, comparée à la machine à basse pression destinée à faire mouvoir une hélice ;

Avantages des machines à moyenne pression.

1° La tension de la vapeur est assez considérable pour faire craindre l'explosion de la chaudière ; les organes de la machine, soumis à une pression déjà grande, sont plus sujets aux avaries que ceux des machines à basse pression ;

2° Pour la même raison, le frottement augmente et avec lui la dépense des matières grasses ;

3° La diminution de l'espace occupé par la machine, le rapprochement des organes qui en résulte, la vitesse du piston qui est plus grande, rendent la conduite des machines à moyenne pression beaucoup plus difficile que celle des machines à basse pression, elle demande surtout plus de soins et plus d'attention ;

4° De tout cela il résulte que les machines à moyenne pression durent moins que celles à basse pression.

Inconvénients des machines à moyenne pression.

24. 1° La tension de la vapeur étant très-grande, la surface du piston est réduite au minimum de ce qu'elle peut être. Il en résulte que la place occupée par la machine et son poids sont aussi peu considérables que possible ;

2° La détente de la vapeur est complétement utilisée ;

3° Ces machines peuvent fonctionner sans condenseur fermé, et cela sans une grande diminution dans la force de l'appareil. Dès lors le condenseur fermé n'existe plus, il en résulte une plus grande simplification pour la machine ;

4° Enfin on peut donner au piston de très-grandes vitesses.

Avantages des machines à haute pression.

1° Les explosions deviennent plus dangereuses que dans les machines à moyenne pression, sans pourtant être plus probables ;

Inconvénients des machines à haute pression.

2° Les frottements augmentant, la consommation des matières grasses suit la même proportion ;

3° La conduite, sans être plus difficile que celle des machines à moyenne pression, demande plus de surveillance et plus de soins ;

4° La difficulté de faire les joints devient d'autant plus grande que la pression de la vapeur est plus élevée, il en résulte des fuites par les joints et les presse-étoupe ;

5° La vitesse du piston étant considérable, les échauffements sont plus fréquents et l'usure est plus forte. Par suite, les machines à haute pression durent encore moins que celles à moyenne pression.

Quand nous décrirons les différentes espèces de machines considérées sous le point de vue de leurs changements de mouvement, nous reviendrons encore sur leurs avantages et leurs inconvénients.

Ainsi donc, le défaut d'espace, l'abondance du combustible, l'impossibilité de se procurer la quantité d'eau nécessaire pour la condensation, peuvent seuls déterminer le choix des machines à haute pression condensant dans l'atmosphère ou, comme on les appelle, sans condensation.

On a vu, du reste, dans la première partie du cours (n° 620), que le travail de la vapeur, quelle que soit sa tension, reste le même.

MACHINES A ROUES ET A HÉLICE.

25. Le propulseur, mis en mouvement par la machine, n'a d'autre point d'appui que le liquide dans lequel il plonge ; il doit donc présenter à ce liquide des surfaces disposées de telle sorte qu'il puisse trouver une résistance suffisante.

Jusqu'à ce jour on n'a employé avec succès, pour atteindre ce but, que l'aviron, les roues et l'hélice. L'aviron ne sert que pour les embarcations, et lorsque la force motrice est empruntée à l'homme. Il ne reste donc que deux systèmes :

1° Les roues,

2° Les hélices.

MACHINES A ROUES.

Machines à roues.   **26.** Les passages successifs des aubes de la roue dans le liquide

produisent des réactions qui donnent le mouvement au navire.
Si l'eau frappée restait immobile, c'est-à-dire si elle ne cédait
pas sous le choc de l'aube, le chemin parcouru par le navire serait
égal à celui fait par le point d'un des rayons des roues qui touche
la flottaison, ou encore au développement de la circonférence
décrite par ce point multiplié par le nombre de tours faits par la
roue. Mais les choses ne se passent pas ainsi, le liquide n'oppose
pas un point fixe de résistance, il cède au contraire sous l'effort
des aubes qui font ainsi un certain chemin inutile à la marche du
navire. Ce chemin inutile est ce qu'on nomme le recul.

Recul des roues a
aubes.

Généralement les roues à aubes sont placées de chaque côté
du navire; leur axe de rotation est ordinairement situé sur l'avant
du centre de gravité, sans que cette position soit bien déterminée; du reste, elle ne semble pas exercer une grande influence
sur la marche du navire. D'après cette position des roues sur le
côté d'un bâtiment, chacune des palettes ou aubes n'agit avanta-
geusement que pendant le moment très-court où elle est verticale, puisque seulement alors elle pousse l'eau horizontalement.
Mais, avant d'arriver à cette position favorable, chaque aube
vient frapper le liquide obliquement, faisant un travail inutile à
la marche du navire; il en est de même pendant le temps de la
sortie de l'eau; chaque aube, après avoir passé par la position
verticale, remonte en reprenant des positions obliques semblables à celles qui ont précédé la verticalité. Ainsi, à l'immersion,
les aubes ne tendent qu'à déprimer la surface du liquide et produisent le creux que l'on remarque toujours sur l'avant des roues
d'un navire à vapeur, et cette succession de lames qui marquent
au loin derrière lui son sillage. A leur sortie du liquide, les aubes
soulèvent cette grande quantité d'eau, qui forme cascade sur
l'arrière des roues. En outre, le travail des roues n'est jamais
régulier, l'enfoncement des aubes dans le liquide variant avec le
tirant d'eau du navire, qui est généralement trop grand au départ, alors que le combustible et les autres matières consomma-
bles sont en grande quantité, et trop faible à l'arrivée, quand
une partie de ces matières a été consommée. Il faut encore joindre
à ces causes permanentes l'agitation presque continuelle de la
surface de la mer; les mouvements du navire, qui en sont la conséquence, font varier à chaque instant le degré d'enfoncement
des roues, et il arrive souvent qu'une d'elles est enfoncée jusqu'à
l'arbre qui lui donne le mouvement, tandis que l'autre est tout à
fait en dehors du liquide. De là naturellement de nouvelles irré-

gularités dans les résistances et, par suite, dans le travail de la machine.

Tels sont les inconvénients des roues dans les mouvements de roulis; ceux provenant du tangage sont encore plus graves; car les deux roues sont parfois plongées jusqu'à l'arbre moteur, et, un instant après, elles sont complétement hors de l'eau. Dans le premier cas, la résistance est si grande, que la machine s'arrête, sans grand danger pour elle il est vrai; mais dans le second cas, la résistance étant presque nulle, la machine part avec une vitesse capable de compromettre ses différents changements de mouvement, et même ses organes principaux.

Ces variations continuelles dans la résistance opposée aux roues ont mis dans l'obligation d'augmenter considérablement la force et les dimensions des différentes parties des machines, dimensions qui suffiraient à des appareils d'une puissance double employés à terre.

De toutes ces considérations et de la surface des aubes, qui ne doit être ni trop grande ni trop petite, dépend le rapport entre la vitesse du navire et celle des roues, ou le recul. L'expérience a démontré qu'il était compris entre 37 et 17 pour 100 ; c'est-à-dire que, pour 100 mètres parcourus par les roues, le navire avance de 63 mètres au moins et de 83 au plus.

Plusieurs tentatives ont été faites pour diminuer le recul; les roues dont les aubes sont articulées et conduites de manière à se présenter toujours verticalement au liquide produisent de très-bons résultats sous ce rapport.

Cercle d'action des roues à aubes.On appelle cercle d'action des roues le cercle qui passerait par le centre d'effort de chaque aube. Il est un peu plus grand que celui passant par le centre de figure des aubes, parce que, la densité du liquide augmentant avec la profondeur, le bas de l'aube éprouve plus de résistance que le haut.

En outre, la vitesse de la partie extérieure de l'aube est plus grande que celle des parties plus rapprochées du centre de rotation, et son séjour dans le liquide est plus prolongé. Ces considérations, jointes à celles de l'obliquité variable de l'aube dans le liquide, font passer le cercle d'action des roues à aubes entre le 1/3 et le 1/4 de la largeur de l'aube à partir du bord extérieur.

Du reste, la vraie position de ce cercle, qui n'a que peu d'importance, n'est pas bien déterminée.

Cercle roulant des roues à aubes.On appelle cercle roulant celui décrit par le point de la roue dont la vitesse est égale à celle du navire. Lorsque, sous l'influence du vent ou d'autres circonstances favorables, la vitesse du navire est égale à celle des roues, le cercle roulant se confond avec celui d'action; si, au contraire, le navire n'avance presque plus sous l'effort de sa machine, le cercle roulant peut être réduit à avoir pour rayon celui de l'arbre, et même moins. Mais alors la vitesse de la machine est considérablement réduite; la quantité de vapeur dépensée étant beaucoup diminuée, on brûle peu de charbon. Cette remarque est d'autant plus importante qu'elle constitue un avantage réel des roues à aubes sur les hélices dont il va être question.

On voit, par ce qui vient d'être dit, combien le cercle roulant est variable; cependant il est calculé pour la vitesse moyenne du navire, et le bord intérieur des aubes ne doit jamais le dépasser; ou, alors, toute la surface de l'aube en dedans de ce cercle aurait une vitesse moindre que celle du navire et produirait dans l'eau une force nuisible à la marche du bâtiment. Ordinairement même, le cercle roulant reste en dessus du bord intérieur des aubes.

Les navires à roues ont ordinairement deux machines conjuguées sur l'arbre qui réunit les roues, ou du moins deux cylindres agissant de manière que, lorsque l'un des pistons est à l'une des extrémités de sa course, c'est-à-dire à l'un de ses deux points morts, l'autre est à peu près au milieu de la sienne, c'est-à-dire au moment le plus favorable pour développer toute la puissance dont il est capable. Il suit de cette disposition que les points morts sont franchis sans diminution de vitesse bien sensible.

MACHINES A HÉLICE.

27. Dans les navires à hélice, le propulseur, complétement immergé, est placé ordinairement à l'arrière du bâtiment entre deux étambots. Machines à hélice.

Dans ce cas, le gouvernail est porté par l'étambot-arrière, et sa puissance se trouve de beaucoup augmentée par le choc des molécules d'eau repoussées par le propulseur.

Plusieurs tentatives ont été faites pour placer les hélices soit à l'avant du navire, soit sur les côtés, soit sur l'arrière du gouvernail; mais l'expérience a fait abandonner ces différents systèmes.

Recul de l'hélice.

Comme les roues à aubes, l'hélice fait céder le liquide sur lequel sa surface inclinée agit : la différence entre le chemin parcouru par l'hélice (son pas moyen multiplié par le nombre de tours) et celui réellement fait dans le même temps par le navire est le recul de l'hélice.

On appelle pas de l'hélice le chemin que cette dernière parcourrait en ligne droite, si le milieu dans lequel elle pénètre était solide et immobile comme l'écrou d'une vis, à laquelle peut être comparée l'hélice à pas constant, c'est-à-dire celle dont la directrice fait toujours le même angle avec l'axe.

Pas de l'hélice.

A l'article des propulseurs nous nous étendrons davantage sur l'hélice, son pas et sa forme ; il nous suffira de dire, pour le moment, que presque toutes les hélices fondues aujourd'hui ont deux pas, un d'entrée et l'autre de sortie ; le premier plus petit que le second. Cette disposition a été prise pour permettre à l'aile de l'hélice de rencontrer les molécules du liquide, déjà animées d'une certaine vitesse par le premier choc de cette aile.

Le pas moyen cité plus haut est donc la moyenne entre le pas d'entrée et celui de sortie.

Le pas est évidemment indépendant du diamètre de la vis ; car, sur un tour, avec le même peigne, on peut tourner la même vis sur des cylindres de différentes grosseurs, et toutes ces vis ont le même pas.

L'expérience a démontré que le recul diminue avec le diamètre de l'hélice, dans une proportion plus grande que le frottement de la surface de l'hélice sur les molécules du liquide n'augmente. Il y aurait donc avantage à employer des hélices à grand diamètre.

Du reste, pour les hélices comme pour les roues, il y a une liaison intime entre le pas et le diamètre de l'hélice, comme entre le diamètre et la largeur des roues, la surface des ailes de l'hélice ou celle des aubes, la puissance motrice et la résistance du navire.

Avantages et inconvénients des machines à roues.

28. *Avantages.* — 1° Dans une mer calme, les roues, à leur immersion normale, donnent une vitesse plus grande qu'une hélice, le recul étant le même pour les deux systèmes.

2° Le navire à roues, en lutte contre un vent debout, se maintient sans grande dépense de combustible, le nombre de tours de la machine diminuant considérablement. Dans les mêmes circonstances, le navire à hélice ne réalise qu'une faible économie de combustible, la machine perdant peu de sa vitesse normale.

3° Au point de vue de la durée et de l'entretien de l'outil, les machines à roues l'emportent de beaucoup sur celles à hélice. Leur vitesse étant toujours moins grande, les frottements sont moins considérables, les échauffements, les usures et les avaries moins probables.

4° Enfin, dans le cas où il faut marcher avec une seule machine, les roues ont l'avantage de constituer de véritables volants, qui aident à dépasser les points morts (la grande bielle et la manivelle de l'arbre étant en ligne droite) de l'unique appareil dont on se sert.

Inconvénients. — 1° Les mouvements de roulis immergent alternativement chacune des roues, alors une une grande partie de la force de la machine est employée, au préjudice de la marche du navire, à faire pénétrer les aubes dans l'eau et à remuer le liquide.

2° La nécessité d'avoir des roues du diamètre le plus grand possible met dans l'obligation de placer l'arbre et le mécanisme au-dessus de la flottaison ; par suite, le propulseur et la machine sont exposés aux boulets de l'ennemi, et un seul peut paralyser complétement leur action.

Comme machine de guerre, le navire à roues laisse donc beaucoup à désirer.

3° Au point de vue des navigations lointaines, les navires à roues sont très-imparfaits ; car leurs formes particulières donnent beaucoup de prise au vent ; les roues, quoique sans aubes, opposent toujours une certaine résistance à la marche du navire, et les tambours sont sans cesse exposés à recevoir des coups de mer.

4° Le gouvernail ne fonctionne qu'en vertu de la vitesse acquise par le navire ; le bâtiment à roues évolue difficilement, et, pour faire un tour sur lui-même avec sa machine seule, il lui faut parcourir une circonférence d'un grand diamètre. Dans la marche en arrière, l'action du gouvernail est presque nulle.

5° Le poids d'une machine à roues est beaucoup plus grand que celui d'une machine de même force destinée à faire marcher une hélice.

Les renvois de mouvement, destinés à supporter les résistances très-variables que rencontrent les aubes, doivent présenter beaucoup plus de solidité dans une machine à roues que dans une machine à hélice.

AVANTAGES ET INCONVÉNIENTS DES MACHINES A HÉLICE.

Avantages et incon-
vénients des ma-
chines à hélice.

29. *Avantages.* — 1° Avec l'hélice, on peut conserver au navire les formes extérieures les plus favorables pour la marche à la voile; si l'hélice peut être montée au-dessus de l'eau, le bâtiment sous voiles n'est soumis à aucune résistance de la part de son propulseur.

2° L'hélice étant placée au-dessous de la flottaison, tout le mécanisme qui lui donne le mouvement peut être mis à l'abri des boulets ennemis. L'hélice est donc nécessairement le propulseur des navires destinés au combat.

3° Les mouvements de roulis et de tangage, à moins d'une violence extrême, influent peu sur la régularité du travail de la machine; par suite, on peut donner aux différentes parties du mécanisme des dimensions plus faibles, diminuer beaucoup le poids de l'appareil et l'espace qu'il doit occuper.

4° Le gouvernail, recevant l'action directe des filets d'eau chassés par l'hélice, donne une grande facilité pour manœuvrer le navire. Dans la marche en arrière, sa puissance est encore assez grande pour se rendre maître du navire.

Au moment de l'appareillage, alors que le navire n'a pas encore acquis de vitesse, les filets d'eau lancés par le propulseur contre les faces du gouvernail donnent assez de puissance à ce dernier pour faire éviter l'arrière du bâtiment, de manière à mettre son avant dans la direction voulue et rendre l'appareillage plus simple et plus facile qu'avec un navire à roues, toutes choses égales d'ailleurs.

Il faut pourtant remarquer que le plus souvent les navires à hélice semblent venir plus facilement sur bâbord que sur tribord. Pour expliquer ce fait, il faut considérer que l'hélice se meut dans un liquide qui n'est pas également dense; les couches inférieures l'étant plus que celles supérieures, la palette inférieure éprouve plus de résistance que celle supérieure; et, comme le propulseur tourne généralement de gauche à droite, l'arrière se trouve poussé sur tribord et l'avant sur bâbord.

Inconvénients. — 1° En lutte contre un vent debout, la marche d'une machine à hélice perd peu de sa vitesse normale; par suite, sa consommation en vapeur et en combustible varie peu.

Sous ce point de vue, le bâtiment à hélice serait inférieur au navire à roues, même en admettant que, dans de semblables circonstances, les formes du premier, comparées à celles du second, lui donnent un avantage réel pour tenir la cape sous voiles.

2° Le mouvement étant généralement plus précipité dans les machines à hélice que dans les machines à roues, les échauffements sont plus fréquents dans les premières que dans les secondes; les garnitures doivent être changées plus souvent; les avaries sont plus fréquentes et ont plus de gravité, et le graissage est toujours plus difficile.

3° Si l'hélice ne peut pas être remontée, c'est-à-dire si le navire est sans puits, le moindre bout de corde enroulé autour du moyeu peut paralyser le mouvement de la machine. Il est presque impossible de se rendre compte des obstacles qui viennent de l'hélice, il faut entrer au bassin, ou la machine devient inutile et l'hélice nuisible par la résistance qu'elle oppose à la marche du navire et à l'action du gouvernail.

NÉCESSITÉ DE PLUSIEURS CYLINDRES.

50. Le changement du mouvement rectiligne alternatif du piston en un mouvement circulaire continu à donner au propulseur se faisant au moyen d'une manivelle, il arrive que, dans deux moments d'une révolution complète, la tige du piston, ou tout autre organe de transmission, se trouve dans la même direction que la manivelle; et cela, alors que le piston est à peu près à bout de course, soit en haut, soit en bas du cylindre. Ces points, nommés points morts, ne peuvent être franchis qu'en vertu de la vitesse acquise, vitesse toujours très-faible, et qui peut être détruite par beaucoup de circonstances particulières à la résistance du navire et à l'état de la mer. Aussi a-t-on été obligé de mettre plusieurs cylindres ou plusieurs machines à bord des navires, l'une étant à peu près à son maximum de puissance, alors que l'autre arrive à l'un des points morts.

Cette raison est une de celles qui ont conduit à mettre quatre cylindres ou quatre machines sur plusieurs de nos vaisseaux; car on a voulu aussi, par ce moyen, donner la possibilité de marcher avec différentes forces de propulsion. Ainsi un vaisseau de mille chevaux à quatre machines peut marcher avec deux seulement, et c'est alors comme s'il n'avait que 500 chevaux de force; avec trois, il aurait une force de propulsion de 750 chevaux.

Dans tous les cas, il n'allume que la quantité de chaudières nécessaires pour produire la vapeur voulue.

On réalise ainsi plus d'économie de combustible qu'avec une détente exagérée dans une machine de même force à deux cylindres seulement. Mais ces avantages n'ont pas été obtenus sans sacrifices ; les machines à quatre cylindres sont beaucoup plus compliquées et encombrées que celles à deux ; la surface en contact avec l'air étant plus grande, les pertes de chaleur sont plus considérables ; enfin elles occupent plus de place, et leur entretien et leur conduite demandent plus d'expérience et plus d'attention.

Nous avons déjà dit plus haut, au sujet des avantages des navires à roues, que ces derniers pouvaient marcher avec une seule machine ; il en est de même pour les navires à hélice dans lesquels le mouvement de l'arbre moteur est transmis à celui de l'hélice au moyen d'une grande roue à engrenages, cette roue faisant l'office d'un volant. Mais toujours la mise en marche est difficile, et, pour les navires à roues et pour ceux à hélice, il faut, le plus souvent, donner une certaine vitesse au navire au moyen des voiles ; la machine une fois lancée, le mouvement devient assez régulier.

DESCRIPTION DES MACHINES.

MACHINE A BALANCIERS OU A CONNEXION INDIRECTE.

31. Dans cette espèce de machine, qui n'est guère employée à bord des navires que pour faire mouvoir des roues à aubes, les organes principaux sont rangés dans le sens de la longueur de la quille. Le condenseur 2 fait suite au cylindre 1. Entre le cylindre et le condenseur, mais appliqué contre le premier, est l'organe de distribution de vapeur ou le tiroir 3. A la suite du condenseur, toujours dans le sens de la quille du navire, est placée la pompe à air 4. La bâche 5, ou réservoir de l'eau qui a servi à la condensation, surmonte le condenseur. La pompe alimentaire et celle de cale sont ordinairement par le travers de la pompe à air 4. A la suite de la pompe à air 4, mais bien au-dessus d'elle, se trouve l'arbre moteur 6, qui porte les roues propulsives.

L'arbre, ses coussinets et son palier 7 sont portés par les bâtis 8. Ces derniers, qui sont véritablement la charpente de la machine, relient entre eux les organes principaux et les autres pièces fixes de la machine.

La pièce caractéristique de cette machine est le balancier 9, espèce de grand fléau de balance pouvant osciller autour d'un tourillon traversant ordinairement le condenseur. La longueur de ce balancier, comme nous le verrons plus tard lorsqu'il sera spécialement question de lui, doit excéder un peu la distance qui sépare dans le plan longitudinal de la machine l'axe du cylindre de la verticale passant par l'axe de l'arbre moteur.

Le but du balancier est de servir à transmettre le mouvement du piston à l'arbre des roues ; il est placé soit au-dessus, soit au-dessous des organes principaux, soit à leur partie inférieure, comme cela arrive dans presque toutes les machines de bord.

Dans ce dernier cas, le balancier ne pouvant pas être placé

dans le plan longitudinal de la machine, sa longueur s'y opposant, il a fallu mettre deux balanciers, un de chaque côté du condenseur.

Le mouvement rectiligne alternatif du piston est transmis audehors du cylindre fermé, dans lequel s'effectue son mouvement, au moyen de la tige du piston. Cette pièce de fer peut monter et descendre dans un presse-étoupe placé au centre du couvercle du cylindre.

Pour lier cette tige de piston aux extrémités des balanciers, on a placé horizontalement, à son extrémité supérieure, une pièce de fer 10, qui a beaucoup de rapport avec la tête d'un T, et qu'on désigne sous le nom de traverse de la tige du piston. Les extrémités de la traverse et celles des balanciers sont reliées entre elles au moyen de pièces 11, nommées bielles pendantes.

De cette manière, le mouvement rectiligne alternatif du piston est changé en un mouvement circulaire alternatif ou, mieux, oscillant pour les balanciers.

L'autre extrémité des balanciers, douée du même mouvement oscillant, est reliée au bouton d'une manivelle placée sur l'arbre moteur, au moyen d'une forte pièce de fer forgée 12, nommée grande bielle. Mais, comme il y a deux balanciers et une seule manivelle, et, par suite, une seule grande bielle, on fixe, à l'extrémité inférieure de cette dernière, une traverse semblable à celle de la tige du piston; ce sont alors les extrémités de cette traverse 13 qui s'unissent aux extrémités des balanciers. Les pièces qui donnent cette liaison sont les bielles latérales ou menottes.

La manivelle de l'arbre moteur transforme le mouvement oscillant des balanciers en un mouvement circulaire continu pour l'arbre.

Toutes les pièces dont nous venons de parler sont les renvois de mouvement de la machine, ou encore les pièces mobiles, appelées ainsi par opposition avec les cylindres, les condenseurs, les pompes à air, etc., désignés sous le nom de pièces fixes.

Ainsi, dans les machines à balancier, les renvois de mouvement sont

La tige du piston et sa traverse,
Les bielles pendantes,
Les balanciers,
La grande bielle avec sa traverse et ses menottes,
La manivelle de l'arbre.

Le piston de la pompe à air 4 reçoit son mouvement des balanciers; à cet effet, la tige de ce piston porte aussi une traverse dont les extrémités se lient aux balanciers au moyen de deux petites bielles.

La pompe alimentaire, qu'on ne voit pas dans la figure parce qu'elle est cachée par la pompe à air, a la tige de son piston liée à la traverse de la tige de la pompe à air, et reçoit son mouvement de cette dernière.

La pompe de cale, qui se trouverait en avant de la figure, destinée à puiser les eaux de la cale, reçoit son mouvement du balancier que l'on ne voit pas; la tige de son piston est liée à un bouton ménagé à cet effet sur la face extérieure des balanciers. La cale ne contenant pas toujours de l'eau, la tige du piston de cette pompe peut, à volonté, s'enclancher ou se déclancher, c'est-à-dire se lier au balancier qui lui donne le mouvement ou se séparer de lui.

Le tiroir, qui doit monter et descendre pour ouvrir ou fermer les ouvertures donnant passage à la vapeur arrivant au cylindre, doit avoir un mouvement rectiligne alternatif. C'est l'arbre de couche 6 qui fait agir le tiroir 3 ; son mouvement circulaire continu est changé en un mouvement rectiligne alternatif au moyen d'un organe appelé excentrique.

Cet organe se compose de plusieurs parties, qui sont :

1° Le chariot d'excentrique, plateau circulaire fixé sur l'arbre de couche, perpendiculairement à son axe, mais sans que son centre corresponde avec celui de l'arbre; il s'ensuit que l'arbre, en tournant, porte la plus grande largeur du chariot tout autour de lui (voir première partie, n° 543);

2° Le chariot d'excentrique est entouré d'un cercle dans lequel il est à frottement doux, ce cercle est le collier d'excentrique;

3° Enfin le collier d'excentrique porte une longue queue 14, nommée bielle d'excentrique, qui communique le mouvement à la tige du tiroir.

On voit sur la figure que le mouvement de la bielle d'excentrique est transmis à la tige du tiroir par l'intermédiaire d'un levier coudé 15; ce levier peut être, à volonté, lié à la bielle d'excentrique ou rendu indépendant de l'action de cette bielle, au moyen d'un système particulier nommé déclanche. Pl. II, fig. 1.

De cette manière on peut, sans toucher aux autres renvois du mouvement de la machine, manœuvrer le levier 15, pour faire monter ou descendre le tiroir. En agissant ainsi, on fait pénétrer à volonté la vapeur à la partie haute ou à la partie basse du cylindre pour la faire agir au-dessus ou au-dessous du piston. On peut donc, par ce moyen, faire tourner l'arbre dans un sens ou dans l'autre; par suite, faire marcher les roues, soit en avant, soit en arrière. Le système de déclanche et le levier coudé constituent le plus souvent, dans les machines à balanciers, ce qu'on appelle la mise en train.

La tige du piston, tirée tantôt sur l'avant et tantôt sur l'arrière par les bielles pendantes, s'ovaliserait au bout de peu temps en forçant inégalement dans son presse-étoupe; il en résulterait nécessairement l'ovalisation du piston et du cylindre lui-même : il a donc fallu maintenir la tige du piston dans l'axe du cylindre. Ce résultat est obtenu par le parallélogramme de l'immortel Watt. Deux côtés adjacents de ce parallélogramme sont donnés par la bielle pendante 11 et le balancier 9. Les deux autres côtés sont fournis par deux pièces de fer : l'une 16, parallèle au balancier, se nomme le bras du parallélogramme; l'autre 17, parallèle à la bielle pendante, se désigne sous le nom de bielle du parallélogramme. Le point de réunion du bras et de la bielle du parallélogramme est articulé avec le bouton d'une petite manivelle nommée manivelle du parallélogramme. Il y a deux parallélogrammes pour la tige du piston, un de chaque côté; ils sont reliés ensemble par un arbre commun sur lequel sont fixées les deux manivelles des parallélogrammes.

Ce que nous venons de dire pour la tige du piston à vapeur a lieu aussi pour celle du piston de la pompe à air; cette dernière est tirée alternativement dans un sens et dans l'autre par les bielles qui lui donnent le mouvement. On aurait donc dû établir aussi sur cette tige un parallélogramme de Watt. Mais ce n'est pas ordinairement cette disposition qu'on emploie. La traverse est terminée de chaque côté, soit par un tourillon qui glisse entre deux pièces verticales et parallèles nommées glissières, soit par une douille traversée par une pièce fixe nommée guide.

Le chariot d'excentrique 18 participe au mouvement de l'arbre, sur lequel il n'est qu'à frottement doux, par un point d'arrêt qui vient butter contre un morceau de fer, nommé toc, fixé à demeure sur l'arbre de couche. Le toc embrasse ordinairement une partie de la circonférence de l'arbre; d'un côté il sert pour la marche en avant, et de l'autre pour la marche en arrière. Afin que la résistance du tiroir soit la même dans les deux mouvements, l'un de descente et l'autre d'ascension, on équilibre le poids du tiroir au moyen du contre-poids **19**, appelé contrepoids du tiroir. Le levier qui porte ce contre-poids est le levier du contre-poids.

Pour rendre le travail de la machine plus régulier on équilibre aussi quelquefois le poids du chariot d'excentrique, dont le centre de gravité est loin de l'axe de l'arbre de couche. A cet effet, on place, à l'opposé du chariot, un disque dont le poids a été calculé d'avance. Ce disque tient au chariot et se trouve placé excentriquement par rapport à l'arbre de couche.

Comme nous l'avons dit plus haut, la bâche surmonte le condenseur **2**. Ce dernier est mis en communication alternativement avec le haut et le bas du cylindre **1** par le tiroir **3**; il est encore en communication avec la pompe à air **4**. Les clapets **20**, qui ferment cette communication, se nomment les clapets de pied ou d'aspiration. Un tuyau dont le robinet ou la vanne peut être ouvert plus ou moins donne un jet d'eau froide continu dans le condenseur; ce tuyau et l'obturateur dont on vient de parler composent l'organe d'injection. Presque toujours on trouve, dans les machines à balanciers, un tuyau qui fait communiquer le condenseur avec la boîte du tiroir (enveloppe en communication avec la chaudière). Ce tuyau, fermé par un robinet ou une soupape que le maître mécanicien peut ouvrir ou fermer à volonté, permet de faire venir la vapeur dans le condenseur pour chasser l'air et l'eau qui peuvent y être contenus; cette opération, qui se fait toujours avant de mettre une machine en marche, s'appelle purger le condenseur. Le tuyau et le robinet dont nous venons de parler sont le tuyau de purge du condenseur et le robinet ou la soupape de purge.

La partie inférieure de la pompe à air, qui est, par le fait, la prolongation du condenseur, peut communiquer à volonté avec la cale du navire; cette communication est fermée par une soupape appelée reniflard, appliquée sur son siége par la pression atmosphérique, tant que la pression extérieure est plus forte que celle de l'intérieur du condenseur. Dans ce cas, l'air ne peut pénétrer dans le condenseur. Si le contraire a lieu, comme la chose arrive quand on laisse arriver la vapeur de la chaudière dans le condenseur pour le purger, le reniflard se lève de lui-même et donne passage à l'air et à l'eau chassés par la vapeur, qui prend leur place.

La pompe à air, dont la fonction est de retirer l'eau du condenseur pour la conduire dans la bâche, communique nécessairement avec cette dernière. Les clapets 21, qui ferment cette communication, sont appelés clapets de tête ou clapets de refoulement.

La bâche communique avec l'extérieur du navire au moyen d'un gros tube; ce tuyau se nomme le tuyau de décharge. Dans les machines à balanciers il aboutit toujours au-dessus de la flottaison.

Le tuyau d'aspiration et de refoulement de la pompe alimentaire part souvent d'une espèce de boîte 22. Cette boîte renferme plusieurs soupapes disposées de telle sorte que l'eau vienne de la bâche à la pompe, qu'elle puisse aller de celle-ci aux chaudières; et, quand les communications avec ces dernières sont fermées, que l'eau aspirée par la pompe puisse retourner à la bâche. Cette boîte est appelée boîte alimentaire.

Un gros tuyau 23, appelé tuyau de conduite de vapeur, met le réservoir de vapeur de la chaudière, et la boîte qui renferme le tiroir 3, en communication. Les soupapes d'arrêt peuvent fermer à volonté cette communication. Outre ces obturateurs, le tuyau de conduite de vapeur porte toujours un papillon ou registre, semblable à une clef de poêle qui, en gênant le passage de la vapeur, permet de diminuer la quantité qui arrive à la boîte du tiroir et, par suite, au cylindre. Cette clef est appelée registre de vapeur.

Souvent encore ce tuyau porte une soupape ou un second papillon semblable à celui dont on vient de parler ; cet obturateur peut interrompre l'arrivée de la vapeur au tiroir, à un point plus ou moins avancé de la course du piston. Le levier de cette soupape ou de ce papillon communique le plus ordinairement avec des espèces de dents nommées cames, fixées sur l'arbre moteur. Le papillon ou la soupape, et le système qui lui donne le mouvement, constituent l'organe de détente variable.

FONCTIONNEMENT DES MACHINES A BALANCIER.

52. Supposons d'abord que la machine est purgée, c'est-à-dire qu'en manœuvrant à la main le tiroir 3 on a fait arriver la vapeur alternativement en dessus et en dessous du piston pour réchauffer le cylindre et le piston, et pour chasser par les soupapes de purge l'air et l'eau qui s'y trouvaient renfermés. Il en a été de même du condenseur, le reniflard a donné passage à l'air et à l'eau.

Si donc, la machine ainsi disposée, on condense (en ouvrant l'injection) la vapeur qui remplit le condenseur, et que l'on fasse descendre le tiroir, la vapeur de la chaudière pénétrera dans le cylindre par l'orifice inférieur, et fera monter le piston, puisqu'elle ne trouve qu'une faible force opposée à son action.

La tige du piston, en montant, entraînera les extrémités des balanciers. Le mouvement rectiligne de la tige du piston deviendra un mouvement circulaire pour les balanciers. Ce même mouvement sera transmis par les autres extrémités des balanciers à la manivelle de l'arbre. Le piston de la pompe à air, relié aux balanciers, participera à leur mouvement; lorsque le piston à vapeur montera, celui de la pompe à air descendra. L'air et l'eau de condensation, qui se trouvent au-dessous de lui, feront lever ses clapets et passeront au-dessus du piston.

Si, le piston à vapeur rendu au haut de sa course, on monte le tiroir, la communication de la partie inférieure du cylindre se ferme à l'introduction de la vapeur qui vient de la chaudière pour s'ouvrir à l'évacuation au condenseur; le contraire a lieu pour le haut du cylindre; l'orifice de cette partie, qui était en communication avec le condenseur, est ouvert à l'introduction de la vapeur de la chaudière.

Dès lors le mouvement se renverse; la vapeur qui vient d'agir sous le piston perd sa force expansive au contact de l'eau d'injection, celle qui arrive de la chaudière agit avec presque toute son énergie pour faire descendre le piston; les extrémités des balanciers qui, précédemment, étaient montées descendent et réciproquement. Le piston de la pompe à air remonte, aspirant au-dessous de lui l'eau et l'air du condenseur, et refoulant dans la bâche l'eau et l'air passés au-dessus de lui lors de sa descente.

Le mouvement du piston devient ainsi rectiligne alternatif, celui des extrémités des balanciers circulaire alternatif ou mieux oscillant, et celui de l'arbre de couche circulaire continu.

En continuant à agir de la même manière pour faire entrer la vapeur de la chaudière, alternativement au-dessous et au-dessus du piston, on parvient à vaincre l'inertie des pièces mobiles de la machine et à donner aux roues une vitesse assez grande pour leur faire remplir les fonctions de volants, et par suite faire dépasser les points où la grande bielle et la manivelle de l'arbre sont en ligne droite. On peut alors confier à la machine la manœuvre du tiroir, en enclanchant la queue de la bielle de l'excentrique sur le bouton du levier du tiroir.

A partir de ce moment, la machine continue son mouvement d'elle-même. L'homme n'a qu'à s'occuper du chauffage de l'alimentation et du graissage, la machine fournissant à tous ses autres besoins.

DISPOSITIONS DIFFÉRENTES DES MACHINES A BALANCIERS.

Pl. II, fig. 2, 3, 4.

33. Quand l'espace permet de placer le balancier au-dessus ou au-dessous du cylindre, un seul balancier suffit. Ainsi la fig. 2 montre la disposition la plus généralement employée pour les machines de terre; mais on peut trouver aussi celle représentée par la fig. 3. La fig. 4 est une machine à balancier employée pour faire mouvoir l'hélice d'un navire anglais.

Enfin on trouve encore, rentrant dans le système des machines à balanciers, une machine dite en cloche, dans laquelle il n'y a qu'un balancier coudé au-dessous du cylindre.

NOMBRE DE MACHINES A BALANCIERS EMPLOYÉES SUR UN NAVIRE.

34. Quoique les roues puissent, à la rigueur, servir de volant, on met presque toujours deux machines à balanciers sur un navire, une de chaque côté du bâtiment. C'est le seul moyen de régulariser le mouvement, l'une des machines agissant avec toute sa force sur la manivelle de l'arbre, quand l'autre, au contraire, est à peu près à ses points morts.

MACHINES A CONNEXION DIRECTE.

Pl. III, IV, V et VI.

35. Comme nous l'avons déjà dit, on donne le nom de machines à connexion directe à toutes celles dans lesquelles le mouvement du piston est transmis à l'arbre du propulseur, sans le secours d'un ou de plusieurs balanciers.

Toutes les machines de ce système peuvent rentrer dans les deux grandes divisions suivantes :

Pl. III, IV et V.

1° Machines à connexion directe à cylindre fixe;

2° Machines à connexion directe à cylindre oscillant.

Dans la première division nous ferons trois classes :

1° Machines à bielle directe, c'est-à-dire dans lesquelles l'articulation de la grande bielle et de la tige du piston se trouve entre l'arbre moteur et le cylindre;

2° Machines à bielle renversée, c'est-à-dire dans lesquelles l'articulation de la grande bielle et de la tige du piston se trouve au delà de l'arbre moteur : ces machines, qui ont généralement deux tiges de piston, sont connues sous le nom de machines à bielle renversée;

3° Les machines à fourreau.

Nous allons décrire chacune de ces machines qui, avec la machine à balancier, forment cinq types auxquels peuvent se rapporter à peu près toutes les machines employées sur mer.

Nous ne parlons pas ici des machines rotatives dont il sera question plus loin; du reste, les machines de ce système sont encore à l'étude, et les quelques résultats obtenus jusqu'à ce jour laissent beaucoup à désirer.

MACHINE A CONNEXION DIRECTE, A CYLINDRE FIXE ET A BIELLE DIRECTE.

56. L'encombrement causé par la disposition des organes, dans les machines à balanciers, devait nécessairement engager les constructeurs à faire des tentatives pour supprimer ces balanciers. L'introduction des hélices propulsives est encore venue rendre cette suppression plus impérieuse; en outre, il fallait, à bord d'un navire fait pour le combat, mettre tout le mécanisme de la machine au-dessous du niveau de l'eau, de manière à ce qu'il fût à l'abri des boulets ennemis. Or ce résultat ne pouvait être obtenu avec les machines à balanciers; on a donc été conduit forcément aux machines à connexion directe.

Du reste, une des causes qui ont le plus contribué à l'emploi des machines à balanciers était la nécessité, dans laquelle on croyait être, de multiplier les organes qui transmettaient le mouvement du piston à l'arbre des roues. On espérait ainsi ne pas faire supporter au cylindre les inégalités de résistance éprouvées par les aubes. Mais, dès que des tentatives hardies eurent fait disparaître ces appréhensions, les machines à connexion directe remplacèrent presque partout celles à balanciers.

La planche III donne une coupe transversale faite dans une des machines du Rhin, construite par M. Nilus du Havre.

Le cylindre 1 est en abord et couché horizontalement ; la tige des pistons porte une traverse dont les deux extrémités sont assujetties à suivre une glissière 27. Cette glissière remplace ici le parallélogramme de Watt et a pour but de maintenir la tige du piston dans l'axe du cylindre. Sur le milieu de la traverse s'articule la grande bielle 4, qui va s'articuler, par son autre extrémité, sur le bouton des manivelles de l'arbre.

Le condenseur, placé de l'autre bord par rapport au cylindre, fait contre-poids à ce dernier. C'est une grande caisse divisée en trois parties ; celle d'en bas 6 est véritablement le condenseur, elle communique avec le tiroir par le tuyau de conduite 12. La partie du milieu 29 et 30 est occupée par la pompe à air 7. Enfin la partie supérieure 8 est la bâche, qui communique avec l'extérieur du navire par le tuyau de décharge. Les communications du condenseur proprement dit, avec le second compartiment, sont fermées par des clapets s'ouvrant de bas en haut ; ces clapets 10, appelés clapets d'aspiration, remplacent les clapets de pied, dont il a été question dans la description des machines à balanciers. Les parties 29 et 30 et la bâche 8 communiquent entre elles par des ouvertures 11, semblables à celles dont nous venons de parler et fermées comme elles ; ces clapets sont ceux de refoulement, ils remplacent les clapets de tête.

Dans la machine à balanciers décrite plus haut, il n'y avait, pour faire manœuvrer le tiroir, qu'un seul excentrique. Le chariot de cet excentrique, à frottement doux, pouvait occuper deux positions différentes sur l'arbre, une pour la marche en avant, l'autre pour la marche en arrière. Dans la machine que représente la planche III, il y a deux excentriques dont les chariots sont fixés à demeure sur l'arbre : l'un, celui supérieur, est pour la marche en avant ; l'autre pour la marche en arrière. Les bielles de ces deux excentriques font osciller autour de son point de suspension l'arc fendu 19, dans lequel est prise l'extrémité 18 du levier 17 du tiroir. Si l'extrémité 18 du levier du tiroir se trouve au milieu de l'arc fendu 19, il ne reçoit pas de mouvement ; s'il est à la partie supérieure, l'excentrique de la marche en avant le fait agir et le tiroir est manœuvré pour la marche en avant ; s'il est à la partie inférieure de l'arc, c'est au contraire, l'excentrique de la marche en arrière qui donne le mouvement. La roue 24, la bielle 23 et les leviers coudés 22 permettent de monter ou de descendre l'arc fendu 19 de manière à mettre l'extrémité 18 du levier du tiroir en position convenable, soit pour la marche en avant, soit pour celle en arrière, soit enfin pour le repos. Tout ce système est ce qu'on nomme la mise en train ; son mécanisme particulier est dû à Stephenson, il est presque généralement employé pour les locomotives.

Comme on peut le voir sur la planche III, la tige de la pompe à air est directement liée à une petite tige fixée sur le piston à vapeur. Remarquons aussi que le piston de la pompe à air est plein.

Quant à la pompe alimentaire et à celle de cale qu'on ne peut voir, elles sont aussi couchées horizontalement à côté du condenseur, et leurs pistons sont menés par une tige fixée sur le piston à vapeur.

Enfin considérons que le système de distribution de la vapeur ou le tiroir n'a pas la même disposition que dans la machine décrite précédemment.

Pour la machine à balanciers, la vapeur venant de la chaudière entourait le tiroir, et les extrémités de ce dernier étaient sans cesse en communication avec le condenseur. Dans la planche III le contraire a lieu, ce sont les extrémités du tiroir qui communiquent avec la chaudière et le milieu avec le condenseur. Le tiroir représenté dans la planche II est appelé tiroir en D, et celui de la planche III tiroir en coquille.

FONCTIONNEMENT DES MACHINES A CONNEXION DIRECTE, A CYLINDRE FIXE ET A BIELLE DIRECTE.

57. Supposons d'abord toutes choses disposées comme dans la machine à balanciers, c'est-à-dire les organes échauffés et purgés. Le piston dans la position qu'il occupe sur la planche III, portons le tiroir sur la droite en montant l'arc fendu 19. L'extrémité gauche du cylindre est alors mise en communication avec la chaudière et l'extrémité droite avec le condenseur ; le piston est donc poussé de gauche à droite. La manivelle de l'arbre, tirée par la grande bielle, vient de gauche à droite. En faisant tourner l'arbre moteur les chariots d'excentrique agissent et le tiroir est ramené de droite à gauche, pour ouvrir la communication de l'extrémité droite du cylindre avec la chaudière, et celle de l'extrémité gauche avec le condenseur. Il s'ensuit que le piston revient de droite à gauche, poussant la manivelle de l'arbre de droite à gauche.

Le piston, en allant de gauche à droite, a entraîné avec lui le piston de la pompe à air; par ce mouvement, le vide a été produit dans la partie 29, les clapets d'aspiration se sont soulevés pour donner passage à l'eau et à l'air contenus dans le condenseur. Un effet inverse s'est produit dans la boîte 30, le piston a refoulé l'air et l'eau contenus dans cette partie, et les a poussés dans la bâche par les clapets de refoulement, qui se sont levés, tandis que ceux d'aspiration se sont fermés. Quand le piston revient de droite à gauche, le même mouvement se produit pour le piston de la pompe à air, et l'aspiration a lieu dans la boîte 30, tandis que le refoulement se fait dans la boîte 29.

38. Il suffit de considérer les deux planches II et III pour comprendre que le système de machine de la planche III est plus simple que celui de la planche II. Dans la machine à connexion directe, les bielles pendantes, les balanciers, les bielles latérales ou menottes ont disparu. L'arrangement des organes se prête admirablement au mouvement à donner aux arbres d'hélice, et tout le mécanisme peut se loger au fond de la cale des navires à l'abri des boulets. En outre, puisque le nombre des renvois de mouvement est moins grand que dans les machines à balanciers, la vitesse peut être plus grande et les poids moins considérables. Plus grande légèreté, moins d'espace occupé, plus de vitesse du piston, tels sont les avantages réalisés par l'invention des machines à connexion directe.

Mais à côté de ces avantages il existe un défaut majeur provenant du frottement considérable des extrémités de la traverse de la tige du piston sur les glissières destinées à maintenir cette tige dans l'axe du cylindre, et ce frottement est d'autant plus grand que la grande bielle est plus courte, puisqu'alors elle fait des angles plus grands avec la tige du piston. Pour diminuer, autant que possible, ce frottement, on a augmenté la longueur de la grande bielle, et l'on a été conduit tout naturellement aux machines à bielle renversée, que nous allons décrire un peu plus loin.

Remarquons, en outre, que la vitesse étant plus grande, les organes plus rapprochés les uns des autres, la conduite de la machine doit être plus difficile, et les soins à apporter plus minutieux.

39. La planche III montre les dispositions différentes adoptées le plus souvent pour les machines à connexion directe, à cylindre fixe, dans lesquelles l'articulation de la grande bielle et de la tige du piston se trouve entre le cylindre et l'arbre.

Dans la fig. 2, la machine est destinée à faire marcher les roues d'un navire; le cylindre est vertical et placé directement au-dessous de l'arbre.

Dans la fig. 3, la machine doit faire marcher un arbre à hélice; le cylindre est encore vertical, mais au-dessus de l'arbre. Cette espèce de machine est connue plus généralement sous le nom de machine à pilon.

Les cylindres peuvent être horizontaux, comme dans la fig. 1, alors l'axe de l'arbre se trouve dans le même plan horizontal que l'axe du cylindre. Cette disposition est souvent employée pour les navires à hélice.

Par la disposition indiquée dans la fig. 4, et qui est employée pour les navires à hélice, on abaisse le poids beaucoup plus que dans les machines à pilon, où encore on peut avoir plus de course de piston.

Quant à la fig. 5, c'est par le fait la même disposition que celle de la fig. 4; seulement la première est destinée aux navires à hé-lice, et l'autre aux navires à roues.

40. La nécessité de régulariser le mouvement met dans l'o-bligation de placer au moins deux machines sur un navire, sur-tout quand la machine communique, sans l'intermédiaire d'une roue dentée et d'un pignon, le mouvement à l'arbre de l'hélice. Nous avons plusieurs navires qui ont quatre machines; les An-glais et les Américains en ont sur lesquels on trouve trois ma-chines.

Il n'y a pas de règle fixe pour la place à donner aux machines. Tel constructeur met toujours les cylindres du même bord, les conden-seurs leur faisant équilibre; tel autre, au contraire, met l'un d'un bord, l'autre de l'autre. Cependant, lorsqu'il y a quatre cylindres, ordinairement deux sont placés d'un côté, et deux de l'autre.

Nombre des machines à connexion directe mises sur un navire.

MACHINE A CONNEXION DIRECTE, A CYLINDRE FIXE
ET A BIELLE RENVERSÉE.

41. Comme nous l'avons dit au sujet de la machine précé-dente, le frottement des tourillons de la traverse de la tige du piston sur les glissières a conduit à donner une plus grande lon-

Pl. IV.

gueur à la grande bielle. On est arrivé ainsi aux machines à bielle renversée, dans lesquelles l'articulation de la bielle et de la tige du piston se trouve au delà de l'arbre moteur.

Dans ces machines, le piston porte ordinairement deux tiges 3 qui comprennent, dans le sens vertical, l'arbre moteur, et, dans le sens horizontal, la manivelle. Les extrémités de ces tiges sont reliées entre elles par une traverse coudée. C'est sur le milieu de cette traverse que se trouve l'articulation de la grande bielle. La glissière 10, qui reçoit les tourillons 9 de la traverse, est du bord opposé par rapport à la position occupée par le cylindre; elle est, comme dans la pl. IV, entourée par le condenseur, ou au-dessus de ce dernier.

Le piston 13 de la pompe à air est mené par une des tiges du piston au moyen d'une demi-traverse, ou encore par une troisième tige 5 fixée sur le piston.

Pour tout le reste, se reporter à ce qui a été dit pour la machine précédente.

Dans la pl. IV, on voit calée, sur l'arbre de couche, une grande roue dentée 22, qui s'engrène avec une seconde roue 23, semblable à la première, mais placée au-dessus d'elle. Cette seconde roue est montée sur un arbre 21, qui donne le mouvement au tiroir 18. Au moyen d'une roue à manette 27 et de plusieurs roues dentées, on peut faire marcher l'extrémité d'une traverse fixée sur l'arbre des tiroirs et changer ainsi la position de ces derniers. Ce mouvement est indépendant de la grande roue engrenée avec celle calée sur l'arbre de couche.

Cette mise en train, détaillée à l'article des mises en train, est connue sous le nom de mise en train Mazeline.

Fonctionnement des machines à bielle renversée.

42. Le fonctionnement des machines à bielle renversée, étant exactement le même que celui de la machine précédente, dont elle n'est, du reste, qu'une modification, nous ne reviendrons pas sur ce sujet.

Dispositions différentes de la machine à bielle renversée.
Pl. III.

45. La pl. III montre les différentes dispositions que l'on peut aussi donner au cylindre dans les machines à bielle renversée.

Ainsi le cylindre peut être placé verticalement au-dessus ou au-dessous de l'arbre moteur; mais, parfois, on ne met qu'une seule tige au centre du piston, et cette tige porte une traverse, des extrémités de laquelle partent deux branches qui vont se réunir à une autre traverse sur laquelle vient s'articuler la grande bielle.

On trouve encore des machines à connexion directe et à bielle renversée dans lesquelles la tige du piston sort du cylindre du côté opposé à l'arbre.

Il n'y a encore qu'une tige, mais il y a deux grandes bielles formant les deux grands côtés d'un parallélogramme, dont les deux petits sont articulés, l'un avec la tige du piston, l'autre avec la manivelle de l'arbre.

Enfin toutes les dispositions dont il a déjà été parlé peuvent être prises pour la machine à bielle renversée.

44. Comme pour toutes les autres machines, on voit toujours sur un navire deux appareils à bielle renversée et souvent quatre. Dans le premier cas, les deux cylindres peuvent être l'un d'un côté et l'autre de l'autre, ou tous les deux du même bord.

A l'opposé de chaque cylindre est la glissière. Dans l'espace laissé libre, au milieu du navire, au-dessous des glissières, ou encore autour de ces dernières, sont les condenseurs, les pompes à air, celles alimentaires et celles de cale. La disposition de ces organes dépend des idées ou même du caprice des constructeurs.

Quand un navire possède quatre machines, les quatre cylindres sont le plus généralement placés deux d'un bord et deux de l'autre.

MACHINE A CONNEXION DIRECTE,

A CYLINDRE FIXE ET A PISTON ANNULAIRE,

OU MACHINE A FOURREAU.

45. Dans les machines à connexion directe que nous venons de voir, il y a toujours pour renvois de mouvement la tige ou les tiges de piston, la grande bielle et la manivelle de l'arbre.

Dans les machines à fourreau ou, mieux, à piston annulaire dont nous allons parler, il n'y a plus de tige de piston ; ce dernier est directement lié avec la grande bielle, et les glissières, qui produisent un si grand frottement dans les machines à connexion directe, disparaissent. Ce système de machine, plus simple que tous les autres au point de vue du mécanisme, se répand beaucoup dans la marine ; le peu d'espace qu'il occupe le rend on ne peut plus précieux.

Dans la machine à fourreau, le piston 2 entoure un cylindre 3, nommé fourreau, qui traverse le couvercle et le fond du cylindre dans des presse-étoupe.

Ce fourreau fait corps avec le piston et suit tous ses mouvements en le maintenant dans un plan perpendiculaire à l'axe du cylindre, but que remplit la tige du piston dans les autres machines. Par le fait, le fourreau est donc une tige ou, mieux, un guide pour le piston.

Au milieu de la longueur du fourreau 3 est un tourillon 4, sur lequel vient s'articuler la grande bielle 5, qui communique le mouvement à la manivelle 6 de l'arbre moteur.

La longueur du fourreau est au moins égale à deux fois la course du piston, puisqu'il doit rester engagé dans ses presse-étoupe, alors que le piston arrive soit à l'une des extrémités, soit à l'autre du cylindre. Son diamètre intérieur dépend de la distance du cylindre à l'arbre moteur. En effet, plus cette distance est grande, plus l'angle de la bielle avec l'axe du cylindre est petit quand la manivelle est perpendiculaire à la bielle; par suite, plus le diamètre du fourreau est petit.

La distribution de vapeur se fait comme nous l'avons vu pour les machines décrites précédemment; la mise en train est une de celles dont nous avons parlé.

Dans la machine que représente la fig. 1 de la pl. V, et qui est de M. Peen, le tiroir est sur le côté des cylindres qu'on ne voit pas. La mise en train est celle de Stephenson.

La pompe à air, celle alimentaire et celle de cale sont menées par le piston à vapeur lui-même, mais elles pourraient l'être de toute autre manière.

L'arrangement des organes d'une machine est sujet à tant de combinaisons différentes, qu'on ne peut donner que des généralités; mais elles suffiront pour faire comprendre une machine, ou même les plans de cette machine, quelle que soit la nouveauté du système.

46. Les machines à fourreau fonctionnent comme toutes celles dont nous avons déjà parlé; seulement il faut ne considérer, comme surface de piston, que la partie annulaire qui reçoit l'action de la vapeur.

47. Nous avons déjà dit plus haut que la simplicité du mécanisme de ces machines, le peu d'espace qu'elles occupent tendaient à les répandre chaque jour davantage sur les navires. Elles ont pourtant des inconvénients très-grands; ainsi, la surface du piston n'étant, par le fait, que la partie annulaire qui entoure le fourreau, pour avoir la même surface de piston que dans une machine à piston plein il faut donner au cylindre un diamètre beaucoup plus grand. Par suite, il y a plus de surface extérieure à perdre la chaleur communiquée par la vapeur; en outre, le fourreau qui présente une surface considérable, et qui est exposé, à chaque coup de piston, à se refroidir en se baignant tout entier dans l'air, est aussi la cause de grandes pertes. Il y a là évidemment une quantité considérable de vapeur dépensée pour suffire non-seulement au rayonnement des grandes surfaces que présente le cylindre, mais encore au réchauffement continuel du fourreau.

La bielle, étant toujours directe, est nécessairement très-courte; par suite, ses angles avec l'axe du cylindre, alors que la manivelle est perpendiculaire avec elle, sont assez grands pour produire un frottement considérable du fourreau dans ses presse-étoupe et même du piston contre les parois du cylindre.

Enfin la confection des presse-étoupe du fourreau présente beaucoup de difficultés, et laisse presque toujours des fuites de vapeur qui augmentent encore les pertes de chaleur.

48. Les différentes positions données au cylindre dans les machines à connexion directe, à bielle directe, pl. III, peuvent aussi être données au cylindre des machines à fourreau. Sur des navires à roues, où ce système de machine est employé, le cylindre est généralement placé verticalement au-dessous de l'arbre moteur; sur les navires à hélice, il est placé le plus souvent dans le même plan horizontal que l'axe de l'arbre moteur. Cependant, dans les deux cas, il peut être incliné soit par en haut, soit par en bas. *Dispositions différentes des machines à fourreau.*

Pl. V, fig. 2.

Fig 3.

Pour les hélices, le cylindre est quelquefois vertical et placé au-dessus de l'arbre; dans ce cas, on rentre dans les machines à pilon.

Quand le cylindre est vertical, au-dessous de l'arbre moteur, il est ordinairement monté sur le condenseur et la bâche; quand il est horizontal, le condenseur est placé du bord opposé au cylindre.

49. Le nombre de machines à fourreau embarquées sur un même navire est toujours de deux, et quelquefois de quatre. *Nombre de machines embarquées sur un navire.*

50. On peut encore faire rentrer dans les machines à fourreau celle de M. Broderip, dont la fig. 6 de la planche V donne une idée. On voit que dans cette machine il n'y a, par le fait, qu'un demi-fourreau. Le travail dans le cylindre, suivant que la vapeur agit en dessus ou au-dessous du piston, est bien différent; car dans le premier cas la surface de ce piston est beaucoup plus petite que dans le second. *Système qu'on peut faire rentrer dans les machines à fourreau.*

Pl. V, fig. 4.

Système qui rentre
dans les machines
à connexion directe
et à cylindre fixe.
Pl. V, fig. 5.

51. Enfin nous comprendrons encore dans les machines à connexion directe et à cylindre fixe celle de M. Legendre, représentée par la fig. 5 de la planche V. Le piston possède une surface de portage, sur les parois du cylindre, plus grande que ce qui a lieu ordinairement; cette disposition a pour but de maintenir le plan du piston perpendiculaire à l'axe du cylindre. La tige est remplacée par une bielle articulée sur le piston et sur la manivelle de l'arbre. Cette bielle traverse le couvercle du cylindre dans un presse-étoupe sphérique porté par une plaque glissante. De cette manière, le presse-étoupe peut suivre la bielle dans les différentes inclinaisons que lui donne la manivelle de l'arbre.

Le presse-étoupe du couvercle semble devoir être d'une exécution difficile; quant aux frottements du piston, il est au moins aussi grand que dans les machines à fourreau. Cependant, si cette machine a donné de bons résultats, son système est aussi simple que celui à fourreau, et il présente moins d'inconvénients sous le point de vue de la perte de chaleur.

MACHINE A CONNEXION DIRECTE, A CYLINDRE MOBILE.
MACHINE A CYLINDRE OSCILLANT.

Pl. VI.
Pl. V *bis*.

52. Dans les machines à fourreau dont nous venons de parler, les organes de renvoi de mouvement se réduisent à la grande bielle et à la manivelle de l'arbre; la simplicité est aussi grande dans les machines à cylindre oscillant, les seuls renvois de mouvement sont la tige du piston et la manivelle de l'arbre.

Dans le principe, l'emploi des machines à cylindre oscillant fut restreint aux ateliers; M. Cavé les appliqua le premier aux navires à vapeur, mais on crut longtemps que ce système ne conviendrait jamais aux puissantes machines. La légèreté du mécanisme engagea cependant à faire des essais nombreux; enfin, aujourd'hui, il y a des machines à cylindre oscillant de mille chevaux et plus.

Dans ces machines, les cylindres sont supportés par des tourillons latéraux placés généralement au milieu de leur hauteur. Ces tourillons sont creux: l'un donne passage à la vapeur qui vient de la chaudière, l'autre à celle qui vient du cylindre pour se rendre au condenseur. Un conduit annulaire 2 et 3 met les tourillons en communication avec deux tiroirs 4, placés ordinairement l'un d'un côté du cylindre, l'autre de l'autre, entre les deux tourillons.

D'autres conduits 5 aboutissent aux orifices, et font communiquer le haut et le bas du cylindre avec le tiroir.

Les tourillons, le conduit annulaire et ceux qui aboutissent aux orifices sont du même jet de fonte que le cylindre.

Les tourillons du cylindre tournent entre des coussinets portés par de forts paliers 7, solidement fixés sur les plaques de fondation.

Le conduit de vapeur s'unit à l'un des tourillons au moyen d'un presse-étoupe qui permet au cylindre d'osciller ; l'autre est uni de la même manière au tuyau qui mène au condenseur ou à celui qui doit laisser échapper la vapeur dans l'atmosphère, si la machine ne condense pas en vase clos.

La tige du piston 8 est articulée comme une bielle ordinaire sur le bouton des manivelles 9 de l'arbre moteur ; mais, devant donner le mouvement d'oscillation au cylindre, elle est beaucoup plus forte que dans les autres machines et faite en acier fondu ou en bonne étoffe.

En outre, comme l'emploi d'un parallélogramme est impossible, et qu'il faut cependant que la tige du piston reste toujours dans l'axe du cylindre, quelle que soit la position de ce dernier, on fait passer cette tige dans un long presse-étoupe 10 fondu avec le couvercle, et qui donne un peu à ce dernier la forme d'un chapeau chinois dont il porte le nom. De cette manière, la tige est solidement maintenue sur une longueur assez grande, même quand le piston est au haut de sa course. Plusieurs constructeurs ont ajouté au cylindre deux guides parallèles comprenant entre eux le bouton de la manivelle et reliés au-dessus de cette dernière par une traverse ; ces guides aident beaucoup la tige du piston dans le mouvement d'oscillation qu'elle donne au cylindre en suivant le cercle décrit par la manivelle. La machine du *Newton* était ainsi disposée.

Le mouvement du tiroir, dont il sera plus particulièrement parlé lorsqu'il sera question de cet organe, est donné par un excentrique monté sur l'arbre moteur, ou sur la partie de cet arbre comprise entre les deux machines, et qu'on désigne sous le nom d'arbre intermédiaire.

Quand les cylindres sont au-dessous de l'arbre moteur, le condenseur est ordinairement placé entre les deux cylindres, sous l'arbre intermédiaire ; au-dessus de lui sont les pompes à air, les bâches et les pompes alimentaires. La tige du piston de la pompe à air reçoit son mouvement de l'arbre moteur, soit au moyen d'une manivelle ou d'un vilebrequin, soit au moyen d'un excentrique. Dans tous les cas, pour maintenir la tige du piston de la pompe à air dans l'axe de cette dernière, la tige porte une traverse dont les extrémités passent dans des guides fixés aux bâtis de la machine.

Quant aux pompes alimentaires et à celles de cale, elles sont disposées de diverses manières, tantôt auprès de la pompe à air, recevant le mouvement de la traverse de la tige du piston de cette pompe, tantôt sur les côtés de la machine, recevant le mouvement au moyen d'excentriques fixés sur l'arbre, ou de petits balanciers appelés mouvements de sonnette.

Dans les autres positions données aux cylindres oscillants, la place assignée au condenseur et aux pompes dépend beaucoup des conditions dans lesquelles sont placés les constructeurs, et de la place que doivent occuper les machines, soit en hauteur, soit en largeur; il est donc impossible de fixer les idées à cet égard. Du reste, comprenant bien la fonction particulière de chacun des organes essentiels d'une machine, on doit pouvoir trouver immédiatement ces organes dans un appareil que l'on voit pour la première fois. On doit même, d'après les modifications apportées par le constructeur, saisir le but que ce dernier a voulu atteindre, les améliorations qu'il a cherché à réaliser.

Fonctionnement des machines à cylindre oscillant.

55. Le cylindre pouvant suivre les différentes inclinaisons de la tige du piston, le mouvement rectiligne alternatif du piston se trouve transformé en mouvement circulaire continu pour la manivelle de l'arbre, sans le secours d'une grande bielle.

Avantages et désavantages des machines à cylindre oscillant.

54. Il y avait plusieurs choses à redouter dans l'emploi des cylindres oscillants sur mer :

1° Les mouvements du navire pouvaient contrarier ceux des cylindres, et créer des résistances capables de rendre le travail irrégulier;

2° La tige du piston, forçant alternativement, d'un côté et de l'autre, sur son presse-étoupe, pour entraîner le cylindre dans son mouvement d'oscillation, pouvait s'ovaliser et le piston devait produire le même effet sur le cylindre;

3° On pouvait encore craindre la fatigue des tourillons, qui supportent non-seulement leur poids et celui du cylindre, mais encore la pression agissant sur le piston, puisque c'est sur eux qu'est pris le point d'appui pour que la tige de ce piston pousse la manivelle de l'arbre.

Or l'expérience a répondu à ces trois objections. Il a été prouvé que les mouvements du navire n'influençaient ceux du cylindre que d'une manière peu sensible; que la tige, son presse-étoupe, le cylindre et le piston, après plusieurs années de service, étaient à peine aussi ovalisés que ceux des machines à balanciers. Enfin des vérifications nombreuses ont démontré que le parallélisme des principales pièces d'une machine à cylindre oscillant, parallélisme qui repose tout entier sur celui des tourillons, ne variait pas plus que dans les machines à cylindre fixe.

Le seul inconvénient sérieux de ces machines est l'imperfection du vide et la perte de pression occasionnée par la longueur des conduits de vapeur, et surtout par les coudes nombreux que font ces conduits.

55. Comme dans les autres systèmes de machines dont nous avons déjà parlé, on donne aux cylindres oscillants des positions différentes.

Dispositions différentes des machines à cylindre oscillant.

Ainsi on met souvent l'axe des tourillons des cylindres dans le même plan vertical que l'axe de l'arbre moteur. Dans ce cas, le cylindre oscillant est dit vertical. Si le navire est à roues, le cylindre est au-dessous de l'arbre; si, au contraire, la machine doit faire marcher une hélice, le cylindre est au-dessus et la machine rentre dans celles dites à piston.

On place aussi le cylindre horizontalement, c'est-à-dire que l'axe des tourillons et celui de l'arbre moteur sont dans un même plan horizontal.

Enfin on les incline par le haut ou par le bas, suivant que la machine doit faire marcher des roues à aubes ou à hélice; mais toujours l'axe des tourillons et celui de l'arbre moteur sont dans un même plan. Cette dernière disposition est celle généralement employée sur les navires de guerre à hélice.

Il faut remarquer que la position des tourillons n'est pas nécessairement au milieu de la longueur du cylindre; aussi l'on trouve des machines dans lesquelles le cylindre oscille autour de tourillons placés à la partie inférieure.

56. Comme pour toutes les autres machines, la régularité du mouvement met dans la nécessité de mettre deux cylindres oscillants, l'un devant être à son maximum d'effet quand l'autre est à son minimum d'action.

Nombre des machines oscillantes embarquées sur un navire.

On trouve aussi des navires sur lesquels il y a quatre machines oscillantes.

MACHINES A L'ÉTUDE. MACHINES ROTATIVES.

57. La description des machines à balanciers et de celles à connexion directe montre que toujours il faut passer par le mouvement rectiligne alternatif du piston dans le cylindre pour arriver au mouvement circulaire continu à donner à l'arbre moteur. Aussi était-il tout naturel de chercher à donner immédiatement un mouvement de rotation au piston lui-même ; par là on devait nécessairement éviter les transmissions de mouvement, qui non-seulement augmentent le prix d'une machine, mais encore absorbent une partie de la puissance utilisable de la vapeur, tout en demandant un espace plus grand pour loger l'appareil. Cette dernière considération est d'une si haute importance pour la navigation, que l'on ne saurait suivre avec trop d'attention les pas faits par les inventeurs pour donner un mouvement de rotation continu au piston.

Bien des tentatives ont été faites jusqu'à ce jour, mais aucune encore n'a donné de bons résultats, ou du moins aucune machine rotative proprement dite n'a donné les avantages obtenus avec les machines ordinaires employées sur mer et dans l'industrie. Pourtant, la vapeur, contrairement à ce que Tredgold a avancé, agit sur un piston doué d'un mouvement circulaire, exactement comme elle agit sur celui doué d'un mouvement rectiligne alternatif ; il n'y a donc à vaincre que des difficultés pratiques, et il faut espérer que bientôt nous aurons une solution satisfaisante.

Nous allons donner une idée générale des pas faits jusqu'à ce jour pour mettre le lecteur à même de suivre les essais nouveaux.

Éolype d'Héron. Pl. VII, fig. 1. La première machine rotative est, sans contredit, l'éolype d'Héron (130 ans avant Jésus-Christ); elle est basée sur la réaction de la vapeur s'échappant tangentiellement à la circonférence de la roue à laquelle on veut donner un mouvement circulaire continu. Cette machine, qui est le point de départ de toutes celles dites à bras à réaction, comporte une vitesse excessive et une dépense considérable de vapeur. Cette dépense est d'autant plus grande, que la différence entre la vitesse d'écoulement de la vapeur et celle de la roue sur laquelle elle réagit est plus considérable.

Vient ensuite la machine rotative de Watt (1782). Dans cette machine, si souvent reproduite par de nouveaux inventeurs, la vapeur arrive par le tuyau 1, vient agir sur le piston 2 et sur la vanne 3. Le piston est, d'un côté, en communication avec la chaudière, et de l'autre avec le condenseur par le tuyau 5 ; il est fixé sur l'arbre et astreint à tourner dans l'espace annulaire. Quand le piston 2 arrive à toucher la vanne 3, il la soulève et l'applique, pendant tout son passage, dans l'enfoncement 4. Dès que le piston est passé, la vanne, poussée par la vapeur qui arrive de la chaudière, vient reprendre sa première position, et le mouvement continue. Le défaut capital de cette machine est le mouvement de retour de la vanne; chassée avec force par la vapeur, elle est bientôt brisée, ou du moins les surfaces en contact sont détériorées; la fermeture avec le condenseur n'est plus parfaite, et il y a une perte de vapeur considérable.

Nous citerons encore la machine de Murdock, qui date de 1797, celles de Hornblower (1807), de Clegg (1809), de Turner (1816), de Carter (1821), de Joseph Eve (1825), de Dundonald (1844), de Peter Borrie, de Joseph Wood, de Yule et de Pilbrow, qu'on trouve décrites et représentées dans le *Traité des Machines à vapeur* de MM. Bataille et Julien.

Nous terminerons ce que nous avons à dire sur les machines rotatives par la description de celle dite américaine.

1 est un cylindre emmanché sur l'arbre moteur 2, et fixé à l'une de ses extrémités. Un autre cylindre intérieur, venu de fonte avec le cylindre 1 ou ajusté avec lui, partage l'intérieur de ce dernier en deux parties concentriques 4 et 5. Le cylindre 1 est fermé par le fond 6. L'arbre moteur 2 passe au centre des cylindres et vient appuyer sur la vis 7, placée au centre du fond du cylindre. L'arbre moteur porte, fixé sur lui, le disque 8 placé de telle sorte qu'il ferme complétement les deux cylindres 4 et 5, et les empêche de communiquer entre eux, excepté dans l'endroit marqué 9. Les parties annulaires 4 et 5, ainsi fermées par le disque 8, ne peuvent communiquer avec l'espace laissé libre derrière lui que par une ouverture 10, qui traverse le disque 8. Entre la communication 9 et l'ouverture 10, le disque 8 porte un piston 11, occupant exactement toute la section de la partie annulaire 4. Deux vannes 12, à coulisses et manœuvrées par la came 13 de l'arbre moteur, peuvent partager l'espace annulaire en deux parties séparées l'une de l'autre, tout en laissant le passage libre au piston qui doit parcourir tout cet espace

et donner un mouvement circulaire continu à l'arbre moteur.

Avant de montrer comment cette machine fonctionne, disons que la partie annulaire 5 est toujours en communication avec la chaudière, tandis que celle comprise entre le fond 6 et le disque 8 est en communication avec l'atmosphère. Il suit, de cette disposition et des vannes 12, que l'un des côtés du piston 11 est toujours soumis à la force expansive de la vapeur, tandis que l'autre n'est chargé que par la pression atmosphérique ou par celle de la vapeur du condenseur, si la condensation se fait dans un vase clos.

Si donc, dans la position du piston représentée par la section transversale, la vapeur arrive par la communication 9, cette vapeur poussera le piston dans le sens indiqué par la flèche, puisque les cloisons 12 sont fermées. Quand le piston sera arrivé près de la cloison 12', cette dernière se retirera pour se refermer aussitôt qu'il sera passé. Alors la vapeur remplira la moitié de l'espace annulaire 4, l'autre partie étant en communication avec l'atmosphère ou avec le condenseur.

La vapeur de la première partie ne se condensera que quand la communication 10 commencera à passer sous la vanne 12, avant le passage du piston.

On peut employer cette machine comme pompe rotative; le mouvement étant donné au disque, le vide se fait dans la partie annulaire 4; par suite, l'eau arrive par le tuyau 14 et la partie 5 pour être repoussée derrière le disque et dans le tuyau 15.

MACHINES A VAPEUR ET A AIR CHAUD COMBINÉS.

58. En 1856, M. Félix Foucou prit un brevet d'invention pour une machine à vapeur dans laquelle le mouvement circulaire continu est donné par une hélice conique qui reçoit l'action directe de la vapeur, à laquelle vient se joindre une certaine quantité d'air.

Machine rotative de M. Félix Foucou.

Avec ce système, en supposant qu'il arrive à donner de bons résultats, une machine de bord se composerait d'une chaudière et d'un arbre portant deux hélices, l'une intérieure recevant l'action de la vapeur, l'autre extérieure communiquant la vitesse au navire.

On peut voir que, dans cette dernière machine, un élément nouveau vient se joindre à la vapeur ; c'est l'air chaud, qui semble destiné à jouer un rôle important comme auxiliaire de la vapeur.

M. Joyeux ajoute, à la chaudière à bouilleurs ordinaire d'une machine à haute pression, des tubes de fonte serpentant entre les foyers, les bouilleurs et les chaudières. Un cylindre soufflant fait constamment pénétrer, dans ces tubes de fonte, de l'air et de la vapeur mélangés. Ce cylindre soufflant chasse l'air d'abord dans un conduit hélicoïdal qui, après avoir entouré la cheminée, vient aboutir à un distributeur à six orifices; la vapeur, de son côté, aboutit à un distributeur pareil, mais distinct du précédent.

Un double tiroir ouvre et ferme simultanément chacun des six orifices correspondant à l'un des six serpentins, de manière qu'à une quantité reçue d'air déjà échauffé par la cheminée vienne s'ajouter une quantité suffisante de vapeur.

C'est alors que le mélange parcourt le tube en fonte qui passe d'abord deux fois, en se repliant sur lui-même, entre la chaudière et les bouilleurs, et se replie encore pour passer entre les bouilleurs et le foyer. Après avoir parcouru 12 mètres d'un milieu où la chaleur augmente progressivement, le mélange surchauffé se rend au tiroir du cylindre à vapeur pour y remplir la fonction habituellement dévolue à la vapeur seule.

La machine Ericsson est basée sur le même principe; mais M. Ericsson ne chauffe l'air que cylindre par cylindre; il en résulte une alimentation insuffisante. M. Joyeux a évité cet inconvénient en produisant une alimentation d'air chaud continu.

Dans le système Joyeux, le mélange aériforme, après avoir agi dans le cylindre moteur, se rend dans un nouveau conduit hélicoïdal qui entoure celui dont nous avons déjà parlé; de sorte qu'au courant d'air frais descendant par l'hélice d'en dedans, pour y acquérir la chaleur de la cheminée, est superposé un courant aériforme surchauffé montant par l'hélice d'en dehors et laissant une grande partie de sa chaleur à cet air. Enfin la vapeur condensée est reçue dans une bâche et restituée à la chaudière à une haute température.

MACHINE A VAPEUR DE M. SAUVAGE.

59. On lit dans le deuxième volume de l'*Ami des Sciences :* « M. Sauvage, mécanicien, a adressé à l'Académie un mé-

moire et les plans relatifs à une machine à vapeur de son invention. Cette machine rentre dans le système de celles à condensation par surface; elle est à cylindre vertical. Les organes que M. Sauvage signale comme nouveaux dans sa machine, ou du moins comme ayant été perfectionnés par lui, sont les suivants :

1° Un condenseur par surface,
2° Un réservoir pneumatique,
3° Un réservoir à eau dans le vide,
4° Un réservoir alimentaire,
5° Un régulateur du foyer.

« Dans cette machine c'est la même eau qui, successivement vaporisée et condensée, passe toujours de la chaudière à la machine, de la machine au condenseur, du condenseur à la chaudière; le réservoir pneumatique sert à maintenir le vide d'une manière continue dans le condenseur; le réservoir à eau sert à séparer les graisses et à éviter leur retour dans la chaudière; la pompe (alimentaire probablement) fonctionne à l'aide d'un robinet au lieu d'une soupape *self-acting;* enfin le feu se trouve modéré par un registre mis en mouvement, lorsqu'il y a lieu, par la pression développée dans la chaudière.

« En résumé, les expériences ont donné une augmentation de force de 22 pour 100 et une diminution de dépense en combustible de 60 pour 100. La comparaison a été faite avec la même machine agissant sans condensation. On ne compte pas ici la suppression radicale des incrustations. »

Ces expériences datent de plus de deux années ; le peu de bruit fait par la machine de M. Sauvage, depuis lors, semblerait faire penser que les avantages n'étaient pas aussi grands que ceux que l'on cite.

MACHINES A VAPEUR RÉGÉNÉRATRICES.

Machine à vapeur régénératrice de Siemens.

60. Régénérer la vapeur, c'est rendre à celle-ci la chaleur utilisée à chaque coup de piston. Au lieu de faire de la vapeur nouvelle, utiliser continuellement la même en lui rendant la chaleur qu'elle a perdue, tel est le problème de la régénération de la vapeur.

Pl. VII, fig. 5.

M. Siemens, ingénieur honoraire, est parti du principe suivant pour faire la machine représentée pl. VII, fig. 5.

Toute production de mouvement par la chaleur est une transformation de la chaleur en effet mécanique; et réciproquement,
toute production de chaleur par le mouvement est une transformation de mouvement en chaleur. En d'autres mots, la chaleur,
la force mécanique, l'électricité, l'affinité chimique, le son, la
lumière sont des manifestations d'une seule et même cause, le
mouvement.

1 et 2 sont deux foyers; 3 et 4, deux chaudières entourant
tout le mécanisme intérieur; 5 et 6, parois cylindriques destinées
à diriger la flamme des foyers; 7 et 8, deux enveloppes en fonte
frappées sans cesse par la flamme ou les gaz chauds; leurs fonds
sont repoussés et arrondis pour que la surface de chauffe soit
plus grande, leurs parois intérieures sont hérissées de pointes
pour qu'elles transmettent mieux la chaleur à la vapeur qui vient
s'y régénérer, y recouvrer sa température et sa pression premières. 9 et 10 sont deux pistons se mouvant dans les cylindres 11 et 12, ouverts aux deux extrémités et en communication
avec le générateur. Les tiges sont réunies par une espèce de glissière dans laquelle passe le bouton de la manivelle 13 de l'arbre moteur. Les pistons sont préservés de la grande chaleur des
enveloppes 7 et 8 par une espèce de boîte remplie de charbon
pilé. Un troisième cylindre, perpendiculaire aux deux premiers,
reçoit un troisième piston 14, dont la grande bielle vient aussi
agir sur la manivelle 13, pour faire dépasser les points morts.
Entre l'enveloppe 7 et 8, et les parois extérieures des cylindres
horizontaux, sont des toiles métalliques dont l'ensemble prend
le nom de respirateurs, et qui ont pour but de prendre et de
donner successivement de la chaleur à la vapeur.

Ces toiles métalliques prennent une grande partie de la chaleur
de la vapeur qui vient d'agir sur les pistons 9 et 10, et la rendent
à cette même vapeur lorsqu'elle revient pour agir de nouveau.

Voici comment cette singulière machine fonctionne :

Supposons la vapeur de la chaudière introduite dans un des
deux cylindres horizontaux 11, par exemple; au-dessous du
piston 9, elle s'y trouve immédiatement en contact avec la paroi
brûlante 7, s'y réchauffe et acquiert son maximum de tension.
Le piston 9, chassé par cette force, augmente l'espace laissé libre
derrière lui. Parvenu à un certain point de sa course, il laisse
passer la vapeur dans l'espace annulaire rempli de toiles métalliques enroulées plusieurs fois sur elles-mêmes et placées verticalement.

Une des extrémités du respirateur, celle avoisinant la partie du cylindre en fonte qui reçoit directement l'action du foyer, participe nécessairement de sa chaleur; mais l'autre extrémité est à une température comparativement très-basse, de sorte que la vapeur, en traversant les toiles, leur cède la majeure partie de sa chaleur, et, tombant rapidement de 400 à 150 degrés, devient vapeur saturée de vapeur à haute pression qu'elle était; puis, trouvant une issue qui la conduit sous le piston 14 du cylindre 15, dont la capacité est double de celle des autres, elle achève de s'y détendre, et le piston 14 s'élève pour lui faire place. Comme ce troisième cylindre n'est point extérieurement en contact avec le foyer, ainsi que le sont les deux autres, la vapeur s'y maintient à l'état de vapeur saturée seulement.

Supposons maintenant que la vapeur arrive alors sous le piston 10 dans le cylindre 12, les choses s'y passeront comme nous l'avons dit plus haut; la vapeur traversera le respirateur et se rendra dans le cylindre 15, mais au-dessus du piston.

Qu'arrive-t-il alors? Le piston du cylindre 15, appelé cylindre régénérateur, descend et chasse la vapeur détendue, qui se trouve au-dessous de lui, dans le premier cylindre 11, dont le piston ne trouvant plus de résistance est redescendu, tandis que l'autre montait. Cette vapeur repasse à travers les toiles du respirateur, commence à s'y réchauffer en traversant l'extrémité la plus rapprochée du fourneau et, arrivée sous le piston, s'y retrouve en contact avec la paroi brûlante qui lui rend toute sa tension. Il en résulte que le piston est de nouveau chassé au dehors, tandis que le piston 10 revient sur ses pas. Les deux cylindres 11 et 12 sont désignés par M. Siemens sous le nom de cylindres travailleurs.

Le mouvement alternatif circulaire ou oscillant donné à la manivelle de l'arbre par les tiges des pistons des deux cylindres travailleurs se change en un mouvement circulaire continu par le fait de l'action de la bielle du piston régénérateur qui fait dépasser les points morts.

Ainsi la même vapeur, successivement chauffée et refroidie, ou tendue et détendue, agit sur les pistons travailleurs, leur donnant en force ce qu'elle a reçu en chaleur; et, si l'on pouvait faire une machine qui n'eût aucune déperdition de chaleur, la même vapeur, une fois produite, servirait indéfiniment sans qu'il fût nécessaire d'en introduire de nouvelle, sans que la machine eût besoin d'organes pour l'alimentation.

Mais, comme la construction d'une semblable machine est aussi impossible que la création du mouvement perpétuel si longtemps cherchée, M. Siemens a ajouté à sa machine un petit organe de distribution, au moyen duquel il introduit un dixième environ de vapeur nouvelle fournie par la chaudière, quantité qu'il a jugée nécessaire pour entretenir le mouvement de la machine. L'excédant de la partie nécessaire de cette vapeur, toujours à haute pression, est, du reste, évacué dans l'atmosphère ; mais avant il traverse la boîte qui doit fournir l'eau d'alimentation et échauffe cette dernière.

La chaudière est construite de manière à envelopper les deux cylindres travailleurs, de sorte qu'il y a très-peu de perte de chaleur.

Il est évident qu'une machine construite sur les bases dont nous venons de parler doit occuper moins de place que toute autre employée jusqu'à ce jour, car elle n'exige qu'une chaudière comparativement très-petite, et enfin elle ne doit brûler que peu de charbon, la vapeur à fournir n'étant que le $\frac{1}{10}$ de celle nécessaire dans un appareil ordinaire. Tels sont, en effet, les résultats constatés dans l'atelier de M. Farcot, et consignés dans le rapport de M. Servel, ingénieur, chef du bureau technique de Paris.

Nous avons cru devoir nous étendre assez longuement sur la machine régénératrice de M. Siemens, parce qu'elle est probablement destinée à produire une grande révolution dans les machines à vapeur. L'idée de rendre à la même vapeur la chaleur qu'elle dépense en travail, pour la faire servir de nouveau, est on ne peut plus heureuse et elle fait entrer la machine à vapeur dans une nouvelle voie qui sera bien vite dégagée des obstacles qui l'obstruent.

M. Seguin aîné est aussi l'inventeur d'une machine dans la-quelle la même vapeur, après avoir reçu la chaleur qu'elle a donnée en travail, revient de nouveau pour agir sur le piston. Mais nous ne savons si cette machine, sur laquelle nous n'avons pas assez de détails pour la décrire, a donné de bons résultats.

Machine à vapeur ré-générée de M. Se-guin aîné.

MACHINES A VAPEURS COMBINÉES.

61. L'éther ayant son point d'ébullition entre 38 et 40 degrés, et alors sa vapeur ayant une pression égale à celle de l'atmos-phère, on a dû penser à utiliser cette grande volatilisation.

Machines à vapeur d'eau et d'éther de M. du Trembley.

M. du Trembley est l'inventeur de machines dans lesquelles la vapeur d'eau, après avoir agi sur le piston d'un cylindre ordinaire, passe dans l'intérieur de tuyaux entourés d'éther. Ce dernier liquide passe à l'état de vapeur sous l'influence de la chaleur que la vapeur d'eau abandonne, et la vapeur d'éther va agir sur le piston d'un second cylindre, pour venir se condenser, par contact, dans un condenseur tubulaire entouré d'eau froide. Le travail des deux cylindres s'exerce sur l'arbre moteur comme à l'ordinaire et donne le mouvement au propulseur. Dans ces machines, la production de la vapeur d'éther ne coûte rien et la dépense de la vapeur d'eau est moitié moindre que dans les machines ordinaires de même force. On devrait donc réaliser une économie en combustible de 50 pour 100, tandis que les expériences n'ont jamais donné plus de 30 pour 100. Ce dernier résultat est encore si avantageux, que les machines à vapeurs combinées se seraient répandues promptement si la vapeur d'éther, très-inflammable, n'était pas souvent la cause d'incendies à bord.

Pour cette raison, on a remplacé l'éther par le chloroforme, dont les vapeurs ne sont pas aussi inflammables ; mais leur action sur le système nerveux des hommes chargés de conduire les machines, et même sur celui de tous ceux qui sont à bord, rend son emploi si dangereux que la plupart des navires, dont les machines étaient à vapeurs combinées, ont changé leurs appareils pour revenir à la vapeur d'eau seule.

<h3 style="text-align:center">MACHINE A VAPEUR D'ÉTHER.</h3>

Nouvelle machine à vapeur d'éther de M. Tissot.

62. Par le fait, toute la question pour l'emploi de la vapeur d'éther, ou pour celle de chloroforme, gît dans des joints assez bien faits pour empêcher toute fuite, et surtout dans un moyen de préserver les garnitures de ces joints de l'action décomposante exercée par la vapeur d'éther.

Dans la nouvelle machine de M. Tissot, ce double but semble avoir été atteint.

M. Tissot supprime complétement le moteur à vapeur ordinaire; sa machine n'a donc qu'un cylindre, comme presque toutes celles qui agissent sous l'influence de la vapeur d'eau. Sous le rapport de la simplicité du mécanisme, c'est déjà un résultat obtenu. Pour éviter les fuites, il entoure la chaudière, dans laquelle l'éther passe à l'état de vapeur, d'un bain-marie; mais il associe à l'éther d'autres substances : ainsi il ajoute à 100 litres d'éther 2 litres environ d'une huile essentielle, en excluant celle de térébenthine qui produit de fâcheux effets. En outre, il fait traverser par l'éther, chaque fois que celle-ci revient du condenseur à la chaudière par l'organe d'alimentation, une mince couche d'huile d'olive ou de pieds de bœuf, qui repose elle-même sur une couche d'eau dans le sein de laquelle débouche le tuyau d'alimentation. Il résulte de cette disposition que l'éther entraîne une portion de la couche d'huile supérieure ; et comme d'un autre côté on a eu soin de faire dissoudre préalablement, dans une couche d'eau qui occupe le fond de la chaudière, une petite quantité de soude, l'huile qui s'associe à l'éther passe à l'état de savonule. Le composé qui résulte de cette double combinaison jouit de précieuses qualités ; il n'altère pas les parois des cylindres, des pistons et des autres parties frottantes ; quand, au bout d'un long usage, on démonte la machine pour en examiner l'intérieur, on trouve sur toute l'étendue des parois une mince couche de corps gras au-dessous de laquelle le métal, — fonte ou fer, — est tel qu'il est sorti de l'atelier. Quant aux fuites, elles sont sensiblement nulles, parce que le composé d'éther et de savonule ne détruit pas les garnitures des joints. Un troisième avantage qui doit être constaté, c'est que le composé de vapeur d'éther et de savonule se détend d'une manière bien plus fructueuse que ne l'aurait pu faire la vapeur d'éther pur.

Si les choses se passent comme l'auteur semble l'assurer, les machines à éther entrent dans une nouvelle voie, et l'on doit espérer que bientôt elles attireront l'attention publique.

Ce que nous venons de dire sur les différentes machines à l'étude nous semble suffisant pour que l'on puisse saisir les tendances des inventeurs et suivre les pas qu'ils font chaque jour. L'étude des inventions nouvelles est indispensable pour le mécanicien jaloux de se tenir au courant des progrès continus qui se font dans toutes les branches de l'industrie.

CHAUDIÈRES OU GÉNÉRATEURS.

DES CHAUDIÈRES EN GÉNÉRAL. — FORME DES CHAUDIÈRES A HAUTE OU A BASSE PRESSION. — CHAUDIÈRES EN FER OU EN CUIVRE.

65. Les générateurs ou chaudières des machines à vapeur en général sont des vases clos en fer ou en cuivre, dans lesquels la

Des chaudières à vapeur en général.

vapeur se forme et s'emmagasine. Une chaudière doit satisfaire aux deux conditions suivantes :

1° Solidité assez grande pour résister à la pression de la vapeur qu'elle doit contenir ;

2° Capacité en rapport avec la quantité de vapeur à fournir, sans que la consommation du combustible dépasse les limites fixées par l'expérience.

Ces deux conditions sont très-difficiles à remplir ; aussi, chaque jour, de nouveaux inventeurs se creusent l'esprit pour perfectionner les systèmes utilisés, ou même pour en découvrir d'autres. Chacun espère arriver à produire de la vapeur et, par suite, de la force à meilleur marché que ses devanciers, et se lance dans les routes tracées ou se fraye de nouveaux sentiers.

Pour beaucoup le voyage est ruineux, bien peu ont la rétribution de leur travail, et cependant, chaque jour, de nouveaux ouvriers viennent concourir à ce labeur si souvent infructueux. Respect à tous, une force plus puissante que le désir d'amasser des richesses ou de conquérir la gloire les pousse en avant. Ils doivent dégager et jalonner la route que tous suivront plus tard sans fatigue.

Dans toutes les machines à vapeur, la chaudière remplissant les mêmes fonctions (produire et emmagasiner la vapeur) se compose nécessairement de parties et d'organes qu'on doit retrouver dans toutes, quel que soit le système particulier d'utiliser la chaleur du combustible employé.

Ainsi tout générateur pourra se diviser en trois parties :

1° Le foyer dans lequel a lieu la combustion ;

Que cette partie soit indépendante du générateur, comme dans la plupart des chaudières employées à terre, ou qu'elle fasse partie de la chaudière, comme dans toutes celles employées pour la navigation, peu importe ; le foyer étant indispensable existe toujours.

2° Le réservoir d'eau, partie du générateur occupée par le liquide à vaporiser.

3° Le réservoir de vapeur, espace libre dans lequel vient s'accumuler, s'emmagasiner la vapeur formée.

La première partie possède toujours les organes suivants :

1° Une grille pour supporter le combustible.

2° Un cendrier, partie située en dessous de la grille et qui donne passage à l'air dont l'oxygène est indispensable pour la combustion. Cette partie reçoit encore les cendres et les scories, résidus non combustibles qui restent après la combustion.

3° Un fourneau, partie supérieure du foyer, celle au-dessus de la grille. C'est dans le fourneau que s'opère la combinaison des gaz avec l'oxygène de l'air.

4° Les courants de flamme, carneaux ou tubes, qui ne sont, par le fait, que la continuation du fourneau, servent à utiliser la chaleur du gaz entraîné par le tirage et à conduire à la cheminée les gaz délétères.

Pl. VIII.

5° La cheminée, suite nécessaire des courants de flamme, est indispensable pour produire le tirage ou l'appel de l'air dans le cendrier ; elle doit, en outre, conduire à une certaine hauteur dans l'atmosphère les gaz nuisibles à la santé de l'homme, et les flam-mèches, qui ont le temps de s'éteindre avant de tomber sur les lieux environnants.

La deuxième partie d'une chaudière quelconque, le réservoir d'eau, comporte toujours les organes suivants :

1° L'organe d'alimentation destinée à renouveler le liquide qui s'en va en vapeur, celui qui s'écoule par les fuites, et enfin celui que l'on extrait volontairement de la chaudière pour empêcher la saturation de l'eau de mer et, par suite, les dépôts de sel.

2° La prise d'eau qui permet d'emplir le réservoir d'eau quand la chaudière est vide, et de la vider quand elle est pleine. Ce dernier résultat ne peut s'obtenir que si la pression intérieure est plus forte que la pression atmosphérique augmentée de celle de la colonne d'eau mesurée par une hauteur égale à la distance qui sépare le niveau de l'eau dans la chaudière du niveau de l'eau en dehors du navire.

Nous parlons ici plus particulièrement des chaudières marines, presque toujours placées au-dessous du niveau de la mer à l'extérieur du navire. Dans les locomotives, un trou supérieur permet de remplir la chaudière alors qu'elle est vide ; un robinet inférieur, nommé robinet de vidange, donne le moyen de vider le réservoir d'eau.

Pl. VIII.

3° Un tube de niveau, tube de verre placé en dehors de la chaudière et dont le milieu correspond avec le niveau normal de l'eau dans le générateur. La partie supérieure du tube de niveau communique avec le réservoir de vapeur, la partie inférieure avec le réservoir d'eau. La fonction du tube de niveau est d'indiquer à quelle hauteur se trouve le liquide dans le générateur.

Quelquefois le tube de niveau est remplacé par un indicateur du niveau, mais alors le même but est atteint.

4° Les robinets-jauges, petits robinets, au nombre de trois généralement, qui servent aussi à indiquer le niveau de l'eau dans l'intérieur de la chaudière, tout en donnant le moyen de contrôler les indications du tube de niveau ou de l'indicateur du niveau.

Quand il y a trois robinets, celui inférieur débouche dans le réservoir d'eau à quelques centimètres du niveau normal, celui du milieu à la hauteur du niveau normal, et celui supérieur à quelques centimètres dans le réservoir de vapeur. Quand il n'y a que deux robinets, celui du milieu n'existe pas. Il résulte de cette disposition que, la chaudière convenablement remplie, le robinet inférieur doit toujours donner de l'eau, celui du milieu de l'eau et de la vapeur, et celui supérieur de la vapeur seulement.

Enfin dans le réservoir de vapeur d'une chaudière on trouvera les organes suivants :

1° Une ou plusieurs soupapes de sûreté; disques mobiles maintenus par un poids calculé de telle sorte qu'il cède sous la pression de la vapeur intérieure de la chaudière, lorsque la tension de cette vapeur dépasse la limite fixée d'avance.

Ces soupapes sont renfermées dans une boîte qui communique avec l'extérieur par le tuyau d'évacuation. Ce tuyau suit la cheminée et était terminé autrefois comme l'indique la fig. 5 de la planche VIII. La boule avait pour but de condenser la vapeur, l'entonnoir avait pour fonction de conduire l'eau condensée dans un petit tuyau qui aboutissait dans la cale ou au dehors du navire. Aujourd'hui on a généralement abandonné cette disposition et toutes celles analogues, on laisse tomber sur le pont la vapeur condensée.

2° Une soupape atmosphérique, chargée d'établir l'égalité de pression au dehors et au dedans de la chaudière, si tout à coup la condensation de la vapeur contenue venait faire disparaître toute pression intérieure, laissant la chaudière soumise extérieurement à la pression atmosphérique.

3° Un manomètre ou indicateur de la pression, chargé de donner d'une manière permanente la pression exercée dans la chaudière par centimètre carré de surface.

4° Un tuyau de conduite de la vapeur au cylindre de la machine; ce tuyau est fermé par des obturateurs qu'on désigne sous le nom de soupapes d'arrêt.

En outre, toute chaudière est percée de trous qui permettent de visiter ou de réparer l'intérieur.

Ces ouvertures sont :

1° Le trou d'homme, pratiqué dans le coffre à vapeur ; il peut donner passage à un homme pour pénétrer dans la chaudière ;

Pl. VIII, fig. 4.

2° Les trous de sel ou autoclaves, portes qui s'ouvrent dans les endroits qu'on ne peut atteindre en passant par le trou d'homme, et qui permettent de retirer les dépôts de sel ou même de détacher ces dépôts des surfaces intérieures de la chaudière.

Pl. VIII, fig. 3.

Tels sont les organes de conduite et de sûreté qu'on retrouve dans toutes les chaudières en usage jusqu'à ce jour. La pratique a démontré la nécessité de plusieurs autres organes qui ne sont malheureusement pas encore sur toutes les chaudières marines, ce sont :

1° Un saturomètre donnant d'une manière permanente le degré de saturation de l'eau contenue dans la chaudière ;

2° Un thermomètre donnant d'une manière permanente la température du liquide et, par suite, celle de la vapeur, comme le manomètre donne sa pression : ces deux derniers instruments se contrôleraient l'un par l'autre ;

3° Un sifflet d'alarme, parlant toutes les fois que le niveau de l'eau tombe au-dessous des limites inférieures qu'il ne doit jamais atteindre, et pouvant parler à volonté pour révéler la position du navire la nuit, ou en temps de brume.

La quantité de vapeur fournie par une chaudière dépend évidemment de la chaleur donnée à l'eau ; mais cette chaleur est recueillie et transmise au liquide en contact par le métal qui reçoit l'effet de la combustion ; la quantité de vapeur formée dépend donc aussi de la grandeur de la surface exposée au feu, nommée surface de chauffe. Or l'expérience a démontré qu'il vaut mieux que la surface de chauffe d'une chaudière soit étendue que soumise à une trop grande action calorifique ; ainsi on obtient beaucoup plus de vapeur avec un feu modéré agissant sur une grande surface qu'avec une combustion très-violente concentrée sur une petite.

Surface de chauffe.

La disposition des surfaces a aussi une grande influence sur la vaporisation ; ainsi l'ardeur de la combustion diminuant depuis le fourneau, où elle est à son maximum, jusqu'à la cheminée, où elle ne doit être que ce qui est nécessaire au tirage, les parties entourant le fourneau recevront donc beaucoup plus de chaleur que celles qui en sont éloignées. Pour cette raison, on compte que les parties qui forment le fourneau au-dessus de la grille produisent trois ou quatre fois plus de vapeur à surface égale que celles des tubes ou des carneaux. Les surfaces verticales ne donnent pas non plus autant de vapeur que celles horizontales, et l'on ne compte leur production que moitié de ces dernières.

La surface exposée directement à la flamme du fourneau se désigne sous le nom de surface directe, les autres prennent le nom de surfaces de chauffe indirectes. Les premières vaporisent de 80 à 100 litres d'eau par heure et par mètre carré, les secondes ne dépassent guère 15 litres.

C'est ordinairement d'après ces données que l'on calcule la surface de chauffe d'une chaudière.

L'expérience a démontré qu'elle devait être de $1^m,25$ par force de cheval ; du reste, une seule considération doit limiter l'étendue à donner aux surfaces de chauffe ; c'est qu'il faut que la température de la flamme, ou celle de la fumée au pied de la cheminée, soit assez considérable pour entretenir le tirage nécessaire à une bonne combustion.

Sur mer, des conditions de légèreté et surtout le défaut d'espace ne permettent pas d'atteindre une surface de chauffe aussi considérable, et l'on ne dépasse guère $1^m,10$ à $1^m,20$ par force de cheval. Beaucoup de générateurs restent même au-dessous de cette limite ; ils compensent, autant que possible, ce défaut par l'extrême activité donnée à la combustion, au moyen d'un tirage artificiel qui entraîne toujours une perte considérable de combustible et la détérioration assez prompte de la chaudière ; car il faut un certain temps pour que la chaleur puisse traverser le métal d'une chaudière : on active bien un peu ce passage par une plus grande différence de température entre la face en contact avec la flamme et celle baignée par l'eau, mais ce résultat n'est souvent obtenu qu'au détriment du métal et d'une consommation exagérée de combustible. Il existe ici, comme en tout, une limite que l'on ne doit pas dépasser, et l'expérience fait vite connaître à un maître mécanicien attentif la production de vapeur maximum qu'il peut obtenir, sans fatiguer les chaudières qu'il est chargé de conduire et sans augmenter la perte de combustible.

Dans un ouvrage de M. G. W. William, et traduit de l'anglais par M. D. Bona-Christan, officier de la marine impériale, on trouve de nouvelles considérations sur la combustion et l'absorption de la chaleur par les surfaces de chauffe. Le chapitre XVII, qui traite de la manière d'accroître la puissance de transmission de la surface intérieure de la tôle des chaudières, rapporte une expérience des plus intéressantes et donne des chiffres si concluants, qu'on s'étonne de ne pas voir des essais sérieux entrepris pour réaliser des avantages aussi considérables que ceux dont nous allons parler.

Dans la fig. 6 de la pl. VII, 1 et 2 sont des vases d'étain contenant la même quantité d'eau froide. 1 est muni de conducteurs en fil de cuivre débordant la même quantité en dehors et en dedans du vase; 2 est conservé uni. Un thermomètre 3 est suspendu dans chaque vase; 4 est un carneau vertical, servant à l'écoulement des produits de la combustion d'un fort bec de gaz.

Pl. VII, fig. 6.

Les résultats suivants représentent, pour les deux vases, la marche progressive de la température de l'eau jusqu'à ce qu'elle soit parvenue à l'ébullition.

COMPARTIMENT AVEC CONDUCTEURS.	COMPARTIMENT SANS CONDUCTEURS.

Température initiale.......... 16° C.

Après 2 minutes... Temp. 23°,8	Après 2 minutes... Temp. 21°,1
— 4 — ... 35°,0	— 4 — ... 27°,7
— 6 — ... 51°,1	— 6 — ... 38°,3
— 8 — ... 66°,1	— 8 — ... 47°,7
— 10 — ... 80°,5	— 10 — ... 54°,4
— 12 — ... 93°,8	— 12 — ... 63°,3
— 13 — ... 100°,0	— 14 — ... 68°,8
	— 16 — ... 72°,7
	— 18 — ... 77°,2
	— 20 — ... 82°,7
	— 22 — ... 86°,6
	— 24 — ... 91°,1
	— 26 — ... 95°,0
	— 28 — ... 98°,0
	— 29 — ... 100°,0

Ainsi donc, l'eau du vase muni de conducteurs a été élevée à 100 degrés en 13 minutes, tandis que celle du vase à parois lisses a mis 29 minutes à entrer en ébullition.

Trois chaudières en étain, une n'ayant pas de conducteurs, la seconde en ayant débordant dans le foyer seulement, la troisième en possédant qui débordaient et dans le foyer et dans le liquide, ont été aussi expérimentées. Le liquide contenu dans les trois chaudières était le même, l'expérience dura le même temps pour chacune d'elles, et la même quantité de gaz d'éclairage fut dépensée pour les chauffer.

La comparaison des trois expériences donna les résultats suivants :

	Chaleur retenue.	Chaleur perdue.
1° Compartiment sans conducteurs..........	424°,4	1226°,6
2° Compartiment avec conducteurs simples..	478°,0	984°,2
3° Compartiment avec conducteurs doubles..	496°,3	821°,3

M. William parle ensuite de nombreux exemples de l'heureuse application de ces conducteurs de chaleur aux chaudières de terre et de mer, qui ont été munies de quelques milliers de chevilles de $0^m,076$, et qui ont fait un usage constant pendant plusieurs années, sans aucune fuite et sans perdre une seule cheville.

Appareil évaporatoire d'une machine marine.

L'appareil évaporatoire d'une machine marine se compose toujours, lorsqu'elle est d'une certaine force, de plusieurs chaudières complètes, ayant chacune sa communication avec la cheminée et le tuyau de conduite de la vapeur au cylindre ; cette disposition permet de séparer de l'ensemble une des chaudières pour la réparer ; elle donne aussi le moyen de n'employer qu'une partie de l'appareil.

Chaudières employées sur mer.

64. Les systèmes généralement adoptés pour la navigation sont les suivants :

1° *Chaudières à carneaux de Watt.* — Ces chaudières, appelées aussi chaudières à tombeau à cause de leur forme extérieure, sont employées le plus souvent pour servir les machines à basse pression. L'effort que les parois de ces chaudières ont à supporter étant très-faible, la pression atmosphérique équilibrant presque toute la force expansive de la vapeur, les surfaces qui les composent sont planes et ne sont soutenues par des tirants que lorsque leur étendue est trop considérable. Dans ces chandières, la surface de chauffe est obtenue au moyen de longs conduits entourés d'eau, appelés carneaux, dans lesquels circulent la flamme et la fumée avant d'arriver à la cheminée ; la disposition, la section et la longueur de ces carneaux peuvent varier, mais ces modifications n'altèrent en rien la forme extérieure des chaudières à tombeau.

2° *Chaudières tubulaires et à lames d'eau verticales.* — Les chaudières tubulaires et celles à lames d'eau verticales, appelées ainsi parce que les carneaux sont remplacés soit par des tubes, soit par de petits carneaux étroits, dans lesquels la flamme, la fumée et les gaz chauds circulent avant de se rendre à la cheminée.

Ces chaudières, employées pour les machines à moyenne et quelquefois pour celles à haute pression, ont besoin d'une plus grande force de résistance que celles à tombeau ; aussi toutes leurs surfaces sont disposées de manière à résister aux pressions qu'elles doivent supporter, soit par leurs formes arrondies, soit par de nombreux tirants.

3° *Chaudières cylindriques à bouilleurs.* — Les chaudières, destinées spécialement aux machines à haute pression, ont toutes leurs surfaces cylindriques ou sphériques. La surface de chauffe est obtenue au moyen de plusieurs gros tubes très-résistants, nommés bouilleurs. Ces bouilleurs sont séparés de la chaudière elle-même, à laquelle ils ne sont unis que par des tubulures et plongent dans la flamme du foyer.

Ces chaudières, qui furent employées pour la première fois dans la marine française sur les canonnières à haute pression, construites pour la guerre contre les Russes, sont posées sur un massif de maçonnerie construit de manière à former, avec les bouilleurs et le corps de la chaudière, des conduits dans lesquels la flamme, la fumée et les gaz circulent.

65. En résumé, une chaudière destinée à faire marcher une machine marine doit réunir certaines qualités ; les formes différentes, les systèmes nouveaux n'ont pour but que d'arriver à un meilleur résultat que celui obtenu jusqu'ici.

Ces conditions essentielles sont :

1° Résistance en rapport avec la pression à supporter ;

2° Surface de chauffe assez étendue pour utiliser le plus possible la chaleur dégagée par la combustion du charbon de terre ;

3° Foyer capable de brûler tout ce qui est combustible dans le charbon de terre ;

4° La plus grande légèreté possible, légèreté qu'on ne peut obtenir qu'en diminuant le volume du réservoir d'eau et, par suite, la quantité d'eau contenue.

66. Pour comprendre les raisons qui ont conduit à donner aux chaudières les différentes formes qu'elles affectent extérieurement, il faut se pénétrer de la manière dont résistent les surfaces d'un vase clos soumis à une pression intérieure. Ainsi une surface plane, poussée de dedans au dehors, tend à se bomber ; par suite, une chaudière ayant la forme d'un parallélipipide rectangle, soumise à une pression intérieure, tend à prendre la forme d'un cylindre et ses bases celle d'une demi-sphère. Elle atteindrait certainement cette forme si le métal pouvait céder jusque-là, et elle la conserverait alors, car l'expérience a démontré qu'un vase cylindrique à bases sphériques n'était pas déformé par l'action d'une pression intérieure ; il peut éclater sous l'effort de cette pression, mais sa forme géométrique ne change pas.

On peut donc conclure qu'à épaisseur égale les surfaces planes présentent la résistance la plus faible, et que les surfaces courbes sont d'autant plus résistantes qu'elles se rapprochent davantage de la surface sphérique.

Par suite, dans la construction des chaudières destinées à supporter des pressions intérieures si différentes, on a dû nécessairement tenir compte de l'observation précédente pour la forme à donner aux surfaces. Ainsi, on a pu faire des chaudières à basse pression avec des surfaces planes, à angles vifs de raccordement ; mais dans les chaudières à moyenne pression, on a été forcé d'arrondir les surfaces et les angles de raccordement. Enfin, dans les chaudières à haute pression, on s'est rapproché le plus possible du cylindre pour le corps du générateur et de la sphère pour ses extrémités. On ne pourrait pas faire une chaudière à haute pression avec des surfaces planes et des angles vifs, mais on pourrait en faire une à basse pression avec des surfaces cylindriques et sphériques ; seulement le travail serait beaucoup plus long et, par suite, plus dispendieux, et cela sans aucune utilité.

D'après les formes extérieures d'une chaudière, on pourra donc toujours connaître si le générateur est destiné à contenir de la vapeur à basse pression ou à haute pression.

MÉTAL EMPLOYÉ DANS LA CONSTRUCTION DES CHAUDIÈRES.

Chaudières en fer ou en cuivre.   **67.** Les chaudières sont faites en fer ou en cuivre ; chacun de ces métaux a ses avantages et ses inconvénients ; mais aujourd'hui, où les pressions élevées deviennent d'un emploi plus général, le fer, dont la résistance est beaucoup plus grande que celle du cuivre, est presque uniquement employé.

D'après les expériences ordonnées par l'institut de Franklin, les plaques de tôle employées dans une chaudière présentent une ténacité de plus en plus grande à mesure que la température s'élève, jusqu'à ce qu'elle ait atteint 300 à 310° centigrades; seulement alors leur force de résistance commence à décroître.

Le cuivre se comporte différemment : sa ténacité semble diminuer à mesure que sa température s'élève, et cela à partir du point de congélation. Aussi admet-on, comme loi empirique, que le carré de la diminution de la ténacité du cuivre est comme le cube de sa température.

Le seul avantage réel que présente le cuivre, comparé au fer, est sa longue durée. Quant à ses désavantages, ils sont nombreux, et l'on peut les résumer ainsi :

1° Le cuivre est très-facilement attaqué par le soufre que contient presque toujours la houille.

2° Le sel, que laisse toujours l'eau de mer qui s'écoule par une fuite dans les courants de flamme, semble aussi attaquer les surfaces qui forment ces courants de flamme.

3° Les fuites d'eau ne sont pas bouchées par le sel qui se dépose sur les bords, comme cela arrive pour le fer ; elles tendent, au contraire, à augmenter de plus en plus.

4° Les explosions dans les chaudières en cuivre sont plus probables que dans les chaudières en fer, si le niveau de l'eau laisse les surfaces de chauffe exposées directement à l'action de la flamme. Cela résulte de ce que nous avons dit plus haut sur la ténacité différente des deux métaux.

5° Enfin, pour les pressions élevées, employées aujourd'hui sur mer, le cuivre est trop mou.

Au commencement de l'emploi des machines à vapeur, le cuivre donnait plus de facilité dans la construction des chaudières, parce qu'il était possible de le travailler à froid, ce qu'on ne peut faire avec la tôle ; mais aujourd'hui l'outillage est assez avancé pour que le travail de la tôle ne présente pas plus de difficultés que celui du cuivre.

En résumé, la tôle l'emporte de beaucoup sur le cuivre pour la construction des chaudières, on ne peut lui reprocher que son peu de durée; mais, avec des soins bien entendus, un maître mécanicien pourrait doubler la durée commune des chaudières qui lui sont confiées. Nous reviendrons sur cette question importante quand nous traiterons l'entretien et la réparation des machines.

CONSTRUCTION DES CHAUDIÈRES.

68. Nous ajouterons ici quelques mots sur la construction des Construction des chaudières.

chaudières ; ces renseignements peuvent guider dans les réparations à bord.

Les feuilles de tôle composant une chaudière sont courbées pour prendre la forme de la place qu'elles doivent occuper ; elles sont réunies, cousues entre elles au moyen de rivets traversant les deux tôles, qui se doublent, à cet effet, d'une quantité suffisante.

Les côtés en saillie sont disposés de manière à ne pas gêner la circulation de l'eau et de la vapeur.

Dans les chaudières à basse pression, et même dans celles à moyenne pression, les feuilles de tôle ne sont unies entre elles que par un seul rang de rivets ; mais, dans les chaudières à haute pression, l'on met ordinairement deux rangs, les rivets de la seconde rangée occupant l'entre-deux de ceux de la première.

Les rivets, espacés les uns des autres de centre en centre, de deux fois à deux fois et demie leur diamètre, sont toujours mis à chaud et faits avec du fer ayant du nerf, sans cependant qu'il soit trop doux. Dans les foyers et les courants de flamme, la tête du rivet se place du côté du foyer, cette tête étant plus capable que la rivure de résister à l'action destructive du feu : dans les autres parties de la chaudière, c'est le contraire ; la tête est placée en dedans. Le diamètre d'un rivet doit être au moins égal à la somme des épaisseurs des tôles et des cornières à réunir, et l'on donne à la tête un diamètre double de celui de la tige. On doit, le moins possible, buriner les rivets, le métal coupé ou buriné se rongeant beaucoup plus vite que celui durci sous le marteau.

Les coutures faites, on les mate avec soin, c'est-à-dire que les bords des tôles sont refoulés au moyen d'un matoir ou d'un ciseau à mater ; enfin on les lave avec de l'urine, ou une solution de sel ammoniac, en faisant pénétrer le liquide entre les feuilles.

La tôle ne doit être courbée qu'à chaud, surtout quand elle a des angles marqués et qu'elle est épaisse ; sans cette précaution, on risque de la gercer, surtout si le pli est dans le sens du laminage.

Dans les chaudières à basse pression, les angles sont ordinairement formés au moyen de cornières, sorte d'arêtes préparées d'avance, et percés de trous pour recevoir les rivets qui les unissent aux tôles composant l'enveloppe de la chaudière. Le plus souvent, avant la réunion des tôles et des cornières, on ferme avec ces dernières la carcasse de la chaudière.

Les cornières, faites en fer doux et facile à ployer, sont à vive arête; elles se placent en dedans de la chaudière, les tôles les recouvrant. On ne les courbe qu'à chaud, et les joints qui les unissent entre elles sont aplatis de manière à ne pas augmenter l'épaisseur du métal dans ces parties.

Dans les chaudières à moyenne pression, et surtout dans celles à haute pression, on forme les arêtes au moyen des tôles recourbées, ces dernières présentant beaucoup plus de résistance que les cornières.

Les tôles qui entrent dans la composition d'une chaudière ne sont pas toutes de la même épaisseur, quoique toutes, cependant, aient à supporter le même effort dépendant de la pression de la vapeur; mais la position qu'elles occupent entre pour beaucoup dans la détérioration qu'elles éprouvent par l'oxydation, et l'on tient compte de l'énergie de l'effet destructif pour l'épaisseur à donner à chacune d'elles.

Ainsi, en considérant l'enveloppe seulement, les tôles du fond de la chaudière sont plus épaisses que toutes les autres; viennent ensuite celles qui forment les faces latérales et enfin celles de la partie supérieure. Dans les courants de flamme on donne plus d'épaisseur aux tôles qui sont directement exposées à l'action du feu.

On met, entre les coutures, pour les rendre étanches, du sel ammoniac dissous dans de l'eau ou de l'urine. Ce dernier liquide est préférable, car le fer soumis à son action augmente considérablement de volume. D'après M. Persoz, cette augmentation est assez grande pour faire briser les pierres dans lesquelles le fer est encastré.

Action de l'urine sur
le fer.

CHAUDIÈRES A CARNEAUX.

69. Bien des dispositions différentes ont été adoptées par les constructeurs dans les chaudières à carneaux, mais nous ne parlerons ici que de celles que l'on rencontre le plus généralement dans la marine.

Pl. VIII.

Pour les grandes machines, l'appareil évaporatoire se compose de plusieurs corps de chaudières, et le plus souvent, quand ces chaudières sont à carneaux, chacune d'elles est formée de deux parties.

Ces deux parties peuvent être accolées l'une à l'autre dans le sens de leur longueur. Dans ce cas, l'une des parties, ordinairement celle placée au milieu du navire, renferme deux foyers ; l'autre, celle d'en abord, n'en possède qu'un. La flamme et les gaz formés pendant la combustion se réunissent d'abord dans un carneau commun aux trois foyers ; puis ils passent dans les carneaux intérieurs pour traverser l'ouverture commune aux deux parties ; ils circulent alors dans les carneaux de la partie d'en abord pour revenir, en traversant la communication, dans le carneau de la partie du milieu qui aboutit à la cheminée.

D'autres fois les deux parties sont l'une derrière l'autre, comme l'indiquent les fig. 1 et 2 de la pl. VIII ; dans ce cas, celle d'en avant porte les foyers, et celle de l'arrière les carneaux. La fumée et les gaz, après leur formation dans la première partie et leur réunion dans le carneau qui est placé derrière elle, circulent dans les carneaux de la seconde, pour se rendre à la cheminée.

L'eau entoure complétement les carneaux ; le liquide d'en dessus est en communication avec celui d'en dessous par les espaces qui séparent les carneaux verticalement.

Pour faire communiquer le liquide dans les deux parties d'une même chaudière et obtenir un même niveau, un disque ou tuyau très-court est boulonné sur les tôles de chacune d'elles, dans leur plan de contact.

Il y a aussi, à la partie inférieure, un tube qui fait communiquer les parties par le bas.

Quand il y a deux chaudières, elles sont placées l'une à côté de l'autre dans le sens de la largeur du navire, et les foyers tournés du même côté. Dans ce cas, la fumée de chacune d'elles arrive, par une ouverture demi-circulaire terminant les carneaux, à la naissance de la cheminée, qui se trouve alors placée à cheval sur les deux parties en contact.

S'il y a trois corps de chaudières, la cheminée est placée sur celui du milieu, et les foyers sont encore tournés soit sur l'avant, soit sur l'arrière. Mais, si la machine possède quatre, six ou huit chaudières, les dispositions sont différentes ; dans le cas de quatre chaudières elles sont ordinairement placées dos à dos, la moitié des foyers sur l'avant, l'autre moitié sur l'arrière ; la cheminée est à cheval sur les angles en contact des quatre chaudières ; les carneaux de chacune d'elles se terminent alors par des ouvertures ayant la forme d'un quart de circonférence. Quand il y a six ou huit chaudières et même quand il ne s'en trouve que quatre, la moitié est parfois placée sur l'avant, l'autre moitié sur l'arrière de la machine ; alors il y a deux cheminées, une pour chacun des groupes de chaudières. Dans cette dernière disposition le pont est plus encombré, la manœuvre des voiles est plus difficile, la machine est plus pesante, mais les poids sont mieux distribués de chaque côté du centre de gravité, et les qualités du navire peuvent être meilleures.

Enfin, dans beaucoup de nouvelles machines, les chaudières sont placées de chaque côté du navire, les fourneaux tournés en dedans et, par suite, se regardant. Dans ce cas, une cheminée unique, placée au milieu du navire, reçoit les gaz et la fumée de toutes les chaudières.

Cette disposition économise de la place, il est vrai, mais elle rend plus pénible le service des chauffeurs, la chambre de chauffe ayant deux de ses côtés formés par les surfaces chaudes des chaudières. En outre, la température de ce lieu étant toujours très-élevée, l'air dilaté ne passe pas en quantité suffisante entre les barreaux des grilles pour fournir le volume d'oxygène nécessaire à la combustion. Cependant le tirage produit un tel courant d'air, que les chauffeurs ont la partie inférieure du corps glacée, tandis que la partie supérieure est toujours en transpiration.

Dans les machines à roues, les chaudières sont ordinairement sur l'arrière de la machine, quand il n'y a qu'un groupe ; dans les mêmes circonstances, celles des machines à hélice sont sur l'avant ; mais, s'il y a deux groupes de chaudières et que le navire soit à roue, ils sont placés, le plus souvent, l'un sur l'avant, l'autre sur l'arrière.

Dans les navires où l'espace est toujours si limité, il a fallu construire des chaudières occupant peu de place, pesant le moins possible, et disposées de manière à pouvoir être nettoyées facilement, car l'emploi de l'eau de mer entraîne la formation de dépôts considérables, qui obstrueraient bientôt les chaudières, si on ne pouvait les faire disparaître.

Bien des essais ont été tentés par la chimie, aucun n'a donné de résultats satisfaisants ; aussi s'en tient-on aujourd'hui aux extractions, qui consistent à faire sortir de la chaudière une partie de l'eau surchargée de sel, pour la remplacer par une quantité égale venant de la bâche.

Le liquide situé au-dessous des cendriers et des carneaux reçoit très-peu de chaleur, et pour ce motif est presque inutile à la production de vapeur ; il semblerait donc qu'on pourrait le supprimer; mais cette partie de la chaudière sert de réservoir aux eaux les plus saturées, et reçoit tous les dépôts solides ou pâteux qui se détachent des surfaces intérieures de la chaudière. Des ouvertures, nommées portes de sel, portes de vidange, et encore autoclaves, permettent de retirer ces dépôts.

Tirants et entretoises.
Pl. VIII, fig. 1.

70. Comme nous l'avons déjà dit, les surfaces planes résistent moins que celles courbes ; aussi, même dans les chaudières à basse pression, est-on obligé de soutenir ces surfaces par des tiges de fer nommées tirants (marquées 29 sur la figure), qui réunissent deux surfaces opposées. Des tôles qui comprennent des espaces étroits comme ceux séparant les carneaux l'un de l'autre sont aussi soutenues par des tirants ou, mieux, des entretoises (marquées 28 sur la figure), dont il sera question plus loin, quand nous parlerons des différentes parties des chaudières.

Réservoir d'eau.

71. Le réservoir d'eau d'une chaudière est toute la partie située au-dessous du niveau d'eau et occupée par le liquide.

Réservoir de vapeur.
Coffre à vapeur ou chambre à vapeur.

72. On appelle réservoir de vapeur, coffre ou chambre à vapeur, toute la partie de la chaudière située au-dessus du niveau de l'eau, et destinée à recevoir la vapeur à mesure qu'elle se forme dans le réservoir d'eau. Cet espace doit être assez grand pour que la vapeur dépensée par chaque coup de piston ne fasse pas baisser la pression d'une manière sensible, car alors cette irrégularité dans l'effort exercé au-dessus du liquide produirait des ébullitions dont les conséquences pourraient être graves.

Pl. VIII.

On voit souvent, au-dessus des chaudières, un véritable coffre 9 qui est lié avec elles ; c'est là, véritablement, le coffre à vapeur ; il est la continuation du réservoir de vapeur ; c'est un moyen d'augmenter la capacité de cet endroit.

A terre, on admet que le volume occupé par la vapeur doit être de six à huit fois celui engendré par les pistons, ce qui fait pour chaque chaudière un volume égal environ à celui occupé par l'eau ; mais à bord, le défaut d'espace fait rester, le plus souvent, au-dessous de ces limites consacrées par l'expérience.

C'est du réservoir que partent le tuyau de conduite aux cylindres et celui du manomètre. Cette partie de l'appareil ne renferme jamais de dépôts, mais l'eau qui passe toujours par les coutures desséchées du pont produit une oxydation telle que la chambre de vapeur est, presque toujours, la première hors de service, quand elle n'est pas protégée par une enveloppe en bois ou par une peinture épaisse, dans laquelle il entre beaucoup de goudron minéral ou coltar.

75. On appelle lames d'eau, en général, les proportions de liquide comprises entre deux tôles très-rapprochées l'une de l'autre, comme celles qui forment les cloisons des foyers et celles des carneaux, le fond de la chaudière et la partie inférieure des cendriers. Cependant on appelle plus particulièrement nappe d'eau inférieure la couche du liquide qui sépare le bas des cendriers du fond de la chaudière, et nappe d'eau supérieure celle qui recouvre les conduits de flamme. En admettant ce sens, les lames d'eau serviraient de communication aux nappes d'eau.

La nappe d'eau inférieure, qui contient de l'eau plus chargée de sels que les lames d'eau, reçoit le tuyau d'extraction ; de cette manière on peut retirer de la chaudière l'eau la plus saturée et la moins chaude. C'est aussi vers cette partie qu'aboutit l'extrémité du tuyau d'alimentation, dans le but de prévenir une condensation partielle de la vapeur par l'arrivée de l'eau froide dans les parties chaudes.

74. Le trou d'homme est une ouverture ovale assez large pour donner passage à un homme et servant à pénétrer dans la chaudière pour la visiter, la nettoyer ou la réparer ; il est ouvert sur la face supérieure du réservoir de vapeur, et se ferme au moyen d'une plaque ovale en fonte introduite de dehors en dedans suivant son plus petit axe, et garnie, sur son pourtour, de tresses frottées de mastic à la céruse et au minium. Ainsi placée intérieurement, cette porte est d'autant plus comprimée que la pression est plus grande ; elle est, en outre, maintenue dans cette position par une ou deux traverses en fer placées en travers du trou et unies avec elle au moyen de boulons à écrou.

Dans quelques chaudières à basse pression, la porte du trou d'homme est simplement une plaque de tôle placée au-dessus du réservoir de vapeur et unie à la tôle de la chaudière par de nombreux boulons.

75. Les chaudières à carneaux ont l'inconvénient majeur, pour la navigation, d'occuper une place considérable, de contenir une grande quantité d'eau et, par suite, de peser beaucoup ; aussi l'emploi des chaudières tubulaires, beaucoup plus légères, bien moins encombrantes, se répand-il chaque jour davantage, et presque partout ce nouveau générateur remplace les chaudières à carneaux, mises hors de service.

Tous les autres détails relatifs aux chaudières à carneaux se trouveront plus loin, quand il sera question des organes communs à toutes les chaudières.

Lames d'eau, nappes d'eau.

Trou d'homme.
Pl. VIII, fig. 4.

Inconvénients des chaudières à carneaux.

CHAUDIÈRES TUBULAIRES.

76. Dans les chaudières tubulaires, les carneaux sont remplacés par des tubes que la flamme, les gaz et la fumée traversent avant de se rendre à la cheminée. Ces tubes offrent une si grande surface de chauffe, que toutes les dimensions du générateur sont considérablement diminuées.

77. Il y a deux espèces de chaudières tubulaires :

Chaudières tubulaires à flamme directe. Pl. X, fig. 6.

1° Celles à flamme directe, dans lesquelles les tubes font suite au foyer ; alors la flamme, à la sortie des foyers, s'engage dans les tubes ou autour d'eux, pour aller dans la cheminée qui se trouve à l'arrière de la chaudière. C'est le cas de presque toutes les chaudières des locomotives et des locomobiles.

Chaudières tubulaires à retour de flamme.

78. 2° Celles à retour de flamme, dans lesquelles les tubes sont placés au-dessus du foyer ; alors la cheminée se trouve sur l'avant de la chaudière.

Chaudières tubulaires internes et chaudières tubulaires externes.

79. Parmi ces chaudières, les unes ont l'eau autour des tubes, les autres dans l'intérieur de ces mêmes tubes ; dans le premier cas la flamme passe dans l'intérieur des tubes, dans le second le contraire a lieu. Les premières, beaucoup plus répandues que les secondes, se nomment chaudières tubulaires externes ; les secondes ont reçu le nom de chaudières tubulaires internes.

Les constructeurs ont donné aussi des positions différentes aux tubes : les uns, et c'est le plus grand nombre, les placent horizontalement ; d'autres les inclinent, et même quelques-uns les disposent verticalement.

Chaudières Beslay. Pl. X, fig. 1.

80. M. Beslay est parmi ces derniers ; aussi les tubes de sa chaudière ne sont pas entourés d'eau dans toute leur longueur ; le tiers supérieur environ est situé dans le réservoir de vapeur.

Cette disposition présente bien l'avantage de sécher la vapeur, mais la partie des tubes non entourée d'eau est susceptible d'être brûlée. Quoique cette chaudière occupe moins de place que les chaudières tubulaires à tubes horizontaux, elle est très-peu employée sur mer ; la difficulté qu'on éprouve à nettoyer les tubes a été pour beaucoup dans son emploi restreint.

Puis on a pensé que la disposition verticale des tubes était peu favorable à la production de vapeur ; celle formée entoure le tube dans la partie baignée par le liquide et constitue une véritable enveloppe peu conductrice du calorique, qui empêche la chaleur reçue par le métal de passer dans le liquide.

81. Le diamètre des tubes des chaudières tubulaires proprement dites ne dépasse généralement pas $0^m,10$; aussi donne-t-on le nom de chaudières mixtes à celles dans lesquelles les carneaux sont remplacés par des tubes d'un assez grand diamètre ; cependant cette appellation convient mieux aux chaudières dans lesquelles la flamme passe directement dans des tubes qui font suite au fourneau pour revenir passer dans d'autres tubes placés au-dessus du foyer. Dans ces chaudières, qui sont, par le fait, à flamme directe et à retour de flamme, les tubes supérieurs sont d'un plus grand diamètre que ceux qui font suite au fourneau.

Les détails qui suivent sont plus spécialement particuliers aux chaudières tubulaires externes à retour de flamme, les autres n'étant pas employées dans la marine. Du reste, les premières ont, sur toutes les autres, l'avantage immense de permettre le nettoyage et le tamponnage des tubes sans nécessiter l'extinction des feux.

La forme extérieure des chaudières tubulaires varie beaucoup. Cependant chaque corps de chaudière ne renferme qu'une partie, et les angles sont plus arrondis que dans les chaudières à carneaux ; la face des foyers et celle opposée sont les seules que l'on fasse planes et verticales.

Quant à la cheminée, elle est placée comme celle des chaudières à carneaux ; la disposition sur les carlingues du navire est aussi la même que pour ces dernières.

82. Comme nous venons de le dire, presque toutes les chaudières tubulaires employées dans la marine sont à retour de flamme ; leur foyer occupe toute la longueur de la chaudière et aboutit à une espèce de carneau 9, appelé boîte à feu, entouré d'eau de tous côtés. Les tubes 12 partent de la boîte à feu 9 pour aller rejoindre un autre carneau 10, placé au-dessus des portes du foyer et nommé boîte à fumée ; cette dernière partie communique avec la cheminée par un conduit 11, appelé culotte. La boîte à fumée n'est pas entourée d'eau de tous côtés comme la boîte à feu ; la partie-avant de la chaudière est seulement fermée par des portes en tôle pouvant s'ouvrir à volonté. Chaque fourneau a, dans les nouvelles chaudières, son jeu de tubes séparé de celui des autres, et sa porte particulière ; cette disposition permet de nettoyer les tubes d'un fourneau sans nuire à la combustion du charbon dans les autres.

Les foyers sont entourés d'eau de tous côtés, car presque

Chaudières mixtes.
Pl. X, fig. 7.

Boîte à feu.
Pl. IX, fig. 1 et 2

Boîte à fumée.
Culotte.

toutes les chaudières tubulaires ont une nappe d'eau inférieure ; dans les lames d'eau qui séparent les foyers les uns des autres passent souvent des tirants qui unissent le haut de la chaudière avec le bas ; d'autres tirants horizontaux consolident les autres faces de la chaudière, et des entretoises soutiennent les cloisons des lames d'eau.

La face intérieure de la boîte à feu et celle de la boîte à fumée sont fermées par deux plaques de tôle d'une grande épaisseur, dans laquelle sont percés les trous des tubes. Les tubes, en nombre variable, sont disposés par rangées verticales ou en quinconce ; cette dernière disposition ne permet pas de passer les tirants et rend le nettoyage intérieur plus difficile.

Des trous de sel sont pratiqués au-dessus et au-dessous des foyers, vis-à-vis chacune des lames d'eau qui séparent ces derniers ; ceux d'en bas servent à retirer les dépôts qui tombent des tubes, ceux d'en haut permettent de détacher les couches de sel qui se forment au-dessus des ciels des fourneaux. Ces ciels sont ordinairement en voûte, quoique plusieurs constructeurs repoussent cette forme comme plus susceptible d'être brûlée que les surfaces planes.

Les chaudières tubulaires, destinées à résister à de fortes pressions, sont plus solidement construites que les chaudières à carneaux, et leurs tôles sont plus épaisses ; les cornières ne sont guère employées que pour unir les plaques des tubes, nommées ainsi plaques de tête, aux côtés de la chaudière ; partout ailleurs les tôles elles-mêmes sont courbées pour servir de cornières. Ces tôles sont jointes par une ou deux rangées de rivets, et toujours disposées de manière à ne pas gêner le dégagement de la vapeur.

Chaque chaudière pouvant fonctionner séparément porte une soupape d'arrêt 21 , une soupape atmosphérique, un tuyau d'alimentation avec robinet 19, un tuyau et un robinet de prise d'eau, qui sert à l'extraction à la main et qui peut permettre la communication des chaudières entre elles par en dessous. Outre ce tuyau d'extraction directe, les chaudières tubulaires portent souvent un petit tuyau muni d'un robinet ; ce tuyau aboutit à l'extérieur du navire, au-dessus de la flottaison, et sert à l'extraction continue. Enfin chaque chaudière porte une soupape de sûreté 16, un manomètre, un tube de niveau 18 et des robinets-jauges.

Le fourneau, les grilles, les portes des fourneaux sont disposés comme dans les chaudières à carneaux ; le tirage de la cheminée se règle au moyen des portes des cendriers qui peuvent intercepter une portion de l'air passant par les cendriers.

La proportion de la surface de chauffe des chaudières tubulaires est loin d'être déterminée, les calculs la donnent de 1,65 par force de cheval dans les chaudières réglementaires de 100 chevaux.

La surface des grilles varie entre 10 et 20 décimètres carrés par force de cheval.

Quant à la longueur, au diamètre et au nombre des tubes, éléments qui paraissent cependant très-importants, rien n'est déterminé à leur égard. Cependant, si le diamètre des tubes est trop grand, on n'obtient pas assez de surface de chauffe ; s'il est trop petit, le tirage est gêné par la suie qui vient bien vite obstruer les tubes. Leur longueur est aussi très-importante : s'ils sont trop longs, le tirage peut n'être pas suffisant parce que les gaz arrivent au pied de la cheminée avec une température trop basse, et leur nettoyage est difficile ; trop courts, ils donnent un tirage trop grand, tout en ne présentant pas une surface de chauffe suffisante.

La distance qui sépare les tubes les uns des autres n'est ordinairement que de 18 à 50 millimètres ; aussi leur nettoyage est-il très-difficile, surtout avec les tubes en fer, dont la dilatation n'est pas assez grande pour faire rompre et détacher les croûtes de dépôts qui ne sont pas dilatables.

85. Les chaudières tubulaires sont beaucoup plus légères que celles à carneaux, légèreté qui provient surtout de la petite quantité d'eau qu'elles contiennent ; aussi occupent-elles bien moins d'espace que les chaudières à carneaux. Dans les anciens appareils où l'on a remplacé les chaudières à carneaux par des chaudières tubulaires, la force de la machine a été presque doublée sans augmentation dans la dépense du combustible. Ce changement de chaudière a pu être fait sans grande modification dans les organes du mécanisme ; car dans le principe on donnait aux organes de transmission de mouvement des dimensions considérables.

Les chaudières tubulaires ont encore l'avantage de donner de la vapeur en peu de temps.

En résumé, l'adoption des chaudières tubulaires et celle des machines à connexion directe ont permis de réduire considérablement le poids des machines et l'espace occupé par elles. Pour se faire une idée des résultats obtenus, il suffit de savoir que les anciennes machines pesaient jusqu'à 1,500 kilogrammes par force de cheval, et que les nouvelles ne dépassent guère 400 kilogrammes, l'eau des chaudières comprise dans les unes et dans les autres.

Mais les chaudières tubulaires renfermant de la vapeur à plusieurs atmosphères, des accidents insignifiants dans les chaudières à basse pression deviennent très-dangereux pour elles, et l'inattention du mécanicien peut avoir des conséquences terribles. Le niveau d'eau, sujet à des abaissements presque instantanés, peut tomber tout à coup au-dessous des plans supérieurs des tubes et découvrir les surfaces de chauffe ; il en est de même de la pression qui descend ou monte avec rapidité au point de compromettre le générateur ; les ébullitions et les projections, qui peuvent avoir des conséquences si graves pour le mécanisme d'une machine, sont aussi plus fréquentes que dans les chaudières à carneaux. Il suit de ce qui précède que la conduite des chaudières tubulaires demande beaucoup plus de soins et d'attention que celle des chaudières à carneaux, et que leurs avaries sont toujours plus graves.

Des tubes en fer et en cuivre.

84. Le fer, le cuivre rouge et le cuivre jaune ou laiton sont employés pour construire les tubes des chaudières tubulaires.

Ceux en fer durent peu : les dépôts de sel s'y forment plus facilement et tiennent beaucoup plus que sur les tubes en cuivre. Quant à l'effet galvanique produit par le contact des tubes en cuivre avec les plaques de tête, il est beaucoup moins grand qu'on ne se l'était imaginé dans le principe, surtout avec des tubes faits en laiton, dans lesquels il entre du zinc.

Aussi cette considération, qui avait fait tout d'abord rejeter les tubes de cuivre, s'efface-t-elle devant la grande durée des tubes de laiton, et leur valeur alors qu'ils sont hors de service. Les tubes en cuivre rouge présentent trop peu de résistance, leur métal est trop mou et leur action galvanique sur les plaques de tête est assez considérable pour mettre ces dernières hors de service au bout de peu de temps.

Aujourd'hui les tubes en laiton sont presque généralement employés de préférence à ceux faits avec un autre métal.

Établissement des tubes sur les plaques de tête.

Pl. IX, fig. 3.

85. Si les tubes sont en fer, les trous des plaques qui les reçoivent sont fraisés de manière à présenter au dehors une partie un peu conique ; les tubes, légèrement tournés à leurs extrémités, sont coupés de 0^m,002 à 0^m,005 plus longs que la distance qui sépare les plaques de tête l'une de l'autre de dehors en dehors et introduits dans les trous qu'ils doivent occuper. Alors, avec un mandrin conique, on élargit les extrémités des tubes de manière à leur faire toucher le contour du trou des plaques ; puis le tube est rivé avec soin sur les bords, de manière à remplir parfaitement la fraisure, mais en refoulant plutôt le métal sur lui-même qu'en cherchant à l'ouvrir ; car, en agissant ainsi, on s'exposerait à le fendre.

Ce mode de jonction est très-solide et il laisse libre tout l'intérieur du tube, mais il n'est praticable qu'avec des tubes en fer neuf ; les tubes en vieux fer et ceux en laiton sont ordinairement consolidés sur les plaques de tête par des anneaux cylindriques 2, appelés bagues, introduits à l'entrée des tubes déjà rivés. Du côté du foyer ces bagues sont quelquefois en acier, mais du côté de la cheminée elles sont toujours en fer doux. Les bagues diminuent le diamètre des tubes et gênent pour leur nettoyage ; mais elles consolident beaucoup les tubes à l'endroit où ils fatiguent le plus, et font de chacun d'eux une espèce de tirant qui soutient les plaques de tête.

Dans la mise en place des tubes d'un fourneau il y a certaines précautions importantes à prendre : ainsi, on commence par présenter tous les tubes, puis on passe le mandrin dans chacun d'eux, et ce n'est que lorsque tous forcent dans les trous des plaques et que, par suite, ils soutiennent ces derniers, qu'on commence à river. Si l'on présentait et rivait chaque tube l'un après l'autre, on risquerait de faire fendre les plaques de tête.

Le rivage des tubes tend à rapprocher les deux plaques de tête l'une de l'autre; on s'oppose à cet effet en les soutenant par des arcs-boutants placés intérieurement.

Dans les chaudières dont les plaques de tête sont parallèles entre elles, les tubes trop courts, par le fait d'une première mise en place ou par faute d'attention en les coupant, ne peuvent plus servir, à moins de les allonger ; c'est pour remédier à cet inconvénient que l'on fait dévoyer un peu par en haut les plaques de tête ; de cette manière, un tube trop court pour occuper les trous du haut peut souvent être placé dans ceux du bas.

La difficulté de retirer les bagues pour changer un tube a conduit à les fendre ; dans ce cas, un burin introduit entre elles et le tube les replie assez facilement sur elles-mêmes. Du reste, sur deux navires dont j'étais second, j'ai fait établir des tubes en laiton sans bagues, et ces tubes ont résisté aussi bien que ceux qui étaient soutenus par des bagues ; le manque de tubes de rechange m'a fait aussi employer de vieux tubes, allongés par des bouts soudés à la soudure forte, qui ont rempli le même but que des neufs.

DIMENSIONS
DES CHAUDIÈRES TUBULAIRES RÉGLEMENTAIRES.

86. On trouve sur le plan type des chaudières tubulaires réglementaires les données suivantes (machine de 800 chevaux) :

Charge des soupapes.   1^k,40 par centimètre carré de surface calculée sur le grand diamètre de la soupape.

2^k,80 par centimètre carré de surface de la soupape pour les épreuves à froid.

Échantillons des matériaux.

Épaisseur de la tôle de l'enveloppe	Fond	0^m,014
	Faces verticales	0^m,011
	Contour du coffre à vapeur	0^m,011
	Dôme	0^m,011
Épaisseur de la tôle des foyers	Cendriers, faces verticales et ciels	0^m,011
	Porte du fourneau	0^m,010
	Porte du cendrier	0^m,005
Épaisseur de la tôle des boîtes à feu	Ciel et face verticale opposée à la plaque de tête	0^m,011
	Faces verticales latérales	0^m,010
Épaisseur des plaques de tête		0^m,016
Épaisseur de la tôle des boîtes à fumée	Fond	0^m,014
	Faces verticales latérales	0^m,010
	Portes et contre-portes	0^m,005
Épaisseur de la tôle formant les conduits de flamme intérieurs		0^m,010

Cornières, 75 millimètres de côté, pesant 11 kilogrammes le mètre.

Épaisseur de la tôle de la cheminée	Tôle des contours	0^m,005
	Tôle des divisions	0^m,005
Tubes en laiton	Longueur	2^m,000
	Diamètre intérieur	0^m,050
	Diamètre extérieur	0^m,070

Tirants longs, fer carré de 40 millimètres de côté.

Surface de la grille... { Pour un foyer.... $1^{m2},840$ } Par cheval nominal, $0^{m},065$.
              { Pour huit corps... $8^{m2},880$ }

Section d'ouverture des { Pour un cendrier. $0^{m2},368$ } 0,200 de la surface de grille.
cendriers......... { Pour huit corps... $11^{m2},776$ }

Section des tubes avec { Pour un tube..... $0^{m2},003318$ } 0,160 de la surface de grille.
bagues de $0^{m},065$ de { Pour foyer....... $0^{m2},291984$ }
diamètre intérieur.. { Pour huit corps... $9^{m2},343488$ }

Section de la cheminée. { Pour deux corps... $1^{m2},825$ } 0,134 de la surface de grille.
              { Pour huit corps... $7^{m2},300$ }

Surface de chauffe par foyer. { Foyer et boîte à feu......... $8^{m2},055$
              { Surface intérieure de 88 tubes. $38^{m2},445$
              { Surface totale par foyer...... $46^{m2},500$

Surface de chauffe pour 32 foyers................... $1488^{m2},000$
Surface de chauffe par cheval.................... $1^{m2},650$

Volume d'eau total............................ 112^{m3}
Volume d'eau par cheval............................ 122 litres.

Volume de vapeur total......................... $100^{m3},800$
Volume de vapeur par cheval......................... 112 litres.

Section du tuyau de vapeur fournissant à tous les cylindres... } $3^{cm2},02$ par cheval nominal. 2416^{cm2}.

Les nouvelles chaudières réglementaires présentent des avantages réels au point de vue de leur conduite et de leur entretien. Ainsi la nappe d'eau inférieure et celle comprise entre les ciels de fourneaux et les premiers tubes sont assez épaisses pour donner passage à un homme ordinaire ou tout au moins à un mousse, qui peut pénétrer par les trous de sel, soit en dessus, soit en dessous des foyers.

Il sera donc facile de nettoyer parfaitement le fond des chaudières, les parois des lames d'eau, le dessus des foyers et l'entre-deux des tubes, puisque l'on pourra atteindre sans difficulté tous ces endroits.

CHAUDIÈRE LAMB ET SUMMER
CONNUE SOUS LE NOM DE CHAUDIÈRE A LAMES D'EAU VERTICALES.

87. La chaudière de MM. Lamb et Summer a la même forme extérieure que les chaudières tubulaires ordinaires, mais à l'intérieur les tubes sont remplacés par de petits carneaux verticaux

Pl. X, fig. 3.

très-étroits; chacun de ces carneaux est séparé de son voisin par une lame d'eau étroite et verticale. Ces petits carneaux partent de la boîte à feu et aboutissent à la boîte à fumée; ainsi ils remplissent complétement la fonction des tubes ordinaires en donnant passage aux gaz inflammés. Les conduits de flamme ou carneaux sont traversés par plusieurs rangées de tirants horizontaux.

Comparées aux chaudières tubulaires ordinaires, elles présentent beaucoup plus de facilité pour le nettoyage intérieur des surfaces de chauffe que l'on peut atteindre toujours; en o ue, les tirants dont nous avons parlé plus haut servent de conduits de chaleur et donnent une utilisation meilleure du calorique développé par la combustion; ils soutirent en quelque sorte la chaleur des gaz qui les rencontrent et portent cette chaleur dans l'intérieur des lames d'eau.

Les expériences faites sur les chaudières du *Donawerth*, qui sont de ce système, ont démontré qu'elles réalisaient de grandes économies de combustibles, comparées aux chaudières tubulaires ordinaires.

Mais on peut reprocher aux chaudières à lames d'eau verticales de présenter des difficultés sérieuses pour leur construction et leur réparation; en cas de fuite dans la cloison d'une lame d'eau, il est impossible de changer un carneau comme on change un tube; le tamponnage, quoique possible, est plus difficile, et en outre il entraîne la fermeture de tout un carneau qui, représentant une grande quantité de tubes, doit diminuer d'une manière sensible la production de vapeur.

CHAUDIÈRE A HAUTE PRESSION.

Pl. X, fig. 5 et 6. 88. Les fig. 5 et 6 de la pl. X représentent une coupe faite dans l'intérieur de deux chaudières à haute pression différentes. La chaudière représentée par la fig. 5 est ce qu'on appelle une chaudière à bouilleurs. Ces bouilleurs 2 sont réunis au corps 1 de la chaudière au moyen de tubulures 3. Le fourneau 6 communique avec les courants de flamme 5. On voit donc que les bouilleurs, les tubulures qui les font communiquer avec la chaudière et presque la moitié de la surface de cette dernière se trouvent léchés par la flamme du foyer.

Le foyer et les courants de flamme sont faits en maçonnerie.

Le dessus de la chaudière porte les organes de conduite et de sûreté; c'est le coffre à vapeur.

La fig. 6 représente une coupe faite dans la longueur d'une des chaudières à haute pression mises sur les canonnières qui furent construites pour la guerre de Crimée. A droite de la figure est la vue des deux chaudières prises de face du côté de la chambre de chauffe; dans celle de droite la porte a été enlevée pour faire voir la disposition intérieure.

C'est une chaudière tubulaire externe à flamme directe. Un coffre à vapeur 2 surmonte chacune des chaudières et augmente la capacité du réservoir de vapeur.

On voit que dans ces deux systèmes de chaudières toutes les surfaces se rapprochent le plus possible de celles du cylindre ou de la sphère. Il en est de même pour tous les autres systèmes dont nous ne nous occuperons pas dans ce cours. Nous ferons seulement remarquer que la chaudière représentée par la fig. 6 est celle de presque toutes les locomotives et de la plupart des locomobiles.

GÉNÉRATEURS A L'ÉTUDE.

En dehors des trois espèces de chaudières dont nous venons de parler et que nous allons décrire successivement, chaque jour il se fait des essais nouveaux qu'il faut pouvoir suivre. Nous allons indiquer quelques-uns de ceux qui, jusqu'à ce jour, ont attiré le plus l'attention sans préjuger cependant l'avenir qui leur est réervé p our la navigation.

89. Ce générateur, dont la fig. 3 de la pl. X présente une section verticale, est cylindrique à base sphérique avec un couvercle de même forme. La chaudière est noyée dans la maçonnerie d'un foyer qui l'entoure jusqu'à la hauteur du couvercle. Ce dernier porte tous les organes de conduite et de sûreté. Dix diaphragmes 3 sont étagés dans l'intérieur; ils sont horizontaux et tenus à distance les uns des autres par trois tringles qui les supportent sans qu'ils touchent la paroi verticale du générateur. Chacun de ces diaphragmes est un disque en tôle, dont les bords sont relevés d'un centimètre de hauteur environ pour maintenir le liquide; en outre, ils sont percés alternativement d'un et de deux trous à bords également relevés, mais de quelques millimètres seulement. Cette disposition a pour but d'entretenir sur

Générateur Boutigny.
Pl. X, fig. 2.

les diaphragmes une nappe d'eau d'une épaisseur constante, et de retenir plus complétement les dépôts, qui n'ont pas lieu seulement quand l'eau est saturée de calcaire, comme on l'a cru jusqu'ici, mais encore quand elle est portée à une température de 153 degrés centigrades environ, température correspondant à 5 atmosphères de pression.

Supposons le liquide couvrant tous les diaphragmes et le fond de la chaudière, et voyons ce qui se passe lorsque l'on chauffe. La vapeur qui se forme au fond du générateur se surchauffe contre les parois cylindriques léchées par la flamme, et tout aussitôt se sature sur le premier diaphragme; elle revient plus abondante se surchauffer contre la paroi cylindrique et va se saturer de nouveau sur le second diaphragme, et ainsi de suite jusqu'au sommet de la chaudière, où elle arrive en grande abondance dans un état de sécheresse et de saturation complet.

Des expériences nombreuses ont donné les moyennes suivantes :

$7^k,91$ de vapeur par kilogramme de houille consommé, et 95 litres d'eau évaporés par mètre de surface de chauffe.

Une des conditions de production de cette chaudière est évidemment la stabilité de l'eau sur les diaphragmes; aussi, cette condition ne pouvant jamais être remplie sur mer, le générateur Boutigny ne paraît avoir d'avenir que dans l'industrie.

Chaudière à circulation d'eau, appareil Arnier.

90. En 1855, MM. Béléguic et Lefranc, officiers de marine, firent un mémoire sur ce qu'ils appellent l'appareil Arnier, expérimenté sur l'*Économe* de 30 chevaux ayant des chaudières à tombeau, et sur le *Turbot* de 60 chevaux, la *Salamandre* de 120 chevaux, ces deux derniers navires ayant des chaudières tubulaires.

« L'appareil Arnier est, disent MM. Béléguic et Lefranc, une espèce de petite chaudière tubulaire composée, sur la *Salamandre,* de 17 tubes de 48 millimètres de diamètre intérieur, et ayant presque toute la longueur du fourneau. Chaque fourneau reçoit un appareil placé au-dessus de la grille où brûle le charbon. Les tubes qui composent l'appareil sont disposés en quinconce sur trois rangées horizontales, et assez espacés pour que la flamme puisse les envelopper; ils sont maintenus à chaque extrémité. »

Au fond du fourneau, les tubes donnent tous dans une boîte commune qui établit la communication entre eux. En avant du fourneau, les deux rangées de tubes inférieurs communiquent entre elles et avec le bas de la chaudière ; la rangée supérieure communique, au contraire, avec le haut de la chaudière.

Si l'on emplit la chaudière, l'eau de celle-ci passe dans les deux rangs inférieurs, de là dans le rang supérieur, et enfin retourne à la chaudière. Si on allume les feux, la vapeur formée dans l'appareil Arnier passe dans la chaudière par la communication du rang supérieur et appelle le liquide froid du fond de la chaudière dans les rangs inférieurs.

Ce système, applicable à toutes les chaudières, réalisait, dit-on, une économie considérable de combustible, et surtout donnait une supériorité incontestable à nos charbons français sur ceux anglais ; il semblait être appelé à recevoir de nombreuses applications. Mais il est tombé dans l'oubli, et il n'en est plus question.

91. La chaudière Belleville, ou générateur-serpentin, consiste en un tube contourné en hélice comme le serpentin d'un appareil distillatoire et logé dans un fourneau, de manière que la chaleur communique du dehors au dedans. Le liquide s'introduit dans les spirales, passe à l'état de vapeur presque instantanément, et il est possible d'atteindre des pressions considérables sans danger d'explosion. On comprend quels avantages immenses, sous les rapports de la légèreté et de l'espace occupé, peut présenter ce système. L'usure rapide de l'appareil, l'impossibilité dans laquelle on se trouve de retirer les dépôts formés, même par l'eau douce, dans le serpentin, mettent obstacle, pour le moment, à son adoption. Mais les inconvénients que nous venons de signaler ne sont pas insurmontables, et bientôt peut-être ce nouveau générateur rendra de grands services à la navigation.

92. L'*Ami des Sciences* (année 1857, page 558) cite, d'après le *Courrier de Saint-Quentin*, les expériences d'un nouveau générateur de M. Zambeaux, ingénieur civil. Ce générateur, qui n'est malheureusement pas décrit, aurait vaporisé en moyenne 8ᵏ,50 d'eau pour chaque kilogramme de charbon brûlé.

Chaudière Belleville.

Chaudière Zambeaux.

DES FOYERS.

93. La chaleur développée par la combustion et transmise à l'eau d'une chaudière produit la vapeur. La combustion du charbon de terre généralement employé à bord des navires se fait sur une grille placée dans le foyer. La disposition de cette grille, l'écartement de ses barreaux, sa distance au ciel des foyers, l'espace libre laissé en dessous pour le passage de l'air froid, sa longueur, sa largeur sont autant d'éléments qui influent sur la combustion et, par suite, sur la quantité de vapeur produite dans le générateur.

Le nombre des foyers d'une chaudière varie naturellement suivant les dimensions de l'appareil, parce que, pour chacune, il est une grandeur dont on ne doit pas s'écarter ; si on multipliait les fourneaux dans le but d'obtenir un chauffage plus régulier, le peu de largeur de leur porte pourrait être un grand obstacle à la charge des grilles et au maniement du charbon ; puis le poids du générateur serait considérablement augmenté par la multiplication des cloisons comprenant les lames d'eau, et cela sans avantages sensibles pour la vaporisation.

La disposition des parois d'un foyer est aussi très-importante pour empêcher qu'elles ne soient brûlées ; aussi toute partie d'une chaudière exposée à une température élevée doit être d'une forme telle, que la vapeur puisse s'en dégager facilement. Si elle restait en contact avec le métal, son peu de conductibilité ne permettant pas à la chaleur du métal de passer à l'eau occasionnerait vite la brûlure de la tôle. Les surfaces verticales des lames d'eau sont souvent détériorées par cette cause, la vapeur qui les suit pour monter à la surface du liquide formant comme un matelas entre elles et le liquide qu'elles renferment.

C'est pour cette raison que l'on voit, dans plusieurs chaudières, les foyers plus larges par le bas que par le haut.

Tout foyer, quelle que soit sa disposition, se compose nécessairement des trois parties suivantes :

1° Le cendrier, partie inférieure du foyer destinée à donner passage à l'air qui doit entretenir la combustion. Cette partie est fermée ordinairement par une porte qui permet de diminuer l'action de l'air et, par suite, la combustion du charbon.

2° Le fourneau, ou encore l'âtre, partie haute du foyer dans laquelle se fait la combustion du charbon. Cette partie est continuée par les courants de flamme et terminée par la cheminée. Une porte ferme toujours le fourneau ; elle a pour but d'empêcher l'air de venir, en trop grande masse, se mêler aux gaz produits de la combustion, et d'éteindre la flamme, comme la chose arrive lorsqu'on souffle une chandelle.

3° La grille qui sépare le cendrier du fourneau. Cette grille est fermée par des barreaux et terminée au fond du fourneau par l'autel.

CENDRIER.

94. Le cendrier, comme nous l'avons dit plus haut, est toute la partie située au-dessous de la grille.

On donne ordinairement à cette partie une section à peu près égale à celles des carneaux ou des tubes qui livrent passage à la fumée et aux gaz. A bord des navires, l'obligation de mettre des fourneaux à une hauteur convenable pour leur service fait les cendriers suffisamment grands.

Le degré de combustion dépendant de la quantité d'air qui passe par les cendriers, et ce degré variant suivant certaines circonstances de la navigation, on a dû fournir le moyen de fermer plus ou moins les cendriers. Ce résultat s'obtient par des portes en tôle. Celles mobiles, qui s'engagent en dedans de la barre d'appui, sont préférables aux portes en deux parties ou battants, qui tournent sur des gonds; les dernières, alors qu'elles ne sont pas utiles, ce qui arrive le plus souvent, deviennent gênantes, et rendent le service des fourneaux plus difficile par l'embarras qu'elles occasionnent, tandis que les premières, d'une seule pièce, sont retirées et mises de côté, hors de l'atteinte des chauffeurs, dès qu'elles ne servent plus.

Au moyen de ces portes, on peut donc ralentir au besoin l'activité des fourneaux ; elles ont aussi l'avantage immense d'empêcher l'air froid de traverser les courants de flamme, alors que les fourneaux viennent d'être éteints ; sans elles la contraction brusque de certaines parties des chaudières pourrait produire des déchirures. Sur l'avant des chaudières et croisant les cendriers, est une barre de fer rond, nommée barre d'appui, supportée par des crocs fixés aux chaudières ; elle sert à la manœuvre des instruments de chauffage.

Quand les portes des cendriers sont fixes, la barre d'appui n'est plus disposée comme on vient de le dire ; elle est alors en autant de parties qu'il y a de foyers, et chacune de ces parties est placée à l'entrée des cendriers en dedans de la porte.

FOURNEAU OU ATRE.

95. Le fourneau ou l'âtre est l'endroit du foyer où se fait plus particulièrement la combustion ; cette partie, comprise entre la grille et le ciel du foyer, est plus ou moins élevée, suivant la nature du combustible que l'on emploie. Ainsi, pour les charbons qui donnent une longue flamme, elle est plus élevée que pour ceux qui donnent une flamme courte.

Porte du fourneau. Le fourneau est fermé par une porte dont le cadre est lié à la chaudière au moyen de boutons à écrous. Ce cadre porte les gonds et le mentonnet du loquet, qui permet de maintenir la porte fermée. La porte des fourneaux, comme celle des boîtes à fumée des chaudières tubulaires, est faite de deux feuilles de tôle, espacées l'une de l'autre de quelques centimètres. Cette disposition a pour but d'empêcher le charbon d'être en contact avec la porte du fourneau et de la brûler ; pour les portes des boîtes à fumée, elle empêche la flamme qui sort par les tubes de venir brûler la porte.

Conduits de flamme. Comme nous l'avons déjà dit, les conduits de flamme prolongent le fourneau, ils ont pour but d'utiliser d'une manière plus complète la chaleur développée par la combustion du charbon, chaleur qui n'a pas le temps de traverser les tôles entourant le fourneau, parce que le tirage entraîne les gaz chauds vers la cheminée avec une trop grande rapidité.

Pl. VIII. Dans les chaudières à carneaux, les conduits de flamme ont pour section un parallélogramme aux angles arrondis ; dans les chaudières tubulaires, les conduits de flamme sont des tubes. Mais, dans les uns et dans les autres, le but que l'on veut atteindre est de retirer au gaz une partie de leur chaleur, sans pourtant nuire au tirage nécessaire à la combustion du charbon.

Cheminée. La cheminée a pour but de conduire à une certaine hauteur les gaz nuisibles à l'existence de l'homme, et de procurer le tirage nécessaire à la combustion. L'air échauffé, remplissant la cheminée, forme une colonne plus légère que l'atmosphère, et tend à s'élever ; en montant, cette colonne est suivie par une nouvelle quantité d'air froid qui pénètre par l'intervalle laissé entre les barreaux ; cet air est réchauffé à son tour, et produit ainsi un courant continu qui fournit l'oxygène nécessaire à la combustion.

La section d'une cheminée est calculée pour donner passage, dans un temps donné, à un volume d'air assez grand pour fournir l'oxygène nécessaire à la combustion de la quantité de combustible indispensable à la formation de la vapeur que l'on dépense.

La longueur de la cheminée et la température de l'air à sa base règlent la puissance d'appel. L'expérience a fait admettre que, pour avoir un bon tirage, la température de l'air, à la base de la cheminée, devait être de 300°, et la section une surface égale au sixième de celle des grilles ; mais l'espace libre entre les barreaux formant à peu près le tiers de la surface des grilles, il s'ensuivrait que les vides qui donnent passage à l'air composeraient un ensemble double de la section de la cheminée ; s'il en était ainsi, on aurait un très-mauvais tirage, mais le charbon qui charge les grilles diminue beaucoup les passages donnés à l'air entre les barreaux, et rend suffisante la section de la cheminée, réduite à la moitié de la surface de tous ces passages. Du reste, il n'y a aucun inconvénient à donner un grand diamètre aux cheminées, la section pouvant toujours être diminuée au moyen d'une cloison mobile tournant autour d'un axe (comme la clef d'un tuyau de poêle) et nommée registre.

Registre de la cheminée.

La forme cylindrique paraît être la plus favorable pour les cheminées, du moins c'est celle généralement employée ; la base est partagée en autant de parties qu'il y a de chaudières à servir, par des cloisons verticales hautes de 2 ou 3 mètres. Chacune de ces parties est souvent et devrait toujours être fermée par un registre particulier.

Les cheminées des machines employées dans la navigation sont en tôles minces rivées sur des bandes extérieures sans se doubler ; cette disposition particulière a pour but de rendre la surface intérieure de la cheminée aussi continue que possible et sans points d'arrêt qui puissent gêner le mouvement de l'air. La base est ordinairement terminée par une cornière qui se fixe sur les corps des chaudières au moyen de quelques pattes à boulons.

Les ponts que la cheminée traverse sont protégés par une enveloppe cylindrique concentrique avec la cheminée, mais d'un diamètre plus grand que le sien de 20 à 30 centimètres. Cette enveloppe, qui permet à l'air froid de circuler entre elle et la cheminée, se nomme chemise et s'élève au-dessus du pont des gaillards d'une quantité suffisante pour que les hommes ne puissent pas se brûler au contact de la cheminée, qui est toujours à une température très-élevée.

Chemise de la cheminée.

Une collerette rivée sur la cheminée, au-dessus de la partie supérieure de la cheminée, déborde d'une certaine quantité et empêche l'eau de pluie ou l'eau de mer de pénétrer entre la chemise et la cheminée, tout en laissant circuler l'air dans cet espace.

Pl. VIII.

Au-dessus du pont, les cheminées portent plusieurs cercles extérieurs, sur le contour desquels sont placées des boucles.

Cercles des haubans.

Ces boucles sont destinées à recevoir les haubans en fer et les palans qu'on emploie pour maintenir les cheminées.

Le cercle supérieur qui couronne ordinairement la cheminée reçoit les cartahus en chaîne qui servent à hisser les chauffeurs, soit pour ramoner, soit pour peindre la cheminée.

Cheminée à rabattre
ou à descendre.
Pl. XI, fig. 1.

96. L'application de la vapeur sur les navires à voiles a dû conduire à la suppression de la cheminée, alors que la machine est en repos. Ce résultat a été obtenu de différentes manières ; à bord des petits navires on a brisé la cheminée, soit auprès du pont, soit au-dessus de la chemise. Au moyen d'une espèce de charnière elle peut s'abattre sur l'avant ou sur l'arrière ; on la maintient dans une position horizontale par des chantiers convenablement disposés.

La fig. 1 de la pl. XI montre cette disposition, mais elle a l'inconvénient de laisser ouverte la partie de la cheminée restée en place. La fig. 2 présente la disposition adoptée sur les navires de rivières qui doivent souvent abattre leur cheminée pour passer sous les ponts. Dans toute la partie occupée par la charnière, la cheminée a une section rectangulaire et la portion du cylindre que l'on remarque sur la gauche est double, c'est-à-dire que celle qui fait corps avec la partie mobile de la cheminée rentre dans celle qui tient à la partie fixe. De cette manière, la cheminée peut s'abattre plus ou moins, et, alors qu'elle est couchée, elle peut encore donner passage à la fumée et aux gaz. La fig. 3 montre une autre disposition : 1 est une partie mobile fixée, au moyen de boulons, aux cornières 2 et 3 de la charnière ; lorsqu'il faut coucher la cheminée, on retire la partie 1, et la cornière 2 vient en contact avec la cornière 3 ; par ce moyen la cheminée est fermée

lorsqu'elle est couchée.

Sur les grands navires on a adopté un autre système que ceux dont nous venons de parler ; la partie supérieure de la cheminée, d'un diamètre plus petit que celle d'en dessous, peut monter ou descendre dans cette dernière au moyen de chaînes en fer ou de crémaillères. Des treuils ou des engrenages permettent alors de hisser ou d'amener la partie mobile de la cheminée. Cette partie, à son poste, est ordinairement maintenue dans sa position par des clavettes d'abord, et par les haubans ensuite.

Les tuyaux d'évacuation ne suivent généralement pas la cheminée dans son mouvement, on les manœuvre séparément ; leur poids étant peu considérable, on retire et l'on remet la partie mobile au moyen des cartahus de la cheminée.

Pour tous les systèmes mécaniques de démontage des cheminées comme pour tous ceux destinés à la manœuvre des hélices, les plus simples sont les meilleurs, car ils se dérangent souvent, et on est forcé d'en revenir aux moyens du bord. Dans ce cas, une caliorne maintenue au-dessus de la cheminée par sa pantoire et son gui remplit parfaitement le but.

GRILLE DES FOYERS.

97. La grille, composée ordinairement de deux rangs de barreaux en fonte ou en fer, part de la porte du fourneau et va aboutir à l'autel. Les barreaux qui la composent ont pour section un trapèze dont la plus grande base est en haut; de cette manière, les scories qui s'engagent entre eux peuvent tomber facilement dans le cendrier. Ils sont tenus à distance convenable les uns des autres par des renflements conservés à chaque bout; chacune de ces saillies a pour épaisseur la moitié de l'intervalle qui doit séparer un barreau de son voisin. A la porte du foyer est une pièce de fonte nommée table ou sole ; au milieu de la distance qui sépare la sole de l'autel est le plus souvent une traverse en fer placée horizontalement et portée sur deux supports en fonte de fer fixés sur les parois du foyer ; enfin, à toucher l'autel, est une autre traverse semblable à celle dont on vient de parler et disposée de la même manière.

La sole et ces deux traverses portent des rainures pour recevoir les extrémités des barreaux ; ces derniers se placent parallèlement entre eux dans le sens de la longueur du foyer. L'épaisseur des barreaux dépend évidemment de leur longueur, elle est proportionnée à la charge du charbon qu'ils doivent supporter ; cependant elle est ordinairement de $0^m,03$ et l'espace laissé entre les barreaux est de $0^m,01$. Mais cet écartement est aussi variable avec l'espèce de combustible qu'on emploie, les uns demandant plus d'air pour leur combustion que les autres. Pour faciliter l'arrivée du charbon au fond des fourneaux et pour donner un plus grand passage aux gaz produits de la combustion on incline les grilles vers l'autel.

Les barreaux de grille sont en fonte ou en fer ; ceux en fonte, renflés en dessous dans le sens de leur épaisseur pour mieux résister à la charge du charbon, sont moins chers que ceux en fer ; mais ils cassent facilement, et cet inconvénient met dans l'obligation d'en embarquer une grande quantité de rechange, dont le poids augmente la charge du navire.

Ceux en fer forgé, dont le prix, il est vrai, est plus grand, ont l'avantage de durer beaucoup plus, de nécessiter moins de rechanges, de pouvoir être facilement réparés à la forge ; et, plus légers que les barreaux en fonte, ils sont plus faciles à remettre en place lorsqu'ils tombent dans les cendriers.

Il est vrai qu'ils se courbent souvent sous la charge du charbon et se dégagent des traverses, mais alors il est facile de les redresser sur le parquet même de la machine et de les replacer. Dans le sens de la longueur du barreau et sur sa face supérieure, on ménage quelquefois une espèce de rainure qui, en se comblant de cendre, empêche le charbon incandescent d'être en contact immédiat avec le barreau.

Autel.
Pl. VIII et IX.

L'autel est ordinairement une cloison en tôle, en fonte ou en briques réfractaires, dont le but est de limiter la grille, de redresser la flamme pour qu'elle puisse s'engager dans les carneaux ou les tubes, et d'empêcher la tôle, qui forme le fond du foyer, d'être brûlée par la flamme, poussée contre elle avec une grande force par le courant d'air.

Dans beaucoup de chaudières tubulaires, la grille s'appuie directement sur une traverse fixée à la tôle qui forme le fond du foyer, mais alors on a soin de placer quelques briques réfractaires au-dessus de la traverse pour empêcher le charbon d'être en contact avec la tôle.

Au point de vue des travaux à faire dans la boîte à feu, il est préférable que l'autel soit à une certaine distance du fond de la chaudière ; les ouvriers ont ainsi plus de facilité.

Quand la grille va s'appuyer sur le fond du foyer, on incline vers le devant de la chaudière les briques ou la tôle qui limitent le foyer ; on obtient ainsi un plan incliné sur lequel glisse la suie des tubes pour arriver au fond du cendrier.

FOYERS A L'ÉTUDE.

C'est ici le lieu de parler des tentatives faites pour obtenir une combustion plus complète de la houille, d'autant plus que les inventions roulent presque toutes sur la disposition des grilles.

Système Willams.
Pl. X, fig. 8.

98. M. Willams, ayant constaté qu'une grande partie des gaz propres à la combustion sortaient du fourneau sans être

brûlés faute de l'air nécessaire à leur combustion, chercha et
trouva le moyen de remédier à cet inconvénient.

Après plusieurs tentatives, il arriva aux dispositions suivantes,
généralement adoptées en Angleterre et aux États-Unis. Derrière
l'autel est une boîte en communication avec le cendrier; le fond
de cette boîte est percé d'un grand nombre de petits trous ayant
de 10 à 15 millimètres de diamètre. Il en résulte qu'une masse
d'air, indépendante de celle qui doit passer entre les barreaux,
traverse le fond de la boîte dont on vient de parler et qu'on appelle boîte à air ; cet air, divisé en petits jets qui ont d'autant
plus de force que le tirage est plus considérable, arrive au milieu
de la flamme qui forme gerbe au-dessus de l'autel et opère la
combustion des gaz qui font partie de cette gerbe.

M. Willams a aussi percé la porte du fourneau de trous semblables à ceux du fond de la boîte à air. Ces dernières ouvertures,
comme celle qui établit la communication de la boîte à air avec
le cendrier, peuvent être fermées à volonté pour pouvoir modérer
la combustion.

Des expériences nombreuses faites en Angleterre sur un grand
nombre de navires, et en France sur le *Tanger*, ont démontré
que le système Willams donnait au moins une économie de 10
pour 100 dans la dépense de combustible.

C'est encore à M. Willams que l'on doit l'introduction des conduits de chaleur, sortes de tiges métalliques plantées normalement aux surfaces de chauffe et débordant de la même quantité
dans le foyer ou les conduits de flamme et dans l'eau de la chaudière.

Enfin, si l'on joint à tout ce système une machine soufflante qui
peut donner la quantité d'air que l'on désire, on pourra consommer, sur la même grille, des quantités considérables de charbon
et, par suite, fournir, avec une chaudière quelconque, une quantité de vapeur beaucoup plus grande que celle qu'elle pourrait
donner avec la prise d'air ordinaire et les surfaces de chauffe sans
conduits de chaleur.

Espérons que de nouvelles expériences répandront, dans la
marine française, un système qui peut augmenter considérablement la production de vapeur d'un générateur quelconque, sans
augmenter son volume.

99. M. Prideaux, Anglais, est l'inventeur d'une porte qu'il appelle porte fumivore. Cette porte peut, à volonté, laisser passer
l'air divisé et, par suite, fournir une notable quantité d'oxygène

Foyer Prideaux
perfectionné par
M. Perrot.

qui sert à la combustion des gaz non brûlés ; c'est, comme on le voit, un peu du système Willams.

M. Perrot, ingénieur français, se basant sur ce que la fumée ne se produit qu'au moment où l'on charge un fourneau, et que, par suite, on ne doit laisser introduire de l'air par la porte que pendant le temps qui suit l'introduction du charbon, fait fermer la jalousie de la porte par un mécanisme mené par la machine.

M. Perrot pense que, dès que l'incandescence est établie dans toute la charge, il faut cesser d'introduire de l'air au-dessus, car il s'échaufferait alors aux dépens du calorique utile, dont il entraînerait, par sa légèreté relative, la meilleure partie dans la cheminée.

Ce dernier point est d'autant plus contestable que l'absence de fumée ne prouve nullement que les gaz hydrogène carburé et oxyde de carbone sont brûlés. Ainsi donc, la porte de M. Prideaux, perfectionnée par M. Perrot, peut empêcher la fumée, mais elle ne doit pas opérer la combustion totale des gaz.

Foyer fumivore de M. Boquillon.

100. Le foyer fumivore de M. Boquillon est un cylindre creux fermé par des barreaux. Cette grille mobile reçoit un mouvement circulaire continu, lent, et la disposition de ses barreaux, qui forment tout autour une série de portes, permet de pouvoir toujours ajouter une nouvelle quantité de combustible.

Grille à mouvement continu de M. Tailfer.

Pl. XI, fig. 4.

101. La grille mobile de M. Tailfer se compose d'une série de barreaux très-courts, articulés de manière à former une longue chaîne sans fin. Les barreaux ont une longueur qui ne dépasse pas 20 à 22 centimètres, et leur épaisseur est comprise entre 1/2 et 2 centimètres. Cette grille sans fin s'enroule sur deux tambours qui marchent avec une extrême lenteur. Le charbon concassé est placé dans une trémie à l'entrée du fourneau et entraîné par la grille. Une porte mobile verticalement livre passage au charbon dont la quantité est réglée par le degré d'ouverture de cette porte et par le degré de vitesse de la grille qui est également variable. Le tout est mis en mouvement par la machine à vapeur à laquelle on emprunte la force nécessaire.

Cette grille, qui présente de bonnes conditions pour le chauffage des chaudières de terre, a été expérimentée sur le *Prométhée* et sur le *Laborieux*, et il a été démontré qu'elle ne pouvait pas s'appliquer au chauffage des chaudières marines.

Économie et fumivorité obtenues par la vapeur surchauffée.

102. On sait que la projection d'un jet de vapeur dans un fourneau éteint le feu ; mais il paraîtrait que cette même vapeur

surchauffée produit un effet tout contraire. On parle d'une fumivorité complète et d'une économie considérable sur le combustible réalisées par son moyen.

103. La grille de M. Dumery est on ne peut plus ingénieuse.
La fig. 9 de la pl. X fait comprendre son mode d'action. L'alimentation se fait dans le sens de la longueur du fourneau ; la
grille est immobile, mais en dos de selle ; le charbon qui arrive
par les conduits 1 est poussé sur la grille par des cames 2
qui passent entre les barreaux courbes 3. Les quatre barreaux
qui forment le sommet de la selle peuvent osciller de manière
à remuer le charbon incandescent parvenu au sommet de la
grille.

Ce système de chauffage, entièrement nouveau, quoiqu'il ait
été copié sur ce qui se passe dans tous les foyers domestiques
bien conduits, est destiné à faire une révolution dans nos générateurs.

Toutes les conditions d'un bon chauffage sont remplies par
M. Dumery, en renversant l'ordre dans lequel les phénomènes
s'accomplissent dans un fourneau ordinaire de machine à vapeur.
Il commence par la distillation, c'est-à-dire l'émission des gaz,
qui sont oxygénés et brûlés au fur et à mesure de leur dégagement. La combustion de la partie solide du charbon ne commence
que lorsque la distillation est complète, et tout cela s'accomplit
de la manière la plus simple et surtout la plus rationnelle.

Le combustible est poussé lentement sur les surfaces inclinées
perméables à l'air ; de la sorte, le charbon d'alimentation, se
présentant à la partie inférieure de la grille, se trouve baigné
dans l'air atmosphérique ; et, dès que la chaleur des parties supérieures en ignition provoque la sortie des gaz, ceux-ci s'oxygènent
à leur passage dans l'atmosphère qui les baigne et se trouvent
jouir de toutes les conditions exigées pour une bonne combustion.

104. M. Benjamin Normand est l'inventeur d'une grille à
barreaux mobiles sur laquelle l'expérience n'a pas encore prononcé. Ce nouveau système présente l'avantage de servir comme
une grille ordinaire dans le cas où le mécanisme qui donne le
mouvement aux barreaux viendrait à ne plus pouvoir fonctionner.

Enfin on a fait des barreaux de grille creux, donnant passage
à l'air et laissant sortir cet air par une infinité de petits trous ; on
a fait aussi circuler l'eau dans leur intérieur, pour échauffer cette

Système Dumery.
Pl. X, fig. 9.

Grille de M. Benja-
min Normand.

dernière avant de la faire servir à l'alimentation. On a construit aussi des grilles dont les barreaux pouvaient se renverser ou basculer, de manière à laisser tomber le charbon instantanément dans les cendriers. Mais tous ces systèmes, plus ou moins compliqués, ont successivement passé sans beaucoup marquer, et, du reste, leur emploi n'a jamais été essayé sur les navires.

CONSOLIDATION INTÉRIEURE DES CHAUDIÈRES.

Tirants et entretoises.
Pl. XI, fig. 9.

105. Les tirants sont des tiges de fer forgé placées dans l'intérieur des chaudières pour empêcher deux surfaces opposées de céder à la pression intérieure qui tend à les écarter l'une de l'autre. Mais leur grande longueur les rend peu propres à s'opposer au rapprochement de ces surfaces; c'est en cela qu'ils diffèrent des entretoises, des jambes de force et des autres pièces de liaison, qui sont plus particulièrement disposées pour résister au rapprochement et à l'écartement des surfaces.

Il est très-difficile de fixer toutes ces pièces de liaison aux parois des chaudières, surtout dans les endroits exposés à l'action directe du feu ou en contact avec le charbon incandescent.

Dans les chaudières à basse pression, les tirants traversent généralement les parois de la chaudière et sont fixés par deux écrous, l'un extérieur et l'autre intérieur. Mais, si l'écrou extérieur se trouve exposé à l'action directe du feu, il est promptement oxydé et brûlé ; alors la partie de la chaudière que le tirant doit soutenir est poussée du dedans au dehors, l'extrémité du tirant se dégage du trou qui lui donne passage, et il en résulte une fuite d'eau difficile à aveugler.

Aussi, pour les chaudières tubulaires, dans lesquelles des accidents pareils présenteraient beaucoup plus de gravité, a-t-on adopté un autre mode d'attache.

A l'endroit où doit être placé un tirant, on fixe à la chaudière, au moyen de rivets, deux cornières 4.

Le tirant passe entre ces deux cornières et une clavette, où un boulon les unit ensemble. De cette manière, la tôle de la chaudière ne présente guère qu'une épaisseur double aux endroits où viennent s'attacher les tirants et les entretoises ; par suite, la chaleur passe tout aussi facilement que dans les parties où les tôles se doublent pour leur réunion.

Les surfaces qui comprennent les lames d'eau dans les endroits non exposés à l'action directe du foyer sont aussi soutenues par des tirants. Mais ces derniers sont très-courts et disposés de manière à remplir en même temps les fonctions d'entretoises. Ce sont des boulons 5 à écrous qui traversent les parois des deux surfaces 6 à consolider, et un cylindre en tôle 7 placé entre elles et ayant pour hauteur la distance qui sépare ces deux surfaces. Dans les parties léchées par la flamme, ces tirants sont remplacés par des plaques de tôle en forme de Z, rivées avec les parois de la chaudière, mais toujours disposés de manière à ne pas gêner le dégagement de la vapeur.

Il est facile de comprendre que les tirants et les entretoises n'exercent toute leur action que lorsqu'ils sont placés perpendiculairement aux surfaces qu'ils doivent soutenir.

La nécessité des tirants et des entretoises découle naturellement de ce qui a été dit précédemment; l'emploi des hautes pressions les rend d'autant plus nécessaires qu'il faut se garantir contre les déchirures de l'enveloppe de la chaudière, accidents toujours terribles par leurs conséquences pour les hommes employés dans les machines. De leur disposition bien entendue dépend en grande partie la solidité de la chaudière.

Ce que nous allons dire regarde plus particulièrement les chaudières tubulaires, quoique les chaudières à carneaux reçoivent aussi des tirants et des entretoises, mais en nombre moins grand.

Les surfaces qui comprennent les lames d'eau sont soutenues par trois rangées horizontales de cinq à sept tirants chacune. Ces rangées, placées dans le sens de la longueur des foyers, sont situées, la première à la jonction des ciels des foyers, celle inférieure à la jonction du fond des cendriers, et celle intermédiaire au milieu de la distance qui sépare la rangée du haut et celle du bas. De cette manière, la rangée supérieure est la seule exposée à l'ardeur du feu.

Le fond de chaque cendrier est uni au fond de la chaudière par deux rangées de tirants perpendiculaires à la longueur de la chaudière. Le dessus et le dessous de la chaudière sont liés au moyen de tirants très-longs passant dans les lames d'eau verticales qui séparent les foyers.

Les ciels des fourneaux sont liés à la partie de l'enveloppe de la chaudière directement au-dessus, par des tirants verticaux passant entre les tubes.

Les parties supérieures de la chaudière, c'est-à-dire celles situées au-dessus des foyers, sont reliées horizontalement par des rangées de tirants allant de l'avant à l'arrière et d'un côté à l'autre de la chaudière; ces différentes rangées sont distantes l'une de l'autre d'environ 0^m,50.

Une d'elles passe entre les ciels des foyers et les premiers tubes, une autre est placée au-dessus des tubes.

Enfin les cloisons de la culotte et celles des boîtes à feu et à fumée sont liées à la partie supérieure de la chaudière par des tirants obliques.

Ainsi toutes les parties d'une chaudière sont soutenues pour résister à la pression, qui fait sentir ses effets de la même manière sur toutes les portions de l'enveloppe.

Cette grande quantité de tirants qui se croisent dans tous les sens est certainement un inconvénient pour les travaux intérieurs, mais cette considération ne doit jamais empêcher de consolider, autant que possible, les parois d'une chaudière; d'autant plus qu'il est toujours facile de dépasser les boulons ou les clavettes qui les unissent aux tôles des chaudières, et de les écarter de l'endroit où doit se faire un travail de réparation : on les remet à leur place ensuite.

ORGANES DE CONDUITE DES CHAUDIÈRES.

106. Le niveau de l'eau, dans les chaudières employées sur mer, est indiqué de deux manières : par les tubes de niveau et par les robinets-jauges.

Les tubes de niveau sont de forts tubes en verre 1, d'un diamètre extérieur de 25 à 30 millimètres et d'un diamètre intérieur de 12 à 15, tenus, au moyen de deux presse-étoupe, dans les

boîtes en bronze 2 fixées sur la face-avant des chaudières en vue des mécaniciens. Le milieu de la longueur du tube de niveau correspond au niveau moyen de la chaudière; le haut du tube communique par sa boîte avec le coffre à vapeur, et le bas se trouve en communication de la même manière avec le liquide de la chaudière. Par suite, les choses se passant dans le tube comme dans la chaudière, le niveau du liquide doit être à la même hauteur dans les deux.

Les tubulures 3, qui établissent la communication de la chaudière avec les boîtes 2, portent chacune un robinet qui permet d'interrompre cette communication. Le bas de la boîte inférieure porte aussi un robinet 4, qui permet de purger le tube de verre des saletés qui l'obstruent souvent, et de renouveler l'eau qui est à l'intérieur. Enfin, vis-à-vis les tubulures, les boîtes 2 portent un petit bouchon taraudé 5, qui donne la facilité de passer un fil de fer dans les communications avec les chaudières, et de les déboucher si elles étaient engagées.

Comme on le voit, les robinets qui ferment les tubulures 3 permettent de changer un tube cassé sans éteindre la chaudière.

Plusieurs circonstances qu'il importe de connaître peuvent empêcher les tubes de niveau de marquer exactement la hauteur de l'eau dans la chaudière.

1° L'engorgement de la communication qui amène la vapeur au haut du tube fait que le liquide poussé par en bas, sans rencontrer une pression égale par en haut, tend toujours à monter et, par suite, peut indiquer un niveau plus élevé que celui qui existe dans la chaudière.

2° L'engorgement de la communication inférieure peut aussi être la cause d'une indication fausse.

3° L'engorgement des deux communications produit des résultats semblables.

4° Enfin les ébullitions qui se produisent dans les tubes de niveau, comme dans les chaudières, font tellement varier la hauteur de l'eau dans le tube, qu'il est impossible de se faire une idée exacte de l'état du niveau du liquide dans la chaudière.

C'est pour obvier à ce dernier inconvénient que les tubulures 3 portent quelquefois de longs tubes qui vont, à l'intérieur de la chaudière, établir la communication de la partie inférieure du tube de niveau avec les couches inférieures du liquide, et celle du haut du tube avec la partie supérieure du réservoir de vapeur. Cependant, malgré les inconvénients des ébullitions, il est préférable de ne pas avoir ces longues communications, qui s'engorgent facilement et qu'il est souvent impossible de dégager.

De tout ce qui précède, il faut conclure qu'un mécanicien ne saurait apporter trop d'attention aux indications des tubes de niveau ; il devra s'assurer souvent de la bonté de ces indications, c'est le seul moyen de prévenir des accidents terribles.

Les robinets-jauges, ordinairement au nombre de trois pour chaque chaudière, tiennent à de petits tubes qui pénètrent dans le générateur. Celui inférieur plonge dans le liquide au-dessous du niveau d'eau moyen, celui du milieu aboutit précisément à la hauteur du niveau moyen, et celui supérieur reste un peu au-

Robinets-jauges.
Pl. XI, fig. 6

dessus. Ainsi donc, la chaudière convenablement remplie, le robinet inférieur ne doit donner que de l'eau, celui du milieu de l'eau et de la vapeur, et enfin celui supérieur de la vapeur seulement. Les mouvements du liquide, occasionnés par le roulis et le tangage, rendent ces indications peu exactes ; cependant elles peuvent être précieuses soit pour contrôler celles des tubes de niveau, soit pour remplacer momentanément ces derniers en cas de rupture. Les tubes des robinets-jauges, étant toujours d'un très-petit diamètre, doivent être nettoyés souvent.

Flotteur.
Pl. XI, fig. 7.

Dans les chaudières établies à terre, et dans quelques-unes de celles employées sur les navires, il existe quelquefois un gros ballon métallique flottant sur l'eau ; ce ballon communique, par un système de leviers, avec une flèche parcourant un cadran fixé sur le devant de la chaudière. Dans ce cas, la flèche dont il vient d'être parlé, suivant les variations de hauteur du ballon qui monte et descend avec le niveau de l'eau, donne de très-bonnes indications à terre, mais assez insignifiantes à bord des navires.

Sifflet d'alarme.
Pl. XI, fig. 10.

Il devrait être ordonné d'adapter sur toutes les chaudières un sifflet qui appellerait l'attention du mécanicien et de l'officier de quart au moment où le niveau de l'eau serait arrivé à sa limite inférieure. Il est vrai de dire que les mouvements du navire feraient souvent parler le sifflet inutilement, mais cet inconvénient serait largement compensé par les avantages réels qui en découleraient.

La fig. 10 donne une coupe faite dans deux sifflets différents : dans celui représenté à gauche, 1 est un petit tuyau qui se prolonge en dedans du coffre à vapeur et au dehors de la chaudière ; il est terminé en demi-sphère fermée par un cercle ayant un diamètre un peu moindre que celui de la demi-sphère. Vis-à-vis ce vide et un peu au-dessus est fixé un timbre dont l'arête peut recevoir l'action de la vapeur et entrer en vibration. La partie inférieure du tube est ouverte ou fermée par un bouchon porté par un levier sur lequel agit un flotteur ; tant que le niveau de l'eau est suffisamment élevé, le bouchon ferme le tuyau du sifflet ; mais, dès que ce niveau s'abaisse au-dessous des limites fixées d'avance, le bouchon laisse pénétrer la vapeur et le sifflet parle.

Dans la figure de droite, les dispositions sont les mêmes ; mais la vapeur met en vibration une lame métallique au lieu d'un timbre.

Au moyen d'un tube à deux branches, l'une fermée par le

bouchon du flotteur et l'autre par un robinet, on aurait tout à la fois un sifflet d'alarme pour le niveau de l'eau et un moyen puissant de révéler sa présence à la mer en temps de brune ou la nuit.

Au mois d'août 1851, M. Lethuillier-Pinel, ingénieur-mécanicien à Rouen, prit un brevet d'invention pour l'indicateur suivant : l'appareil se composait d'un tube métallique vertical, communiquant, par une de ses extrémités, avec l'eau de la chaudière, et, par l'autre, avec la vapeur au moyen de deux tubulures à robinets. Un flotteur métallique, muni d'un aimant en fer à cheval 1, pouvait se mouvoir dans le tube formant le corps d'appareil, et y monter ou descendre. Le cylindre dont on vient de parler était aplati sur une de ses faces, et portait un cadre dans lequel s'enchâssait une glace recouvrant un espace vide dans lequel pouvait se mouvoir une aiguille en fer ou en acier. Cette aiguille, attirée par l'aimant du flotteur, au travers de la paroi plane du tube, en suivait tous les mouvements et accusait ainsi le niveau de l'eau dans le tube et, par suite, dans la chaudière.

Indicateur parlant ou flotteur magnétique de M. Lethuillier-Pinel.
Pl. XI, fig. 8.

Cet appareil était parfaitement applicable à nos chaudières marines, et remédiait aux avaries si fréquentes des tubes de niveau, et surtout au peu de garantie que présentent leurs indications, car les communications du tube métallique contenant le flotteur étaient considérablement plus grandes que celles des tubes en verre et, par suite, moins exposées à être engorgées.

Tout en conservant le même principe, l'inventeur a, depuis, beaucoup modifié son appareil ; il lui a ajouté un manomètre et un sifflet, mais aussi il l'a rendu d'une application plus difficile pour les chaudières marines.

ALIMENTATION DES CHAUDIÈRES.

107. L'alimentation est le renouvellement continuel de l'eau passée à l'état de vapeur, fonction remplie par l'organe alimentaire ; elle doit être assez abondante pour entretenir constamment, au-dessus des surfaces de chauffe ou des tubes, la hauteur d'eau jugée convenable.

Pl. XII.

La quantité d'eau vaporisée à remplacer dépend évidemment du volume de vapeur dépensé pour chaque coup de piston ; mais ce volume est lui-même proportionnel à peu près à la tension de la vapeur employée. Il s'ensuit que la quantité d'eau à fournir est en raison composée de ses deux éléments. Connaissant le rapport du volume de la vapeur à celui de l'eau qui l'a fournie pour la tension dont on se sert, et la partie du volume du cylindre à vapeur engendrée par le piston pendant le temps de l'introduction, il est on ne peut plus facile de connaître la quantité d'eau à fournir pour chaque coup de piston.

Mais la vaporisation n'est pas la seule cause qui vienne faire baisser le niveau de l'eau d'une chaudière, il y a encore les extractions nécessitées par la saturation de l'eau employée et les fuites de l'enveloppe. Ainsi donc, les pompes alimentaires doivent satisfaire à ces nouvelles exigences. Chaque appareil a ordinairement deux pompes alimentaires, calculées de manière que chacune d'elles puisse fournir seule aux besoins de la chaudière ; de cette manière, l'avarie de l'une d'elles n'empêche pas le mouvement de la machine.

Pompes alimentaires. Dans les machines à balanciers, les pompes alimentaires sont placées à côté des pompes à air, et elles reçoivent le mouvement de la traverse de ces dernières. Dans les machines à cylindres horizontaux, elles sont le plus souvent horizontales elles-mêmes, et placées à côté du conducteur, vis-à-vis le cylindre.

Dans ce cas, le mouvement leur est donné par le piston auquel leur tige est liée. Nous avons dit qu'il en était ainsi le plus souvent, car beaucoup de dispositions particulières, comme des excentriques, des balanciers, des mouvements de sonnette, sont aussi employées pour donner le mouvement aux pompes alimentaires.

Dans les machines établies à terre, le flotteur, dont nous avons parlé n° 106, fait non-seulement marcher une flèche qui indique le niveau de l'eau, mais encore il ouvre plus ou moins le robinet du tube alimentaire, de sorte que le niveau se trouve ordinairement à une hauteur constante ; mais ce moyen n'est pas applicable sur mer, à cause du mouvement du navire, et le robinet du tuyau alimentaire doit être manœuvré à la main par le mécanicien. Pour cette raison, le tube qui vient des pompes alimentaires passe devant les chaudières et reçoit un embranchement qui communique avec chacune d'elles ; sur ces embranchements est le plus souvent une soupape, qu'on peut ouvrir ou fermer au moyen d'une vis manœuvrée par un petit volant. On peut ainsi alimenter, séparément, chaque chaudière, et pendant le temps jugé nécessaire.

L'eau d'alimentation est prise par les pompes alimentaires à la
bâche ; elle arrive ainsi dans la boîte 3, nommée boîte alimentaire,
par la soupape 4, qui s'ouvre de dehors en dedans, toutes les fois
que le piston 2 aspire ; quand ce piston refoule, il ferme la soupape 4
et pousse l'eau aspirée par la soupape 5 dans le tuyau qui passe
devant les chaudières, et par suite dans les chaudières, si les soupapes alimentaires sont levées ; mais les pompes alimentaires fonc-
tionnant toujours fournissent beaucoup plus d'eau, généralement,
qu'il n'en faut pour l'alimentation : il suit de là qu'il faut donner
un écoulement à cet excédant de liquide ; sans cette disposition,
les tuyaux seraient indubitablement crevés. Aussi la boîte alimentaire reçoit-elle une troisième soupape 6, s'ouvrant de dedans au
dehors, et fermant l'entrée d'un tuyau qui permet à l'eau non
employée de retourner à la bâche dont elle vient, ou de s'écouler à la mer. Cette soupape 6, qui ne doit s'ouvrir que pour laisser
passer le liquide qu'on ne peut utiliser, est chargée avec un poids
ou un ressort calculé de manière à dépasser la pression exercée
par la vapeur sur la soupape 5. Dans plusieurs machines nouvelles, la boîte alimentaire ne permet pas à l'eau, non utilisée,
de retourner à la bâche ; par suite, la soupape 6 n'existe pas. Le
tuyau d'alimentation, après avoir passé devant les chaudières,
continue sa route, pour se rendre directement en dehors du navire au-dessus de la flottaison ; sur cette dernière partie du tuyau
se trouve alors une boîte à soupape, qui ne doit s'élever que
lorsque les chaudières ne reçoivent pas toute l'eau fournie par les
pompes alimentaires.

On vient de voir que les pompes alimentaires sont conduites
par la machine elle-même : il s'ensuit que, dès que celle-ci cesse
de fonctionner, l'alimentation n'a plus lieu, et souvent elle est
nécessaire dans ces circonstances ; de plus, une avarie dans les
pompes alimentaires peut paralyser complétement la machine.

Il fallait donc, dans tous les cas, se réserver un moyen d'alimenter sans le secours des pompes alimentaires. Ce moyen est
donné par la pompe à quatre fins dans les machines à basse
pression, et par la machine auxiliaire ou petit cheval dans les
machines à moyenne pression.

Dans les navires à hélices, les chaudières sont placées assez bas
pour qu'on puisse les remplir complétement avec l'eau arrivant
par le tuyau de prise d'eau ; mais, dans les navires à roues, le plus
souvent le niveau de l'eau dans les chaudières est plus élevé que
celui de la mer, en dehors du navire : dès lors il faut finir de les

Pl. XII, fig. 5.

remplir au moyen d'une pompe appelée pompe à quatre fins ou pompe à bras. Elle se compose de deux corps de pompe 1, dont les pistons pleins sont mus par des bielles. Ces pistons sont maintenus dans une position verticale par une tige qui sert de guide, et qui passe, à cet effet, dans une douille portée par une bride croisant l'ouverture des corps de pompe.

Le balancier 2, qui lie les deux bielles, reçoit lui-même un mouvement d'oscillation par une tige 3, qui aboutit à une bringueballe placée dans une des batteries ou sur le pont du navire.

Chacun des corps de pompe exerce sa puissance d'aspiration et de refoulement, dans une des deux boîtes 4 et 5, séparées l'une de l'autre et munies de deux soupapes. L'une, 6, s'ouvre en dedans, et donne passage à l'eau aspirée ; l'autre, 7, s'ouvre au contraire en dehors, et laisse passer l'eau refoulée dans le réservoir d'air, qui la pousse dans le conduit 9.

Au moyen du robinet à quatre fins, on peut mettre en communication, comme la chose a lieu dans la fig. 5, le tuyau de prise d'eau à la mer 10 avec la boîte d'aspiration, et le tuyau de refoulement 9 avec le tuyau alimentaire 11 de la chaudière. Toutes choses disposées ainsi, en fermant les robinets d'alimentation et ouvrant celui du tuyau 12 qui était fermé dans le premier cas, la pompe devient une pompe à incendie ou à lavage, qui peut porter l'eau partout où il est nécessaire. Souvent un embranchement du tuyau de prise d'eau aboutit au fond de la cale, et permet ainsi, en ouvrant cette partie et en fermant celle qui va à la mer, de vider les eaux de la cale. Un embranchement du tuyau 12, aboutissant au dehors du navire, permet de rejeter les eaux sales à la mer.

Si le robinet est dans la position différente, la boîte d'aspiration se trouve en communication avec la chaudière, et la boîte de refoulement avec la mer. Dans cette position, on peut donc vider les chaudières, soit qu'on rejette l'eau dans la mer, soit qu'on veuille l'envoyer sur le pont ou dans toute autre partie du navire. Ce sont ces différentes fonctions, remplies par la pompe à bras, qui lui ont fait donner le nom de pompe à quatre fins.

La place occupée par la pompe à bras varie beaucoup, elle est cependant presque toujours à côté des chaudières qu'elle doit servir ; quand il y a deux groupes de chaudières, un sur l'avant, l'autre sur l'arrière de la machine, il y a aussi deux pompes à bras. Quand les chaudières à moyenne pression sont trop élevées pour qu'on puisse faire leur plein en laissant arriver

l'eau de la mer, il y a, si la machine auxiliaire dont il va être question ne peut pas être manœuvrée à la main, une pompe à bras.

Dans les chaudières à moyenne pression, le refoulement de
l'eau pour l'alimentation devient trop pénible pour être exécuté
au moyen des hommes ; alors la pompe à quatre fins est généralement remplacée par une pompe 5 mue par une petite machine
indépendante de celle du navire. Tout l'appareil, pompe et machine, se désigne ordinairement par le nom de petit cheval. La
pompe 5 est une pompe aspirante et foulante, à piston plongeur 6 ; elle peut, comme la pompe à quatre fins, remplir différentes fonctions au moyen des robinets établissant différentes
communications avec le tuyau d'aspiration 11 et avec celui de
refoulement 12.

La tige de cette pompe est liée avec la tige du piston d'un petit
cylindre renversé 1 ; situé directement au-dessus, 4 est la conduite
de vapeur qui fait communiquer le petit tiroir 3 avec la chaudière.

Pour faire dépasser les points morts, un arbre coudé 7, portant
un volant 8, passe dans un rectangle allongé, qui fait partie de la
tige de la pompe ; sur l'extrémité de l'arbre opposée au volant se
trouve calé l'excentrique 9, qui donne, au moyen d'un bielle, le
mouvement au tiroir. Ordinairement cette petite machine à pilon
est sans condensation ; la vapeur qui vient d'agir est évacuée en
dehors du navire ou dans l'intérieur de la cheminée, par l'orifice 10.

On place ordinairement le petit cheval le long de la cloison
des soutes alimentaires, de manière à ce qu'il soit sous la main
des mécaniciens qui conduisent les feux. Dans les navires où il y
a deux chambres de chauffe, il y a aussi deux machines auxi-
liaires pour l'alimentation.

Le plus souvent maintenant la tige du piston peut être rendue
indépendante de celle de la pompe, et une manivelle mobile peut
s'adapter sur l'extrémité de l'arbre coudé 7 ; de cette manière, la
pompe 5 devient une véritable pompe à quatre fins.

Cette disposition, si simple, permet de supprimer les pompes
à bras et, par suite, de rendre le tuyautage moins compliqué.

La fig. 2 donne une coupe, par l'axe, d'une autre machine
auxiliaire pour l'alimentation. On ne trouve plus guère ce petit
cheval, qui est de M. Penn, sur les navires de guerre, celui
dont nous venons de donner la description étant réglementaire.
Mais on le rencontre souvent sur les navires étrangers et sur ceux

que nous achetons pour le compte de la marine impériale ; il est donc indispensable d'en connaître le mécanisme.

Cette machine est placée le plus souvent horizontalement ; la tige des pistons à vapeur est commune avec celle du piston de la pompe 1. Les deux cylindres, celui à vapeur 2 et celui de la pompe 1, sont surmontés chacun par un tiroir qui sert, pour le cylindre à vapeur, à la distribution, et, pour la pompe, il remplace les soupapes de refoulement et d'aspiration.

La tige de ces deux tiroirs est commune et le mouvement lui est donné par la demi-traverse portée par la tige des pistons ; un petit volant, comme dans le petit cheval réglementaire, régularise le mouvement. Les deux déclics et les ressorts à boudin 4 ont pour but d'éviter les chocs qui résulteraient évidemment d'une ouverture trop brusque des tiroirs. 5 et 6 sont les conduits de la pompe ; dans le premier se fait l'aspiration, dans le second le refoulement. 7 et 8 sont, le premier, la conduite de vapeur et le second le tuyau d'évacuation.

Injecteur Giffard. M. Giffard vient de présenter un moyen, on ne peut plus simple, d'alimenter les chaudières des machines à vapeur ; il n'y a plus de pompe pour refouler l'eau d'alimentation, une petite partie de la vapeur fournie par la chaudière est seule employée pour produire ce résultat, et l'on peut alimenter alors que la machine ne marche pas.

Pl. XII, fig. 6. 1 est un tube terminé à la partie inférieure par un cône. Ce tube 1 peut être mis en communication avec la vapeur de la chaudière par la tubulure 2, qui porte un robinet. Dans l'intérieur du tube 1 est une tige 3, pleine et terminée en cône. Le tube 1 lui-même entre à frottement doux dans un autre tube 4, qui communique avec la bâche ou avec la mer par la tubulure 6, et avec la chaudière par le tuyau 5, fermé à la partie inférieure par la soupape 7 qui se ferme de bas en haut. Autour du cône du tube 1 est un creux 8, et autour de la naissance du tuyau 5 se trouve un autre creux 9 ; ces deux cavités, ménagées dans le tube 4, communiquent entre elles par une espèce d'entonnoir. La partie inférieure de la cavité 9 porte un robinet 10, appelé le robinet de purge. 11 sont des regards fermés par des plaques de verre qui permettent de voir comment se fait l'alimentation.

Pour faire fonctionner l'injecteur on ouvre le robinet 12 ; la vapeur se précipite par le cône du tube 1 et remplit les cavités 8 et 9 ; si en même temps on ouvre le robinet 10, l'air et l'eau qui se trouvent dans les cavités sont chassés, et l'instrument est purgé. Fermant le robinet 10, l'eau d'alimentation arrive alors par les tubes 6 et se trouve poussée par la vapeur dans le cône qui est à la naissance du tuyau 5 et dans ce tuyau ; alors la soupape 7 s'ouvre et donne passage au liquide pour se rendre à la chaudière. La vitesse acquise par l'eau poussée par la pression atmosphérique de la bâche, de la cale ou de la mer dans l'injecteur, augmentée de celle que lui communique la vapeur, lui donne une force assez grande pour surmonter la pression exercée par la vapeur dans la chaudière.

La solution de continuité qui existe entre le cône qui est à la naissance du tuyau 5 et ce tuyau n'est pas indispensable ; elle n'a été faite que pour permettre de voir comment fonctionne l'alimentation. Mais son existence est cause que l'espace vide laissé au sommet du tube d'alimentation peut se remplir, et alors les regards ne serviraient plus à rien. Aussi doit-on, lorsque l'on veut constater la manière d'agir de l'injecteur, commencer par purger cette partie en ouvrant le robinet 10.

La manivelle 14 permet de monter ou de descendre le tube 1 ; par suite, l'on peut éloigner ou rapprocher le cône qui le termine de l'entonnoir du tuyau 5 et, par là, régler la quantité d'eau allant alimenter la chaudière. La manivelle 13 permet de descendre ou de monter le cône qui termine la tige 3.

On peut ainsi régler la quantité de vapeur passant par le cône du tube 1 et, par suite, diminuer ou augmenter la vitesse du liquide dans le tuyau d'alimentation 5.

L'injecteur Giffard peut aussi servir de pompe de cale ; sur l'*Aigle*, l'appareil qui a été disposé pour remplir ce but peut puiser jusqu'à 600 tonneaux d'eau à l'heure.

PRISE D'EAU ET EXTRACTION.

108. Dans toutes les chaudières employées sur mer, un tuyau fait communiquer le bas de la chaudière avec l'extérieur du navire au-dessous du niveau d'eau. Ce tuyau, qui donne la facilité de faire arriver l'eau de la mer dans l'intérieur de la chaudière, est le tuyau de prise d'eau.

Quand la pression, dans l'intérieur de la chaudière, est plus forte que la pression atmosphérique, augmentée de celle produite par la hauteur du liquide extérieur au-dessus du niveau de l'eau dans la chaudière, le tuyau de prise d'eau peut servir à faire sortir une partie ou toute l'eau contenue; dès lors il change de nom et se désigne sous celui de tuyau d'extraction.

Le robinet qui ferme ce tuyau est presque toujours noyé dans les eaux sales de la cale, hors de la vue du mécanicien, qui ne peut ainsi voir s'il est bien fermé ; il peut donc arriver que, la négligence aidant, une extraction trop prolongée produise une telle dénivellation du liquide dans la chaudière, que les surfaces de chauffe soient découvertes. Alors les feux sont dans toute leur activité; les parties en contact avec la flamme, n'étant plus recouvertes par l'eau rougissent promptement, et des accidents terribles par leurs conséquences peuvent en être la suite.

C'est pour éviter en partie ces accidents que, dans des chaudières nouvelles, le tuyau de prise d'eau ne porte pas un robinet particulier pour chaque corps de chaudière ; dès lors il devient impossible de s'en servir pour les extractions.

Ces dernières sont faites au moyen d'un autre tuyau qui part du fond de la chaudière, et dont le robinet est en vue des mécaniciens; ce tuyau est véritablement le tuyau d'extraction.

Extraction continue. Il ne faut pas confondre le tuyau dont il vient d'être question avec celui qui sert à l'extraction continue ; ce dernier est toujours beaucoup plus petit, il ouvre dans la chaudière à une certaine distance au-dessus des surfaces de chauffe et aboutit au-dessus du niveau de l'eau à l'extérieur. Dans aucun cas, il ne peut être cause de l'abaissement du niveau de l'eau au-dessous des surfaces de chauffe.

Nous reviendrons sur tous ces tuyaux quand nous décrirons le tuyautage.

MESURE DE LA PRESSION.

Manomètre. **109.** Le manomètre, quel que soit le système de celui adopté sur la chaudière, donne la pression exercée dans l'intérieur du générateur.

Nous avons décrit ces instruments au numéro 625 et suivants du premier volume.

ORGANES DE SURETÉ DES CHAUDIÈRES.

Soupapes de sûreté. **110.** La soupape de sûreté a pour but de laisser échapper la vapeur au dehors de la chaudière, quand la pression atteint une certaine limite qu'elle ne doit jamais dépasser sans danger pour le générateur.

Elle se compose d'un disque en bronze fermant un orifice circulaire pratiqué dans la tôle qui forme le dessus du réservoir de vapeur. Elle est chargée, suivant l'étendue de sa surface, par un poids proportionné à la pression maximum que doit supporter la chaudière. Si cette pression devient plus forte, la soupape de sûreté se lève sous ce surcroît d'effort et dégage en partie l'orifice qu'elle ferme.

Dès lors, la vapeur peut s'échapper et la pression diminue dans l'intérieur du générateur ; mais, pour atteindre ce but, il faut que la soupape de sûreté donne passage à toute la vapeur formée dans la chaudière; sans cette condition, la cause qui fait monter la pression subsistant, le générateur ne serait pas à l'abri d'une explosion.

Chaque chaudière pouvant fonctionner séparément possède sa soupape de sûreté, renfermée dans une boîte qui communique avec le tuyau d'évacuation. Ce tuyau, presque toujours en cuivre, suit la cheminée avec laquelle il est lié le plus souvent, et conduit la vapeur à une certaine hauteur au-dessus du pont.

Le disque de la soupape de sûreté 1 est traversé par une tige 2 dépassant le disque par en dessous. Cette tige est reçue dans une douille 3 tenue par plusieurs rayons faisant corps avec le siége 4 de la soupape ; de cette manière, la soupape est guidée dans ses mouvements; elle se lève et s'abaisse parallèlement au plan de son siége. Le siége 4, qui reçoit la soupape, est en bronze et fixé à la tôle de la chaudière. La soupape et son siége sont rodés avec le plus grand soin, car la zone de partage, d'après la loi, ne doit pas dépasser $\frac{1}{30}$ du diamètre de l'orifice de la soupape et, dans tous les cas, ne peut excéder 2 millimètres de largeur. On exige une zone de contact aussi petite parce qu'elle est un sujet d'erreur qui peut conduire à des conséquences terribles.

En effet, une soupape ne s'oppose au passage de la vapeur que par son contact avec le siége obtenu au moyen du rodage ; mais quelle est la partie de cette surface qui porte réellement? Est-ce celle d'en dehors? est-ce celle d'en dedans? est-ce la grande base ou la petite base de la soupape? Dans chacun de ces cas, le poids qui doit charger la soupape est différent, surtout dans les machines à moyenne et à haute pression.

Nous avons dit plus haut que la soupape portait une tige qui lui servait de guide ; dans beaucoup de chaudières à basse pression, cette tige prolongée traverse le poids qui charge la soupape. Alors une seconde douille, dans laquelle passe le bout de

Pl. XI, fig. 11.

Pl. VIII, fig. 1.

la tige au-dessus du poids, maintient tout le système contre les mouvements du navire.

Mais, dans les chaudières à moyenne et à haute pression, le poids, s'il était directement sur la tige, serait trop considérable; on le remplace par un plus maniable, agissant à l'extrémité d'un levier de seconde espèce, articulé avec la tige de la soupape.

Pl. IX, fig. 1 et 2.

Si le poids qui charge la soupape est devant la chaudière, il est hors de l'atteinte des mécaniciens et ne peut être augmenté ni accidentellement ni avec intention. Dans tous les cas, un système de leviers, semblable à celui représenté pl. VIII et IX, communique avec la tige du poids, permet de soulever ce dernier, et, par suite, la soupape de sûreté. C'est ainsi que le mécanicien peut laisser sortir la vapeur de la chaudière, alors que sa pression est au-dessous de celle qui doit soulever la soupape.

Au-dessus de la soupape de sûreté est une boîte fixée à la chaudière et communiquant avec le tuyau d'évacuation de la vapeur dont il a été parlé plus haut.

Si le poids est en dehors, la tige de la soupape passe dans un presse-étoupe placé dans le dessus de la boîte, et c'est sur cette extrémité que se trouve articulé le levier du poids. Dans ce système on peut, à volonté, augmenter la charge de la soupape et compromettre la vie de ceux qui sont à bord. Du reste, un objet quelconque tombant sur le levier, peut changer les conditions de charge. Si ces inconvénients sont de peu d'importance sur les navires de guerre, où la surveillance est continuelle, ils peuvent être très-graves à bord des navires marchands, où la spéculation, la concurrence s'en mêlant, on peut exposer l'équipage à des dangers terribles. Aussi, malgré les inconvénients d'un système qu'on ne peut réparer sans pénétrer dans la chaudière, il vaut mieux que le poids qui charge la soupape de sûreté ne soit pas sous la main des hommes.

Plusieurs chaudières ont deux soupapes ouvrant dans la même boîte : l'une est la soupape de sûreté ayant le poids qui la charge dans l'intérieurde la chaudière ; l'autre, chargée ou non, est articulée avec un système de leviers qui permet de la lever et de l'abaisser à volonté : c'est alors cette soupape qui sert à l'évacuation de la vapeur, celle de sûreté ne s'ouvrant que quand la vapeur dépasse la pression maximum. Cette complication semble présenter autant d'inconvénients que d'avantages.

L'importance des soupapes de sûreté, les conséquences terribles qui peuvent résulter de leur non-fonctionnement doivent engager un mécanicien consciencieux à les visiter souvent, pour s'assurer que l'oxyde n'empêche pas les leviers d'agir et que les guides peuvent glisser dans leurs douilles.

111. D'après l'article 27 de l'ordonnance du 17 juin 1846, pour connaître le poids qui doit charger la soupape de sûreté d'une chaudière à vapeur, il faut multiplier $1^k,033$ (poids de l'atmosphère sur 1 centimètre carré de surface) par le nombre d'atmosphères ou la fraction d'atmosphère mesurant la pression effective que doit supporter la chaudière, et par le nombre de centimètres carrés mesurant la surface de l'orifice et de la soupape.

P étant le poids maximum,

F la force effective,

S la surface de l'orifice exprimée en centimètres carrés, la formule

$$P = 1^k,033 \times F \times S$$

donnera le poids qui doit charger la soupape.

Quant au diamètre de l'orifice, qui dépend évidemment de la quantité de vapeur fournie par la chaudière et, par suite, de l'étendue des surfaces de chauffe, l'expérience a conduit à la formule suivante :

$$D = 2,6 \ \sqrt{\frac{C}{N - 0,412}}$$

dans laquelle

D est le diamètre de l'orifice de la soupape,

C la surface totale de chauffe, compris les parois des conduits de flamme exprimés en mètres carrés,

N la tension maximum de la vapeur,

2, 6 et 0,412 des facteurs constants.

Ce qui se réduit à diviser la surface totale de chauffe par la tension maximum, diminuée préalablement de 0,412, à prendre la racine carrée du quotient et multiplier cette racine par 2,6. Le produit donne le diamètre de l'orifice en centimètres.

Connaissant le diamètre de l'orifice, il est facile d'obtenir sa surface en centimètres carrés ; il suffit, pour cela, de multiplier le carré du diamètre par le 1/4 du rapport de la circonférence au diamètre :

$$\left(\pi R^2 = \frac{1}{4} \ \pi D^2 = \frac{1}{4} . 3,1416 . D^2 \ 1^{re} \ \text{partie, n}^o \ 382 \right) ;$$

ou encore de chercher dans le tableau n° **1** placé à la fin de cette partie du cours.

La formule

$$P = 1^k,033 \times F \times S$$

donnera encore le moyen de calculer l'effort F que supporte chaque centimètre de surface de la chaudière avant que la soupape de sûreté d'une surface S et chargée d'un poids P puisse se lever.

$$F = \frac{1^k,033 \times S}{P}$$

La loi exige, en outre, que les chaudières des machines établies à terre portent deux soupapes de sûreté ayant chacune la surface voulue, et éloignées le plus possible l'une de l'autre. Quant aux machines employées pour la navigation, l'obligation de percer les ponts pour donner passage au tuyau d'évacuation a fait admettre qu'il n'y aurait qu'une soupape de sûreté.

Mais on devrait exiger que, sur tous les navires, cette soupape de sûreté pût s'ouvrir du pont ou de tout autre lieu en dehors de la chambre de la machine. Une avarie dans la chaudière peut tuer les hommes qui sont devant les feux ou, du moins, rendre les abords de la chaudière très-dangereux; dans ces circonstances toujours graves il peut être indispensable de lever les soupapes de sûreté, et on n'a généralement aucun moyen de le faire.

112. La loi prescrit aussi l'établissement d'une soupape atmosphérique sur chaque chaudière à basse pression.

Quoiqu'elle ne fasse pas la même obligation pour les chaudières à moyenne pression, il est préférable d'en placer aussi sur ces générateurs, comme le font, du reste, plusieurs constructeurs. Il peut arriver des circonstances où cette soupape devient utile et même nécessaire.

Les soupapes atmosphériques s'appliquent sur les parois intérieures de la chaudière et, par suite, s'ouvrent de dehors en dedans; le poids qui les retient collées contre la chaudière est calculé de manière à équilibrer leur propre poids et une certaine partie de la pression atmosphérique exercée sur la surface de la soupape. Il suit, de là, que, tant que la pression intérieure de la chaudière est supérieure à la pression atmosphérique, la soupape reste collée à la chaudière et s'applique d'autant plus sur son siége que la pression est plus grande. Mais si la pression intérieure tombe en dessous de celle atmosphérique, à la limite fixée d'avance, celle exercée sur le dessous de la soupape l'emporte et l'ouvre.

Dès lors l'air entre dans la chaudière et rétablit l'équilibre entre l'intérieur et l'extérieur. La soupape atmosphérique soustrait les grandes faces planes des chaudières à la pression de l'atmosphère, poids toujours fatigant même pour les chaudières destinées à supporter des pressions intérieures considérables, parce que, dans beaucoup d'endroits, les tirants sont trop longs pour empêcher les rapprochements des surfaces.

Outre le cas où on laisse l'eau refroidir dans la chaudière et, par suite, la vapeur se condenser, il peut encore arriver certaines circonstances où la condensation se fait dans le générateur ; c'est alors que l'utilité de la soupape atmosphérique se fait sentir.

DU CYLINDRE ; SA CONSTRUCTION, SES ORIFICES, SA CHEMISE.

113. Le cylindre d'une machine à vapeur est toujours formé d'un seul jet d'une fonte douce ; l'intérieur est alésé avec le plus grand soin et poli autant que le permet la fonte employée. Il porte, au sommet et à la base, un bourrelet 1 nommé collet du cylindre. Ces collets sont parfaitement dressés suivant un plan perpendiculaire à l'axe du cylindre. Lorsque le cylindre est sur la machine à aléser, son axe se confond avec celui du porte-outil, qui tourne dans un plan exactement perpendiculaire à l'axe. Par suite, il suffit de faire faire une passe sur le collet du cylindre pour le mettre dans un plan perpendiculaire à l'axe. Le collet du sommet sert à unir le cylindre au couvercle ; celui de la base unit le cylindre au fond. Le couvercle et le fond d'un cylindre sont ordinairement fondus avec la même fonte qui a donné le cylindre ; leur collet 2 est aussi dressé parfaitement pour que le contact avec le collet du cylindre soit aussi exact que possible. De nombreux boulons à écrou, traversant en haut le collet du cylindre et celui du couvercle, en bas le collet du cylindre et celui du fond, servent à la réunion des parties.

La nécessité, dans certaines machines à cylindre vertical, de baisser le plus possible le cylindre, met quelquefois dans l'obligation d'unir le collet de la base du cylindre avec la plaque de fondation, qui devient alors le fond du cylindre ; d'autres fois, une obligation contraire fait placer le cylindre sur un soubassement qui l'élève à la hauteur convenable.

En général, dans toutes les machines employées sur mer, l'épaisseur du métal qui forme les parois du cylindre est beaucoup plus grande que dans les machines de même force employées à terre ; cela vient de ce que le cylindre d'une machine marine a non-seulement à supporter la pression de la vapeur, mais encore les efforts des différentes pièces auxquelles il donne un point d'appui, et qui toutes participent aux mouvements que la mer imprime au navire et à tout ce qu'il contient.

Presque toujours les deux extrémités du cylindre sont fermées l'une par un couvercle, l'autre par un fond ; cette disposition permet, dans les machines dont le cylindre n'est pas vertical, de pouvoir visiter le dessus et le dessous du piston sans retirer ce dernier, opération toujours longue et souvent difficile.

Dans beaucoup de nouvelles machines, une disposition dont nous allons parler permet de pénétrer soit d'un côté, soit de l'autre du cylindre, sans retirer le couvercle ou le fond, travail sinon difficile, du moins assez long pour des appareils d'une grande dimension.

Pl. IV.   Le couvercle et le fond sont alors composés de deux parties concentriques, une extérieure qui s'unit aux collets du cylindre et une intérieure 4, beaucoup moins lourde que la première, qui s'unit avec elle. C'est cette partie très-maniable comparée au couvercle total qu'on peut retirer facilement et qui donne passage aux hommes qu'il faut envoyer dans le cylindre.

Tous les cylindres ne sont pas fermés à la partie inférieure par un couvercle ; ainsi on trouve des cylindres oscillants dont le fond est du même jet de fonte que ces cylindres ; mais il y a toujours au centre une ouverture plus ou moins grande pour le passage du porte-outil de la machine à aléser.

La longueur la plus favorable à donner au cylindre par rapport à son diamètre est loin d'être déterminée pour les machines employées sur mer. Des conditions de vitesse et le défaut de place empêchent d'adopter les rapports jugés les plus favorables pour les machines de terre. Ce rapport, pour les machines marchant sans détente, est une longueur égale au diamètre, et, pour les machines qui marchent avec détente, une longueur égale à une fois et demie le diamètre.

114. Au-dessus du piston rendu au haut de sa course et au-dessous lorsqu'il est en bas, le cylindre a deux ouvertures rectangulaires 3, appelées plus particulièrement les orifices du cylindre et destinées à laisser passer la vapeur, soit pour agir sur le piston, soit pour se rendre au condenseur.

Orifices du cylindre.
Pl. XIII, fig. 1.

On place ces orifices aux extrémités du cylindre pour permettre au piston d'atteindre presque ces extrémités; sans cette précaution, tout l'espace laissé au-dessus et au-dessous de lui, alors qu'il est à fin de course, serait inutilement rempli de vapeur. C'est encore pour cette raison que les orifices sont plus longs que hauts.

Les parties du cylindre que le piston n'atteint pas sont désignées ordinairement sous le nom d'espaces morts ou, mieux, inutiles.

Le côté du cylindre qui porte ces orifices, devant recevoir l'organe de distribution, est travaillé de manière à présenter une surface plane bien dressée.

Les cylindres placés horizontalement portent encore à leurs extrémités deux petites ouvertures, terminées par un tuyau et fermées chacune par un robinet. Ces ouvertures, désignées sous le nom de robinets de purge, peuvent être manœuvrées facilement au moyen de leviers qui les mettent à la portée du mécanicien, et donnent passage à l'air et à l'eau qui pénètrent dans le cylindre avec la vapeur. Dans plusieurs machines nouvelles, tout un système de leviers unit le mouvement de ces robinets à celui du tiroir, et produit une purge continue qui peut empêcher des avaries graves en donnant un passage à la vapeur condensée qui se forme toujours dans les cylindres. Le couvercle et le fond du cylindre sont aussi percés de plusieurs trous dont il faut connaître le but ; les deux portent un trou 4 (pl. XIII, fig. 1) destiné à recevoir une soupape de sûreté pressée soit par un ressort, soit par un poids, l'un ou l'autre calculé suivant la pression exercée par la vapeur, et ne devant s'ouvrir que lorsque des projections amènent tout à coup de l'eau dans le cylindre. Il faut de toute nécessité que cette eau puisse sortir, car, n'étant pas compressible, elle opposerait un point d'arrêt au piston et pourrait amener la rupture des organes.

Le couvercle porte ordinairement un trou 5 surmonté d'un presse-étoupe qui donne passage à la tige du piston ; lorsque ce dernier a plusieurs tiges, le couvercle porte plusieurs presse-étoupe. Quand la tige du piston se prolonge en dessous pour

Pl. XIII, fig. 1.

traverser le cylindre, ce dernier porte aussi un presse-étoupe. Enfin plusieurs petites ouvertures disposées convenablement suivant le système de machine permettent de placer les godets graisseurs et l'indicateur.

Chemise du cylindre. — **115.** Dans les machines anciennes le cylindre était souvent renfermé dans une enveloppe métallique fondue avec lui. Cette enveloppe, nommée chemise du cylindre, servait de conduit à la vapeur arrivant de la chaudière pour se rendre au tiroir, et avait pour but de maintenir le cylindre à une température assez élevée pour éviter la condensation de la vapeur. Cette disposition rendait la machine plus volumineuse et plus lourde sans diminuer la dépense de vapeur occasionnée par sa condensation, cette vapeur se condensant dans la chemise au lieu de se condenser dans le cylindre. Elle produisait même, en augmentant la surface extérieure du cylindre, un rayonnement considérable qui élevait beaucoup la température dans la chambre de la machine, et rendait le service difficile et surtout fatigant. La chemise métallique est donc abandonnée dans les machines nouvelles et remplacée par une enveloppe d'un corps mauvais conducteur de la chaleur.

On a d'abord employé des couvertures de laine ; mais maintenant on se sert de feutre, recouvert lui-même de petites planches ou douvelles de sapin embouvetées, le tout cerclé en fer.

Dans beaucoup de machines, cependant, le cylindre et les autres pièces chaudes ne sont pas garantis du refroidissement causé par le rayonnement ; c'est un grand tort, car non-seulement il y a une perte considérable de combustible, mais encore la température élevée qui en résulte dans la machine rend les travaux des chauffeurs tellement pénibles, que la durée de leur existence est abrégée. Il serait donc à désirer, au point de vue économique et à celui hygiénique, que non-seulement les cylindres fussent entourés d'une enveloppe non conductrice de la chaleur, mais encore les tuyaux de conduite, les chaudières et toutes les autres parties chaudes des machines. On entre, du reste, dans cette voie, car les chaudières des navires dont les machines sont nouvellement montées sont toutes garnies ; quant aux cylindres, leurs formes extérieures, le rapprochement des différents organes de l'appareil empêchent souvent la mise en place d'une garniture non conductrice du calorique.

DU PISTON.

GARNITURES EN CHANVRE. GARNITURES MÉTALLIQUES.

116. Le piston à vapeur ou le grand piston est le premier intermédiaire entre la vapeur et le propulseur ; il se compose de deux parties bien distinctes :

1° Le corps du piston même **1**, qui porte la garniture **2**, destinée à empêcher la vapeur de passer entre lui et les parois du cylindre, et la couronne **3**, dont le but est de maintenir ou de presser cette garniture ;

2° Une ou plusieurs tiges, généralement cylindriques, emmanchées dans les trous **4** pratiqués à cet effet dans le corps du piston et communiquant le mouvement aux autres parties du mécanisme.

Pl. XIII, fig. 2.

La forme du corps du piston est celle d'un disque dont les faces sont légèrement convexes. Il est ordinairement en fonte et creux ; mais, lorsque l'on veut obtenir plus de légèreté, on le fait en tôle ou en fer forgé. Dans les machines à cylindre vertical sa section est à peu près un rectangle, mais dans celles à cylindre horizontal cette section parfois est un trapèze, la plus grande base étant à la partie la plus élevée du cylindre. Cette disposition a pour but de faire soulever le piston par la vapeur, et d'empêcher ainsi le piston et le cylindre de s'ovaliser.

Tout le pourtour du piston porte une engoujure dans laquelle vient se loger la ganiture **2**.

En dessus du piston est un disque en fonte **3**, nommé couronne, dont le but est de presser ou de maintenir la garniture : elle est liée au piston par de nombreux boulons.

Pour empêcher ces boulons de se desserrer dans les mouvements continuels du piston, on les maintient tous par un petit cercle **5**, fixé sur le piston et portant sur l'une des faces des têtes carrées des boulons.

Le centre du piston, s'il ne doit y avoir qu'une tige, porte un trou **4** conique de bas en haut, presque toujours fileté aujourd'hui, pour recevoir la tige du piston.

Dans le piston d'une machine à vapeur, comme dans tous les autres organes, on trouve de grandes différences de construction. Ainsi, dans plusieurs machines, et cette disposition semble devoir se répandre davantage , la partie supérieure du piston est indépendante du piston même, et forme la couronne ; plusieurs boulons à écrou unissent fortement les deux parties.

Garniture en chanvre.

117. La garniture en chanvre d'un piston se compose de tresses très-régulières faites avec de gros fils de chanvre peu commis et battus ensuite avec un maillet. Pour les mettre en place on découvre le cylindre, on enlève le petit cercle qui maintient les têtes des boulons de la couronne, on dévisse ces boulons et on soulage horizontalement la couronne ; la place occupée par les tresses dégagées, on retire les vieilles étoupes s'il y en a, et l'on procède à la mise en place des nouvelles.

Pour cela, chaque tresse, coupée d'une longueur un peu plus courte que le développement de la circonférence de la gorge du piston, est surliée à chacune de ses extrémités et trempée dans du suif fondu ; elle est ensuite introduite à plat, entre le piston et la paroi du cylindre, et enfoncée au fond de la gorge au moyen d'un matoir en bois. Les tresses suivantes sont introduites successivement et refoulées de la même manière, jusqu'à ce que toute la gorge soit pleine. Mais on prend la précaution de ne pas mettre les points de réunion des tresses sur le même point de la circonférence du piston.

On descend alors la couronne, on la serre au moyen de ses boulons qui sont ensuite maintenus au degré de servage voulu par le petit cercle 5.

Pendant longtemps les garnitures des pistons ont été faites ainsi, mais elles ne peuvent plus être employées dans les machines à moyenne et haute pression, le chanvre se décomposant sous l'action d'une chaleur intense. Pour cette raison et pour d'autres dont nous allons parler, on a substitué les garnitures métalliques aux garnitures en chanvre, et ces dernières ne sont plus rencontrées que dans quelques vieilles machines à basse pression.

Inconvénients des garnitures en chanvre.

Les inconvénients des garnitures en chanvre sont les suivants :

1° Elles exigent un servage fréquent, qui met dans la nécessité d'ouvrir le cylindre ;

2° Elles éprouvent, sur les parois du cylindre, un frottement considérable, que Tredgold a trouvé de 0,122 de la puissance développée sur le piston ;

3° Elles sont trop dures au départ, et si lâches au bout de quelques jours de marche, qu'il faut stopper pour les serrer ;

4° Enfin le chanvre et le coton ne peuvent résister à la vitesse imprimée aux nouvelles machines et à la chaleur de la vapeur qui les fait marcher.

118. Bien des systèmes différents ont été employés pour remplacer la garniture en chanvre par une en métal ; l'expérience a fait justice de plusieurs, et celui dont nous allons parler semble le meilleur.

La gorge du piston reçoit deux cercles en fonte coupés sur un seul point de leur contour, et possédant une certaine élasticité.

Les contours intérieurs et extérieurs de ces cercles sont tournés excentriques, et à un diamètre un peu plus grand que celui des cylindres dans lequel ils doivent entrer ; on les coupe ensuite dans la partie où ils ont le moins d'épaisseur. Cette disposition donne aux cercles une élasticité assez grande, et surtout leur conserve la forme circulaire, alors qu'il faut les replier sur eux-mêmes pour les faire pénétrer dans le cylindre.

La garniture métallique d'un piston se compose de deux bagues comme celle dont on vient de parler ; les coupures sont placées aux extrémités d'un même diamètre, de manière à faire croiser la coupure de l'un par la partie la plus forte de l'autre, et empêcher ainsi la vapeur de passer par les solutions de continuité des cercles.

Dans le principe, alors qu'on ne donnait pas d'élasticité aux bagues qui composaient la garniture, et qu'il fallait cependant les faire appliquer contre les parois du cylindre, on mit entre leur contour intérieur et le noyau du piston une garniture en chanvre comprimée par la couronne ; puis on remplaça cette garniture en chanvre par de petits coins en acier. Dans ce dernier cas, la couronne faisait pénétrer plus ou moins ces coins et faisait ouvrir les bagues ; mais ces deux systèmes mettaient encore dans l'obligation de serrer les boulons de la couronne pour augmenter la pression exercée sur la garniture en chanvre, ou pour faire pénétrer davantage les coins.

Il fallait arriver à donner à la garniture elle-même une élasticité telle, que les bagues pussent rester en contact avec le cylindre, malgré l'usure des parties flottantes.

Aussi on remplaça les coins par des ressorts 3 fixés aux bagues et réagissant sur le fond de la gorge du piston. C'est cette disposition que représente la fig. 4. Dans ce système, que l'on retrouve encore, les ressorts ont assez de force pour supporter le poids du piston quand le cylindre est horizontal. S'il en était autrement, la couronne viendrait frotter contre les parois du cylindre. Comme on le voit, il peut y avoir de grands inconvénients à ce que les ressorts soient trop faibles, tandis qu'il y en a peu à ce qu'ils soient trop forts.

Pl. XIII, fig. 5.

On fait encore des bagues en plusieurs parties, qui s'écartent les unes des autres au moyen de coins 1 poussés par des ressorts à boudin 2.

Enfin presque tous ces systèmes sont laissés de côté et remplacés par celui dont nous avons parlé tout d'abord ; les bagues elles-mêmes forment ressort par la manière dont elles sont tournées, et tendent toujours à augmenter de diamètre à mesure que l'usure des parties en contact a lieu.

Dans ces derniers systèmes de garniture, la couronne ne sert plus qu'à maintenir les bagues.

Avantages des garnitures métalliques.

Les avantages des garnitures métalliques peuvent se résumer ainsi :

1° Très-longue durée, sans presque aucun soin ;

2° Consommation beaucoup moins grande de corps gras que pour les garnitures en chanvre ;

3° Ne demandant aucune réparation et oxydant moins le cylindre que la garniture en chanvre.

Piston sans garniture.

119. Il paraît que, dans ces derniers temps, on a obtenu de très-bons résultats avec des pistons sans garniture et tournés à un diamètre plus petit que celui du cylindre auquel ils sont destinés. A froid l'air et l'eau peuvent passer entre les parois du cylindre et le piston, mais à chaud, alors que la vapeur a réchauffé les parties, quoique ces parties ne soient pas en contact, elles ne laissent plus passer la vapeur, et le piston est parfaitement étanche.

Ce phénomène, qui peut avoir une si grande importance pour les machines, se rattache à ceux de la caléfaction.

Piston à fourreau.
Pl. XIII, fig. 6.

120. Le piston représenté par la fig. 6 est à fourreau. La partie inférieure du fourreau et le piston 2 sont fondus d'un même jet. Dans l'intérieur du fourreau, le piston porte des espèces de collets 3, qui donnent le moyen de fixer solidement la partie supérieure du fourreau et le tourillon 4 de la grande bielle.

Quant à la garniture métallique, elle est disposée comme nous l'avons dit plus haut, et maintenue à sa place par la couronne.

ORGANES DE DISTRIBUTION DE LA VAPEUR.

DES TIROIRS.

121. L'organe de distribution, dans une machine à vapeur, a pour fonction de faire arriver au cylindre la vapeur qui doit agir soit au-dessus, soit au-dessous du piston, et de permettre à cette vapeur, après son action, de se répandre dans l'air ou de se rendre dans le condenseur. Son mouvement, parfaitement réglé sur celui de la machine, est emprunté le plus souvent à l'arbre de couche. Au moyen d'un excentrique et de leviers, on change le mouvement circulaire continu de l'arbre en celui que doit avoir l'organe de distribution.

Tous les organes de distribution qu'on emploie peuvent rentrer dans les trois divisions suivantes :

1° Les robinets,

2° Les soupapes,

3° Les tiroirs.

Et encore ne rencontre-t-on maintenant que très-rarement les deux premiers systèmes.

122. Ces robinets rentrent dans ceux qu'on appelle à quatre fins, la fig. 9 de la pl. XIV en représente un dans quatre positions différentes : 5 est la communication avec la chaudière, 6 celle avec le condenseur ; 7 communique avec le haut du cylindre, et 8 avec le bas.

Dans le n° 1, le haut du piston reçoit la vapeur qui arrive de la chaudière, tandis que le bas est en communication avec le condenseur.

Dans le n° 2, le contraire a lieu : c'est le dessous du piston qui reçoit l'action de la vapeur, le dessus communiquant avec le condenseur.

Les n°ˢ 3 et 4 montrent comment se produit la détente fixe pour le dessus et le dessous du piston.

123. On employa d'abord des soupapes ordinaires, mais la différence des pressions exercées sur leurs surfaces mit un grand obstacle à leur fonctionnement, et de plus produisit des chocs violents ; elles s'ouvraient et se fermaient trop brusquement. On chercha à remédier à cet inconvénient par plusieurs moyens, entre autres en équilibrant les soupapes. La fig. 8 montre comment on arrive à ce résultat. La soupape est composée de deux disques séparés l'un de l'autre et reposant chacun sur un siége :

une même tige les unit et leur donne le mouvement ; la vapeur communique avec le dessus du disque supérieur et le dessous de celui inférieur ; si ces deux surfaces sont égales, la soupape est parfaitement équilibrée et peut être manœuvrée facilement.

On rencontre les soupapes équilibrées, ou les doubles soupapes, sur beaucoup de navires à roues de l'Amérique ; elles sont au nombre de 8 pour chaque cylindre : 2 pour l'introduction en haut, 2 pour l'introduction en bas, 2 pour l'évacuation du bas et 2 pour l'évacuation du haut.

124. Bien des formes différentes sont données aux organes distributeurs nommés tiroirs, et quoique les fonctions qu'ils doivent remplir soient toujours les mêmes, ils s'en acquittent de différentes manières.

Quoi qu'il en soit, on peut les faire tous rentrer dans une des cinq classes suivantes :

1° Tiroirs en D longs ou courts, ou encore tiroirs à deux orifices ;

2° Tiroirs cylindriques longs ou courts ;

3° Plaques distributrices ;

4° Tiroirs en coquille avec ou sans compensateur, ou encore tiroirs à trois orifices ;

5° Tiroirs à quatre orifices et plus.

125. Ces tiroirs renferment deux variétés : les tiroirs longs et les tiroirs courts ; leur différence, comme on le verra tout à l'heure, ne porte pas sur la manière de remplir la fonction pour laquelle ils sont faits, mais bien sur leur disposition matérielle ; les seconds sont moins lourds que les premiers.

Le tiroir en D long se compose d'un demi-cylindre 1 extérieur en fonte, nommé boîte du tiroir, qui contient un autre demi-cylindre 2, ayant moins de hauteur que lui et un diamètre plus petit que le sien ; de sorte que cette partie mobile, qui est véritablement le tiroir, peut monter et descendre dans l'intérieur de la boîte.

Le demi-cylindre de la boîte est le plus souvent fermé, dans le sens de l'axe, par la partie plane 3 ménagée sur le côté du cylindre qui porte les orifices et qu'on appelle la glace du cylindre.

Dans le cas assez rare où une plaque indépendante du cylindre ferme la boîte, cette plaque est parfaitement planée sur le côté qui regarde le dedans de la boîte, et porte deux orifices en tout semblables à ceux du cylindre et correspondant exactement avec eux.

La réunion de la boîte du tiroir avec le cylindre se fait ordinairement au moyen de nombreux boulons vissés dans le métal du cylindre et traversant le collet de la boîte du tiroir; du mastic de fer remplit les vides laissés et empêche toute fuite.

La partie supérieure de la boîte est fermée par un couvercle 4 boulonné avec elle; une tresse, enduite de céruse, est pressée entre les deux collets pour former le joint. Ce couvercle porte le presse-étoupe qui doit donner passage à la tige du tiroir.

La partie inférieure de la boîte reste ouverte et est jointe avec le conduit 5 de la vapeur au condenseur. Enfin la boîte est en communication avec la chaudière, soit par un canal annulaire entourant le cylindre, soit directement par le tuyau de la conduite 6 de vapeur qui vient se réunir à une tubulure ménagée sur le côté de cette boîte.

Le demi-cylindre intérieur 2, ou le tiroir proprement dit, est en bronze; il a des dimensions plus faibles que celles de la boîte et reste ouvert à ses deux extrémités; la tige 7 est liée avec lui au moyen d'entretoises, ou de cloisons intérieures fondues avec le tiroir, mais n'empêchant pas la communication entre les deux extrémités. La partie convexe du tiroir est parfaitement cylindrique, mais la partie qui le ferme dans le sens de l'axe est plane et porte, à chaque extrémité, une partie saillante 8 parfaitement dressée, nommée bavette ou plaque frottante. Ces bavettes sont prolongées d'une certaine quantité sur les côtés pour doubler un peu les bords des orifices du cylindre, dans le sens perpendiculaire à l'axe du tiroir. Il résulte de cette disposition que la face plane du tiroir n'appuie que par les barrettes placées à ses extrémités sur la partie plane du côté du cylindre qui porte les orifices, et que, par suite, il existe un vide entre cette partie du cylindre et celle du tiroir qui est en regard. D'un autre côté, le diamètre du tiroir étant plus petit que celui de la boîte, il y a aussi une certaine distance entre les parties courbes.

Le vide laissé ainsi entre la boîte et le tiroir est isolé de l'intérieur de ce dernier au moyen de deux presse-étoupe 9, qui entourent toute la partie circulaire du tiroir à la hauteur des bavettes.

Toutes choses disposées comme on vient de le dire, l'intérieur du tiroir, celui de la boîte compris entre la garniture supérieure et le couvercle, et celui compris entre le presse-étoupe inférieur et la réunion au conduit qui mène au condenseur, sont toujours en communication avec ce dernier, tandis que l'intérieur de la boîte, limité par les deux presse-étoupe et les bavettes, communique avec la chaudière.

Admettons, pour un moment, que la distance qui sépare les bavettes l'une de l'autre est égale à celle laissée entre les orifices du cylindre, et que leur hauteur est égale aussi à celle des orifices, et voyons comment le tiroir, dans son mouvement rectiligne alternatif, distribue la vapeur.

Si le tiroir est disposé de manière à ce que les deux bavettes ferment les deux orifices du cylindre, tout reste en repos, car la vapeur ne peut arriver ni d'un côté ni de l'autre du piston. Mais, si on abaisse le tiroir de manière à dégager les orifices, celle du haut se trouvera en communication avec le condenseur et celle du bas avec l'entre-deux des garnitures ou avec la chaudière. Le vide existera donc au-dessus du piston, tandis que la vapeur agira avec toute sa pression sous le piston, qui sera poussé en haut avec une force égale à la différence de pression agissant sur ses faces. Si en temps et lieu on lève le tiroir, les bavettes repasseront sur les orifices, d'abord pour les fermer, puis pour les ouvrir.

Mais alors celle du dessous se trouvera en communication avec le condenseur et celle d'en haut avec la chaudière; la force qui vient d'agir sous le piston sera détruite par la condensation, tandis que la vapeur agira au-dessus pour le faire descendre.

On sait déjà comment la tige du tiroir reçoit le mouvement de l'arbre moteur.

Il suit de ce qui précède que si, la machine en mouvement, on suspend l'action de l'arbre moteur sur la tige du tiroir, ce dernier n'étant plus conduit, la distribution de la vapeur n'aura plus lieu, et la machine s'arrêtera forcément : c'est ce qu'on appelle stopper.

Nous avons supposé plus haut que les bavettes avaient pour hauteur celle des orifices et pour distance entre elles celle qui séparait aussi les orifices. L'expérience a prouvé qu'une disposition semblable ne donnerait pas le mouvement à la machine; il faut que, d'un côté, l'introduction de la vapeur soit fermée avant que le piston soit rendu au terme de sa course, et que la condensation commence; tandis que, de l'autre côté, la communication avec le condenseur doit être fermée et l'introduction ouverte un peu avant que le piston ait atteint sa fin de course. Cette disposition, qu'on appelle avance à la condensation et avance à l'introduction, et dont il sera parlé plus loin, s'obtient par une hauteur des bavettes plus grande que celle des orifices, et une distance entre elles plus petite que celle qui sépare ces orifices.

Quelquefois l'intérieur du tiroir est plein ; dans ce cas, la vapeur ne peut traverser l'intérieur de cet organe pour se rendre au condenseur. Aussi, dans tous les tiroirs de cette espèce, on voit un tuyau établissant la communication du haut de la boîte à tiroir avec le condenseur, comme dans les fig. 2 et 3 de la planche XIV.

La boîte, le tiroir et ses barrettes se retrouvent dans tous les organes de distribution de vapeur autres que les robinets et les soupapes, quelle que soit leur forme particulière ; aussi les détails que nous venons de donner ne seront pas répétés pour les autres tiroirs ; du reste, les mêmes chiffres indiquent les mêmes parties.

Nous ne parlons pas, ici, de la détente et des moyens de la produire ; cette question sera traitée à part à la suite des tiroirs.

126. Pour diminuer le poids du tiroir en D long, qui est considérable, on a supprimé toute la partie du milieu, ne laissant que le haut et le bas. Chacune des extrémités a formé en quelque sorte un tiroir séparé ; les deux sont reliés par la tige.

La boîte 1 est en deux parties adossées et jointes par des collets boulonnés avec les extrémités du cylindre. Ces deux parties communiquent entre elles par une tubulure ou un tuyau 11, dans lequel débouche le tuyau de conduite de la vapeur 6. Le couvercle de chacune des boîtes et le fond de celle supérieure portent chacun un presse-étoupe pour le passage de la tige du tiroir ; quelquefois, comme dans la fig. 2, un tuyau 12, d'un diamètre un peu plus grand que celui de la tige, est lié au fond de la boîte supérieure, et traverse le presse-étoupe du couvercle de la boîte inférieure ; la tige du tiroir passe alors librement dans le tuyau qui réunit les deux boîtes. On économise ainsi la construction d'un presse-étoupe, et on fait disparaître une grande partie du frottement qu'éprouve la tige. La boîte inférieure, comme dans le tiroir long, est ouverte à sa base et communique avec le condenseur. Mais la boîte supérieure, qui doit aussi communiquer avec le condenseur, ne peut plus le faire par l'intérieur du tiroir ; on doit donc ajouter un tuyau 5 pour établir cette communication.

Si la tige du tiroir traverse le couvercle de la boîte supérieure, comme dans le cas donné pour exemple, un système de leviers, semblable à celui qui donne le mouvement au tiroir long, agit sur la tige du tiroir court.

Tiroir en D court.
Pl. XIV, fig. 2.

D'autres fois les deux boîtes sont isolées l'une de l'autre, le conduit 12 n'existe pas; la tige ne sort plus par le couvercle de la boîte supérieure, elle passe dans deux presse-étoupe, l'un situé dans le couvercle de la boîte inférieure, l'autre dans le fond de celle supérieure. Alors le milieu de la partie de la tige située entre les deux boîtes est lié aux leviers qui lui donnent le mouvement.

Les tiroirs 2, demi-cylindriques comme dans le tiroir long, n'ont plus leur intérieur libre; une ou plusieurs cloisons perpendiculaires à l'axe interrompent toute communication entre le haut et le bas de chacun d'eux. La tige 7 passe dans ces cloisons et est fixée avec elles.

Quant aux bavettes 8, elles sont disposées comme dans le tiroir long. Deux presse-étoupe demi-circulaires 9 entourent les tiroirs 2; ils remplissent l'intervalle compris entre eux et les boîtes, et empêchent toute communication entre le dessus et le dessous de ces boîtes.

Le jeu du tiroir court est le même que celui du tiroir long. S'il est levé, les barrettes sont au-dessus des orifices du cylindre; par suite, celui supérieur est en communication avec la chaudière, et celui inférieur avec le condenseur. Si le tiroir est abaissé, le contraire a lieu, l'orifice inférieur est en communication avec la chaudière, et celui supérieur avec le condenseur, par le conduit dont on a parlé plus haut.

Pl. XIV, fig. 4.

La fig. 4 représente le tiroir en D du vaisseau *l'Algésiras*. Le tiroir est plein; la communication entre ses deux extrémités n'existe pas, elle est, du reste, inutile parce que ces deux extrémités sont en communication directe avec le conduit qui mène la vapeur au condenseur. 9 sont les presse-étoupe qui isolent la partie du milieu du tiroir de ses extrémités.

Tiroirs cylindriques longs ou courts.
Pl. XIV, fig. 3.

127. Quelquefois la boîte du tiroir, au lieu d'être demi-cylindrique, comme nous venons de le voir, est cylindrique; dans ce cas, le tiroir et ses barrettes sont remplacés par deux pistons 8, liés par une même tige 7. Les orifices sont en communication avec la boîte du tiroir par des tubulures. La vapeur arrive entre les pistons-barrettes, et les extrémités de la boîte sont en communication avec le condenseur.

Ce tiroir peut être long ou court, c'est-à-dire qu'on peut le disposer comme l'indique la fig. 3, ou supprimer sa partie milieu comme dans la fig. 2. Mais la manière d'agir des tiroirs cylindriques étant exactement la même que celle des tiroirs en D, nous ne nous étendrons pas davantage sur eux. Nous ferons seulement remarquer que la garniture des pistons des tiroirs cylindriques est plus facile à faire que celle des tiroirs en D.

128. On trouve aussi des organes distributeurs réduits aux barrettes, c'est le cas des plaques distributrices. Cette disposition est représentée par la fig. 7. Ce que nous avons dit au sujet des autres tiroirs suffit pour faire comprendre le mode d'agir de ces plaques. Il faut cependant observer que les machines qui ont ce système de distribution portent le plus souvent, pour chacun des cylindres, deux séries de plaques distributrices ; deux pour l'introduction et deux pour l'évacuation, chacune d'elles agissant séparément et alternativement. Ce sont deux organes de distribution séparés, mais l'introduction et l'évacuation se font en même temps par deux orifices.

Plaques distributrices.
Pl. XIV, fig. 7.

129. Le tiroir en coquille ou à trois orifices se compose d'une espèce de coquille plate 1, ouverte sur une de ses grandes faces. Les bords de cette face sont parfaitement planés pour porter exactement sur le pourtour des orifices du cylindre, et se prolongent dans le même plan pour former les barrettes.

Tiroirs en coquilles ou à trois orifices.
Pl. XIV, fig. 5.

Ce tiroir est appliqué sur trois orifices 2, 3 et 4 ; les deux extrêmes 3 et 4 sont destinés à l'introduction de la vapeur dans le cylindre ; celui du milieu 3 communique avec le condenseur et sert à l'évacuation. Par-dessus la coquille 1 ou le tiroir, est une boîte rectangulaire qui n'a pas été représentée, dans la fig. 5, assez grande pour permettre le mouvement du tiroir, et en communication directe avec la chaudière.

La tige du tiroir traverse un presse-étoupe ménagé dans un des côtés de la boîte et reçoit le mouvement communiqué par l'excentrique.

Il est facile de voir que l'intérieur, ou la partie creuse de la coquille qui forme le tiroir, est toujours en communication avec le condenseur ; par suite, en portant le tiroir sur la gauche, l'orifice 4 de l'extrémité du cylindre recevra la vapeur de la chaudière, et 2, celui de l'extrémité gauche, sera ouvert dans la coquille et communiquera avec le condenseur. C'est le contraire de ce qui a lieu pour les tiroirs dont nous venons de parler, mais aussi la vapeur, au lieu d'occuper l'espace compris entre les deux barrettes, se trouve en dehors de ces barrettes.

Le vide existant toujours au-dessous du tiroir, et la pression de la vapeur agissant par-dessus, il en résulte une résistance considérable au glissement du tiroir sur la partie plane du cylindre.

Cette résistance est d'autant plus grande que la surface du tiroir sur lequel agit la vapeur est plus considérable. On a donc été conduit à réduire cette surface autant que possible, tout en restant dans de certaines limites qui ne pouvaient pas être dépassées. Ainsi le tiroir doit avoir une longueur suffisante pour que les barrettes ne viennent pas recouvrir l'orifice d'évacuation 3, alors qu'elles découvrent les orifices du cylindre.

On remarque que les orifices du cylindre, dans la fig. 6, sont continués par deux conduits 2 et 4, qui se rapprochent l'un de l'autre.

C'est pour pouvoir diminuer la longueur du tiroir que cette disposition est prise.

Tiroir en coquille à compensateur.
Pl. XIV, fig. 6.

150. La résistance au glissement, dont nous avons parlé plus haut, est si grande quand la pression est forte et quand le tiroir atteint certaines dimensions, qu'on a cherché par plusieurs moyens à la diminuer. Un de ces moyens consiste en une garniture métallique ordinairement rectangulaire occupant toute la partie supérieure du tiroir.

Cette garniture suit le tiroir dans ses mouvements ; en frottant contre le haut de la boîte planée à cet effet, elle empêche la vapeur d'arriver au-dessus du tiroir. Un trou 6, percé au-dessus du tiroir, dans l'espace compris par la garniture, établit la communication de cette partie avec le dessous de la coquille et, par suite, avec le condenseur. Cette disposition empêche la vapeur d'agir sur le tiroir et rend sa manœuvre très-facile ; mais aussi il est rare que la garniture ne laisse pas passer la vapeur au-dessus du tiroir et par suite au condenseur, dans lequel le vide est rendu moins parfait. Ces tiroirs, dits à compensateur, portent, au-dessus des barrettes et sur tout leur pourtour, une rainure profonde à section rectangulaire, destinée à recevoir la garniture ; cette dernière se compose d'un cadre en fonte occupant le fond de la rainure du tiroir, d'une garniture en chanvre ou en caoutchouc placée sur le cadre en fonte, et enfin d'un cadre en bronze recouvrant le tout. Des vis, qu'il est possible d'atteindre en ouvrant des trous pratiqués à cet effet dans la boîte, permettent de soulever le cadre en fonte, par suite la garniture et le cadre en bronze qui les surmontent.

La garniture ne tient pas toujours au tiroir, il arrive souvent aussi qu'elle est fixée à la partie supérieure de la boîte ; dans ce cas, les vis de serrage sont en dehors, et la partie supérieure du tiroir est planée pour frotter sous le cadre de bronze qui termine la garniture.

L'altération du vide dans le condenseur, produite par la vapeur Pl. XIV, fig. 6. passant par les garnitures, a fait encore modifier le tiroir à compensateur dont il vient d'être question. On a fermé la communication 6, ouverte dans le dessus du tiroir, et on l'a remplacée par un petit tuyau 7, allant du dessus de la boîte au condenseur. Lorsque l'on met en marche, et qu'il faut vaincre la force d'inertie de toutes les pièces de la machine, on établit la communication du condenseur avec le dessus du tiroir ; mais, quand le mouvement est donné, on peut fermer le tuyau 6 au moyen d'un petit robinet disposé à cet effet. Le frottement du tiroir augmente il est vrai, mais cet inconvénient est moindre que celui résultant du passage de la vapeur de la boîte du tiroir au condenseur.

Dans les tiroirs en coquille de petite dimension, les garnitures dont nous venons de parler n'existent pas ; un petit ressort, fixé à la boîte, sert souvent alors à maintenir la coquille en contact avec la partie planée du cylindre ; non que ce ressort soit nécessaire, puisque, le vide existant toujours au-dessous du tiroir, la force qui le presse par en dessus est toujours assez forte ; mais il peut arriver que la pression dans l'intérieur du cylindre, du côté de la condensation, soit plus forte que celle de la vapeur qui agit du côté opposé ; ce phénomène se présente quand le cylindre contient de l'eau que le piston vient comprimer aux extrémités de sa course. Les soupapes de sûreté, placées à cet effet aux extrémités du cylindre, peuvent n'être pas assez grandes pour donner passage à l'eau contenue ; dans ce cas, qui peut produire les avaries les plus graves, le tiroir en coquille sans garniture a seul l'avantage de pouvoir se lever et de donner passage à l'eau. Le petit ressort dont il a été question remet le tiroir à sa place dès que les causes qui l'ont dérangé disparaissent. Comme on l'a dit plus haut, le tiroir en coquille à compensateur n'a pas donné les bons effets qu'on attendait de lui, la vapeur se fait presque toujours un passage sous la garniture ; elle arrive ainsi dans la partie creuse du tiroir et se rend au condenseur. Aussi, malgré les inconvénients d'un très-grand frottement sur les orifices, plusieurs constructeurs préfèrent employer plus de travail moteur et avoir des renvois de mouvements plus solides. En agissant ainsi, ils obtiennent plus de simplicité et peuvent placer la détente au-dessus du tiroir.

Les tiroirs en coquille, en général, occasionnent une plus grande perte de vapeur, et nécessitent un travail plus grand de la pompe à air que les tiroirs en D. Ces inconvénients proviennent

II.   9

du peu de longueur qu'on leur donne, ce qui nécessite des conduits de vapeur plus longs, pour mener celle-ci au-dessus et au-dessous du piston. Il suit de là que toute la vapeur qui remplit ces espaces est inutile au mouvement du piston, et qu'il faut la condenser; donc, il y a consommation plus grande de combustible et augmentation de travail pour la pompe à air, qui doit retirer du condenseur une quantité plus grande de liquide.

Quoi qu'il en soit, le tiroir en coquille, sans garniture, est venu apporter un véritable perfectionnement dans les machines à vapeur, surtout dans celles à haute pression. La température de la vapeur employée dans ces machines brûlait les garnitures en chanvre du tiroir en D; en outre de cet inconvénient, le poids considérable de ce tiroir rendait pesantes ces machines, dont l'avantage réside, en grande partie, dans la légèreté.

Disposition particulière aux cylindres oscillants.

151. Les tiroirs des machines oscillantes ne diffèrent en rien de ceux dont nous venons de parler; seulement l'obligation de compenser le poids de chaque côté des tourillons, pour que le mouvement soit aussi régulier que possible, conduisit tout d'abord, dans les premiers essais de ce système sur les navires, à mettre, du côté opposé au tiroir, un contre-poids qui lui fît équilibre, ce qui augmenta beaucoup le poids de la machine. On chercha à éviter ce grave inconvénient, et l'on fut tout naturellement amené à partager le tiroir unique, qui servait à la distribution, en deux plus petits, placés de chaque côté du cylindre. Ces tiroirs se font ainsi mutuellement équilibre et concourent tous les deux à la distribution de la vapeur. La petite complication du mécanisme qui en résulte est largement compensée par la diminution du poids dans l'appareil.

Tiroirs à quatre orifices.

Pl. XIV, fig. 10.

152. Pour diminuer la course des tiroirs à trois orifices et, par suite, pour diminuer leur poids, on a construit des tiroirs à quatre et à six orifices. C'est un de ces tiroirs que représente la fig. 10. L'intérieur 1 du tiroir est divisé par deux cloisons creuses 2, de manière à former quatre barrettes pour ouvrir ou fermer les quatre orifices du cylindre. Les cloisons creuses 2 sont en communication avec la chaudière; il en est de même de l'extérieur du tiroir; le creux 1, au contraire, est en communication avec le condenseur. Ainsi, dans la position où se trouve représenté le tiroir, la vapeur commence à pénétrer par un des orifices de gauche; de l'autre côté, les deux orifices à l'évacuation laissent passer la vapeur au condenseur. Ce tiroir est compensé comme ceux dont nous avons déjà parlé. Les résultats qu'il donne sont loin d'être satisfaisants, et il faut attribuer son infériorité aux angles nombreux sur lesquels vient agir la vapeur ; il en résulte nécessairement une condensation par compression qui cause une grande perte de vapeur.

133. En se reportant aux planches qui représentent les cinq machines les plus répandues dans la marine, on voit à peu près tous les moyens employés pour donner le mouvement au tiroir.

Ainsi, dans la machine à balancier représentée par la pl. II, la tige du tiroir en D reçoit le mouvement de l'arbre moteur au moyen de l'excentrique, dont la bielle fait osciller le levier coudé 15 articulé sur la tige du tiroir.

Dans la machine à connexion directe, à cylindre fixe et à bielle directe de la pl. III, la tige du tiroir est maintenue par le guide 16 et reçoit le mouvement de l'arbre moteur par l'intermédiaire des deux excentriques, de l'axe fendu et du levier 17.

Il en est de même pour le tiroir de la machine à fourreau de la pl. V et pour celui des pl. VI et VI *bis*.

Quant à la machine à bielle renversée de la pl. IV, c'est un arbre auxiliaire auquel le mouvement est communiqué par l'arbre moteur, qui donne le mouvement au tiroir au moyen d'une bielle articulée sur une manivelle, un excentrique ou un vilebrequin.

Nous ne donnons pas plus de détails sur le mouvement des tiroirs, car ce serait répéter ce que nous avons dit à cet égard dans la description des différentes machines, n°s 31, 35, 41, 45 et 52.

ORGANES PERMETTANT D'UTILISER LA DÉTENTE
DE LA VAPEUR.

134. Quand la vapeur contenue dans un cylindre n'est plus en communication avec la chaudière qui l'a fournie, l'espace laissé libre derrière le piston n'est plus saturé, c'est-à-dire que, quand cet espace augmente, de nouvelle vapeur fournie par la chaudière ne vient pas le remplir ; c'est la vapeur qui est obligée d'écarter ses molécules pour combler cet espace, et plus ce dernier augmente, plus la force de la vapeur devient faible. Tant que la force expansive du gaz est plus grande que la résistance de la machine, la détente de la vapeur peut être utilisée ; mais, dès qu'il en est autrement, la détente devient nuisible.

Le mécanisme qui permet à la vapeur de donner le travail résultant de sa détente est ce que les mécaniciens nomment, en général, la détente; c'est de lui que nous allons nous occuper; nous reviendrons sur les effets de la détente de la vapeur dans la partie du cours qui traite du travail des machines.

La détente peut être fixe ou variable; elle est fixe si la soupape, ou le papillon, ou le tiroir, qui laisse arriver la vapeur au cylindre, se ferme sans mécanisme particulier au même moment de la course du piston; elle est variable quand le mécanicien, par un moyen quelconque, peut faire varier le temps pendant lequel la vapeur agit à toute pression.

Pour produire la détente, il suffit d'arrêter l'introduction de la vapeur au point de la course du piston où l'on veut que l'expansion commence. Or il est deux manières de produire ce résultat:

1° Par les barrettes ou plaques flottantes du tiroir lui-même, qui viennent alors fermer les orifices du cylindre en temps opportun;

2° Par un système tout à fait indépendant du tiroir de distribution : c'est alors un papillon, une soupape ou un second tiroir.

Détente fixe. **135.** Le premier des deux moyens donne une détente invariable qui se reproduit toujours au même moment de la course du piston. Cette détente ne peut être modifiée qu'en démontant le tiroir, pour diminuer ou augmenter la largeur des parties flottantes et changer toute la régulation. Cette espèce de détente est ce qu'on appelle la détente fixe.

Détente variable. **136.** La seconde manière de produire la détente est à la disposition du mécanicien, qui peut la suspendre, l'augmenter ou la diminuer à volonté. C'est bien réellement une détente variable.

Dans le langage des mécaniciens, comme nous l'avons dit plus haut, la détente est toute la partie du mécanisme qui permet de régler la durée de l'introduction de la vapeur dans le cylindre. Cette durée est évaluée en dixièmes ou en centièmes de la course du piston; la première évaluation est plus généralement employée.

Les moyens mécaniques dont on fait usage pour produire une détente variable dans les machines sont aussi nombreux que les constructeurs de ces machines; chacun veut donner son nom à un système différent et complique encore l'arrangement, déjà si difficile, des organes d'une machine à vapeur marine.

Quoi qu'il en soit, nous allons donner les systèmes les plus généralement répandus.

Si la détente variable est produite au moyen d'un papillon ou d'une soupape, ce papillon ou cette soupape se trouve sur le passage de la vapeur qui se rend dans la boîte du tiroir et est ouvert ou fermé par une bielle articulée à une espèce d'excentrique. La fig. 1 représente deux projections d'un de ces systèmes ; 1 est une espèce d'ellipse comprenant l'arbre moteur 2 dans une partie de sa longueur. Sur cet arbre, entre les branches 1, sont fixées des cames 3, 4, 5, 6, 7, qui partent du même point de la circonférence, qui ont même hauteur, mais qui occupent des espaces plus ou moins grands sur la circonférence de l'arbre. Sur ces cames vient porter à volonté un galet 8 monté sur un axe tenant aux branches 1. Au moyen de la manivelle 9 et de la vis qu'elle fait mouvoir, ou encore au moyen d'une corde sans fin passant dans la gorge de la poulie 10, on peut faire occuper au galet 8 une position quelconque et, par suite, le présenter vis-à-vis de la came que l'on veut faire agir. Ces cames soulèvent le galet en passant sous lui, la bielle 11 est attirée dans le même sens, et la soupape ou le papillon de détente reste ouvert pendant tout le temps que la came agit sous le galet ; plus la came est étendue, et moins la détente est grande. Chacune d'elles, du reste, porte, comme indication, la proportion de détente qu'elle occasionne par rapport à la course du piston.

Pl. XV, fig. 1.

Quand la détente ne doit pas fonctionner, un mécanisme quelconque permet de soustraire le galet à l'action des cames et de maintenir la détente ouverte, ou bien encore l'arbre est entouré d'une couronne ou came continue, ayant même hauteur que les autres ; de cette manière, le galet reste en contact avec cette couronne, et la détente variable cesse de fonctionner, puisque le papillon ou la soupape reste ouvert.

Le plus souvent, les soupapes employées pour produire une détente variable sont équilibrées comme celle représentée par la fig. 8 de la pl. XIV, n° 123. Les cames sont symétriquement placées sur l'arbre moteur ; c'est que, pour un tour complet de cet arbre, il y a un aller et un retour du piston et, par suite, deux introductions de vapeur, et pour chacune d'elles la détente doit produire son effet.

157. La fig. 2 montre une autre disposition : l'arbre ne porte plus qu'une seule came 1 pour chaque mouvement du piston ; le galet est remplacé par un arc de cercle 2 dont on peut augmenter la portée au moyen de la vis 3 ; tout ce système est mobile autour du point fixe 4. Quand la came se présente sous l'arc de cercle,

Pl. XV, fig. 2.

elle le soulève ; la bielle 5 est tirée et agit sur la soupape ou le papillon de la détente auquel elle est liée. Encore, dans cette circonstance, la vapeur arrive au tiroir tant que l'arc 2 est soulevé par la came. La vis 3, graduée convenablement, indique la proportion de la détente.

138. Quand la détente est produite au moyen d'un tiroir, il y a plusieurs manières différentes de disposer l'organe ; il peut être complétement séparé du tiroir de distribution ou bien en faire partie. Dans ce dernier cas, les plaques frottantes de la détente glissent dans une espèce de boîte surmontant les plaques frottantes du tiroir.

Pl. XV, fig. 3. C'est cette dernière disposition que représente la fig. 3 ; 1 est une boîte qui renferme le tiroir de distribution et le tiroir de détente. Le tiroir a la forme d'un parallélipipède ouvert à sa base ; ses extrémités, beaucoup plus épaisses que les autres faces, portent deux trous ou orifices de même grandeur que ceux du cylindre. Ce sont ces orifices 2 que le tiroir de détente vient fermer. Pour cela, les plaques frottantes 3 agissent dans l'intérieur 4 de la boîte surmontant le tiroir de distribution ; la tige 5, qui mène ces plaques frottantes, reçoit le mouvement d'un excentrique calé sur l'arbre, mais pouvant à volonté s'enclancher ou se déclancher pour faire agir ou interrompre la détente. Pour régler la détente dans le système représenté par la fig. 3, la tige 5, à partir de son milieu, porte des filets, l'un à droite, l'autre à gauche, dont les écrous sont les parties supérieures des plaques frottantes de détente. Si l'on tourne le volant 6 à droite, les écrous 4, ne pouvant suivre le mouvement circulaire de la tige qui les traverse, sont obligés de suivre une direction rectiligne, et ils s'écartent l'un de l'autre, puisque les pas de vis sur lesquels ils sont montés sont dans des directions opposées ; si, au contraire, on tourne le volant 6 à gauche, on rapproche l'une de l'autre les deux plaques 3. En agissant ainsi, on retarde ou on avance le moment où les orifices 2 seront bouchés ; dès lors la vapeur qui remplit l'intérieur 7 de la boîte des tiroirs ne peut plus pénétrer dans le cylindre ; par suite, celle qui y est arrivée agit par détente. Un curseur 8, assujetti à suivre une règle graduée, indique la proportion de la détente produite par l'écartement des plaques 3.

Pl. XV, fig. 4. **139.** D'autres fois, comme dans les nouvelles machines de M. Mazeline, le tiroir de vapeur est surmonté d'une boîte 2.

La partie supérieure et celle inférieure de cette boîte laissent passer la vapeur, qui arrive de la chaudière pour se rendre au tiroir de distribution.

Au milieu de la distance qui sépare les deux ouvertures dont on vient de parler est placé l'axe d'un papillon 3, dont une section est représentée par la partie de gauche de la figure.

Les parties 4 de la boîte de détente sont des portions de cylindre sur lesquelles les extrémités du papillon 3 peuvent venir s'appliquer, tout en étant à frottement doux sur les extrémités de cette boîte. Si le papillon se trouve dans la position représentée par la figure, la vapeur occupe seulement la partie supérieure de la boîte de détente et ne peut plus traverser l'ouverture inférieure pour arriver au tiroir de distribution. Mais, aussitôt que le papillon de détente n'est plus en contact avec la partie cylindrique 4, la vapeur passe librement au tiroir de distribution.

Un petit levier, dont la longueur peut varier, reçoit le mouvement d'un excentrique calé sur l'arbre des tiroirs et le transmet à la vanne de détente. Le volant 5, qui fait mouvoir la roue dentée 6 et, par suite, celle 7 qui s'engrène sur la première, permet de faire monter ou descendre le bouton 8, extrémité de la bielle qui donne le mouvement à la détente , et les coussinets qui le portent, dans une encoche pratiquée dans l'épaisseur du levier qui conduit le papillon de détente. Le volant 9 sert à forcer la glissière. Un curseur conduit par l'axe de la roue 6 et du volant 5, assujetti à parcourir une échelle graduée, permet de juger à quelle proportion de détente correspond la longueur du levier. Ici la bielle d'excentrique ne peut plus se désenclancher, c'est le levier du papillon qui peut, à volonté, être embrayé ou désembrayé au moyen de l'embrayage 10. Le volant 11, placé à l'extrémité de l'axe du papillon opposée à celle qui porte le levier, permet de retirer cet axe de manière à établir ou interrompre la détente. Un petit levier 12 sert à mettre le papillon de détente dans une position verticale dès qu'il ne doit plus fonctionner.

Cette disposition est nécessaire avec presque tous les systèmes de détente, car, au moment où l'on interrompt son mouvement, le papillon, la soupape ou les plaques frottantes qui la produisent, peuvent se trouver placés de telle sorte qu'ils interrompent l'arrivée de la vapeur au tiroir de distribution; il faut donc avoir un moyen de les placer dans une position qui ne gêne en rien le passage de la vapeur.

La bielle qui donne le mouvement au papillon de détente tient au cercle d'un excentrique calé sur l'arbre des tiroirs ou sur le bouton d'une manivelle ou encore sur un vilebrequin. L'action de cette bielle se fait toujours sentir sur le levier qui termine l'axe du papillon, mais ce dernier ne reçoit le mouvement que s'il est embrayé.

Détente de M. Mathieu.

140. Les machines fournies par le Creuzot ont maintenant un système de détente très-simple, dû à M. Mathieu, ingénieur de cette usine.

Le tiroir de détente est placé entre la conduite de vapeur 1 et le tiroir de distribution 2. La tige des barrettes 3 de détente porte un petit piston à frottement doux dans une partie exactement cylindrique que termine la boîte de détente du côté de la sortie de la tige.

Lorsque la vapeur arrive dans la boîte de détente, elle pousse, au fond du cylindre dont il a été question plus haut, le piston et la tige, et, par suite, fait marcher les barrettes de détente. La tête 5 de la tige de ces barrettes vient ainsi appuyer contre des cames calées sur l'arbre, et ce sont ces cames qui repoussent la tige du tiroir lorsqu'elle est poussée par la pression qui agit sur son piston. Pour faire cesser l'action de cette détente, un loquet 6 permet de maintenir la tête de la tige hors de l'action des cames pendant le temps de suspension de la détente; un petit tuyau 7, muni d'un robinet, établit la communication entre les deux côtés du piston de la tige de détente, de manière à égaliser ainsi la pression, ce qui ne peut avoir lieu dès que cette communication est interrompue.

Détentes diverses.

141. Sur plusieurs navires on emploie un cylindre percé d'orifices, mobile dans un autre cylindre percé aussi d'orifices, le tout contenu dans une boîte qui se trouve sur le passage de la vapeur de la chaudière au tiroir de distribution. Quand les orifices des deux cylindres sont en regard les uns des autres, la vapeur peut arriver au tiroir; mais, s'ils ne se correspondent pas, la vapeur est arrêtée.

Lorsque nous traiterons de la détente au point de vue du travail de la vapeur, nous ferons sentir les inconvénients de tous ces systèmes, et surtout la perte de force que l'on éprouve toujours quand on fait passer la vapeur par des orifices trop étroits.

Bien d'autres systèmes, pour produire une détente variable, sont encore employés; mais ce que nous avons dit suffit pour les faire comprendre quand on les rencontrera.

DU CONDENSEUR.

142. Quand on parle du condenseur d'une machine, on veut toujours désigner le vase clos dans lequel s'opère la condensation de la vapeur qui vient d'agir. Souvent, il est vrai, la bâche et le cylindre de la pompe à air sont enfermés par la même enveloppe qu'on appelle le condenseur, mais cette dénomination est fausse, car ces trois parties peuvent être tout à fait séparées l'une de l'autre.

Pour nous, le condenseur sera toujours l'endroit particulier, quelle que soit sa forme, quel que soit le mode de refroidissement dans lequel la condensation se fera.

L'injection, qui fournit l'eau nécessaire à la condensation; la pompe à air, qui retire cette eau de condensation et l'air mélangé avec elle ou passé par les joints du condenseur, et l'indicateur du vide, sont les organes essentiels d'un condenseur fermé.

Le condenseur est une caisse en fonte ou en tôle, dont la forme dépend des dispositions particulières de la machine à laquelle il doit servir. Sa capacité, généralement, est égale à celle de la pompe à air, mais aucun calcul théorique n'est encore venu donner ses dimensions rigoureuses.

S'il est trop grand, il ne présente d'autres inconvénients que ceux résultant du poids et de l'espace occupé par lui; mais, s'il est trop petit, la vapeur sortant du cylindre ne se dilate pas assez, sa pression ne décroît qu'au fur et à mesure que la condensation s'opère, et la résistance opposée au piston peut être considérable dans les premiers moments du retour du piston. Enfin il en résulte de grandes inégalités de pression dans le condenseur, surtout lorsque la pompe à air est à simple effet, comme dans la machine à balancier de la pl. II.

Parce que cette pompe n'extrayant l'eau chaude et l'air qu'une seule fois pour deux courses de piston, il y a une des courses, celle ascendante, pour les machines à balanciers, pendant laquelle la vapeur arrive dans le condenseur sans que la pompe retire l'eau et l'air.

Ces effets sont reproduits par le baromètre ou l'indicateur du condenseur qui accuse une pression beaucoup plus grande quand la pompe à air n'aspire pas.

Dans les machines à connexion directe, dont le condenseur,

Du condenseur.

la pompe à air et la bâche offrent la disposition de la fig. 1, pl. III, ce défaut est presque inévitable, en raison du petit volume que l'on donne à l'ensemble de l'appareil.

Pl. II, fig. 1. Le condenseur 2 communique, d'un côté, avec le tiroir pour recevoir la vapeur qui vient d'agir ; la communication avec la pompe à air est établie par les clapets d'aspiration 20.

La communication du condenseur avec le tiroir n'a pas toujours de fermeture; mais la seconde en possède, soit qu'il n'y ait qu'une seule communication, comme dans les machines qui ont la pompe à air à simple effet, soit qu'il y en ait deux, comme cela arrive toujours quand la pompe à air est à double effet, pl. III, fig. 1. Dans les machines dont la pompe à air est à simple effet, nous avons déjà dit que le clapet d'aspiration qui ferme la communication du condenseur avec la pompe à air se connaissait généralement sous le nom de clapet de pied.

Les clapets du condenseur doivent fermer avec assez de précision lorsqu'ils sont baissés; quand ils sont levés, l'ouverture qu'ils laissent libre doit être assez grande pour permettre à la pompe à air de retirer l'eau du condenseur; les clapets, lorsqu'ils sont à petite vitesse, comme dans les machines à roues, sont en bronze; mais le plus souvent, dans les nouvelles machines dont la vitesse est très-grande, on a remplacé le métal par du caoutchouc, ou des toiles rivées ou cousues l'une sur l'autre. On évite ainsi le bruit continuel produit par les clapets en métal retombant sur leur siége, et leur rupture causée si fréquemment par les chocs qu'ils reçoivent à chaque coup de piston.

Dans les machines à balanciers ou dans celles qui ont des condenseurs semblables à celui représenté fig. 1, pl. II, le clapet du condenseur repose sur un siége incliné d'environ 30°. Cette disposition a pour but de diminuer le poids du clapet tout en lui conservant la faculté de fermer. Placé horizontalement, tout son poids agirait pour le maintenir fermé, et il pourrait opposer une résistance trop grande au passage de l'eau et de l'air qui doivent se rendre dans la pompe à air quand le piston de cette dernière se lève ; placé verticalement, le contraire aurait lieu, le poids du clapet ne concourant plus à sa fermeture ; il a donc fallu adopter une inclinaison moyenne entre ces deux positions extrêmes.

Ces inconvénients, n'existant pas pour les clapets caoutchouc, on peut placer ces derniers horizontalement.

Dans tous les cas, les uns et les autres sont limités dans leurs battements par des buttoirs qui s'opposent à ce que leurs mouve-

ments dépassent certaines limites au delà desquelles ils pourraient ne plus se fermer.

Dans les machines à basse pression, où le vide du condenseur
est une condition essentielle du mouvement du piston, le condenseur communique directement avec la boîte du tiroir ou avec le
tuyau de conduite de vapeur au moyen d'un tuyau fermé par un
robinet ou par une soupape.

Cette soupape, appelée soupape de purge, qu'un système de
leviers permet d'ouvrir ou de fermer de l'endroit où se tient ordinairement le mécanicien, laisse la vapeur arriver directement au
condenseur pour en chasser l'air et l'eau qui s'y trouvent toujours
quand la machine est froide.

Cette eau et cet air lèvent le clapet de pied 20 et le reniflard 25,   Pl. II, fig. 1.
qui se referme de lui-même dès que la pression intérieure du
condenseur est plus faible que celle atmosphérique qui appuie sur
lui.

Dans le condenseur représenté fig. 1, souvent il n'y a pas de   Pl. III
soupape de purge ni de reniflard; c'est que ce condenseur n'é-
tant ordinairement employé que pour des machines à moyenne
pression, il n'est pas indispensable d'établir le vide dans le condenseur pour déterminer le mouvement du piston ; la vapeur qui
agit sur lui a une pression tellement supérieure à celle de l'atmosphère, qu'elle détermine le mouvement malgré la résistance opposée au piston.

Cependant plusieurs machines à moyenne pression ont la possibilité de purger le condenseur, disposition qui peut avoir son
utilité dans beaucoup de circonstances, particulièrement si l'état
des chaudières mettait dans l'obligation de marcher à basse pression.

Nous avons dit plus haut que l'eau de condensation amenait
avec elle de l'air, que la pompe à air devait retirer du condenseur; cette quantité d'air est assez considérable puisqu'elle égale
en volume le vingtième de celui de l'eau d'injection. Ainsi sur
20 litres d'eau introduits il y a 1 litre d'air.

Cet air resterait dans l'eau qui le contient si le liquide était
toujours soumis à la pression atmosphérique ; mais arrivé dans le
condenseur, où la pression est toujours plus faible que celle extérieure, il se dégage. Le même phénomène a lieu pour le gaz acide
carbonique de l'eau gazeuse contenue dans une bouteille que l'on
débouche, et dans laquelle la pression devient plus faible que
celle qui maintenait le gaz dans le liquide.

Ce qui précède fait comprendre qu'il est on ne peut plus important d'empêcher l'air de pénétrer dans le condenseur, soit par les joints, soit par une fissure quelconque.

En écoutant avec attention il est bien rare qu'un sifflement ne révèle pas au mécanicien la fuite qui produit un mauvais vide. Ce sifflement est produit par l'air qui pénètre dans le condenseur.

La flamme d'une bougie ou celle d'une lampe de mineur, promenée sur les joints ou sur les faces du condenseur, du côté d'où vient le bruit, donne bien vite le lieu et l'étendue de la partie qui laisse pénétrer l'air.

Les inconvénients si nombreux, produits dans nos machines par l'emploi de l'eau de mer, ont dû nécessairement engager les constructeurs à remplacer la condensation obtenue en mélangeant l'eau d'injection avec la vapeur par la condensation par contact avec des surfaces froides. C'était le seul moyen de recueillir l'eau douce provenant de la vapeur condensée et de la faire servir à l'alimentation de la chaudière. Mais toutes les tentatives faites jusqu'à ce jour n'ont pas donné de bons résultats. Non-seulement il fallait un condenseur d'un très-grand volume, mais encore les matières grasses entraînées par la vapeur venaient bientôt recouvrir d'une couche non conductrice les tubes en si grand nombre qui composaient ces condenseurs, et alors la condensation devenait lente et imparfaite.

Enfin on a essayé des condenseurs dans lesquels les deux moyens de condensation étaient employés : on espérait ainsi obtenir une eau d'alimentation moins chargée de sel ; mais les matières grasses entraînées par la vapeur sont toujours venues déranger toutes les combinaisons.

INJECTION.

Organes destinés à l'injection.

145. L'organe principal de l'injection est un tuyau, appelé tuyau d'injection, faisant communiquer le condenseur avec la mer. Ce tuyau est fermé, près de la muraille du navire, par un robinet dit de sûreté ou un obturateur quelconque, dont le but est de prévenir une voie d'eau dans le cas de rupture du tuyau d'injection. Près du condenseur est un autre robinet, vanne ou registre, servant à régler la quantité d'eau nécessaire à la condensation ; ce dernier robinet, ou cette vanne, se manœuvre au moyen d'une tringle et d'un levier marchant sur un secteur, gradué ordinairement en dixièmes, qui permet au mécanicien de se rendre compte du degré d'ouverture de l'injection.

L'eau d'injection est versée dans le condenseur de différentes manières ; quelquefois le tuyau d'injection pénètre dans le condenseur et est terminé par une espèce de pomme d'arrosoir qui laisse sortir l'eau d'injection en petits filets ; d'autres fois le tuyau est fermé à son extrémité, et c'est sa surface latérale qui est percée de petits trous pour le passage de l'eau ; enfin il arrive aussi que le tuyau d'injection ne pénètre pas dans le condenseur, il s'arrête à l'une des faces de ce condenseur, et c'est alors cette face qui porte les petits trous, ou les fentes dont le but est de diviser l'eau.

La prise d'eau d'injection doit être placée assez bas pour que jamais les mouvements du navire ne puissent la découvrir. Sur les navires à roues elle est toujours sur l'avant du propulseur, de manière à prendre le liquide avant son mélange avec l'air, mélange provenant de l'agitation produite dans le liquide par le mouvement des aubes.

144. La quantité d'eau à injecter, pour opérer la condensation de la vapeur, dépend de la température du liquide employé, du poids et de la température de la vapeur à condenser. Elle est donnée par la formule suivante :

$$P = \frac{p\,(537 + T - t')}{t' - t},$$

dans laquelle P est le poids de l'eau nécessaire pour la condensation, t la température de cette eau, p le poids de la vapeur à condenser, T la température de la vapeur arrivant au condenseur, et t' la température résultant du mélange de l'eau avec la vapeur. Ce qui revient à ajouter 537° à l'excès de température de la vapeur sur celle que doit avoir le mélange, à multiplier la somme obtenue par le poids de la vapeur à condenser, et à diviser le produit par l'excès de température du mélange sur celle de l'eau employée pour la condensation.

Ce calcul, important pour les machines établies à terre, dans des lieux où il peut être difficile de se procurer de l'eau et où il faut toujours dépenser un certain travail de la vapeur pour la faire ariver, n'a aucun intérêt pour les machines établies à bord des navires, l'eau arrivant d'elle-même au condenseur.

Connaissant le poids de l'eau nécessaire à la condensation, il sera facile de trouver le diamètre du tuyau qui doit lui donner passage. Du reste, la formule suivante donne le rayon de ce tuyau, indépendamment du poids de l'eau nécessaire à la condensation, en fonction seulement de la force de la machine exprimée en chevaux-vapeur ; cette force est représentée par F.

$$R = \sqrt[3]{\frac{F \times 8,068}{\pi}}.$$

Le baromètre du condenseur ou l'indicateur du vide guide le mécanicien pour la quantité dont il doit ouvrir l'injection. La quantité d'eau à faire arriver dépend naturellement de la vitesse de la machine, élément très-variable sur mer. En effet, si la machine a peu de vitesse, il arrivera moins de vapeur au condenseur ; la pompe à air donnera moins de coups de piston, par suite elle retirera moins d'eau et d'air du condenseur dans le même temps ; donc il faut introduire moins d'eau et, par suite, diminuer l'injection.

La même nécessité se présente si l'on marche à détente ; la quantité de vapeur à condenser diminuant, il faudra aussi diminuer la quantité d'eau nécessaire à la condensation. Un changement dans la direction du vent ou de la route pouvant augmenter ou diminuer la vitesse de la machine, le mécanicin devra toujours suivre le mouvement de son appareil pour régler l'injection sur sa vitesse. Il doit aussi, en arrêtant sa machine, fermer tout à fait l'injection ; sans cette précaution le condenseur se remplirait aussitôt.

La température de l'eau employée pour l'injection influe beaucoup sur la quantité à injecter, et même sur la condensation qu'on obtient ; aussi le vide est-il meilleur en hiver qu'en été, et les machines à basse pression perdent de leur vitesse dans les mers tropicales et les détroits, où l'eau de mer est souvent à 15 ou 20° centigrades, tandis que dans les mers tempérées elle ne dépasse généralement pas 10°.

Injection prise à l cale.

145. Un tuyau muni d'un robinet et terminé par une crépine fait, au besoin, communiquer le tuyau d'injection avec la cale. Supposons une certaine quantité d'eau dans les fonds du navire ; si l'on ferme le robinet de prise d'eau à la mer, et qu'on ouvre celui de prise d'eau à l'intérieur, l'eau de la cale sera poussée par la pression atmosphérique dans le tuyau d'injection et, par suite, dans le condenseur.

On comprend de quelle ressource est cette injection supplémentaire en cas de voie d'eau. En cas d'avarie dans la prise d'eau de l'injection extérieure, c'est un moyen de continuer à opérer la condensation ; il suffit alors de laisser pénétrer assez d'eau dans la cale pour que la crépine de l'injection soit toujours couverte ; mais c'est toujours une opération délicate, la force d'aspiration étant assez grande pour faire pénétrer les saletés de la cale, malgré la crépine, qu'il faut avoir soin de dégager continuellement.

DE LA POMPE A AIR, DE SON PISTON ET DE SES CLAPETS.
CLAPETS EN CAOUTCHOUC.

146. On sait que la fonction de la pompe à air est de retirer l'eau et l'air qui, sans elle, rempliraient bien vite le condenseur.

Cette pompe est généralement à simple effet dans les machines à basse pression et à double effet dans les autres.

Pl. II, fig. 1.

La pompe à air à simple effet 4 se compose d'un cylindre fermé, à sa partie supérieure, par un couvercle, et d'un piston à clapets. Le bas de la pompe est ouvert et en communication avec le condenseur 2 par le clapet de pied 20 ; le haut du cylindre est en communication avec la bâche 5 par le clapet de tête 21.

Les dimensions de la pompe à air à simple effet sont calculées de manière à ce que le volume engendré par une course de son piston soit égal au volume de l'eau à extraire du condenseur, pour une double course du piston à vapeur. L'expérience a démontré que son diamètre devait être les 0,6 de celui du cylindre à vapeur, et la course de son piston la moitié de celle du piston à vapeur.

Il ne faut pas oublier que, pour un aller et un retour du piston à vapeur, le piston de la pompe à air n'opère qu'une fois.

En montant, le piston de la pompe à air fait le vide au-dessous de lui ; l'eau et l'air du condenseur sont attirés pour remplir ce vide, ils soulèvent le clapet 20 et arrivent sous le piston. Lorsque le mouvement change et que le piston revient sur ses pas, l'eau est comprimée par le piston ; le clapet 20 se ferme, les clapets du piston s'ouvrent, et le liquide passe au-dessus du piston. En remontant, le piston attire une nouvelle quantité d'eau sous lui, et soulève celle passée au-dessus ; cette dernière ouvre le clapet 21 et pénètre dans la bâche. Ainsi le mouvement d'ascension seul du piston de la pompe à air aspire l'eau du condenseur.

D'après le rôle et les dimensions de la pompe à air, on peut comprendre combien la force qu'elle emprunte à la machine est considérable; les calculs ont prouvé qu'elle dépensait en général le $\frac{1}{30}$ ou le $\frac{1}{40}$ de la force produite par la vapeur sur le grand piston; et encore, dans ce calcul, on ne fait pas entrer les résistances dues au frottement.

Ce résultat ne paraîtra pas exagéré quand on réfléchira que le piston de la pompe à air doit soulever toute la colonne d'eau qui a pour hauteur la distance de son piston à l'orifice du tuyau de décharge, si ce dernier aboutit au-dessus de la flottaison ; dans le cas contraire, à la flottaison du navire, augmentée du poids de l'atmosphère.

Comparativement aux pompes ordinaires, les orifices qui permettent à l'eau d'arriver dans la pompe à air et d'en sortir sont très-grands; l'aire du passage laissé libre par le clapet de pied et par celui de tête est ordinairement le quart de l'aire du piston, et chacun des clapets du piston a la même ouverture : cette disposition facilite le jeu de la pompe à air. Le contact continuel de l'eau de mer chaude avec l'intérieur de la pompe à air produisant l'oxydation très-prompte des parois intérieures de la pompe à air, l'intérieur de cette pompe est garni d'une chemise en bronze, quand elle n'est pas fondue avec ce métal.

Lorsque le piston de la pompe à air descend, il fait le vide au-dessus de lui, puisque le clapet 21 de la bâche se ferme ; par suite, la pression atmosphérique qu'il a fallu soulever n'est pas utilisée pour faire descendre le piston ; dans le but de faire servir cette force, on place souvent, sur le couvercle de la pompe à air, une soupape dite atmosphérique, se fermant de dedans au dehors. Lorsque le piston descend, la tension de l'air au-dessus de lui étant toujours plus faible que celle atmosphérique, la soupape dont on vient de parler s'ouvre et la pression atmosphérique agit.

Le peu de place occupé par les nouvelles machines, le peu de volume donné, par suite, au condenseur n'ont pas permis de laisser une course de piston sans retirer l'eau du condenseur ; la pompe à air à simple effet a dû être abandonnée, et on y a substitué celle à double effet.

Cette pompe 7, placée souvent entre le condenseur 6 et la bâche 8, porte un piston plein. Elle communique avec le condenseur et la bâche par deux clapets ou deux séries de clapets

Pl. III, fig. 1.

fermant tous de haut en bas. Si le piston marche vers la droite, le vide se fait derrière le piston ; le clapet 10 s'ouvre pour laisser passer l'eau du condenseur, tandis que le clapet de la bâche 11 se ferme. Au contraire, le liquide pressé par le piston dans l'autre partie de la pompe ferme le clapet 10 du condenseur et ouvre celui 11 de la bâche par lequel elle s'écoule.

La pompe à air à double effet, agissant pendant les deux mouvements de son piston (l'aller et le retour), produit un vide continu qui a permis de beaucoup réduire ses dimensions. Le cylindre qui forme le corps de pompe est le plus souvent en bronze ; les portes qui ferment la partie du condenseur contenant la pompe peuvent se retirer et permettent ainsi de visiter les clapets d'aspiration et de sortir le piston. Il en est de même des portes de la bâche qui permettent de visiter les clapets de refoulement.

147. Le piston des pompes à air à simple effet est généralement un disque en bronze, portant tout autour une gorge 1 destinée à recevoir la garniture ; 2 est une couronne qui est fixée au piston par de nombreuses vis et dont le but est de maintenir et de presser la garniture dans la gorge. La tige 3 , emmanchée comme celle du piston à vapeur, est en bronze ou en fer recouvert d'une chemise en cuivre. Le piston est percé de deux ouvertures 4 fermées par les clapets 5 et fortifiées au-dessous par deux nervures à angles droits allant du noyau au pourtour.

Piston de la pompe à air à simple effet.

Pl. XIII, fig. 7.

Les clapets 5 du piston d'une pompe à air à simple effet sont en bronze ; ils s'ouvrent et se ferment au moyen de charnières et s'appliquent exactement sur les bords des ouvertures du piston.

Clapets du piston d'une pompe à air à simple effet.

On leur donne une grande solidité, car ils éprouvent de fortes pressions et des chocs violents, lorsque la machine marche vite ou irrégulièrement. Enfin ils sont limités dans leur mouvement par le buttoir 6 fixé sur la tige 3.

Le piston des pompes à air à double effet en bronze, comme le précédent, ne diffère de celui des pompes à simple effet que par l'absence des ouvertures fermées par des clapets. Sa tige est semblable à celle dont nous avons parlé plus haut.

Piston de pompe à air à double effet.

La garniture du piston d'une pompe à air est généralement en chanvre ou en coton. On la fait comme celle du piston à vapeur ; elle dure très-longtemps, parce que l'eau avec laquelle elle se trouve en contact n'est pas à une température assez élevée pour la détériorer ; cependant il est bon de la visiter souvent, soit pour la serrer, soit pour ajouter de nouvelles tresses.

Garniture du piston des pompes à air.

Dans plusieurs machines nouvelles, la garniture en coton du

piston des pompes à air a été remplacée par une garniture métallique, semblable à celle des pistons à vapeur, avec cette différence que les bagues sont coniques et en bronze, et que le serrage de ces bagues se fait au moyen d'une bague conique, ou coin circulaire, qui se loge entre le piston et les bagues-garnitures. La couronne permet alors, en faisant pénétrer davantage le coin circulaire, d'augmenter le frottement des bagues contre les parois de la pompe à air.

Il paraîtrait cependant que ces tentatives ont donné des résultats peu satisfaisants, car l'emploi des garnitures métalliques pour la pompe à air se répand difficilement.

148. Comme nous l'avons dit précédemment, le bruit produit par les clapets en bronze, et surtout la rupture à laquelle la grande vitesse des nouvelles machines les expose, ont fait adopter les clapets en caoutchouc.

Ces derniers reposent sur un grillage horizontal séparant le condenseur et la bâche de la pompe à air ; leur surface supérieure porte quelquefois une plaque en bronze ou en plomb, qui facilite leur mouvement de charnière.

Tantôt ils sont formés d'une seule plaque qui couvre toutes les ouvertures ; tantôt ce sont, au contraire, de petits disques séparés, formant chacun un clapet à part, mais dont l'ensemble présente la même surface que celle des clapets d'un seul morceau ; cette dernière disposition a cet avantage que la déchirure de quelques-uns des disques n'arrête pas complétement la marche de la machine, comme le fait ordinairement celle des grands clapets. Dans tous les cas, il y a toujours des buttoirs qui limitent leurs mouvements.

Les clapets en caoutchouc, grands ou petits, durent très-longtemps, quand la matière qui les compose est de bonne qualité ; ils fonctionnent sans bruit, ferment parfaitement les ouvertures, sont moins sujets à des avaries que les clapets en bronze, et se prêtent beaucoup mieux que ces derniers à la rapidité du mouvement des machines à hélice.

149. Nous avons vu, lors de la description des machines nᵒ 31 et suivants, que le mouvement de la pompe à air, dans les machines à balanciers, était donné par le balancier au moyen de deux bielles pendantes allant des balanciers aux extrémités de la traverse qui surmonte la tige de la pompe à air. Dans les autres machines, le piston des pompes à air est mené, tantôt par l'arbre moteur au moyen d'une manivelle, d'un vilebrequin ou d'un excentrique, tantôt par le piston à vapeur lui-même au moyen d'une tige particulière, ou d'un T fixé sur une des tiges du piston à vapeur; tantôt enfin par de petits balanciers ou des mouvements de sonnette.

Quand le piston de la pompe à air est mené par une tige du piston à vapeur, le mécanisme est beaucoup simplifié, l'espace est économisé, et ces résultats sont obtenus sans nuire d'une manière bien sensible à la régularité du mouvement du piston-vapeur sur la surface duquel la résistance n'est plus uniformément répartie. Mais cette disposition met dans l'obligation de donner au piston de la pompe à air une course égale à celle du piston-vapeur et, par suite, la même vitesse qu'à ce dernier. Il en résulte souvent que les clapets d'aspiration et de refoulement, même lorsqu'ils sont en caoutchouc, n'ont pas le temps de fonctionner; l'eau et l'air, auxquels il faut un temps matériel pour entrer en mouvement, ne peuvent passer assez vite par les clapets, et il résulte de toutes ces difficultés un mauvais vide, ou du moins un vide bien inférieur à celui obtenu dans les anciennes machines à balanciers.

Dans les machines à grande vitesse, il faudrait pouvoir donner une vitesse moins grande au piston de la pompe à air ; par suite, sa course devrait être moins longue et son diamètre plus grand. C'est pour atteindre ce but si désirable qu'on voit souvent les constructeurs compliquer le mécanisme d'une machine à connexion directe de plusieurs renvois de mouvement, destinés à communiquer une vitesse convenable à la pompe à air.

DE LA BACHE.

150. La bâche est un réservoir en fonte ou en tôle, comme le condenseur, qui reçoit les eaux retirées du condenseur ; sa position et sa forme n'ont rien de bien déterminé, mais sa fonction est la même dans toutes les machines. Le plus souvent elle est placée à côté ou au-dessus du condenseur; elle communique avec la pompe à air par les clapets de refoulement ou de pied, dont il a été question plus haut, et avec la mer par le tuyau de trop-plein ou de décharge. Dans les machines à balanciers, la bâche est volumineuse ; mais dans les machines nouvelles ses dimensions sont réduites de manière à ne contenir que l'eau nécessaire à l'alimentation de la chaudière.

Dans certaines machines à haute pression, sans condensation

Bâche.
Pl. II et III, fig. 1.

en vase clos, il y a un réservoir nommé la bâche, mais qui ne remplit pas les mêmes fonctions que celle des machines qui condensent dans un condenseur fermé; c'est simplement un réservoir contenant l'eau d'alimentation traversée par le tuyau d'évacuation de la vapeur qui vient d'agir. La vapeur, avant de se perdre dans l'atmosphère, donne ainsi une partie de sa chaleur à l'eau du réservoir, qui arrive à la chaudière avec une température assez élevée pour produire une certaine économie dans la dépense du combustible.

Tuyau de décharge.   **151.** Le tuyau de décharge, en cuivre ou en fonte, a pour fonction de conduire l'eau de la bâche à la mer ; il ouvre d'un côté sur la bâche, et de l'autre à l'extérieur du navire. Il débouche ordinairement un peu au-dessus de la flottaison du navire chargé ; mais, à bord des navires de guerre, la nécessité de mettre tout le mécanisme à l'abri du boulet a conduit à faire arriver le tuyau de décharge au-dessous de la flottaison. Dans les deux cas le travail de la pompe à air, qui doit refouler l'eau, est à peu près le même.

Pl. XIII, fig. 9.   Le tuyau de décharge, dont le diamètre est toujours très-grand, pouvant donner une voie d'eau capable de compromettre le navire, il faut avoir un moyen de le fermer, soit au dedans, soit au dehors du bâtiment. Le système représenté par la fig. 9 est un des moyens employés.

Une caisse en fonte 1 est appliquée contre la muraille du navire 2, à l'intérieur, vis-à-vis l'endroit par où débouche le tuyau de décharge. Cette boîte, généralement cylindrique, est fermée au haut par le couvercle 3, au centre duquel passe la tige 4 d'une soupape à siége 5, plus particulièrement appelée diaphragme, qui repose sur une cloison intérieure 6, ouverte en grande partie au-dessous du diaphragme. La partie de la tige que l'on voit au-dessous de cette cloison sert de guide au diaphragme.

La tige 4, qui passe dans le petit presse-étoupe du couvercle 3 et dans la douille pratiquée dans la cloison 6, permet de lever le diaphragme dans la position 7 indiquée par des points.

Au bas du cylindre 1 et au-dessous de la cloison 6, vient aboutir la partie du tuyau de décharge 8 fixée avec le condenseur. Pour éviter que ce tuyau soit fatigué par le mouvement des murailles du navire à la mer, il traverse un presse-étoupe 9 dans lequel il peut glisser.

Au-dessus de la cloison 6 vient s'unir la partie du tuyau de décharge 10, qui ouvre à l'extérieur du navire.

Cette dernière partie passe dans un trou percé dans la muraille et garni de plomb à l'intérieur ; une collerette, fixée à la muraille extérieure, empêche l'eau de s'infiltrer entre le tuyau et la chemise de plomb du trou percé dans la muraille. Il est prudent d'ajouter une vanne 11, pouvant fermer à l'extérieur le tuyau de décharge, quand toutefois ce tuyau aboutit à la flottaison ; dans le cas où il ouvre plus bas, on peut avoir la vanne en dedans du navire à la place marquée 12. Cet obturateur peut être d'une indispensable nécessité à un moment donné ; dans le cas où le tuyau de décharge débouche au-dessous de la flottaison, un moyen de fermeture intérieure est indispensable pour pouvoir visiter le diaphragme.

Que le tuyau de décharge aboutisse au-dessus ou au-dessous de la flottaison, l'eau extérieure ne peut avoir pour effet que de presser davantage le diaphragme sur son siége quand il est baissé, et, par suite, si les surfaces en contact sont bien rodées, cette eau ne pénétrera pas dans les organes de la machine. Mais il faut avoir le plus grand soin de faire lever la vanne et le diaphragme avant de mettre en marche ; ce dernier pourrait encore être soulevé par l'eau qui arrive du condenseur, mais la vanne ne lui donnerait pas passage et occasionnerait la rupture du tuyau de décharge ou celle du condenseur. Toute la partie du mécanisme qui regarde l'écoulement du trop-plein doit être surveillée avec soin, et quand la machine est en mouvement et quand elle est au repos, car le tuyau de décharge peut occasionner une voie d'eau considérable ; cette surveillance doit être plus active dans le mauvais temps, surtout quand l'absence d'un presse-étoupe glissant laisse le tuyau de décharge sous l'influence des mouvements des murailles du navire.

A bord des vaisseaux nouvellement transférés au port de Brest, on a fermé le tuyau de décharge par un immense robinet, logé en abord, près de la muraille du navire. On attend de très-bons résultats de ce système de fermeture qui, essayé déjà, a été cependant abandonné à cause de la difficulté qu'on éprouvait à le manœuvrer.

Quant à l'emploi des boîtes à air qui servent quelquefois à pénétrer dans les tuyaux de décharge pour les ouvrir ou les fermer, nous allons en donner une idée. Sur le tuyau de décharge, et près de la muraille intérieure du navire, se trouve une espèce de boîte verticale en fonte, partagée en deux compartiments, un supérieur, l'autre inférieur. Chacun d'eux est fermé par une porte pouvant donner passage à un homme ; enfin dans celui supérieur aboutit le tuyau d'une pompe foulante. Veut-on faire pénétrer un homme dans l'intérieur du tuyau de décharge, cet homme est d'abord enfermé dans le compartiment supérieur.

On y refoule alors de l'air, jusqu'à ce que sa tension soit assez forte pour chasser le liquide du second compartiment. Un robinet permet de s'assurer que ce résultat est atteint ; à ce moment, l'homme, placé dans l'intérieur du premier compartiment, ouvre la porte du second et, quand l'air, que l'on refoule toujours, a chassé l'eau du tuyau de décharge, l'homme y pénètre pour exécuter les ordres qu'il a reçus.

Clapet fermant le tuyau de décharge.

Pl. XIII, fig. 10.

Parmi tous les autres moyens employés pour fermer le tuyau de décharge, on trouve encore le suivant :

Une forte boîte en bronze 1 est appliquée contre la muraille du navire avec laquelle elle est unie par un collet. Elle contient le grand clapet 3, s'ouvrant de dedans en dehors ; un levier est fixé à la partie du tourillon du clapet qui sort en dehors de la boîte, et permet de le maintenir ouvert quand on marche. Il sert aussi à l'appuyer sur son siége, mais l'adhérence produite n'est pas assez grande pour empêcher les infiltrations dans le condenseur et dans les autres organes de la machine.

Aussi le clapet dont nous venons de parler doit être regardé plutôt comme un moyen de prévenir un danger que comme une fermeture véritable ; son emploi n'empêche pas l'établissement d'une soupape intérieure.

ORGANES QUI TRANSMETTENT LE MOUVEMENT DU PISTON A L'ARBRE DE COUCHE.

152. Jusqu'à ce jour, la force expansive de la vapeur n'a été réellement utilisée que pour produire un mouvement rectiligne alternatif, donné par l'ascension et la descension d'un piston dans un cylindre ; et comme ce mouvement n'est pas celui propre aux propulseurs, il a fallu le transformer en un autre circulaire continu, nécessaire aux roues et aux hélices. Ce changement de mouvement se produit au moyen de divers organes disposés d'une manière différente dans chaque espèce de machine considérée au point de vue de son mécanisme.

Pl. II, fig. 1.

Ainsi, dans les machines à balanciers, le mouvement rectiligne alternatif de la tige du piston est transformé en un mouvement circulaire alternatif ou oscillant pour les extrémités du balancier au moyen de la bielle pendante 11 ; d'un autre côté, le mouvement oscillant du balancier est transformé en un mouvement circulaire continu pour la manivelle de l'arbre de couche, par le moyen de la grande bielle 12. Et les organes de transmission sont la tige du piston, sa traverse, les deux bielles pendantes, les balanciers, les bielles latérales, la traverse de la grande bielle, la grande bielle et la manivelle.

Dans les machines à connexion directe à cylindre fixe, que la bielle soit directe ou renversée, il y a toujours pour organes de changement de mouvement la tige ou les tiges de piston, la traverse de la tige, la grande bielle et la manivelle de l'arbre.

Dans les machines à fourreau, il n'y a que deux organes de transmission de mouvement : la grande bielle et la manivelle de l'arbre.

Enfin, dans les machines à cylindre oscillant, les organes de changement de mouvement sont la tige de piston et la manivelle.

Décrivons maintenant chacun des organes dont nous venons de parler, et dont les fonctions sont les mêmes dans toutes les machines.

153. La tige du piston est faite en fer forgé, en étoffe, et quelquefois même en acier fondu, mais jamais en fonte. Elle est tournée parfaitement cylindrique dans toute la partie située au-dessus du piston ; son pied est tourné cône, de manière à ce que, introduit par le dessous dans le trou du piston, elle ne puisse pas remonter ; elle est maintenue dans le sens opposé par une clavette qui traverse le noyau du piston et son pied. Cette clavette est remplacée avec avantage par un écrou qui se loge dans une cavité annulaire ménagée au centre du piston ; un prisonnier maintient cet écrou une fois en place. Tige du piston.

Vers le haut, la tige a un diamètre plus petit, de manière à conserver un collet qui butte contre le dessous de la traverse ; elle est percée par une mortaise destinée à recevoir une clavette qui l'unit d'une manière invariable avec sa traverse. On met encore quelquefois un écrou vissé sur le bout de la tige au-dessus de la traverse. La tige du piston, devant toujours se mouvoir suivant son axe, malgré l'action oblique des bielles pendantes ou des autres renvois de mouvement, est maintenue dans la position voulue soit au moyen du parallélogramme de Watt, soit au moyen de guides. Dans les nouvelles machines, le piston porte souvent plusieurs tiges, mais ces dernières sont faites et s'emmanchent comme nous l'avons dit plus haut.

On donne ordinairement pour diamètre à la tige unique d'un piston le dixième de celui du piston, ce qui répond à une charge maximum de 98^k par centimètre carré. Cependant, dans les grandes machines, et surtout dans le cas où la tige est en acier, on reste au-dessous de cette limite, tout en conservant à la tige une solidité et une rigidité suffisantes ; car sa rupture, laissant le piston abandonné à l'action de la vapeur, briserait infailliblement le couvercle ou le fond du cylindre.

154. La traverse de la tige du piston est une pièce de fer forgé d'un seul morceau, portant au milieu un renflement dans lequel est percé le trou cylindrique qui reçoit l'extrémité de la tige et la mortaise dans laquelle passe la clavette de réunion de ces deux pièces.

La traverse est terminée, de chaque côté, par des tourillons servant d'attache aux bielles pendantes dans les machines à balanciers, et passant dans les glissières dans les machines à connexion directe à cylindre fixe.

155. Les bielles pendantes sont en fer forgé ; leur extrémité supérieure est aplatie et élargie de manière à former un œil dans lequel se logent les coussinets qui embrassent les tourillons de la traverse. Leur partie inférieure est à faces planes et percée d'une mortaise pour le passage de la clef de serrage de la bride, embrassant à la fois les coussinets et le tourillon du bout du balancier.

Comme toutes les pièces destinées à supporter un effort de traction et de poussée, les bielles pendantes ne sont pas cylindriques, elles sont renflées au milieu.

Dans les machines à balanciers, les bielles pendantes ont, au cinquième à partir du haut, un excédant de métal portant le tourillon du bras du parallélogramme.

156. Chaque balancier est, le plus souvent d'un seul jet de fonte; ses faces latérales sont planes, mais fortifiées par des nervures courbes, en demi-rond ou à moulures, suivant son contour et son milieu, dans le sens de sa longueur. La moulure du milieu réunit les bourrelets des divers tourillons, et contribue à renforcer les parties affaiblies par des trous. Les deux extrémités des balanciers sont terminées par des enfourchements traversés chacun par un tourillon en fer forgé rivé sur les deux faces ; un de ces tourillons est embrassé par les coussinets de la bielle pendante, l'autre par ceux de la bielle latérale.

Le milieu du balancier est percé d'un trou octogonal qui reçoit les coussinets embrassant le tourillon autour duquel il doit exécuter son mouvement d'oscillation.

Une plaque recouvrant le bout du tourillon, les coussinets et une partie du noyau du balancier est fixée par une vis à chapeau et un prisonnier ; la vis est taraudée dans le bout du tourillon. Le but de la plaque ainsi fixée est de maintenir le balancier sur le tourillon. Les balanciers portent plusieurs tourillons en fer forgé plantés dans leurs faces latérales ; un d'eux, placé sur la face intérieure à la moitié du bras opposé au cylindre, porte les bielles pendantes de la pompe à air ; un autre, disposé de la même manière, mais saillant sur les deux faces, est situé au quart de la longueur du bras opposé à partir du centre d'oscillation ; au dedans il reçoit la bielle du parallélogramme, au dehors on peut enclancher à volonté la tige de la pompe de cale.

Les balanciers se font aussi en fer forgé et même en tôle ; dans ce dernier cas, ils sont formés de deux plans maintenus à la distance convenable et unis entre eux par des entretoises.

Ces balanciers, beaucoup plus légers que ceux en fonte, présentent au moins autant de solidité et ont l'avantage immense de pouvoir être facilement réparés en cas d'avaries.

En général, la longueur des balanciers de centre en centre des tourillons des bielles est égale à 3,08 fois la course du piston, tandis que la distance horizontale qui sépare les verticales, celle passant par l'axe de la tige du piston et celle tombant du centre de mouvement de l'arbre de couche, n'est que de trois fois la course du piston. Le tourillon du balancier étant exactement situé au milieu de cette distance, il s'ensuit que les extrémités des balanciers dépassent les deux perpendiculaires dont il a été question plus haut.

Cette augmentation de longueur n'a été donnée aux balanciers que parce qu'il était indispensable que les deux perpendiculaires tombassent au milieu des flèches des arcs décrits par les extrémités des balanciers.

C'était le seul moyen de rendre égales, en avant et en arrière de l'axe du cylindre, les obliquités du pied des bielles pendantes et celles du pied de la grande bielle en avant et en arrière de la verticale passant par le centre du mouvement de l'arbre.

Les balanciers exigent beaucoup de soins pour leur serrage, car il faut les maintenir exactement dans leur plan d'oscillation; le moindre jeu laissé dans les coussinets donne toujours des chocs plus ou moins violents, qui ébranlent toute la machine à chaque renversement du mouvement.

157. La traverse de la grande bielle, faite comme celle de la tige du piston, clavetée sur la grande bielle et terminée par les menottes, réunit les extrémités des deux balanciers opposées à celles qui reçoivent les bielles pendantes.

Traverse de la grande bielle.

158. Les bielles latérales ou menottes, semblables à celles pendantes, ne diffèrent de ces dernières que par leur longueur plus petite et leur mode d'attache avec la traverse. Elles ne sont pas articulées avec cette pièce, mais bien fixées d'une manière invariable; aussi ne devrait-on pas les appeler des bielles, qui sont toujours articulées par leurs deux extrémités.

Bielles latérales ou menottes.

159. La grande bielle est en fer forgé, à section circulaire et très-renflée dans le milieu de sa longueur; elle s'unit à la traverse des balanciers comme la tige du piston à sa traverse; son autre extrémité 1, à section rectangulaire, est coupée carrée. Cette partie plane, nommée sole, supporte le coussinet inférieur 2 qui comprend le bouton de la manivelle 3; au-dessus de ce premier coussinet est placé le second 4, et le tout est recouvert par la bride 5, dont les deux branches viennent s'appliquer sur les faces latérales de la grande bielle. Les branches de la bride et la grande bielle sont percées d'une mortaise dans laquelle sont introduites les clavettes à mentonnet 6 et celles de servage 7, qui compriment les coussinets sur le bouton de manivelle et assurent la liaison de la grande bielle avec l'arbre de couche.

Grande bielle.
Pl. XV, fig. 6.

La longueur totale de la grande bielle, celle des bielles latérales comprise, c'est-à-dire la distance de l'axe du bouton de manivelle à la ligne passant par les axes des tourillons des extrémités des balanciers, est égale à la distance verticale de l'axe de l'arbre de couche au plan horizontal passant par les centres d'oscillation des balanciers.

Dans la plupart des machines à cylindre horizontal, la grande bielle communique directement le mouvement de la tige du piston à la manivelle de l'arbre moteur; sa réunion avec la traverse de la tige du piston offre alors quelque différence, comme nous l'avons dit plus haut. Mais il serait trop long d'entrer dans ces détails particuliers à chaque espèce de machine; ces différences

seront, du reste, facilement saisies par l'ouvrier qui aura le désir
d'apprendre et qui, dans ce but, ne négligera aucune occasion
de voir des machines différentes.

DE L'ARBRE DE COUCHE ET DES MANIVELLES.

160. A bord des navires, l'ensemble du mécanisme qui donne
le mouvement au propulseur se compose de deux et quelquefois
de quatre machines égales et semblables, liées les unes aux autres au moyen de l'arbre de couche ; on dit alors que les machines
sont conjuguées. Les différentes parties de cet arbre se désignent
par des noms particuliers. Ainsi la partie qui tient au propulseur
s'appelle arbre extérieur ; celle placée entre les deux ou les quatre
machines est l'arbre intermédiaire. Les manivelles, en même
nombre que les machines, unissent les différentes parties de
l'arbre de couche.

Ordinairement, lorsque la machine se compose de quatre cylindres, les deux de l'arrière peuvent être rendus indépendants
des deux de l'avant au moyen d'une disposition particulière de la
soie des manivelles du troisième cylindre à partir de l'avant.
Cette soie peut se retirer à volonté et partager ainsi l'arbre moteur en deux parties.

Les manivelles, tout en servant au changement du mouvement
alternatif rectiligne du piston en mouvement circulaire continu,
guident l'action des machines de telle sorte, que l'une se trouve
à peu près à son minimum d'effet, c'est-à-dire que son piston est
au bas ou au haut du cylindre, tandis que l'autre, au contraire, se
trouve à peu près à son maximum d'effet, c'est-à-dire que son
piston est au milieu de sa course. La bielle de la première machine est dans le prolongement de sa manivelle, tandis que celle
de la seconde est perpendiculaire à sa manivelle. Il en résulte
ainsi une régularité de mouvement que l'on ne pourrait obtenir
qu'au moyen d'un volant, si la conjugaison n'avait pas lieu.

L'arbre de couche est supporté par des paliers sur lesquels il
est maintenu au moyen de collets réservés sur l'arbre et comprenant les coussinets.

Ces collets soutiennent l'arbre contre les mouvements de roulis
s'il s'agit d'un navire à roues, et contre ceux de tangage si le navire est à hélice.

161. Les manivelles, dans toutes les machines, servent à trans-   Manivelles.
former un mouvement alternatif en un autre continu, et récipro-

quement. Elle est à simple effet si la force qui lui donne le mouvement agit pour la faire monter et descendre seulement, la vitesse acquise la faisant seule descendre ou monter; elle est à double effet quand la force agit pour la faire monter et descendre. La pédale d'un tour n'agit que pour faire descendre les manivelles de l'arbre de la roue; ces manivelles sont donc à simple effet. Dans les machines à vapeur, les manivelles sont toutes à double effet, parce que non-seulement la bielle les tire dans un sens, mais encore les pousse dans l'autre.

Dans les machines employées sur mer, les manivelles sont de fortes pièces de fer forgé rapportées sur les bouts de l'arbre. D'abord elles furent maintenues par des clavettes chassées fortement dans des rainures pratiquées, mi-partie dans le bout de l'arbre et mi-partie dans la manivelle; mais aujourd'hui on obtient une réunion plus parfaite et plus solide, en donnant au trou de la manivelle destiné à recevoir le bout de l'arbre un diamètre plus petit que celui de cet arbre. La différence des deux diamètres est l'augmentation qui peut survenir dans le diamètre du trou de la manivelle, par le fait de la dilatation, lorsque la manivelle est portée au rouge-cerise.

Pour unir la manivelle à l'arbre, on chauffe la première au degré convenable pour que l'arbre puisse pénétrer dans le trou; la contraction du métal, en se refroidissant, fait le reste.

L'œil des manivelles, c'est-à-dire la partie qui embrasse le bout de l'arbre, supporte tout l'effort; aussi lui donne-t-on une grande épaisseur; on lui conserve aussi une plus grande largeur que dans le reste de la pièce, tant pour qu'elle puisse résister aux efforts de torsion que pour augmenter les surfaces de contact. L'œil de la manivelle touche les grands paliers et maintient l'arbre sur les coussinets; quant à l'autre face de la manivelle, elle est plane et affleure le bout de l'arbre. Le côté opposé à l'œil porte aussi un renflement et est percé d'un trou destiné à recevoir le bouton de manivelle, pièce qui unit la manivelle d'une portion de l'arbre à celle d'une autre. Les manivelles sont parfaitement dressées et les trous qui traversent leurs extrémités sont exactement perpendiculaires à leurs faces latérales; comme, d'un autre côté, l'arbre est tourné aussi avec exactitude, il s'ensuit que la manivelle, montée sur son extrémité, se trouve exactement perpendiculaire à son axe, condition des plus importantes pour le mouvement et le dressage de l'arbre de couche.

Les manivelles d'un même arbre de couche sont ordinairement

semblables et fixées de la même manière ; celles de l'arbre intermédiaire servent à conjuguer les machines et portent toujours le bouton de manivelle, c'est-à-dire que ces manivelles reçoivent toujours le bout de bouton qui se fixe invariablement, soit au moyen d'un ajustage et de clavette, soit en faisant chauffer l'œil de la manivelle pour le recevoir, ce qui arrive le plus généralement. L'autre extrémité du bouton passe dans la manivelle des arbres extérieurs, mais sans être fixée avec elle ; il est même aplati sur deux faces parallèles à sa longueur, de manière à porter sur deux coussinets en bronze, nommés touches, introduits dans le trou de la manivelle et maintenus par une rondelle. De cette manière, le bouton peut résister aux ballottements dans le sens de la rotation de l'arbre, mais il a la possibilité de jouer dans le sens de la longueur de cet arbre. Cette disposition est nécessitée par les causes continuelles qui, à bord, viennent déranger les arbres et empêcher leurs axes de se trouver sur une même ligne droite. Si le bouton était fixé invariablement aux deux manivelles qu'il réunit, s'il ne pouvait entrer ou sortir, monter ou descendre, il supporterait les efforts donnés par le dénivellement des arbres, et il pourrait être brisé. Ce moyen suffit généralement pour les machines à roues, dans lesquelles les arbres ont toujours peu de longueur ; mais il serait insuffisant à bord d'un navire à hélice, là où l'arbre qui communique le mouvement au propulseur est très-long et supporte les effets de l'arc contracté par le navire.

162. Dans ce cas, l'arbre extérieur, c'est-à-dire toute la partie de la ligne d'arbre qui va de la manivelle de l'arbre intermédiaire au propulseur, est ordinairement divisé en plusieurs parties, de la manière suivante : chacune des deux portions de l'arbre porte un plateau en fonte 1, assez épais au milieu pour présenter à l'arbre un portage suffisant et fixé solidement avec lui. Ces plateaux ont une forme ovale et sont percés, vers les extrémités de leur grand axe, d'un trou conique 3 destiné à recevoir des boulons 4 solidement tenus par une tête sphérique reçue dans les trous demi-sphériques d'une bride double en fer forgé 5. Les parois des trous dans lesquels viennent se loger les têtes des boulons sont formées par des coussinets en fonte, garnis de métal doux, qui peuvent être serrés par une clavette commune tirée, entre deux clavettes à mentonnet, par un écrou et un contre-écrou. De cette manière, le dénivellement occasionné par le changement de forme du navire et par les mouvements dans le mauvais temps n'influe pas d'une manière sensible sur l'arbre de la

Moyen de réunion des différentes parties d'un arbre d'hélice.

Pl. XV, fig. 7.

machine, qui commande tout le mécanisme et qu'il faut maintenir dans une position déterminée.

Dans certaines machines à connexion directe, l'arbre intermédiaire est quelquefois courbé sur lui-même pour former une double manivelle et même deux doubles manivelles placées à 45 degrés des manivelles ordinaires. Cette espèce de torsion de l'arbre se nomme un vilebrequin et remplace les excentriques pour donner le mouvement aux pompes à air. Dans plusieurs machines à cylindre oscillant l'arbre ne porte qu'une paire de manivelles, sur le bouton de laquelle viennent se fixer les tiges des deux pistons, qui sont alors vis-à-vis l'un de l'autre. Dans les navires qui portent quatre machines à connexion directe, c'est ordinairement cette disposition qui est adoptée, c'est-à-dire que les tiges du piston de deux machines viennent se fixer au bouton d'une seule paire de manivelles ; de cette manière, l'arbre ne porte que deux paires de manivelles, tandis que, dans le cas contraire, il lui en faudrait quatre.

163. Nous avons dit souvent que les extrémités de la course du piston correspondaient à peu près aux points morts des manivelles ou, du moins, aux positions des manivelles dans la direction de la grande bielle ; voyons pourquoi cet à peu près. Soient A B, A B' et A B'' représentant les trois positions du balancier, celle moyenne et les deux extrêmes ; A est le centre d'oscillation, O le centre de l'arbre moteur, et la circonférence H M H' M' celle décrite par le centre du bouton de la manivelle ; M B, H B', M' B et H' B'' seront les positions de la grande bielle correspondantes aux positions A B, A B' A B et A B'' du balancier. On se rappelle que le centre O de l'arbre moteur se trouve, dans une machine à balanciers, sur la perpendiculaire C D, à la position horizontale du balancier, passant par le milieu D de la flèche de l'axe B'' B B' décrit par le centre du tourillon de l'extrémité du balancier. Or, quoique la distance D B soit très-petite par rapport à A B et que la longueur de la manivelle ne soit que le quart ou le cinquième de celle de la grande bielle égale à B O, rayon de l'arc de cercle M O M', ces trois points ne peuvent pas être en ligne droite ; de plus, l'arc M O M' ne passerait pas par le centre O de la manivelle, et les deux positions M et M' de la manivelle ne seraient symétriques que si D B était nul. Ainsi donc, dans une machine à balanciers, lorsque le piston est exactement au milieu de sa course, la manivelle n'est pas perpendiculaire à D C (perpendiculaire à l'axe du balancier, dans la position horizontale),

Les points morts de la manivelle ne correspondent pas exactement avec ceux du piston.
Pl. XVI, fig. 1.

et la manivelle est plus basse du côté qui regarde le piston que
du côté opposé. De même, aux extrémités de course du piston,
la manivelle n'est pas exactement dans le prolongement de la
grande bielle ; la chose ne pourrait avoir lieu que si la longueur
du balancier était assez grande pour que l'arc de cercle B′B B″
fût une ligne droite se confondant avec D C. Cette condition
n'existant jamais, la manivelle au point le plus bas du piston
(point le plus haut du balancier), le centre du bouton de la manivelle reste de l'autre côté de la ligne D C par rapport au cylindre, et, au point le plus haut du piston (point le plus bas du
balancier), il se trouve du côté de la ligne C D qui regarde le cylindre.

164. Dans les deux positions extrêmes d'une manivelle, alors
qu'elle est dans la direction de la bielle, elle exerce une très-
grande force sur les coussinets qui compriment l'arbre ; il était
donc naturel de chercher à contre-balancer ces efforts à bord des
navires, là où on est forcé d'employer plusieurs machines.

Manivelles équili-
brées.

En 1843, M. Carlsund, Suédois, prit un brevet d'invention pour
des manivelles équilibrées fig. 2 ; M. le capitaine de vaisseau la
Brousse, auquel la marine française doit tant de travaux importants, ne connaissant pas l'invention de M. Carlsund, prit un brevet pour le même objet en 1849.

Pl. XVI, fig. 2 et 3.

Les machines de l'*Isly* de 1,400 chevaux et de l'*Eylau* 2,400
sont composées de quatre cylindres horizontaux placés deux de
chaque bord vis-à-vis de manivelles doubles semblables à celle
représentée. Ces manivelles doubles sont à angle droit, l'une
par rapport à l'autre, pour conjuguer les machines.

D'après la forme de la manivelle double de M. la Brousse, il
est facile de comprendre que l'un des deux cylindres qui viennent agir sur la même manivelle doit avoir deux bielles, tandis
que l'autre n'en a qu'une.

Cette disposition fait que les deux pistons qui agissent de con-
cert se rapprochent et s'éloignent en même temps ; l'arbre
éprouve toujours des forces égales et opposées qui le laissent en
équilibre.

Dans les manivelles équilibrées de MM. Carlsund et la Brousse,
qui diffèrent très-peu l'une de l'autre, non-seulement le poids
de ces manivelles est équilibré sur l'arbre, mais encore leur disposition fait que l'action des forces qui agissent sur elles s'équilibre de chaque côté de l'arbre et n'occasionne aucune pression sur les coussinets.

Il n'en est pas de même des manivelles en forme de T que l'on rencontre dans beaucoup de machines nouvelles ; elles n'ont pour but que d'équilibrer le poids de la manivelle de chaque côté du centre d'action de l'arbre, et de contre-balancer l'effet de la force centrifuge sur une manivelle simple douée d'une grande vitesse. On trouve même, dans certaines machines anglaises, les manivelles remplacées par des plateaux circulaires ; mais, nous le répétons encore, l'effet produit par ces manivelles n'est pas le même que celui des manivelles équilibrées de MM. Carlsund et la Brousse.

Calage des manivelles sur l'arbre.

165. L'angle que les manivelles font entre elles influe beaucoup sur le mouvement d'une machine, au point de vue de la régularité du travail. Une des causes principales de l'irrégularité du mouvement circulaire de l'arbre est le peu de longueur des bielles, et les angles variables qu'elles font avec les manivelles, suivant les positions des pistons. C'est en faisant faire certains angles aux manivelles l'une par rapport à l'autre, ou aux cylindres entre eux, qu'on arrive à compenser ces différences et à produire un mouvement de rotation circulaire continu.

Si les cylindres sont en regard l'un de l'autre, l'angle de 120 degrés des manivelles donne le plus de régularité pour le mouvement. Si les cylindres sont inclinés, les bielles articulées sur le bouton de la même manivelle, c'est encore l'angle de 120 degrés, fait par les axes des cylindres, qui est le plus favorable.

Dans les machines qui ont les cylindres du même bord, l'angle fait par les manivelles entre elles est les 90 degrés.

Sur le *Niagara,* frégate américaine qui possède trois cylindres fixes horizontaux placés du même bord, les manivelles font entre elles un angle de 120 degrés.

DU PARALLÉLOGRAMME DE WATT.

166. Dans les machines à balanciers et celles dont les dispositions sont analogues, les bielles pendantes exercent sur la tige du piston un effort de côté qui ne tarderait pas à la fausser, si des guides, ou tout autre système pouvant remplir le même but, ne la maintenaient pas dans l'axe du cylindre.

Pl. XVI, fig. 4.

Le parallélogramme de Watt est un des moyens employés pour atteindre ce but, et repose sur le principe suivant : lorsque trois angles d'un parallélogramme décrivent des arcs de cercle, le quatrième parcourt à très-peu de chose près une ligne droite.

Ainsi donc, dans le parallélogramme A B H E, dans lequel les trois angles A, B, E décrivent des arcs de cercle, l'angle H suivra, à très-peu de chose près, une ligne droite. Dans nos machines à balanciers, le parallélogramme de Watt est formé de la manière suivante : A B, un de ses côtés, est fourni par le balancier ; le côté B H est donné par la bielle pendante, articulée à sa partie inférieure avec le balancier et à sa partie supérieure avec la traverse du piston ; le côté parallèle A E est fourni par une pièce appelée bielle du parallélogramme, et articulée à la partie inférieure avec le balancier et à la partie supérieure avec le bouton de la manivelle E R du parallélogramme ; la pièce E H, qui forme le côté parallèle au balancier, est ce qu'on nomme le bras du parallélogramme : il est articulé d'un côté avec la bielle pendante et de l'autre avec le bouton de la manivelle E R, oscillant autour du point fixe R, pris sur les bâtis de la machine. Cette partie reçoit plusieurs noms ; mais nous l'appellerons la manivelle du parallélogramme.

Nous avons dit plus haut que le point H du parallélogramme suivait, à peu de chose près, une ligne droite ; il en est de même pour le point G, extrémité de la bielle pendante articulée sur la traverse du piston ; mais cependant, le mouvement de ce dernier point, éloigné plus ou moins du premier, suit encore moins exactement une ligne droite que le point H, et la courbe qu'il décrit a la forme d'un 8 très-allongé, dont les deux renflements s'écartent symétriquement, de part et d'autre, de la ligne passant par les points extrêmes et par le milieu de la course. C'est cette petite déviation de 0,004 environ, qui fait ovaliser la tige du piston, le presse-étoupe dans lequel elle passe, le piston et le cylindre lui-même.

Les machines marines, ayant ordinairement deux balanciers, ont aussi deux parallélogrammes, dont les mouvements sont réunis par l'arbre qui porte les deux manivelles.

167. La vérification du parallélogramme étant souvent nécessaire, nous donnerons ici son tracé.

Sur une ligne indéfinie X X' et d'un point O comme centre, décrire les deux arcs de cercle B' B B'' et A' A A'' ; le premier avec un rayon O B égal à la distance qui sépare le centre d'oscillation du balancier du centre du tourillon de la bielle pendante ; le second avec un rayon O A égal au quart de O B. (A est le centre du tourillon de la bielle du parallélogramme.) Prendre B B' et B B'' égaux à la moitié de l'arc total décrit par le balancier dans son

II.   11

mouvement d'oscillation; joindre O B' et O B'' qui donnent les positions extrêmes du balancier, et qui passent par A' et A'', points extrêmes du centre du tourillon de la bielle du parallélogramme. Sur le milieu des flèches des arcs B' B B'' et A' A A'' élever les perpendiculaires C Y et D Z. Sur B Y prendre B G égal à la distance du point d'attache du bas du parallélogramme à la traverse de la tige du piston ; toutes ces mesures prises de centre en centre. La longueur B H, portée de B' en H' et de B'' en H'', donnera la position du point H, le piston rendu aux extrémités de sa course. Le point E, intersection de la ligne H E, menée parallèlement à la ligne O B, et de la perpendiculaire D Z, donne la position moyenne du point d'attache du bras de parallélogramme avec le bouton de la manivelle. Les points E' et E'' sont obtenus par la rencontre des arcs de cercle décrits de H' et H'' comme centres, avec un rayon égal à A B, et ceux décrits des points A' et A'' comme centres, avec B H pour rayon. Faisant alors passer un arc de cercle par les trois points E' E E'', le centre R est celui autour duquel la manivelle E R devra osciller, et E R est sa longueur.

DE L'EXCENTRIQUE ET DE SA TIGE.

De l'excentrique et de sa tige.
Pl. XVI, fig. 5.

168. On nomme, en général, excentrique toute courbe qui tourne avec un arbre sans lui être concentrique, et qui peut ainsi transformer le mouvement circulaire continu en un autre rectiligne alnernatif. (Voir 1re partie, n° 543.)

Toute figure peut donc être excentrique et produire des mouvements aussi variés que ces figures.

Mais la forme sous laquelle l'excentrique est le plus généralement employé est celle d'un cercle B B tournant autour d'un point qui n'est pas son centre.

Ce cercle est entouré d'un collier à frottement doux C C qui communique à une bielle D le mouvement de va-et-vient qu'il reçoit, comme le ferait une manivelle. L'amplitude du mouvement rectiligne alternatif produit par l'excentrique circulaire est égale à deux fois la distance qui sépare le cercle de rotation de l'arbre A du centre O de l'excentrique ; ce dernier point décrivant, autour du premier, un cercle comme le centre de l'œil d'une manivelle, et la tige D lui étant comme attachée malgré l'étendue du cercle B. Le mouvement communiqué par un excentrique en cercle a les mêmes variations que celui d'une manivelle, et il a aussi ses deux points morts, lorsque les deux centres sont en ligne droite avec la bielle **D**. De cette manière, le mouvement est transmis sans secousses, et l'irrégularité que l'excentrique imprime est admirablement appropriée à la fonction spéciale du tiroir. En effet, il est rapide aux extrémités de la course du piston, alors qu'il faut promptement boucher certains orifices et en ouvrir d'autres, afin de renverser le mouvement du piston ; tandis qu'il est lent et presque arrêté au milieu de la course, la vapeur et la condensation devant continuer leurs effets pendant longtemps et avec d'autant plus d'énergie que c'est le moment où la manivelle, perpendiculaire à la grande bielle, utilise le plus la puissance du piston, et que celui-ci, se mouvant avec une plus grande rapidité, réclame le plus de vapeur.

L'excentrique est ordinairement formé par une espèce de roue composée de deux pièces pour pouvoir être montée sur l'arbre ; une de ces parties est pleine, l'autre est, le plus souvent, à jour avec un ou plusieurs rayons. Les deux parties sont réunies au moyen de collets et de boulons, ou de toute autre manière.

L'excentrique est à frottement doux ou calé sur l'arbre qui le reçoit. Pour obtenir le plus de course possible, avec le même excentrique, il faut mettre le bord extérieur de ce dernier tangent à l'arbre.

Dans les machines qui n'ont qu'un excentrique, pour donner le mouvement au tiroir dans la marche en avant et dans celle en arrière, l'arbre porte un toc contre les arêtes duquel vient butter, suivant le sens du mouvement de la machine, un point d'arrêt nommé buttoir, qui fait partie de l'excentrique. La position du toc sur l'arbre est très-importante, et c'est d'elle que dépend le point auquel le tiroir ouvre ou ferme les orifices du cylindre, par rapport au mouvement du piston.

Si la machine possède deux excentriques, un pour la marche en avant et l'autre pour la marche en arrière, il n'y a plus alors ni toc ni buttoir, car l'excentrique n'est plus à frottement sur l'arbre qui lui donne le mouvement, il est calé à demeure dans la position qu'il doit occuper.

Dans les machines qui n'ont qu'un excentrique, on place souvent sur le côté de l'excentrique un disque plein, excentrique aussi à l'arbre, mais diamétralement opposé à l'excentrique ; le but de ce second excentrique est de servir de contre-poids au premier. On empêche ainsi l'excentrique d'être entraîné par son propre poids, ce qui arriverait indubitablement s'il était trop libre autour de l'arbre. Dès lors il ne communiquerait plus le mouvement au tiroir, et la machine s'arrêterait. Si, au contraire, il était trop serré sur l'arbre, il serait comme fixé avec lui, et il pourrait être difficile de changer le mouvement. Il y a entre ces deux points extrêmes un juste milieu que l'expérience indique, et auquel on arrive après quelques tâtonnements.

Dans beaucoup de machines nouvelles, qui ont deux excentriques, l'un pour la marche en avant, l'autre pour celle en arrière, fixés à demeure sur l'arbre, ces inconvénients disparaissent. Comparés aux manivelles, les excentriques ont l'avantage de pouvoir s'établir sur un arbre sans interrompre sa direction.

Collier d'excentrique.
Pl. XVI, fig. 5.

169. L'excentrique porte, tout autour de son contour extérieur, une gorge qui reçoit un cercle en bronze, nommé collier d'excentrique. Ce collier est composé de deux parties réunies entre elles au moyen de boulons à écrou qui permettent de les serrer plus ou moins sur l'excentrique. C'est en tournant librement dans le collier que l'excentrique change le mouvement circulaire continu en un autre rectiligne alternatif. Une des parties du cercle d'excentrique porte la bielle d'excentrique.

Bielle d'excentrique.

170. La bielle d'excentrique affecte bien des formes différentes, mais, dans les grands appareils employés sur mer, elle est généralement en fer forgé, et renflée au milieu, comme les autres bielles. Une de ses extrémités, terminée en demi-cercle, s'unit avec une des parties du collier d'excentrique, l'autre est terminée ordinairement comme le montre la fig. 5. E est le bouton de la manivelle du tiroir reçu dans une encoche demi-circulaire; G est ce qu'on nomme le couteau de déclanche, qui tourne autour du point H, et qui peut pénétrer dans une rainure pratiquée dans le bout de la bielle. L'arc de cercle permet d'abaisser le couteau G, qui ferme alors l'encoche, et pousse en dehors le bouton E.

Dès lors l'excentrique peut continuer à marcher sans que le tiroir fonctionne, le bouton E restant engagé dans l'étrier K. Il suffit de lever le couteau pour qu'il entre de nouveau dans l'encoche.

L'arc de cercle porte un cran qui fait tête au-dessus du bout de la bielle et maintient le couteau de décharge abaissé.

La longueur de la bielle d'excentrique doit être telle, que la ligne qui partage en deux l'arc décrit par le centre du bouton E soit perpendiculaire à sa longueur et passe par le centre de son encoche.

MÉCANISME POUR LA MISE EN TRAIN.

171. Pour mettre en marche une machine à vapeur, il faut d'abord manœuvrer le tiroir à la main, pour faire arriver la vapeur soit au-dessus, soit au-dessous du piston, suivant le sens du mouvement à donner à la machine.

Le système qui sert à donner la première impulsion à la machine est ce qu'on nomme la mise en train.

Il y en a de bien des espèces à bord des navires, aussi nous ne parlerons que de celles généralement employées.

172. La tige du tiroir 3 est articulée, au moyen de deux petites bielles, avec l'extrémité du levier coudé 15. L'autre extrémité du levier porte le bouton d'enclanchement et un levier mobile, qui peut faire, à volonté, son prolongement. Ce levier, nommé levier de mise en train, est à douille, et se fixe au moyen d'une clavette. Si l'on donne un mouvement oscillant au levier 15, la tige du tiroir reçoit un mouvement rectiligne alternatif qui ouvre ou ferme les orifices du cylindre.

On doit remarquer que la tige du tiroir n'est pas tirée directement dans le sens de son axe, il faut donc lui donner un guide pour la maintenir dans cette position ; aussi est-elle prolongée le plus souvent au-dessus des petites bielles pour passer dans une douille qui lui sert de guide.

D'autres fois, la tige du tiroir porte une traverse aux extrémités de laquelle sont articulées des bielles communiquant avec de petits balanciers, qui remplacent alors le levier 15.

Si le tiroir, au lieu d'être long, est court, la place de la traverse dont il vient d'être parlé peut être entre les deux tiroirs, mais pour le reste les dispositions sont les mêmes.

Dès que la machine est lancée, il suffit de lever le couteau de déclanche pour voir le bouton du levier 15 s'engager dans l'encoche de la tige d'excentrique, et dès lors le mouvement se continue de lui-même.

La difficulté de manœuvrer les leviers de mise en train des grands appareils à balancier employés pour la navigation a fait appliquer à chaque tiroir une petite machine à vapeur à basse pression, de 6 à 10 chevaux de force, dont la tige du piston agit sur l'organe distributeur par des renvois de mouvements, et en devient indépendante, par une déclanche, quand la machine est lancée. Cette addition rend la manœuvre des plus puissants appareils aussi facile que celle des plus faibles, car il ne s'agit plus que de mouvoir la mise en train d'une petite machine pour mettre en mouvement la grande.

Non-seulement il faut beaucoup de monde pour manœuvrer les leviers de mise en train, mais leur action étant isolée pour chaque tiroir, il s'ensuit qu'il faut apporter la plus grande attention à la position des manivelles pour conduire les organes distributeurs.

La manœuvre d'un levier à contre-temps suspend immédiatement la marche de la machine, quand elle ne la fait pas aller en sens opposé au mouvement que l'on veut produire.

De là des indécisions, des lenteurs qui peuvent être très-graves dans certaines circonstances de la navigation.

175. Dans beaucoup de machines à connexion directe, le mouvement est transmis au tiroir au moyen d'un mécanisme appelé secteur de Stephenson, du nom de son inventeur. Ce système obvie à la nécessité de déclancher et permet de renverser le mouvement instantanément. Il est ordinairement disposé entre deux excentriques 20 et 21, calés à demeure sur l'arbre moteur, le premier pour la marche en avant, le second pour celle en arrière.

L'extrémité de leur bielle est articulée, celle de la première au haut, celle de la seconde au bas de l'arc fendu 19, formé de deux parties concentriques laissant entre elles un espace libre, servant de glissière au bouton du levier 17 du tiroir 13.

Cet arc ou secteur est suspendu, par son milieu, à un point qui peut monter ou descendre au moyen de la mise en train. Le levier 17 n'est plus réuni à la tige 15 du tiroir au moyen de bielles, mais par un doigt engagé dans un petit rectangle en bronze qui fait partie de la tige du tiroir.

Le point de suspension du secteur est tenu, par un système de leviers, à un arbre auquel un levier et une tige à crémaillère 23, engrenée sur le pignon de la roue de mise en train 24, donnent le mouvement.

On peut ainsi, en manœuvrant convenablement la roue, lever ou abaisser le secteur. Dans les deux cas, on rapproche le bouton du levier du tiroir de l'un des deux excentriques. Si le bouton est plus près du point d'attache de la bielle d'excentrique de la marche en avant, la machine part aussitôt dans ce sens ; si, au contraire, il est plus près du point d'attache de la bielle d'excentrique de la marche en arrière, la machine part en arrière.

Inconvénients de la mise en train à levier.

Mouvement du tiroir et mise en train des machines à connexion directe.
Système Stephenson.
Pl. III, fig. 1.

Enfin, si on tourne la roue de mise en train de manière à placer le bouton de la manivelle du tiroir au milieu du secteur ou vis-à-vis son point de suspension, les excentriques ne tendent plus qu'à faire osciller le secteur autour du bouton du levier 17, et le tiroir reste sans mouvement.

C'est ainsi qu'on arrête ou qu'on stoppe la machine avec le système Stephenson.

Le petit levier, que l'on voit au-dessous de la crémaillère, sert à fixer cette dernière dans la position qu'on lui a donnée.

Dans quelques machines, l'arbre qui transmet le mouvement de la roue de mise en train au secteur porte une roue dentée, sur laquelle vient s'engrener une vis sans fin manœuvrée par la roue de mise en train. *Pl. V, fig. 1.*

La mise en train par le moyen du secteur de Stephenson est moins simple, comme mécanisme, que celle à leviers; mais elle est plus commode et plus prompte, et elle a l'avantage immense de pouvoir agir sur les deux machines à la fois, ce qui n'est pas possible avec les leviers à main.

174. Dans les machines de M. Mazeline et dans celles de plusieurs autres constructeurs, le moyen de donner le mouvement aux tiroirs diffère de ceux dont nous avons parlé plus haut. Ce mouvement est obtenu au moyen d'un arbre particulier placé au-dessus de l'arbre moteur et soutenu par des arcades; il porte une paire de manivelles en vilebrequin, ou un excentrique, pour chacun des tiroirs à faire agir. *Mise en train Mazeline. Pl. IV.*

Les tiges de ces tiroirs sont maintenues dans leur mouvement propre, soit par une glissière, soit par un guide.

Quant au tiroir de détente ou papillon qui le remplace, un excentrique, calé sur l'arbre des tiroirs, lui donne le mouvement, mais on peut toujours l'enclancher ou le déclancher à volonté.

Comme nous l'avons dit, un arbre particulier fait agir les tiroirs, mais cet arbre participe exactement au mouvement de l'arbre moteur au moyen de deux roues dentées 22 et 23. 22 est calée sur l'arbre moteur, et 23 est emmanchée sur celui du tiroir. Cet emmanchement a cela de particulier que le mouvement est donné à l'arbre du tiroir par une espèce de manivelle double; à une des extrémités de cette manivelle est un bouton qui pénètre dans un vide 24 laissé dans la roue dentée 23; à l'autre extrémité la double manivelle porte un pignon qui s'engrène avec les dents garnissant un des côtés d'une seconde ouverture 25, laissée encore dans la roue 23. Ainsi le bouton peut être porté aux extrémités de la fente 24, et, par suite, l'arbre des tiroirs, qui est entraîné par la manivelle, peut avoir un mouvement indépendant de celui de l'arbre moteur. C'est cette portion de mouvement circulaire indépendant qui permet de changer le mouvement de la machine, soit pour aller en arrière étant en avant, soit pour marcher en avant étant en arrière.

Pour pouvoir manœuvrer convenablement la manivelle, une roue à manette, à douille folle sur l'arbre des tiroirs, porte un pignon entièrement pointé sur la figure.

Ce pignon s'engrène avec une roue dentée 26 montée sur le même axe que le pignon porté par la double manivelle.

Il suit de là que, en manœuvrant la roue à manettes d'un côté ou de l'autre, son pignon fait mouvoir la roue 26 qui communique son mouvement au pignon de la manivelle ; ce pignon suit alors l'arc de cercle de l'ouverture 25 de la roue 23, et porte l'autre extrémité de la manivelle à l'une des extrémités de l'ouverture 24. Dès lors l'arbre du tiroir est entraîné par la roue 23 et, par suite, reçoit le même mouvement que celui de l'arbre moteur.

Pour les cylindres oscillants on trouve souvent la mise en train dont nous allons parler.

Mise en train et mouvement des tiroirs des machines à cylindres oscillants.

Pl. VI et VI *bis.*

175. La bielle de l'excentrique 12 donne un mouvement rectiligne alternatif à l'axe fendu 26, guidé par les colonnes 27. La tige du tiroir passe dans une douille qui lui sert de guide. Une traverse et deux petites bielles relient la tige à un levier 11, courbé pour suivre les formes du cylindre. Le centre d'oscillation de ce levier est pris de chaque côté du cylindre ; une de ses extrémités, celle du côté de l'arc fendu 26, se prolonge et porte un galet engagé dans l'arc fendu comme dans le système Stephenson.

Ainsi, en montant ou en descendant, l'arc fendu donne un mouvement oscillant au levier du tiroir et, par suite, un mouvement rectiligne alternatif à la tige de ce tiroir.

Pour la mise en train, la bielle d'excentrique peut, à volonté, se séparer de l'arc fendu, qui porte à son milieu une crémaillère s'engrenant avec un pignon faisant partie d'un arbre appuyé de chaque côté sur les bâtis. Deux petites roues à manettes permettent de donner le mouvement à cet arbre, qui fait alors monter ou descendre l'arc fendu et, par suite, les tiroirs. La machine lancée, on enclanche la bielle d'excentrique sur l'arc fendu.

Comme la plupart des cylindres oscillants ont deux tiroirs qui doivent agir de la même manière, un levier 11 est disposé, comme nous venons de le dire, de chaque côté. Pour que les oscillations de ces leviers donnent toujours des positions symétriques aux deux tiroirs, il faut que, toutes choses égales d'ailleurs, leurs points de rotation se trouvent symétriquement placés par rapport à l'axe du cylindre et à celui des tourillons de ce cylindre; en outre, l'axe fendu doit avoir pour centre celui de ces mêmes tourillons.

Tels sont quelques-uns des systèmes de mise en train que l'on rencontre le plus souvent sur les navires.

Nous croyons en avoir dit assez sur ce sujet pour mettre à même de comprendre la manière d'agir des systèmes différents que l'on pourrait rencontrer.

En résumé, nous ferons observer qu'avec la mise en train à levier il faut, de toute nécessité, pour stopper, fermer le registre de vapeur et déclancher la queue de la bielle d'excentrique; puis, s'il s'agit de remettre en marche dans un sens ou dans un autre, faire tourner l'arbre dans le chariot d'excentrique pour amener en contact les tocs de la marche voulue.

Avec l'arc fendu de Stephenson, cet inconvénient n'existant pas, la mise en train agit pour que le tiroir soit entraîné par la machine dans le mouvement que l'on veut produire. Mais cette simplicité et cette célérité dans la manœuvre de la machine n'ont été obtenues que par une complication de mécanisme, il a fallu mettre deux excentriques.

Enfin, dans la mise en train de Mazeline, les inconvénients de la mise en train à levier sont écartés, les avantages de la mise en train Stephenson sont obtenus sans l'emploi de deux excentriques, mais avec des engrenages qui compliquent beaucoup le mécanisme de mise en train.

En outre, ces engrenages s'usent promptement et produisent non-seulement un bruit souvent gênant pour la conduite de l'appareil, mais un changement dans la régulation des tiroirs. Ces changements sont d'autant plus graves qu'on ne peut les corriger qu'en changeant les roues qui les produisent.

Il y a aussi certaines précautions à prendre pour le changement de mouvement; la roue à manettes part avec tant de vitesse, que l'on peut être blessé, si l'on ne manœuvre pas avec intelligence le frein qui la retient.

TUYAUTAGE.

176. Il serait impossible de donner la description exacte de tous les tuyaux chargés d'établir les communications indispensables entre tous les organes d'une machine à vapeur marine.

L'exiguïté de la place occupée par l'appareil, la nécessité dans laquelle on est de dégager les abords des chaudières pour les servir et ceux de la machine pour les conduire, ont fait passer une grande partie des tuyaux au-dessous des parquets ; aussi au fond du navire, dans les eaux sales et grasses de la cale, se croise dans tous les sens l'inextricable réseau du tuyautage. Partout des joints, des robinets qui ont chacun leur but nécessaire qu'un mécanicien doit connaître ; partout des coudes plus ou moins prononcés, qui sont tous nuisibles à la marche du navire en dépensant inutilement une partie de la force qui doit produire son mouvement. Le tuyautage, généralement peu soigné à bord des navires, parce qu'il n'est jamais exposé aux regards, est cependant la partie qui demande le plus de soins et dans son établissement et dans son entretien ; c'est elle qui forme en quelque sorte le système artériel de la machine ; elle va porter la vie et le mouvement dans tous les organes qui n'auraient aucune solidarité sans elle.

Il est impossible de faire suivre exactement le chemin que parcourt un tuyau, parce que ce chemin n'a pas toujours la même direction, mais on peut indiquer le point de départ et celui d'arrivée qui sont les mêmes, quel que soit le système de la machine, et c'est ce que nous allons faire pour les tuyaux les plus importants.

Quand un tuyau traverse la muraille du navire au-dessous de la flottaison, on prend certaines précautions pour empêcher l'eau de pénétrer dans la muraille et au dedans du navire. L'intérieur du trou percé est calfaté avec soin, puis enduit d'une couche de céruse détrempée dans l'huile ; sur cette peinture on met un manchon en plomb qui porte un collet à chacune de ses extrémités : un d'eux est soudé au manchon après la mise en place. Ces deux collets, appliqués le plus possible contre les bordages et retenus par des clous de cuivre à large tête, empêchent les infiltrations dans la membrure. Pour éviter l'arrivée de l'eau dans l'intérieur du navire, le tuyau, toujours d'un diamètre un peu plus petit que celui du manchon de plomb qu'il traverse, porte, en dedans du navire, un collet éloigné de son extrémité de l'épaisseur de la muraille. Appuyées sur ce collet, et comblant tout l'intervalle existant entre le manchon en plomb et le tuyau, sont des tresses enduites de céruse. Cette garniture est comprimée par une couronne semblable à celle d'un presse-étoupe ordinaire, placée en dehors et reliée au collet du dedans par des boulons traversant la muraille.

177. Quand les deux cylindres de l'appareil sont l'un d'un bord et l'autre du bord opposé, le tuyau de conduite de la vapeur va de l'un des tiroirs à l'autre, en passant devant les chaudières au-dessus du niveau d'eau.

Tuyau de conduite de la vapeur.

Vis-à-vis chaque chaudière, le tuyau de conduite de vapeur a un embranchement qui pénètre dans la chaudière et qui va s'ouvrir un peu au-dessous de la face supérieure du réservoir de vapeur, pour éviter, autant que possible, l'introduction de l'eau soulevée par les ébullitions.

Chacune de ces branches porte une soupape d'arrêt qui permet d'interrompre ou d'établir la communication des chaudières avec la machine et entre elles. Quand il y a deux chambres de chauffe, le tuyau de conduite de la vapeur passe devant chacun des corps de chaudières.

Outre les soupapes d'arrêt, le tuyau de vapeur porte, près de chacun des tiroirs, un papillon ou registre, au moyen duquel il est possible d'arrêter ou de diminuer l'introduction de la vapeur. Il peut ordinairement se manœuvrer de l'endroit où se trouve la mise en train, au moyen d'un système de leviers. Souvent un arc de cercle gradué permet de juger le degré d'ouverture du registre.

En fermant ce registre, on peut arrêter la machine; or il arrive parfois qu'il faudrait stopper instantanément soit pour éviter de couler une embarcation qu'on n'a pas vue, soit pour défier un abordage, soit pour toute autre cause. Il arrive presque toujours que dans ces circonstances les ordres du pont sont mal compris et mal exécutés; tous ces inconvénients seraient évités si l'officier de quart pouvait, du pont, fermer le registre de vapeur.

178. Le tuyau d'alimentation part de la boîte d'alimentation d'une des pompes alimentaires, se courbe pour dégager la machine et les chaudières, passe ordinairement sous le parquet, élonge le devant des chaudières et va retrouver la boîte de l'autre pompe alimentaire. Vis-à-vis chaque chaudière, une branche part du tuyau d'alimentation et va plonger dans la chaudière qu'elle doit alimenter.

Tuyau d'alimentation.

C'est ordinairement au coude que fait chaque branche pour entrer dans la chaudière que se trouve la soupape d'alimentation.

Tous ces tuyaux doivent être assez forts pour supporter au moins la pression sous laquelle se lève la soupape de trop-plein de la boîte alimentaire.

Dans plusieurs machines nouvelles, on supprime la boîte alimentaire, ou du moins cette boîte ne renferme qu'une soupape, celle qui permet à l'eau de la bâche d'arriver sous le tuyau de la pompe alimentaire; mais alors l'eau d'alimentation fournie par la pompe alimentaire, alors que le liquide n'est pas reçu dans les chaudières, ne revient plus à la bâche; le tuyau d'alimentation, après avoir passé devant les chaudières, va aboutir directement au dehors du navire, et c'est sur cette partie du tuyau d'alimentation que se trouve la soupape à contre-poids contenue ordinairement dans la boîte alimentaire.

Tuyau de prise d'eau
et d'extraction.

179. Le tuyau de prise d'eau et d'extraction traverse ordinairement toute la largeur du navire et débouche à la mer, de chaque bord, après avoir passé sous le parquet à quelque distance en avant des chaudières. Vis-à-vis chacune de ces dernières, il reçoit une tubulure qui va communiquer avec le dessous de la chaudière. Sur chacune des branches se trouve le plus souvent un robinet qui permet d'établir ou d'interrompre la communication avec le tuyau de prise d'eau.

Quand il y a deux chambres de chauffe, il y a un tuyau de prise d'eau pour chacune d'elles.

Si le tuyau de prise d'eau était brisé entre la muraille et les branches de communication avec les chaudières, il donnerait une voie d'eau considérable; si, au contraire, une des branches se rompait, il y aurait une fuite d'eau chaude et de vapeur qui pourrait causer des malheurs terribles; il faut donc, pour prévenir, autant que possible, ces événements toujours graves, donner une force suffisante à ces tuyaux et apporter beaucoup de soins dans leur confection.

Le tuyau de prise d'eau, comme tous ceux qui communiquent avec la mer, est muni d'un moyen de fermeture quelconque qui permet de faire les réparations au tuyautage. Quelquefois, c'est tout simplement un robinet placé le plus près possible de la muraille et appelé robinet de sûreté. D'autres fois, le trou pratiqué dans la muraille est fermé par une espèce de crépine en bronze percée de trous disposés suivant le rayon du disque, et dont la surface est un peu moindre que celle des parties pleines.

Un disque semblable est appliqué contre la crépine en dedans du navire et peut tourner autour de son centre; de cette manière, les parties pleines viennent fermer les parties ouvertes du premier disque, et la communication avec la mer est interrompue. Enfin c'est encore une soupape conique comme celle de Kingston que représente la fig. 1, pl. XVII, ou une vanne comme celle de maître Chuche.

En résumé, quel que soit le moyen employé, il faut pouvoir fermer complétement les ouvertures qui font communiquer l'intérieur du navire avec l'extérieur au-dessous de la flottaison; s'il en est différemment, il est impossible de démonter le tuyautage du navire sans entrer au bassin, et dès lors beaucoup de réparations qui peuvent se faire à bord sont impossibles.

Les parties de tuyau de prise d'eau, comprises de chaque bord entre la muraille et la première branche, doivent aussi porter un robinet, qui permet d'isoler une des parties de l'autre pour la visiter ou la réparer. La réunion de tous ces tuyaux, soit entre eux, soit avec les robinets, se fait au moyen de collets boulonnés.

Les robinets d'extraction, en bronze comme tous les autres, n'ont rien de particulier; ils sont seulement plus soignés; on ne doit jamais les trop serrer, il vaut mieux qu'ils laissent fuir un peu d'eau, parce que la chaleur qu'ils reçoivent au moment de l'extraction fait tellement dilater le noyau, qu'il est souvent difficile de les fermer.

Dans ces derniers temps, on a reconnu que l'eau la plus saturée n'était pas celle du fond des chaudières, mais bien celle la plus élevée, vers laquelle les globules de vapeur en montant entraînent les molécules de sel ; c'est pour cette raison que le tuyau d'extraction continue vient toujours aboutir à quelques centimètres seulement au-dessous du niveau normal. Mais pour l'extraction à la main, la nécessité d'extraire l'eau la moins chaude, tout en repoussant dehors les dépôts solides ou pâteux, met dans l'obligation de prendre l'eau du fond des chaudières. Quoi qu'il en soit, toute cette partie du tuyautage devrait être toujours placée en dehors de la cale au-dessus des plaques de parquet; les robinets d'extraction qu'il faut aller chercher le plus souvent, avec une clef à douille, au milieu de saletés qui les recouvrent seraient ainsi en vue. Avec cette disposition seulement, il serait possible de constater d'une manière certaine la disposition du noyau par rapport aux ouvertures du boisseau.

Dans plusieurs machines nouvelles on a cherché à atteindre ce dernier but au moyen des bouchons qui ferment les trous pratiqués dans les plaques de parquet, pour donner passage aux clefs à douille. Ces bouchons sont en fonte; le dessous reçoit la tête du noyau des robinets d'extraction, et le dessus la clef destinée à manœuvrer ces robinets.

Une fente bien visible permet de constater si le robinet est ouvert ou fermé. Cette disposition présente encore l'avantage de soustraire la cale à beaucoup d'escarbilles qui passent toujours par les trous des plaques, lorsqu'il faut les déboucher souvent.

La prise d'eau de la pompe à quatre fins et celle du petit cheval sont souvent embranchées sur le tuyau d'extraction, mais il vaut mieux avoir une prise d'eau à part. On peut ainsi alimenter dans le cas où les prises d'eau du tuyau d'extraction sont engagées, ce qui arrive quelquefois.

Tuyau d'injection. **180.** Le tuyau d'injection met en communication le condenseur et la mer; comme le tuyau de prise d'eau des chaudières, il est muni d'un robinet placé le plus près possible de la muraille. Par son autre extrémité, il est joint à la boîte du robinet ou du registre d'injection.

La section de ce tuyau est toujours plus grande que l'aire maximum d'ouverture du registre, pour remédier à la résistance que les fluides rencontrent dans les conduits.

Tuyau d'injection à la cale. **181.** Outre le tuyau d'injection dont nous venons de parler, un autre, partant du fond de la cale, vient aussi se joindre à une tubulure de la boîte du registre d'injection ou au tuyau d'injection lui-même. Il donne le moyen, dans un cas extrême, de prendre l'eau d'injection dans la cale, soit qu'elle y arrive par une voie d'eau, soit qu'on l'y fasse arriver avec intention, parce que les prises d'eau d'injection sont obstruées. Ce tuyau est muni d'un robinet, et l'extrémité qui plonge dans la cale est terminée par une crépine, dont le but est d'empêcher les ordures de pénétrer dans le condenseur, ce qui pourrait paralyser la machine.

Tuyaux de la pompe de cale. **182.** Les pompes de cale, destinées à retirer de la cale les eaux provenant des fuites ou des prises d'eau qu'on ouvre avec intention, portent deux tuyaux; l'un va au fond de la cale pour y chercher l'eau, l'autre est chargé de conduire cette eau en dehors du navire ou dans la bâche.

Tuyau du robinet de service. **183.** A chaque instant, on a besoin d'eau pour le service de la machine; aussi dans les chambres de chauffe existe-t-il un robinet de chaque bord à la disposition des chauffeurs. Les tuyaux qui amènent l'eau à ces robinets sont ordinairement embranchés

sur le tuyau d'extraction ou sur le tuyau de prise d'eau du petit
cheval, ce qui vaut beaucoup mieux.

184. Le tuyau de décharge conduit à la mer l'eau qui a servi Tuyau de décharge.
à la condensation ; il est quelquefois en fonte, mais il vaut mieux
qu'il soit en cuivre rouge, ce métal pouvant mieux se plier aux
courbures qu'on lui donne quand il monte au-dessus de la flottaison. Quoi qu'il en soit, ce tuyau, toujours d'un grand diamètre,
part de la bâche et va déboucher soit au-dessus, soit au-dessous
de la flottaison.

Les difficultés qu'on éprouve à le bien fermer et, par suite, à
empêcher l'eau de remplir le condenseur et même les autres organes de la machine ; le suintement presque continuel qu'il occasionne dans la muraille et dans la cale d'un navire à la mer,
semblent indiquer qu'il serait toujours préférable d'ouvrir ce
tuyau au-dessus de la flottaison. Mais les exigences du navire de
guerre, la nécessité de soustraire le mécanisme aux boulets
ennemis, sont d'autres considérations pour faire sortir le tuyau de
décharge au-dessous de la flottaison.

Cependant, tout en faisant entrer dans les organes de nos machines de guerre un tuyau de décharge aboutissant au-dessous de
la flottaison, il y aurait avantage à ne percer les fonds du navire,
pour le passage de ce tuyau, qu'en prévision d'une guerre immi-
nente.

Le tuyau de décharge, lorsqu'il aboutit au-dessus de la flottaison, doit toujours avoir un joint glissant dans sa longueur ; cette
disposition est la seule, jusqu'à ce jour, qui ait empêché, dans les
grands mouvements du navire, le tuyau de jouer dans le trou de
la muraille qui lui donne passage, ou de se rompre. Dans le premier cas, il en résulte des infiltrations considérables ; dans le second, une voie d'eau difficile à aveugler. Sa liaison avec la bâche
se fait au moyen d'un collet boulonné, et celle avec la muraille du
navire, comme nous l'avons dit plus haut, au sujet des tuyaux qui
traversent cette muraille.

DES COUSSINETS, DES PALIERS ET DES BATIS.

185. Les coussinets, en général, sont des pièces de métal
formant, par leurs parties intérieures, un cylindre qui embrasse
les arbres, les tourillons et toutes les pièces animées d'un mouvement circulaire ou oscillant ; ils ont pour but de rendre le frottement aussi doux que possible. Ils sont toujours faits d'un métal

plus tendre que celui de l'arbre qui tourne entre eux, de manière à s'user plus tôt que ces pièces importantes et d'un prix élevé, qu'on ne peut changer aussi facilement que les coussinets dont on a toujours un jeu de rechange. Ils sont disposés de manière à serrer la pièce qu'ils comprennent, et remédient ainsi au jeu provenant de l'usure; ce sont de véritables boîtes à frottement, composées, le plus ordinairement, de deux parties.

Le cylindre qui doit composer les différents coussinets d'un arbre ou d'un tourillon est coulé d'un seul jet, tourné et poli intérieurement au diamètre de la pièce qu'il doit entourer; après cette opération le cylindre est divisé en deux parties égales parallèlement à l'axe, et plané suivant le plan de section, de manière à ce que chaque partie soit moindre que la moitié du cylindre primitif. Par ce moyen, on laisse entre les deux coussinets un espace libre qui permet de les rapprocher l'un de l'autre à mesure que le frottement les creuse.

Les coussinets ont différentes formes extérieures, mais celle à quatre pans et celle à huit sont plus généralement adoptées; la première pour les petites pièces, la seconde pour les grandes. Deux des faces opposées, celle qui repose sur le palier et celle qui est recouverte par le chapeau, sont planes et parallèles; celles de côté sont aussi parallèles l'une à l'autre, mais elles portent des nervures à section rectangulaire qui s'encastrent dans des rainures correspondantes pratiquées dans les paliers, les châssis, les chapeaux, les balanciers, etc., pour les maintenir solidement entre ces pièces.

Le plus souvent, les coussinets sont en deux parties disposées pour pouvoir serrer la pièce qu'ils comprennent dans le sens du plus grand effort qu'elle doit supporter. Mais souvent l'usure se produit dans plusieurs directions différentes, et il faudrait, dans ce cas, pouvoir rapprocher les coussinets de l'arbre. C'est pour atteindre ce but si désirable qu'on a fait des coussinets en trois et quatre parties.

Mais la grande difficulté est de donner une solidité suffisante à toutes ces pièces mobiles, et de les serrer de telle sorte que l'on reste toujours dans les lignes.

Coussinets
en deux parties. **186.** La fig. 2 de la planche **XVII** représente un coussinet composé de deux pièces : celle inférieure est supportée par un siége 1 qui prend le nom de palier; celle supérieure est recouverte par le chapeau 2 : les boulons de serrage 3 sont liés d'une manière invariable avec le palier.

187. La fig. 3 de la même planche représente un coussinet composé de quatre parties. 1 est le palier, 2 le chapeau, liés l'un à l'autre par les boulons 3. Entre les côtés du palier et les coussinets de côté 4, il y a deux cales en forme de coin disposées comme le montre la figure. L'une est immobile, tandis que l'autre est mobile, au moyen de boulons taraudés 5 qui traversent le chapeau. Si on fait tourner les écrous de ces boulons, on fait monter les coins 6 qui pressent les coins 7 contre les parties 4 du coussinet et, par suite, ces dernières contre l'arbre. Quant aux deux parties 8, elles se rapprochent de l'arbre au moyen des deux boulons à vis 10. Les coins 7 seraient inutiles, si l'on ne devait pas se ménager la possibilité de retirer les différentes parties d'un coussinet pour les visiter et les changer s'il y a lieu. C'est encore pour cette raison que l'on met parfois au-dessous du coussinet inférieur un coin 9 qu'on retire avant le coussinet et qui permet à ce dernier de descendre assez pour être dégagé de l'arbre et être retiré. Dans le cas où ce moyen n'existerait pas, il faudrait évidemment soutenir l'arbre pour retirer la partie du coussinet sur laquelle il appuie.

Coussinet en quatre parties.

188. Quels que soient la forme et le nombre des pièces composant un coussinet, sa partie supérieure est percée d'un petit trou nommé lumière, communiquant avec deux petites rainures nommées pattes-d'araignée, creusées dans la partie concave du coussinet, de manière à se couper au-dessus de la lumière.

Lumière et patte-d'araignée.

La lumière donne passage au corps gras employé pour lubrifier les parties frottantes. Les pattes-d'araignée conduisent ce corps gras sur toute la surface des parties frottantes. On comprend de quelle importance est l'entretien de ces conduits, puisque, s'ils sont engagés, il est impossible de graisser les articulations.

189. Pendant longtemps le bronze a été presque seul employé pour faire les coussinets des machines marines; la combinaison suivante présentait un grain assez fin pour rendre le frottement plus doux qu'avec les autres métaux :

Métal employé pour les coussinets.

$$\text{Bronze.} \begin{cases} \text{Cuivre.} \dots\dots\dots\dots & \text{4 parties.} \\ \text{Étain.} \dots\dots\dots\dots & \text{1 partie.} \\ \text{Zinc en poids.} \dots\dots & \tfrac{1}{4} \text{ de partie.} \end{cases}$$

Le plomb, mêlé au bronze que l'on vient de donner, produit dans le frottement une espèce de cambouis qui engorge les pattes-d'araignée.

II.   12

Le bronze à canon est aussi employé (tableau II).

En Angleterre, on emploie diverses combinaisons de fonte de fer, de fer forgé, d'étain et de zinc; on fait aussi de très-bons coussinets avec de la fonte grise, qui conviennent également pour les arbres en fer et ceux en bronze.

Coussinets en acier.

On fait aussi des coussinets en acier, mais ils ne s'emploient que pour les arbres en acier tournant avec une grande vitesse. Il faut continuellement les refroidir au moyen d'un jet d'eau froide; sans cette précaution, ils perdent bien vite leur dureté.

Métal antifriction.

Presque tous les navires ont aujourd'hui les coussinets garnis intérieurement d'un métal blanc, connu sous le nom d'antifriction. Ce métal, dans lequel il entre de l'étain, de l'antimoine et une petite quantité de cuivre (tableau II), est très-doux et très-onctueux. On coule ce métal dans les anciens coussinets, dont on a enlevé une épaisseur de 1 à 2 centimètres; l'antifriction est maintenu au moyen d'entailles à queue-d'aronde. L'emploi du métal antifriction permet de remplacer les coussinets en bronze par d'autres en fonte garnis de ce métal. Il est plus avantageux de laisser venir le métal antifriction jusqu'aux parties extérieures des coussinets que de les limiter par un anneau réservé dans le coussinet, parce qu'alors on est moins exposé, en cas d'usure ou de fusion du métal doux, de voir le coussinet ronger la pièce tournante.

Les coussinets, ainsi garnis, durent longtemps si l'arbre qu'ils comprennent n'éprouve pas de chocs, car, dans ce cas, le métal antifriction s'écrase et se mate facilement, et si la température n'atteint jamais son point de fusion, qui est peu élevé. Enfin il faut encore que la longueur des coussinets garnis d'antifriction soit plus grande que celle des anciens coussinets; on donnait à ces derniers une fois et un quart le diamètre de la pièce comprise, il faut aux nouveaux coussinets, pour longueur, au moins deux fois le diamètre de l'arbre tournant entre eux.

Coussinets à tringles de gaïac.
Pl. XVII, fig. 4.

Dans les machines hydrauliques, on fait beaucoup de coussinets en bois durs; le gaïac, l'amandier, le cormier, le buis sont employés avec avantage. Depuis quelque temps on a pensé à utiliser aussi le bois pour les coussinets des hélices, et on trouve aujourd'hui des coussinets de bronze qui portent, dans leur intérieur et suivant leur axe, des rainures en queue-d'aronde, dans lesquelles sont chassées à force des tringles de gaïac. La distance qui sépare les tringles l'une de l'autre varie du tiers au quart de leur largeur, et leur saillie au-dessus du métal est de 2 à 4 millimètres ; cette disposition a été adoptée pour permettre à l'eau de baigner toujours les surfaces frottantes. Les nouveaux coussinets dont on vient de parler constituent une amélioration réelle pour les machines à hélice.

PALIERS.

190. Les paliers sont des supports en fonte solidement fixés sur les bâtis de la machine ou sur les carlingues mêmes ; ils sont destinés à supporter et maintenir les arbres dans leur position normale.

Ils se composent de deux parties. Celle inférieure, nommée plus particulièrement le palier, reçoit le coussinet inférieur ; celle supérieure, appelée le chapeau, recouvre le coussinet supérieur. La première de ces parties est liée aux parties fixes de la charpente de la machine ou aux carlingues au moyen de forts boulons à écrou ; mais, pour conserver la possibilité de faire marcher un peu les paliers, soit dans un sens, soit dans un autre, pour remédier à un défaut de parallélisme, les trous des paliers, qui donnent passage aux boulons servant à les fixer, sont ovalisés. Quant à la partie supérieure ou le chapeau, elle peut s'enlever à volonté ; elle n'est tenue à la partie fixe du palier que par des boulons à écrou.

Dans les nouvelles machines de **M.** Mazeline, les paliers qui portent l'arbre de l'hélice sont mobiles dans le sens vertical, et une clavette à écrou permet de les monter ou de les descendre pour remettre l'arbre dans ses lignes.

Au milieu de la face supérieure du chapeau est percé un trou qui correspond à la lumière du coussinet. C'est au-dessus de ce trou que se place le godet graisseur.

Tous les paliers, à l'exception de ceux de buttée, dont nous parlerons plus loin, sont, à peu de chose près, semblables ; ils ne diffèrent que par leurs dimensions, qui dépendent naturellement de celles des pièces qu'ils doivent supporter.

BATIS.

191. On nomme bâti toute la charpente fixe, en fonte ou en fer forgé, d'une machine à vapeur. La forme on ne peut plus variée des différentes pièces qui les composent change suivant les dispositions particulières de la machine, et suivant l'espèce de propulseur qu'elle fait agir ; du reste, cette partie purement passive d'une machine offre bien moins d'intérêt que les pièces mobiles. En général, on évite de fixer les bâtis sur les murailles du navire pour que la machine ne participe pas à toute la fatigue qu'elles éprouvent à la mer.

Depuis l'introduction des bâtis en fer forgé, on remarque une grande légèreté dans la charpente des machines, légèreté qui ne nuit en rien à leur solidité. Il fallait exagérer beaucoup les dimensions des bâtis en fonte de fer pour les mettre à même de résister aux déformations du navire ; le fer forgé a l'avantage immense d'être beaucoup plus résistant et surtout de posséder une certaine élasticité qui manque complétement à la fonte.

DES PRESSE-ÉTOUPE ET DE LEUR EXÉCUTION.

192. Partout où deux pièces se meuvent l'une sur l'autre ou l'une dans l'autre, leurs faces étant soumises à des pressions différentes, il serait impossible, par la seule perfection de l'ajustage, d'empêcher le passage du fluide, dont la pression est la plus énergique ; et, si ce résultat pouvait être atteint, ce ne serait que pour peu de temps, car l'usure, due au frottement, produirait bientôt des intervalles vides. Il a donc fallu recourir à des garnitures en chanvre ou en coton, pouvant se serrer et se changer à volonté, suivant les besoins. Les endroits qui reçoivent ces garnitures et les pièces qui permettent de les serrer se nomment presse-étoupe. Le chanvre et le coton sont les deux matières employées dans la confection des presse-étoupe.

Le coton est préférable au chanvre, en ce qu'il conserve plus longtemps que lui son élasticité, mais aussi il demande des surfaces frottantes parfaitement polies ; sans cette condition indispensable, il s'use très-vite. Ainsi, pour des fontes dont le grain est un peu gros, il ne saurait convenir, et le chanvre doit être employé.

Les fils de chanvre ou de coton qui servent à confectionner la garniture des presse-étoupe sont à peu près de la grosseur du fil de caret, mais moins commis que lui. On forme, avec ces fils, des tresses plates un peu plus larges que l'endroit qu'elles doivent remplir ; on les bat avec un maillet de bois pour les rendre flexibles, et, avant de les mettre en place, on les trempe dans du suif fondu ou dans de l'huile.

Un presse-étoupe se compose toujours de trois parties :

1° Un cylindre creux à collet 1 entourant la tige et contenant la garniture 2 ;

Pl. XVII, fig. 5.

2° La garniture 2 en coton ou en chanvre ;

3° Un second cylindre 3 à collet embrassant la tige et pouvant pénétrer dans le premier 1, pour appuyer sur la garniture 2. Cette partie, appelée le chapeau ou encore la couronne, est véritablement le presse-étoupe.

Le cylindre 1, qui donne passage à la tige qu'on doit garnir, porte, à la partie inférieure, un cylindre en bronze 4 dont le diamètre intérieur, plus petit que celui du presse-étoupe, excède seulement de 1 à 2 millimètres le diamètre de la tige. Ce cylindre est placé ainsi pour empêcher l'usure de la tige quand elle vient frotter contre lui. Le bronze, étant moins dur que le fer, s'use au frottement de ce dernier métal; mais il suffit de remplacer le disque de bronze pour mettre tout dans l'état primitif, tandis que, dans le cas où le cylindre en bronze n'existe pas, la tige, frottant contre le fond du presse-étoupe, l'ovalise au point qu'il faut quelquefois changer la pièce qui porte le presse-étoupe. Le point de raccordement du cylindre en bronze et du presse-étoupe est tantôt droit et tantôt en congé; dans tous les cas, il est le siége de la garniture 2, qui se loge entre le cylindre et la tige.

La garniture se loge, comme le montre la fig. 5, dans l'intervalle laissé entre la tige à garnir et l'intérieur du cylindre qui lui donne passage. Nous reviendrons plus tard sur la manière de faire cette garniture.

Le diamètre intérieur du chapeau 3 est de 1 ou de 2 millimètres plus grand que celui de la tige qu'il entoure; son diamètre extérieur est un peu plus petit que celui intérieur du cylindre 1, qui forme la première partie du presse-étoupe. La base du chapeau est plane ou creuse, suivant la forme du raccordement du cylindre 1. Les deux collets, celui du cylindre 1 et celui du chapeau 3, sont traversés par des boulons à écrou 5 qui permettent de faire pénétrer le chapeau dans le cylindre 1 et, par suite, de comprimer la garniture.

Pour éviter l'usure de la tige, la partie intérieure du chapeau en contact avec la tige est parfois garnie en bronze. Quand le presse-étoupe est vertical, la partie supérieure de la couronne, alors horizontale, est creusée autour de la tige, de manière à former un godet dans lequel on met le suif ou l'huile qui doit rendre plus doux le frottement de la tige dans le presse-étoupe.

Quelle que soit la place d'un presse-étoupe, il agit toujours de la même manière ; la couronne ou le chapeau peut toujours comprimer la garniture et la faire appuyer plus intimement sur les surfaces frottantes. Ainsi, d'après ce que nous venons de dire, la garniture d'un piston de cylindre à vapeur ou d'une pompe à air est contenue dans un véritable presse-étoupe.

Presse-étoupe de la tige d'un cylindre oscillant.

Pl. XVII, fig. 6.

Pour les cylindres oscillants, la tige de leur piston traverse un long tube faisant partie du couvercle du cylindre ; ce tube renferme deux presse-étoupe, l'un inférieur, l'autre supérieur, disposés de la manière suivante : on place une première garniture 1 sur le siége, puis on fait descendre un cylindre en bronze, sans collet 2 ; sur ce cylindre comme siége, on appuie la seconde garniture 3, qui est recouverte par la couronne 4. Cette couronne peut ainsi presser les deux garnitures en même temps.

Pour les petites tiges, les presse-étoupe sont semblables à ceux décrits plus haut, avec cette différence pourtant que le plus souvent la couronne est un écrou vissé dans le cylindre qui reçoit la garniture.

Presse-étoupe métallique.

Pl. XVII, fig. 7.

On trouve maintenant, dans beaucoup de machines, de véritables presse-étoupe métalliques.

Autour de la pièce à garnir sont deux bagues métalliques 1 et 2 coniques à l'extérieur. Entre les parois du cylindre 2 qui renferme les bagues, et ces bagues, est une troisième bague 4 conique à l'intérieur ; il suit de cette disposition que, si l'on peut, par un moyen quelconque, faire pénétrer cette dernière bague, on force la garniture à appuyer contre la pièce à garnir. Ce résultat s'obtient au moyen de la couronne 5. Il est inutile de dire que les bagues dont il s'agit ici sont fendues comme celles des pistons, et que les points de solution se trouvent diamétralement opposés l'un à l'autre.

Exécution des presse-étoupe.

Pl. XVII, fig. 5.

Pour garnir un presse-étoupe, commencer par dévisser les écrous de la couronne pour pouvoir soulever ou enlever tout à fait cette dernière. Au moyen d'un crochet, ou de tout autre instrument, retirer la vieille garniture ou seulement les tresses que l'on veut changer. Pendant ce temps, préparer d'autres tresses, un peu plus larges que l'espace qu'elles doivent remplir et rendues régulières par le battage ; les couper d'une longueur égale au plus à la circonférence de la tige qu'elles doivent entourer, les surlier et les tremper dans le suif fondu ou dans l'huile, suivant que le presse-étoupe à exécuter est susceptible d'être échauffé ou non dans le mouvement de la machine.

Placer les tresses ainsi préparées à plat dans le presse-étoupe et les chasser au fond avec un matoir en bois; faire croiser leurs joints. Le presse-étoupe suffisamment garni, remettre la couronne à sa place, serrer les écrous bien également et peu à la fois, en maintenant la couronne bien parallèle au cylindre du presse-étoupe.

En garnissant un presse-étoupe, on doit se rendre compte des pièces qui, dans le mouvement, pourraient rencontrer la couronne si elle était trop élevée et avoir égard à cette observation dans le nombre de tresses à placer. Ainsi, par exemple, si le presse-étoupe d'une tige de piston était assez élevé pour que la couronne fût rencontrée par le dessous de la traverse du piston, il pourrait y avoir rupture du couvercle du cylindre, par suite avarie des plus graves.

Tous les presse-étoupe se font de la même manière, qu'il s'agisse d'un piston, d'une tige de piston ou de pompe à air, ou d'un tiroir; il en est de même pour les presse-étoupe des tourillons d'un cylindre oscillant; cependant, à l'égard de ces derniers, on prend plus de précautions dans la préparation des tresses; elles sont préalablement soumises à l'action d'une espèce de presse qui leur donne la forme exacte de l'endroit qu'elles doivent occuper, et une épaisseur bien égale sur toute leur longueur.

Il y a aussi certains presse-étoupe, comme ceux du tiroir, par exemple, dans lesquels la garniture se gonfle sous l'action de la vapeur. Il faut donc ne pas trop les serrer au départ, car on s'exposerait à un frottement assez considérable pour faire fléchir les renvois de mouvement, changer la régulation de la distribution de vapeur et rendre la mise en marche très-difficile.

RÉGULATEURS ET MODÉRATEURS.

195. Les régulateurs proprement dits sont peu en usage dans les machines employées pour la navigation. Ainsi l'on trouve dans les machines établies à terre un régulateur pour l'alimentation; c'est tout simplement un robinet qui s'ouvre plus ou moins par l'action d'un flotteur placé dans la chaudière. Au niveau d'eau normal, le robinet est complétement fermé. Les mouvements de l'eau dans nos chaudières ne permettent pas l'application de ce système.

Quant au régulateur à force centrifuge, appliqué par Watt sur sa machine, et dont nous avons déjà parlé au n° 553 de la 1re partie, on ne s'explique pas comment il n'a pas été établi sur nos navires.

Depuis longtemps, l'amiral Pâris a démontré son utilité et proposé son emploi. Le régulateur à force centrifuge devait faire manœuvrer un papillon fendu sur les bords pour ne pas stopper tout à fait la machine. La *Biche* et le *Faon*, de l'administration des postes, en possèdent.

Les roues à aubes en sortant de l'eau, la rupture des hélices ou celle de l'embrayage de ce propulseur peuvent occasionner une accélération de vitesse dans le mouvement de la machine assez grande pour produire les avaries les plus graves; le régulateur ou modérateur à force centrifuge, en fermant l'arrivée de la vapeur au cylindre, obvierait à cet inconvénient.

Pl. XVII, fig. 8.   On trouve, dans la dernière édition du dictionnaire à vapeur de M. le contre-amiral Pâris, un modérateur à force centrifuge de M. Silver, Américain, qui pourrait être appliqué sur tous nos navires. Il se compose de quatre boules montées sur un axe horizontal, la douille qu'elles font manœuvrer n'agit pas directement sur le levier du registre de vapeur, mais bien sur le tiroir d'un petit piston qui fait manœuvrer ce registre. Le ressort à boudin, que l'on voit, doit s'opposer à ce que les boules soient projetées avec trop de violence au moment où l'hélice sort en partie de l'eau.

COMPTEUR.

194. Le compteur est un instrument chargé d'enregistrer les tours faits par le propulseur; il est accompagné d'une horloge. La réunion de ces deux instruments permet de connaître combien le propulseur a donné de tours dans un temps donné.

Le compteur, lié au mouvement de la machine, se compose d'une suite d'engrenages munis de pignons, dont le nombre des dents, comparé à celui des roues, est dans le rapport de 1 à 10, et qui engrènent successivement l'un dans l'autre; de sorte que, lorsque le premier pignon a opéré une révolution, le second n'a fait que le dixième de la sienne, le troisième le centième, et ainsi de suite.

Il s'ensuit que, si chaque pignon a dix dents et qu'il fasse marcher une aiguille sur un cadran divisé en dix parties numérotées, le premier marquera les unités, le second les dizaines, le troisième les centaines, et ainsi de suite. Si donc chaque coup de piston fait avancer d'une dent le premier pignon, toutes les autres aiguilles marcheront, et le nombre qu'elles indiqueront fera connaître celui des coups de piston de la machine.

Cet instrument, qu'on ne trouve plus sur tous nos navires comme autrefois, est cependant de première utilité pour les observations que chaque maître mécanicien doit faire sur la consommation du combustible, relativement à la vitesse de la machine et au régime de détente sous lequel elle fonctionne, ainsi qu'au calcul du rapport des distances parcourues par le navire relativement à celles développées par le propulseur.

LIAISONS DE LA MACHINE AVEC LE NAVIRE. LIAISONS SUPPLÉMENTAIRES DANS LE GROS TEMPS.

195. Dans les anciennes machines à balanciers, la hauteur de l'appareil était telle qu'il fallait les soutenir par en haut au moyen de jambes de force fixées aux murailles du navire. Cette liaison de la machine avec les hauts du bâtiment faisait supporter à l'appareil une partie du travail des murailles, et il en est résulté souvent des déviations considérables et parfois la rupture des bâtis de l'appareil.

Les nouvelles machines, destinées à faire mouvoir une hélice, ont une hauteur si peu considérable au-dessus des carlingues qu'il est inutile de les soutenir par le haut; on a donc pu, sans danger pour l'appareil, supprimer toutes les pièces qui reliaient la machine aux murailles. Ainsi donc, les nouvelles machines ne sont tenues au navire que par les boulons de carène, soit que ces derniers traversent les carlingues et les murailles du fond du navire, soit qu'ils ne traversent que les carlingues.

Quand les boulons de carène traversent la membrure du navire, s'ils peuvent être introduits de dehors en dedans, ils portent une large tête; dans le cas contraire, un écrou remplace la tête. La tête, ou l'écrou qui la remplace, appuie sur une forte rondelle de fer encastrée dans le bordage et recouverte d'une plaque de bois calfatée comme un romaillet. Avant d'être introduits, les boulons de carène sont entourés d'étoupe blanche trempée dans la peinture à la céruse; il en est de même pour la tête et la rondelle; de cette manière, on parvient à éviter les infiltrations et, par suite, la communication du doublage et de la machine.

Mais, comme nous l'avons déjà dit, les nouvelles machines reposent sur des carlingues en bois ou en fer qui font partie de la construction du navire ; les boulons de carène sont remplacés par d'autres boulons qui ne traversent que les carlingues.

Liaisons supplémentaires dans le mauvais temps. Quoique les appareils nouveaux soient très-peu élevés, les mouvements de la mer sont si violents, qu'il peut se présenter des circonstances assez graves pour qu'un maître mécanicien désire soutenir sa machine par le haut. Dans ce cas, assez rare du reste, des épontilles en bois, allant des plaques de fondation ou des carlingues aux parties hautes de la machine, peuvent consolider cette dernière, ou du moins l'aider puissamment à supporter les efforts résultant des mouvements du navire. Je crois même que plusieurs bâtiments ont reçu des jambes de force en fer forgé, ne devant servir que dans les mauvais temps ; cependant je n'en ai vu sur aucun des navires que j'ai montés, et les maîtres que j'ai consultés à cet égard étaient dans le même cas que moi.

DES PROPULSEURS.

ROUES A AUBES.

Roues à aubes fixes. **196.** On a vu, au n° 28, les avantages et les désavantages des roues, comme propulseur ; il ne reste donc ici qu'à parler de leur construction matérielle, comme organe de propulsion.

Pendant longtemps le bout de l'arbre a porté, en dehors du navire, sur les élongis du tambour, appuyés sur les extrémités des grands baux ; cette disposition donnait une grande longueur aux arbres extérieurs et mettait dans la nécessité de vérifier souvent leur position ; on préfère aujourd'hui faire porter les arbres extérieurs seulement sur la muraille du navire. A cet effet, une forte pièce de fonte, nommée chaise, est solidement fixée au navire et porte les coussinets de l'arbre. Il est vrai qu'ainsi l'arbre des roues est en porte à faux, mais sa longueur est moins grande, sa position est maintenue d'une manière stable, et enfin le poids de la charpente des tambours, qui ne servent plus qu'à recouvrir les roues, est considérablement diminué.

Tourteaux.
Pl. XVIII, fig. 1. Quel que soit le système employé, le bout de l'arbre extérieur porte généralement plusieurs disques en fonte 1, nommés tourteaux, solidement clavetés sur l'arbre; de ces disques partent des rayons en fer forgé 2, fixés avec eux au moyen de boulons à écrou; l'autre extrémité des rayons est fixée à plusieurs grands cercles de fer forgé, concentriques à l'arbre des roues. Des entre-toises ou tirants obliques, allant des tourteaux aux extrémités des rayons, soutiennent ces derniers contre les efforts perpendiculaires à la direction du navire. Les rayons reçoivent les palettes, pales ou aubes; il y a donc, en général, autant de rayons qu'on doit placer d'aubes. Dans les roues en porte à faux, les tourteaux sont plus rapprochés que dans les autres, pour donner le moins de longueur possible à l'arbre; mais alors les rayons extérieurs sont courbés de manière à s'écarter du bord et à permettre à l'aube d'avoir la longueur voulue.

Tout ce système, qui, au premier abord, paraît bien faible pour résister aux fortes secousses et aux chocs violents de la mer, est, malgré son apparence de légèreté, très-résistant, les parties étant rendues toutes solidaires les unes des autres.

Les roues à aubes sont un obstacle trop considérable à la marche du navire, soumis à l'action seule des voiles, pour qu'on n'ait pas cherché à rendre leur effet moins nuisible.

On y est parvenu par divers moyens, dont l'expérience a fait justice : ainsi on a monté les rayons sur un manchon à frottement doux avec l'arbre ; un système d'embrayage permettait de rendre la roue indépendante de la machine, et de la laisser tourner sous l'influence de la résistance opposée sur l'avant de ses aubes. On a, généralement, renoncé à ce système, qui nuisait à la solidité des roues, sans avantage bien marqué, et l'on préfère aujourd'hui démonter les pales de la partie inférieure des roues.

Dès lors, la résistance est réduite à celle des rayons, dont l'épaisseur est assez faible pour fendre le liquide.

Fixation des aubes sur
les rayons.

Il suit de là que le problème à résoudre se réduit à trouver le mode le plus facile à démonter pour la fixation des aubes sur les rayons. Bien des systèmes ont été successivement essayés et abandonnés ; aujourd'hui on n'emploie plus guère que les crocs à deux écrous pour fixer les aubes d'une seule pièce, et les boulons à oreilles pour attacher les aubes fractionnées.

Pl. XVIII, fig. 2.

Le crochet à deux écrous prend, entre les branches de son croc, l'avant du rayon 1 ; il traverse l'aube 2, et reçoit deux écrous; l'un, 3, sert à appuyer fortement l'aube sur le rayon, le second, 4, ne fait que maintenir le premier et l'empêcher de se dévisser. Ce mode d'attache permet de monter et de descendre les aubes plus ou moins sur les rayons, et il présente l'avantage de pouvoir retirer les aubes sans dépasser les crochets ; car il suffit de dévisser les écrous assez pour pouvoir dégager le croc du rayon. Mais les filets des vis s'oxydent promptement, et il devient très-difficile de les faire tourner ; aussi fait-on des crochets en bronze pour les aubes qui doivent être démontées à la mer.

Pl. XVIII, fig. 3.   Quand les aubes sont en trois parties, ce qui arrive le plus communément pour les grands appareils, deux des parties se placent sur l'arrière du rayon, laissant entre elles l'espace de la troisième, qui se fixe sur l'avant de ce même rayon. Les différentes parties qui composent chaque aube sont maintenues à leurs places respectives au moyen de trois forts taquets 1, qui appuient sur l'arrière des deux parties placées sur l'arrière des rayons, et de boulons à oreilles 2, qui traversent les taquets dont on vient de parler et la partie de l'aube placée sur l'avant du rayon.

L'écrou à oreilles permet de rapprocher fortement les aubes du rayon, sans le secours d'une clef. Pour maintenir les deux parties-arrière de l'aube, à la distance voulue l'une de l'autre, le taquet porte deux tenons 3, qui entrent dans des mortaises pratiquées dans ces parties ; pour éviter que l'écrou n'use le bois de la partie-avant de l'aube, une plaque de métal est interposée entre elle et l'écrou.

Ce système, comme celui décrit précédemment, permet de remonter les aubes sur les rayons; il suffit, pour cela, de dévisser l'écrou à oreilles et de faire glisser tout le système de l'aube le long du rayon. Pour démonter ces aubes, il est aussi inutile de dépasser les boulons des écrous, car il est possible de les dévisser assez pour dégager les tenons 3 de leurs mortaises ; dès lors on peut faire passer les taquets entre les deux parties-arrière de l'aube, et tout le système est détaché du rayon, les taquets et les boulons restant attachés à la partie-avant de l'aube. En outre, ce système présente l'avantage d'être moins difficile à remuer et, par suite, plus maniable que les aubes en une seule partie. Nous verrons, un peu plus loin, quand il sera question du fractionnement des aubes, que celles en plusieurs pièces ont encore d'autres avantages.

Dimensions des aubes.   La longueur et la largeur des aubes sont loin d'être déterminées d'une manière précise, la première dimension varie de la moitié au tiers du diamètre de la roue; quant à la largeur, elle est seulement limitée par la vitesse que doit posséder le navire ;

cette vitesse donne le cercle roulant de la roue, dont les aubes ne doivent jamais atteindre la circonférence. Enfin la surface de toutes les aubes réunies, qui semble avoir une importance très-grande, est restée, jusqu'à ce jour, aussi peu déterminée que leur longueur et leur largeur, et elle varie entre le dixième et le dix-septième de la surface immergée du maître-couple.

Le cercle roulant d'une roue à aubes est celui dont la circonférence est décrite par le point du rayon de la roue, qui est animé de la vitesse du navire. Le développement de la circonférence de ce cercle est donc égal au chemin fait par le navire dans le temps que la roue met à faire un tour. Le rayon de ce cercle varie nécessairement avec la vitesse du navire ; mais, quand on parle du cercle roulant, on entend celui qui correspond à la vitesse normale.

Quant à la position des aubes sur les rayons, dans le sens de leur longueur, elle a peu d'importance sur la marche du navire ; ainsi, disposées de manière à former un cône tronqué dont la grande base est en dehors, elles présentent seulement l'avantage de rejeter l'eau loin du navire, sans diminuer beaucoup le frottement de la carène.

Le nombre des aubes dépend nécessairement du diamètre de la roue et de la surface totale qu'on doit leur donner. La distance qui les sépare l'une de l'autre varie avec le diamètre de la roue ; elle est de $0^m,90$ à 1 mètre pour les grands diamètres et $0^m,65$ à $0^m,85$ pour les petits. Trop rapprochées l'une de l'autre, le liquide, poussé et déprimé, présenterait une résistance moindre aux pales, dont la vitesse augmenterait sans avantages pour la marche du navire ; par suite, le recul de la roue serait plus considérable. Si le nombre des aubes était poussé à sa dernière limite, la roue présenterait un cylindre dont la partie courbe tournerait dans l'eau sans rencontrer d'autre résistance que le frottement, qui ne serait probablement pas assez fort pour produire le mouvement du navire. Si les aubes étaient trop espacées l'une de l'autre, le contraire aurait lieu, et il en résulterait des chocs considérables qui fatigueraient beaucoup la machine, la résistance étant intermittente et l'action de la machine continue.

Dans les navires destinés à la navigation sur mer, la pratique a fait admettre qu'il était nécessaire d'avoir quatre aubes immergées en même temps, tandis que pour les navires des fleuves et des rivières deux palettes immergées suffisent.

Le poids considérable des aubes en une seule pièce sur un

grand navire, la quantité d'eau qu'elles entraînent avec elles en sortant du liquide, ont naturellement conduit au fractionnement des aubes.

On les a faites en deux et en trois parties; ce dernier système est celui qu'on rencontre le plus souvent sur les grands bâtiments. Quand les aubes sont en deux parties, une d'elles est sur l'avant du rayon, tandis que l'autre est sur l'arrière; on les maintient parfois avec un crochet, comme celui dont nous avons parlé plus haut, mais les deux écrous sont remplacés par un écrou à à oreille.

En fractionnant les aubes on a obtenu un autre avantage qu'on ne cherchait pas et que la théorie n'a pas encore expliqué; l'aube fractionnée a éprouvé plus de résistance du liquide que quand elle ne l'était pas, et cela d'après cette loi pratique :

Une surface percée d'un grand nombre de trous, pourvu que les parties vides n'offrent pas une surface plus considérable que celle des parties pleines, exige une plus grande dépense de force, pour être mue dans l'eau, que si elle n'était pas percée.

On a fait aussi des aubes d'une seule pièce, mais percées d'un grand nombre de trous.

Travail dans les roues.

Toutes les fois que le service exige d'envoyer des hommes dans les roues, il faut d'abord attacher solidement le propulseur au moyen des chaînes fixées, à cet effet, sur les grands baux des tambours, et mettre la vapeur du même côté des pistons, pour contrarier leurs mouvements. Si le navire est à la voile, on doit réduire sa vitesse à deux nœuds. Enfin ce n'est que lorsqu'il y a certitude d'aucun mouvement possible des roues qu'on doit laisser les hommes y pénétrer.

La moindre imprudence à cet égard, ou encore un défaut de précaution, pourrait occasionner des accidents terribles.

Hauteur variable des
aubes sur les rayons.

La force des machines d'un navire à roues est calculée pour donner, avec une pression connue, un certain nombre de tours au propulseur. Il faut donc pouvoir conserver à peu près la même vitesse aux roues, quelles que soient les conditions de navigation dans lesquelles on se trouve, si l'on veut que la machine donne toute la force dont elle est capable.

Mais, pour que la vitesse des roues reste la même, les aubes doivent rencontrer la même résistance de la part du liquide que lorsque le navire est à son tirant d'eau normal. S'il est moins chargé, les aubes pénètrent moins dans l'eau, la résistance qu'elles éprouvent est moins grande, la vitesse de la machine augmente;

il y a donc plus de dépense de vapeur, puisqu'il y a plus de coups de piston dans le même temps, et cela sans augmentation dans la vitesse du navire. Si le navire est plus chargé qu'à son tirant d'eau normal, le contraire a lieu, les aubes rencontrent une trop grande résistance, la vitesse de la machine est diminuée; il y a, il est vrai, diminution dans la dépense de vapeur, mais aussi le navire a perdu de sa vitesse.

Pour rétablir les choses comme elles doivent être, il faut descendre les aubes dans le premier cas et les monter dans le second, de manière à conserver la même vitesse que pour le tirant d'eau normal. Quand un navire à roues en remorque un autre, les aubes éprouvent beaucoup plus de résistance que s'il était seul; dans ce cas encore, on devrait remonter les aubes pour donner à la machine sa vitesse de régime.

197. Comme on l'a vu au n° 28, les aubes d'une roue dé- Roues à aubes mobiles. pensent une force inutile à la marche du navire, à leur entrée et à leur sortie de l'eau : dans le premier moment, en frappant le liquide et le déprimant; dans le second, en le soulevant. Il était naturel qu'on cherchât à diminuer ces inconvénients, et on y est arrivé en partie en rendant les aubes mobiles sur un axe qui permet de changer leur inclinaison par rapport à la direction du rayon. Parmi tous les systèmes imaginés et que l'expérience a fait mettre de côté, soit pour leur complication, soit pour leur peu de solidité, nous mentionnerons celui de M. Cavé, qui est un des seuls employés.

La roue à aubes articulées de ce constructeur ne porte que Pl. XVIII, fig. 4. deux tourteaux et, par suite, deux rangées de rayons, réunis par des traverses 1, qui remplacent le cercle fixé au-dessus de la place des aubes dans les roues ordinaires. Les rayons ne sont plus soutenus à leur extrémité par un cercle, aussi leur force est-elle augmentée. Les aubes sont d'une seule pièce de bois ou de tôle; à leurs extrémités sont des plaques et contre-plaques 2, traversées, ainsi que le bois ou la tôle, par des boulons. Les plaques placées du côté de l'aube qui doit frapper l'eau portent une espèce de douille 3 qui donne passage au boulon 4 qui, traversant aussi les extrémités des rayons, sert d'axe de rotation à l'aube.

Parmi les plaques, celle la plus près du navire porte un autre levier ou bras 5; ce bras est articulé à une bielle 6, qui est unie elle-même, par son autre extrémité, à une des oreilles d'un collier d'excentrique en bronze 7. Ce collier embrasse un excentrique en fonte de fer 8, entourant l'arbre, mais fixé sur la muraille du navire ; de sorte qu'il est maintenu dans une position immobile, alors que la roue tourne entraînée par l'arbre.

Une des bielles 9, chargée de donner le mouvement aux aubes, est beaucoup plus forte que les autres et terminée en fourche pour prendre appui sur deux points du collier ; c'est cette bielle qui lie plus particulièrement le mouvement de la roue à celui du collier d'excentrique. Le mouvement de va-et-vient produit par l'excentrique sur les bielles des aubes fait varier l'angle de ces dernières, et les place dans la direction du rayon quand elles sont verticales et immergées.

Il s'ensuit que leur position est presque verticale au moment de la pénétration dans le liquide et à celui de la sortie ; par suite, l'eau est peu déprimée dans le premier cas et peu soulevée dans le second.

Ce système, comme tous ceux de ce genre, est trop compliqué pour qu'on puisse démonter les aubes dans le cours de la navigation; il faut donc rendre les roues folles, autre complication. De plus, les avaries fréquentes auxquelles sont exposées les pales des roues à aubes fixes sont difficiles et souvent impossibles à réparer dans les roues à aubes articulées.

Pour toutes ces raisons, les roues à aubes articulées n'ont pas remplacé les roues à aubes fixes, qui leur sont généralement préférées à cause de leur simplicité et de leur solidité.

Cependant on trouve des navires qui, sans avoir les aubes articulées et conduites par un excentrique, les ont seulement à tourillon ; elles se placent elles-mêmes dans la position voulue. Ces aubes ont des avantages incontestables pour la sortie du liquide, mais elles présentent beaucoup de résistance pour leur entrée.

HÉLICES.

De l'hélice.
Pl. XVIII, fig. 5.

198. On sait que la surface courbe d'un cylindre droit est égale à celle d'un rectangle ayant pour base une longueur égale au développement de la circonférence de la base du cylindre, et pour hauteur la hauteur même de ce cylindre.

Si donc on prend le cylindre A B C D, sa surface courbe sera égale à celle du rectangle BB′ DD′, BB′ étant la circonférence A M B développée et B D la hauteur du cylindre. Si l'on tire la diagonale B D′ et que l'on enroule le rectangle BB′DD′ sur le cylindre, la diagonale formera, sur la surface courbe du cylindre, une courbe continue B G D, qui a reçu le nom de spirale ou hélice.

Les lignes 1, 2, 3, 4, 5, 6, 7, menées dans le rectangle, parallèles à B D et à égales distances les unes des autres, font, avec la diagonale BD', des angles égaux ; sur le cylindre il en sera évidemment de même, la courbe B G D fera, avec les lignes 1, 2, 3, 4, 5, 6, 7, etc., toutes parallèles à l'axe O O', des angles égaux. Or, le nombre de ces lignes pouvant être indéfini, on peut dire que l'hélice ou la spirale est la courbe qui, tracée sur un cylindre droit, fait un angle constant avec toutes les lignes menées sur la surface du cylindre parallèlement à l'axe de ce cylindre. Supposons maintenant que le cylindre A B C D disparaisse et qu'il ne reste plus que l'axe O O' et la courbe B G D ; admettons que ces deux lignes soient représentées par deux fils de fer ; plaçons alors un troisième fil de fer E H, perpendiculaire à l'axe O O', mais pouvant tourner, au moyen d'une douille qui lui conserve sa perpendicularité, autour de l'axe O O'.

Si l'on appuie le fil de fer E H sur la courbe B G D et qu'on le fasse tourner en le maintenant toujours en contact avec l'hélice, il montera ou descendra le long de l'axe en parcourant tous les points de la spirale B G D ; ce sont les positions différentes de la ligne E H qui sont représentées par les lignes E'H', E''H'', etc.

La surface engendrée par le fil de fer ou par la ligne E H est ce qu'on nomme une surface hélicoïdale. La ligne E G est la génératrice, et la spirale B G D la directrice.

Remarquons que la diagonale BD' peut avoir des inclinaisons différentes par rapport à la base BB', ou, ce qui est la même chose, que la hauteur du cylindre peut varier et qu'alors la spirale est plus ou moins inclinée. Au lieu d'être une ligne droite, la directrice BD' peut être une ligne brisée ou une ligne courbe. On voit donc que sur un même cylindre on peut tracer une infinité de spirales différentes pouvant servir de directrices à une infinité de surfaces hélicoïdales.

Dans le cas d'une ligne brisée, on peut toujours décomposer la surface hélicoïdale en portions ayant des directrices droites ; enfin, si la directrice est une ligne courbe, en regardant celle-ci comme composée d'une infinité de petites lignes droites, on rentrera dans une directrice brisée et, par suite, droite.

Enfin, dans tous les cas, la directrice pourra être considérée comme composée de petites parties droites appartenant à des spirales provenant de l'enroulement des triangles rectangles, ayant tous pour base le développement de la circonférence du cylindre, mais ayant des hauteurs variables. Comme la hauteur du triangle est ce qu'on appelle le pas de la spirale, les spirales servant de directrices à la surface hélicoïdale auront des pas différents.

Directrice à pas constant et directrice à pas variable.

Les directrices, dont le développement est une ligne droite, sont dits à pas constants; celles dont le développement est une ligne brisée ou courbe sont dites à pas variables.

On peut aussi faire varier les inclinaisons de la génération E H par rapport à l'axe de rotation OO'; enfin on peut encore donner une certaine courbure à cette génération.

En présence des variations sans nombre qu'on peut faire subir aux éléments qui servent à engendrer les surfaces hélicoïdales, il est facile de comprendre combien on peut rencontrer de variété dans les propulseurs hélicoïdaux.

Nous venons de donner la valeur exacte des mots hélice et surface hélicoïdale; mais l'usage a fait désigner la dernière par la première; ainsi donc, quand on parle d'un propulseur nommé hélice, on doit entendre la surface engendrée dans l'intérieur d'un cylindre par une ligne droite ou courbe, suivant l'axe du cylindre, en faisant toujours avec lui un même angle et s'appuyant sur une spirale à pas constant ou à pas variable, tracée sur la surface du cylindre.

Spirale.

Pour conserver aux mots, autant que possible, leur valeur réelle, quand nous parlerons d'une spirale, nous n'entendrons que la portion de la directrice d'une hélice faisant une révolution complète autour du cylindre; il y aura donc autant de spirales que de révolutions complètes faites par la directrice.

Spire.

De même, une spire sera la surface engendrée par la génératrice en faisant une révolution complète autour de l'axe; il y aura donc encore autant de spires dans l'hélice que la génératrice aura fait de révolutions complètes.

Mode d'action de l'hélice.

L'hélice employée aujourd'hui consiste en un certain nombre d'ailes hélicoïdales, de deux à six, montées sur un arbre que fait tourner la machine. L'hélice est entièrement plongée; l'arbre, qui lui communique le mouvement, traverse les massifs de l'arrière. Un presse-étoupe empêche les infiltrations de l'eau dans l'intérieur. L'action des ailes d'une hélice est semblable à celle des ailes d'un moulin à vent; si l'hélice se trouvait dans un courant liquide, comme les ailes du moulin sont dans un courant aériforme, l'effet serait le même, et elle pourrait être utilisée pour faire marcher un moulin ou tout autre mécanisme industriel. De même, si l'on fait tourner les ailes d'un moulin à vent, la surface de ces ailes viendra rencontrer les molécules d'air, et il y aura une partie de la résistance produite employée pour faire renverser le moulin ou le faire marcher s'il est mobile ; c'est précisément ce qui se passe pour l'hélice, la résistance qui se produit sur les ailes réagit sur le navire qui cède à l'effort ou à la poussée de l'hélice. Le point sur lequel s'exerce la poussée se nomme la buttée ; le frottement exercé dans cette partie est si considérable, qu'elle a besoin d'être continuellement lubrifiée. Si l'on imagine un dynamomètre donnant l'énergie de la poussée sur la buttée, on pourra connaître la partie réelle de la force transmise à l'hélice employée pour faire marcher le navire.

Il est facile de comprendre de quelle importance il serait de pouvoir connaître, d'une manière permanente, la tension de la vapeur dans la chaudière , la force transmise au propulseur par la machine et la partie de cette force utilisée par le propulseur hélicoïdal. La première de ces quantités est toujours donnée par le manomètre de la chaudière ; quant aux deux autres, l'hélicomètre de M. Taurines est le seul qui, jusqu'à ce jour, permette de les connaître. C'est un instrument tout à fait pratique qui, plus répandu, doit mener à la connaissance des meilleures formes à donner aux hélices.

Les éléments qui constituent le propulseur hélicoïdal sont le pas, le diamètre, le nombre d'ailes et la fraction de surface.

Nous allons nous occuper successivement de chacun de ces éléments.

On appelle pas d'une hélice la distance parcourue sur l'axe par la génératrice pendant une révolution complète autour de cet axe. Cette distance est la même que celle qui sépare deux spirales de la directrice en supposant, bien entendu, que l'on prenne cette distance sur une parallèle à l'axe du cylindre. En effet, il suffit de développer la surface d'un cylindre pour se convaincre que les spirales successives tracées sur sa surface, avec le même pas, sont toutes des lignes parallèles qui doivent encore rester parallèles sur le cylindre, et dont l'écartement est mesuré par le pas.

Le pas de l'hélice est constant lorsque l'angle, formé par la directrice et l'axe du cylindre-noyau, ou toute parallèle à cet axe, reste le même. Dans ce cas, une règle droite, appliquée sur la surface de l'hélice, touche cette surface par tous ses points.

Le pas est variable lorsque l'angle dont on vient de parler ne reste pas le même ; alors la règle, appliquée sur la surface de l'hélice, ne touche pas par tous ses points.

Diamètre de l'hélice. Le diamètre, ou hauteur de l'hélice, est le diamètre du cercle décrit par l'extrémité des ailes. Cette quantité est complétement indépendante du pas qui peut rester le même pour des hélices de différents diamètres, de même qu'il peut changer pour des hélices du même diamètre.

Nombre des ailes. D'après ce que nous avons dit plus haut, on voit que l'industrie fait un emploi fréquent des surfaces hélicoïdales ; la vis en est l'application la plus commune.

Si l'on suppose l'écrou d'une vis fixé invariablement, et que l'on fasse tourner cette vis, elle s'avancera ou se retirera suivant son axe ; et, pour chaque révolution complète, la quantité dont elle aura avancé ou reculé sera égale à son pas. Le même effet aura lieu si l'on supprime une partie des spires de la vis, comme on le fait pour les tarauds. Cette dernière remarque est importante, parce qu'elle explique comment les ailes d'une hélice, qui ne sont que des portions de spire, peuvent produire le même effet que des spires complètes.

Le propulseur hélicoïdal peut donc être comparé à la vis dont nous venons de parler ; le liquide est l'écrou dans lequel l'hélice avance ou recule, entraînant le navire dans son mouvement. Mais comme le liquide n'a pas l'immobilité de l'écrou, et qu'il cède sous l'action de l'hélice, cette dernière ne marche pas, pour chacune de ses révolutions, d'une quantité égale à son pas ; elle éprouve alors ce qu'on appelle du recul, dont nous parlerons un peu plus loin.

Dans le commencement de l'emploi des surfaces hélicoïdales ou de l'hélice, on donnait à ce propulseur une et même plusieurs spires complètes ; mais, depuis, l'expérience a conduit à n'employer que des portions de spires disposées comme des ailes ou des bras autour d'une espèce de moyeu ou d'arbre. Le nombre des ailes varie de deux à six.

Surface de l'hélice ou fraction de pas. Comme nous l'avons dit plus haut à l'égard du taraud qui marche dans l'écrou tout comme la vis, quoiqu'il n'ait que des portions de filets ou spires, l'hélice n'est aussi composée que de portions de spires, nommées ailes, dont l'ensemble de la surface ne dépassse guère le 1/3 de la surface d'une spire complète.

Longueur de l'hélice. La longueur de l'hélice est l'espace occupé sur l'arbre par les ailes.

Moyeu, noyau ou arbre. On désigne par les noms de moyeu, noyau ou arbre la masse de métal qui reçoit les ailes ou bras de l'hélice. Il serait de la plus grande importance de donner aux mots une valeur constante qui pût toujours présenter à l'esprit la même idée ; il faudrait aussi réduire ces mots à ceux qui sont strictement nécessaires ; pour ces raisons, quoique nous n'ayons nullement la prétention de faire loi à ce sujet, nous désignerons toujours par moyeu la masse de métal qui reçoit les ailes ; nous n'emploierons aussi que le mot aile pour désigner les différentes parties de surface hélicoïdale qui composent une hélice.

Les hélices, le plus souvent fondues d'un seul jet, sont en fonte de fer ou en bronze ; en fonte de fer pour les navires en fer, et en bronze pour ceux doublés en cuivre. Des hélices en fonte de fer, placées sur des navires doublés en cuivre, ont vu leur métal se décomposer sous l'action galvanique et sont devenues aussi peu résistantes que du cuir.

Le recul de l'hélice est la différence entre le nombre de ses révolutions dans un temps donné, multiplié par son pas, et le chemin parcouru dans le même temps par le navire. Ainsi supposons que l'hélice doive faire avancer le navire d'un mètre par révolution et qu'il n'avance que de $0^m,90$, on dira que le recul de l'hélice est de $0^m,1$, ou encore de 10 pour 100. Or tous les propulseurs ont du recul, car toujours l'eau se dérobe sous l'action d'une force quelle que soit l'énergie de cette force ; mais en donnant aux ailes d'une hélice une surface suffisante, de manière que le point d'appui du propulseur soit assez étendu, le mouvement de l'eau sur l'arrière sera diminué par rapport à celui que fait le navire dans le sens contraire, et, par suite, le recul pourra être réduit à ses limites inférieures.

L'expérience a démontré qu'un navire à hélice était toujours suivi immédiatement derrière lui, là précisément où l'hélice prend son point d'appui, par un courant dans le sens de la marche du navire. La vitesse de ce courant, variable avec les formes du navire et les circonstances de navigation, peut être plus petite ou égale, ou plus grande que le recul de l'hélice.

Dans le premier cas, le recul de l'hélice, restant toujours le même, aura une influence bien moins grande sur la marche du navire ; enfin la vitesse de l'eau de l'arrière à l'avant se communiquera au navire dans le même sens, et le recul apparent du propulseur sera moindre que son recul réel. On dit alors le recul positif.

Dans le second cas, le courant de l'arrière ayant une vitesse égale au recul de l'hélice, le recul apparent sera nul, et le nombre de tours du propulseur multiplié par son pas donnera exactement le chemin parcouru par le navire.

Enfin, dans le troisième cas, le courant étant plus considérable que le recul réel de l'hélice, le chemin parcouru par le navire sera plus grand que celui fait par l'hélice en supposant le liquide aussi résistant que l'écrou fixe d'une vis. Alors il semblerait que la force de l'hélice, pour produire un semblable effet, doit développer plus de force; il n'en est rien; l'énergie de la poussée du propulseur sur son point de buttée est sensiblement la même.

Dans le dernier cas, dont nous venons de parler, la différence entre le chemin parcouru par le navire et celui de l'hélice est appelée recul négatif.

A l'occasion des effets produits par le courant dont nous venons de parler, l'amiral Pâris, dans son traité de l'hélice propulsive, fait remarquer que ce courant, existant toujours à l'arrière des navires à hélice, doit nécessairement réduire d'une certaine quantité le recul réel du propulseur qui serait ainsi plus grand qu'on ne l'imagine.

Du reste, qu'on ne pense pas que le navire doive marcher plus vite sous l'influence de ce courant que s'il n'existait pas; c'est le navire lui-même qui a mis le liquide en mouvement, c'est une partie du travail de la machine qui a été dépensée pour le produire ; par suite, l'effet général serait au plus le même, si la réaction du liquide pouvait être égale à l'action qui l'a mis en mouvement.

CONSIDÉRATIONS GÉNÉRALES SUR LES HÉLICES ET INFLUENCES
DE LEURS ÉLÉMENTS.

Influence du pas.

199. Si le pas d'une hélice était nul, la surface des ailes serait perpendiculaire à l'axe de rotation, et le propulseur tournerait dans le liquide sans produire aucun effet utilisable. Si le pas était infini, c'est-à-dire si la surface des ailes était dans des plans passant par l'axe de rotation, l'hélice tournant dans le liquide agirait pour faire tourbillonner l'eau sans produire aucun effet utile pour la marche du navire. Dans le premier cas, l'angle de la directrice de l'hélice avec les génératrices du cylindre-moyeu serait de 90 degrés; dans le second, la directrice et les génératrices seraient parallèles. Il faut donc, pour qu'il y ait chemin parcouru par le navire, que la direction de l'hélice ait une position intermédiaire entre les deux extrêmes dont on vient de parler.

Supposons que le plan des ailes fasse avec les génératrices du cylindre un angle de 45 degrés, l'action de la résistance du liquide sur les ailes de l'hélice est une force perpendiculaire au plan de ces ailes. Ainsi, H H′ représentant la trace d'une aile d'hélice, dont la directrice fait un angle de 45 degrés avec les générateurs du cylindre moyen, N N′ étant la direction de la quille du navire et F F′ la direction et l'énergie de la force de résistance du liquide; pour avoir la composante de la force F F′ agissant pour pousser le navire, il suffira de faire le parallélogramme N F K F′, qui est évidemment un carré; car F F′, la diagonale, partage l'angle droit N F K en deux parties égales. Donc, la composante N F égale la composante F K; donc, la force développée par l'hélice est partagée en deux parties égales, une qui tend à faire marcher le navire et l'autre qui repousse l'eau latéralement sans produire d'effet utile. Ainsi une inclinaison de 45 degrés de la directrice d'une hélice par rapport aux génératrices du cylindre moyeu est la limite inférieure extrême qu'il ne faut pas dépasser, puisqu'au delà la composante latérale augmente sans cesse au détriment de la composante dans le sens de l'axe.

D'un autre côté, nous avons vu qu'une inclinaison de 90 degrés donnait un plan perpendiculaire à l'axe de rotation ne produisant aucun effet utile; il faut donc que les angles des directrices des hélices, avec les génératrices ou les axes des cylindres, soient compris entre 90 et 45 degrés.

La naissance des ailes, ou leur jonction avec l'arbre, n'agit guère sur le liquide que pour le faire tourner autour de l'axe, tandis que les extrémités le poussent utilement. C'est pour cette raison qu'on a donné aux ailes beaucoup plus de surface à la partie opposée au centre; vers le point de réunion avec le moyeu, elles sont réduites à la largeur nécessaire pour les relier solidement à ce moyeu.

D'après les expériences de M. Taurines, faites sur un grand nombre d'hélices, d'un petit diamètre il est vrai, on pourrait en conclure que l'effet utile de l'hélice, c'est-à-dire la portion de la force qu'elle reçoit, appliqué réellement à faire marcher le navire, diminue lorsque le pas augmente.

D'après ces mêmes expériences, en augmentant le diamètre d'une hélice, sans faire varier les autres éléments, on augmenterait considérablement l'effet utile de l'hélice, tout en diminuant le nombre de tours du propulseur, ce qui est un grand avantage au point de vue de la durée et de la conduite de la machine.

L'examen du troisième tableau, qui résume les expériences d'hélices dans lesquelles M. Taurines faisait varier le nombre des ailes, montre que les hélices à quatre ailes sont constamment supérieures à celles à deux ailes.

Enfin, dans un quatrième tableau qui donne les expériences d'hélices dans lesquelles on fait varier la surface, on voit combien on peut réduire la surface des hélices sans altérer beaucoup l'effet utile. Mais il n'en est pas tout à fait ainsi sous le rapport de la régularité du mécanisme. D'après l'inspection des courbes qu'il a obtenues, M. Taurines donne la préférence aux hélices à quatre et à six branches ayant une fraction de surface convenable.

Dans les expériences du *Primauguet* avec l'hélicomètre, le plus grand effet utile de l'hélice a été de 0,61 ; celui de la machine étant de 0,83, le rendement total et absolu du système a été ainsi de $0,83 \times 0,61 = 0,50$.

La moitié de la force engendrée dans la chaudière se trouve ainsi perdue.

A bord de l'*Elorn*, on a trouvé 0,80 d'utilisation, tant pour la machine que pour les hélices à grand diamètre, ce qui donne un rendement total et absolu de $0,80 \times 0,80 = 0,64$.

Nous empruntons les quelques lignes qui suivent à M. Taurines; elles nous semblent résumer parfaitement la marche à suivre dans les expériences sur les hélices :

« Prenons maintenant deux cas extrêmes, tels que la pratique peut en présenter.

$$1. \begin{cases} \text{Machine...} & 0,75 \\ \text{Hélice.....} & 0,55 \end{cases} \text{Produit ou rendement absolu....} \quad 0,412$$

$$2. \begin{cases} \text{Machine...} & 0,90 \\ \text{Hélice.....} & 0,80 \end{cases} \text{Produit ou rendement absolu....} \quad 0,720$$

« On voit combien est considérable la différence de rendement dans ces deux cas. Or la grandeur de ce dernier terme doit être le but final de la mécanique navale, puisque, à mesure qu'il augmentera, par suite du choix et du perfectionnement des engins, on pourra diminuer la consommation de la vapeur.

« La méthode que je présente est la seule qui fasse connaître ce rapport dégagé de toute hypothèse. En outre, l'hélicomètre fait la part des constructeurs de la machine, du propulseur et du navire, éclaire chacun d'eux en particulier sur la valeur de son travail, et peut servir, au besoin, à juger les contestations qui peuvent surgir.

« De plus, ce n'est pas tout que d'étudier les phénomènes dans les circonstances normales ; pour éclairer à fond et dans toutes ses parties le problème si compliqué de la mécanique navale, il faut aussi les observer quand les forces perturbatrices sont en jeu. Si le théoricien n'y trouve pas toujours son compte, le praticien et le marin s'y instruisent et en tirent des résultats propres à les guider dans les cas difficiles. S'il est quelque chose d'essentiellement variable, c'est sans contredit la résistance du navire constamment exposé à l'action capricieuse du vent et des flots. Avec la méthode dynamométrique, il n'est plus besoin de supposer une idéalité de circonstances, sans doute fort commode, mais très-problématique en mer.

« L'hélicomètre mesure directement la véritable puissance du moteur, l'effet utile du propulseur et la résistance du navire par tous les temps et dans toutes les circonstances possibles, ce qui en fait un instrument marin ; de plus, il trace des courbes dont les formes, plus ou moins accidentées, accusent des défauts de mécanisme et les moindres irrégularités du mouvement, comme l'observation du pouls révèle au médecin le véritable état du malade. »

Les expériences faites sur l'*Elorn* au port de Brest, quoiqu'elles ne soient pas terminées, semblent pourtant indiquer d'une manière incontestable l'avantage des hélices à quatre ailes sur toutes les autres. Leur utilisation, avec une vitesse de 4 mètres, dépasserait 0,80 ; quant aux autres, elles seraient classées comme l'indique le tableau suivant :

Hélices à deux ailes,
Hélices à deux ailes doubles,
Hélices à cinq ailes,
Hélices à six ailes,
Hélices à deux ailes triples sans enveloppe,
Hélices à deux ailes triples avec enveloppe.

Ce que nous avons dit précédemment en supposant à l'hélice un pas égal à zéro, puis ensuite un pas infini, fait comprendre facilement que toujours une partie de la force transmise à l'hélice sera employée à faire tourbillonner le liquide ; il en résulte nécessairement une manifestation plus ou moins grande de la force centrifuge. Dès lors une partie des molécules qui devraient servir de point d'appui aux surfaces hélicoïdales se dérobent, et dans aucun cas l'eau n'est projetée sur l'arrière sous la forme d'un cylindre, mais bien sous celle d'un cône tronqué dont la petite base est tournée vers l'hélice. Ce phénomène se présente même lorsque l'hélice a peu de recul.

Si l'on suppose la résistance du navire plus grande qu'à l'ordinaire, ce qui arrive dans les mauvais temps et lorsque le navire en remorque un autre, l'hélice avance moins dans l'eau, et une plus grande partie de la force transmise par la machine produit le tourbillonnement. On peut admettre qu'alors la force centrifuge produit une espèce de vide au moyen de l'hélice; toute la surface hélicoïdale ne porte plus sur le liquide; elle est, par le fait, diminuée et réduite à une portion de ce qu'elle était. On peut ainsi expliquer comment une hélice ne perd que peu de sa vitesse quand le navire éprouve plus de difficulté à marcher, soit par une cause, soit par une autre.

Pour diminuer, autant que possible, les effets de la force centrifuge de l'hélice, on a pensé à courber l'extrémité des ailes vers l'arrière, de manière à ramener les molécules d'eau entraînées par la force centrifuge; mais ce moyen, proposé par MM. Dundonald et Hodgson, n'est pas suffisant et ne remédie qu'en partie au mal. L'hélice à nervures concentriques de M. Vergne et celle à enveloppe devaient aussi remédier au mal et empêcher la dispersion de la force transmise à l'hélice. On a pensé aussi à renfermer l'hélice dans un cylindre; mais ce dernier moyen a donné de plus mauvais résultats que ceux fournis par l'hélice ordinaire.

D'après M. le contre-amiral Pâris, dont l'opinion est d'un si grand poids en machines, le seul moyen d'éviter la dispersion de l'eau dans la direction du rayon et la diminution du rayon effectif de l'hélice serait de plonger plus profondément le propulseur. En agissant ainsi, on placerait l'hélice dans un milieu plus dense, l'action de la force centrifuge serait diminuée par la résistance du liquide, et le vide qui se produit au centre de l'hélice serait plus vite comblé. En courbant un peu vers l'arrière l'extrémité des ailes, on pourrait contre-balancer l'effet de la force centrifuge, et l'hélice présenterait les mêmes avantages que les roues à aubes, soit dans le mauvais temps, soit pour le remorquage.

Quoique nous ayons fait voir l'avantage des hélices à quatre ailes sur toutes les autres, le nombre des ailes ne semble pas avoir l'influence qu'on pourrait supposer; le point le plus important est que les ailes aient une surface suffisante. Par suite, le mode d'installation guide dans le choix de l'hélice. Ainsi, dans le cas où le propulseur doit se démonter, l'hélice à deux branches ou toute autre offrant la même disposition est préférée, parce qu'elle permet de donner des dimensions plus restreintes au puits.

DIFFÉRENTES ESPÈCES D'HÉLICES.

200. En faisant varier la génératrice et la directrice d'une surface hélicoïdale, on peut arriver à produire un nombre infini d'hélices, toutes différentes les unes des autres ; beaucoup ont déjà été essayées, mais aucune expérience bien concluante n'a encore indiqué celles qui doivent être préférées. Il nous manque un instrument pour les observations ; que serait, en effet, l'astronomie sans la lunette, la chimie sans la balance, etc.? Espérons que l'hélicomètre fera avancer la question.

Quoi qu'il en soit, la plupart des hélices employées dans la marine impériale ont les ailes composées de deux surfaces héli-coïdales dont les pas sont différents, et sont appelées, pour cette raison, hélices à pas variables. La portion de la spirale au pas le plus grand sert de directrice pour les quatre cinquièmes du développement de l'aile ; l'autre cinquième a pour directrice une spirale à plus petit pas. Le plus petit pas est appelé pas d'entrée et le plus grand pas de sortie ; le pas moyen, qui sert à évaluer le recul d'une hélice à pas variable, est une moyenne entre le pas d'entrée et celui de sortie.

D'après ce qui vient d'être dit, le développement de la directrice d'une hélice à pas variable est une ligne brisée.

Il n'y a véritablement que deux systèmes d'hélices, les hélices fixes et les hélices amovibles.

Les hélices fixes sont clavetées sur la portion de l'arbre extérieur qui sort du navire, et ne peuvent, par conséquent, se démonter à la mer. Celles de ce système qui ont plus de deux ailes, simples ou composées, ne peuvent être masquées par l'étambot intérieur et, par suite, présentent une résistance considérable à la marche du navire à la voile. Pour diminuer, autant que possible, cette résistance, on rend l'hélice folle, c'est-à-dire qu'un embrayeur permet d'unir la portion de l'arbre qui porte l'hélice au reste de l'arbre moteur, ou bien de rendre ces deux parties indépendantes l'une de l'autre ; dès lors l'hélice peut céder à l'impulsion des filets d'eau qui viennent frapper sa face-avant, et elle tourne avec une vitesse d'autant plus grande que le sillage du navire est plus considérable. Avec de grandes vitesses de 10 à 12 nœuds par exemple, la résistance d'une hélice est à peu près nulle ; mais il n'en est pas de même avec de petites vitesses, car il faut généralement 2 ou 3 nœuds pour que l'hélice commence à tourner.

Hélices amovibles.   Les hélices amovibles sont celles qui peuvent être retirées à volonté de la place qu'elles occupent, quand elles servent de propulseur au navire. Cette opération, on ne peut plus simple et facile, s'exécute ordinairement dans un puits ménagé entre les deux étambots qui comprennent l'hélice.

Une hélice de ce système peut être soustraite à l'action de l'eau, ce qu'on n'obtient même pas avec une hélice à deux branches fixes se cachant derrière l'étambot. Outre cet avantage, il en est un autre aussi important, c'est la facilité que l'on a, avec les hélices qui se démontent, de pouvoir visiter le propulseur et le dégager des bouts de corde qui s'enroulent si souvent autour de son moyeu.

Enfin le moindre accident survenu dans une hélice peut paralyser la machine, il faut alors, de toute nécessité, pouvoir la visiter pour la réparer ou la changer; sur un navire qui n'a pas de puits, cette opération ne peut être faite qu'en échouant le navire, ou en le faisant entrer dans un bassin.

Les deux systèmes ont des partisans qui ne manquent pas de bonnes raisons pour soutenir leurs opinions; ceux qui veulent des hélices fixes citent des bâtiments qui ont fait de très-longues campagnes avec ce propulseur, et montrent le navire qui le porte plus solide de l'arrière, et surtout moins chargé. Les partisans des hélices amovibles, tout en reconnaissant les avantages de l'hélice fixe, se retranchent derrière l'impossibilité de visiter le propulseur, si l'on n'a pas un bassin à sa disposition.

Dans les deux systèmes dont on vient de parler, on emploie des hélices de différentes formes dont les plus communes sont les suivantes :

Hélices simples de 2 à 6 ailes.   1° Parmi les hélices simples, celles de trois à six ailes sont employées pour les navires à grande puissance et à grande vitesse ; elles ont cependant le désavantage de ne pouvoir être démontées à la mer, ou de nécessiter, pour cette opération, des puits dont les dimensions sont assez grandes pour nuire à la solidité de l'arrière.

Hélices Sollier.   2° Les hélices Sollier, qui portent le nom de leur inventeur, sont généralement à quatre branches, mais elles se replient de manière à ne former qu'une hélice à deux branches, qui est en partie masquée par l'étambot, ou remontée dans un puits dont les dimensions peuvent ne pas nuire d'une manière sensible à la solidité de l'arrière du navire.

En 1846 j'avais déjà présenté une hélice à palettes mobiles ; mon propulseur avait trois ailes dont deux pouvaient tourner autour du moyeu de la troisième. Cette hélice avait été calculée pour la frégate *la Pomone,* sur laquelle j'étais embarqué. Il n'était pas alors question de changer la forme des navires à voile, et mon hélice devait se loger derrière l'étambot de la frégate ; elle ne fut jamais appliquée.

3° Les hélices Mangin, qui portent aussi le nom de leur inventeur, ne sont qu'à deux ailes, mais ces ailes ne sont plus simples, comme dans les hélices qui précèdent ; elles sont, au contraire, composées de plusieurs autres superposées, qui sont au nombre de quatre, six ou huit. En résumé, ce sont des hélices Sollier fermées. Quoique des expériences récentes démontrent encore que l'action des hélices Mangin n'est pas la même que si les ailes étaient disposées autour du moyeu sans se recouvrir, il n'en est pas moins vrai que ce système présente des avantages incontestables au point de vue de la solidité et du démontage.

4° On a aussi joint l'extrémité des ailes des hélices Mangin par une portion cylindrique. Par là on a voulu diminuer les effets de la force centrifuge et consolider les ailes, auxquelles on pouvait alors donner moins d'épaisseur à l'arête coupante. Mais les expériences faites sur l'*Elorn* montrent que ces hélices ont un certain désavantage sur celles sans enveloppe.

5° Il y a encore les hélices à cuillers, dont les ailes sont légèrement creuses et recourbées dans leur partie supérieure ;

Les hélices, dont le moyeu est disposé de telle sorte, qu'on peut à volonté augmenter ou diminuer le nombre des ailes, ou changer celles qui y sont déjà :

Les hélices à pas variables, dont les ailes peuvent prendre des inclinaisons différentes au moyen d'un engrenage qui les commande;

Les hélices de M. le lieutenant de vaisseau Vergne, dont la surface des ailes porte de petites cloisons concentriques avec le moyeu, et perpendiculaires à la surface de ces ailes : ces cloisons ont pour but de diminuer les effets latéraux dus à la force centrifuge.

Enfin bien d'autres hélices sont à l'étude ; l'expérience prononcera sur leur valeur pratique.

CONSTRUCTION GRAPHIQUE DE L'HÉLICE.

Tracé d'une hélice.

201. Nous supposons que le pas et le diamètre de l'hélice dont on veut faire le plan soient connus.

Soient A B le diamètre de l'hélice et C B son demi-pas, le rectangle ABCD sera la projection verticale du cylindre sur lequel se trouve la demi-spirale servant de directrice à la génératrice de l'hélice.

La circonférence A'O B', ayant pour diamètre A B, sera évidemment la projection horizontale du cylindre de l'hélice. Cette dernière a quatre ailes, et chacune de ces ailes est la huitième partie de la spire ; il faut donc partager les circonférences O en 16 parties égales, les ailes de l'hélice prendront chacune deux de ces parties.

La petite circonférence A″ O B″ est la projection horizontale du moyeu de l'hélice, qui se trouve aussi partagé en 16 parties égales. Par les points de division des deux circonférences A′ B′ et A″ B″ menant des parallèles à O P, axe du cylindre, ces lignes indiqueront, sur le rectangle A B C D, la projection des lignes

Pl. XVIII, fig. 7.

tracées sur le cylindre de l'hélice et passant par les divisions de la base. D'un autre côté, partageant C B, le demi-pas, en un certain nombre de parties égales, menons, par les points de division, des parallèles à la base du cylindre. Toutes ces lignes, celles parallèles à la base et celles perpendiculaires à cette base, coupent nécessairement la spirale directrice de la courbe. Or, comme on a la projection verticale de toutes ces lignes sur le plan A B C D, la rencontre de ces lignes sera nécessairement un point de la spirale. Joignant donc les points C, 1, 2, 3, 4, 5, 6, 7, A entre eux par une ligne courbe continue, on aura la projection verticale de la spirale directrice de l'hélice, et la partie 3, 4, 5 sera la projection de l'extrémité de l'aile de l'hélice. Agissant ensuite, pour le cylindre moyen, comme on l'a fait pour celui qui contient la directrice de l'hélice, on trouvera la courbe C′, 1′, 2′, 3′, 4′, 5′, 6′, 7′ et N, projection de la section du cylindre moyen par la demi-spire de l'hélice. Enfin, K L M Q étant la projection verticale du moyeu de l'hélice, 3′ 4 5′ sera celle de la naissance de l'aile, 3, 4, 5 celle de l'extrémité de l'aile, et 3′ 3, 5′ 5 seront celles des côtés de cette aile.

Si le pas était variable, ce qui arrive généralement, il n'y aurait pas plus de difficulté, on tiendrait compte du pas d'entrée et de celui de sortie, mais, du reste, le tracé serait le même.

MOYEN PRATIQUE DE TROUVER LE PAS D'UNE HÉLICE.

202. La méthode que nous donnons se trouve dans le *Traité élémentaire des machines à vapeur* de M. Ortolan.

Supposons l'hélice dans son puits, A B C D sera la section faite dans ce puits par un plan horizontal tangent à la courbe E N F. Au moyen de lattes ou de cordeaux on mène M O et K I parallèles aux murailles B C et C D des puits qui encadrent l'aile supérieure E N F. Alors, posant la proportion

$$\text{E M} : 2\pi\text{R} :: \text{M F} : \text{au pas de l'hélice,}$$

dans laquelle E M, M F et R, rayon de l'hélice, sont connus, on obtient pour valeur approximative du pas de l'hélice $\dfrac{2\pi\text{R} \times \text{M F}}{\text{E M}}$.

Cette valeur n'est qu'approximative, parce que l'on suppose que E N F est une ligne droite.

ACCESSOIRES DE L'HÉLICE.

203. L'emploi des hélices comme propulseur a nécessité l'installation de plusieurs accessoires dont nous allons parler. Ces accessoires sont :

1o L'emmanchement de l'hélice avec l'arbre,
2o Le tube de l'arbre et son manchon,
3o Le presse-étoupe,
4o La buttée,
5o L'embrayeur,
6o Le vireur,
7o Le frein,
8o Les manchons d'assemblage,
9o Le joint mobile,
10o Le puits,
11° L'appareil de remontage.

204. L'hélice se réunit à l'arbre qui doit lui communiquer le mouvement de la machine de plusieurs manières.

Si l'hélice est fixe, le bout de l'arbre, tourné cylindrique ou un peu conique, pénètre dans le moyeu de l'hélice et est claveté avec lui, comme le tourteau sur les arbres des roues. Dans ce cas, l'hélice peut être en porte à faux, c'est-à-dire que le bout-arrière de son axe peut ne pas être soutenu par l'étambot-arrière.

Si l'hélice est à démonter, on doit pouvoir la rendre indépendante de l'arbre qui lui communique le mouvement. Deux moyens ont été plus particulièremeut employés pour arriver à ce but. Dans les deux cas, l'hélice est portée par un cadre en métal dans lequel elle peut tourner ; les branches de ce cadre portent des coussinets pour les tourillons de l'hélice. Ce cadre, avec l'hélice qu'il porte, peut être monté et descendu dans le puits au moyen de certains mécanismes, dont il sera question quand nous parlerons des puits. Les deux systèmes dont nous venons de parler consistent, le premier dans un arbre terminé en tronc de pyramide hexagonale, qui rentre en dedans, pour se dégager du moyeu de l'hélice ; le second, dans une espèce de tournevis formé par l'extrémité du moyeu de l'hélice et reçu dans une rainure qui termine le bout de l'arbre extérieur.

Dans ce dernier système, plus simple que le premier au point de vue du mécanisme, l'arbre reste fixe dans sa position.

Quand l'arbre doit être rentré, un mécanisme intérieur, composé ordinairement d'un pignon s'engrenant avec une crémaillère, permet de le faire glisser dans le presse-étoupe de l'arrière ou avec ce dernier ; le plus souvent son extrémité extérieure est coupée suivant la forme d'une pyramide hexagonale tronquée, semblable à celle creusée dans le moyeu de l'hélice.

L'hélice est amenée verticalement jusqu'à ce que la partie inférieure du cadre qui la porte repose sur la quille, ou sur des espèces de chaises fixées sur les étambots ; un repère placé sur l'arbre montre dans quelle position doit être maintenu ce dernier pour pénétrer dans le moyeu de l'hélice. Il suffit alors de faire marcher l'arbre sur l'arrière, pour le faire pénétrer dans le moyeu de l'hélice.

Parfois l'arbre est disposé, pour rentrer en lui-même, de la longueur voulue pour pouvoir dégager l'hélice ; d'autres fois, une portion d'arbre intérieure peut être enlevée et permet à l'arbre de rentrer.

Pl. XIX, fig. 1.

Dans le système qui ne nécessite pas la translation de l'arbre, le bout du tourillon de l'hélice et celui de l'arbre, qui sont en regard l'un de l'autre, sont renforcés ; le premier pour recevoir le tenon ou tournevis 1, le second pour recevoir la rainure 2, dans laquelle viendra se loger le tournevis. Comme dans le cas précédent, un repère intérieur permet de s'assurer que la rainure du bout de l'arbre est verticale, de manière à correspondre avec la position de l'hélice, maintenue verticalement dans son cadre.

Dès lors, en amenant l'hélice dans le puits, le cadre qui la contient vient reposer sur les chaises, et le tenon de l'hélice pénètre dans la rainure de l'arbre. Une manœuvre inverse permet de dégager le propulseur de l'arbre et de le hisser hors de l'eau.

Si l'on compare les deux systèmes au point de vue de leur mécanisme, on reconnaîtra facilement que celui à **T** est infiniment plus simple que si l'arbre se rentre, mais aussi il présente de graves inconvénients ; les parties en contact, de la mâchoire de l'arbre et de la partie du tourillon de l'hélice qui pénètre dedans, s'usent promptement, et il en résulte des secousses continuelles pour l'hélice, qui est soulevée à chaque révolution.

205. Le tube de l'arbre est un tuyau en bronze (si le navire est en bois) traversant l'arrière du navire et dans lequel passe l'arbre extérieur ; son but est d'empêcher les infiltrations de l'eau dans la membrure du navire et de donner à cette membrure un point d'appui résistant, quand elle fatigue. On a d'abord donné au tube la forme d'un cylindre aplati, le plus grand diamètre dans le sens vertical, pour permettre de relever l'arbre quand le navire contracte de l'arc ; mais aujourd'hui l'arbre extérieur étant le plus souvent lié à l'arbre de la machine, au moyen d'un joint mobile qui permet à l'arbre extérieur, sans grands inconvénients, de suivre les déformations du navire, le tube est simplement cylindrique.

Entre le tube et la muraille, préalablement bien calfatée, on met du mastic. Un collet en dehors et un autre en dedans unissent le tube au navire et empêchent les infiltrations. Malgré ces précautions, plusieurs navires ont eu des voies d'eau provenant du tube de l'arbre, dans lequel l'eau de la mer peut toujours pénétrer ; aussi serait-il à désirer que l'on fît, pour le trou de la muraille qui donne passage au tube de l'arbre, ce que nous avons dit que l'on faisait pour celui qui reçoit le tuyau de décharge.

Pour lutter contre les effets galvaniques du tube en bronze et du doublage du navire sur l'arbre en fer de l'hélice, on entoure ce dernier, dans toute la partie qui va du presse-étoupe intérieur à l'hélice, d'un manchon en bronze introduit à chaud et tourné avec lui.

206. Un presse-étoupe, établi sur la muraille du navire qui limite la cale de l'arrière, ferme le tube de l'arbre, en entourant ce dernier. Ce presse-étoupe empêche l'eau qui remplit toujours le tube de s'introduire dans l'intérieur du navire.

La solidité du presse-étoupe de l'arrière doit être l'objet d'une surveillance spéciale, car une avarie dans cette pièce importante peut causer une voie d'eau difficile, sinon impossible, à étancher.

Le navire changeant de forme et, par suite, l'arbre pouvant occuper différentes positions dans le tube, le presse-étoupe doit pouvoir participer à ces mouvements, sans laisser pénétrer l'eau dans le navire. Pour atteindre ce but le presse-étoupe porte un collet 1 qui s'appuie sur celui 2 du tube ; les deux surfaces en contact sont planées. Des boulons à écrou, traversant des trous elliptiques percés dans le collet du presse-étoupe, permettent à cette dernière partie de suivre l'arbre sans quitter le collet du tube. Enfin une garniture en caoutchouc vulcanisé est logée dans une engoujure 3, que porte le collet du presse-étoupe. Quant à ce dernier, il est disposé comme à l'ordinaire ; cependant le chanvre et le coton sont souvent remplacés par du caoutchouc.

207. La buttée est la partie de la machine sur laquelle l'hélice exerce sa poussée lorsqu'elle est en mouvement ; elle est toujours dans l'intérieur du navire, pour pouvoir être surveillée continuellement.

Il y a deux systèmes pour la buttée ; si la machine est à mouvement de transmission, c'est-à-dire si son hélice est montée sur un autre arbre que celui qui reçoit directement le mouvement des pistons, la buttée est ordinairement à disques ; si, au contraire, l'arbre extérieur fait suite à l'arbre de couche, la buttée est à collets.

Dans le premier cas, l'arbre qui porte le propulseur est terminé par une calotte sphérique, appuyée contre un disque ou une rondelle concave 1 ; les deux surfaces en contact sont en acier trempé, pour résister le plus longtemps possible à l'usure causée par le frottement considérable qui se produit dans cet endroit. Outre cette rondelle, la boîte en fonte porte plusieurs autres rondelles 2 plates, dont on peut augmenter le nombre quand l'usure de la première le nécessite. La boîte est mobile et peut, en outre, être rapprochée de l'arbre 3, au moyen du coin 4, qui appuie contre le bâti de la machine.

Cette partie de la charpente de la machine ne saurait être trop forte, car c'est sur les bâtis que s'exerce toute la force de l'hélice pour pousser le navire de l'avant.

Dans la marche en arrière, l'effort de l'hélice change de direction ; le navire n'est plus poussé, il est attiré.

Quand le propulseur est fixé au bout de l'arbre, le collet 5 sert de buttée ; mais, si l'hélice est amovible, la buttée est exercée contre l'étambot extérieur par le tourillon du propulseur ; dans ce cas, une rondelle en bronze, ou en gaïac, est interposée entre l'extrémité-arrière du tourillon de l'hélice et l'étambot. Cette rondelle peut être échangée à volonté.

Quand l'arbre qui porte l'hélice fait suite à celui des machines, le système dont on vient de parler n'est plus applicable, car alors les manivelles supporteraient tout l'effort de la poussée. *Buttée à collets.*

On emploie alors la buttée à collets, qui a l'avantage de servir pour la marche en avant et pour celle en arrière, si l'hélice est inamovible.

Sur l'arbre qui porte l'hélice, en avant des massifs de l'arrière du navire, sont ménagés plusieurs collets 1 carrés, s'emboîtant *Pl. XIX, fig. 4.* dans des coussinets présentant des rainures de même forme et en même nombre que les collets ; de cette façon, la poussée exercée sur l'arbre suivant son axe est supportée par le palier et distribuée également sur chacun des collets ; les coussinets sont le plus souvent garnis de métal anti-friction. De petits conduits ou lumières traversent le chapeau du palier de buttée, et viennent aboutir au-dessus de chaque collet de l'arbre. Le godet graisseur doit se fermer exactement, car il est nécessaire de faire couler, presque continuellement, un filet d'eau froide pour refroidir le palier, et il est préférable de ne pas laisser l'eau de mer se mêler à l'huile du godet.

La buttée à collets, dont la première idée vient de M. Mazeline, est maintenant d'un usage général, car elle possède l'avantage immense de pouvoir s'adapter aux arbres d'hélices mus par des engrenages ou conduits directement par les manivelles de l'arbre moteur ; et, si l'hélice est inamovible, les collets servent de buttée pour la marche en arrière.

Sur le vaisseau *le Tourville*, dont la machine est de M. Mazeline, la buttée à collets est placée tout à fait à l'arrière, et elle doit marcher avec l'arbre lorsqu'il faut rentrer ce dernier. Aussi le palier de buttée est porté par une espèce de chariot qui glisse dans une coulisse. Un pignon s'engrenant dans le dessus du chapeau du palier, taillé pour faire l'effet d'une crémaillère, fait marcher la buttée et l'arbre sur l'arrière ou sur l'avant, suivant que l'on veut emmancher ou démancher l'hélice. Une forte clavette, buttant contre un excédant de métal ménagé dans la coulisse du palier et contre la partie en avant du chariot du palier, maintient ce dernier dans sa position, alors que l'hélice est emmanchée. Cette clavette se retire avant de faire mouvoir le palier sur l'avant.

On pouvait reprocher à la buttée à collets, qui occupe une assez grande longueur sur l'arbre, de ne pas suivre les déviations de cet arbre quand l'arrière du navire travaille ; il fallait aussi faire partager l'effort de la poussée par les deux parties du palier, ce qui ne pouvait avoir lieu en plaçant le chapeau au-dessus de l'arbre. M. Mazeline, dans ces dernières machines, a triomphé de ces deux difficultés, il a fait le palier de buttée en deux parties séparées dans le sens vertical, au lieu de l'être dans le sens horizontal, et chacune de ces parties a été mise à tourillon sur le chariot du palier.

208. L'embrayeur, ou manchon d'embrayage 4, indispensable sur les navires qui ont une hélice fixe, est placé ordinairement sur l'avant du palier de buttée ; il sert à isoler l'arbre qui porte l'hélice, de celui de la machine, lorsqu'il faut affoler le propulseur. Le mécanisme de l'embrayage se compose, le plus souvent, de deux manchons en fonte, portant, sur les faces en contact, des dents qui pénètrent les unes dans les autres de manière à s'opposer à tout glissement. Dans ce cas, un des manchons est fixé à demeure sur l'arbre de l'hélice, et l'autre, au contraire, est mobile, suivant l'axe de l'arbre de la machine, et peut, au moyen d'un levier appelé levier d'embrayage, s'écarter ou se rapprocher du premier. Quand les deux manchons sont séparés, les deux arbres sont indépendants l'un de l'autre ; quand ils sont en contact, les arbres sont liés l'un à l'autre, et le mouvement de l'un est communiqué à l'autre.

L'embrayage ordinaire, dont nous avons parlé au n° 551 du 1er volume, au sujet des modifications du mouvement, est souvent employé à bord des navires.

Tous les embrayeurs sont à peu près semblables à celui dont on vient de parler, à part le plus ou moins de solidité à donner aux pièces qui les composent.

A bord du *Napoléon*, le manchon claveté sur l'arbre de l'hélice porte une gorge qui reçoit les branches du frein; l'autre manchon est aussi claveté à demeure sur l'arbre de la machine. Les deux manchons sont percés de quatre trous cylindriques, se communiquant exactement, et destinés à recevoir les quatre boulons d'embrayage. Pour que ces quatre boulons puissent entrer et sortir en même temps, ils sont portés par un cercle qui, au moyen d'une roue dentée et d'un pignon, s'avance parallèlement à lui-même. De cette manière, le cercle qui les porte fa pénétrer en même temps les quatre boulons dans le manchon de l'arbre de l'hélice pour embrayer, on les retire pour désembrayer.

La figure 5 montre comment l'embrayage du *Tourville* est disposé et comment on le manœuvre.

Le manchon est fixé sur l'arbre de l'hélice, et porte des trous coniques destinés à recevoir les boulons d'embrayage. Ces boulons, fixés solidement, au moyen de clavettes, sur le plateau de l'arbre de l'hélice, ne sont pas cylindriques dans la partie en dehors de ce plateau ; ils sont aplatis comme la soie d'une manivelle. Les trous du manchon, destinés à les recevoir, portent des touches en bronze.

La figure fait comprendre facilement comment le manchon peut marcher sur l'arbre moteur et recevoir les boulons d'embrayage.

209. Le vireur 6 est l'ensemble du mécanisme employé pour faire marcher la machine à froid, manœuvre indispensable pour la conservation de la machine, ses réparations, le démontage et le remontage de son hélice.

Le plus ordinairement, c'est une grande roue dentée, clavetée sur l'arbre, en avant de l'embrayeur, et conjuguée avec une vis sans fin, à laquelle on donne le mouvement au moyen d'un levier à cliquet ; quel que soit le mécanisme employé pour faire marcher la machine, il doit être tel que la manivelle fasse une révolution complète en 15 minutes environ.

Quelques navires portent, à côté du vireur et même tenant à lui, une grande poulie à gorge, sur laquelle vient s'enrouler une corde sans fin qui passe sur des retours convenablement disposés. Cette corde se garnit au cabestan ou s'élonge dans une des batteries ou sur le pont pour que les hommes puissent se ranger dessus. Par ce moyen on peut, dans un calme par exemple, alors qu'il faut touer le navire et, par suite, mouiller des ancres, donner au bâtiment, au moyen de l'hélice désembrayée, une vitesse assez grande pour changer de mouillage. On a pu acquérir ainsi de deux à trois nœuds, vitesse plus grande que celle donnée par les avirons de galère passés autrefois sur les navires à voiles.

210. Le frein 3, si nécessaire sur les navires à hélice fixe, pour arrêter cette dernière de manière à embrayer, ou pour désembrayer, se compose ordinairement d'un disque en fonte claveté sur l'arbre de l'hélice. Deux ressorts, fixés au navire, entourent le disque et peuvent exercer sur lui une pression assez grande pour arrêter tout mouvement de l'arbre de l'hélice. Le frein est ordinairement manœuvré au moyen d'une vis à filets à droite et à gauche, qui passent dans les extrémités du frein, et qui permettent de rapprocher ou d'écarter ces extrémités l'une de l'autre.

Joint mobile ou joint universel.
Pl. XIX, fig. 5.

211. Le but du joint mobile 5 est de permettre à l'arbre de suivre en partie les déformations que le navire subit, sans que cette dénivellation influe sur les mouvements de la machine dont l'arbre se trouve ainsi indépendant en quelque sorte de celui de l'hélice. Il se compose, comme on l'a vu n° 544 du 1er volume, de deux espèces de manilles, dont l'une est fixée à l'arbre de la machine et l'autre à celui de l'hélice. Seulement les boulons de ces manilles ne sont pas indépendants l'un de l'autre, ils tiennent à un disque. Cette disposition forme une charnière double qui permet à l'arbre de la machine de transmettre le mouvement à un arbre d'hélice qui n'est plus en ligne droite avec lui, sans qu'il en résulte des frottements et, par suite, des échauffements.

Manchon d'assemblage.

212. La ligne d'arbre de la machine à l'hélice étant composée de plusieurs parties, ces dernières sont reliées entre elles au moyen de manchons appelés manchons d'assemblage, dont nous avons parlé au n° 162.

Puits de l'hélice.

213. Le puits de l'hélice est le trou laissé à l'arrière du navire à hélice pour pouvoir monter ou descendre ce propulseur. Avec les hélices à plus de deux branches, cette ouverture est assez grande pour nuire à la solidité de l'arrière du bâtiment, malgré les nouvelles pièces de liaison ajoutées à la construction. Mais aujourd'hui les dimensions qu'on leur donne pour le passage de l'hélice à deux branches ne présentent plus aucun inconvénient pour la construction.

Coussinets de M. Dupuy de Lôme.

214. Comme nous l'avons déjà dit, les puits de grande dimension nuisent à la solidité du navire; les pièces de liaison qu'ils entraînent surchargent par leur poids l'arrière du bâtiment qui tend toujours à pénétrer davantage dans le liquide. D'un autre côté, les hélices fixes présentent des inconvénients irrémédiables sans l'entrée au bassin; entre autres, les coussinets extérieurs qui comprennent le tourillon de l'hélice sur la chaise de l'étambot-arrière sont souvent détériorés par le frottement, le métal doux qui sert le plus souvent fond et s'écoule. C'est pour pouvoir changer à volonté ces coussinets que M. Dupuy de Lôme a pris les dispositions suivantes à bord du *Napoléon*. Au-dessus du coussinet extérieur, et dans toute la partie qui va de la voûte au pont de la première batterie, est pratiqué un petit puits. Dans les ponts supérieurs, et directement au-dessus de ce puits, sont de petits panneaux pouvant s'ouvrir à volonté. Dans ce puits descend une longue tige de cuivre qui porte des coussinets coniques, entre lesquels est compris le tourillon de l'hélice conique aussi. Si donc on peut retirer ce tourillon des coussinets, la tige dont il vient d'être question permet de monter dans la première batterie le palier et ses coussinets, et de réparer ou de changer ces derniers. Pour qu'il soit possible de dégager le tourillon de l'hélice des coussinets arriérés, le moyeu du propulseur se trouve en arrière de l'étambot-avant d'une quantité égale à la pénétration du tourillon dans les coussinets.

Par suite, en rentrant l'arbre et son hélice de toute cette quantité, on dégage le tourillon des coussinets-arrière. Le moyeu de l'hélice, convenablement arrondi, est reçu dans une partie creuse terminant le tube de l'arbre. Cette disposition ingénieuse permet de fermer assez exactement l'extrémité du tube de l'arbre pour qu'il soit possible de refaire le presse-étoupe intérieur.

Non-seulement les coussinets du tourillon de l'arrière de l'hélice peuvent s'user, mais le même accident peut arriver au tourillon lui-même ; aussi beaucoup de nouvelles hélices fixes ou mobiles portent-elles un tourillon indépendant du moyeu et seulement claveté avec lui. Ce tourillon mobile peut être changé en cas de détérioration.

215. Comme nous l'avons dit au n° 200, les tourillons d'une hélice amovible sont reçus par les deux branches d'un cadre en bronze ou en fonte selon le métal de l'hélice. Ce cadre repose sur la quille du navire qui unit l'étambot intérieur à celui extérieur, ou sur deux chaises fixées solidement sur les étambots au-dessous de l'arbre de l'hélice.

Appareil de remontage.
Pl. XIX, fig. 5

Les chaises sont percées verticalement d'un trou conique, destiné à recevoir un cône qui fait partie du palier, sur lequel reposent les coussinets inférieurs des tourillons de l'hélice.

Les deux branches du cadre de l'hélice sont réunies au-dessus par une forte traverse portant au milieu deux réas de fonte, deux linguets près des branches verticales, et un système quelconque, nommé loquet, pour saisir les ailes de l'hélice et les maintenir verticales et immobiles dans le cadre. Les branches du cadre sont creusées extérieurement d'une rainure triangulaire qui vient prendre dans des glissières de formes semblables, fixées sur les étambots à l'avant et à l'arrière du puits, dans le plan longitudinal du navire. La partie de ces glissières, située au-dessus du cadre lorsque ce dernier repose sur les chaises, est coupée en crémaillère pour recevoir les extrémités des linguets dont nous venons de parler plus haut.

Au milieu et au-dessus du puits, dans le sens de la longueur du navire, est une forte pièce mobile en bois ou en fer, qui porte deux réas de fonte correspondants à ceux de la traverse du cadre ; elle est encore percée de deux trous cylindriques sur l'arrière des réas et porte au-dessus deux forts pitons.

Pour remonter le cadre au-dessus de l'eau, mais non pour retirer l'hélice du puits, on passe de chaque bord une aussière de l'avant à l'arrière et de dessus en dessous sur chaque réa du chaumard, ou traverse du puits ; ces aussières vont ensuite passer de l'avant à l'arrière dans les réas correspondants de la traverse du cadre, puis dans les trous cylindriques du chaumard, et enfin on fait dormant avec les bouts sur les pitons de la traverse du puits. Sur les courants des aussières, on croche des caliornes ; en agissant sur les garants de ces caliornes, on peut monter le cadre et son hélice dans le puits.

Dès que le cadre marche pour monter, les linguets prennent dans les adents des glissières et retiendraient le cadre à la hauteur qu'il a atteinte si les aussières venaient à manquer ou à filer.

Pour enlever l'hélice du puits, il faut retirer la traverse du puits, disposer une bigue au-dessus du puits ou mettre le gui en bataille et passer les aussières dans des poulies de guinderesse aiguilletées sur le gui ou sur la portugaise des bigues.

Pour descendre l'hélice dans le puits, les aussières étant passées, comme on l'a dit plus haut, on commence par soulever un peu le cadre pour dégager les linguets des adents ; on amène alors à retour, tout en maintenant les cartahus qui permettent de tenir les linguets dégagés, mais en se tenant toujours prêt à les laisser tomber si quelque chose venait à manquer.

Comme la traverse du cadre de l'hélice est le plus souvent au-dessous de l'eau, et qu'il serait parfois très-difficile de passer les aussières, on a toujours en place des passerelles soit en fil de cuivre, soit en filin. Il suffit alors de fixer les aussières sur un des bouts de ces passerelles et de haler sur l'autre ; les aussières suivent ainsi le même chemin. En dépassant les aussières, on repasse les passerelles.

Tel est l'un des systèmes employés pour remonter les hélices ; les autres en diffèrent peu, ils comportent tous un cadre qui doit monter et descendre dans le puits emportant avec lui l'hélice. Les différences dans les systèmes consistent surtout dans les moyens employés pour remonter le cadre. Ainsi, à la place des aussières, dont nous avons parlé plus haut, on met quelquefois des chaînes qui s'enroulent sur des treuils conduits par des engrenages.

Les chaînes sont elles-mêmes remplacées par des crémaillères manœuvrées par des pignons. On a même employé la presse hydraulique pour soulever l'hélice ; à cet effet, deux corps de pompe verticaux, placés le long des étambots, recevaient des pistons faisant partie du cadre de l'hélice.

Une pompe refoulait l'eau dans les corps de pompe et faisait monter les pistons et, par suite, l'hélice ; pour amener cette dernière, il suffisait d'ouvrir un robinet pour laisser écouler l'eau contenue dans les corps de pompe.

Quoi qu'il en soit de toutes ces différentes installations, il faut généralement les démonter toutes pour retirer l'hélice du puits et les remplacer par le premier moyen indiqué dans cet article. On peut ajouter que, même à bord de beaucoup de navires qui avaient, dans le principe, des vis, des crémaillères, des treuils, etc., pour remonter l'hélice, on a supprimé tous ces moyens mécaniques pour les remplacer par des aussières, ou des chaînes et des caliornes.

MONTAGE DES MACHINES.

216. La dernière opération de la construction d'une machine est son montage à l'atelier : c'est alors seulement qu'on termine l'ajustage, qu'on fixe d'une manière invariable la position des pièces immobiles sur lesquelles se coordonnent toutes les pièces mobiles. De la précision du montage dépendent la durée et la manière de fonctionner de l'appareil ; aussi exige-t-il des opérations délicates de géométrie pratique, surtout lorsqu'il s'agit de grands appareils comme ceux employés de nos jours.

Le montage à bord, dont nous allons plus spécialement nous occuper ici, est la répétition du montage à l'atelier ; alors il n'y a plus d'ajustage ; mais la position du navire, soit sur les chantiers, soit dans le bassin, soit à flot, complique les vérifications par l'impossibilité dans laquelle on se trouve de se servir du niveau et du fil à plomb, comme on peut le faire à l'atelier.

Les machines reposent généralement sur un plan formé par des plaques de fonte qu'on nomme plaques de fondation ; les premières opérations du montage à l'atelier sont donc la disposition de ces plaques, qui doivent former un plan parfaitement horizontal. On monte ensuite successivement les pièces fixes et celles mobiles, en se guidant sur les données du plan d'exécution. Aussitôt que des vérifications de toutes sortes ont démontré que la machine est exactement montée, on marque les points de repère qui serviront à remettre tout dans la même position à bord du navire, qui doit recevoir la machine. Ces repères sont des coups de pointeau ou des lignes. Les plaques de fondation portent plusieurs lignes de repère : 1° une indiquant le milieu du navire ; 2° de chaque côté de celle-ci, une parallèle, nommée ligne des centres, marquant la trace du plan vertical passant par l'axe des cylindres et celui des pompes à air dans les machines à balanciers ; 3° la trace du plan vertical passant par l'axe du moteur : dans les navires à roues, cette ligne est perpendiculaire à celles dont nous venons déjà de parler; dans les navires à hélice, elle se confond avec la trace du plan longitudinal ; 4° la trace du plan vertical perpendiculaire au plan longitudinal passant par l'axe des cylindres. On comprend dès lors comment on pourra retrouver la place exacte de ces mille pièces diverses qui composent les organes d'une machine marine. Mais les règles du montage varient suivant la forme et la nature de l'appareil; ainsi une machine à balanciers ne se monte pas comme une machine à cylindres oscillants ; cependant toutes les méthodes se rapportent à des règles reposant sur des principes généraux que nous allons développer.

Les machines de tous les navires, qu'elles possèdent ou non une plaque de fondation, reposent le plus souvent, à bord, sur de fortes pièces de bois nommées carlingues, placées parallèlement à la quille. La première opération à faire pour le montage de la machine est donc de disposer la partie supérieure de ces carlingues pour recevoir la machine et d'indiquer la place exacte de cette machine par rapport aux plans du navire. Pour cela, il faut tracer plusieurs lignes très-importantes, qui vont relier la construction de la machine avec celle du navire.

217. Pour une machine autre que celles à cylindres oscillants, à roues ou à hélice, tout le montage à bord est basé sur la ligne qui représente l'axe de l'arbre du propulseur; pour les machines à cylindres oscillants, à roues ou à hélice, c'est la ligne passant par l'axe des tourillons des cylindres qui sert de point de départ. Le tracé de ces lignes, à la place exacte qu'elles doivent occuper par rapport à la longueur, à la largeur et au creux du navire, est, par le fait, l'opération la plus délicate pour le montage.

On tend une corde de soie très-fine sur la ligne tracée par les charpentiers pour indiquer le milieu de la carlingue ; cette ligne se nomme la ligne de quille.

Au-dessous des baux et des hiloires qui séparent la cale du pont surmontant la machine, on tend un autre cordeau suivant la trace du plan longitudinal du navire ; cette ligne se nomme la ligne des hiloires. Le plan passant par les deux cordeaux ainsi tendus est bien le plan longitudinal du bâtiment. Cette première disposition prise, on représente, par un autre cordeau de soie, l'axe du propulseur ou celui des tourillons des cylindres s'il s'agit d'une machine à cylindres oscillants ; pour des roues, on tend la ligne d'un tambour à l'autre, en passant par les trous déjà percés dans la muraille du navire. Il faut que la position de cette ligne soit telle, que les roues aient bien le jeu voulu et que leur axe de rotation, qu'elle représente, soit au point déterminé par le devis de construction. On vérifie alors la perpendicularité de cette ligne, nommée ligne d'axe, sur le plan longitudinal ; il suffit, pour cela, de prendre, à partir du milieu du navire et sur la ligne d'axe, une distance égale de chaque côté et de constater que ces deux points sont également éloignés d'un même point pris sur la ligne de quille.

Lignes du navire.

Lignes des carlingues.

Du milieu de la ligne d'axe, on abaisse une perpendiculaire sur la ligne de quille, dont on vérifie bien la position. Sur cette perpendiculaire, nommée ligne du navire, et à partir de la ligne d'axe, on prend une longueur égale à la distance qui sépare, sur le plan de la machine, l'axe des roues du dessus des plaques de fondation ; par le point marquant cette longueur, on fait passer une parallèle à la ligne d'axe. Cette nouvelle ligne est vérifiée, sous le point de vue de sa perpendicularité, avec la ligne de quille et avec la ligne du navire. Cette ligne, qui marque le plan supérieur des plaques de fondation, peut être représentée quand la machine repose sur des plaques de fondation, parce qu'elle se trouve au-dessus de l'excédant de bois laissé toujours aux carlingues ; mais, si la machine ne repose pas sur des plaques de fondation, le cordeau représentant le dessus des carlingues ne peut être placé que plus haut, à quelques centimètres de sa vraie position. Dans les deux cas, il est facile d'avoir exactement la position de la ligne passant par la partie supérieure des carlingues. Quand les carlingues sont en fer, ce qui se voit quelquefois, elles sont placées au fond du navire, en suivant la forme des côtés, de manière à ce que leur plan supérieur soit bien à sa véritable position par rapport à la ligne qui sert de base au montage.

Comme nous l'avons dit au commencement, tout le montage à bord repose sur la ligne d'axe et, par suite, sur la perpendiculaire, abaissée de son milieu sur la ligne de quille ; il faut donc vérifier souvent la position du cordeau ou des règles qui indiquent ces lignes, la moindre erreur, de ce côté, pouvant avoir une grande influence sur toute la machine.

Seconde ligne du navire.

On prend ensuite, sur le plan de la machine, la distance horizontale de l'axe des roues à l'axe des cylindres, et on la porte sur la ligne de quille ; élevant à ce point une perpendiculaire allant rejoindre la ligne des hiloires, on a une seconde ligne du navire. Quelle que soit la position de la machine par rapport à la quille du navire, on prend, sur la seconde ligne du navire, à partir de la ligne de quille, une distance égale à celle qui sépare, sur le plan de la machine, la ligne des carlingues de la ligne de quille. Par le point obtenu et perpendiculairement au plan longitudinal, on fait passer une ligne qui devra être parallèle à la ligne des carlingues déjà tracée et qui, avec la première, détermine le plan des carlingues.

Enfin, de chaque côté de la ligne de quille, aux distances voulues par le plan de la machine, on représente les traces des plans longitudinaux qui passeraient par le milieu de chaque machine.

Tout ce qui vient d'être dit pour les machines à balanciers se répète pour les autres machines; seulement, s'il s'agit d'une machine à hélice, le point de départ est la ligne marquant la position exacte de l'axe de l'arbre qui porte l'hélice, qu'il soit ou non la continuation de l'arbre moteur.

Pour les cylindres oscillants, c'est l'axe des tourillons qu'on indique en premier et dont la place est fixée sur le plan du navire. A part ces différences dans le commencement des travaux préliminaires du montage à bord, les opérations sont les mêmes pour toutes les machines.

218. Dans le n° 216, nous avons déjà parlé des lignes tracées, lors du montage de la machine à l'atelier, sur les plaques de fondation ; ces lignes doivent correspondre exactement avec celles tracées sur le plan des carlingues.

Ces lignes sont :

1° La ligne marquant la trace du plan longitudinal du navire, qui se trouve nécessairement dans le plan déterminé par les deux lignes du navire, la ligne de quille et celle des hiloires;

2° La trace des plans parallèles au plan longitudinal passant par l'axe des cylindres ou des autres pièces fixes, suivant le système de la machine à monter : ces lignes doivent correspondre avec les mêmes lignes tracées, à bord, sur le plan des carlingues;

3° La trace, sur la plaque de fondation, du plan vertical passant par l'axe du propulseur, ligne tracée aussi, à bord, sur le plan des carlingues;

4° Enfin les traces, sur les plaques de fondation, des plans verticaux, perpendiculaires au plan longitudinal, passant par les axes des cylindres, des balanciers, des condenseurs, des pompes à air, toutes lignes tracées aussi sur le plan des carlingues du navire.

Outre ces lignes de repère tracées sur les plaques de fondation de la machine ou sur les pièces fixes, quand la machine ne repose pas sur les plaques de fondation, chaque pièce, montée et vérifiée de toute manière à l'atelier, a été repérée sur celle qui la précède. Ces repères sont des coups de pointeaux assez profonds pour qu'on puisse toujours les reconnaître et, par suite, trouver la position exacte de la pièce qu'ils concernent.

Nécessité d'exécuter le montage à flot.

219. La mise à bord des poids considérables qui composent la machine d'un navire produit nécessairement un certain travail dans la partie du bâtiment ainsi surchargé. Si le navire est sur les chantiers ou dans un bassin, on soutient, il est vrai, cette partie au moyen de nombreux accores ; mais, au moment de la mise à l'eau ou de la sortie du bassin, ces parties surchargées tendent à pénétrer davantage dans l'eau et produisent toujours une déformation, rendue sensible sur les pièces fixes de la machine, dont elle dérange plus ou moins la position. Aussi, dans ce cas, est-on dans la nécessité de procéder à des vérifications minutieuses pour coordonner de nouveau toutes les pièces, et il arrive parfois qu'il est impossible d'obtenir un montage suffisamment exact. Il est donc préférable de ne monter la machine que lorsque les flancs du navire sont soutenus de tous côtés par le liquide. Certes, l'embarquement des poids produit toujours son effet, mais cet embarquement n'a lieu que progressivement ; le navire a en quelque sorte le temps de s'asseoir après chaque augmentation dans sa charge, et les vérifications, presque journalières, des lignes de repère donnent les moyens de monter convenablement la machine.

PRINCIPAUX DÉTAILS DU MONTAGE.

Disposition des carlingues pour recevoir les plaques de fondation.

220. Les lignes dont il a été question au nᵒ 218 étant tracées, on dispose le dessus des carlingues pour recevoir la machine. A cet effet, on remplace les lignes qui indiquent le dessus des plaques de fondation, ou un plan parallèle, au-dessus des carlingues, par de longues règles en bois, bien calées, et dont la position est vérifiée avec le plus grand soin. On tend ensuite des lignes dans toutes les directions ; ces lignes, tangentes aux deux règles, indiquent le plan de ces règles ; il suffit donc de prendre avec un compas la distance du plan des deux règles à celui du dessus des carlingues et d'enlever du bois pour trouver partout cette distance au-dessous du cordeau. On termine l'opération en s'assurant, au moyen d'une longue règle, que toutes les parties supérieures des carlingues se trouvent bien dans un même plan. On présente alors le gabarit des plaques de fondation pour pouvoir percer les trous des boulons de carène, dont nous parlerons un peu plus loin.

Le dessus des carlingues disposé comme nous venons de le dire, on présente les plaques de fondation ; ces pièces, planées seulement sur le dessus, sont brutes de fonte au-dessous, aussi est-il bien rare qu'elles s'appliquent exactement sur le plan des carlingues. On est presque toujours obligé de tailler dans le bois des carlingues, ou de buriner la fonte. La première opération est la moins longue et la moins difficile à bord ; pour l'exécuter on place la plaque de fondation sur des chaudières qui l'élèvent à 10 ou 15 centimètres au-dessus de la position qu'elle doit occuper ; on vérifie si son plan supérieur est bien parallèle à celui des carlingues, et, avec un compas à vis, on voit toutes les parties où il faut enlever du bois et la quantité à enlever. Cette opération s'appelle triquer ; lorsqu'elle est bien faite, les plaques, quelle que soit leur irrégularité, reposent sur les carlingues par presque tous leurs points.

On les descend alors à leur position réelle ; on les vérifie de nouveau, recommençant jusqu'à ce qu'on obtienne un bon résultat. Il est indispensable que toutes les plaques se trouvent bien dans un même plan, perpendiculaire au plan longitudinal du navire et exactement à la distance voulue de la ligne sur laquelle se base le montage. De plus, toutes les lignes de repère tracées sur le plan des carlingues et sur les plaques doivent exactement se correspondre. Le triquage ne donne pas toujours un résultat parfait, surtout pour mettre toutes les plaques dans un même plan ; on est le plus souvent obligé de monter un peu quelques-unes d'elles ; pour cela on se sert de longues cales en fer, très-peu épaisses, qu'on introduit entre la plaque à soulever et la carlingue. L'espace qui sépare ces cales est ordinairement égal à leur longueur.

Toutes les vérifications faites, on met en place les écrous des boulons de carène ; on fait de nouvelles vérifications en serrant ces écrous, qui servent à corriger les inexactitudes constatées. Nous insistons beaucoup sur la mise en place des plaques de fondation, car de l'exactitude de cette opération dépend en grande partie la régularité du mouvement de la machine.

Nous avons dit plus haut que l'on mettait en place les écrous des boulons de carène qui tiennent la machine au navire, et non les boulons eux-mêmes, car ordinairement ceux-ci sont placés bien avant le montage de la machine, soit avant la mise à l'eau du navire, soit avant sa sortie du bassin. Ils sont en fer forgé, et traversent les carlingues et toute la membrure du navire; leur tête, ou l'écrou qui la remplace, est au dehors ; mais pour qu'elle ne soit pas en communication avec le doublage en cuivre, dont l'effet galvanique les détériore promptement, on noie cette tête dans le bois, la recouvrant d'un romaillet assez épais pour empêcher l'action chimique d'avoir lieu. Les gabarits des plaques ont servi à la pose de ces boulons.

Machines sans plaques
de fondation.

Dans beaucoup de nouvelles machines les plaques de fondation sont supprimées ; le montage se fait à l'atelier sur un plan horizontal représentant celui des carlingues, et sur lequel sont tracées les lignes de quille et celles du navire. Les lignes de repère sont alors tracées sur les pièces fixes et les bâtis de la machine, et il est toujours facile de les faire correspondre avec celles tracées à bord.

L'expérience a prouvé que l'absence de plaques de fondation était en grande partie cause du dérangement des machines nouvelles, et c'est à leur suppression qu'on attribue la plupart des avaries survenues dans les appareils nouveaux ; aussi revient-on aux plaques de fondation ; même pour des machines ramassées et abaissées comme le sont celles que nous employons aujourd'hui sur nos navires de guerre, les plaques de fondation sont indispensables.

Dans les nouvelles machines employées pour les navires à hélice, la hauteur de l'appareil est beaucoup moins grande que dans les anciennes machines à balanciers; par suite, les moyens d'attache au fond du navire n'ont plus besoin d'être aussi puissants ; c'est cette considération qui a conduit à la suppression des boulons de carène dans plusieurs machines. Les carlingues seules sont fixées au navire; quant à la machine, elle est unie par des boulons aux carlingues. Dès lors les trous qui doivent les recevoir ne sont percés que lorsque les plaques de fondation, ou les pièces fixes de la machine, sont à leur place réelle. Ces boulons sont introduits par en dessus, et retenus sous les carlingues par des écrous ou par des clavettes portant sur des bandes de fer, dont le but est de protéger le bois contre l'écrasement, en répartissant l'effort produit sur une plus grande surface.

Les détails du montage d'une machine sont si nombreux et si minutieux, que ce serait dépasser les limites que nous nous sommes tracées dans cet ouvrage, si nous les donnions tous ; du reste, en assistant au montage complet d'une machine on s'instruira plus qu'en lisant dix volumes sur cette matière.

Nous n'allons donc donner que des aperçus généraux.

La position des plaques bien assurée, bien vérifiée, on remplit de mastic de fonte les joints des plaques et les vides qu'elles laissent entre elles et les carlingues. Ce mastic tient fortement, et ne tarde pas à faire corps avec la fonte et avec le bois.

221. En prenant pour exemple une machine à balanciers, on présente les cylindres, en les repérant avec les lignes tracées sur les plaques de fondation, ou avec celles du dessus des carlingues, si la machine n'a pas de plaques de fondation, et avec leurs boulons de repère. Leur position assurée dans tous les sens, on les fixe au moyen de boulons, et on vérifie leur position, par rapport aux plans du navire, et l'un par rapport à l'autre. Cette dernière vérification se fait en mettant une règle sur la surface supérieure des collets des cylindres ; cette règle doit se trouver exactement tangente aux collets des deux cylindres. On vérifie encore la distance, à la ligne qui sert de base au montage, de la ligne passant sur les collets des cylindres par les traces du plan vertical passant par leurs axes.

On place ensuite les condenseurs, que l'on repère à leurs goujons de repère, à la ligne des centres tracée sur les plaques de fondation, ou sur les carlingues, et à la ligne d'axe des tourillons.

Les tourillons des balanciers tiennent aux condenseurs ; leur fonction a été vérifiée avec le plus grand soin à l'atelier, sous le rapport de leur parallélisme avec le plan des carlingues et de leur verticalité avec le plan longitudinal. Dans cette position, ils ont été calés à demeure, et ne doivent plus être tourchés à bord. Le condenseur vérifié, on le fixe au moyen de ses boulons.

La bâche, si elle ne fait pas corps avec le condenseur, est placée ensuite ; puis viennent la pompe à air, les colonnes, l'entablement, le châssis triangulaire, les entretoises, les croix de Saint-André, les arcades, enfin toutes les différentes parties qui composent les bâtis de la machine. Toutes ces pièces ajustées, vérifiées et repérées à l'atelier, lors du montage, sont présentées de manière à faire correspondre exactement les points de repère.

Les paliers, quel que soit le système de machine à monter, sont placés tels qu'ils l'étaient à l'atelier. Leur position est indiquée ordinairement par une raie tracée en dedans et en dehors du bâti qui doit les recevoir ; mais elle n'est pas arrêtée d'une manière invariable, parce que le jeu des murailles du navire et l'arc qu'il contracte mettent parfois dans l'obligation de faire marcher les paliers dans un sens ou dans un autre. C'est pour cette raison que les trous dans lesquels doivent passer les boulons destinés à fixer les paliers aux bâtis de la machine sont ovalisés. Les paliers en place et vérifiés par rapport à la ligne d'axe, on place les coussinets et les chapeaux; puis, s'il s'agit d'un navire à roues, on place les chaises qui doivent supporter les arbres extérieurs.

Ces chaises et leurs coussinets sont suspendus en dehors, un peu au-dessous de la place véritable qu'ils doivent occuper; des coins permettent de les monter ou de les descendre, de les porter sur l'avant ou sur l'arrière. Au moyen de lignes ou de voyants placés dans l'intérieur des coussinets, on parvient facilement à mettre les chaises à leur vraie position, c'est-à-dire dans la ligne d'axe, si la chaise est fixée aux murailles du navire, et un peu plus haut, si elle est fixée au tambour; parce que cette partie cède toujours sous le poids de l'arbre extérieur et de la roue. Quelle que soit la place des chaises, dès que leur position est bien déterminée, on perce les trous des boulons qui doivent les fixer soit au navire, soit aux tambours.

Dès lors le montage des pièces fixes est terminé ; de nouvelles vérifications sont faites avant le montage des pièces mobiles, pour s'assurer que tout est bien dans la position voulue, le navire changeant de forme sous l'influence des poids mis à bord. Les modifications apportées par cette déformation dans le plan des plaques de fondation peut produire, dans le haut de la machine, des déviations assez grandes pour changer les distances respectives. Des corrections sont indispensables, et elles sont alors beaucoup plus faciles que lorsque les pièces mobiles seront en place.

Établissement des pièces mobiles.

222. Les pièces fixes de la machine établies sur les plaques de fondation, on place entre les coussinets des paliers l'arbre intermédiaire dont on vérifie exactement la position, puis vient la pose des arbres extérieurs qu'on vérifie également, et l'on passe les boulons des manivelles. Il faut remarquer que, pour les hélices, l'arbre extérieur, c'est-à-dire le bout d'arbre qui porte le propulseur, est quelquefois mis en place, soit sur la cale, soit dans le bassin, avant le montage de la machine. Mais sa position a été parfaitement déterminée et vérifiée à ce moment. Nous avons vu, du reste, aux n°s 162 et 211, comment le dénivellement de l'arbre de l'hélice pouvait n'avoir aucune influence sur celui de la machine. Les tiroirs sont alors montés, les points de repère, qui ont été marqués lors du montage à l'atelier, donnent les moyens de les placer exactement dans la position qu'ils doivent occuper par rapport aux orifices du cylindre ; viennent ensuite la tige, les renvois de mouvement des tiroirs, l'excentrique et le tuyau qui établit la communication entre le condenseur et le tiroir. On coordonne toutes ces pièces au moyen des jauges donnant les distances exactes qui doivent séparer entre eux les coups de pointeau marquant le centre du mouvement ou l'axe des renvois.

On monte ensuite les balanciers, les grandes bielles, les pistons, les traverses, les bielles pendantes, les différentes parties du parallélogramme, les pompes à air, les pompes alimentaires, celles de cale, etc. Toutes ces pièces sont mises en place telles qu'elles sortent de l'atelier, seulement on vérifie leur distance aux points de repère marqués sur les pièces déjà mises en place.

La machine montée, on vérifie la position des pièces fixes par rapport aux lignes de navire, et l'on compare la position de ces pièces entre elles de manière à obtenir un accord parfait. Quant aux pièces mobiles, elles sont vérifiées par rapport à trois points de la course du piston : les deux extrêmes et celui du milieu.

L'obligation de ne pas répéter plusieurs fois la même chose nous met dans la nécessité de renvoyer au n° 232, donnant les détails des vérifications du montage après son exécution. Ces nouvelles explications feront mieux comprendre l'importance des opérations du montage d'une machine, travaux qui demanderaient tout un volume pour être traités convenablement.

D'après le règlement, une partie du personnel destiné à conduire la machine d'un navire doit être embarquée pour suivre le montage de cette machine. En agissant ainsi, on met le maître mécanicien et quelques-uns de ses subordonnés à même de connaître exactement comment sont disposés les organes les plus cachés de la machine qui leur est confiée. C'est alors que le maître mécanicien fait ou fait faire les croquis et les plans de détail de l'appareil. Il doit s'assurer aussi que toutes les vérifications qui peuvent concourir à établir la position des différentes parties du mécanisme sont faites avec le plus grand soin. Généralement il n'a aucune autorité pendant le montage, mais il doit noter avec soin toutes les particularités de ce montage, et surtout faire construire des jauges donnant les distances les plus importantes. Les notes et les croquis lui permettront de trouver la cause réelle des déviations qu'il pourra remarquer plus tard, et les jauges lui fourniront un moyen prompt et sûr de remettre tout dans l'état primitif.

MONTAGE DES CHAUDIÈRES.

Préparation du dessus des carlingues des chaudières.

225. Les chaudières arrivent à bord complétement terminées; le seul travail à faire pour les recevoir consiste dans la disposition, à la hauteur convenable, de la partie supérieure de leurs carlingues, ou de la plate-forme sur laquelle elles doivent reposer.

On se rapporte, pour l'exécution de ce travail, à deux nouvelles lignes du navire allant, comme celles qui comprennent la machine, de la ligne de quille à celle des hiloires. La distance laissée entre ces deux verticales est égale à l'espace en longueur occupé par les chaudières. Des perpendiculaires à la ligne de quille, tracées sur le dessus des carlingues ou sur la plate-forme qui les recouvre, limitent la place que les chaudières doivent occuper dans le sens de la longueur du navire. Le raccordement de tous les tuyaux de communication de la machine avec les chaudières exige que ces dernières soient placées exactement à la distance de la machine voulue par le plan.

Les chaudières reposent souvent sur une plate-forme pleine ou formant grillage.

Cette dernière disposition permet, il est vrai, de visiter certaines parties du fond des chaudières et de constater les avaries des tôles, mais sans donner la possibilité d'y porter remède, et elle a le désavantage de laisser beaucoup de facilité au travail destructif de l'oxydation. Il vaut donc mieux une plate-forme complétement pleine, séparant entièrement le fond des chaudières de la cale. La meilleure disposition pour atteindre ce but est d'établir une plate-forme en bandages de chêne de $0^m,075$ d'épaisseur, cloués avec des clous de fer sur le dessus des carlingues. Ce premier plan, calfaté et brayé comme un pont, est recouvert, sur toute sa surface, de mastic au blanc de chaux ou de goudron. Par-dessus le tout on met un second plan de planches épaisses de $0^m,03$, croisant celles du premier plan, et recouvrant la tête de ses clous. La partie supérieure de ce second plan doit être exactement à la hauteur voulue pour recevoir les chaudières.

Embarquement des chaudières.

L'embarquement des chaudières se fait ordinairement avec une machine à mâter; chaque corps est pris séparément et descendu dans la cale par les panneaux laissés à cet effet dans les ponts.

Comme le plus souvent le panneau qui donne passage aux chaudières est seulement assez grand pour laisser passer une d'elles, et qu'il est ouvert ordinairement au-dessus de la place qu'elles doivent occuper, on commence par embarquer les plus éloignées de la machine, si l'appareil générateur comporte quatre corps de chaudières. Les premières mises à bord sont poussées sur l'avant ou sur l'arrière, suivant la position de la machine, pour dégager le panneau. Ce n'est que lorsque toutes sont à bord qu'on met chacune d'elles à la place qu'elle doit occuper, en commençant par la dernière embarquée ; des coins, des palans, des pinces, des rouleaux, des crics, etc., servent à remuer les chaudières. Lorsqu'il n'y a que deux chaudières, il suffit généralement de pousser en abord la première embarquée.

Les panneaux laissés dans les ponts sont alors fermés au moyen de baux (en fer au-dessus des chaudières et en bois dans les ponts supérieurs), et de bordages cloués et calfatés comme ceux qui composent les ponts. On ne laisse le plus souvent qu'un petit panneau pour le passage de la cheminée.

Avant d'amener chaque chaudière à la place qu'elle doit occuper, on recouvre la portion de la plate-forme qui va la recevoir d'une couche épaisse de mastic au blanc de chaux. C'est sur ce mastic encore frais que l'on pose les chaudières, et l'on comble les vides du pourtour avec ce même mastic, que l'on fait pénétrer de force dans les vides.

Cette opération terminée, on cloue, sur la plate-forme, des grains d'orge, qui doivent maintenir les chaudières contre les mouvements du navire ; on mastique avec soin les vides laissés entre les chaudières et les grains d'orge, et l'on polit la surface en plan incliné pour faciliter l'écoulement des eaux.

Les différents corps de chaudières sont unis entre eux par des plaques de tôle, qui les rendent solidaires les unes des autres.

La mise en place des soupapes de sûreté, de celles atmosphériques, du niveau d'eau, des robinets-jauges et de tous les accessoires, qui ont été démontés pour le transport à bord, vient ensuite. Enfin la cheminée et le tuyau d'évacuation sont embarqués et mis en place.

224. Le tuyautage d'une machine est l'ensemble des tuyaux chargés de porter la vie dans toutes les parties de l'appareil. Il amène l'eau à la chaudière, pour la remplir, pour remplacer

celle passée à l'état de vapeur, celle évacuée par les extractions
et celle qui s'écoule par les fuites de l'enveloppe ; il conduit la vapeur en dessus ou en dessous du piston et la mène au condenseur après qu'elle a agi ; il fournit au condenseur la quantité d'eau
nécessaire, et donne écoulement au dehors du navire à cette eau
retirée par la pompe à air.

On ne saurait apporter trop de soins dans la disposition et la
réunion des différentes parties du tuyautage, car de son mauvais
établissement dépend en partie le peu de résultat que donne une
machine ; et cependant c'est le plus souvent la partie des appareils la plus négligée, parce qu'elle est moins en vue que les
autres.

Les tuyaux doivent être, autant que possible, à section circulaire, c'est-à-dire cylindriques, pour deux raisons : 1° parce qu'à
surface intérieure égale cette forme donne le plus grand passage ; 2° parce qu'elle oppose la plus grande résistance aux pressions intérieures. Les coudes, lorsqu'ils sont inévitables, doivent
être arrondis et jamais brusques ; le frottement dans les conduits
coudés est considérable, et la circulation demande plus de force ;
il faut donc en emprunter une plus grande quantité à la machine,
et cela au détriment de la marche du navire.

Aujourd'hui les tuyaux sont généralement faits en cuivre rouge,
et ont une grande solidité pour résister aux pressions considérables qu'on emploie. Cependant il serait à désirer qu'on poussât
encore plus loin la solidité du tuyautage ; car c'est à l'économie
de matière, qu'on cherche à réaliser de ce côté, qu'il faut attribuer une grande partie des avaries et des réparations continuelles, dont les dépenses, au bout d'un certain temps, dépassent
de beaucoup l'économie mal entendue faite de cette manière.

La difficulté qu'un liquide ou qu'un gaz éprouve à circuler
dans un tuyau est d'autant plus grande que le diamètre du tuyau
est plus petit ; il y a donc avantage réel à donner les plus grands
diamètres possibles, puisqu'en agissant ainsi on diminue les résistances. Mais, d'un autre côté, il faut aussi considérer que la
perte de chaleur d'un tuyau est d'autant plus grande que son diamètre est plus grand. Quoi qu'il en soit de cette dernière considération, dont on peut toujours diminuer les conséquences
fâcheuses au moyen d'enveloppes non conductrices, elle est
moins préjudiciable au travail de la machine que l'exiguïté des
conduits, à laquelle il est impossible de remédier.

En général, un tuyau qui doit établir la communication entre deux points doit se rapprocher le plus possible de la ligne droite, et par suite avoir la plus petite longueur possible. Mais l'encombrement qui résulterait infailliblement de cette infinité de tuyaux se croisant dans tous les sens et dirigés dans toutes les directions met dans l'obligation de les contourner dans nos machines marines, pour les écarter des endroits où la circulation doit toujours être facile. Cette obligation a mis dans la nécessité de faire passer presque tous les tuyaux au-dessous des parquets et des plaques de fondation, entre les carlingues. Il faut donc des tâtonnements et des combinaisons patientes pour disposer le tuyautage de manière à rendre les opérations des avaries sans nombre, auxquelles il est exposé, aussi faciles que possible. Ce résultat est loin d'être obtenu dans nos machines, dont beaucoup de tuyaux importants sont engagés de telle sorte qu'il serait presque impossible d'arriver jusqu'à eux. Aussi on ne saurait trop appeler l'attention des mécaniciens sur une question aussi importante et sur laquelle il y a tant à travailler.

Nous donnerons, au numéro suivant, la manière de joindre la plupart des tuyaux entre eux et la composition des mastics employés. Nous dirons seulement ici que souvent, pour faire communiquer plusieurs tuyaux, on emploie une espèce de boîte en fonte, portant autant de tubulures qu'il y a de tuyaux à faire communiquer. Mais alors on interpose entre la fonte de la boîte et le cuivre du tuyau une rondelle en plomb. On empêche ainsi le contact des deux métaux, et l'on diminue l'action galvanique dont il faut toujours se préoccuper.

Au numéro **176** et suivants, nous avons dit d'où partait et où aboutissait chaque tuyau; il ne nous reste donc que peu de chose à ajouter.

Mise en place du tuyautage.

Quoique tout le tuyautage soit disposé à l'établir, il n'est complétement terminé que lors du montage à bord du navire; les formes du bâtiment, la position des carlingues, celle des tuyaux déjà placés, mettent dans l'obligation de donner aux tuyaux des courbures qu'on ne peut prendre que sur place. Quoique cette opération ne présente aucune difficulté d'ajustage, elle est toujours très-longue, et demande la plus grande attention pour être faite d'une manière satisfaisante.

CONFECTION DES JOINTS ET MASTICS EMPLOYÉS.

225. Les mastics sont, en général, des pâtes composées avec

Mastics en général.

plusieurs ingrédients, et mises, alors qu'elles sont encore molles, entr les pièces à réunir pour empêcher l'eau, la vapeur et l'air de passer entre elles.

Les mastics, après leur dessiccation, doivent encore résister à la pression et à la chaleur de la vapeur employée.

226. Suivant le but qu'on se propose de remplir, on fait usage de différents mastics dont nous allons donner l'emploi et la composition. Le plus résistant de tous, celui que l'on met dans les joints qui ne sont pas susceptibles d'être démontés et dans les vides laissés entre les plaques de fondation et les carlingues, est le mastic de fonte. Il est ainsi composé :

$$\text{Tournure de fonte grise.} \dots \dots \quad 1^k,000$$
$$\text{Fleur de soufre.} \dots \dots \dots \quad 0^k,160$$
$$\text{Sel ammoniac.} \dots \dots \dots \quad 0^k,010$$

Eau-de-vie pour former une pâte légèrement épaisse.

Quand ce mastic doit servir dans des endroits exposés à la chaleur de la vapeur, la proportion des matières qui le composent varie. Ainsi, pour $1^k,000$ de tournure de fonte, on ne met que 120 à 130 grammes de fleur de soufre, mais la quantité de sel ammoniac est de 60 à 80 grammes. En outre, l'eau-de-vie est remplacée par de l'eau douce, de l'urine ou de l'eau de mer. On ne met d'abord, avec le sel et la fleur de soufre, que les deux tiers de la tournure de fonte, ne versant du liquide que ce qu'il faut pour que le mélange soit humide. Dès que le mastic commence à s'échauffer, on ajoute le reste de la tournure et on l'applique quand il dégage une forte odeur de soufre. Refoulé à coups de marteau, alors qu'il travaille encore, il prend immédiatement, se gonfle à mesure que la combinaison s'opère, remplit tous les vides et acquiert la dureté de la fonte elle-même. — Ainsi préparé et employé, le mastic de fonte fait corps avec le bois, le cuivre, la fonte et le fer, et, au bout de quarante-huit heures, il résiste très-bien à la pression et à la chaleur de la vapeur.

227. Le mastic au minium s'emploie pour les joints de cuivre ou pour tous ceux susceptibles d'un démontage fréquent, comme les différentes ouvertures de la chaudière, le couvercle des tiroirs, etc.; il se compose de

$$\text{Minium en poudre,} \dots \dots \dots \quad 1^k,000$$
$$\text{Blanc de céruse en pâte} \dots \dots \quad 1^k,000$$

On ne mêle le minium au blanc de céruse que peu à peu, et l'on bat à coups de marteau pour opérer le mélange. Plus ce mastic est battu, meilleur il est ; la consistance de la pâte doit être telle qu'elle ne s'attache pas aux doigts dans la manipulation, et qu'elle soit susceptible de s'allonger sans se rompre.

228. Le mastic au blanc de zinc remplace souvent celui au minium ; il se compose de blanc de zinc en poudre et d'une quantité d'huile de lin suffisante pour former une pâte d'une certaine consistance. Il se prépare aussi avec le marteau, et en ne faisant entrer le blanc de zinc que peu à peu. *Mastic au blanc de zinc.*

229. On trouve maintenant dans le commerce plusieurs mastics préparés, tel est le mastic Serbat. Il remplace les mastics au minium et au blanc de zinc, mais il sèche moins vite qu'eux. Il se compose de *Mastic Serbat.*

Sulfure de plomb calciné.	72 parties.
Peroxyde de manganèse	54 —
Huile de lin.	13 —

230. Le mastic au blanc d'Espagne ou à la chaux ne s'emploie que pour les joints grossiers, et encore faut-il que ces derniers ne soient pas exposés à la chaleur qui détruit ce mastic. *Mastic ordinaire au blanc d'Espagne ou à la chaux.*

On le prépare en mêlant ensemble du blanc d'Espagne ou du blanc de chaux, de l'huile de lin et du chanvre haché en menus morceaux.

231. Quoique la dénomination de joint puisse s'appliquer indifféremment, lorsqu'on parle des machines à vapeur, à toute réunion de deux pièces, quel que soit le moyen de jonction, on entend plus particulièrement par le mot joint la réunion de deux pièces susceptibles d'être désunies souvent, et surtout ne devant laisser passer ni l'eau, ni l'air, ni la vapeur entre les surfaces en contact. *Joints employés et leur constatation.*

On désigne les joints sous différents noms qui rappellent la manière dont s'opère la réunion. Ainsi, les joints à douille sont ceux dont l'une des pièces entre dans l'autre, disposée à cet effet. Dans les joints bout à bout, les pièces ne se joignent que par leurs extrémités. Les joints à plat sont ceux dans lesquels les pièces se doublent. Enfin, dans les joints à collets, elles sont réunies par les boulons qui tiennent les collets. Les surfaces en regard, dans ces derniers joints, sont garnies de tresses ou de rondelles en coton ou en chanvre, frottées de mastic et comprimées par les boulons de serrage. On emploie aussi, pour le même objet, des rondelles de plomb matées après avoir été serrées.

Quelquefois, au lieu d'avoir des collets soudés, les tuyaux en cuivre sont rabattus au bout pour former des rebords qui s'appliquent l'un contre l'autre. Dans ce cas, le serrage s'obtient au moyen de deux rondelles en fer mobiles sur chacun des tuyaux à réunir, et serrées l'une contre l'autre au moyen de deux ou quatre boulons. Ce procédé est beaucoup plus économique que les collets rivés et brasés, mais il est moins solide et il dure moins longtemps, à cause de l'effet galvanique du cuivre sur les boulons de fer.

Pour les joints invariables et exposés à de grands efforts, ils sont faits au moyen d'un boulonnage solide, et les vides laissés entre les deux surfaces en contact sont, après le serrage, remplis de mastic de fonte bien refoulé. C'est ainsi que sont faits tous les joints des pièces fixes; quand l'un d'eux laisse passer l'eau, la vapeur ou l'air, on détruit le mastic de fonte au moyen d'acide sulfurique étendu d'eau, et l'on remet de nouveau mastic.

Aujourd'hui l'outillage est assez perfectionné pour permettre de tourner ou de planer presque toutes les parties des machines; il s'ensuit que le contact des pièces à joindre est si parfait, que les tresses sont inutiles. Ainsi, pour les couvercles des cylindres, les deux faces en regard sont assez bien planées pour qu'il suffise de mettre entre elles une légère couche de peinture à la céruse et de serrer également partout les écrous des boulons.

Les tresses qui ont servi dans un joint qu'il faut refaire peuvent servir de nouveau, mais on doit les battre pour faire tomber le vieux mastic, et les enduire de nouveau avec du mastic frais. Il faut aussi avoir soin de gratter les parties enduites de vieux mastic.

Parmi les tuyaux, il y en a qui doivent conserver la possibilité de s'allonger sous l'influence de la chaleur; tels sont les tuyaux de la conduite de la vapeur et ceux de décharge. Dans ce cas, on Pl. XIV, fig. 4 fait ce qu'on appelle un joint glissant qui n'est, par le fait, qu'un presse-étoupe.

Une des parties du tuyau 11 porte un renflement à collet, l'autre partie 12 peut pénétrer dans la première et ne porte pas de collet. Dans l'espace libre laissé entre les deux tuyaux, on introduit des tresses trempées dans du suif. Ces tresses sont pressées

autour du tuyau par une couronne 13 traversée par ce tuyau.
Il s'ensuit que le tuyau 12 peut se mouvoir dans son presse-
étoupe.

VÉRIFICATION DU MONTAGE APRÈS SON EXÉCUTION
OU PENDANT LE COURS DE LA NAVIGATION.

232. Les changements de forme du navire, sous l'influence
des poids considérables de la machine, peuvent déranger la position des pièces fixes; à plus forte raison, un effet semblable peut
être produit après une longue navigation, un échouage ou un
combat. Ce dérangement dans les pièces fixes entraîne nécessairement celui des pièces mobiles, qui du reste, en dehors de ces
causes, peuvent, par l'usure de leurs articulations, être détournées
de leurs centres d'action. Il est donc indispensable de faire une
vérification complète du montage après son exécution, et après
les événements de mer qui peuvent avoir modifié les relations
que doivent avoir entre elles les différentes pièces d'une machine.

Dans tous les cas, on commence cette opération par la vérification des pièces fixes, qui maintiennent dans leur position relative les pièces mobiles. On répète une partie des opérations du
montage à bord; la seule différence, c'est que plusieurs lignes, qui
ont servi alors, ne peuvent plus être figurées maintenant, et qu'il
est quelquefois difficile de retrouver, sous la rouille qui les recouvre, certains points de repère, et certaines lignes, comme celles
tracées sur les plaques de fondation pour représenter la projection horizontale des lignes importantes de la machine.

233. Parmi les vérifications du montage, la plus importante
est évidemment celle des plaques de fondation, car de leur position dépend celle de toutes les autres pièces fixes.

Pour les vérifier, on se sert de grandes planches bien dressées,
ou de grandes règles, qu'on applique sur les parties des plaques
libres entre les pièces de la machine, ou sur des excédants de
métal laissés sur les plaques de fondation et dressés à cet effet.
Par ce moyen, on voit si les plaques de fondation sont restées dans
un même plan.

On peut encore, quelle que soit la position des cylindres, trouver
des parties de ces organes parallèles aux plaques de fondation ;
si ces parties sont restées dans un même plan, il est presque certain que les plaques de fondation n'ont pas bougé.

Dans tous les cas, qu'il s'agisse des plaques elles-mêmes, ou de points situés dans un même plan qu'elles, si les règles touchent bien les surfaces qu'elles rencontrent, les plaques sont restées dans un même plan; si le contraire a lieu, il est facile de constater de quel côté les plaques se sont abaissées. Quand cet abaissement ne dépasse pas quelques millimètres, on peut arriver à le faire disparaître en serrant à plusieurs reprises les écrous des boulons de carène des parties relevées. Au delà de 4 ou 5 millimètres ce moyen n'est plus suffisant, et le travail devient délicat et dangereux. On commence par desserrer les écrous des boulons de carène et tous ceux qui réunissent entre elles les pièces de la machine par le haut; alors seulement on introduit, entre les carlingues et les plaques abaissées, de longs coins de fer à angle très-aigu et à tête aciérée par une trempe au paquet ou au prussiate de potasse; on enfonce ces coins au moyen de rivoirs et peu à peu, en observant continuellement les effets produits. Les règles, placées dans le sens voulu, permettent de constater les résultats obtenus dans chaque moment de l'opération, qui doit être menée avec la plus grande prudence et surtout avec beaucoup de patience. Quand on est parvenu à relever les parties abaissées, il faut dépasser un peu la position réelle, parce que le serrage des écrous des boulons de carène abaisse toujours un peu les plaques. Les écrous serrés, on vérifie de nouveau, et l'on remplit de mastic de fonte tous les vides laissés entre les carlingues et les plaques et entre les coins introduits.

Supposons les plaques de fondation ou le dessous des bâtis qui reposent sur les carlingues exactement dans un même plan, il peut encore arriver que ce plan soit abaissé sur l'avant ou sur l'arrière; cet effet, très-rare aujourd'hui, où les machines occupent si peu de place dans le sens de la longueur du navire, était plus fréquent avec les anciens appareils. Mais alors tout l'appareil suit l'abaissement du plan des plaques, sans que les relations réciproques soient troublées; il n'en résulte qu'un dénivellement des arbres extérieurs, dont la chaise ne participe pas au mouvement des pièces de la machine. Dans ce cas, on ne fait aucune tentative pour relever le plan des plaques de fondation, on annule seulement son mauvais effet, sur les arbres extérieurs, en faisant marcher dans une direction convenable le palier des chaises.

234. Si les plaques sont parfaitement dans un même plan, il y a presque certitude que les cylindres sont dans leur vraie position, si toutefois les points de repère sont en communication. Une règle placée sur les parties planes supérieures montre s'il y a quelque correction à faire ; les boulons de la partie inférieure, qui les fixent soit aux plaques de fondation, soit aux carlingues, servent à corriger de petites erreurs de parallélisme.

Mais il peut arriver aussi qu'une des machines se soit affaissée sans que l'autre ait participé à cet abaissement ; dans ce cas, on renonce à corriger les plaques et les cylindres, opération qui ne serait probablement pas faisable ; on se contente de faire marcher le palier de l'arbre intermédiaire d'une quantité convenable, pour rendre les conséquences de ce défaut aussi peu graves que possible. La marche d'un palier, soit dans un sens, soit dans un autre, entraîne nécessairement celui des arbres extérieurs, car il faut toujours amener les axes des arbres à se trouver sur la même ligne droite. Dans le cas dont nous nous occupons, cette ligne n'est plus perpendiculaire au plan longitudinal du navire, comme elle l'était lors du montage.

Après la vérification des plaques et des cylindres, si l'on constate que ces parties sont bien restées dans leur vraie position, on peut en conclure que toutes les autres pièces fixes sont aussi à leur place réelle ; c'est la conséquence forcée de la solidarité qui existe entre toutes les pièces d'une machine.

255. On passe alors à la vérification des pièces mobiles en commençant par les balanciers, si la machine est faite sur ce système. Le centre du tourillon du milieu du balancier et celui de chacun des tourillons des bielles, placés aux extrémités, doivent être exactement sur une même ligne droite ; s'il en est différemment, l'affaissement du balancier ne peut provenir que de l'usure des coussinets du tourillon du milieu. Pour rétablir les choses comme elles doivent être, il suffit de placer sous le coussinet inférieur une cale dont l'épaisseur est donnée par la quantité d'abaissement qu'on a trouvée. Il faut encore que les balanciers soient parallèles entre eux, c'est-à-dire que les longueurs des bielles soient les mêmes de chaque côté ; pour cela on mesure, sur chacune des bielles, la distance du coup de pointeau, centre du tourillon terminant la traverse du piston, au coup de pointeau, centre du tourillon du balancier. S'il n'y a pas de différence dans les deux longueurs trouvées, c'est la preuve d'un parallélisme parfait ; si l'on trouve, au contraire, une des bielles plus courte que l'autre, la différence entre elles donne l'épaisseur de la cale à mettre entre les coussinets et la bielle, soit à une des extrémités, soit à l'autre, pour augmenter sa longueur de la quantité nécessaire.

On vérifie de la même manière la longueur des menottes ou bielles latérales. Dès lors la grande bielle doit nécessairement se mouvoir dans le plan longitudinal passant par le milieu de la machine ; la raison de cette conséquence est que les bielles pendantes sont égales, il en est de même pour les bielles latérales ; que les balanciers sont des lignes droites, et que la traverse du piston et celle de la grande bielle sont, d'après leur construction, exactement perpendiculaires, la première à la tige du piston, la seconde à la grande bielle.

La longueur exacte des bielles pendantes, celle des bielles latérales et beaucoup d'autres distances importantes, devraient toujours être sur des jauges, soit en bois, soit en fer forgé, qui permettraient de vérifier souvent les distances respectives du centre d'action des pièces mobiles. Un maître mécanicien, qui comprend la gravité de ses devoirs, a soin de se procurer ces jauges pendant le montage de la machine qui lui est confiée ; mais elles devraient être fournies par les soins du constructeur qui livre l'appareil. Si, en cours de navigation, un maître se trouve dans la nécessité de faire quelques modifications avantageuses pour la marche de la machine, il doit en tenir compte et corriger les jauges de manière à pouvoir retrouver les positions qui lui ont paru favorables.

236. La vérification qui vient ensuite est celle de l'arbre intermédiaire ; sa position est on ne peut plus importante, car, si son axe est oblique par rapport au plan longitudinal de la machine, au lieu d'être exactement perpendiculaire à ce plan, les manivelles n'agissent plus dans ce plan. Il en résulte nécessairement une certaine torsion dans la grande bielle, et dans les balanciers un faux mouvement qui se transmet à la tige du piston par les bielles pendantes. Si, restant perpendiculaire au plan longitudinal, l'arbre est trop sur l'avant ou trop sur l'arrière, il en résulte une différence dans la régulation, c'est-à-dire dans la distribution de la vapeur ; car la tige de l'excentrique reste de la même longueur, alors qu'elle devrait augmenter ou diminuer.

Pour savoir si l'arbre n'est pas tombé d'un côté ou de l'autre, on mesure avec une planche ou une règle la distance de deux points extrêmes symétriquement placés sur cet arbre, au-dessus des plaques de fondation. Si ces distances sont égales, l'axe de l'arbre se trouve dans un plan parallèle à celui des plaques de fondation ; sinon, on déduit de la différence des deux longueurs l'épaisseur de la cale à mettre sous le coussinet de l'arbre du côté le plus bas. Pour savoir si l'arbre n'a pas été porté d'un côté ou de l'autre, sur l'avant ou sur l'arrière, dans le plan horizontal, on mesure exactement deux points symétriques de l'arbre à deux points symétriques pris chacun sur la même pièce fixe de chaque machine.

Ainsi un très-bon moyen souvent employé consiste à prendre la distance qui sépare l'arbre du tourillon des balanciers; pour cela, on se sert d'une longue règle en bois, coupée à la longueur convenable pour venir tangenter l'arbre intermédiaire. Si l'on trouve une différence, on fait marcher le palier de la partie que l'on veut avancer ou reculer, jusqu'à ce que les distances mesurées soient égales.

Ces dernières distances, si importantes pour la vérification d'une machine de bord, devraient toujours être portées sur les jauges faites immédiatement après les expériences pour la réception de la machine; elles permettraient de se rendre compte facilement des modifications qui se font sentir dans le travail d'un appareil, sans qu'on puisse leur assigner une cause certaine.

L'absence de jauges donnant exactement les distances de l'arbre à la projection de son axe tracée sur les plaques de fondation, et à deux points symétriques pris sur les machines, rend la vérification que nous venons d'indiquer pour l'arbre intermédiaire peu concluante; elle prouve seulement que l'arbre est dans un plan parallèle au plan des carlingues et perpendiculaire au plan longitudinal; mais l'arbre peut s'être affaissé ou avoir été porté sur l'avant ou sur l'arrière, tout en étant resté parallèle à sa vraie position primitive. Cependant il faut remarquer que l'affaissement d'un arbre intermédiaire ne peut avoir lieu que pour l'usure des coussinets, usure toujours très-lente et jamais bien considérable, si l'arbre est graissé convenablement. Le seul inconvénient qui puisse en résulter est un rapprochement trop grand entre le piston et le fond du cylindre, et dans ce cas il suffit de diminuer un peu la longueur de la grande bielle et celle de la bielle d'excentrique. Cette opération est très-facile à faire sans rien changer à la régulation, si l'on a des points de repère marquant, sur la tige du tiroir ou sur toute autre pièce dépendante de son mouvement, les extrémités exactes de sa course.

L'arbre intermédiaire vérifié, on passe aux arbres extérieurs, dont les axes doivent être dans le prolongement de l'axe de l'arbre intermédiaire.

Pour faire cette vérification, on commence par voir si les collets des arbres ne se sont pas usés de manière à produire un mouvement d'écartement et de rapprochement dans les deux parties de la manivelle. Si ce mouvement a lieu, on met, à cheval sur l'arbre, une cale d'une épaisseur convenable pour compenser l'usure des collets. Alors on fait faire plusieurs révolutions à l'arbre, en mesurant, en haut, en bas, sur l'avant et sur l'arrière, la distance des deux parties de la manivelle entre elles. Si cette distance reste la même dans les quatre points dont on vient de parler, c'est une preuve que l'axe de l'arbre extérieur dont on s'occupe est bien le prolongement de celui de l'arbre intermédiaire; si, au contraire, on constate un écartement en haut et un rapprochement en bas, c'est une preuve d'usure dans le coussinet inférieur de la chaise; si en même temps les deux parties des manivelles s'éloignent l'une de l'autre lorsqu'elles sont tournées vers l'avant et se rapprochent dans la position opposée, on en conclut que le palier est trop sur l'arrière; il serait trop sur l'avant dans le cas contraire.

Pour avoir l'épaisseur de la cale à mettre sous le coussinet pour l'élever, ou la quantité dont il faut faire marcher le palier, il faut multiplier la demi-somme des deux différences constatées dans les deux positions extrêmes de la manivelle, par la distance de la manivelle à la chaise, et diviser le produit par le diamètre du cercle décrit par la manivelle.

On peut encore faire la vérification des arbres extérieurs au moyen de voyants, corrigés en longueur suivant le diamètre de la partie de l'arbre sur laquelle ils doivent être placés.

Nous avons vu, au n° 161, que la manivelle de l'arbre extérieur et celle de l'arbre intermédiaire sont réunies entre elles au moyen d'une soie ou boulon fixé seulement à cette dernière, et pouvant avoir du jeu dans l'œil de la première. Cette disposition a pour but de permettre une petite déviation dans les arbres extérieurs, sans qu'il en résulte des conséquences graves pour le mécanisme de la machine. C'est encore pour atteindre ce but que plusieurs constructeurs ont réuni les manivelles de deux arbres, qui doivent se faire suite, par une menotte.

La vérification et les corrections que l'on vient de faire subir aux arbres ont bien mis l'axe de ceux extérieurs parallèle à celui de l'arbre intermédiaire, mais ils pourraient être ou plus haut ou plus bas, ou sur l'avant ou sur l'arrière de leur vraie position.

Il faut donc ici une nouvelle vérification, que l'on exécute en mesurant la distance du bouton de manivelle au bord de l'œil de la manivelle de l'arbre extérieur qui le reçoit. Si cette distance est la même dans toutes les positions des manivelles, les axes sont bien sur la même ligne droite ; dans le cas contraire, il est facile de connaître dans quel sens il faut corriger et l'épaisseur de la cale à mettre.

Lorsqu'on rectifie la position d'arbres qui ont été longtemps dans un état de dénivellement marqué, il ne faut revenir que peu à peu à la position normale qu'ils doivent avoir, parce qu'ils ont changé de forme et que leur centre de mouvement n'est plus le même que celui qu'ils doivent avoir. Dans ce cas, on n'emploie que des cales peu épaisses, et avant de les remplacer par d'autres on laisse l'usure qui se fait entre les coussinets centrer de nouveau les arbres.

237. De ce qu'on a vu, au n° 166 et suivants, sur le parallélo-gramme, on peut déduire ses moyens de vérification. On com-mence par s'assurer qu'il a bien conservé sa forme primitive ; des jauges donnant la longueur exacte des côtés parallèles permet-tent de savoir si ces longueurs ont varié et quelle épaisseur il faut donner aux cales des coussinets des articulations. Pour sa-voir si l'arbre de la manivelle est bien resté à sa place, on retire les étoupes du presse-étoupe de la tige du piston, on suspend la couronne au-dessous de la traverse et l'on fait marcher la machine à la main. Si la tige reste toujours à la même distance des bords du trou qui lui donne passage, il n'y a aucune correction à faire dans la position de l'arbre de la manivelle du parallélogramme ; dans le cas contraire, on le fait marcher soit sur l'avant, soit sur l'arrière, pour le ramener à sa vraie position.

Enfin on s'assure que les deux parallélogrammes d'une même machine sont d'accord, c'est-à-dire que l'arbre de la manivelle, qui les rend solidaires l'un de l'autre, est perpendiculaire au plan longitudinal passant par l'axe du cylindre. Les traces de ce plan, laissées lors du montage à l'atelier sur les collets du cylindre, permettent de faire cette vérification.

238. On vérifie ensuite successivement tous les renvois de mouvement de la machine, mais cette opération ne présentant aucune difficulté pratique ne demande pas de plus longs dé-tails.

Il faut cependant en excepter les vérifications des renvois de mouvement de tiroir. Quoique cette question touche à la régula-tion de la distribution de la vapeur, qui n'est traitée que dans

Vérification du paral-
lélogramme.

Vérifications des ren-
vois de mouvement.

la partie intitulée *Travail des machines*, nous la donnererons ici.

On commence par vérifier la longueur de la bielle d'excentrique.

Pour cela on déclanche et l'on met le tiroir à mi-course, au moyen de la mise en train; des repères faits sur la tige du tiroir permettent de donner exactement cette position. Si la tige ne porte pas de repères, comme on connaît exactement la course du tiroir, on pourra toujours placer ce dernier à mi-course. Nous supposerons ici qu'il s'agit d'une machine à balancier ordinaire, quoique le procédé que nous allons donner s'applique à toutes les machines en général, sauf quelques modifications insignifiantes, conséquences du mode d'attache de la bielle de l'excentrique avec le levier du tiroir ou la tige de ce tiroir. Le tiroir à mi-course, on enlève le toc de l'arbre et l'on fait tourner le chariot d'excentrique de manière à lui faire occuper les deux positions extrêmes suivant la direction de la bielle d'excentrique; on marque, sur la queue de la bielle, dans les deux positions dont on vient de parler, les points correspondants au bouton d'enclanchement. L'axe de l'encoche doit se trouver exactement à égale distance des deux points marqués ainsi sur la queue. S'il en est différemment, l'erreur provient soit de ce que le tiroir n'est pas bien à mi-course, soit de ce que la bielle d'excentrique est trop longue ou trop courte.

On vérifie donc de nouveau la position du tiroir pour s'assurer que le mal vient positivement de la tige d'excentrique. Si le trait indiquant le milieu des deux positions extrêmes de la bielle tombe entre l'encoche et l'arbre moteur, la bielle est trop courte; si le contraire a lieu, c'est-à-dire si le milieu des positions extrêmes tombe entre l'encoche et le bout de la bielle, cette bielle est trop longue.

Il faut alors l'allonger ou la diminuer pour arriver à ce que le trait-milieu des deux positions extrêmes passe par le centre de l'encoche.

La bielle vérifiée, ou du moins mise à sa véritable longueur, on vérifie la position du toc de l'arbre; n'oublions pas que pour le moment il est retiré et que la bielle d'excentrique est déclanchée.

Virer la machine pour mettre le piston à une des extrémités de sa course, découvrir le tiroir si la chose est possible; dans le cas contraire, enlever le couvercle du cylindre ou pénétrer dans le conduit du cylindre au condenseur, pour pouvoir donner exactement au tiroir, que l'on manœuvre à la main, l'avance voulue par la régulation à l'extrémité de course que l'on considère. Fixer le tiroir dans cette position au moyen de ses garnitures et s'assurer, après le serrage, que les barrettes n'ont pas bougé et que l'avance à l'introduction voulue est bien celle qui doit être. Alors faire tourner le chariot d'excentrique jusqu'à ce que l'encoche de la bielle prenne le bouton du levier du tiroir et marquer sur l'arbre, avec une pointe à tracer, la position pour la marche en avant, par exemple, de l'arête du buttoir du chariot. Cette marque doit se confondre avec celle tracée pour la position du toc de l'arbre ; s'il en est différemment, le toc était mal placé, et le trait marqué en dernier lieu indique la position exacte de la partie du toc de l'arbre qui devra entraîner le chariot d'excentrique dans la marche en avant.

Dans la supposition d'une avance à l'introduction égale aux deux extrémités de la course du piston, procéder de la manière suivante pour vérifier la position du toc dans la marche en arrière.

Déclancher de nouveau, mais laisser tout dans le même état, quant au piston et au tiroir. Faire tourner le chariot d'excentrique sur l'arbre pour qu'il occupe la position inverse à celle qu'il occupait précédemment, c'est-à-dire qu'il faut que l'encoche de la bielle prenne de nouveau le bouton après que le chariot d'excentrique a tourné autour de l'arbre. Marquer alors, comme nous l'avons dit pour la marche en avant, le point de l'arbre qui correspond pour la marche en arrière au buttoir du chariot. La portion la plus petite de la circonférence de l'arbre, comprise entre les deux traits tracés ainsi, donne la position exacte et la longueur du toc de l'arbre ; il sera donc facile de s'assurer si la position primitive du toc était bonne et si sa longueur était bien ce qu'elle devait être.

Si l'avance à l'introduction n'était pas la même pour les deux extrémités de course du piston, on laisserait ce dernier dans la position qu'il occupe, mais on manœuvrerait le tiroir de manière à lui donner l'avance voulue pour l'autre extrémité de la course du piston, et on agirait pour le reste comme nous l'avons dit plus haut.

Ces vérifications faites avec soin, on peut être certain que la régulation est bien celle voulue par le constructeur de la machine.

239. Il n'est pas hors de propos de faire ici plusieurs remarques sur les changements produits dans la régulation par une bielle d'excentrique trop grande ou trop courte, un point d'attache de la tige de tiroir trop haut ou trop bas, des barrettes plus ou moins écartées, plus ou moins larges.

S'il s'agit d'un tiroir en D, dont la tige est conduite par un levier coudé par en bas, une trop grande longueur de la bielle d'excentrique laisse le tiroir trop haut, et, comme la vapeur arrive par les arêtes intérieures, l'avance à l'introduction et celle à la condensation sont augmentées pour le haut du piston et diminuées pour le bas. Si la tige du tiroir en D était directement menée par la tige d'excentrique, une trop grande longueur de cette dernière produira un effet contraire, c'est-à-dire que le tiroir, laissé trop bas, donnerait une avance à l'introduction et une avance à la condensation trop faibles pour le dessus du piston et trop fortes pour le dessous.

S'il s'agit d'un tiroir en coquille, mené au moyen d'un levier, l'effet produit sur la régulation est contraire à celui indiqué pour un tiroir en D, parce que, dans le tiroir en coquille, la vapeur arrive par les arêtes extérieures des barrettes. Ainsi une bielle trop longue donne une avance trop faible au-dessus du piston et trop forte au-dessous. Si le tiroir en coquille est mené directement par l'excentrique, une bielle trop longue donnera, au contraire, une avance trop grande au-dessus du piston et trop faible au-dessous.

Dans toutes les circonstances indiquées plus haut, si l'on suppose la bielle de l'excentrique trop courte, les effets produits seront contraires à ceux constatés. N'oublions pas que le dessus du piston est celui qui reçoit la tige, le dessous le côté opposé à cette tige.

240. Il est important aussi de connaître le changement que peut produire dans la régulation une tige de tiroir trop longue ou trop courte, ou, ce qui revient au même, attachée trop bas ou trop haut.

Avec un tiroir en D, une tige trop longue laisse le tiroir trop bas ; par suite, l'avance est diminuée au-dessus du piston et augmentée au-dessous ; le contraire a lieu dans les mêmes circonstances pour un tiroir en coquille. Si la tige est trop courte, l'avance est augmentée au-dessus du piston pour un tiroir en D et diminuée pour le dessous. Pour un tiroir en coquille, c'est le contraire.

241. La largeur des barrettes, par rapport à celle des orifices, et la distance qui les sépare entre elles, jouent aussi un grand rôle dans la régulation. Si la distance qui sépare les arêtes à l'introduction des barrettes est égale à celle qui sépare les mêmes arêtes des orifices du cylindre, et que la largeur de ces barrettes soit la même que celle des orifices, l'avance à l'introduction et celle à l'évacuation seront égales ; et, comme il ne peut pas y avoir de recouvrement, il n'y aura pas de détente fixe.

Conséquences des dimensions et de l'écartement des barrettes.

Si la distance qui sépare les arêtes à l'introduction pour les orifices et pour les barrettes reste la même, mais que les barrettes soient plus larges que les orifices, l'excédant de largeur se trouvant du côté des arêtes à l'évacuation, l'avance à l'introduction sera plus grande que celle à l'évacuation et l'on aura une détente fixe proportionnelle au recouvrement des barrettes.

Si l'excédant de largeur des barrettes est également réparti du côté des arêtes à l'introduction et du côté de celles à l'évacuation, la distance qui sépare les barrettes devenant ainsi plus petite que celle qui sépare les orifices, il en résultera une avance à l'introduction égale à celle à l'évacuation et une détente fixe d'autant plus grande que le recouvrement sera plus considérable.

Enfin, si l'excédant de largeur des barrettes se trouve du côté des arêtes à l'introduction, la distance des arêtes à l'évacuation étant la même pour les orifices et pour les barrettes, il en résultera pour les barrettes une distance entre les arêtes à l'introduction plus petite que celle qui sépare les mêmes arêtes des orifices du cylindre ; dans ce cas, on produira une avance à la condensation plus grande que celle à l'introduction et une détente fixe.

Dans tout ce que nous venons de dire, nous n'avons fait varier qu'un des éléments, c'est-à-dire que, quand la bielle d'excentrique ou la tige du tiroir variait, la distance des barrettes entre elles et leur largeur restaient les mêmes ; de même, quand les dimensions ou l'écartement des barrettes variait, la tige du tiroir et la bielle d'excentrique restaient fixes ; mais ce que nous avons dit suffit pour trouver les changements produits sur la régulation si plusieurs éléments variaient en même temps.

En résumé, on peut déduire de ce qui précède que la position du toc sur l'arbre, la longueur de la bielle d'excentrique et celle de la tige du tiroir influent sur l'avance à l'introduction et sur celle à l'évacuation, mais que ces éléments n'ont aucune influence sur la détente fixe, la largeur des barrettes, par rapport à celle des orifices, agissant seule sur cette dernière.

En faisant un petit modèle en carton, dans lequel on fait varier la dimension et l'écartement des parties flottantes du tiroir, on peut se rendre compte de tout ce qui a été dit plus haut.

Quant à la régulation en elle-même, elle sera traitée quand il sera question du travail des machines.

Quelle que soit l'espèce de machine et quel que soit le propulseur qu'elle fait agir, les moyens de vérification se déduisent facilement de ceux donnés plus haut. Du reste, il serait impossible à un ouvrier mécanicien de répondre convenablement sur la vérification du montage d'une machine, s'il n'a pas fait lui-même, ou suivi avec la plus grande attention, au moins une fois, le montage complet d'une machine et la vérification de ce montage.

La vérification complète d'une machine se fait toujours après le montage de son appareil; plus tard cette opération ne s'exécute que lorsque la machine paraît lourde et qu'il se produit des chocs et des échauffements qui résistent à tous les moyens employés en pareil cas. Mais, je le répète, un maître mécanicien consciencieux doit avoir des jauges pour les longueurs les plus importantes, et il doit vérifier souvent les points auxquels elles se rapportent, de manière à suivre constamment sa machine et à pouvoir toujours se rendre compte des changements qui surviennent.

CONDUITE DES MACHINES.

La conduite des machines reposant en grande partie sur l'utilisation de la chaleur produite par la combustion des corps que
l'on emploie pour produire la vapeur, nous devons commencer
par étudier la combustion et les combustibles.

DE LA COMBUSTION.

242. Depuis près de deux siècles le phénomène de la combustion est l'objet des méditations et de l'étude des chimistes les plus
distingués, et cependant la question est loin d'être résolue.

Bien des théories adoptées d'abord avec enthousiasme furent
successivement abandonnées pour d'autres qui passèrent à leur
tour. Ce n'est véritablement qu'en 1785 que la théorie de Lavoisier prévalut sur les autres.

Cette nouvelle théorie, que tout le monde adopta et que plusieurs chimistes distingués conservent encore, repose sur cette
seule et unique proposition.

Dans tout cas de combustion, l'oxygène se combine avec le
corps qui brûle.

Dans l'état actuel de la science, la théorie de Lavoisier ne peut
plus être admise. Ce grand chimiste supposait que le calorique
et la lumière, dégagés pendant la combustion, provenaient du
changement d'état de l'oxygène. Ainsi un corps gazeux n'était
tenu à cet état que par le calorique et la lumière : s'il passait à
l'état liquide, il dégageait le calorique et la lumière qui le maintenaient a l'état gazeux ; s'il passait à l'état solide, il abandonnait
une nouvelle quantité de calorique et de lumière. Cette explication, bonne pour un grand nombre de cas, ne l'est plus pour
d'autres. Il y a combustion sans qu'il y ait changement d'état des
corps. Enfin certains corps qui ne contiennent pas d'oxygène

peuvent se combiner entre eux et développer tous les phénomènes de la combustion la plus vive.

D'après Orfila et Dévergie, la combustion doit être envisagée comme un phénomène très-général, qui entraîne nécessairement un dégagement de calorique et de lumière, et qui résulte de la combinaison de deux ou d'un plus grand nombre de corps entre eux, quelle que soit leur nature. S'il ne se dégage pas de calorique et de lumière, il n'y a pas combustion.

Ainsi il n'y a pas de combustion dans la combinaison de l'oxygène avec une foule de métaux pour former des oxydes, combinaison qui s'opère dans la plupart des cas, sans aucun dégagement de calorique.

Sans nous étendre davantage sur ce sujet, nous conclurons que le dégagement de calorique et de lumière qui s'effectue pendant la combustion est un phénomène qui dépend, sans doute, de plusieurs causes à la fois, variable suivant certaines circonstances; que les théories de leur production, données jusqu'à ce jour, sont mauvaises, par cela seul qu'elles ne rendent pas compte de tous les faits.

Dans le cas particulier de la combinaison des houilles, qui doit surtout nous occuper, la combustion n'est que la combinaison des différentes parties constituantes du combustible avec l'oxygène de l'air, combinaison qui ne peut avoir lieu qu'à une haute température.

L'oxygène de l'air est ici l'élément nécessaire; il faut donc renouveler l'air à mesure que l'oxygène se combine avec les éléments de la houille ; de là la nécessité du tirage.

L'air est un composé de deux gaz, l'oxygène et l'azote, dans les proportions suivantes :

Oxygène.	1 partie.
Azote.	4 parties ou plus exactement
Oxygène.	21 parties —
Azote.	79 parties sur 100 d'air.

La pesanteur spécifique de l'air étant 1, celle de l'oxygène est de 1,111 et celle de l'azote, 0,9722.

La houille est un composé de carbone, d'hydrogène et d'autres matières volatiles, dont les proportions dépendent de la nature de la houille. Parfois aussi le charbon de terre contient du soufre et d'autres substances étrangères. Plus le charbon de terre contient d'hydrogène et plus il est inflammable, plus il contient de carbone et plus il donne de chaleur. Les matières terreuses que renferme toujours la houille forment, après la combustion, ce qu'on appelle les cendres ; les scories, les escarbilles, le mâchefer sont des vitrifications provenant des matières non combustibles, soumises à une température considérable.

La fumée est le résultat de la combinaison imparfaite des matières bitumineuses contenues dans la houille ; le manque d'oxygène, ou une température trop basse pour que la combinaison ait pu se faire, sont les deux causes qui produisent la fumée. Faire venir une plus grande quantité d'air, augmenter la température des gaz sont les seuls moyens de prévenir la fumée.

On confond souvent les deux mots combustion et chauffage, et pourtant chacun d'eux a un sens propre qu'il faut lui conserver ; il en est ainsi de plusieurs autres expressions dont nous allons parler.

Ajouter de la chaleur à un corps, c'est le chauffer.

Retrancher de la chaleur à un corps, c'est le refroidir.

Pour chauffer un corps, il faut mettre ce corps en présence d'un autre plus chaud que lui.

Pour refroidir un corps, il faut mettre ce corps en présence d'un autre plus froid que lui.

De là il résulte qu'avant de chauffer un corps il faut élever le corps chauffant à une température plus haute que celle du corps à chauffer ; ce résultat s'obtient au moyen de la combustion.

Mettre alors les corps chauffants et ceux à chauffer en présence les uns des autres, et les y maintenir jusqu'à ce que les uns et les autres soient en équilibre de température, c'est là le chauffage proprement dit.

La combinaison de l'oxygène de l'air, qui passe entre les barreaux de grille, et de l'hydrogène contenu dans la houille forme de la vapeur d'eau. Les corps constituants sont dans les proportions suivantes :

$$1 \text{ volume d'oxygène} + 2 \text{ volumes d'hydrogène} = 2 \text{ volumes de vapeur d'eau.}$$

Dans cette combinaison, une partie de la chaleur latente contenue dans l'oxygène et l'hydrogène devient sensible, et contribue à élever la température du corps chauffant.

La combinaison de l'oxygène de l'air, amené par le tirage, et

du carbone contenu dans la houille forme de l'acide carbonique.

$$1 \text{ volume de carbone} + 2 \text{ volumes d'oxygène} = 2 \text{ volumes}$$
$$\text{de gaz acide carbonique.}$$

Dans cette combinaison il y a encore de la chaleur latente qui
devient sensible.

Ainsi, après les combinaisons dont nous venons de parler,
l'air atmosphérique et le combustible sont transformés en vapeur
d'eau, en gaz acide carbonique et en azote ; et ces composés sont
à une température assez élevée pour servir de corps chauffant.

D'après ce qui a été dit plus haut, on voit que, pour que la combustion se fasse convenablement, il faudra une quantité d'oxygène
ayant un volume égal à la moitié de celui de l'hydrogène, augmenté du double de celui du carbone, contenus dans la houille
que l'on emploie. Or, comme l'on sait que l'oxygène entre environ pour 1/5 dans l'air atmosphérique, il faudra cinq volumes
d'air pour produire un volume d'oxygène.

Si la quantité d'air et, par suite, celle d'oxygène ne se trouvent
pas dans la proportion que nous venons de donner, l'hydrogène
et le carbone s'échapperont sans avoir été consumés complétement ; par suite, sans avoir donné toute la partie de leur chaleur
latente qui devait passer à l'état sensible.

Nous ne parlons pas ici des autres combinaisons de l'oxygène
avec l'hydrogène et le carbone, parce que la vapeur d'eau et le
gaz acide carbonique sont les résultats finals d'une combustion
parfaite.

On doit comprendre de quelle importance est l'obligation
qu'on impose aux chauffeurs de ne pas laisser des escarbilles
dans les cendriers. Ces escarbilles échaufferaient l'air qui arrive
pour passer entre les barreaux de la grille ; les molécules de l'air
étant plus écartées, dans le même temps il passerait un volume
plus petit, et par suite une moins grande quantité d'oxygène.

Après le dégagement des gaz de la houille, il reste sur la grille
du carbone à l'état solide, qui veut aussi de l'oxygène pour sa
combustion. Ainsi il en faut pour la combustion du carbone
resté sur la grille et pour celle des gaz qui remplissent le fourneau. L'air traversant la grille pourra bien fournir l'oxygène nécessaire au carbone resté sur la grille ; mais il n'en sera pas de
même pour les gaz, qui ne recevront, par le fait, que de l'air privé
d'une partie de son oxygène, en passant au milieu des matières

incandescentes. Il en résulte nécessairement une combustion trop active pour les parties restées sur la grille, tandis que les parties gazeuses ne peuvent brûler; de là, dégagement d'une grande quantité de fumée.

Non-seulement il faut faire arriver la quantité voulue pour fournir l'oxygène indispensable, il faut encore que la combinaison se fasse dans le moins de temps possible; on ne peut arriver à ce résultat qu'en divisant l'air de manière à ce que les molécules d'oxygène viennent en quelque sorte trouver celles des gaz, avec lesquelles elles doivent s'unir.

C'est pour atteindre ces deux résultats que M. Willams fait arriver un jet d'air froid derrière l'autel, et un autre par la porte du fourneau. Dès lors les gaz reçoivent l'air voulu pour leur combustion, et cet air est divisé de manière à ce que la combinaison puisse se faire rapidement. Les grilles ne donnent plus passage qu'à l'air qui doit entretenir la combustion des parties solides.

D'après ce que nous venons de dire plus haut, on comprend que, si l'air n'arrive pas continuellement de la même manière, le mélange des molécules de l'oxygène de l'air avec celles des gaz ne se fera pas d'une manière convenable; par suite, la flamme n'aura pas toujours la même intensité. Il peut même arriver que cette flamme s'éteigne tout à fait; ce phénomène a lieu quand, par exemple, l'air arrive en trop grande abondance et sans être divisé, ou encore quand les surfaces froides de la chaudière sont trop rapprochées de la grille.

D'après M. Willams, l'état lumineux n'est pas une propriété de la flamme; suivant lui, il provient simplement de la présence d'une matière solide étrangère, l'intensité de la lumière étant proportionnelle à la quantité et à la température de cette matière.

En résumé, quand un combustible en contact avec l'air a atteint une température suffisante, le carbone et l'hydrogène entrent en combinaison avec l'oxygène de l'air; la masse devient incandescente, diminue peu à peu en se transformant en produits gazeux, et disparaît complétement, ne laissant pour résidu qu'une quantité variable de substances incombustibles qu'on appelle cendres. Par le fait même de la combinaison, la température s'élève considérablement : la chaleur dégagée est l'effet utile; elle est reçue par les corps à échauffer au moyen d'appareils dont les dispositions et les formes varient suivant le but que l'on veut atteindre.

DU COMBUSTIBLE.

243. Laissant de côté la science pour nous mettre au point de vue de l'industrie, nous appellerons combustible toute substance qui peut, en se combinant avec l'oxygène de l'air, produire un grand dégagement de chaleur et de lumière.

En outre, les combustibles industriels devront remplir les conditions suivantes :

1° Brûler facilement dans l'air atmosphérique et s'y maintenir en combustion ;

2° Être en abondance et à bon marché ;

3° Fournir, par la combustion, des produits qui n'altèrent point les corps qui reçoivent l'action de la chaleur et qui, mêlés à l'air, n'aient point une influence nuisible sur la santé de l'homme.

Il n'y a guère, parmi les corps connus, que l'hydrogène et le carbone qui satisfassent d'une manière complète à toutes ces conditions ; aussi les seuls combustibles employés dans l'industrie sont-ils, en majeure partie, des composés de ces corps.

Outre le carbone et l'hydrogène, principes essentiels, les combustibles renferment de l'oxygène, souvent de l'azote et certaines substances accidentelles incombustibles, qui restent, après la combustion, à l'état de cendres ou de scories.

Pouvoir calorifique.   **244.** Au point de vue industriel, la question la plus importante que présente l'examen d'un combustible, c'est la connaissance de la quantité de chaleur que dégage ce combustible en brûlant, ou son pouvoir calorifique. Cette quantité a été évaluée en prenant pour unité la calorie, chaleur nécessaire pour élever de 1° 1 kilogramme d'eau ; on suppose, quoique la chose ne soit pas exacte, qu'il faut autant de chaleur pour élever une masse d'eau de 0 à 1 degré que pour l'élever de T à T + 1 degré : d'après cela, la quantité de chaleur nécessaire pour faire passer un poids P d'eau, de la température T à celle de T', sera :

$$P\,(\,T' - T\,).$$

Enfin le pouvoir calorifique d'un combustible quelconque est représenté par le nombre de calories que produit, en brûlant complétement, 1 kilogramme de ce combustible. L'expérience prouve que le pouvoir calorifique est le même pour le même combustible, quelles que soient les circonstances de la combustion.

Nous ne donnerons pas ici les moyens employés par MM. Laplace, Lavoisier, Dulong, Peclet et Berthier pour arriver à la connaissance du pouvoir calorifique des combustibles, nous dirons seulement que ces travaux sont on ne peut plus délicats.

245. M. Ebelmen désigne sous le nom de température de combustion l'échauffement thermométrique maximum qu'il est possible de produire avec un combustible donné. « Il est facile, « dit M. Ebelmen (Dictionnaire des arts et manufactures), de « trouver la quantité d'air nécessaire pour que cet air et le com- « bustible employé se transforment réciproquement et complète- « ment en eau, acide carbonique et azote, en partant de cette « base, que 1 kilogramme de carbone exige $11^k,59$ d'air conte- « nant $2^k,666$ d'oxygène pour se changer en acide carbonique, « et que 1 kilogramme d'hydrogène en prend, pour former de « l'eau, trois fois plus, soit $34^k,77$, contenant 8 kilogrammes « d'oxygène (on aura commencé par tenir compte de l'oxygène « de ce combustible, en retenant 1 d'hydrogène pour 8 d'oxy- « gène). On aura, ainsi, pour 1 kilogramme de combustible, le « poids de chacun des produits gazeux de la combustion. Or la « chaleur produite par celle-ci doit se répartir entre tous les gaz « de manière à les porter tous à une même température, qu'on « peut calculer, puisque l'on connaît la chaleur spécifique de « chacun des gaz, ou la quantité de chaleur que prend 1 kilo- « gramme de chacun d'eux pour s'échauffer de 1 degré. Le nom- « bre ainsi obtenu, qui représente la température de combustion, « varie, comme on peut s'y attendre, d'un combustible à l'autre : « on ne doit le considérer que comme approximation ; car nous « ne savons pas si la chaleur spécifique des gaz ne varie pas avec « la température. »

Lorsqu'un corps est en combustion, la chaleur produite par les différentes combinaisons chimiques se dissipe de deux manières différentes :

1° Emportée par les gaz résultant de la combustion et par le courant d'air qui s'établit naturellement ;

2° Par le rayonnement.

On a cru longtemps que la chaleur rayonnée était peu considérable, comparée à celle emportée par les gaz et le tirage, mais des expériences de M. Peclet ont démontré que la plus grande chaleur de combustion était dissipée par le rayonnement.

Pesanteur spécifique
d'un combustible.

246. La pesanteur spécifique d'un combustible est, comme pour tous les autres corps, le rapport du poids d'un volume compacte de ce combustible au poids de ce même volume d'eau distillée.

Ainsi prenons un décimètre cube de houille pesant $1^k,276$, comparons ce nombre au poids de 1 décimètre cube d'eau distillée qui est un kilogramme, la pesanteur spécifique du charbon sera de 1,276.

Poids à l'encombre-
ment.

247. Le poids à l'encombrement d'un combustible quelconque est le poids de l'unité de volume de ce combustible (hectolitre ou mètre cube), cassé ou coupé en morceaux de la grosseur ordinaire propre à chacun d'eux.

Pour le bois, les morceaux sont ordinairement des bûches de 1 mètre de longueur et $0^m,05$ de diamètre. M. Marcus Bull a reconnu, par un grand nombre d'expériences, qu'on pouvait évaluer à 0,44 le vide laissé dans le bois cordé, entre les divers morceaux.

Pour les houilles, les morceaux sont ordinairement de la grosseur du poing.

Poids d'un mètre cube
d'eau.

D'après ce que nous venons de dire plus haut, un mètre cube d'eau distillée sera de 1,000 kilogrammes.

Le poids du mètre cube d'eau de mer, dont la pesanteur spécifique est de 1,0263, sera de 1,026 kilogrammes.

Poids d'un mètre cube
de bois.

248. M. Marcus Bull a donné le poids spécifique et celui du stère de quelques espèces de bois; nous transcrivons ses résultats :

	Poids spécifique.	Poids du stère.
Noyer à écorce écailleuse. . .	1,000	558 kil.
Chêne blanc, châtaignier. . .	0,885	489
Frêne d'Amérique.	0,772	427
Hêtre des bois.	0,724	400
Charme.	0,720	398
Orme d'Amérique.	0,580	320
Pin jaune.	0,551	304
Bouleau à feuille de peuplier.	0,530	293
Châtaignier d'Amérique. . . .	0,522	288
Peuplier d'Italie.	0,397	219

Poids d'un mètre cube
de houille.

249. En prenant la moyenne entre le poids spécifique de houilles grasses ou bitumineuses, on trouve 1,300; pour les houilles sèches ou compactes, le résultat est de 1,350. Il s'ensuit

que le mètre cube d'un seul morceau des premières pèserait
1,300 kilogrammes, et celui des secondes 1,350 kilogrammes. Mais
le mètre cube, composé de morceaux qui ne sont jamais très-
gros, occupe plus de place, et pèse beaucoup moins.

Ainsi le poids d'un mètre cube de charbon bitumineux, concassé en morceaux de la grosseur du poing, grosseur convenable
pour le chauffage, est environ de 750 kilogrammes, ce qui donne
75 kilogrammes pour l'hectolitre. Dans les mêmes conditions, le
mètre cube des charbons secs varie de 780 à 800 kilogrammes,
ce qui donne 78 à 80 kilogrammes pour l'hectolitre.

250. Il est souvent important de connaître la quantité de
combustible nécessaire pour vaporiser une certaine quantité
d'eau ; pour résoudre ce problème, il faut savoir que dans les
foyers construits jusqu'à ce jour on n'utilise guère que la moitié
ou les trois cinquièmes au plus de la chaleur développée par le
combustible ; on doit connaître le pouvoir calorifique du combustible à employer et la température de l'eau à vaporiser.

Prenant pour exemple 100 kilogrammes d'eau à 12° à vaporiser avec de la houille, dont le pouvoir calorifique est de 7,500 calories ; voyons combien il faudra de kilogrammes de ce combustible. Avant de passer à l'état de vapeur, l'eau doit atteindre 100° ;
or elle ne possède que 12°, il faut donc lui ajouter 88° de chaleur,
et par suite 88 fois une calorie pour chacun des 100^k, ou
8,800 calories pour le tout.

D'un autre côté, chaque kilogramme d'eau, pour passer à l'état
de vapeur, demande 537 calories ; comme il y a 100 kilogrammes
d'eau, il faudra donc 53,700 calories ; ce nombre, ajouté au premier trouvé (8,800), donne 62,500 calories pour faire passer les
100 kilogrammes d'eau à l'état de vapeur.

Or le pouvoir calorifique de la houille employée est de
7,500 calories, c'est-à-dire que chaque kilogramme de ce charbon
fournirait 7,500 calories, si les foyers étaient parfaits ; mais,
comme nous l'avons dit, on ne peut utiliser que la moitié de
7,500 ou 3,750 calories. Divisant donc 62,500 par 3,750, le quotient entier 16 est le nombre de kilogrammes de houille nécessaire
pour vaporiser 100 kilogrammes d'eau à 12°.

Ainsi, d'après l'exemple choisi, il s'ensuivrait que chaque
kilogramme de houille devrait vaporiser de 6 à 7 kilogrammes
d'eau. Mais, dans la pratique, on reste bien au-dessous de ce
chiffre ; la mauvaise qualité du charbon, le peu de soin apporté
au chauffage, la chaleur perdue par le rayonnement sont autant

de causes qui influent plus ou moins sur la production de vapeur. Aussi ce n'est qu'après une longue observation de la manière dont fonctionnent les chaudières, et le mécanisme d'une machine, qu'il est possible de préciser la quantité de charbon à brûler.

Combustibles employés sur les navires. **251.** Il existe dans la nature beaucoup de combustibles différents, mais il n'y en a que deux employés sur les navires :

1° Le bois, combustible végétal d'un emploi très-rare en France ;

2° La houille ou charbon de terre, combustible minéral généralement employé pour la navigation sur mer.

DU BOIS.

252. M. Peclet, comparant entre elles les expériences faites par Hassenfratz, Marcus Bull et Berthier, admet les principes suivants comme suffisants dans la pratique :

1° Tous les bois, au même état de dessiccation, produisent sensiblement la même quantité de chaleur.

2° Pour les bois artificiellement et parfaitement desséchés dans un poêle, la puissance calorifique est de 3,600 calories.

3° Pour le bois à l'état ordinaire de dessiccation, c'est-à-dire renfermant encore 20 à 25 pour 100 d'eau, le pouvoir calorifique varie de 2,800 à 2,700 calories.

4° L'utilisation, dans le premier cas, ne dépasse pas 2,800 calories ; dans le second, elle peut descendre à 1,600.

5° L'eau vaporisée par le bois, parfaitement desséché, est de $3^k,300$ environ par kilogramme de combustible ; avec le bois ordinaire on ne vaporise pas plus de $2^k,500$ d'eau.

6° Il faut au bois parfaitement desséché, pour brûler chaque kilogramme, environ $6^{m3},700$ d'air ; au bois ordinaire, $5^{m3},400$.

7° Le pouvoir rayonnant des bois varie avec l'essence que l'on emploie ; il est proportionnellement d'autant plus grand que le combustible est brûlé en plus grande masse, ce qui tient à ce que le charbon rayonne beaucoup plus que la flamme.

8° Enfin tous les bois, quand ils sont brûlés en morceaux très-minces, ont à peu près le même pouvoir rayonnant, et la chaleur qu'ils émettent en vertu de ce pouvoir s'élève à peu près au quart de la chaleur totale développée par la combustion.

Charbon de bois. **253.** Le charbon de bois, comme l'indique son nom, est le carbone du bois, séparé des substances volatiles avec lesquelles il se trouvait combiné dans la matière ligneuse. Il conserve, en général, la structure du bois qui l'a fourni; il est noir, opaque et fragile. Dans l'état ordinaire, il est très-mauvais conducteur du calorique; la quantité d'eau qu'il peut absorber dans l'air va jusqu'à 20 pour 100 de son poids.

Le tableau suivant, extrait de l'ouvrage de M. Berthier, donne la composition de plusieurs charbons de Picardie transportés par terre sur le marché de Paris : on y a joint la composition de quelques charbons obtenus par la distillation des bois et conservés à l'abri de l'air.

CHARBONS.	COMPOSITION.		
	CARBONE.	CENDRES calcinées.	MATIÈRES volatiles.
Épine en gros morceaux..................	0,880	0,024	0,096
Peuplier —	0,856	0,010	0,134
Érable —	0,852	0,010	0,138
Frêne —	0,832	0,018	0,150
Tremble —	0,820	0,030	0,150
Fusain —	0,828	0,016	0,156
Sapin en petits morceaux (conservé à l'abri de l'air)......................	0,903	0,022	0,075
Menues branches préparées par la distillation.	0,766	0,064	0,170
Bourdaine préparée par la distillation (pour la poudre)....	0,577	0,008	0,415

Tous les charbons, en brûlant, dégagent sensiblement la même quantité de chaleur; mais tous ne brûlent pas de la même manière; les charbons compactes brûlent plus difficilement et plus lentement que les charbons légers. Les premiers sont préférés pour produire les hautes températures.

La puissance calorifique des charbons de bois varie entre 6,600 et 7,000 calories; à poids égaux, le charbon a un pouvoir calorifique plus que double de celui du bois. Quant à la quantité de chaleur que le charbon rayonne, elle est à peu près la moitié de celle produite par la combustion totale.

254. Le grand espace occupé par le bois, son faible pouvoir calorifique l'ont fait laisser de côté; il n'est guère employé que pour la navigation sur les rivières et les lacs d'Amérique.

DES HOUILLES.

255. Bien des opinions différentes ont partagé les savants, au sujet de la formation des houilles; dans ces derniers temps, M. Jobard a donné une explication qui répond mieux à la généralité des cas, et qui nous semble suffisante pour les mécaniciens. On regarde comme certain aujourd'hui que le centre de la terre est incandescent; la surface que nous habitons n'est qu'une croûte solidifiée par le refroidissement. D'après M. Jobard, cette croûte se couvrit d'abord de moisissure, qui, en grandissant, devint une végétation vivace. Cette époque était celle des volcans, des soulèvements et des effondrements de l'enveloppe encore mince. Le poids de ces riches végétaux brisa l'enveloppe si peu résistante, et ils furent engloutis. L'eau remplissait bientôt ces dépressions, et des lacs venaient souvent remplacer des montagnes, et *vice versâ*.

Les matières végétales et animales enfouies, soumises à la chaleur intérieure, entrèrent en distillation; il se produisit ainsi des gaz, des pétroles, des asphaltes, etc., qui, surgissant du fond des lacs, se refroidirent et vinrent s'étaler à la surface en forme de couches bitumineuses, qui s'épaissirent de plus en plus en se durcissant à la surface. Les vents apportèrent les graines des plantes environnantes sur ces lacs en quelque sorte solidifiés, les plantes poussèrent; leur poids augmentant, la couche solide se brisa, et ces espèces de forêts allèrent tapisser le fond et les bords du lac; ce fut la première couche, le premier lit de houille, dont les affleurements, plus ou moins visibles, indiquent la présence des bassins qui le reçurent.

Ces espèces de forêts vierges, composées de fougères, de palmiers, etc., entraînées avec le sol factice sur lequel elles avaient grandi, s'empâtèrent dans la masse où l'on retrouve les empreintes de leurs débris moulés dans les matières argilo-siliceuses en suspension dans les eaux, et donnèrent lieu aux murs de schiste et de grès qui séparent les couches de houille, différentes par leur épaisseur et quelquefois par leur qualité.

Après ce premier effondrement, le phénomène de la production du bitume ne s'arrêtant pas, il se forma de même manière une seconde, une troisième et souvent des centaines de couches semblables, qui se superposèrent les unes aux autres, jusqu'à ce que le lac fut rempli et que toute l'eau en fut chassée: de là le parallélisme général des couches; de là aussi leur peu d'épaisseur et l'impureté de la terre-houille aux affleurements, par suite de la tendance des bitumes à glisser sur les parties déclives.

En admettant cette théorie et suivant les différentes espèces de végétaux qui se succédèrent sur le sol, on pourrait dire que les forêts d'arbres résineux donnèrent des houilles grasses ; les forêts mélangées, des houilles demi-grasses ; et les plantes sèches, les veines de charbons maigres que l'on rencontre dans le même bassin.

Pour expliquer les zigzags que l'on rencontre si fréquemment dans les houillères, M. Jobard montre les fracassements, les renversements postérieurs des couches, par l'effet des soulèvements et des affaissements qui les ont disloquées, culbutées et quelquefois posées sur champ, de façon à se plisser comme un ruban qu'on laisserait tomber verticalement, et dont les plis, d'abord arrondis et en retraite, se seraient pliés à angles vifs par un poids posé dessus.

256. Quoique les houilles présentent des qualités bien différentes, suivant la composition de chacune d'elles, qualités qui devraient être utilisées pour une plus grande production de vapeur, l'imperfection de nos foyers est telle, qu'on obtient à peu près les mêmes quantités de chaleur de toutes les houilles. Ainsi, dans un fourneau bien conduit, la combustion de **1** kilogramme de charbon de terre donne seulement assez de chaleur pour faire passer à l'état de vapeur de 5 à 7 kilogrammes d'eau. Or le pouvoir calorifique de la houille est 6,500 calories ; on n'utilise donc que la moitié environ de cette chaleur.

Il faut, en moyenne, 20 mètres cubes d'air pour la combustion d'un kilogramme de charbon de terre.

257. Comparée au bois, la houille, sous le même poids, donne donc, à peu près, deux fois plus de chaleur que lui, et sous le même volume cinq fois plus. Si par hasard un maître mécanicien se trouvait dans la nécessité de prendre du bois au lieu de charbon, il devrait naturellemen baser ses demandes sur ces données, et tenir compte de la place occupée par ce combustible.

258. De tout temps on a fait une grande différence entre les diverses qualités de houilles et distingué les variétés sèches et anthraciteuses des houilles grasses et collantes ; mais c'est seulement dans ce dernier siècle que, l'usage du charbon de terre devenant plus commun, les industriels ont classé les houilles suivant leur manière de se comporter au feu.

Cependant on peut faire entrer dans les houilles tous les combustibles fossiles qui font partie constituante de l'écorce du globe.

En admettant, ce qui paraît prouvé aujourd'hui, que toutes les houilles ont une origine commune dans un enfouissement de végétaux, suivi d'une altération plus ou moins grande de la substance organique, on peut admettre que les différences sensibles qu'elles présentent, sous le rapport de la constitution et des propriétés, proviennent, en grande partie, de la date de leur formation.

Ce qui tendrait à prouver ce que nous venons d'avancer, c'est que les houilles que l'on rencontre dans les terrains de fraîche date, ceux dits tertiaires, conservent encore tous les caractères des matières végétales; on y trouve des arbres entiers à peine altérés. Au contraire, dans les terrains les plus anciens, ceux de transition, les houilles conservent à peine quelques traces des végétaux qui ont donné lieu à leur formation. Dans les terrains secondaires, qui renferment les houilles proprement dites, ces dernières ont des caractères empruntés à celles des terrains tertiaires et des terrains de transition; la substance végétale est encore visible, quoiqu'elle ait subi de profondes modifications.

Au point de vue minéralogique, il est bien difficile d'établir entre ces différentes variétés de houille des divisions nettement séparées, car elles passent de l'une à l'autre par des nuances à peine sensibles. Quoi qu'il en soit, on peut les classer d'après leur date d'origine et faire trois grandes divisions, chacune comprenant des espèces bien caractérisées. Ces trois divisions sont :

Les anthracites, houilles du terrain de transition;

Les houilles proprement dites, du terrain secondaire;

Les lignites, houilles du terrain tertiaire.

ANTHRACITES.

259. L'anthracite pur est d'un noir plus ou moins intense, d'un aspect métallique assez vif, opaque, friable et sec au toucher; il tache les doigts en noir et laisse sur le papier un trait noir mat. Il est compacte, homogène et présente une cassure conchoïde dont les surfaces peuvent recevoir un beau poli.

Au feu, l'anthracite pur s'allume difficilement; en combustion, en commençant seulement, il produit une flamme bleuâtre. Il ne s'embrase que lorsqu'il est en grande masse et à une température très-élevée; sa combustion est lente; ses fragments décrépitent souvent, mais sans changer de forme. Si le tirage n'est pas suffisant, les fragments se couvrent de cendres et le feu s'éteint.

L'anthracite contient environ 92 pour 100 de carbone; sa densité n'est guère au-dessous de 1,34, et il vaporise 7 kilogrammes d'eau. L'anthracite est souvent mêlé avec de l'argile, de l'oxyde de fer et de la pyrite; alors il perd son éclat et devient terne. Mélangé de 20 à 30 pour 100 d'argile, il peut encore brûler, mais sans flamme et avec lenteur.

HOUILLES PROPREMENT DITES.

260. Sous le point de vue minéralogique, la houille est encore moins bien définie que l'anthracite, car on applique cette dénomination à plusieurs variétés dont les propriétés sont très-diverses.

On prend pour type de la houille celle dite maréchale, préférée par les forgerons; cette houille, lorsqu'elle est pure, est d'un beau noir velouté, fragile, pesant de 1,27 à 1,30; elle contient de 80 à 85 pour 100 de carbone.

Allumée sur une grille, même à l'air libre, elle prend feu facilement et brûle avec une longue flamme blanche; les fragments se déforment, se boursouflent, se collent entre eux, et la combustion continue jusqu'à ce qu'il ne reste plus que des cendres.

Lorsque la combustion est très-vive, ces cendres fondent et se transforment en scories ou mâchefer.

La houille maréchale, appelée aussi houille grasse et charbon bitumineux, contient une notable quantité d'hydrogène. Ce corps, uni au carbone, forme un bitume qui rend ce charbon collant pendant la combustion et qui occasionne une fumée noire, d'une odeur particulière. Il arrive un moment, dans la combustion de la houille grasse, où le combustible forme une masse pâteuse et incandescente, brûlant sans fumée; alors on dit la houille transformée en coke.

Ce combustible, qui n'est, par le fait, que de la houille carbonisée et, par suite, privée de ces parties bitumineuses et sulfureuses, est employé avec avantage pour la fusion des métaux, le chauffage des locomotives et celui des foyers domestiques.

Sa couleur est d'un gris de fer; sa cassure est d'autant plus mate, qu'il contient moins de matières étrangères.

La houille grasse ou bitumineuse donne un coke boursouflé qui ressemble beaucoup à la pierre ponce ; quand il est très-poreux, il brûle difficilement et sans produire de flamme. Les substances terreuses mêlées au charbon de terre varient, dans les cokes, depuis 3 jusqu'à 8 pour 100. Le poids de 1 mètre cube de coke est de 430 kilog., c'est-à-dire environ la moitié de celui du mètre cube de charbon qui l'a produit. Son prix élevé et le peu d'inconvénients que présente le dégagement des gaz dans les machines à vapeur, dont les cheminées sont généralement très-élevées, font que l'on chauffe presque tous les appareils avec de la houille.

Le volume de coke fourni par la houille grasse est ordinairement supérieur au volume de la houille qui l'a fourni. Le coke bien fait doit avoir les caractères suivants : il doit être fritté, c'est-à-dire bien soudé et finement bulbeux, homogène, gris d'acier, sonore et dur ; les fragments doivent être anguleux et les arêtes tranchantes.

DES LIGNITES ET DES TOURBES.

261. On appelle lignites des combustibles très-divers, en ce sens que les uns sont véritablement minéraux, tandis que les autres ne sont que des bois fossiles.

Le lignite parfait est celui qui n'a conservé aucune trace de tissus organiques ; on en trouve le type dans les terrains tertiaires des environs de Marseille et dans la Toscane. Comparé à la houille, le lignite est toujours d'un noir mat et terne. Il ne contient que 70 à 73 pour 100 de carbone et pèse 1,25.

Au feu, il brûle sans se déformer, avec flamme, mais en émettant une odeur particulière qui prend aux yeux, tandis que celle de la houille prend à la gorge. Lorsque la flamme cesse, la combustion est presque finie ; aussi passe-t-il vite sur les grilles, sans tenir au feu. Le lignite ne fournit pas de coke ; ses fragments se résolvent en cendres presque aussitôt qu'ils n'émettent plus de flamme.

Quant aux lignites ligneux, au milieu desquels on reconnaît parfaitement le tissu végétal, l'acide acétique que produit leur combustion attaque fortement les poêles et les tuyaux en fonte, ce qui rend leur emploi impossible pour les chaudières à vapeur.

Enfin, dans les terrains d'une formation encore plus récente que ceux qui contiennent les lignites, on trouve la tourbe, qui ne

peut même plus être comptée parmi les combustibles minéraux,
car les traces du tissu végétal sont trop générales et trop pro-
noncées.

COMBINAISONS DE L'ANTHRACITE, DES HOUILLES
ET DES LIGNITES ENTRE EUX.

262. Les houilles grasses s'unissent, par des passages minéra-
logiques, soit à l'anthracite, soit au lignite. Avec l'anthracite,
elles forment les houilles sèches anthraciteuses; avec le lignite,
elles forment les houilles maigres, flambantes et gazeuses.

263. La houille sèche anthraciteuse ne colle pas, donne peu
de flamme et est principalement employée à la cuisson de la
chaux et des briques. En Angleterre, dans le pays de Galles, on
en fait un grand usage pour les hauts fourneaux, dans lesquels
elle se conduit très-bien. Cette houille ne convient aux foyers évaporatoires qu'avec l'emploi d'un tirage forcé et sur des grilles
d'une grande surface, car elle brûle lentement et avec une flamme
tsès-courte.

Les houilles anthraciteuses contiennent plus de carbone que
celles dites maréchales.

264. Entre l'anthracite et la houille grasse, il existe de nombreuses variétés de charbons qui se rapprochent plus ou moins
de ces limites extrêmes et qu'on désigne sous le nom de charbons
maigres; mais cette dénomination peut induire en erreur sur la
nature du combustible, car elle s'applique aussi aux différentes
variétés comprises entre la houille grasse et le lignite, qui sont
toutes flambantes et gazeuses Parmi ces derniers charbons, dans
lesquels la proportion des gaz va toujours en augmentant, on a
pu former trois variétés principales, qui ont pour types

1° Le charbon flenu de Mons ou charbon à gaz de Saint-
Étienne,

2° La houille compacte ou *cannel-coal*,

3° La houille maigre à longue flamme.

265. Le flenu ou charbon à gaz ne diffère presque de la houille
maréchale que par une propriété moins collante et un rendement
moins avantageux en coke; il est plus solide et convient mieux à
la grille qu'à la forge; à la distillation, il fournit un gaz plus
abondant et plus éclairant que toute autre houille.

266. La houille compacte ou *cannel-coal* est une variété des

charbons à gaz ; elle ne colle pas, mais elle est encore plus avan-
tageuse pour la production du gaz. Elle s'allume facilement et
brûle avec une flamme blanche et claire, qui l'a fait aussi nommer
candle-coal ou charbon candelaire. En Angleterre, c'est le charbon d'appartement par excellence. Sa texture compacte et homogène, sa structure plateuse, son aspect terne et ligniteux en font
réellement une anomalie minéralogique.

Le *cannel-coal* est ainsi nommé du nom de la mine qui le fournit à Worsley, dans le Lancashire.

267. La houille maigre à longue flamme ne se distingue des
houilles grasses à gaz qu'en ce qu'elle est plus pâteuse et d'un
noir moins brillant. Elle s'allume facilement, brûle vivement,
avec une flamme longue et claire, sans que les fragments se collent ou se déforment, et ne laisse qu'un coke léger sans consistance. C'est un excellent charbon de grille ; il passe assez rapidement, il est vrai, mais il est capable de donner beaucoup de
chaleur.

Le type peut être pris à Lucy, dans Saône-et-Loire ; elle ne
contient que 75 pour 100 de carbone.

Toute la distance qui sépare la houille maigre à longue flamme
de la houille grasse à gaz est comblée par les variétés dites demi-
grasses. Les cokes qui proviennent de ces houilles sont toujours
moins homogènes, moins frittés, plus légers, plus aiguillés et plus
fragiles que ceux qui proviennent des houilles grasses maréchales.

D'après ce qui précède, on voit qu'il serait très-difficile de reconnaître, par le seul examen minéralogique, les différentes espèces
de houilles les unes des autres, chacune d'elles n'ayant pas de
caractères distinctifs.

268. Aussi, pour bien apprécier les qualités d'une houille,
doit-on en faire un essai pratique, car, si l'analyse chimique peut
fixer sur la proportion des cendres, sur celle du carbone et des
gaz, elle ne peut fournir aucune donnée certaine sur les qualités
et la tenue au feu.

L'essai pratique d'une houille se fait, autant que possible, par
une application de l'emploi auquel on la destine. Ainsi les houilles
destinées aux appareils évaporatoires sont essayées dans le fourneau d'une chaudière à vapeur et estimées d'après la quantité
d'eau vaporisée par chaque kilogramme. Les houilles maréchales
sont appliquées au chauffage d'une pièce de forge ; et c'est par la
distillation qu'on éprouve la houille à coke et à gaz.

Dans ces différents essais on tient compte de toutes les circonstances; le temps est, par exemple, un élément très-important, et telle houille est quelquefois regardée comme supérieure à une autre, qui a cependant un pouvoir calorifique plus considérable, uniquement parce qu'elle brûle plus vite, et peut fournir, dans un temps donné, une plus grande quantité de vapeur.

CLASSIFICATION, LIEUX DE PROVENANCE ET EMPLOI DES COMBUSTIBLES MINÉRAUX.

269. 1° *Anthracites.* — On ne connaît guère que deux variétés d'anthracites :

Les anthracites compactes de Pensylvanie et de la mer d'Azof;

Les anthracites friables du pays de Galles, plus généralement connus sous le nom de cardiff.

Ces deux espèces d'anthracites présentent à peu près les mêmes apparences, mais le premier est plus sec au toucher et résiste plus à la cassure que le second; l'anthracite friable, dont la cohésion est moins grande que celle de l'anthracite compacte, ne doit pas être tourmenté sur la grille, car il tombe facilement en poussière.

Comparé aux houilles proprement dites, l'anthracite contient plus de carbone; par suite, il donne plus de chaleur. Il est plus dense; il en résulte que les routes en contiennent davantage. Il donne plus de vapeur. Il ne donne pas de fumée ; par suite, les tubes des chaudières restent plus longtemps propres, et il est possible de marcher plus longtemps sans les nettoyer. La combustion spontanée de l'anthracite n'est pas à craindre, ce qui s'explique par la difficulté qu'on éprouve à l'allumer; il faut le soumettre à une température très-élevée pour que le peu de gaz qu'il contient puisse se dégager. On peut emmagasiner l'anthracite en grands tas et sans précaution, tandis que pour le charbon gras il faut le mettre à l'air libre et par petits tas. Enfin il est plus compacte, se brise peu dans les transports et les manipulations, ne se réduit jamais en poussière et ne donne lieu qu'à un déficit insignifiant.

Avantage de l'anthracite.

Il est très-long et très-difficile à allumer. Il faut deux fois et demie plus de temps pour produire de la pression qu'en employant de la houille ordinaire; aussi les navires qui s'en servent et qui ne marchent que le jour doivent conserver les feux allumés toutes les nuits. Les résidus sont plus considérables. Le pouvoir rayonnant des anthracites, étant plus grand que celui des

Inconvénients de l'anthracite.

autres charbons, entretient une plus grande chaleur dans les chambres de chauffe.

PROVENANCE.	POIDS SPÉCIFIQUE.	COMPOSITION.				
		CARBONE.	HYDROGÈNE.	OXYGÈNE ET AZOTE.	CENDRES.	
Pensylvanie (Amér. du N.).	1,462	90,45	2,43	2,45	4,67	Les départements de la Saethe et du Nord, en France, fournissent aussi des anthracites.
Pays de Galles (Angleterre).	1,348	92,56	3,33	2,53	1,58	
Rolduc (Belgique).........	1,343	91,45	4,18	3,12	2,25	
Mayenne (France)...... ..	1,367	91,98	3,92	3,16	76,14	
La Mure (France).........	1,362	89,77	1,67	3,99	4,57	

270. 2° *Houilles anthraciteuses*. — Ces houilles, dont les variétés comblent la distance qui sépare les anthracites des houilles grasses, ont des caractères qui dépendent plus ou moins de ces deux types, suivant qu'elles en sont plus ou moins rapprochées.

On les exploite en Angleterre dans les bassins de Galles et du Staffordshire ; en Belgique, à Charleroi ; dans les Pays-Bas, à Namur ; et, en France, dans les départements du Gard (Alais-Rochebelle), de la Loire (Rive-de-Gier), de la Haute-Saône (Fresne, Vieux-Condé).

PROVENANCE.	POIDS SPÉCIFIQUE.	COMPOSITION.			
		CARBONE.	HYDROGÈNE.	OXYGÈNE ET AZOTE.	CENDRES.
Alais (Rochebelle), France..........	1,322	89,27	4,85	4,47	1,41
Rive-de-Gier (P. Henry), France......	1,315	87,85	4,90	4,29	2,96

271. 3° *Houilles maréchales, grasses ou bitumineuses.* — L'aspect général de ces houilles est légèrement terreux et gras ; elles salissent les doigts ; leur couleur est d'un noir très-foncé ; elles sont légères et friables. En brûlant, elles donnent une flamme blanche et semblent fondre sous l'action de la chaleur ; elles se gonflent et s'agglutinent.

Leur emploi, pour les navires à vapeur, est désavantageux, parce qu'il faut sans cesse dégager les vides laissés entre les barreaux de grille. Ces houilles se fondent, comblent l'entre-deux des barreaux et empêchent ainsi l'air nécessaire à la combustion d'arriver.

On trouve la houille maréchale, en Angleterre, à Newcastle (Richardson) ; en France, à Saint-Étienne, dans la couche Saignat de Roche-la-Molière et dans la cinquième couche du Treuil.

On rapporte encore aux houilles maréchales les houilles grasses, appelées aussi houilles à coke, prises en France à la Péronnière, ou à Grande-Croix, dans la couche de Mons, près de Saint-Étienne, et celles dites fines-forges.

PROVENANCE.	POIDS SPÉCIFIQUE.	COMPOSITION.			
		CARBONE.	HYDROGÈNE.	OXYGÈNE ET AZOTE.	CENDRES.
Rive-de-Gier (Grande-Croix), France...	1,300	87,62	5,00	5,77	1,61
Newcastle (Angleterre).............	1,280	87,95	5,24	5,41	1,40

272. 4° *Houilles demi-grasses.* — Ces houilles, d'un noir moins foncé que celui des houilles grasses, sont légèrement brillantes et ne salissent pas les doigts. Elles brûlent sans se coller sur les barreaux ; leur flamme est bleuâtre et courte ; leur fumée est beaucoup moins noire que celle des houilles grasses, mais aussi elles donnent moins de chaleur que ces dernières.

Pour les navires à vapeur, on préfère les houilles demi-grasses. Cependant, comme elles donnent beaucoup d'escarbilles, il faut souvent nettoyer les grilles.

On range, dans les houilles demi-grasses, une partie des houilles à coke, dont le rendement ne dépasse pas 60 pour 100. Telles sont, en France, les houilles du Creuzot, celles dites ruffors, à Saint-Étienne et Rive-de-Gier ; les flenus de Mons, les houilles employées pour la fabrication du coke à Blanzy, à Commentry et à Bésent. Mais ces dernières se confondent avec les houilles demi-grasses et celles à gaz qui suivent.

$$\text{Pesanteur spécifique.} \quad . \quad . \quad 1,90$$
$$\text{Poids du mètre cube.} \quad . \quad . \quad 780^{k}$$

PROVENANCE.	POIDS SPÉCIFIQUE.	COMPOSITION.			
		CARBONE.	HYDROGÈNE.	OXYGÈNE ET AZOTE.	CENDRES.
France. Rive-de-Gier. Couson....		82,04	5,27	9,12	3,57
France. Rive-de-Gier. Cimetière..		82,58	5,59	9,11	2,72
France. Commentry.............		82,79	5,23	11,75	0,24
Belgique. Flenu de Mons.........		83,87	5,42	7,03	3,68

273. 5° *Houilles à gaz.* — Les houilles à gaz, quoiqu'elles se confondent souvent avec les houilles demi-grasses, forment cependant une variété spéciale dans la plupart des bassins riches en combustibles.

Les charbons des Littes, à Saint-Étienne, en France, et ceux de Lancashire (cannel-coal), en Angleterre, appartiennent à cette variété.

274. 6° *Houille maigre flambante.* — La couleur de cette houille est d'un gris très-foncé, présentant une certaine homogénéité ; mais plus généralement la contexture est lamelleuse.

Elle brûle très-facilement avec une longue flamme blanche et sans faire du mâchefer.

Comme emploi pour les appareils évaporatoires, elle est de beaucoup préférable à celui de tous les charbons bitumineux.

Pesanteur spécifique, 1,36.

Carbone, 76,48 ; hydrogène, 5,25 ; oxygène et azote, 16,01. Cendres, 2,28.

Poids à l'encombrement, 800^k le mètre cube.

On trouve cette houille dans la couche supérieure de Monceau, près Blanzy, à Commentry, à Épinac et Brassac.

275. 7° *Lignite parfait.* — Ce combustible peut remplacer la houille, avec laquelle il a beaucoup de rapports ; il est compacte et d'une couleur brune.

Il brûle très-bien, en produisant une flamme longue accompagnée d'une fumée émettant une odeur bitumineuse désagréable. Il ne se boursoufle pas en brûlant, et ses fragments ne se collent pas.

Pesanteur spécifique, 1,27.

Carbone, 70,49 ; hydrogène, 5,59 ; oxygène et azote, 18,93. Cendres, 4,99.

On trouve le lignite parfait dans les Bouches-du-Rhône, à Faveau, au Rocher-Bleu, etc. ; à Dax, à Mont-Mésinier ; dans les Basses-Alpes et dans les Maremmes de Toscane, notamment à Monte-Bamboli.

276. 8° *Le lignite ligneux.* — Ce combustible n'est plus propre au chauffage des générateurs ; il en est de même de la tourbe, qui vient ensuite dans l'échelle des combustibles.

277. COMPOSITION CHIMIQUE DES COMBUSTIBLES, ABSTRACTION FAITE DES CENDRES, QUI VARIENT DE 2 A 8 POUR 100 ; PAR M. REGNAULT. 1837.

DÉNOMINATION.	DENSITÉ.	COMPOSITION, DÉDUCTION FAITE DES CENDRES.		
		CARBONE.	HYDROGÈNE.	OXYGÈNE ET AZOTE.
Anthracite..........	1,46 à 1,34	94,89 à 92,85	4,28 à 2,55	3,19 à 2,16
Houille grasse maréchale...........	1,30	89,19 à 89,04	5,31 à 4,93	6 à 5,50
Houille maigre flambante............	1,30	78,26	5,35	16,39
Lignite parfait de Provence............	1,25	73,79	5,29	20,92
Lignite ligneux.....	1,10	66,96	5,27	27,77
Tourbe.............	1,05	61,05	6,45	32,50
Bois...............	1 à 0,70	49,07	6,31	44,62

CONDITIONS QUE DOIVENT REMPLIR LES HOUILLES DESTINÉES AU CHAUFFAGE DES CHAUDIÈRES A VAPEUR.

278. Les qualités essentielles des charbons de terre employés au chauffage des chaudières à vapeur marines sont en quelque sorte résumées par les conditions suivantes, contenues dans les cahiers des charges pour la fourniture des charbons de la marine impériale :

La houille sera de fraîche extraction, de première qualité et en roche.

Le poids de l'hectolitre ne dépassera pas 80 kilogrammes.

On ne passera que 10 pour 100 de menu.

La commission de recette pourra faire passer toute la fourniture au crible.

Sur la grille, elle brûlera vivement ; elle ne se coagulera pas de manière à engager l'entre-deux des barreaux.

Les pyrites contenues ne devront pas nuire à son emploi ; la commission de recette pourra faire une analyse chimique.

Chaque kilogramme brûlé devra vaporiser au moins 6^k,500 d'eau.

Le mâchefer ne dépassera pas 2 pour 100.

Les escarbilles ou résidus non combustibles ne dépasseront pas 13 pour 100.

279. Si un navire ne devait jamais faire de charbon en dehors des ports de guerre, là où des commissions sont chargées de la recette, on pourrait ne pas exiger d'un mécanicien des connaissances pratiques pour apprécier les qualités du combustible qu'il ne peut, dans aucun cas, refuser. Mais souvent il faut renouveler le charbon à l'étranger, et une commission, dans laquelle entre le maître mécanicien, est chargée de passer le marché ; on ne peut le plus souvent soumettre le charbon à aucune expérience ; les moyens et le temps manquent ordinairement, c'est donc à la vue seulement qu'il faut juger le combustible à choisir.

On comprend que le maître mécanicien est celui dont l'opinion a le plus de poids dans de semblables circonstances ; c'est aussi celui qui se trouve le plus intéressé dans la question. L'expérience et l'observation sont les seuls guides qu'il peut suivre ; cependant la pratique a fait admettre les règles suivantes consignées par M. Ortolan, dans son *Traité élémentaire des machines à vapeur :*

1° Plus un charbon présente de parties brillantes dans sa cassure, plus il est pur, plus son pouvoir calorifique est grand, mais aussi plus il est fragile.

Les parties ternes indiquent la présence de matières argileuses et incombustibles.

2° Si le menu est brillant, pailleteux, fragile, et qu'il ne salisse pas les doigts, le charbon qui donne ce menu est gras et de bonne qualité;

3° Si le menu est terne, léger, à fragments durs et qu'il ne tache pas les doigts, le charbon qui le fournit est maigre, d'assez bonne qualité et susceptible de brûler avec une longue flamme;

4° Si le menu est lourd, à fragments durs et qu'il tache les doigts, le charbon qui le fournit est mélangé d'argile, de parties schisteuses et, par suite, de mauvaise qualité pour le chauffage des chaudières.

Les charbons les plus estimés pour le chauffage des chaudières à vapeur sont :

Pour l'Angleterre, le Sunderland, le Nuwcastle et le Cardiff;

Pour la Belgique, les houilles de Mons;

Pour la France, la Grande-Combe, l'Azin, le Graissac, la Roche-Bleue, etc. La France est loin d'être pauvre en combustible, elle pourrait largement se suffire à elle-même, même en supposant une consommation annuelle double, pendant plusieurs milliers d'années. Ce qui lui manque, ce sont des voies de communication et des compagnies disposant d'un capital plus considérable pour l'exploitation de la houille.

COMBUSTION SPONTANÉE DU CHARBON.

280. Certaines houilles, plus particulièrement, peuvent entrer en combustion lorsqu'elles sont réunies en tas à terre, ou lorsqu'elles sont emmagasinées dans les soutes ou la cale d'un navire. En considérant la composition de celles qui prennent le plus facilement feu, il semblerait que l'oxygène qu'elles contiennent joue un grand rôle dans ce phénomène dont les conséquences peuvent être terribles. Le lignite parfait et la houille maigre entrent en combustion spontanément plus facilement que tous les autres combustibles, et ce sont eux aussi qui contiennent le plus d'oxygène.

D'un autre côté, les pyrites sulfureuses se remarquent toujours en grand nombre dans les houilles qui prennent feu; il peut arriver que ce feu sulfuré, sous l'influence de l'air chaud et humide qui peut exister au milieu des grandes masses de charbon, soit à terre, soit à bord, se décompose en donnant naissance à de l'oxyde de fer et à de l'hydrogène sulfuré, surtout si le charbon est à l'état de poussière. On peut même ne pas tenir compte de l'air, l'oxygène contenu dans le combustible et celui de l'eau qui humidifie le charbon suffisent.

Quelle que soit la cause de ces combinaisons, la chaleur dégagée pendant qu'elles s'effectuent peut élever la température du carbone au point de permettre sa combinaison avec l'oxygène de l'atmosphère, dans le cas où un courant d'air vient à s'établir; dès lors on a la raison de ces embrasements spontanés qui gagnent avec rapidité toute la masse du combustible. On suppose encore que de l'hydrogène proto-carboné, nommé aussi feu grisou, et qui cause des accidents terribles dans les mines de houilles, peut être contenu dans les blocs de charbon; ces blocs, en se brisant, laisseraient échapper ce grisou qui, en se combinant avec l'air de la soute, formerait du gaz inflammable. Un chauffeur descendant avec une lampe, pour travailler dans la soute, mettrait le feu à ce mélange explosif.

Beaucoup d'autres théories, dont nous ne parlerons pas, sont encore données pour expliquer les combustions spontanées, dont les conséquences sont toujours graves pour tous ceux qui montent le navire; le plus important pour un mécanicien, c'est d'écarter du charbon qu'il embarque les causes qui peuvent déterminer un commencement de combustion, celles qui doivent l'augmenter en l'alimentant, et enfin de connaître les mesures à prendre dans de semblables circonstances pour se rendre maître du feu.

1° Puisque la présence des pyrites peut occasionner la combustion spontanée, le mécanicien devra refuser tout charbon qui en contiendrait une trop quantité. Mais pourra-t-il toujours constater la présence de ce corps? Non malheureusement, s'il ne peut faire une analyse chimique. Souvent, il est vrai, le fer sulfuré se présente sous la forme de paillettes d'un beau jaune d'or ou sous celle de cristaux de même couleur; dans ce cas, il est facile de le reconnaître. Mais sa couleur varie du blanc brillant au noir terne, il peut encore avoir subi un commencement de fermentation et échapper complétement aux regards.

2° L'humidité, l'eau contenue dans le charbon fournit les éléments de la combustion ; il ne faudra donc pas embarquer le charbon par un temps de pluie ou prendre du charbon mouillé, pour le mettre dans les soutes. Mais les circonstances de la navigation ne s'accordent pas souvent avec ces conditions, dans certains pays il faudrait attendre des mois entiers ; puis le navire travaille, les cloisons des soutes à charbon peuvent laisser passer l'eau de la mer, ou celles jetées sur les ponts pendant les lavages. Ici encore, il peut être impossible de prendre les mesures ordonnées par l'expérience.

3° La combustion a lieu surtout dans le poussier de charbon ; il ne faudra donc pas laisser accumuler le poussier au fond des soutes, et toujours brûler le charbon le plus ancien à bord.

4° Dans presque tous les cas, c'est un courant d'air qui détermine l'embrasement ; on devra donc toujours empêcher que l'air ne circule du bas en haut dans les soutes, et il faudra aérer ces dernières toutes les fois que la chose sera possible, pour empêcher l'air de la soute de s'échauffer.

5° Dès qu'il y a combustion, il y a le plus souvent dégagement de gaz hydrogène sulfuré, dont l'odeur d'œuf pourri affecte l'odorat ; en visitant souvent les soutes, on pourra donc être prévenu des dangers que l'on court.

6° Il peut encore arriver que la fermentation des matières bitumineuses produise un échauffement graduel, sans odeur ; dans ce cas encore, les visites fréquentes pourront révéler l'état des choses.

INCENDIE DANS UNE SOUTE.

281. 1° Dans tous les cas, empêcher les courants d'air de haut en bas, noyer le charbon dans une grande quantité d'eau.

2° Former un batardeau sur le pont, au-dessus de la soute, et couvrir cette partie d'eau pour empêcher ou seulement retarder sa combustion.

Pour les cloisons verticales, les entourer de fauberts continuellement mouillés, de manière à concentrer l'incendie.

3° Ne pas descendre dans les soutes avec une lumière, si elle n'est pas renfermée dans une lampe de sûreté.

4° Mais, parmi tous les moyens proposés jusqu'à ce jour, le plus efficace serait de pouvoir remplir la soute de vapeur. Cette dernière, prenant la place de l'air qu'elle chasse devant elle, enlèverait à la combustion la cause qui l'entretient. On met aujourd'hui, sur nos navires, un tuyau qui va du coffre à vapeur des chaudières aux soutes à charbon, et qui permettra de faire arriver la vapeur dans les soutes en cas d'incendie. Ce moyen, sans être d'une efficacité complète, parce que la température de la soute peut être telle, que la vapeur d'eau se décompose et qu'elle donne son oxygène pour activer la combustion que l'on veut arrêter, sera toujours d'un grand secours dans la plupart des circonstances, et viendrait en aide aux autres moyens suggérés par les circonstances.

CHAINE THERMOMÉTRIQUE DE M. ORTOLAN.

282. On doit à M. Ortolan, premier maître mécanicien de la maison impériale, un moyen très-simple de connaître toujours la température du charbon contenu dans les soutes.

M. Ortolan place, au fond des soutes et le long de leurs parois, des conduits en cuivre de 2 centimètres de diamètre et de 3 millimètres d'épaisseur. Ces tubes, qui traversent toute la masse de combustible, sont composés de parties longues de 1 mètre, isolées les unes des autres par des rondelles en bois, qui ne gênent pas la circulation dans l'intérieur, et qui n'ont pour but que d'empêcher la chaleur de se communiquer d'une partie du tube à l'autre. En outre, ces tubes sont percés de trous destinés à laisser passer dans leur intérieur les gaz hydrogènes sulfurés qui, dans certains cas, précèdent la combustion spontanée.

Dans ce tube-conduit passe une chaîne en cuivre, composée de bouts de 1 mètre de longueur; ces bouts sont liés les uns aux autres par de petits cylindres en bois, qui empêchent aussi la chaleur de passer de l'un à l'autre. Dans la pose de la chaîne, les disques en bois doivent correspondre aux rondelles du tube-conduit.

Pour constater la température du charbon dans la soute, il suffit de retirer la chaîne du tube-conduit; la différence de chaleur d'un bout de la chaîne au bout suivant indique le point de la soute où il y a nécessité d'exercer une surveillance active. Alors on peut envoyer un thermomètre dans la partie du tube-conduit qui correspond à cet endroit, et connaître exactement sa température.

CONDUITE DES FEUX.

La conduite des feux demande toute l'attention des chauffeurs, et une surveillance constante de la part du maître mécanicien de quart.

Un navire ne doit pas consommer plus de charbon qu'il est nécessaire, et il doit, sans relâcher, pouvoir parcourir le chemin le plus long possible. Supposons que, pour franchir la distance qui sépare un lieu d'un autre, il faille huit jours en moyenne, un navire à vapeur ne pourra donc entreprendre ce voyage que s'il prend en approvisionnement la quantité de combustible nécessaire pour faire ces huit jours de chauffe, et de plus il ne devra brûler que ce qui est strictement nécessaire, s'il ne veut pas rester en route.

Or l'expérience a démontré qu'entre un chauffage régulier et un autre fait sans méthode il pouvait y avoir une différence de 20 pour 100 dans la consommation. Ainsi, de deux navires prenant chacun douze jours de charbon, l'un pourra marcher pendant douze jours, tandis que l'autre ne le fera que pendant dix.

283. La couche de charbon sur les grilles doit avoir une épaisseur uniforme, depuis l'autel jusqu'à quelques centimètres de la sole.

Quand un chauffeur charge un fourneau déjà allumé, il doit commencer par le fond du fourneau, et avoir soin de combler les endroits où les barreaux sont découverts.

La surface du combustible, et l'on parle, ici, non-seulement du charbon incandescent, mais encore de celui que l'on met de nouveau, doit être aussi unie que possible. Avant d'être mis dans le fourneau, le charbon doit être cassé en morceaux qui ne dépassent pas la grosseur du poing.

284. La couche de charbon à mettre sur les grilles ne doit jamais dépasser de 10 à 16 centimètres d'épaisseur. En agissant ainsi, l'air destiné à fournir l'oxygène nécessaire à la combustion passe régulièrement entre les barreaux de la grille, et assez divisé pour ne pas refroidir certains endroits, comme cela arrive lorsqu'on laisse une partie des grilles découverte; il se produit alors ce que l'on voit dans un foyer domestique; soufflé avec trop de violence, la flamme s'éteint et, par suite, la température de la combustion diminue.

L'épaisseur de la couche de charbon doit être comprise entre 10 et 16 centimètres; pourquoi ces limites si éloignées l'une de l'autre? Parce que cette épaisseur dépend évidemment de la nature du charbon qu'on emploie. Avec un charbon gras et collant, pour lequel le tirage doit être modéré, la couche de combustible pourra être maintenue plus épaisse que si l'on chauffe avec un charbon maigre ou compacte. Pour les mêmes raisons, l'écartement des barreaux de grille devrait aussi varier avec l'espèce de houille à brûler.

Dans quel cas peut-on mouiller le combustible?

285. Lorsque le charbon est trop menu, comme celui qu'on retire du fond des soutes, il est souvent impossible de l'employer, parce qu'il passe entre les barreaux. On augmente ainsi la quantité des escarbilles sans aucun profit pour la production de vapeur. Dans ce cas seulement on peut mouiller légèrement le charbon pour en former une espèce de mortier épais, que l'on jette sur d'autre charbon allumé. On arrive ainsi à pouvoir brûler le poussier le plus fin ; mais sa combustion donne, en résumé, peu de chaleur , car une partie de celle du charbon incandescent est employée à vaporiser l'eau que contient le charbon mouillé ; si l'on a mis 100 litres d'eau par exemple, ces 100 litres seront vaporisés dans le fourneau au détriment de la vapeur formée par la chaudière, qui vaporisera 100 litres de moins.

Dès lors on doit comprendre pourquoi il est recommandé aux chauffeurs d'écarter le charbon des chaudières, et surtout des escarbilles, quand on éteint ces dernières. Ils doivent éviter, avec le plus grand soin, toutes les causes qui peuvent mouiller le charbon qu'ils emploient.

Disposition des foyers pour brûler l'anthracite.

286. La France étant excessivement riche en anthracite, nous croyons devoir donner ici les modifications à faire subir à nos foyers pour pouvoir utiliser ce combustible.

D'après ce que nous avons dit plus haut, on sait que l'anthracite ne se distille pas sur la grille, ou du moins que sa distillation ne produit que très-peu de gaz ; au contraire, les charbons gras fournissent beaucoup de gaz qui ont besoin, pour se dégager , d'un certain temps, d'une certaine température et d'un contact prolongé avec l'air. Si ces conditions ne sont pas remplies, les gaz sont entraînés dans la cheminée avant d'avoir acquis la température convenable pour s'enflammer et, par suite, sont perdus.

De la comparaison des anthracites et du charbon gras on déduit que les premiers doivent être mis en contact avec l'air dans le moins de temps possible ; par suite, l'air doit arriver plus abondamment, ce qui ne peut s'obtenir qu'au moyen d'un tirage forcé et une disposition différente des barreaux de la grille.

En résumé, les foyers pour brûler l'anthracite doivent avoir un tirage forcé, des barreaux de grille doivent être plus minces que ceux que nous employons, et la distance qui les sépare doit être plus grande que celle que nous donnons.

287. Remplir les chaudières; mollir les haubans de la cheminée; ouvrir les soupapes de sûreté pour laisser échapper l'air contenu dans la chaudière, alors qu'il se dilatera sous l'influence de l'augmentation de température de l'eau, ou qu'il sera chassé par la vapeur qui doit prendre sa place; ouvrir tout à fait les registres de la cheminée s'il y en a, car la dilatation du métal pourrait empêcher de les manœuvrer plus tard; les mèches des godets graisseurs sont visitées, mais elles ne seront introduites dans les lumières que quelques moments avant la mise en marche; mettre de l'huile dans les godets; disposer les bouilloires pour faire fondre le suif. Visiter et huiler les coussinets des arbres extérieurs; ouvrir le diaphragme du tuyau de décharge, ouvrir tous les robinets de sûreté qui ferment les prises d'eau près des murailles; débosser les roues ou retirer le frein de l'hélice; s'assurer que rien ne peut gêner le mouvement du propulseur; enfin visiter tout l'appareil; un corps étranger, quelque petit qu'il soit, engagé dans les organes si resserrés d'une machine nouvelle, peut causer les plus grandes avaries; des objets combustibles, abandonnés sur les chaudières, peuvent communiquer le feu au navire; d'autres peuvent surcharger les soupapes de sûreté, si les poids sont en dehors.

288. On est obligé d'allumer les feux avant l'heure fixée pour le départ du navire, car il faut un certain temps pour élever à 100° toute la masse d'eau contenue dans les chaudières, et mettre les feux en état de donner la quantité de chaleur voulue pour la production constante de la vapeur. Mais ce temps varie nécessairement avec l'espèce de combustible dont on dispose, le système de l'appareil évaporatoire et le mode de tirage employé.

Ainsi il faut plus de temps pour avoir de la vapeur avec les houilles maigres et anthraciteuses qu'avec les charbons gras, avec les chaudières à carneaux qu'avec celles tubulaires, avec le tirage naturel qu'avec le tirage forcé produit par un ventilateur. Nous spécifions le système, parce que le contraire a lieu si le tirage forcé est produit par un jet de vapeur, car dans ce cas la cheminée est très-petite, et le tirage ne commence que lorsque la vapeur formée a déjà une pression supérieure à celle de l'atmosphère.

Le maître mécanicien doit toujours avoir en réserve une certaine quantité de bois fendu en petits morceaux et de copeaux qu'il fait ramasser lorsque les charpentiers travaillent ; il doit aussi faire mettre de côté toutes les étoupes grasses qui ont servi au nettoyage de la machine.

Pour pouvoir allumer les feux facilement, on couvre toutes les grilles d'une petite couche de charbon et l'on met en avant, sur la sole, des étoupes grasses et du bois que l'on recouvre de charbon menu.

Pour allumer, on présente la flamme d'une lampe de mineur à l'étoupe grasse de chaque fourneau, et le feu se communique bien vite au bois et au charbon. L'air froid passant entre les barreaux et au milieu du charbon non allumé qui garnit la grille ne pouvant que retarder la combustion, on ferme les portes des cendriers et l'on entr'ouvre celles des fourneaux. Mais, dès que le charbon allumé sur l'avant aura recouvert toute la grille, on ouvrira les portes des cendriers et l'on fermera celles des fourneaux, qui dès lors deviendraient nuisibles. Dès que la partie du combustible qui garnit le devant des grilles est bien prise, on l'étend sur le charbon non allumé et on le remplace par une nouvelle quantité de charbon frais, qu'on laisse prendre avant de l'étendre. On agit ainsi jusqu'à ce que toute la grille soit couverte d'une couche égale de charbon bien incandescent. En entr'ouvrant la porte du fourneau, un chauffeur peut s'assurer de l'état des feux qu'il doit conduire ; mais ce moyen est mauvais, en ce qu'il laisse pénétrer l'air dans le fourneau. Il vaut mieux prendre pour guide la clarté répandue au-dessous de la grille ; quand elle est vive, les feux sont bien ; on dit alors qu'ils sont clairs. M. Williams résume ainsi les devoirs des chauffeurs : lorsque l'air nécessaire à la combustion est convenablement introduit,

1° Chargez le fourneau, en commençant par le fond près de l'autel et en continuant jusqu'à quelques pouces de la sole.

2° Ne laissez jamais tomber le feu avant de jeter une nouvelle charge ; ayez sur la grille une épaisseur d'au moins 4 à 5 pouces (de 10 à 13 centimètres) de charbon incandescent, clair et également réparti sur toute la grille.

3° Si la couche du combustible est irrégulière, ou si elle a des trous, ayez soin de niveler et de remplir les espaces vides.

4° Cassez le charbon en morceaux de la grosseur du poing d'un homme au plus.

5° Lorsque le cendrier a peu de hauteur, nettoyez-le souvent; une masse de scories chaudes surchauffe et brûle les grilles.

A ces prescriptions j'ajouterai les suivantes :

6° Entretenez constamment une couche de charbon d'une épaisseur uniforme; par ce moyen seulement, vous obtiendrez un chauffage régulier.

7° Ne laissez les portes des fourneaux ouvertes que le moins possible ; la grande quantité d'air qui s'introduit alors produit sur la flamme du foyer l'effet du souffle sur la flamme d'une chandelle; elle en diminue la température et, par suite, la quantité de chaleur dégagée par la combustion.

8° Pour la même raison, ne chargez les fourneaux que successivement, de manière à n'avoir jamais plusieurs portes ouvertes à la fois.

9° Enfin, suivant la nature du charbon que vous employez, veillez bien l'état des grilles ; maintenez libre, autant que possible, l'intervalle laissé entre les barreaux pour le passage de l'air. Un fourneau bien conduit ne devrait jamais nécessiter, pour le décrassage de ses barreaux, une extinction complète.

La méthode qui consiste à placer sur l'avant de la grille, près de la porte, la nouvelle charge du fourneau, pour lui donner le temps de s'échauffer, est en désaccord avec la physique, et surtout condamnée par l'expérience. En agissant ainsi, on laisse l'extrémité de la grille près de l'autel comparativement dégarnie; l'air y pénètre en trop grande quantité, refroidit les gaz du charbon et nuit ainsi à l'effet général du foyer.

289. Le maître mécanicien, au bout de peu de temps, doit connaître asez la machine qu'il est chargé de conduire, pour comprendre ses besoins ; l'étude du charbon qu'il doit employer complète les données nécessaires pour régler convenablement le chauffage pendant la marche.

Ainsi il ordonne aux maîtres qui se succèdent dans la conduite de la machine de faire décrasser, dans chaque quart et aux heures désignées, une certaine quantité de fourneaux. Il en est de même pour le ramonage des tubes. Il règle aussi la quantité de charbon à brûler dans chaque quart, soit que la machine marche avec ou sans détente variable et suivant le nombre de coups de piston qu'elle doit donner : les heures d'extraction et la quantité de ces extractions sont aussi indiquées. Tous ces ordres sont combinés de manière à assurer une production de vapeur aussi uniforme que possible, un travail régulier de la machine et un entretien convenable de l'appareil générateur.

290. Comme nous l'avons déjà dit plus haut, le charbon composant une nouvelle charge doit être étendu sur tout celui déjà en ignition, le plus également possible, en commençant par le fond, près de l'autel, et garnissant, en dernier lieu, la partie près de la porte. La quantité de charbon à introduire doit être telle, que la couche entière du combustible soit d'une épaisseur constante de 10 à 14 centimètres. Dans les fourneaux très-larges, l'expérience a prouvé qu'on obtenait un chauffage plus régulier en ne couvrant de nouveau charbon qu'une moitié de la grille, dans le sens de la longueur. Dans ce cas, chacune des moitiés est alternativement chargée, comme s'il s'agissait de deux fourneaux séparés.

291. A moins d'ordres formels donnés seulement dans des circonstances exceptionnelles qui mettent dans la nécessité d'avoir de la vapeur le plus promptement possible, les feux que l'on vient d'allumer ne doivent pas être poussés. On doit, au contraire, calculer le moment de l'allumage de manière à ce qu'on ait largement le temps de produire de la vapeur, sans activer la combustion du charbon; c'est le seul moyen d'éviter les différences de dilatation, qui fatiguent toujours les coutures et les tirants des chaudières.

292. Tous les charbons contiennent des parties terreuses non combustibles qui, en s'accumulant sur les barreaux des grilles, interceptent le passage de l'air nécessaire pour la combustion. Ces parties non combustibles forment, le plus souvent, des espèces de gâteaux de mâchefer qui se collent aux barreaux et comblent l'espace qui les sépare. Dès lors les barreaux, n'étant plus refroidis par le passage de l'air, rougissent, cèdent sous le poids de la charge de charbon et parfois fondent. D'un autre côté, de petits morceaux de charbon incandescent tombent avec les cendres dans le cendrier et s'y accumulent; la chaleur qui se dégage de ces escarbilles n'est pas assez grande pour augmenter la production de vapeur, mais elle l'est assez pour dilater l'air qui arrive au-dessous des grilles; par suite, il en passe moins, le tirage est diminué et la combustion languit. Il ne faut donc, dans aucun cas, laisser les cendres s'accumuler dans les cendriers.

Les outils qui servent à décrasser les grilles et à nettoyer les cendriers se nomment ringards; il y en a de trois formes différentes.

1° Le ringard, terminé per une espèce de raclette ou de râteau et nommé rouable, sert à étendre la charbon en couche uniforme sur les grilles, à ramener le charbon en avant pour mettre bas les feux, et à retirer les escarbilles des cendriers.

2° Celui terminé en fer de lance, et appelé pour cette raison lance, sert à détacher le charbon et le mâchefer collés sur les grilles; pour cela, on le fait pénétrer entre la grille et la couche que l'on veut détacher.

3° Enfin il y a encore des ringards terminés par un crochet, qui servent à dégager l'entre-deux des barreaux, en faisant tomber dans les cendriers les morceaux de charbon qui s'y engagent souvent, malgré la forme donnée aux barreaux. Pour se servir du crochet, le chauffeur appuie l'instrument sur la barre placée à cet effet sur l'avant des chaudières et croisant les cendriers.

Tous ces instruments sont en fer forgé et demandent des réparations continuelles, car ils sont bien vite brûlés. Il faut apporter une certaine intelligence dans l'emploi de ces outils, car il y a des charbons, comme les houilles maigres et celles anthraciteuses, qui demandent à être très-peu tourmentés ; d'autres, au contraire, comme les charbons gras et bitumineux, fondent plus ou moins au feu, s'attachent aux barreaux et ferment souvent les espaces qui les séparent.

Par suite, les charbons gras devront être remués plus souvent que ceux maigres, pour que l'air indispensable à la combustion arrive d'une manière convenable.

293. Le décrassage d'une grille ne se fait que lorsqu'il y a sur les barreaux de cette grille une quantité de mâchefer assez grande pour empêcher le passage de l'air entre les barreaux; il peut se résumer ainsi : Décrasser les grilles.

1° Laissez brûler une grande partie du combustible qui recouvre la grille à décrasser, sans le renouveler ;

2° Fermez la porte ou les portes du cendrier ;

3° Portez d'un côté de la grille tout le charbon qui reste dans le fourneau ;

4° Décrassez le côté libre au moyen de la lance et du rouable ;

5° Faites pour l'autre côté de la grille ce que vous avez fait pour le premier ;

6° Étendez le charbon du fourneau sur la grille et chargez ce fourneau de couches successives de charbon, jusqu'à ce que la couche de combustible ait l'épaisseur voulue ;

7° Fermez la porte du fourneau et ouvrez celle du cendrier ;

8° Retirez les cendres et les scories tombées dans le cendrier ;

9° Éteignez les escarbilles en jetant de l'eau dessus, mais avant ayez soin d'écarter ces escarbilles des chaudières et du charbon qui descend des soutes alimentaires.

Le refroidissement subit, occasionné par le contact de l'eau froide sur les parties chaudes des chaudières, produit toujours un très-mauvais effet ; à plus forte raison, ne doit-on pas éteindre les escarbilles lorsqu'elles sont dans les cendriers. Quant à l'eau qui pourrait mouiller le charbon, nous avons dit, au n° 285, ce qu'il en résultait.

Le fourneau que l'on décrasse ne participant pas à la production de la vapeur et, par suite, la pression tombant presque toujours pendant cette opération, on doit agir avec le plus de célérité possible, apporter plus de soins aux autres fourneaux et ne pas nettoyer plusieurs grilles en même temps.

Ramoner les tubes. **294.** On est prévenu de l'engorgement des tubes d'une chaudière quand ses feux languissent, malgré le bon état de la grille ; il est évident alors que le tirage est diminué. Les règles pour le ramonage des tubes sont les suivantes :

1° Comme pour le nettoyage des grilles, laissez tomber les feux de la chaudière dont vous allez vous occuper sans renouveler le combustible. Pendant ce temps, disposez tout pour faire travailler tous les chauffeurs qu'il sera possible de placer. Les hectolitres et des planches servent à élever les hommes à la hauteur convenable.

2° Le charbon presque consumé, fermez les portes des cendriers et le registre de la cheminée s'il y en a un pour chaque chaudière ; enfin prenez toutes les précautions nécessaires pour empêcher l'air froid de produire des contractions dangereuses pour les tubes.

3° Ouvrez les portes des boîtes à fumée, et passez l'écouvillon en fil de fer, ou la raclette à segments circulaires, dans chaque tube. Pour ce dernier instrument, le chauffeur qui s'en sert doit contracter les branches avant de les introduire dans les tubes. Quand l'instrument est chaud, cette opération ne peut se faire qu'avec des étoupes dont le chauffeur doit avoir soin de se munir.

4° Les tubes nettoyés, retirez la suie tombée dans la boîte à fumée et refermez la porte.

5° Ouvrez le registre de la cheminée, chargez les fourneaux et retirez la porte des cendriers.

6° Mouillez la suie avant de l'envoyer à la mer, pour qu'elle donne le moins de poussière possible.

On a dit plus haut qu'il fallait employer tous les chauffeurs qui pouvaient travailler, car le ramonage, comme toutes les opérations qui suspendent momentanément la combustion et, par suite, la production de la vapeur, doit toujours être fait avec la plus grande célérité.

295. En ouvrant la porte d'un foyer, l'air extérieur, beaucoup plus pesant que celui du fourneau, s'y précipite avec force et cause ainsi un refroidissement assez grand pour éteindre la flamme, comme cela arrive pour celle d'une chandelle que l'on souffle ; par suite, la quantité de chaleur développée est considérablement diminuée. Il faut donc agir avec promptitude, soit pour charger les fourneaux, soit pour les décrasser, de manière à laisser les portes ouvertes le moins longtemps possible. *Empêcher les entrées de l'air froid.*

C'est au maître mécanicien, qui, par expérience, sait combien le combustible qu'il emploie encrasse les grilles et engorge les tubes, à régler le décrassage et le ramonage de manière à ce que plusieurs causes réunies ne viennent pas diminuer la pression. Du reste, avant d'entreprendre ces opérations, le chef de quart doit s'assurer par lui-même du bon état des feux des autres fourneaux.

Malgré ces précautions, il est souvent impossible de maintenir la pression, la quantité de vapeur dépensée excédant celle fournie. Dès lors il faut marcher à détente ou augmenter celle qui existe déjà ; cette manière d'agir est de beaucoup préférable à la fermeture du registre de vapeur.

296. Il arrive souvent qu'un barreau de grille tombe dans le cendrier ; il faut aussitôt le remettre en place s'il peut encore servir, ou le remplacer par un de rechange. Cette opération est on ne peut plus simple : le barreau est attaché, au moyen de fils de caret, sur la lance et porté à la place qu'il doit occuper par cet instrument ; les fils de caret se brûlent et le barreau tombe à sa place. On finit de le faire pénétrer, entre les deux qui doivent le toucher, avec le bout de la lance. *Remplacer un barreau de grille.*

297. En général, c'est-à-dire hors des cas d'avaries ou d'accidents à redouter, on ne jette pas tous les feux bas en même temps, et cela pour la commodité des chauffeurs. On s'occupe ordinairement de deux ou trois foyers à la fois ; le charbon qu'ils contiennent est retiré et jeté sur le parquet, où des chauffeurs l'éteignent au moyen d'eau prise aux robinets de service. Avant de passer à d'autres fourneaux, on nettoie convenablement ceux dont on s'occupe. *Extinction des feux.*

Dès que la machine n'est plus nécessaire, ou plutôt dès que *Précautions à prendre.*

l'ordre a été donné d'en haut d'éteindre les feux, le maître mécanicien met sa machine dans une position convenable pour les travaux dont il a reconnu la nécessité. Les mèches des godets graisseurs sont retirées; les robinets de prise d'eau, ceux d'injection, les soupapes et les diaphragmes des tuyaux de décharge sont fermés; il en est de même des soupapes d'arrêt. Pendant ce temps, les feux sont jetés bas, comme on l'a dit plus haut. Si la cheminée a un registre, on le ferme aux trois quarts, et on a soin de fermer le cendrier et la porte de chaque fourneau dès qu'il est nettoyé.

Les hommes qui ne sont pas devant les feux sont employés à essuyer toutes les pièces de la machine pendant qu'elles sont encore chaudes.

Si l'on doit vider les chaudières, on conserve assez de pression pour l'extraction; dans le cas contraire, on utilise la vapeur pour alimenter avec le petit cheval et renouveler ainsi l'eau de la chaudière.

CONDUITE DES CHAUDIÈRES.

298. Pour faire le plein des chaudières, on ouvre d'abord le robinet de sûreté du tuyau de prise d'eau, puis le robinet de prise d'eau; l'eau de la mer arrive ainsi à la chaudière. Si l'air contenu dans la chaudière n'avait pas la possibilité de sortir, il arriverait bientôt à avoir une tension égale à celle qui fait pénétrer l'eau, et le niveau de la chaudière ne monterait plus. Il faut donc ouvrir un passage à l'air; c'est ce que l'on fait en levant les soupapes de sûreté et en ouvrant les robinets-jauges. En laissant arriver l'eau extérieure, on obtient bientôt le niveau que l'on désire, si ce niveau est à la même hauteur ou au-dessous de celui de la mer à l'extérieur du navire; dans ce cas, il suffit de fermer les robinets de prise d'eau, et le plein est fait. Si, au contraire, le niveau normal des chaudières est plus élevé que celui de la mer, on est prévenu que l'eau extérieure n'arrive plus quand, fermant les soupapes de sûreté et présentant la main sous les robinets-jauges, on ne sent pas un courant d'air. Alors on ferme le robinet de prise d'eau et l'on finit de remplir la chaudière avec la pompe à quatre fins, ou avec le petit cheval, quand ce dernier est disposé de manière à pouvoir être manœuvré à bras.

Dans un cas pressé, on peut allumer les feux avant de terminer le plein des chaudières; il suffit que les tôles supérieures aux

courants de flamme, ou les tubes les plus élevés, soient recouverts ;
mais, comme il est toujours difficile de reconnaître d'une manière certaine le point où le liquide est parvenu jusqu'à ce qu'il
paraisse dans les tubes de niveau, on ne doit agir ainsi que dans
des circonstances exceptionnelles.

299. Si le niveau d'eau est trop bas, les surfaces de chauffe
peuvent être découvertes et brûlées, la chaleur qu'elles reçoivent
ne se communiquant plus. En outre, le liquide, ramené, soit par
le mouvement du navire, soit par l'alimentation, sur ces surfaces
rouges, peut être transformé tout à coup en vapeur dont la pression monte au-dessus des limites fixées. Le moindre accident qui
puisse en résulter est l'affaissement des parties brûlées, et le plus
souvent la sûreté de la chaudière est sérieusement compromise.

Si le niveau est trop haut, la production de vapeur n'est plus
aussi considérable, le réservoir de vapeur est diminué, et, si le
liquide s'approche trop des tuyaux de conduite de vapeur, il peut
être entraîné dans le cylindre et causer des accidents considérables.

Dans tous les cas, en supposant que le niveau de l'eau dans les
chaudières n'atteigne pas les limites extrêmes dont nous venons
de parler, il influe sur la production de la vapeur, et il est toujours avantageux de le maintenir à une hauteur constante. On
parvient à ce résultat en laissant arriver à la chaudière une partie
de l'eau fournie par la pompe alimentaire ou, à défaut de celle-
ci, par le petit cheval. Ce dernier, qui donne de l'eau de mer
froide, n'est employé que lorsque la machine ne marche pas, ou
quand les pompes alimentaires sont avariées ou que l'eau qu'elles
fournissent est insuffisante.

Le mécanicien, chargé de conduire les feux, doit donc continuellement veiller ses tubes de niveau et les robinets-jauges, de
manière à régler convenablement l'alimentation. Dans les chaudières établies à terre, l'immobilité permet d'employer certaines
dispositions qui donnent la facilité de maintenir un niveau constant ; mais à bord aucun moyen mécanique n'a encore donné de
bons résultats, et l'alimentation est restée confiée aux mécaniciens.

Par suite de cette nécessité de veiller sans cesse les tubes de
niveau, il faut être certain que les indications qu'ils donnent ne
sont pas fausses ; on doit donc s'assurer souvent que leurs communications avec la chaudière ne sont pas obstruées, et contrôler
le niveau d'eau qu'ils indiquent par celui donné par les robinets-
jauges.

On peut, dans certaines circonstances, maintenir le niveau d'eau au-dessus du niveau normal, ainsi, par exemple, quand on doit rester stoppé pendant quelque temps; mais, dans aucun cas, on ne doit le laisser tomber au-dessous.

300. Les cheminées doivent être ramonées toutes les fois que les feux sont éteints : cette opération doit précéder le nettoyage des courants de flamme; elle a pour but non-seulement de dégager le passage laissé aux gaz et à la fumée, mais encore d'empêcher que la suie embrasée, qui se détache des parois de la cheminée quand les feux sont allumés, ne vienne brûler les voiles, les tentes, les bastingages et même le pont. Il faut aussi, de temps en temps, les battre légèrement pour faire tomber la rouille et les peindre extérieurement au minium ou au gris de zinc, avant de mettre de la peinture noire. La chaux employée comme peinture est très-mauvaise, car elle est une cause très-active de production d'oxyde et, par suite, de détérioration des tôles d'une cheminée. Dès que la machine est éteinte, il faut mettre le capeau de la cheminée en place, pour empêcher la pluie de tomber dans l'intérieur des conduits de flamme.

Il faut aussi avoir soin de mollir les haubans d'une cheminée quand on allume les feux; sans cette précaution, les haubans, par le fait de la dilatation de la cheminée, pourraient se tendre outre mesure et se rompre. Non-seulement une semblable négligence peut fatiguer la cheminée et rebrousser la partie inférieure, mais encore la chute des haubans sur le pont peut blesser des hommes. Quand les feux sont allumés et qu'on suppose la cheminée arrivée à son maximum de dilatation, on visite ses haubans de nouveau pour les tendre, si la solidité de la cheminée l'exige.

301. En comparant l'eau de mer à l'eau douce, on trouve une très-grande différence entre les deux. L'eau de mer a une saveur salée, un peu amère et nauséabonde, qui n'existe pas dans l'eau douce; son odeur, sur les côtes surtout, est désagréable; enfin, au toucher, on trouve une certaine viscosité qu'on ne sent pas dans l'eau douce. Ces différences proviennent de la constitution chimique de l'eau de mer.

L'eau de mer renferme à peu près $\frac{1}{20}$ de son volume d'air, 3 pour 100 en poids de sel marin et 1 pour 100 de sulfate de chaux, de magnésie, etc.

Sa pesanteur spécifique est de 1,026.

Lorsque l'eau de mer est soumise à l'action d'un foyer, elle se vaporise, laissant, dans le vase qui la renferme, les sels qu'elle contient ; ces sels forment des dépôts qui augmentent de plus en plus à mesure que l'eau diminue et que la vapeur se dégage.

302. Mais, pour que les dépôts commencent, il faut que le liquide soit saturé, c'est-à-dire qu'il ait dissous toute la quantité de sel qu'il peut contenir : ou, ce qui est plus vrai, que la quantité de vapeur dégagée laisse assez de sel pour que le liquide restant soit saturé. Dès lors, si l'on ajoute du sel ou si la vaporisation continue, le sel n'est plus dissous, et tombe au fond des chaudières ou il s'attache à ses parois. C'est par cet effet chimique que se produisent ces dépôts réfractaires qui empêchent l'eau d'être en contact avec le métal ; dès lors la tôle, ne pouvant pas transmettre la chaleur qu'elle reçoit, rougit et brûle ; une partie de la chaleur du foyer, n'étant pas absorbée convenablement, est perdue.

D'après ce que nous venons de dire, les dépôts de sel ne commenceraient dans les chaudières que lorsque l'eau est saturée. Or, ce liquide pouvant contenir environ le $\frac{1}{3}$ de son poids de sel, on pourrait atteindre cette limite ; mais le chlorure de sodium ou sel marin n'est pas le seul contenu dans l'eau de mer, il y a encore des sulfates de magnésie et de chaux dont les dépôts, beaucoup plus dangereux que ceux du sel marin, commencent bien avant la solution du liquide par ce dernier sel. C'est pour cette raison que l'on fait des extractions alors que le pèse-sel ne marque qu'une fraction du sel que pourrait contenir l'eau.

Des expériences nouvelles feraient penser que le sel, contenu dans un liquide, peut être précipité, sans qu'il y ait saturation ou vaporisation, par le seul fait d'une grande température ou de la pression élevée à plusieurs atmosphères. Cette question, d'une si grande importance pour la navigation, sera probablement bientôt résolue ; quant aux conséquences qu'on pourrait tirer de ce phénomène en dehors des lois chimiques, elles n'auront une application utile que quand on connaîtra la cause qui produit le précipité du sel.

303. Parmi tous les moyens proposés pour empêcher la formation des dépôts dans les chaudières, ou au moins leurs adhérences aux parois des générateurs, moyens dont l'expérience a démontré l'insuffisance ou le mauvais effet sur la tôle, nous citerons le suivant, qu'on peut facilement expérimenter.

M. E. Barbasse, à Alais, prétend empêcher les incrustations des chaudières en plaçant, dans l'eau qu'elles contiennent, des bûches de chêne blanc garnies de leur écorce ; il en met environ 6 kilogrammes par mètre cube de capacité de la chaudière. En agissant ainsi, les dépôts calcaires ne seraient plus adhérents, et se transformeraient en une poussière qui n'exige que l'emploi du balai pour se détacher et laisser le métal complétement propre.

Quoi qu'il en soit, le seul moyen employé sur mer est le renouvellement de l'eau de la chaudière de manière à ce que le liquide n'arrive pas au degré de saturation où les dépôts calcaires commencent ; c'est ce qu'on nomme extraction.

L'expérience a prouvé qu'avec les chaudières à carneaux, dans lesquelles la quantité d'eau est très-grande, il fallait, pour éviter les dépôts, remplacer un poids d'eau égal à la moitié de celui évaporé par une même quantité provenant du condenseur. Ainsi, dans ces chaudières, les extractions sont égales à la moitié de l'eau passée à l'état de vapeur, et l'alimentation est une fois et demie cette quantité. Dans les chaudières tubulaires, la quantité de liquide contenue dans le réservoir d'eau est beaucoup moins grande que dans les chaudières à carneaux, la production de vapeur restant la même. Ainsi les extractions doivent être dans une proportion plus considérable ; elles doivent atteindre les 2/3 de l'eau vaporisée. Par suite, l'alimentation doit fournir une quantité d'eau égale à une fois et 2/3 celle passée à l'état de vapeur.

Nous supposons ici que toute l'eau d'alimentation est prise dans la bâche ; car, dans le cas où il faudrait prendre une partie de cette eau à la mer, on devrait augmenter les extractions, l'eau de mer contenant plus de sel que l'eau de condensation.

Le repos et l'immobilité du liquide dans le générateur facilitent beaucoup la formation des dépôts ; il ne faudra donc jamais garder l'eau dans les chaudières au mouillage, et surtout laisser refroidir cette eau dans le générateur. Si cependant les circonstances de la navigation mettent dans l'obligation de conserver le plein des chaudières, on devra, au moyen d'extractions considérables et de la vapeur existant dans la chaudière, renouveler l'eau autant que possible.

Désincrustation des chaudières.

504. Malgré toutes les précautions dont nous venons de parler, il arrive que les dépôts atteignent souvent une épaisseur telle, que la partie inférieure des plaques de tête et une partie de tubes se trouvent soumises entièrement à l'ardeur de la flamme, et sont exposées à être brûlées. Tant que le mal ne dépasse pas certaines proportions, on peut dégager le métal au moyen de longues

grattes faites exprès pour atteindre ces endroits. Dans les chaudières nouvelles, la distance des premiers tubes aux foyers des
fourneaux permet de pénétrer dans ces parties, et de piquer le
métal, s'il y a lieu ; mais, dans les anciennes, il faut parfois démonter les tubes inférieurs. Chaque maître mécanicien s'ingénie
pour trouver des moyens, des instruments qui permettent de nettoyer l'intérieur des chaudières, partout où l'homme ne peut pas
pénétrer.

En faisant un feu de copeaux dans les fourneaux, la chaudière
vide et ouverte par le haut, la dilatation des tubes et celle des
plaques de tête étant beaucoup plus grandes que celle des dépôts, ces derniers éclatent et se détachent des surfaces qu'ils
recouvrent. Mais ce moyen peut être dangereux, parce qu'il produit, dans certaines parties du générateur seulement, des dilatations qui peuvent nuire aux coutures et ébranler les rivets. Le
procédé suivant, qui rentre dans celui que nous venons de donner, semble préférable, mais il n'est applicable que là où l'on
peut disposer d'une autre chaudière à vapeur, ou d'un appareil
à chauffer l'air.

La chaudière étant vidée, on la laisse entièrement refroidir, et,
quand elle est froide, on y injecte, dans la partie basse, de l'air
chauffé à une haute température ou de la vapeur d'eau à une
haute pression. L'excès d'air ou de vapeur s'échappe par le trou
d'homme. La chaleur que cet air ou cette vapeur abandonne
élève d'abord la température du métal de la chaudière qui
est meilleur conducteur que l'incrustation, et détermine, dans
celle-ci, des crevasses, puis détruit son adhérence, de façon qu'on
parvient sans peine à l'enlever et à l'évacuer.

Ce procédé pourrait être employé pour nettoyer les chaudières,
lorsque le navire est désarmé et qu'il entre en réserve.

305. D'après les idées de M. Jobard, M. Lambert Ghay, Lié- Parolithon liégeois.
geois, a établi, dans les chaudières, une espèce de récipient dans
lequel les dépôts et toutes les impuretés de l'eau contenues viennent se loger. Son appareil, « dit-il, n'est pas plutôt dans une
chaudière incrustée de 1 ou de 2 millimètres d'épaisseur, que
cette incrustation se détache d'elle-même, et vient se loger dans
le récipient ; de sorte que la tôle devient comme neuve et luisante
jusqu'aux boulons qui cèdent leur chaperon de pierre ; et l'eau
de la chaudière, qui, d'ordinaire, est sale et noire, devient liquide
et claire comme l'eau distillée. »

La première expérience qu'il ait faite, et que tout le monde peut renouveler pour se convaincre de l'efficacité du moyen proposé, consiste à mettre des petits poids dans une marmite et à suspendre au milieu de l'eau un réservoir quelconque. Tous les poids, enlevés par les molécules de vapeur qui se forment, viennent successivement se loger dans le récipient où l'eau est calme et à une température moins élevée que celle du reste de la marmite.

Quoi qu'il en soit, on peut établir en principe, aujourd'hui, qu'il vaut mieux exagérer la proportion des extractions que de rester au-dessous des limites fixées par l'expérience ; en les exagérant on augmente seulement la consommation de charbon tandis que, dans le cas contraire, on compromet tout l'appareil.

506. Faire une extraction, c'est laisser sortir de la chaudière une partie de l'eau chaude qu'elle contient, aussitôt que cette eau approche du degré de saturation où commencent les dépôts, pour la remplacer par de l'eau d'alimentation ou même de l'eau de la mer, plus froide, il est vrai, mais contenant beaucoup moins de sel que l'eau extraite.

Il y a deux sortes d'extractions : celle qui se fait continuellement, soit au moyen de pompes, soit tout simplement par un tuyau allant de la chaudière au dehors du navire au-dessus de la flottaison, est ce qu'on nomme l'extraction continue ; l'autre, qui se pratique en ouvrant le robinet d'extraction, alors qu'on juge que la saturation du liquide arrive au degré qu'il ne doit pas dépasser, est l'extraction périodique ou l'extraction à la main.

On sait déjà de quelle importance sont les extractions, puisque, de tous les moyens présentés jusqu'à ce jour, c'est le seul qui puisse sinon empêcher, du moins diminuer beaucoup les dépôts. Depuis l'introduction presque générale des chaudières tubulaires, dans lesquelles la vapeur produite est si considérable par rapport au volume d'eau contenu, les extractions sont devenues encore plus nécessaires. L'expérience ayant démontré qu'une chaudière dans laquelle les extractions sont faites en quantité suffisante ne contient presque pas de dépôt, il sera facile de se faire une idée de l'intelligence et de l'attention du maître mécanicien, par l'état intérieur des chaudières qui lui sont confiées au retour d'une campagne et avant leur nettoyage.

Soit un vase contenant une quantité d'eau de mer soumise à l'action d'un foyer ; les dépôts ne commenceront à se montrer sur les parois du vase que quand les deux tiers du liquide seront évaporés. Alors la partie de ce liquide restée dans le vase contiendra non-seulement la partie de sel qui lui est propre, mais

encore celle des deux tiers évaporés. Pour rétablir les choses
dans le même état qu'au commencement de l'expérience, il faudrait remettre dans le vase une quantité d'eau distillée égale aux
deux tiers de tout le liquide qu'il contenait, car, si l'on remplace
l'eau évaporée par de l'eau de mer, la saturation du liquide ira
toujours croissante, et il arrivera un moment où les dépôts commenceront. Dans les chaudières à vapeur, lorsque tout fonctionne
convenablement, l'alimentation est faite au moyen de l'eau sortant
du condenseur, eau qui contient moins de sel que l'eau de mer
ordinaire ; mais il faudrait, d'après l'expérience citée plus haut,
qu'elle n'en contînt pas du tout ; il y a donc nécessité de retirer
une partie de l'eau de la chaudière pour la remplacer par une
nouvelle quantité d'eau de condensation.

Quoiqu'il soit bien difficile d'établir des proportions exactes,
et qu'il soit au moins aussi difficile, à bord, de juger la quantité
d'eau fournie par l'alimentation et celle destinée à remplacer
l'eau sortie par le tuyau d'extraction, l'expérience a démontré
que des extractions égales à la moitié de l'eau évaporée maintenaient les chaudières à carneaux en très-bon état. Pour les
chaudières tubulaires, il ne faut pas rester dans ces limites ; des
appareils évaporatoires de ce système ont donné d'excellents résultats, en portant les extractions aux deux tiers de l'eau évaporée.

Toute cette eau à remplacer dans la chaudière, pour que la
saturation n'aille pas toujours en augmentant, peut être fournie
par la pompe alimentaire, car cette dernière a été calculée de
manière à pouvoir satisfaire, dans un temps donné, à une consommation d'eau double de celle que peut évaporer la chaudière
dans le même temps.

D'après tout ce que nous venons de dire, il est facile de voir
que la quantité d'eau extraite de la chaudière, pour empêcher les
dépôts, dépend de la quantité de vapeur formée ; aussi l'eau d'alimentation et celle destinée à remplacer les extractions ne seront
pas toujours dans le même rapport l'une à l'égard de l'autre.
C'est pour cette raison que la conduite des chaudières, dans le
commencement de leur emploi sur mer, a présenté de grandes
difficultés. Alors rien ne pouvait indiquer dans quelle proportion
croissait le degré de saturation de l'eau contenue dans les chaudières. Aujourd'hui il n'en est pas de même ; le pèse-sel peut
guider, d'une manière presque certaine, le mécanicien qui le
consulte souvent.

Chaleur que les extrac-
tions font prendre.

307. L'eau extraite de la chaudière est à une haute température, comparée à celle introduite par la pompe alimentaire; il y a donc, ici, perte de toute la chaleur nécessaire pour élever cette dernière à la température de la première. N'oublions pas d'abord qu'il faut que la température de l'eau soit arrivée à un degré variable avec la saturation du liquide et la pression de la vapeur, pour qu'il y ait dégagement de vapeur et, par suite, utilisation réelle de la chaleur fournie par le combustible.

Mais, par le moyen de l'extraction, on a diminué la quantité de sel que contenait le liquide ; par suite, sa densité est plus faible et son point d'ébullition est avancé : il faudra donc moins de chaleur pour amener l'eau d'alimentation au point voulu pour le dégagement de la vapeur, et même le liquide de la chaudière se trouvant, par le fait même de l'extraction, à une température plus élevée que celle qu'elle devait avoir avec son nouvel état de saturation, tout cet excès de température sera employé à la formation de la vapeur et s'ajoutera à l'action du foyer.

D'un autre côté, les surfaces intérieures de la chaudière, n'étant pas recouvertes de dépôts non conducteurs du calorique, laisseront passer plus librement la chaleur du foyer. De toutes ces considérations il résulte qu'il y a plutôt bénéfice réel, au point de vue de la chaleur utilisée et, par suite, au point de vue du combustible dépensé, en faisant des extractions qui excèdent la moitié de l'eau évaporée, qu'en restant au-dessous de cette limite. Prenons un exemple : supposons que, sur 3 kilogrammes d'eau introduits dans la chaudière, 2 passent à l'état de vapeur et 1 soit chassé de la chaudière par l'extraction. L'eau de mer possède 3 parties de sel en poids sur 100 d'eau, ou $\frac{1}{33}$ de ce poids ; au moyen de l'extraction continue du $\frac{1}{3}$ de l'eau introduite dans la chaudière, le liquide sera maintenu à $\frac{5}{33}$ de saturation. En consultant la table IV du premier volume on voit qu'à ce point de saturation l'eau n'entre en ébullition qu'à 102°, 2. Rappelons-nous aussi que la quantité de chaleur dépensée pour vaporiser un kilogramme d'eau est une quantité à peu près constante ; si la chaleur sensible, celle qu'il faut dépenser pour porter le liquide à la température de l'ébullition, est plus grande que 100°, la quantité de calories passée à l'état latent est moins considérable que 537, et réciproquement. En résumé, la somme de 637 calories, nécessaire pour faire passer un kilogramme d'eau à zéro à l'état de vapeur, quelle que soit la pression de la vapeur produite, quel que soit le degré de saturation du liquide soumis à l'évaporation, reste la même. Enfin, si la chaleur est épargnée ou augmentée sous la forme sensible, elle est augmentée ou épargnée sous la forme latente. Par suite, la quantité de combustible brûlée est aussi constante, avec des moyens de combustion semblables, quelle que soit la préssion.

Ceci rappelé, revenons à la quantité de chaleur sortie de la chaudière avec chaque kilogramme d'eau extrait. Cette eau, prise à la bâche, est arrivée avec une température de 32° environ ; si la pression est supposée de 2 atmosphères effectives (tab. n° 1, 1er vol.), la température de l'eau extraite était de 121°,55 (nous supposons l'eau du bas de la chaudière à la même température que celle du haut), quantité qu'il faut augmenter de 2°,2 pour le point de saturation $(\frac{3}{33})$ de l'eau de la chaudière : 123°,75 serait donc la chaleur absorbée pour chaque kilogramme d'eau extrait de la chaudière, si elle arrivait à 0° de température. Mais elle arrive à 32° ; 123,75-32 ou 91,75, diminué encore un peu, proportionnellement à la chaleur spécifique de l'eau qui contient des sels en dissolution, exprimera la chaleur emportée par l'extraction.

3 kilogrammes d'eau à 32 degrés sont arrivés à la chaudière ; pour les amener au point voulu pour le dégagement de la vapeur, sous une pression de 2 atmosphères effectuées et avec une saturation exprimée par $\frac{3}{33}$, il a fallu fournir 3 (123,75 — 32) = 3 × 91,75 = 275,25 calories.

D'un autre côté, 2 kilogrammes, sur les 3, ont été vaporisés ; il a fallu, pour arriver à ce résultat, dépenser pour chacun d'eux 637 — 123,75 ou 513,25. 2 (513,25) × 275,25 ou 1230,75 exprime donc la quantité de calories dépensées pour 3 kilogrammes d'eau, dont 2 passés à l'état de vapeur et le 3e extrait de la chaudière, sans tenir compte des chaleurs spécifiques, bien entendu.

Divisant ce nombre par les 91,75 calories sorties avec le kilogramme extrait, le quotient est 14. La quantité de chaleur perdue par les extractions, dans la proportion que nous avons supposée plus haut, serait donc environ $\frac{1}{14}$ de celle dépensée. Si la pression était supérieure à 2 atmosphères, la perte serait encore plus grande, puisque l'eau sortirait de la chaudière avec une température plus élevée.

Quelque forte que paraisse la perte en combustible pour maintenir le liquide de la chaudière à une saturation qui ne permette pas les dépôts, l'expérience a prouvé qu'il y a économie en fin de compte; car, si les dépôts commencent, les tôles ne laissent passer la chaleur qu'elles reçoivent que difficilement; la quantité de vapeur formée diminue, et ce n'est qu'en activant les feux qu'on parvient à maintenir la pression. Dans ce cas, les dépenses en combustible dépassent de beaucoup celles nécessitées par des extractions suffisantes, et de plus l'état du générateur peut être sérieusement compromis.

Précautions à prendre avant de faire une extraction. **308.** Après une extraction, le niveau de l'eau ne doit jamais s'abaisser à plus de 3 ou de 4 centimètres au-dessous du niveau normal; de plus, la pression ne doit pas varier d'une manière sensible pour la machine; il faut donc se préparer à une extraction. Les règles suivantes sont données par l'expérience :

1° Élever le niveau de l'eau, en alimentant, à une hauteur telle que, l'extraction faite, le niveau ne soit pas au-dessous des limites indiquées plus haut.

Si le navire donne de la bande (incliné sur un côté ou sur l'autre), il est plus prudent de ne pas laisser le niveau de l'eau s'abaisser au-dessous de celui normal, parce que l'on pourrait ainsi découvrir les surfaces de chauffe du côté du vent.

2° Pousser les feux du corps de chaudière qu'on alimente, et qui reçoit ainsi un excès d'eau relativement froide.

3° Choisir, pour faire une extraction, autant que possible, le moment où les grilles de la chaudière dont on s'occupe viennent d'être nettoyées, afin que la combustion se fasse aussi bien que possible.

4° Fermer la soupape ou le robinet d'alimentation.

5° Ouvrir le robinet d'extraction, surveiller le niveau et conserver la main sur le robinet d'extraction pendant tout le temps d'une extraction.

6° Après la fermeture du robinet, continuer à surveiller les tubes de niveau et vérifier l'exactitude de leurs indications pour s'assurer que le robinet d'extraction est bien fermé.

7° Après l'extraction, ouvrir la soupape d'alimentation pour que cette dernière se fasse régulièrement.

8° Ne jamais faire des extractions en même temps dans plusieurs chaudières ; régler leur conduite en conséquence.

Extraction à la main ou extraction périodique. **309.** L'extraction à la main se fait ordinairement d'heure en heure, ou encore aux moments indiqués par le maître mécanicien de quart, qui ne doit pas laisser le liquide des chaudières dépasser un certain degré de saturation. Quoi qu'il en soit, pour faire une extraction on ouvre le robinet de prise d'eau qui établit ou interrompt la communication de la chaudière avec la mer, et l'eau est poussée au dehors par la pression de la vapeur. Ceci suppose évidemment que cette pression est supérieure à celle de l'atmosphère augmentée de celle exercée par la différence du niveau de la mer avec celui des chaudières. Dans le cas contraire, l'ouverture du robinet de prise d'eau laisserait arriver l'eau de la mer dans la chaudière.

Le tuyau d'extraction ou de prise d'eau aboutit au-dessous des chaudières ; l'eau chassée en dehors est donc celle qui occupe cette partie du générateur.

Cette eau est moins chaude que celle des couches supérieures, il y a donc moins de chaleur perdue ; elle entraîne aussi avec elle les dépôts de sel détachés des surfaces de chauffe : on a pensé longtemps que cette eau était plus saturée que celle des couches supérieures, mais l'expérience semble avoir démontré que les molécules de sel, entraînées par les globules de vapeur ou par les courants qui s'établissent dans le liquide, sont plus particulièrement portées à la surface du liquide. Ce serait donc à la partie supérieure qu'il faudrait aller chercher l'eau la plus saturée.

Dans le cas qu'un robinet d'extraction ne pourrait plus se fermer, ce qui arrive parfois, il faudrait avoir recours immédiatement aux robinets de sûreté ; nous disons aux robinets de sûreté, parce que le tuyau d'extraction ou de prise d'eau ouvre de chaque bord en dehors du navire, et qu'il faudrait évidemment fermer les deux robinets de sûreté.

510. Pour diriger les extractions, le mécanicien est guidé par les indications du pèse-sel.

Pèse-sel ou aréomètre de Baumé.

Le pèse-sel ou l'aréomètre de Baumé repose sur le principe hydrostatique suivant : un corps solide, plongé dans un liquide quelconque, perd une partie de son poids égale à celui du volume de ce liquide déplacé. Un même corps solide plonge d'autant plus profondément que la densité du liquide est plus petite. Or plus l'eau contient de sel en dissolution, plus sa densité est grande.

Tous les pèse-sels ou aréomètres sont formés d'un réservoir d'air en verre ou en cuivre, lesté à la partie inférieure par du mercure ou de la grenaille de plomb, et surmonté d'un petit tube portant les graduations, qui correspondent à des parties d'égales capacités.

Si l'on plonge un pareil instrument dans un liquide quelconque, il s'enfoncera d'autant plus que le liquide pèsera moins sous le même volume; car, le poids de l'aréomètre ne changeant pas, le volume du liquide déplacé sera en raison inverse de sa densité. Ainsi la simple immersion de l'aréomètre dans des liquides donnés fera immédiatement connaître l'ordre de leurs densités. Plus l'eau contient de sel en dissolution, plus sa densité est grande et moins le pèse-sel s'enfonce dedans; il est donc facile de comprendre que le pèse-sel, gradué d'une manière convenable, peut indiquer le degré de saturation de l'eau dans laquelle on le fait flotter.

Graduation de l'aréomètre. On donne au pèse-sel un poids tel que, plongé dans l'eau distillée, il s'enfonce jusqu'au sommet du tube, et à ce point on marque zéro : on le plonge ensuite dans une dissolution contenant 85 parties d'eau et 15 de sel marin, et l'on marque 15 au point d'affleurement; on partage l'intervalle en 15 parties égales ou degrés, et l'on prolonge les divisions jusqu'à la naissance du réservoir d'air.

Cet instrument peut servir à comparer la densité de plusieurs liquides, mais il ne donne pas celle de chacun d'eux. Pour arriver à ce dernier résultat, il faut construire des tables pour chaque liquide, semblables à celle qui suit, calculée pour l'eau de mer contenant du sel marin en dissolution.

Degrés de l'aréomètre de Baumé.	Densité de l'eau de mer.
1.	1,00699
2.	1,01405
3.	1,02128
4.	1,02857
5.	1,03597
6.	1,04348
7.	1,05109
8.	1,05882
9.	1,06667
10.	1,07433
11.	1,08271
12.	1,09091
13.	1,09924
14.	1,10769
15.	1,11628

Cette table est nécessaire, parce que la densité des mélanges ne croît pas d'après une loi constante. Du reste, la formule

$$P = \frac{146}{146 - d}$$

dans laquelle P est le poids spécifique ou la densité du liquide que l'on veut essayer, d le degré donné par l'aréomètre et 146 un coefficient constant, donne la densité du liquide.

L'eau distillée ne contient aucun sel, et l'aréomètre plongé dedans marque 0 de saturation ; dans l'eau de mer ordinaire, dont le poids spécifique est $1^k,026$, l'aréomètre marque un peu plus de 3 degrés ; si l'eau est saturée, c'est-à-dire si elle contient 295 grammes de sel par kilogramme de liquide, sa densité devient $1^k,295$, et le pèse-sel marque environ 33°. Ce n'est qu'à ce moment que le sel se déposerait et se cristalliserait au fond des chaudières ; mais il existe, dans l'eau de mer, des sulfates de chaux beaucoup plus dangereux que le sel marin ; ce sont eux qui produisent les dépôts calcaires, non conducteurs du calorique. Or les dépôts des sulfates de chaux commencent à se former quand la densité de l'eau de mer a atteint $1^k,100$ seulement, l'aréomètre marquant environ 13 degrés. Il ne faudra donc jamais atteindre cette limite extrême et, au contraire, rester en dessous.

On doit encore considérer que le liquide qui a servi à graduer le pèse-sel de Baumé était à 10 degrés, tandis que celui que l'on retire d'une chaudière à moyenne pression est à 110 ou 120 degrés. Le pèse-sel ne révèle la présence du sel dans l'eau de mer que parce que ce sel augmente la densité de l'eau ; si en dehors de ce corps une autre cause vient changer la densité du liquide, le pèse-sel indiquera les résultats combinés des différentes causes qui agissent sur la densité de l'eau, sans donner la quantité de sel qu'elle contient. D'un autre côté, la chaleur du liquide fait éprouver à l'instrument un effet de dilatation qui change son volume et la grandeur des degrés marqués. Ce que l'on vient de dire fait comprendre la nécessité de corrections à faire subir aux indications du pèse-sel de Baumé.

Correction à faire subir aux indications du pèse-sel.

L'expérience a démontré qu'il ne fallait jamais dépasser 10 degrés de saturation pour se mettre à l'abri des dépôts, en supposant que la chaleur de l'eau de la chaudière ne soit aussi que de 10 degrés. Si elle est à 110 ou 120 degrés, il faut ajouter 4 degrés aux indications données par un aréomètre en verre et

6 degrés à un instrument en cuivre pour avoir des indications vraies. Il faudra donc rester aux environs de 6 degrés de saturation si on emploie un aréomètre en verre, et aux environs de 4 degrés si l'aréomètre est en cuivre. Nous disons aux environs, parce que si l'on descendait en dessous des limites que l'expérience a fixées, les extractions donneraient une perte de chaleur considérable; si on les dépassait, le générateur pourrait être compromis.

D'après ce qui vient d'être dit, on se demande pourquoi la marine ne fait pas faire des instruments exprès pour elle, gradués de 0 à 10 degrés seulement, le 0 correspondant à la densité de l'eau distillée et 10 degrés à celle de l'eau de mer, alors que les dépôts peuvent commencer. Ces instruments, gradués dans le liquide à la température de celle contenue dans nos chaudières, n'auraient pas besoin de corrections, et leurs indications pourraient être regardées comme bonnes.

Soins à donner aux aréomètres.

On doit toujours avoir un aréomètre étalon qui permette de vérifier de temps en temps ceux dont on se sert habituellement; il faut ensuite avoir le plus grand soin de les essuyer souvent, parce que l'oxydation, si l'instrument est en métal, et toujours les impuretés de l'eau que l'on pèse, peuvent augmenter le volume, le poids de l'instrument, et altérer ses indications. Ces saletés, qui peuvent s'attacher aux parois de l'instrument, sont une des causes qui empêchent d'avoir un saturomètre indiquant d'une manière constante le degré de saturation de l'eau d'une chaudière.

Salinomètre.

511. Le salinomètre, que l'on rencontre sur beaucoup de navires anglais, se compose de deux vases cylindriques entrant l'un dans l'autre; le premier, celui d'en dedans, est en communication avec la chaudière au moyen d'un petit tuyau qui lui apporte continuellement de l'eau pour qu'il soit toujours plein. Cette eau s'écoule à mesure dans le second vase, qui la déverse à la cale au moyen d'un autre tuyau.

Dans le premier vase plonge un pèse-sel qui indiquerait d'une manière permanente la densité du liquide de la chaudière, s'il ne fallait pas souvent retirer l'instrument pour enlever les saletés et les dépôts calcaires qui s'attachent à lui.

Comment on pèse l'eau des chaudières.

512. On a ordinairement, pour recevoir l'eau des chaudières que l'on doit peser, un vase en cuivre ou en fer-blanc composé d'autant de tubes qu'il y a de chaudières. Chacun de ces compartiments, complétement isolé des autres, porte un numéro correspondant à celui des chaudières, de manière à éviter toute méprise. Pour faire une pesée, on prend de l'eau aux robinets-jauges, en recevant cette eau dans le compartiment correspondant au corps de chaudière auquel on puise. Alors, plongeant le pèse-sel dans chacun des compartiments, on se rend compte de l'état de saturation de l'eau contenue dans chaque chaudière.

Il est donc facile, d'après ces indications, de faire des extractions suffisantes, afin de maintenir la saturation à un point convenable pour que les dépôts de sel ne puissent se former.

515. La relation qui existe entre la vapeur dépensée et la vitesse de la machine a donné l'idée de confier à cette dernière le soin de faire les extractions. Pour atteindre ce but on a mené, par un excentrique ou par tout autre moyen, un système de pompes en nombre égal à celui des corps de chaudières, et pouvant se rendre indépendantes les unes des autres. Chacune de ces pompes correspondait avec le corps de chaudière qu'elle devait servir et avec le tuyau de prise d'eau ; mais elle pouvait être isolée de sa chaudière et du tuyau de prise d'eau, en cas d'avaries. Ces pompes, nommées pompes d'extraction continue, avaient un débit constant si la course du piston restait la même ; si, au contraire, on pouvait faire varier la course du piston, leur débit était variable. Dans tous les cas, si les pompes fonctionnaient bien, on pouvait connaître la quantité d'eau extraite dans un temps donné. Mais, avec des pompes à débit constant, l'extraction continue et régulière dépassait souvent son but utile, la détente diminuant de beaucoup la dépense de la vapeur sans changer d'une manière bien sensible la vitesse de la machine et, par suite, l'extraction. Dans le cas où il fallait régler le débit des pompes, l'avantage de ne plus se reposer sur les hommes pour l'extraction disparaissait presque complétement. Ces causes réunies aux complications qu'elles apportaient dans le mécanisme, qu'on cherche à simplifier chaque jour, ont fait abandonner les pompes d'extraction continue. Dans presque toutes les machines, on les a remplacées par un système beaucoup plus simple et donnant d'aussi bons résultats. Ce système consiste dans un petit tuyau, plongeant dans la chaudière, à quelque distance au-dessus des surfaces de chauffe supérieures, et débouchant à l'extérieur du navire. Un robinet, à la portée des chauffeurs, permet d'ouvrir et de fermer ce tuyau. Ouvert, la pression intérieure pousse le liquide en dehors du navire, et l'eau ainsi extraite est celle qui contient le plus de sel, mais aussi elle entraîne avec elle une plus grande chaleur. Au bout de quelques jours d'observation, un mécanicien peut connaître le degré d'ouverture du robinet qui convient ordinairement pour maintenir l'eau des chaudières à un degré de saturation n'offrant aucun danger. On a dit plus haut que le tuyau d'extraction continue plongeait à quelques centimètres au-dessus des surfaces de chauffe supérieures ; cette disposition fait que l'extraction continue ne peut être une cause de déjaugement de ces surfaces, alors même que, par oubli, elle resterait ouverte pendant le temps d'arrêt de la machine ou des organes alimentaires ; l'eau cesse d'être chassée au dehors dès que l'extrémité du tuyau d'extraction n'est plus en communication avec elle ; dès lors la vapeur seule sort à l'extérieur.

Mais, quel que soit le système employé pour l'extraction continue, on ne peut empêcher les pompes de se déranger, les tuyaux de s'engorger : en outre, les pressions variant, la quantité d'eau poussée en dehors varie aussi. Il résulte de tout cela qu'on ne doit accorder qu'une confiance très-limitée dans un système d'extraction continue quelconque, et que toujours il faudra avoir recours aux indications du pèse-sel pour diriger les extractions périodiques.

Dans plusieurs chaudières nouvelles on met dans l'impossibilité de faire des extractions par la prise d'eau ; on veut ainsi éviter que, par l'oubli d'un mécanicien, la chaudière puisse se vider. Alors le tuyau d'extraction continue, dont nous avons parlé plus haut, est remplacé par un autre plus gros qui aboutit au fond de la chaudière, au lieu de rester au-dessus des surfaces de chauffe. Il suit de cette disposition que l'on n'a pas évité la possibilité de voir la chaudière se vider, et qu'on a enlevé au mécanicien un moyen de conduite.

Enfin, dans d'autres, on ne trouve pas d'extraction continue ; la seule raison que l'on puisse donner de cette suppression est, il nous semble, une moins grande complication de tuyautage, et cette raison est loin de contre-balancer l'avantage que l'extraction continue procure, au point de vue de la conduite de la chaudière.

<h2 style="text-align:center">VARIATIONS DANS LA PRESSION DE LA VAPEUR.</h2>

314. Bien des causes peuvent faire varier la pression de la vapeur dans les chaudières, mais la plus commune est une dépense trop grande comparée à la production ; la production peut être diminuée par les dépôts réfractaires qui recouvrent les surfaces de chauffe, par l'engorgement des conduits de flamme qui ne laissent plus passer l'eau nécessaire pour la combustion d'une quantité suffisante de charbon, et enfin par la mauvaise conduite des feux.

Si la pression est trop forte, on peut facilement la diminuer, soit en modérant les feux, soit en augmentant la dépense de vapeur par l'ouverture des registres, soit en soulevant un peu les soupapes de sûreté. Si cependant la pression croissait malgré ces mesures prises, et que l'ouverture complète des soupapes fût impuissante à la diminuer, il faudrait, immédiatement et sans aucune hésitation, fermer les portes des cendriers et mettre bas les feux, car chaque seconde augmente le danger.

Si, au contraire, la pression est trop faible, ce qui arrive beaucoup plus souvent, il faut activer les feux, décrasser les fourneaux, ramoner les tubes s'il y a lieu, et diminuer la consommation de vapeur en fermant le registre. Si, malgré tous ces efforts, on ne peut maintenir la pression, il faut nécessairement marcher à une vitesse moins grande, soit en fermant convenablement le registre de vapeur, soit en faisant agir la vapeur avec une plus grande détente. Ce dernier moyen est de beaucoup préférable au premier.

Si la consommation de la vapeur est plus grande que celle produite, il arrivera évidemment un moment où sa pression sera au-dessous de celle de l'atmosphère; on est prévenu de ce phénomène par le manomètre, dont le bonhomme tombe au-dessous de zéro, et encore par le sifflement de l'air pénétrant par les soupapes atmosphériques.

Il peut se présenter des circonstances où l'on soit dans la nécessité de marcher avec une pression inférieure à celle de l'atmosphère, ce qu'on appelle marcher sur le vide; mais alors la puissance de la machine est de beaucoup réduite, puisque la force n'est plus produite que par de la vapeur ayant une pression égale à la différence qui existe entre la pression dans la chaudière et celle restant toujours dans le condenseur. Quoi qu'il en soit, cette faible puissance peut être d'une grande utilité dans un moment donné, et elle ne doit pas être dédaignée. Seulement alors, il faut charger les soupapes atmosphériques et rendre le vide aussi parfait que possible.

Quoique la résistance des chaudières soit considérable, surtout s'il s'agit des chaudières tubulaires, elles ont toujours quelques dangers à courir par le fait du poids considérable de l'atmosphère, lorsque la pression de la vapeur tombe au-dessous de la

Pression trop forte. Précautions à prendre.

Pression trop faible.

Abaissement de la pression de la vapeur au-dessous de celle de l'atmosphère. Précautions à prendre.

pression atmosphérique ; aussi est-il prudent de voir si les soupapes atmosphériques fonctionnent convenablement ; si elles ne s'ouvraient pas ou si la chaudière n'en possédait pas, il faudrait ouvrir celles de sûreté.

Dans des circonstances semblables, il faut bien se garder d'ouvrir le robinet d'extraction ; la pression extérieure étant plus grande que celle intérieure, la chaudière se remplirait promptement, et même le liquide se répandrait dans tous les organes de la machine.

ÉBULLITIONS, PROJECTIONS D'EAU ET ABAISSEMENT
DU NIVEAU DE L'EAU DANS LES CHAUDIÈRES.

515. L'ébullition de l'eau dans un vase ouvert a lieu lorsque le liquide a atteint 100 degrés ; alors sa température n'augmente plus, toute la chaleur dépensée servant seulement à la production de la vapeur. Qu'on fasse bien attention que nous ne disons pas que jusque-là il n'y a pas de vapeur produite, mais bien que cette vapeur est gênée par la pression atmosphérique qui pèse sur elle, et qu'elle doit, avant d'arriver à la surface du liquide et se dégager, acquérir la tension nécessaire pour surmonter le poids de l'atmosphère. Dans un vase clos, la vapeur se dégage bien encore lorsque le liquide est à 100 degrés, mais celle formée dans le premier moment vient ajouter sa pression à celle de l'atmosphère ; il faut alors que, de moment en moment, la vapeur acquière une tension plus grande pour monter à la surface et soulever un poids toujours croissant qui gêne son dégagement, et il s'ensuit que la température du liquide générateur augmente aussi.

Si donc, les choses dans cet état, on ouvre une grande issue à la vapeur, la pression qui pèse à la surface du liquide diminue instantanément ; mais la chaleur de ce liquide pour ce moment restant la même que précédemment, sa température est supérieure à celle qu'il devrait avoir.

Il s'ensuit qu'immédiatement tout le calorique sensible en excès passe à l'état latent, et il y a aussitôt production d'une grande quantité de vapeur.

Son dégagement est si tumultueux, que l'eau est projetée dans les parties de la chaudière réservées à la vapeur, et qu'il se forme même quelquefois des gerbes d'eau et de vapeur qui sont entraînées dans les tuyaux de conduite. Souvent on voit ce phénomène se produire lorsqu'on lève tout à coup les soupapes de sûreté ; les projections d'eau sont alors si considérables, qu'une partie du liquide de la chaudière est entraînée, par la vapeur, dans le tuyau d'évacuation et retombe en grosse pluie sur le pont.

Outre la cause des ébullitions dont nous venons de parler, il y en a encore plusieurs autres qu'il faut connaître.

Ainsi un coffre à vapeur trop restreint occasionne des variations continuelles dans la pression et, par suite, dans la production de la vapeur. Des lames d'eau trop peu épaisses, des formes rentrantes dans les parties hautes d'une chaudière, en gênant le dégagement continuel de la vapeur, sont des causes permanentes d'ébullition.

Enfin, en passant d'un fleuve dans la mer ou de la mer dans un fleuve, en entrant dans les eaux vaseuses, il se produit presque toujours, dans les chaudières des navires à vapeur, des ébullitions d'autant plus dangereuses qu'elles sont instantanées. Les causes physiques ou chimiques de cette perturbation ne sont pas encore exactement connues ; par suite, il faut se tenir en garde lorsqu'on se trouve dans de telles conditions.

516. Les causes des ébullitions énoncées plus haut bien comprises, les précautions à prendre dans de telles circonstances consistent à faire disparaître ces causes pour voir l'effet détruit. Ainsi donc, puisque la trop grande température de l'eau, jointe à la trop petite pression de la vapeur pesant sur la surface du liquide, détermine presque toujours les ébullitions, il faut diminuer la température du liquide générateur, et augmenter la pression de la vapeur. Le premier résultat est obtenu en ouvrant les portes des fourneaux, en fermant celles des cendriers et alimentant pour remplacer l'eau chassée par l'extraction ; quant au second but qu'il faut atteindre, puisque l'on doit augmenter la pression de la vapeur, il est naturel de diminuer sa dépense.

Il faut donc fermer les registres de vapeur ou marcher à une détente plus grande. Dans aucun cas, on ne doit ouvrir les soupapes de sûreté, puisqu'en agissant ainsi on diminuerait encore la pression qu'on trouve insuffisante et, par suite, on augmenterait les ébullitions.

Quant aux causes permanentes qui proviennent des vices de construction de la chaudière, on ne peut les faire disparaître ; le seul moyen de ne pas les augmenter est de maintenir les surfaces intérieures de la chaudière aussi propres que possible, et d'empêcher les dépôts de sel ; résultat qu'on ne peut obtenir qu'en faisant des extractions considérables pour maintenir le liquide au-dessous du point de saturation où ces dépôts commencent.

Enfin, lorsqu'un navire est sur le point d'entrer dans un fleuve en revenant de la mer, ou dans la mer en sortant d'un fleuve, ou encore dans des eaux chargées de parties terreuses, le maître mécanicien doit se tenir sur ses gardes en maintenant une pression élevée ; il ne doit revenir à la pression de régime que quand il a vu les effets du changement de liquide dans ses chaudières.

Une bouteille d'eau gazeuse peut donner une idée exacte de ce qui se passe dans une chaudière à vapeur, et montrer comment se forment le ébullitions. Au moyen d'une pompe on a refoulé du gaz acide carbonique dans l'intérieur d'une bouteille contenant de l'eau ; ce gaz, à une pression de 10 atmosphères environ, pénètre dans le liquide et se loge entre les molécules. La machine à boucher vient alors fermer la bouteille et s'opposer à la sortie du gaz. A part les fuites par le bouchon, les choses restent dans le même état jusqu'au moment où l'on débouche la bouteille ; mais, à cet instant, le gaz, qui ne trouve plus, pour le retenir dans le liquide, que la pression atmosphérique, s'échappe avec force, entraînant avec lui le liquide. Si la bouteille a conservé tout le gaz qui lui a été donné, elle peut se vider complétement.

Ce liquide, entraîné par le gaz acide carbonique qui s'échappe, peut donner une idée de l'eau emportée par la vapeur d'une chaudière à laquelle on ouvre tout à coup une issue, alors que sa pression est supérieure à celle atmosphérique. C'est ce qu'on appelle des projections d'eau, dont nous allons parler.

Projections d'eau.

317. Dans presque toutes les machines, la vapeur formée entraîne avec elle de l'eau en plus ou moins grande quantité ; ce fait est prouvé par le liquide que l'on trouve dans les tuyaux de conduite, liquide qui ne provient pas en totalité de la condensation de la vapeur qui passe. C'est pour remédier à cet inconvénient qu'on a imaginé différents systèmes pour sécher la vapeur ou, mieux, pour vaporiser l'eau qu'elle entraîne avec elle. Mais les projections proprement dites sont en dehors de ce phénomène et ont des conséquences beaucoup plus graves que cet état presque normal de la vapeur.

Ainsi l'eau entraînée peut produire un dénivellement dangereux, les surfaces de chauffe peuvent être découvertes.

L'eau introduite dans le cylindre peut être en trop grande quantité pour sortir par les soupapes de sûreté, et la rupture du fond ou celle du couvercle peut s'ensuivre; une avarie semblable en entraîne nécessairement beaucoup d'autres parmi tant d'organes solidaires les uns des autres.

Dans tous les cas, les projections d'eau augmentent la consommation du combustible, puisqu'il faut alimenter en conséquence et élever cette eau à la température voulue pour produire de la vapeur : leur effet sur la chaleur absorbée par la chaudière est évidemment le même que celui des extractions.

Enfin les projections d'eau fatiguent les organes, gênent la condensation, augmentent le travail de la pompe à air, tout cela au détriment de la force agissant sur le propulseur pour faire marcher le navire. Si les projections passent par le tuyau d'évacuation, elles sont parfois assez abondantes pour gêner et même empêcher la manœuvre sur le pont.

318. Bien des moyens ont été proposés pour empêcher les ébullitions et, par suite, les projections qui en sont les conséquences naturelles, mais aucun d'eux ne semble avoir donné les résultats espérés; cependant la disposition dont il est question plus loin, si elle n'empêche pas les ébullitions, arrête pourtant, en grande partie, l'eau projetée par elle. Ce moyen consiste dans une tôle percée d'une infinité de petits trous et, mieux, dans une toile métallique placée dans le coffre à vapeur parallèlement au niveau de l'eau et à 10 centimètres environ au-dessous de la prise de vapeur. Cette toile métallique, sans gêner le passage de la vapeur, tamise en quelque sorte cette vapeur, et l'eau qui l'accompagne reste au-dessous de la tôle ou de la toile, pour retomber dans la masse d'eau de la chaudière. C'est encore pour arriver à un résultat semblable qu'on recourbe en haut le tuyau de conduite de vapeur, de manière à ce que son orifice s'approche le plus possible de la tôle supérieure du coffre à vapeur, sans pourtant gêner le passage de cette dernière.

Mais aucun moyen mécanique ne vient arrêter les projections, il faut empêcher les causes qui produisent les ébullitions de se produire, car les projections ne sont que les conséquences des ébullitions.

319. Dans les chaudières en général, mais surtout dans celles tubulaires, qui renferment peu d'eau, le niveau du liquide peut éprouver des variations brusques, soit par l'effet d'une fuite qui vient de se déclarer, soit par défaut d'alimentation. Dès que les tubes de niveau et les robinets-jauges n'indiquent plus la hauteur du liquide, il est impossible de savoir si les surfaces de chauffe sont couvertes; par suite, on peut être exposé à un danger sérieux, que l'on peut détourner par les mesures suivantes :

Ouvrir les portes des fourneaux, fermer celles des cendriers et jeter bas les feux sans toucher ni aux soupapes, ni aux registres, ni à l'alimentation.

Il serait de la dernière imprudence d'alimenter paur ramener le niveau à ce qu'il doit être, parce que le liquide, en couvrant les parties surchauffées, peut passer à l'état sphéroïdal et déterminer l'explosion de la chaudière.

Il serait aussi très-dangereux d'augmenter la dépense de la vapeur en ouvrant les registres et supprimant la détente variable et en ouvrant les soupapes de sûreté; car, en agissant ainsi, on diminuerait la pression exercée sur le liquide de la chaudière, le bouillonnement commencerait, et l'eau projetée sur les surfaces découvertes et surchauffées pourrait encore passer à l'état sphéroïdal et produire l'explosion.

EXPLOSIONS DES CHAUDIÈRES.

520. L'explosion d'une chaudière est toujours causée par une trop grande pression intérieure; mais cette pression peut arriver à dépasser les limites pour lesquelles la chaudière est faite par un accroissement successif ou instantanément. Dans le premier cas, l'explosion est le résultat de l'imprudence, de l'inattention des mécaniciens; dans le second, des phénomènes physiques donnent naissance à une quantité de vapeur trop considérable pour que la soupape de sûreté puisse lui donner passage; non pas que ces phénomènes se produisent fortuitement, ils sont les conséquences presque toujours du manque de soins donnés au générateur.

Quoique ces dernières explosions soient peut-être plus communes que les premières, nous appellerons celles-ci explosions ordinaires et celles-là explosions fulminantes. On peut toujours se préserver des premières ; par les précautions que nous allons indiquer, sans se mettre complétement à l'abri des secondes, on les rend beaucoup moins fréquentes.

Explosions ordinaires.
Causes ordinaires.
Précautions à prendre. **521.** 1° Une dépense de vapeur plus faible que sa production est la cause d'un accroissement continuel dans la pression inté-

rieure du générateur. Si, dans ces circonstances, la soupape de sûreté est surchargée, soit par le fait d'un poids, soit par l'adhérence de sa zone de partage, la pression arrive bientôt à la limite de résistance des parois de la chaudière, et cette dernière éclate pour livrer passage à la vapeur, qu'elle ne peut plus contenir.

L'eau et la vapeur se répandent dans la chambre de chauffe et blessent ou tuent les hommes qui s'y trouvent.

Les précautions à prendre pour éviter l'explosion dans les conditions où nous nous sommes placés sont les suivantes :

Ne produire de vapeur que selon le besoin ; ici, la question d'économie se mêle à celle de sûreté. Pour modérer la production de vapeur, activer moins les feux ; fermer en partie les portes des cendriers, ouvrir celles des fourneaux ; augmenter la proportion des extractions.

Dépenser la vapeur produite, soit en augmentant le temps d'introduction, c'est-à-dire en supprimant la détente, soit en laissant échapper la vapeur par les soupapes de sûreté.

Visiter souvent les soupapes de sûreté quand la machine est au repos ; s'assurer ainsi que rien ne gêne leur mouvement.

En marche, exercer une grande surveillance sur les tiges et les poids des soupapes de sûreté pour prévenir toute surcharge ; faire jouer à la main les soupapes pour les détacher de leur siége, dans le cas où quelque cause viendrait les faire adhérer.

Veiller sans cesse le manomètre et s'assurer, en le secouant un peu, qu'il ne dort pas, c'est-à-dire que rien n'empêche le mercure de monter, ou le tube recourbé de se redresser s'il s'agit d'un manomètre Bourdon.

2° Dans le cas précédent, nous avons supposé la chaudière neuve et ayant subi depuis peu de temps les épreuves à l'eau froide (circulaire du 29 septembre 1858) ; mais la chaudière peut être en service depuis quelque temps, des avaries plus ou moins bien réparées peuvent avoir diminué sa force de résistance, l'oxydation des surfaces intérieures a nécessairement diminué l'épaisseur des tôles ; ces causes, isolées ou réunies, tendent donc à diminuer, chaque jour, la force de résistance des chaudières ; aussi il serait imprudent de vouloir faire supporter à une chaudière déjà usée la pression qu'elle pouvait soutenir alors qu'elle était neuve.

Pour prévenir les explosions qui ont pour cause une diminution dans la force des tôles d'une chaudière, il faut donc décharger les soupapes de sûreté proportionnellement à cette diminution. C'est pour que cette obligation soit remplie que la circulaire du 29 septembre 1858 prescrit de faire subir une fois l'an, et après une réparation quelconque, une épreuve à l'eau froide à toutes les chaudières en service.

Pour les chaudières à basse pression, qu'elles soient neuves ou vieilles, on doit les éprouver avec une pression égale à celle effective résultant de la charge des soupapes de sûreté.

Pour les chaudières tubulaires neuves, elles sont éprouvées à une pression double de la pression effective résultant de la charge des soupapes de sûreté. En cours de service, la pression d'épreuve n'est plus supérieure que de la moitié à celle correspondant à la charge des soupapes.

3° La manière de chauffer, les dépôts calcaires qui isolent le métal du liquide qu'il contient, déterminent souvent la brûlure et toujours la détérioration des tôles. Ces tôles sont, par ce fait, moins résistantes, et elles cèdent sous la charge qu'elles supportaient la veille. C'est ainsi que les ciels des foyers, continuellement sous l'action directe de la flamme, rougissent quand ils sont couverts de dépôts, s'affaissent et s'ouvrent.

Pour se mettre à l'abri de ces événements, dont la moindre des conséquences est un repos forcé du navire pendant tout le temps de la réparation, il faut

Surveiller la manière de chauffer des hommes chargés de ce soin, de manière à ce que leurs feux soient conduits avec régularité.

Faire des extractions assez fréquentes pour que l'eau de la chaudière n'atteigne pas le degré de saturation qui donne naissance aux dépôts calcaires.

Au mouillage, visiter souvent l'intérieur des chaudières et enlever les dépôts qui peuvent s'être formés pendant la marche. Nous disons qu'il faut faire cette visite souvent, parce que ce qui a échappé à une première visite peut frapper les yeux à une suivante, et qu'on ne peut apporter trop de soins dans tout ce qui regarde le générateur d'une machine à vapeur.

4° Enfin un commencement de déchirure, une fissure autour d'un rivet, un boulon ou une clavette de tirant à moitié sorti, un écrou d'entretoise dont les filets sont rongés (réparations qui n'auraient demandé que peu de travail), en affaiblissant la résistance de la chaudière dans certaines parties, peuvent causer l'explosion du générateur.

Le maître mécanicien doit lui-même visiter avec le plus grand soin les chaudières, pour s'assurer qu'il n'y a pas de fissures dans les tôles, surtout autour des rivets, des écrous et des têtes de boulons. Il doit voir si les tubes sont en bon état de conservation, si leurs rivures sont bonnes et si les plaques de tubes sont bien restées planes; enfin il examine les écrous des entretoises et des tirants. Cette visite minutieuse doit avoir lieu aussitôt que la machine est au repos, pour pouvoir immédiatement faire les réparations nécessaires. Un maître mécanicien qui comprend son devoir se hâte toujours de mettre le plus tôt possible ses chaudières en état de fonctionner.

522. Quoique les causes qui produisent presque instantanément l'excès de pression déterminant l'explosion fulminante d'une chaudière ne soient pas parfaitement connues, nous allons dire celles qu'on admet *généralement*.

Explosions fulminantes; causes qui les produisent; précautions à prendre pour les écarter.

État sphéroïdal.

1° Il peut arriver que le niveau de la chaudière descende au-dessous des surfaces de chauffe et que ces dernières rougissent. Dans de semblables circonstances, si l'on vient à alimenter, ou si, la pression intérieure diminuant, des ébullitions projettent de l'eau sur les surfaces rouges, le liquide peut passer à l'état sphéroïdal.

L'état sphéroïdal d'un corps est le phénomène qui se produit lorsqu'on amène un liquide quelconque, de l'eau par exemple, sur une surface métallique élevée à une température considérable. L'eau ne passe pas à l'état de vapeur; elle se divise en une infinité de petites sphères qui tournent sur elles-mêmes avec une très-grande rapidité. Ce mouvement ne s'arrête et les sphères ne passent à l'état de vapeur que quand la température du métal s'est beaucoup abaissée; mais alors la pression de la vapeur ainsi produite peut atteindre instantanément une pression de plusieurs centaines d'atmosphères. Dans de telles circonstances, les soupapes de sûreté sont inutiles, et la chaudière éclate, quelque résistance qu'elle possède. La connaissance et l'étude des phénomènes de l'état sphéroïdal des corps sont dues à M. Boutigny.

D'après ce que nous venons de dire plus haut, on doit, par tous les moyens possibles, empêcher les surfaces de chauffe de rougir. Mais voyons quelles sont les causes qui peuvent produire cet effet.

Si l'alimentation est insuffisante, si le liquide qui passe à l'état de vapeur, celui que la chaudière laisse écouler et que l'on pousse dehors dans les extractions, ne sont pas remplacés, évidemment le niveau baissera, et les surfaces de chauffe pourront être découvertes et rougir. Dans de telles circonstances, alors surtout que le tube de niveau et les robinets-jauges ne donnent plus de liquide, il faut bien se garder d'alimenter, car on pourrait, en agissant ainsi, produire l'état sphéroïdal. Pour la même raison, il ne faut pas diminuer la dépense de vapeur, des ébullitions et des projections d'eau devant en être la conséquence; mais on doit immédiatement jeter bas les feux et laisser la chaudière se refroidir avant d'alimenter.

Dans une chaudière construite de telle sorte que la vapeur formée éprouve de la difficulté à se dégager pour laisser arriver une nouvelle quantité d'eau à vaporiser, les surfaces de chauffe sont continuellement exposées à rougir, et, par suite, la mauvaise construction d'une chaudière peut être une cause permanente d'explosion fulminante.

Lorsque l'intérieur d'une chaudière, les parties en contact avec la flamme du fourneau surtout, sont couverts de dépôts calcaires par une cause ou par une autre, ces couches, non conductrices du calorique, peuvent se détacher et laisser tout à coup le liquide en contact avec des surfaces rouges. Le seul moyen de se préserver des conséquences terribles d'un semblable état de choses est de faire des extractions de manière à empêcher les dépôts, et de ne laisser échapper aucune occasion de visiter et de nettoyer l'intérieur des chaudières.

Enfin le liquide peut être à l'état sphéroïdal, alors il ne faut pas diminuer la température intérieure; par suite, on doit continuer à chauffer sans alimenter, sans augmenter la dépense de vapeur. Il faut brûler les chaudières complétement, car elles sont perdues de toutes manières. Mais comment s'assurer que l'eau est à l'état sphéroïdal?

Là est toute la question, et elle est loin d'être résolue.

2° Dans des expériences très-curieuses, M. Perkins a montré qu'une petite quantité d'eau, mêlée avec de la vapeur dessaturée, se vaporisait immédiatement et que la pression augmentait subitement de 2 à 3 atmosphères. La découverte des surfaces de chauffe, en surchauffant la vapeur qui est en contact avec elle, peut dessaturer cette vapeur; si alors une diminution dans la pression vient causer des projections d'eau, cette eau, mêlée à la vapeur, peut faire monter la pression instantanément et compromettre la chaudière.

Encore, dans le cas cité, on ne doit pas augmenter la consommation de la vapeur, car en agissant ainsi on pourrait produire

des ébullitions; la seule mesure à prendre est de fermer les portes
de cendriers et de jeter bas les feux le plus promptement possible.

3° Beaucoup d'auteurs et de praticiens ont écrit sur les explosions fulminantes des chaudières et ont présenté des explications
bien différentes les unes des autres.

M. Jobard pense qu'il faut attribuer les causes des plus terribles explosions à la fulguration électrique, et même à la foudre en
boule qui se formerait au sein des chaudières. Il pense aussi que,
dans de certaines circonstances, par le fait de la distillation des
matières animales amenées par la pompe alimentaire, il peut se
former du grisou dans l'intérieur des chaudières, et ce gaz, s'en-
flammant, peut causer l'explosion.

Enfin il donne encore l'explication suivante :

La soupape de sûreté d'une chaudière brusquement levée donne
lieu à un soulèvement tumultueux qui laisse les surfaces de chauffe
en dehors de l'action refroidissante du liquide, en élevant ce
dernier en forme de cône vers l'ouverture de la soupape; la
chaudière peut alors se vider entièrement comme une bouteille
de champagne ou d'eau gazeuse. Mais si, pendant cet écoulement,
la soupape de sûreté retombe sur son siége, le cône liquide retombe également et va frapper avec force les parois de la chaudière. On comprend aisément ce qui peut arriver de la chute
de ce marteau d'eau sur le fer rouge; il y a une véritable défla-
gration analogue à celle que déterminent les forgerons en refoulant une pièce de fer sur une enclume mouillée.

De tout ce qui précède on peut conclure que les seuls moyens,
sinon d'éviter, mais du moins d'écarter les causes d'explosions
fulminantes, sont les suivants :

1° Maintenir toujours le niveau normal dans les chaudières;
pour cela, s'assurer que les indicateurs de ce niveau fonctionnent
bien ; s'assurer aussi que la pompe alimentaire ne laisse rien à
désirer.

2° Ne jamais ouvrir brusquement la soupape de sûreté.

3° Dans le cas d'un niveau qui cesse d'être indiqué par les
robinets-jauges, ne pas alimenter et ne pas diminuer la pression
dans l'intérieur de la chaudière; fermer les cendriers et jeter bas
les feux.

4° Faire des extractions suffisantes pour empêcher les dépôts;
nettoyer le plus souvent possible l'intérieur des chaudières.

FONCTIONNEMENT DES SOUPAPES DE SURETÉ.
PRÉCAUTIONS A PRENDRE POUR LEUR OUVERTURE.

325. Le n° 110 traite plus particulièrement de l'installation des soupapes de sûreté ; nous ne parlerons donc ici que du mécanisme qui sert à les manœuvrer.

Si le système de leviers, qui donne le moyen de les ouvrir, agit directement sur la tige de la soupape, cette dernière est exposée à être faussée, car le levier n'agit pas normalement sur elle. Dans ce cas, la soupape peut être rendue inutile par la difficulté qu'elle éprouverait à se lever.

Dans quelques machines, la boîte à soupape de chaque chaudière contient deux soupapes : l'une, soumise seulement à la pression de la vapeur et en dehors complétement de l'action du mécanicien, est véritablement la soupape de sûreté ; l'autre, fixée à un système de leviers, peut être ouverte et fermée par le mécanicien soit pour laisser échapper la vapeur, soit pour arrêter son évacuation, dans le cas où la tension ne dépasse pas celle pour laquelle les soupapes doivent se lever.

Ce système a l'inconvénient de ne pas permettre de soulever les soupapes de sûreté et, par suite, de les laisser battre sur leur siége sous l'influence de la pression. Il s'ensuit l'usure des parties en contact sur le siége, et souvent des fuites. Il vaut mieux, à bord des bâtiments de guerre où la surveillance est continuelle, que la soupape de sûreté ait son poids en dehors de la chaudière et que le levier de l'évacuation agisse seulement sur ce poids pour le soulever. Mais alors il est de toute nécessité que le levier du poids qui appuie sur la tige de la soupape soit lié à cette tige, soit au moyen de deux petites bielles, soit de toute autre manière. Sans cette disposition, on ne pourrait pas lever la soupape quand il n'y a pas une pression assez grande dans la chaudière pour soulever le poids de la soupape elle-même.

Lorsque la machine est arrêtée et que les feux sont en train, même avec les portes des fourneaux ouvertes, il vaut mieux laisser sortir la vapeur, afin de se maintenir à une pression moyenne, que de laisser les soupapes balancées par la pression. On évite ainsi de fatiguer la chaudière par les soubresauts de la soupape.

Il ne faut jamais lever les soupapes de sûreté en grand ; en agissant ainsi, on réduit tout à coup la pression atmosphérique,

la vapeur se dégage aussitôt et les ébullitions commencent, proje-
tant l'eau dans toutes les parties du réservoir de vapeur, dans le
tuyau d'évacuation et dans les organes de la machine, si cette
dernière est en marche. Ce que nous avons dit au sujet des ébullitions, des projections d'eau et surtout des explosions fait comprendre, du reste, l'importance qu'il faut attacher à la manœuvre
des soupapes de sûreté.

On ne doit lever les soupapes de sûreté que de la quantité nécessaire pour l'écoulement de la vapeur produite ; on atteint facilement ce but en se réglant sur les indications du manomètre ;
quand ce dernier marque une pression à peu près constante ,
l'ouverture de la soupape de sûreté est ce qu'elle doit être.

DES FUITES DANS LES CHAUDIÈRES.
TAMPONNER UN TUBE. FUITES DANS LE TUYAUTAGE.

324. Les fuites dans les chaudières ne constituent pas toujours
des avaries graves ; quand elles sont peu considérables et dans
les surfaces de chauffe, le liquide qui s'en échappe est presque
en entier vaporisé, le sel s'attache aux lèvres de la fuite et l'aveugle promptement. Dans toute autre partie de la chaudière, on
arrête une fuite quand elle ne dépasse pas certaines dimensions
dépendantes de la pression de régime, au moyen de coins ou
de tampons en bois fortement enfoncés de dehors en dedans ;
sous l'influence de la chaleur et de l'humidité, le bois se gonfle et
forme à l'intérieur une espèce de bourrelet qui s'oppose à la sortie
du liquide.

En général, ce qu'on appelle fuite dans une chaudière entraîne
seulement des extractions moins considérables ; elles ne deviennent avaries que dans le cas où le volume d'eau qu'elles laissent
sortir dépasse les extractions à faire dans le même temps. Pour
des fuites, l'alimentation n'est pas augmentée en dehors des proportions ordinaires ; par conséquent, la consommation de charbon
reste la même ; dans les avaries, au contraire, il faut alimenter
plus qu'il ne serait nécessaire ; par suite, la consommation croît
dans les mêmes proportions.

Avec les chaudières tubulaires, qui sont appelées à supporter
de grandes pressions, les fuites sont devenues plus graves et plus
difficiles à aveugler qu'avec les chaudières à basse pression. Dans

ces dernières, il suffisait le plus souvent de mettre une tôle ou une planche enduite de minium sur la partie malade, et de la maintenir dans cet endroit soit au moyen d'une épontille, soit en la chargeant d'un poids.

Dans les chaudières tubulaires, les mêmes moyens ne peuvent plus être employés, et souvent la gravité des fuites met dans l'obligation de se maintenir au-dessous de la pression de régime.

Tant de cas différents peuvent se présenter dans les fuites d'une chaudière, qu'il serait impossible de les prévoir tous ; du reste, un maître mécanicien expérimenté trouvera toujours, au moment donné, les moyens de parer aux petits accidents qui peuvent se présenter dans les chaudières sans constituer des avaries proprement dites, question traitée dans la partie intitulée, *Entretien des machines*.

Il arrive souvent que, dans les chaudières tubulaires, un tube se crève ; il en résulte alors une fuite plus ou moins considérable, suivant la grandeur de la déchirure. Dans le cas où elle n'expose pas la chaudière à un dénivellement dangereux, on tamponne le tube, c'est-à-dire qu'on bouche ses deux extrémités avec des coins passés à cet effet ; de cette manière, le tube ne donne plus passage à la flamme, et il se remplit d'eau. Pour faire cette opération, on ferme d'abord les portes des cendriers de la chaudière sur laquelle on va opérer et on ouvre la porte de la boîte à fumée ; le tube qui laisse couler l'eau reconnu, on présente à son ouverture un des tampons dont il a été parlé plus haut. Ces tampons sont tournés un peu cônes, et c'est le plus petit bout qui est introduit le premier. On le repousse à l'autre extrémité du tube au moyen d'une longue barre de fer. Ce premier tampon introduit, on en place un second de la même manière, mais fermant seulement l'ouverture du tube dans la boîte à fumée. Il est évident que, si l'on s'aperçoit qu'un seul tampon bouchant la déchirure aveugle la fuite, on laissera ce tampon dans sa position sans le pousser plus loin, et il sera inutile d'en mettre un second.

Il est facile de tamponner un tube, comme nous venons de le dire, quand les tubes n'ont pas de bagues, parce que les tampons glissent facilement ; mais il n'en est pas de même pour les tubes qui ont des bagues. Dans ce cas, si le navire ne possède aucun moyen mécanique, il faut de toute nécessité éteindre les feux de la chaudière qui fuit, pour envoyer des hommes dans la boîte à feu tamponner le tube crevé. C'est pour obvier à cet inconvénient que plusieurs moyens ont été proposés ; nous citerons parmi eux le tampon fendu. Ce tampon, tourné au diamètre intérieur des bagues, passe librement dans ces dernières ; mais la partie introduite la première est fendue et reçoit des coins assez longs pour aller faire tête contre la face-arrière de la boîte à feu. En repoussant le tampon, on fait pénétrer davantage les coins dans les fentes ; par suite, le diamètre du tampon augmente assez pour appuyer contre les parois du tube et le fermer. On a aussi présenté deux plaques de tôle unies par une tige de fer ; chaque plaque, bouchant extérieurement les ouvertures du tube, est appliquée contre elles par les écrous de la tige de fer. Mais ce moyen nécessite l'extinction des feux, puisqu'il faut envoyer dans la boîte à feu.

Le tampon fendu, dont nous venons de parler, est plus facile à placer lorsque les coins sont en dedans du tube ; dans ce cas, l'extrémité du tampon lui-même va faire tête contre le fond de la boîte à feu, et les coins sont enfoncés au moyen d'une espèce de refouloir. La partie du tampon qui traverse la boîte à feu est vite brûlée, presque au ras de la plaque de tête, et le tube reste fermé.

Si la fuite qui résulte de la déchirure est assez considérable pour faire craindre un dénivellement dangereux pour la chaudière, il faut aussitôt fermer les cendriers de la chaudière qui fuit et mettre bas les feux ; en même temps fermer la soupape d'arrêt, et ouvrir seulement la soupape de sûreté de ce qu'il faut pour laisser évacuer la vapeur ; enfin alimenter avec de l'eau de mer froide, au moyen du petit cheval, de manière à faire tomber la pression le plus tôt possible.

On cesse d'alimenter dès que les feux sont éteints, laissant alors la chaudière se vider par le tube déchiré, jusqu'à la hauteur de ce tube ; on procède ensuite à son tamponnage ou à son changement.

Quelle que soit l'espèce de chaudière employée, mais surtout avec les chaudières à moyenne et haute pression, dans le cas d'une fuite considérable, il faut, le plus tôt possible, diminuer la pression. Mais, comme nous l'avons déjà dit, ce résultat ne peut être obtenu que par des moyens qui ne donnent pas naissance aux ébullitions et, par suite, aux projections d'eau dans les organes de la machine. Ainsi donc, sans ouvrir les soupapes de sûreté, fermer les cendriers en ouvrant les portes des fourneaux, alimenter avec l'eau de mer et augmenter, s'il est possible, la dépense de la vapeur par la machine. Si on stoppe, fermer les soupapes d'arrêt, dès lors ouvrir les soupapes de sûreté, les ébullitions qui en résultent ne pouvant plus donner de projections d'eau que par le tuyau d'évacuation, inconvénient qui peut être insignifiant pour le pont.

Fuites dans le tuyautage. Les fuites dans les tuyaux sont très-fréquentes, et n'ont pas, en général, beaucoup de gravité : d'abord, parce qu'il est presque toujours possible, au moyen des nombreux robinets qui les ferment, d'isoler la partie avariée pour la réparer; ensuite, parce que le plus souvent on peut aveugler la fuite d'eau ou de vapeur causée par un pareil accident. Pour cela on applique sur la crevasse une pièce de laine, de feutre ou même de toile, enduite d'une couche épaisse de minium ; par-dessus ce premier recouvrement on tourne une forte limande en toile à voile, frottée avec du blanc de céruse en pâte ; et enfin le tout est maintenu par un garni fait avec une ligne solide.

Lorsqu'une partie du tuyau ainsi réparé est exposée aux chocs accidentels des outils de chauffe ou autres, à l'usure produite par le contact du charbon ou par les pieds des chauffeurs, on la protége en la couvrant d'une plaque en tôle recourbée. Si les deux parties du tuyau sont séparées l'une de l'autre, ou si l'on craint leur séparation après la réparation, on fait entrer, dans la rousture, des bandes de fer ou de bois, qui s'opposent à l'écartement des parties, tout en les maintenant en présence l'une de l'autre.

On ne peut trop recommander à un maître mécanicien de se rendre un compte exact de tout le tuyautage de la machine qu'il est chargé de conduire, car sa connaissance parfaite peut, dans beaucoup de cas, le mettre à même de parer à ces nombreux petits accidents qui surviennent sans cesse, et dont la négligence peut constituer des avaries majeures. Les fonctions des différents tuyaux, leur importance relative sont si différentes, qu'il est impossible de prévoir ces accidents et, à plus forte raison, de donner des règles fixes pour y remédier.

SUPPRIMER UNE CHAUDIÈRE A LA MER OU ALLUMER UNE NOUVELLE CHAUDIÈRE. PRÉCAUTIONS A PRENDRE.

Supprimer une chaudière à la mer. **325**. Deux raisons peuvent faire supprimer une chaudière à la mer :

1º Quand la production de vapeur dépasse les besoins de la machine :

2° Quand une avarie nécessite la réparation d'une chaudière.

Dans le premier cas, rien ne presse ; on peut donc laisser tomber les feux de la chaudière qu'on veut éteindre, de manière à user en partie le combustible qui se trouve sur les grilles. Dès que la pression commence à tomber au-dessous de celle indiquée par les manomètres des autres chaudières, on ferme complétement les soupapes d'arrêt, on met en place les portes des cendriers, on jette bas les feux, on ferme les portes des fourneaux, on retire les escarbilles des cendriers, et l'on renferme ces derniers. En agissant ainsi on évite de nuire au tirage, et on empêche les tôles de fatiguer par des contractions inégales. Si la chaudière doit être vidée de suite, on conserve une pression suffisante pour chasser l'eau par le tuyau d'extraction. Dans ce cas, il faut veiller avec attention le bruit et l'espèce de trépidation produite sur la clef du robinet d'extraction par le contact de l'eau chaude des chaudières avec l'eau froide de la mer ; pour cela, on conserve les mains sur la clef et l'on ferme le robinet dès que le bruit et les trépidations cessent. Si l'on n'agissait pas ainsi l'eau froide de la mer pourrait revenir dans la chaudière ; ce retour serait d'autant plus violent que la condensation de la vapeur dans la chaudière serait presque instantanée.

Précautions à prendre.

Dans de semblables circonstances, les surfaces extérieures de la chaudière ayant tout à coup à supporter tout le poids de l'atmosphère, car les soupapes atmosphériques seraient d'un faible secours, il pourrait en résulter des avaries à ajouter à celles résultant du refroidissement précipité des tôles.

Dans le cas où une avarie met dans la nécessité d'éteindre immédiatement une chaudière, on n'est plus maître de sa manœuvre, il faut agir de suite. Alors on ferme la soupape d'arrêt, et on jette bas les feux le plus tôt possible, tout en prenant toutes les précautions dont nous venons de parler.

Souvent, à la mer, les circonstances de navigation nécessitent une augmentation dans la production de la vapeur ; il faut donc allumer plus de chaudières, en supposant, bien entendu, que la machine fonctionne avec une partie seulement de son appareil évaporatoire.

Allumer une nouvelle chaudière.
Précautions à prendre.

Dans ce cas, il est des précautions indispensables à prendre, sans lesquelles on pourrait voir diminuer la pression que l'on trouve déjà insuffisante. La soupape d'arrêt de la chaudière qu'on allume doit rester fermée jusqu'à ce que la pression, dans cette chaudière, soit égale au moins à celle des autres chaudières employées. Si l'on ouvrait la communication avec les autres chaudières avant ce moment, la chaudière, encore froide, agirait sur les autres, comme le ferait un condenseur ; la vapeur produite par les chaudières en service se précipiterait dans la chaudière qu'on allume au lieu de se rendre au cylindre ; et, si la différence de température était assez grande, il pourrait y avoir arrêt de la machine.

Ainsi, quels que soient les ordres donnés pour activer la production de vapeur, on ne doit pas mettre en communication les chaudières avant le moment convenable ; il faut concentrer ses efforts sur la conduite des feux pour faire monter la pression dans la chaudière qu'on allume.

INSTRUCTIONS DE M. MATHIEU,
INGÉNIEUR DU CREUZOT, SUR LA CONDUITE DES CHAUDIÈRES
À HAUTE PRESSION.

526. Les batteries flottantes, construites pour la guerre de Crimée, reçurent les instructions suivantes pour la conduite des appareils à haute pression qu'elles ont reçus.

« Dans les appareils à haute pression destinés aux bâtiments à vapeur, la combustion est généralement activée par des cheminées à tirage forcé.

« 1° Ce tirage est obtenu au moyen d'un jet de vapeur pris dans la chaudière au maximum de tension, et lancé dans la cheminée suivant la direction de son axe.

« La théorie et la pratique démontrent que ce système l'emporte sur celui des cheminées ordinaires ; toutes les fois que la pression absolue de la vapeur dépasse 3 atmosphères, le bénéfice qui en résulte croît au fur et à mesure que la pression augmente.

« 2° On donne, en général, à la section d'une cheminée à tirage forcé le quart de la section d'une cheminée ordinaire travaillant dans les mêmes conditions de puissance. Pour la hauteur, on se borne à ce qui est nécessaire pour débarrasser le pont de la fumée.

« 3° On comprend que cette réduction de la section de la cheminée rend l'allumage des feux forcément plus lent qu'avec les cheminées ordinaires. Toutefois ces feux se développent presque subitement lorsque la vapeur commence à se former.

« 4° Lorsque, pendant le travail d'une chaudière, on arrête le jet de la cheminée, la combustion active cesse presque au même moment ; elle reprend de même, d'une façon presque subite, à l'instant où le jet est lancé de nouveau. Un bâtiment qui doit attendre sous vapeur peut ainsi se maintenir prêt à fonctionner pendant fort longtemps, sans avoir à faire, pour cela, de dépense sensible de vapeur et de charbon.

« 5° Dans les chaudières où le faisceau tubulaire est placé en porlongement des foyers (chaudières à flamme directe), on a constaté que la flamme qui s'échappe des grilles se dirige de préférence vers les tubes du bas. Lorsqu'il y a une certaine distance entre l'autel et les tubes, et que le bord supérieur de l'autel est en contre-haut par rapport aux tubes inférieurs, on voit même souvent le feu plonger derrière l'autel pour regagner ces derniers.

« Il importe dès lors que le chauffeur cherche, autant que possible, à disposer son feu pour retenir la flamme dans le haut du foyer ; à cet effet, la couche de charbon devra être beaucoup plus forte à la naissance des grilles qu'au fond de ces grilles. Le dessus de cette couche formera un plan incliné.

« 6° Comme pour tous les feux, il faut avoir soin également de repousser le charbon qui est bien allumé vers le fond de la grille, et de maintenir le charbon plus frais auprès de la porte, où les produits de la décomposition de ce dernier se brûlent alors pour le mieux en passant sur les couches incandescentes du fond.

« 7° Pour empêcher la porte de se brûler par la présence de la masse du combustible, on a soin de damer les escarbilles tirées du dessous de la grille contre le charbon, à l'entrée du fourneau.

« 8° On admet généralement que, sous l'action du tirage forcé dans de bonnes conditions, c'est-à-dire avec de la vapeur à 4 atmosphères et au delà, 1 mètre carré de surface de grille peut consumer utilement $\frac{1}{3}$ environ de charbon de plus que dans les conditions anciennes ; c'est-à-dire que, si, avec une cheminée ordinaire, 1 mètre carré consomme 100 kilogrammes de charbon à l'heure, cette même surface en consommera environ 133 kilogrammes avec le tirage forcé.

« 9° Cependant, malgré cet accroissement de consommation, le travail du chauffeur n'est pas plus pénible qu'anciennement.

« En effet, dans les cheminées ordinaires, le tirage est produit par la différence de température entre la colonne d'air de la cheminée et l'air extérieur. Cette différence est déterminée en grande partie par l'état des feux, et, comme dans un chauffage bien conduit elle doit être sensiblement constante, le travail du chauffeur demande une grande expérience et une attention soutenue.

« Dans les cheminées à haute pression, au contraire, c'est la vapeur qui détermine le tirage ; son écoulement étant continu et régulier pour une pression, le rôle du chauffeur se borne à garnir les grilles et à y maintenir la couche de charbon à son épaisseur normale.

« 10° Comme nous l'avons dit plus haut, l'action du jet de la cheminée offre d'autant plus d'avantage, que la pression de la vapeur qui s'écoule est plus élevée. Les chiffres suivants montreront mieux la progression du bénéfice : si l'on admet qu'à 2 atmosphères 1/2 le travail du jet de vapeur soit 80, ce travail ira à 100 pour 3 atmosphères 1/2, à 110 pour 4 1/2, à 115 pour 5 atmosphères. De là résulte cette condition importante, que, lorsque, dans un appareil, le travail est produit par un jet tiré de la chaudière, l'admission de la vapeur aux machines devra toujours être réglée de manière à ce que la pression dans les générateurs puisse rester égale à la tension normale.

« 11° L'orifice du cendrier par lequel l'air est admis sous les foyers doit être réduit, pendant la chauffe, à l'aide de la porte à bascule, à une section de moitié au plus de ce qu'il serait pour un tirage libre ; cette précaution est nécessaire pour éviter l'affluence d'une trop grande quantité d'air froid qui ne manquerait pas d'abaisser la température du foyer.

« 12° La production de la vapeur, de même que la consommation de charbon sur les grilles, peut être modifiée, dans certaines limites, par l'augmentation ou la réduction du diamètre du jet de la cheminée. Dans les chaudières qui fonctionnent dans de bonnes conditions, on admet que le tirage forcé donne lieu à une augmentation d'un tiers environ, comparativement aux générateurs anciens, pour une même surface de chauffe.

« 13° Cette violence de la vaporisation augmente nécessairement les chances d'ébullition tumultueuse ; le mécanicien doit y apporter une grande attention, surtout lorsque les chaudières sont neuves. On le prévient en partie en puisant la vapeur simultanément, sur toute la longueur du générateur, à l'aide d'un tube spécial disposé comme dans les locomotives.

« 14° La quantité de matières salines qui tendent à se déposer sur les parois extérieures d'une chaudière étant proportionnelle au poids de l'eau vaporisée, et ce poids se trouvant augmenté d'environ un tiers par l'action du tirage forcé, il en résulte que les extractions de l'eau saturée doivent être augmentées de cette même quantité pour chaque unité de surface de chauffe.

« 15° Le mode de procéder pour les extractions est le même, d'ailleurs, que pour toutes les chaudières tubulaires employées aujourd'hui.

« Un aréomètre ou pèse-sel convenablement gradué doit se trouver auprès des chefs de feu ; ceux-ci auront, en outre, un petit réservoir ayant autant de compartiments étanches qu'il y a de corps de chaudières. A des intervalles réguliers de vingt à vingt-cinq minutes, on tirera de l'eau de chaque corps, et on vérifiera son degré de saturation à l'aide du pèse-sel ; cette vérification conduira facilement à déterminer l'ouverture du robinet d'extraction continue.

« Mais si, quant au fond, ce mode de procéder pour les extractions n'offre rien de différent à ce qui est pratiqué pour les chaudières anciennes, il n'en est pas de même pour les conséquences qu'entraîneraient les dépôts de sel, à la suite de quelques négligences dans le service des extractions.

« 16° La tôle des foyers aurait surtout à en souffrir ; le travail habituel des fourneaux soumet déjà cette tôle à une fatigue extrême, puisque, d'un côté, elle se trouve exposée à une température très-élevée et très-soutenue, et que, du côté opposé, elle reçoit une pression qui, pour 5 atmosphères, est de 40,000 kilogrammes par mètre carré, c'est-à-dire huit fois celle des générateurs de Watt. Si, dans ces conditions, une couche de sel venait empêcher le contact direct de l'eau et du fer, ce dernier se ramollirait et pourrait se détériorer promptement, malgré le grand nombre d'entretoises dont on a soin de le garnir.

« Le devoir du mécanicien est donc d'éviter de pareilles chances d'avaries par une surveillance des plus soutenues.

« 17° Dans les machines à basse pression, on a l'habitude d'installer, pour chaque chaudière, un moyen spécial pour pouvoir soulever instantanément et à volonté les soupapes de sûreté. Pour les générateurs à haute pression, on a généralement supprimé ce mode, par le motif suivant :

« Sous l'effort d'une pression effective de 4 atmosphères par exemple, soit de 40,000 kilogrammes par mètre carré de surface,

la masse entière de la tôle d'une chaudière se trouve dans un état
de tension qui diffère essentiellement de l'état de cette même
masse en repos; dans cette condition, l'ouverture brusque des
soupapes de sûreté aurait évidemment pour effet de faire passer
la chaudière presque instantanément de l'une de ses limites de
pression à l'autre, et la contraction générale qui en résulterait
réagirait de la façon la plus destructive sur toutes les rivures,
tous les joints, et notamment sur ceux des tubes. C'est pour rendre
ces effets impossibles que les mécanismes dont nous parlons ont
été abandonnés.

« Dans les appareils où ils ont été maintenus, il est du devoir
du mécanicien de ne s'en servir que dans les circonstances tout à
fait exceptionnelles, dans les cas d'avaries par force majeure.

« Par contre, le mécanicien doit veiller avec le plus grand soin
à ce que les soupapes soient constamment en parfait état, de manière à se lever aussitôt que la pression dépasse les limites normales.

« 18° La pression de la vapeur n'est pas la seule cause de détérioration des métaux dans une chaudière; la chaleur du foyer
produit des effets analogues, suivant la chauffe; aussi doit-on
éviter à tout prix de jeter bas les feux lors de l'arrivée au mouillage, et amener par là brusquement un courant d'air froid dans
les conduits. Aussitôt que la machine sera arrêtée, on devra arrêter le jet de vapeur dans la cheminée; ensuite on laissera les
feux s'éteindre peu à peu; les tôles auront ainsi le temps de se
refroidir lentement, leur contraction se fera peu à peu, et aucune
fuite ne se déclarera dans les tubes, les entretoises et les rivures.

« 19° Les tubes, de même que les boîtes à fumée, doivent être
nettoyés à chaque voyage; sans cette précaution, la suie amenée
dans les compartiments s'allumerait au voyage suivant après
quelques heures de marche, et jetterait de grandes gerbes de feu
par la cheminée.

« 20° Sans vouloir énumérer ici toutes les précautions à prendre
avant la mise en train, précautions bien connues, d'ailleurs, des
mécaniciens, nous croyons devoir en mentionner une qui est
plus particulièrement à observer dans les machines à grande vitesse. Dans la plupart de ces appareils, on emploie, comme
moyen de distribuer la vapeur, le mécanisme connu sous le nom
de secteur de Stephenson. Ce mécanisme, emprunté aux locomotives, a la propriété de permettre de passer presque instantanément d'une fonction de mouvement à l'autre. Cette facilité pour-

rait donner lieu à de graves accidents si le mécanicien n'en usait avec une grande précaution.

« Lorsqu'un appareil est lancé avec une grande vitesse dans un sens, il est indispensable que, avant de ramener le mouvement, on laisse aux masses mobiles le temps de s'arrêter ou, pour le moins, de se ralentir. On s'exposerait, en négligeant ce soin, à de nombreuses avaries, et l'on risquerait notamment de crever les cylindres, de casser les pistons ou de tordre les arbres de transmission. Dans les locomotives, les mécaniciens prennent les plus grands soins pour se garder contre ces dangers, et cependant la facilité qu'offrent leurs machines de tourner au rebours du mouvement du convoi les préserve, mieux que dans les bateaux, des mauvaises chances dont nous parlons. »

CONDUITE DE LA MACHINE.

527. Pour pouvoir faire marcher une machine, il faut que tout l'appareil se trouve dans certaines conditions, sans lesquelles le mouvement ne pourrait avoir lieu. Ainsi non-seulement la pression doit être au point convenable, mais encore il faut chasser du condenseur l'eau et l'air qui s'y trouvent toujours réunis, et réchauffer toutes les parties de la machine qui doivent recevoir la vapeur. Sans cette précaution indispensable, la vapeur, en contact avec des surfaces froides, se condenserait avant de produire l'effet qu'on attend d'elle. Ces dispositions préliminaires sont ce qu'on appelle purger la machine.

Les soupapes d'arrêt ouvertes, le registre de vapeur entr'ouvert, on manœuvre la soupape ou le robinet qui met en communication directe le condenseur et la boîte du tiroir ou le conduit de vapeur ; la vapeur alors se précipite au condenseur, lève le clapet de pied, et la soupape de purge, nommée reniflard, en chassant devant elle l'eau et l'air du condenseur, qui sont ainsi versés dans la cale.

Observons que, si le reniflard ne se levait pas, la vapeur, après avoir ouvert le clapet de pied, soulèverait les clapets de la pompe à air, celui de tête, et sortirait par le tuyau de décharge, en prenant la place de l'air contenu dans les différents espaces qu'elle occupe successivement. Le condenseur est purgé quand le reniflard ne laisse plus sortir que de la vapeur ; alors on suspend l'arrivée de la vapeur au condenseur. En même temps on manœuvre la mise en train de manière à faire arriver alternativement la vapeur en dessus et en dessous du piston, pendant que les soupapes de sûreté du cylindre ou celles de purge sont levées. Par ce moyen, non-seulement le cylindre s'échauffe, mais encore l'eau et l'air qui se trouvent dans l'intérieur sont chassés. Si alors on ouvre un peu l'injection, pour laisser arriver une petite quantité d'eau au condenseur, la vapeur contenue dans la partie du cylindre qui est en communication avec le condenseur est condensée, et l'on est prêt à marcher.

Ce que nous venons de dire regarde plus spécialement les machines à balanciers ; cependant les choses se passent exactement de la même manière dans toutes les autres machines, quel que soit leur système particulier. Ainsi supposons que l'on fasse arriver de la vapeur dans le condenseur (fig. 1, pl. III, n° 36) d'une machine à connexion directe. La vapeur, arrivant par un moyen quelconque dans le condenseur, lèvera les clapets d'aspiration et ceux de refoulement, et enfin sortira par le tuyau de décharge. C'est, du reste, le passage donné à la vapeur, quand des avaries dans l'injection mettent dans l'obligation de marcher sans condensation.

Une machine dans laquelle la vapeur agit avec une pression peu supérieure à celle de l'atmosphère ne marcherait évidemment pas si elle avait à lutter contre la pression atmosphérique ; il faut alors, de toute nécessité, faire le vide dans le condenseur. Mais, dans les machines à moyenne pression, la pression de la vapeur, étant de beaucoup supérieure à celle de l'atmosphère, est capable de vaincre la pression atmosphérique et de faire marcher la machine. Il n'y a donc pas nécessité absolue de purger. La machine fait alors ses premiers tours, comme si elle était sans condensation, mais la vapeur qui pénètre dans le condenseur et la pompe à air qui fonctionne chassent l'eau et l'air qui s'y trouvent contenus par le tuyau de décharge, et bientôt le condenseur se trouve purgé ; à ce moment seulement on ouvre l'injection qui produit le vide. Mais il vaut toujours mieux avoir les moyens de purger le condenseur et faire cette opération avant de marcher, il y a moins d'indécision dans le mouvement.

528. Balancer une machine, c'est faire faire à cette machine deux ou trois tours en avant et autant en arrière, pour s'assurer que tout fonctionne convenablement, que rien ne peut gêner ses mouvements, et qu'elle est prête à partir au commandement. Un navire ne ressent guère l'influence de son propulseur que quand ce propulseur a fait un certain nombre de tours ; par suite, sa position ne change pas par le balancement de la machine. Mais, comme il y a souvent, sur les côtés du navire ou sur l'arrière, des embarcations qui pourraient être atteintes soit par les roues, soit par l'hélice, le maître mécanicien ne doit jamais balancer la machine sans en avoir reçu l'autorisation ou l'ordre de l'officier de quart.

Le balancement permet de voir si tout est en ordre, si les pièces ont besoin d'être serrées, desserrées ou graissées ; le bruit qu'elles font indique leurs besoins ; le mouvement est alors si lent, qu'on pourrait stopper à temps, si des pièces venaient à butter contre d'autres ou contre des objets oubliés. En outre, la machine finit de se purger, les différents conduits de vapeur s'échauffent, et il en est de même des garnitures, dans lesquelles le suif et l'huile pénètrent mieux.

Dès lors on peut mettre en marche ; mais, si l'on attend quelque temps sans le faire, il est bon de balancer de nouveau.

Pour balancer la machine, il suffit de manœuvrer la mise en train de manière à laisser arriver la vapeur soit en dessus, soit en dessous du piston, suivant le mouvement que l'on veut produire. Pendant tout ce temps on laisse les soupapes de purge ouvertes.

529. Le mécanicien qui s'attend à marcher doit examiner ses deux manivelles ; il connaît l'espèce de tiroir et le mécanisme qui sert à lui donner le mouvement ; par suite, il sait dans quel sens il doit manœuvrer la mise en train pour produire la marche soit en avant, soit en arrière. Tous les hommes de la machine sont aux postes qu'ils doivent occuper, ceux de la mise en train savent comment ils devront agir.

Dans une machine à balanciers, avec un tiroir en D, et ayant l'arbre moteur sur l'avant de l'appareil, on sait qu'il faut que le tiroir monte pour que le piston descende et réciproquement ; par suite, le tiroir marche comme la manivelle ; il suit de là que, si celle-ci est en avant de l'arbre, il faut qu'elle descende pour que le propulseur mache en avant, il faut donc baisser le tiroir ; s'il fallait marcher en arrière dans les mêmes conditions, on devrait, au contraire, lever le tiroir. Si la grande bielle est sur l'arrière de l'arbre, il faudra lever le tiroir pour marcher en avant et le baisser pour marcher en arrière.

Si l'appareil est à connexion directe, mais toujours avec un tiroir en D, la manivelle suit le mouvement du piston et, par suite, il faut donner au tiroir un mouvement contraire à celui qu'on veut imprimer à la manivelle.

Avec les tiroirs en coquille, dans lesquels les bords des barrettes ne jouent pas les mêmes rôles, la manœuvre est toute différente; par suite, dans une machine à balanciers, on doit donner au tiroir un mouvement opposé à celui que l'on veut produire sur la manivelle; et, dans une machine à connexion directe, il faut, au contraire, faire marcher le tiroir comme la manivelle.

Dans les nouvelles machines, l'adoption des deux excentriques, l'un pour la marche en avant, l'autre pour celle en arrière, évite toutes ces considérations et les hésitations qui en résultent. Il suffit alors de faire tourner la roue de mise en train, soit dans un sens, soit dans un autre, pour produire le mouvement en avant ou celui en arrière.

Dès qu'on met en marche, en supposant le condenseur purgé préalablement, on ouvre l'injection, afin de condenser la vapeur à son arrivée au condenseur; mais on laisse arriver peu d'eau dans le commencement, parce que la machine marche très-lentement; à mesure que sa vitesse augmente, on ouvre davantage le robinet d'injection. Si le condenseur n'a pas été purgé, on ne doit ouvrir l'injection que quand la machine a fait quelques tours.

En principe, il ne faut jamais lancer une machine à toute vitesse dès le départ; les feux à ce moment n'étant jamais bien réglés, il peut arriver que la dépense de vapeur produise des ébullitions toujours dangereuses. Du reste, la pression tomberait indubitablement et, dans ces conditions, il serait difficile de la faire remonter. Il vaut donc beaucoup mieux, à moins de circonstances graves qui nécessitent le contraire, n'ouvrir que peu à peu le registre de la vapeur, pour augmenter progressivement la vitesse de la machine. Le degré d'ouverture de l'injection suit ainsi la vitesse de la machine; le baromètre du condenseur, son indicateur ou simplement la main indique si l'injection est suffisante. Enfin, en agissant ainsi, on n'entre pas en lutte tout à coup avec la force d'inertie des différents organes de la machine; cette résistance est vaincue peu à peu et sans aucun danger pour les changements de mouvement.

Marche en avant et marche en arrière.

330. Pour mettre la machine en mouvement, peu importe le sens de la marche à donner au navire; la manœuvre est la même dans les deux cas, soit pour aller en avant, soit pour aller en arrière. Alors on est prêt à agir sur la mise en train, le commandement, qui arrive du pont, ne surprend pas; mais il n'en est pas de même lorsque, étant en marche, une circonstance imprévue met dans l'obligation de changer le mouvement de la machine.

Dans ce cas, personne n'est préparé : le navire et la machine ont une vitesse acquise qu'il faut d'abord vaincre : par suite, plusieurs précautions indispensables doivent être prises.

551. Supposons que, la machine en avant, on reçoive l'ordre de marcher en arrière le plus tôt possible; il s'agit, par exemple, d'éviter un abordage ou de se retirer au plus vite d'un endroit dangereux. Aussitôt le commandement, les chauffeurs mettent les leviers de mise en train en place, si le système est à leviers; dans tous les cas, ceux désignés pour agir sur la mise en train se tiennent prêts à la manœuvrer au commandement du maître mécanicien chef de quart.

Les registres de vapeur et d'injection sont fermés, l'excentrique est déclanché et les tiroirs manœuvrés à la main pour marcher en arrière. Mais, comme la vitesse acquise par le navire fait éprouver au propulseur une très-grande résistance, précisément sur la surface qui doit agir maintenant, on a beaucoup de difficulté pour mettre la machine en mouvement. Il faut faire une grande attention à la manœuvre des tiroirs pour franchir les points morts, surtout s'il s'agit d'une machine à balanciers, dans laquelle la mise en train ne manœuvre pas les deux tiroirs en même temps. Les registres d'injection et ceux de vapeur sont ouverts, comme nous l'avons dit plus haut, suivant la vitesse acquise par la machine.

Le mécanicien chargé de la conduite des feux porte la plus grande attention aux indications du manomètre et aux niveaux d'eau, car alors la production de vapeur étant la même, tandis que la dépense diminue considérablement, la pression pourrait monter assez pour causer des avaries. On diminue la production de vapeur en ouvrant les portes des fourneaux, la grande quantité d'air qui passe tout à coup éteint la flamme et diminue beaucoup la chaleur développée; on peut aussi dépenser la vapeur formée, si l'on ne veut pas diminuer la production, en soulevant un peu la soupape de sûreté; dans les deux cas, on agit en suivant le manomètre des yeux. Si le niveau de la chaudière est bas, on alimente au moyen du petit cheval, le mouvement des pompes alimentaires n'étant pas suffisant pour donner l'eau nécessaire.

Lorsque nous avons dit plus haut qu'il fallait déclancher pour rendre le mouvement du tiroir indépendant de l'arbre moteur, nous n'avons pas parlé de la détente, qu'il faut supprimer dès qu'on prévoit la possibilité de stopper ou de changer de mouvement.

Avec le système de mise en train de Stephenson, les changements de mouvement sont plus simples et plus faciles; mais, autant que possible, il faut toujours arrêter la machine avant de lancer dans un autre sens. On ferme l'injection et le registre de vapeur; la détente est déclanchée, si elle était enclanchée, et la roue de mise en train est manœuvrée pour ramener dans l'autre sens la bielle qui porte le secteur. Dès lors l'excentrique de la marche en arrière fait mouvoir les tiroirs, et la machine part sans difficulté, malgré la vitesse acquise. Pour le reste, on agit comme on l'a dit plus haut.

Les mêmes avantages sont obtenus avec la mise en train Mazeline; la roue à manette permet de faire faire à l'arbre du tiroir un mouvement suffisant pour changer les orifices d'introduction, et la machine part dans le sens contraire.

Étant en arrière, marcher en avant.

552. S'il faut revenir en avant, après avoir marché en arrière, on agit de la même manière que pour passer de la marche en avant à celle de l'arrière, mais ce mouvement est toujours plus simple, parce que le navire ne marche qu'accidentellement en arrière, que sa vitesse, dans ce sens, n'est jamais bien grande, et que tout le personnel de service est prêt à agir; ce qui n'a pas lieu quand le commandement de lancer en arrière tombe tout à coup dans la machine.

Ralentir la vitesse de la machine et stopper.

553. Pour ralentir la marche d'une machine, il suffit de gêner l'introduction de la vapeur dans les cylindres, c'est le résultat qu'on obtient en fermant plus ou moins les registres de vapeur. Mais la fermeture des registres de vapeur entraîne nécessairement la manœuvre du robinet d'injection, qui doit donner beaucoup moins d'eau pour condenser une quantité de vapeur moins grande. Une autre raison qui fait encore diminuer l'eau à injecter, c'est que la pompe à air, donnant moins de coups de piston dans le même temps, pourrait être impuissante pour vider le condenseur. Enfin, s'il faut diminuer la production de vapeur momentanément, on ouvre les portes des fourneaux, on ferme celles des cendriers, on soulève un peu les soupapes de sûreté, on alimente. Si le mouvement lent ordonné doit durer longtemps, on chauffe moins, on brûle les escarbilles, de manière à maintenir le manomètre à une pression convenable pour la vitesse que l'on doit donner au navire.

S'il faut, après avoir ralenti la vitesse, l'augmenter de nouveau, tout est remis dans l'état primitif ; mais, comme nous l'avons déjà dit, on ne doit ouvrir les registres de vapeur que progressivement, pour éviter les ébullitions.

S'il faut stopper, c'est-à-dire arrêter tout à fait le mouvement de la machine, on déclanche la détente variable et les excentriques ; les tiroirs n'étant plus menés, la distribution de la vapeur cesse, et le piston reste poussé dans le même sens ; il continue bien encore son mouvement en vertu de la vitesse acquise, mais ce mouvement s'arrête bientôt.

Le premier devoir du mécanicien est de mettre aussitôt les tiroirs à mi-course ; en agissant ainsi, il ferme les orifices des cylindres et se dispose à pouvoir obéir aux commandements de marcher en avant ou de marcher en arrière. Pour stopper avec le système Stephenson, il suffit de manœuvrer la roue de mise en train de manière à mettre l'arc fendu dans une position moyenne ; on ferme ainsi les orifices des cylindres. Mais on ferme d'abord le registre de vapeur et l'injection.

La machine ne dépensant plus de vapeur et la production continuant, il faut veiller avec attention les manomètres ; on est presque toujours obligé d'ouvrir les portes des fourneaux, de fermer celles des cendriers et de soulager les soupapes de sûreté ; mais on ne doit pas laisser tomber la pression. Le niveau d'eau est tenu un peu haut, au moyen du petit cheval ou de la pompe à quatre fins. Si l'on doit rester stoppé longtemps, il est nécessaire de fermer les soupapes d'arrêt, car les registres de vapeur n'empêchent pas toujours la vapeur de passer. Souvent, dans ce cas, on pousse les feux au fond des fourneaux ; mais aucun de ces mouvements ne doit être fait sans un ordre formel du commandant ou de l'officier de quart, et tout le personnel de la machine reste prêt à agir pour mettre la machine en mouvement.

A propos de l'habitude que l'on a de pousser les feux au fond des fourneaux, lorsque l'on doit rester longtemps stoppé, nous ferons remarquer qu'en agissant ainsi on brûle les autels, l'arête formée par la réunion du ciel et de la plaque de tête. Aussi il vaut beaucoup mieux ramener, au contraire, les feux sur l'avant des grilles, fermer les portes des cendriers et entr'ouvrir les portes des fourneaux. En agissant ainsi, on arrive au même résultat qu'en poussant les feux au fond des foyers, et cela sans détérioration pour la chaudière.

Le maître mécanicien profite du stoppage pour faire serrer les écrous dont il a remarqué le jeu pendant la marche ; si le temps de repos doit se prolonger, il en profite pour faire décrasser les fourneaux, ramoner les tubes, changer les mèches des godets graisseurs, serrer les couronnes des presse-étoupe, etc., afin de mettre sa machine dans le meilleur état possible pour marcher de nouveau.

SOINS A DONNER A L'APPAREIL PENDANT LA MARCHE. ÉCHAUFFEMENTS. GRAISSAGE.

334. Supposons la machine en mouvement pour le départ du navire.

Le maître mécanicien tient ses hommes prêts à exécuter les ordres qui peuvent lui être donnés; un appareillage ou la sortie d'une rade nécessite presque toujours des changements de mouvement, des ralentissements de marche et même des suspensions complètes de mouvement ; ce n'est qu'après avoir franchi tous les obstacles, contourné toutes les pointes, qu'il est possible de mettre en route. Alors seulement le service de quart du personnel de la machine commence.

Toutes les clavettes, et surtout celles qui ont été touchées au mouillage, sont visitées. Ces clavettes, peu enfoncées dans le principe, demandent à être enfoncées de nouveau, mais sans trop serrer les articulations, car il vaut beaucoup mieux laisser un peu de libre que de brider une machine.

Les différentes pièces de la machine sont touchées pour reconnaître s'il y a des chocs ou des échauffements provenant du défaut de serrage ou de manque d'huile : dans le premier cas, le maître mécanicien demande à stopper pour serrer ou desserrer les clavettes ; dans le second, les pièces sont graissées ou huilées ; mais pendant quelque temps ces pièces sont surveillées pour voir si les mêmes accidents ne se renouvellent plus.

Une articulation ne doit être serrée que quand la bride ou le chapeau qui recouvre les coussinets ne force pas; c'est seulement à ce moment que l'on doit faire pénétrer davantage la clavette de serrage.

Comme nous l'avons dit plus haut, le maître mécanicien doit demander à stopper pour enfoncer les clavettes, et cela parce que cette opération ne se ferait que difficilement, et souvent même elle serait impraticable, la machine étant en mouvement.

Les organes sont si rapprochés les uns des autres, qu'il y aurait, en outre, danger réel pour l'ouvrier qui serait employé, soit qu'il s'agisse de frapper une clavette, soit qu'il n'y ait qu'à visser son écrou de serrage. Certes, l'introduction de ces dernières clavettes a été un véritable perfectionnement pour nos machines, mais le serrage n'est pas plus facile la machine en marche, car il faudrait coiffer l'écrou de la clef, et agir sur cette dernière dans un temps toujours si court, que probablement l'on ferait bien des tentatives infructueuses avant d'arriver à un résultat quelconque.

L'indicateur du vide, le baromètre du condenseur, ou même la température de ce dernier, indique le degré du vide obtenu ; l'injection est ouverte ou fermée, suivant le besoin. Le bruit que fait la vapeur en se précipitant au condenseur, celui des clapets de la pompe à air, sont des voix que le mécanicien doit comprendre. A la différence de nature de ces bruits, il doit connaître les besoins de l'appareil qu'il conduit.

Les garnitures des presse-étoupe sont visitées, et serrées s'il y a lieu. On est prévenu que les tresses ne sont plus assez comprimées, quand on voit la vapeur passer entre un presse-étoupe et la tige qui le traverse.

Le peu d'espace qu'occupent les machines nouvelles ne permet pas toujours de mettre des bassins au-dessous des articulations, aussi les matières grasses tombent en grande quantité dans la cale ; d'un autre côté, des ordres formels et une grande surveillance n'empêchent pas toujours les chauffeurs de se laver dans la machine et de jeter, dans la cale, des eaux sales mêlées de savon.

Ces causes contribuent à corrompre les eaux qui séjournent toujours au fond du navire ; aussi est-il nécessaire de laver souvent la cale d'un navire à vapeur.

Cette opération, longue et difficile quand la machine n'est pas en mouvement, devient on ne peut plus simple dès que la machine est en marche ; il suffit d'ouvrir un des robinets de service et d'y adapter une petite manche qui conduit l'eau sous le parquet. Cette eau, portée d'un côté et d'autre par les mouvements du navire, délaye la boue noire et infecte qui est au fond de la cale ; la pompe de cale retire cette eau, et l'envoie au dehors. Cette opération doit être renouvelée chaque jour, si toutefois des fuites dans les chaudières ou dans le tuyautage ne dispensent pas de mettre de l'eau dans la cale.

Le chauffage est surveillé avec attention pour que le charbon soit utilisé le plus convenablement possible ; la couche de charbon sur la grille doit toujours avoir la même épaisseur ; les portes des fourneaux ne doivent rester ouvertes que le moins longtemps possible ; les soutiers ne doivent pas laisser le charbon manquer. Les foyers ternes en dessous sont activés au moyen du crochet, et, s'il est nécessaire, décrassés ; mais, autant que possible, cette opération ne doit pas être faite en même temps qu'une extraction.

Les cendriers doivent toujours être propres, et le devant des chaudières nettoyé ; les escarbilles doivent être brûlées de nouveau, à moins que la pression ne soit difficile à tenir, auquel cas on fait le sacrifice du combustible encore contenu dans les escarbilles.

Toutes les heures, l'eau de chacune des chaudières est pesée pour en connaître le degré de saturation. D'après ces indications et la connaissance de la limite à laquelle les dépôts commencent dans les chaudières, on fait des extractions en opérant d'abord sur la chaudière dans laquelle le sel se trouve en plus grande quantité. Les expériences du pèse-sel doivent être faites, même si la machine possède un système de pompes produisant une extraction continue, parce que ces pompes peuvent facilement s'engager et ne plus fonctionner, sans qu'il soit possible de s'en apercevoir par un autre moyen que celui fourni par le pèse-sel.

Le niveau de l'eau est constamment surveillé, l'alimentation est conduite d'une manière régulière, tant pour ne pas faire varier la pression que pour éviter des différences toujours dangereuses dans le niveau de l'eau des chaudières.

En général, dans une machine bien conduite, on doit toujours être préparé à faire mouvoir la mise en train, soit pour exécuter les ordres qui viennent d'en haut, soit pour stopper quand un bruit ou toute autre cause peut faire craindre une avarie dans le mécanisme. Le navire naviguant seul en pleine mer, le mécanicien peut stopper, avant même de prévenir l'officier de quart ; il vaut mieux suspendre inutilement dix fois le mouvement de la machine que de s'exposer à des avaries dont les conséquences peuvent être terribles. Si le navire navigue en escadre, s'il remorque un autre navire, ou s'il est sur la côte, circonstances dans lesquelles la suspension du mouvement de la machine peut causer des abordages ou un échouage, le mécanicien ne devra jamais stopper sans avoir prévenu l'officier de quart, qui prendra les mesures nécessaires ; mais le maître mécanicien pourra toujours, dès qu'il le jugera nécessaire pour la sûreté de la machine et avant de demander à stopper, ralentir le mouvement pour écarter le plus possible les causes d'avaries.

Tous les événements survenus dans la machine pendant le quart, la quantité de combustible et de matières grasses dépensée, les résultats obtenus comme pression, les tours du propulseur, etc., sont portés avec soin, aux heures convenables, sur le journal de la machine tenu par le maître de quart.

Un maître mécanicien, en prenant le quart, doit se faire rendre compte, par celui qui le remplace, de l'état des chaudières, des fuites ou des autres accidents survenus, des ordres donnés pour le chauffage, de l'heure des dernières extractions, du degré de saturation de l'eau des chaudières. Il demande quels sont les fourneaux qui ont été décrassés, et à quelle heure ils l'ont été ; il doit aussi connaître le nombre de soutiers employés, et s'ils suffisent pour fournir le charbon. Il s'informe s'il y a eu des pièces échauffées pendant le quart précédent, si elles ont été refroidies et par quel moyen, et s'il est nécessaire de les refroidir encore, ou si on peut serrer leurs clavettes. S'il entend des chocs, il cherche à connaître leurs causes pour pouvoir les faire disparaître.

Le frottement étant une des sources de la chaleur, il s'ensuit que toutes les pièces mobiles d'une machine tendent constamment à développer du calorique et à élever leur température ; la chaleur produite ainsi peut être assez grande pour faire vaporiser l'huile qui recouvre ces pièces et même pour faire fondre ces dernières. On ne peut éviter cet inconvénient qu'en interposant des corps gras entre les parties en contact et en lubrifiant les articulations.

Si ces précautions sont négligées, si entre les parties en contact, des corps durs, du gravier, par exemple, s'interposent, le frottement, malgré la présence de l'huile ou du suif, devient plus fort et les pièces s'échauffent. Il en est de même si, par des erreurs de dressage ou par suite de la déformation du navire, des axes ou des tourillons portent à faux sur des coussinets ; alors la pression étant concentrée sur une petite surface produit un frottement assez violent pour chauffer la pièce. Dans ce dernier cas, les corps gras ont peu d'action ; il vaut mieux souvent desserrer un peu la pièce et lui laisser plus de jeu, par ce moyen on évite de nouveaux accidents.

Presque toujours l'échauffement augmente le frottement, car il dilate plus les tourillons et les coussinets que les chapeaux ou les brides ; il s'ensuit une compression telle, un frottement si considérable, que le mouvement de la machine est ralenti et même arrêté parfois. Il faut alors, de toute nécessité, desserrer les clavettes ou les écrous pour rendre les pièces plus libres, au risque d'avoir de petits chocs; il faut aussi mêler de la fleur de soufre à l'huile qui sert à lubrifier.

La combinaison de l'huile et du soufre donne un corps plus onctueux que l'huile seule; de plus, il semblerait que la combinaison chimique du soufre et des parties de fer détachées des pièces frottantes est soluble dans l'huile.

Quoi qu'il en soit, l'expérience a démontré les avantages de l'emploi de la fleur de soufre pour lutter contre les échauffements. Si on croit les surfaces dépolies, il est bon d'ajouter un peu de plombagine à l'huile, mais en petite quantité, parce qu'elle engage les pattes-d'araignée des coussinets. Enfin il est des cas où il faut stopper, si la chose est possible; sinon, on est réduit à arroser avec de l'eau de mer froide. Ces aspersions doivent être faites modérément, parce qu'elles aigrissent le fer, resserrent les pièces extérieures bien avant d'agir sur celles intérieures, et répandent, dans tous les mouvements, de l'eau qui, convertie en vapeur, dépose du sel partout. En outre, les pièces en fonte peuvent se fendre sous l'influence d'un refroidissement trop brusque.

Dans les nouveaux appareils, dont la vitesse est très-grande, les échauffements sont plus fréquents ; aussi place-t-on au-dessus des paliers un robinet refroidisseur disposé pour donner de l'eau à volonté. Dans ce cas, le godet porte un couvercle qui empêche le liquide de pénétrer dans les articulations, et l'eau fournie, tout en produisant un refroidissement sensible, n'est pas assez abondante pour occasionner un refroidissement subit, toujours dangereux.

Le palier de buttées, si sujet aux échauffements, est presque toujours arrosé par un robinet semblable.

Enfin, pour prévenir, autant que possible, les échauffements, il faut veiller à ce que les godets graisseurs ne manquent jamais d'huile, et que les lumières ne soient pas engorgées. Il ne faut pas non plus attendre, pour reconnaître un frottement, que le bruit ou l'odeur d'huile roussie fasse voir qu'il y a des pièces qui s'échauffent.

Graissage. — Le graissage est l'entretien de la lubréfaction de toutes les articulations d'une machine en marche ; on ne peut diminuer les effets des tracteurs des frottements sur des surfaces unies, et les pertes de puissance qui en résultent, qu'en maintenant toujours onctueuses les surfaces en contact.

Le graissage, pour toutes les articulations, se fait au moyen d'huile versée dans des godets à mèche ou des lubrifieurs. Le suif fondu ne sert que pour les pistons et les tiroirs. Pour rendre les surfaces plus glissantes, on mêle à l'huile de la fleur de soufre ; pour les polir on ajoute une petite quantité de plombagine en poudre très-fine.

Les anciens godets à mèche ont le désavantage immense de fournir toujours, quelle que soit la vitesse de la machine, la quantité d'huile maximum nécessaire aux articulations ; aussi occasionnent-ils des pertes considérables d'huile. Dans le but d'éviter ce surcroît de dépense complétement inutile, on a imaginé des lubrifieurs, sorte de godets qui ne fournissent pas toujours l'huile en même quantité. Les uns, mus par la machine elle-même, ne fournissent l'huile qu'en fonction de la vitesse ; les autres, beaucoup plus simples, permettent d'augmenter ou de diminuer le passage de l'huile, et le mécanicien peut alors, suivant les besoins ou la vitesse, faire toujours arriver la quantité d'huile nécessaire.

Il n'y a pas de règle pour renouveler l'huile des godets, ils doivent toujours en renfermer une quantité suffisante. Mais il est très-important qu'ils ferment exactement, pour empêcher les corps étrangers et surtout la poussière de charbon de se mêler à l'huile. La durée et le bon service d'une machine dépendent beaucoup du graissage ; ce serait une fausse économie que de chercher à diminuer la consommation des corps gras. On devra donc dépenser tout ce qui est nécessaire en évitant, avec le plus grand soin, toute cause de perte.

L'inspection d'un coussinet peut donner, à peu près, la mesure des soins apportés par le mécanicien à la conduite de la machine qui lui a été confiée.

L'huile d'olive est presque la seule employée au graissage des machines de bord ; cependant le savon mêlé à l'huile donne une pâte très-bonne pour graisser les tourillons des roues à aubes ou des roues hydrauliques ; elle garnit les surfaces en contact d'une couche gluante.

Le goudron minéral ou coltar est aussi utile qu'économique pour les dents d'engrenage. Le saindoux est très-bon quand il peut se tenir liquide, et enfin l'huile de pied de bœuf serait partout préférée à l'huile d'olive, si son prix n'était pas aussi grand.

Quant aux huiles siccatives et à celles de poisson, elles ne sont jamais employées au graissage. Pendant quelque temps on a donné à certains navires, et pour essai, une huile appelée huile spermatique. A bord du *Rhin* les hommes de la machine ne furent nullement incommodés par l'odeur qu'elle dégage et qui empêche son emploi dans les ateliers fermés ; sous le point de vue du prix, elle présentait une économie considérable, comparée à l'huile d'olive.

DES FUITES DANS LA MACHINE.
MOYENS DE LES RECONNAITRE ET D'Y PORTER REMÈDE.

Des fuites dans la machine.

535. 1° Dans le parcours de la vapeur de la chaudière au tiroir et du tiroir au cylindre, il peut se trouver des joints qui laissent passer la vapeur. Cette dernière peut passer par les joints du tuyau de conduite et du couvercle de la boîte du tiroir, par les presse-étoupe des tiges du tiroir et du piston , enfin par les soupapes de sûreté du cylindre.

Les barrettes du tiroir peuvent ne pas appliquer assez exactement sur la glace du cylindre ; alors une partie de la vapeur qui vient pour agir soit d'un côté, soit de l'autre du piston va au condenseur sans avoir produit d'effet utile ; la condensation en souffre plus ou moins, et le travail de la pompe à air est augmenté.

La garniture du piston peut aussi laisser la vapeur passer entre elle et la paroi du cylindre ; dans ce cas encore la condensation est gênée, la pression indiquée par le baromètre du condenseur augmente ; par suite, la différence entre cette pression et celle qui agit du côté opposé du piston diminue, et la machine produit moins de travail utile, tout en dépensant autant de combustible. Si le passage laissé entre le piston et le cylindre est assez grand , il peut même arriver que la machine s'arrête, l'égalité de pression s'établissant en dessus et en dessous du piston.

Toutes ces imperfections de la machine se nomment des fuites de vapeur et demandent une augmentation dans la production de la vapeur ; et par suite, dans la dépense.

2° Le vide d'une machine est d'autant plus parfait que le condenseur est mieux fermé ; si donc l'air peut pénétrer soit dans le conduit qui amène la vapeur du cylindre au condenseur, soit dans ce dernier lui-même, la pression de cet air, s'ajoutant à celle de la vapeur, diminuera d'une certaine quantité le travail utile de la machine.

Dans ce cas encore, avec la même dépense, on trouvera le travail utile diminué, ou, pour produire la même vitesse du navire, il faudra augmenter la pression de la vapeur et, par suite, la dépense en combustible.

Il est donc très-important d'abord de pouvoir connaître les fuites d'une machine, et ensuite de pouvoir les faire disparaître.

1° Si la fuite se trouve dans un des joints du tuyau de conduite, on voit la vapeur sortir ou des gouttes d'eau tomber ; il est facile de faire disparaître le mal, soit en serrant les boulons des collets, s'il y a encore du serrage, soit en refaisant le joint.

2° Si la fuite provient d'un trou dans le métal, on parviendra à empêcher le passage de la vapeur, en partie, au moyen d'une plaque de cuivre ou de tôle appliquée contre le trou, et maintenue dans cette position par des bandes de toile recouvertes d'un garni fait avec de la ligne. Nous supposons ici une ouverture de très-peu d'étendue, au delà de limites très-restreintes, le moyen donné serait sans effet.

3° Si les presse-étoupe de la tige du piston et de celle du tiroir, les couvercles du cylindre et de la boîte du tiroir laissent fuir la vapeur, on s'en apercevra facilement, et il suffira de serrer les boulons des presse-étoupe, ceux des couvercles, et de refaire les joints qui laissent fuir malgré le serrage.

4° Les fuites des soupapes de sûreté du cylindre se reconnaîtront aussi à la vapeur qu'elles laisseront passer. Souvent c'est un corps étranger qui empêche la soupape de reposer exactement sur son siége ; il suffit alors de la soulever pour faire partir l'objet. Dans le cas où le contact ne peut avoir lieu par suite d'un défaut dans les surfaces, il faut les roder de nouveau.

5° Le passage de la vapeur entre les barrettes du tiroir et la glace du cylindre est plus difficile à reconnaître ; il faut, dans ce cas, avoir une connaissance parfaite de la manière de fonctionner de la machine que l'on conduit. Ce vice dans la distribution peut provenir du peu d'adhérence des surfaces frottantes ; s'il en est ainsi, on peut augmenter le frottement au moyen des presse-étoupe du tiroir ou de tout autre système destiné à produire le même effet.

Mais il peut aussi arriver que la fuite de vapeur provienne

d'un dérangement dans la surface frottante des barrettes; le remède est alors beaucoup plus difficile à apporter, surtout si un rodage ne suffit pas; il faut alors redresser le plan des barrettes à la lime.

6° L'effet produit sur une machine par une fuite autour du piston étant le même que celui d'un défaut de contact des barrettes, il sera toujours difficile de savoir exactement où est le mal. Mais, comme il est généralement très-facile de remédier au défaut d'adhérence des barrettes, on commencera par agir sur elles; si la marche de la machine se ressent de cette opération, si on remarque moins de lourdeur dans son mouvement, si le vide devient meilleur, c'est une preuve que le mal provenait du tiroir. Dans le cas contraire, le serrage des garnitures du tiroir ne produisant aucune amélioration sensible, on peut conclure que la garniture du piston est à serrer ou à refaire.

7° Une fuite dans le condenseur se reconnaît facilement par le sifflement que fait l'air en se précipitant dans l'intérieur; on trouve l'endroit où elle existe en promenant la flamme d'une bougie ou celle d'une lampe de mineur sur les joints; aux endroits qui donnent passage à l'air, la flamme semble vivement attirée. On peut donc ainsi marquer les parties qui laissent à désirer. Quand on peut atteindre les joints malades, du mastic sert à remédier à leurs défauts; mais il est souvent difficile d'arriver jusqu'à eux, et il faut renvoyer la réparation à d'autres temps. Aussi doit-on toujours faire les joints des condenseurs avec le plus grand soin.

Parmi toutes ces fuites les unes peuvent être aveuglées de suite, alors que la machine est en marche; d'autres, au contraire, ne peuvent être bouchées que la machine stoppée. C'est au maître mécanicien à noter toutes ces réparations pour les faire exécuter aussitôt que possible.

CONDUITE DES PROPULSEURS.

DÉMONTER ET REMONTER LES AUBES A LA MER.

336. Cette opération peut se faire dans deux circonstances :

1° Pour changer ou remplacer des aubes avariées ou enlevées;

2° Pour faire disparaître la résistance que les aubes opposent à la marche du navire, alors qu'il est poussé par un vent favorable; pour user de nouveau de la machine quand le vent ne peut plus être utilisé; enfin pour soustraire les aubes à l'action destructive qu'elles éprouvent dans l'eau quand le navire doit rester long-temps désarmé.

Du reste, quelles que soient les circonstances dans lesquelles on se trouve, la manière d'agir est la même.

Pour changer une aube avariée, on amène cette dernière, au moyen de la machine, vis-à-vis l'ouverture pratiquée à cet effet dans la cloison intérieure du tambour. La machine est stoppée; dans cette position, les roues sont solidement attachées avec leurs chaînes. Alors seulement les chauffeurs pénètrent dans le tambour; ils démontent d'abord l'aube avariée, la font rentrer en dedans et reçoivent celle de rechange, qu'ils fixent sur les rayons. Ils rentrent ensuite, enlevant tout ce qui leur a servi pour le travail. Lorsqu'il s'agit de démonter les aubes, cette opération ne se fait que pour celles qui plongent dans la mer ou qui peuvent être heurtées par elle; et, à cet effet, ces aubes sont ordinairement munies de crochets en bronze, qui se détériorent moins dans l'eau que ceux en fer. Cette partie de la roue portant les aubes à démonter est placée en haut, de manière que le plus grand nombre possible de pales puisse rentrer par l'ouverture du tambour. Les chauffeurs agissent ensuite comme nous l'avons dit plus haut. Quand il faut faire marcher les roues plusieurs fois pendant l'opération, pour amener successivement les aubes vis-à-vis l'ouverture qui leur donne passage, on doit exiger que tous les hommes sortent des tambours avant de toucher aux chaînes, et ne les laisser y pénétrer de nouveau que quand les roues sont solidement fixées. L'opération terminée, les rayons vides sont placés en bas et les roues enchaînées.

Pour remettre les aubes en place, l'opération est la même; les roues sont virées de manière à pouvoir passer les aubes entre les rayons qui doivent les recevoir, et chacune d'elles est fixée à son poste.

AFFOLER OU REMONTER L'HÉLICE.

357. Si l'hélice est inamovible et que le vent permette de naviguer sans la machine, il faut, autant que possible, diminuer la résistance opposée par le propulseur; pour cela, on doit l'affoler, c'est-à-dire séparer son arbre de celui de la machine. On obtient ce résultat en manœuvrant convenablement l'embrayeur. Mais, avant de toucher à ce dernier, quel que soit son mécanisme, il faut avoir le plus grand soin de serrer le frein de manière à s'opposer à tout mouvement du propulseur pendant le désembrayage. Les deux arbres séparés, on desserre le frein pour laisser le propulseur tourner, si la résistance qu'il reçoit sur l'avant de ses branches est assez grande. On ne doit pas oublier de mettre de l'huile dans le godet du palier de buttée; on doit aussi exercer une grande surveillance sur cette partie, qui peut s'échauffer.

Si l'hélice est amovible, si le navire possède un puits qui permette de remonter le propulseur, on dispose les apparaux du remontage suivant le système que l'on possède. On place ensuite l'hélice dans la position qu'elle doit avoir dans son cadre. Pour atteindre ce but, on emploie le vireur, en se guidant sur le repère de l'arbre. Le frein est alors serré, pour empêcher tout mouvement. Cette opération faite, on maintient le propulseur dans son cadre au moyen du loquet. Dès lors on peut séparer l'hélice de l'arbre qui lui donne le mouvement, et l'on fait agir sur les apparaux destinés à remonter l'hélice. Lorsque l'hélice est à la hauteur voulue, on bosse les aussières ou les chaînes, et l'on s'assure que les linguets, s'il y en a, sont bien pris.

EMBRAYER OU AMENER L'HÉLICE.

338. S'il faut embrayer de nouveau, on serre le frein, et l'on agit sur le vireur pour mettre l'embrayage en position de pouvoir réunir l'arbre de la machine et celui de l'hélice. Quand l'opération est terminée, on desserre le frein. Si l'hélice est amovible, on s'assure d'abord que l'arbre est en bonne position, soit pour recevoir l'extrémité du moyeu de l'hélice, soit pour pénétrer dans ce moyeu. On amène alors l'hélice, et l'on ne retire le loquet que quand le frein est serré; sans cette précaution, on s'exposerait à briser l'extrémité de la branche sur laquelle prend ce loquet.

DISTRIBUTION DU PERSONNEL DANS L'APPAREILLAGE, LE MOUILLAGE, LA NAVIGATION ET LE COMBAT.

339. Il ne suffit pas de prendre toutes les dispositions matérielles pour parer aux événements qui peuvent survenir dans une machine à vapeur, il faut encore que les mécaniciens soient distribués de telle sorte, que tous les ordres donnés puissent être exécutés instantanément dans toutes les circonstances de la navigation.

De plus, il est nécessaire que chacun sache bien ce qu'il aurait à faire si tel ou tel cas se présentait. Par suite, on doit donner des postes particuliers à chaque mécanicien, en lui expliquant bien ce qu'on attend de lui. C'est en divisant ainsi le travail entre tous, soit qu'il s'agisse de l'appareillage, du mouillage, du combat ou même de la navigation ordinaire, qu'on peut être assuré de voir exécuter immédiatement les ordres donnés.

Le premier maître mécanicien, dans les appareillages, les mouillages et le combat, alors que l'on est aux postes généraux, est dans la machine et la conduit. Pendant la navigation, il prend la conduite de l'appareil quand il le juge convenable. Il ne fait pas de quart, mais sa surveillance doit continuellement s'exercer sur les maîtres chefs de quart.

Qu'on ne pense pas que ces dispositions soient particulières aux navires de guerre seulement, elles sont encore plus nécessaires sur les navires marchands, qui ont un personnel moins nombreux et qui disposent de ressources moins étendues. Du reste, à part le combat, le navire marchand se trouve dans les mêmes circonstances que le navire de guerre, et toujours dans des conditions plus mauvaises.

Nous donnons ici, comme exemple, la distribution du personnel de la machine à bord du vaisseau *l'Austerlitz*.

RÉPARTITION DES MÉCANICIENS.

NUMÉROS.	NOMS.	GRADES et FONCTIONS.	POSTES DE COMBAT, D'APPAREILLAGE ET DE MOUILLAGE.	PROPRETÉ.	POSTES DE CHAUFFE PENDANT LA NAVIGATION.
1		Second maître.	Machine T (surveillance générale).	Machines AR.	Chef de quart.
2		Id.	Machine B (surveillance générale).	Machines AV.	Id.
3		Id.	Direction des feux.	Chaudières et tuyautage.	Id.
1		Quart.-maître.	Chambre de chauffe AV.	Machines AV. Tribord.	Machines.
2		Id.	— — AR.	Machines AV. Bâbord.	Chambre de chauffe AV.
3		Id.	Mise en marche et graissage.	Machines AR. Tribord.	— — AR.
4		Id.	Id.	Machines AR. Bâbord.	Machines.
5		Id.	Id.	Chamb. de chauffe AV.	Chambre de chauffe AV.
6		Id.	Id.	— — AR.	— — AR.
7		Id.	Levier des registres. Injection.	Chambre d'embrayage et coursives.	Machines.
8		Id.	Id.	Magasins et outils.	Chambre de chauffe AR.
9		Id.	Coursives.	Divers.	— — AV.
383		Ouvrier chauffeur.	Chamb. de chauffe AV. T.	Machine T. AV.	Machines.
384		Id.	Id.	Id.	Id.
385		Id.	Chambre de chauffe AV. Centre.	Tiroirs T.	Chamb. de chauffe AV. T.
386		Id.	Id.	Tiroirs B.	Id.
387		Id.	Chamb. de chauffe AV. B.	Machine B. AV.	Machines.
388		Id.	Id.	Id.	Id.
389		Id.	Sontier de chauffe T.	Petit cheval.	Chamb. de chauffe AV. B.
390		Id.	— — B.	Magasins et outils.	Id.
391		Id.	Chamb. de chauffe AR. T.	Machine T. AR.	Coursives.
392		Id.	Id.	Id.	Id.
393		Id.	Chambre de chauffe AR. Centre.	Chamb. de chauffe AV.	Chamb. de chauffe AR. T.
394		Id.	Id.	— — AR.	Id.
395		Id.	Chamb. de chauffe AR. B.	Machine B. AR.	Coursives.
396		Id.	Id.	Id.	Id.
397		Id.	Soutier T.	Chambre d'embrayage et coussinets.	Chamb. de chauffe AR. B.
398		Id.	Soutier B.	Lampes et râteliers de clefs.	Id.

En cours de navigation, les seconds maîtres et les quartiers-maîtres font trois quarts.

Le plus souvent, il en est de même pour les ouvriers et les matelots chauffeurs.

Il est désigné dans chaque chambre de chauffe un chauffeur de plus qu'il est nécessaire pour l'entretien des feux, afin de pourvoir aux vacances.

Les matelots chauffeurs, pendant la propreté, ne sont pas employés dans la machine; ils restent à leurs séries.

Pendant le combat, ils sont au passage des projectiles.

TRAVAIL DES MACHINES.

RÉGULATION.

Relation qui existe entre le mouvement du tiroir et celui du piston.

540. On a vu, au n° 121 et suivants, comment sont disposées les différentes espèces de tiroirs des machines à vapeur, comment chacun d'eux fonctionne et quelles sont les transmissions de mouvement qui les conduisent.

Le piston n'effectue son mouvement rectiligne alternatif que parce que les plaques frottantes du tiroir, placées d'une manière convenable relativement aux orifices du cylindre, permettent à la vapeur d'arriver pour agir et de gagner le condenseur lorsqu'elle a agi. Le tiroir doit donc découvrir les orifices du cylindre en temps opportun, c'est-à-dire lorsque le piston, arrivé au bout de sa course, soit au haut, soit au bas du cylindre, doit être soumis à des pressions inverses pour revenir sur ses pas.

Par suite, il est facile de comprendre que le mouvement du tiroir doit être lié à celui du piston, que le premier doit être réglé sur le second, et que de cette régulation dépend en grande partie la marche de la machine.

Mais les influences du tiroir sur la marche du piston peuvent dépendre de deux causes :

1° De la relation de son mouvement avec celui du piston ;

2° De la dimension des barrettes ou plaques frottantes comparée à celle des orifices.

Les premières influences sont entièrement produites par les renvois de mouvement établis entre le piston et le tiroir ; les seconds, au contraire, le sont par les plaques frottantes elles-mêmes.

L'expérience a démontré que la distribution de la vapeur, dans une machine, devait satisfaire aux conditions suivantes :

1° L'arrivée de la vapeur dans le cylindre, d'un côté ou de l'autre du piston, ne doit pas avoir lieu pendant toute la course de ce piston.

S'il en était autrement, le piston, recevant à chaque moment une nouvelle impulsion, serait soumis à l'action d'une force accélératrice, et, par suite, la vitesse qu'il acquerrait serait de plus en plus grande. Les conséquences naturelles d'un semblable mouvement seraient, à chaque fin de course, au moment du retour du piston sur le chemin qu'il vient de parcourir, des chocs toujours nuisibles à un appareil et une perte considérable de travail. C'est pour remédier à cet inconvénient qu'on n'introduit la vapeur que pendant une partie de la course du piston; le tiroir est disposé de telle sorte, que, lorsque le piston se trouve au point fixé d'avance, l'orifice d'introduction se ferme et reste fermé pendant un certain temps.

2° La vapeur introduite doit pouvoir produire une certaine quantité de travail par expansion ou par détente.

Or ce but est atteint en donnant aux barrettes du tiroir une largeur plus grande que celle des orifices du cylindre; l'introduction se trouve ainsi fermée pendant tout le temps que la barrette met à passer sur l'orifice, et la vapeur introduite est forcée d'agir sur le piston en vertu de la force élastique, propriété caractéristique de tous les gaz.

3° La vapeur qui agit doit pouvoir se rendre au condenseur avant la fin de la course du piston; c'est ce qu'on appelle l'avance à la condensation.

Le but de cette disposition est de laisser terminer le chemin que le piston a encore à parcourir en vertu de la vitesse acquise par les pièces mobiles de l'appareil. On prépare le retour du piston sur le chemin qu'il vient de suivre par la condensation de la vapeur qui vient d'agir. Cette précaution est nécessaire, car la condensation se fait d'autant moins vite que le volume occupé par la vapeur est alors le plus grand possible. Du reste, c'est le moment où la manivelle de l'arbre est dans la direction de l'organe qui lui transmet le mouvement du piston et, par suite, celui où la puissance de la vapeur est la moins utilisée.

4° La vapeur doit arriver en sens contraire du mouvement du piston avant que ce piston ait commencé sa course rétrograde, ce qu'on appelle avance à l'introduction.

En agissant ainsi, on détruit le mouvement acquis par le piston; il est donc dans de bonnes conditions pour revenir sur ses pas, surtout si l'on tient compte que, dans le même moment, la vapeur qui le poussait est en présence de l'eau d'injection et, par suite, sur le point de perdre toute sa force d'expansion. Enfin cette espèce de matelas de vapeur, qui se trouve, par le fait de l'avance à l'introduction, comprimée entre le piston et le couvercle ou le fond du cylindre, empêche les chocs et rend le changement de mouvement de piston, quoique très-brusque, aussi doux que possible.

La première de ces conditions est obtenue au moyen des organes qui donnent le mouvement au tiroir ; quant aux trois autres, elles dépendent essentiellement de la largeur des plaques frottantes et de la distance qui les sépare, comparées à la largeur des orifices du cylindre et à la distance qui sépare ces orifices.

Ainsi des plaques frottantes plus larges que les orifices du cylindre permettent de maintenir ces orifices fermés pendant un certain temps. Il y a alors recouvrement et, par suite, utilisation de la force expansive de la vapeur, deuxième condition énoncée plus haut.

La distance qui sépare les plaques frottantes, calculée convenablement par rapport à celle qui sépare les orifices du cylindre, permet au tiroir d'ouvrir un des orifices alors que l'autre est encore fermé. On produit ainsi l'avance à la condensation, celle à l'introduction et la différence qui existe entre les deux ; car, le plus souvent, les orifices du cylindre, pour l'introduction de la vapeur, ne sont ouverts que de la quantité voulue pour le passage de la vapeur qui doit agir, tandis que ces mêmes orifices à l'évacuation sont ouverts en grand. On obtient ce résultat en mettant, entre les arêtes à l'évacuation des barrettes du tiroir, la même distance que celle qui sépare les mêmes arêtes des orifices du cylindre ; on dit alors que le tiroir est arête pour arête avec les orifices à l'évacuation. Cette dernière disposition, donnant à l'orifice toute sa largeur pour laisser passer la vapeur au condenseur, facilite beaucoup la condensation de la vapeur, qui devient un obstacle au mouvement du piston dès qu'elle cesse d'être utile.

D'après ce qui précède, il est facile de comprendre que certaines relations doivent exister entre la marche du piston et celle du tiroir. C'est pour connaître ces relations, pour voir si elles sont bien celles voulues par le constructeur de la machine, que l'on a imaginé plusieurs moyens graphiques qu'on appelle courbes de régulation.

541. MM. Reech, Fauveau, Mool et Matety ont construit cette courbe au moyen de points. Pour cela, ils ont pris, comme coordonnées des différents points de la courbe, les hauteurs correspondantes du tiroir et du piston, la machine mise en mouvement, soit en virant aux roues, soit en agissant sur le vireur de l'arbre de l'hélice. Les différentes parties de la course du tiroir sont les ordonnées; celles correspondantes de la course du piston, les abscisses.

Ces courbes, comme toutes celles appelées algébriques, sont rapportées à deux axes qui sont, dans le cas dont nous nous occupons, rectangulaires. Les abscisses, chemin parcouru par le piston, sont portées, à partir de la rencontre des deux axes, sur l'axe horizontal; les ordonnées, chemin correspondant parcouru par le tiroir, sont portées, toujours à partir de la rencontre des deux axes, sur l'axe vertical. Aux deux points des axes qui indiquent les limites des coordonnées, on élève des perpendiculaires aux axes; le point de rencontre de ces deux perpendiculaires est un point de la courbe que l'on veut tracer.

Outre les courbes tracées par points, Watt nous a laissé un instrument nommé indicateur, dont le crayon, poussé par la vapeur, trace une courbe sur une bande de papier animée d'un mouvement dépendant de celui du piston.

Nous allons d'abord nous occuper des premières.

COURBE DE M. FAUVEAU,
APPELÉE AUSSI COURBE DE L'OEUF.

342. La construction graphique, désignée généralement sous le nom de courbe de l'œuf, est due à M. Fauveau. Elle est construite au moyen de mesures prises sur la machine elle-même, mue à la main et non par l'action de la vapeur. Aussi, malgré toute l'exactitude géométrique des mesures prises, comme on ne peut tenir compte des influences dues à la dilatation et aux flexions éprouvées par les différents organes du mouvement, elle laisse beaucoup à désirer.

Pour la tracer, on commence par prendre, sur la machine, les dimensions suivantes :

1° Hauteur des barrettes;

2° Distance entre les bords des barrettes à la condensation;

3° Hauteur des orifices du cylindre;

4° Distance entre les bords du cylindre par lesquels s'effectue la condensation;

5° Recouvrement des barrettes; différence entre la distance qui sépare les arêtes à l'évacuation des orifices du cylindre et celle de ces mêmes arêtes des barrettes;

6° Avance à l'introduction en haut et en bas, si elle n'est pas la même ;

7° Avance à la condensation.

Pour prendre plusieurs de ces mesures, il faut pénétrer soit dans le cylindre, soit dans le conduit qui établit la communication du condenseur avec la boîte du tiroir ; il faut donc ouvrir les organes. De plus, il est une précaution indispensable qu'il ne faut pas négliger, quand on fait marcher la machine à la main pour prendre la course du piston et celle du tiroir, c'est d'arrêter avec le plus grand soin la machine aux points voulus, en marchant dans le même sens, soit qu'on s'en rapporte aux rayons des roues ou aux dents du vireur ; car, si, après avoir dépassé le point auquel il faut arrêter la machine, on revient sur ses pas pour l'atteindre, on force nécessairement à contre toutes les articulations ; elles fléchissent en sens contraire et peuvent produire des différences notables dans les longueurs. Il faut donc, quand on a dépassé un point de station, continuer le tour commencé, sans changer le mouvement de la machine, et atteindre de nouveau le point dépassé.

Les mesures dont il a été parlé plus haut, prises et vérifiées, serviront quand la courbe de régulation sera tracée.

S'il s'agit de la machine de la *Biche*, prise pour exemple par M. le contre-amiral Pâris dans son *Catéchisme du mécanicien*, nous aurons les donnés suivantes :

Hauteur des barrettes.	$0^m,0675$
Distance entre les bords des barrettes à la condensation.	$0^m,180$
Hauteur des orifices du cylindre.	$0^m,058$
Distance entre les bords des orifices du cylindre par lesquels s'effectue la condensation.	$0^m,170$
Avance à l'introduction :	
En haut.	$0^m,005\ 3/4$
En bas.	$0^m,006$
Avance à la condensation :	
Recouvrement.	$0^m,01$

Toutes ces mesures prises, on ferme les organes qui ont été ouverts ; tout est remis en place avec le serrage ordinaire ; on enclanche, s'il y a lieu, pour marcher en avant, soit en virant aux roues, soit en manœuvrant le vireur.

Enfin on dispose tout de telle sorte que la machine se rapproche le plus possible de son état ordinaire lorsqu'elle est en marche sous l'action de la vapeur.

Pour obtenir les positions relatives du piston et du tiroir, on commence généralement par mettre la manivelle de la machine dont on s'occupe au point mort, et l'on fixe, d'une manière invariable et bien parallèlement aux axes des tiges du piston et du tiroir, deux règles graduées ; l'une pour mesurer exactement le chemin parcouru par le piston, l'autre pour mesurer de la même manière le chemin parcouru dans le même temps par le tiroir. Sur chacune de ces tiges on choisit un point convenable pour placer un petit curseur dont il est facile de suivre la marche sur chacune des règles.

Tout ainsi disposé, on fait marcher la machine en avant, en stoppant à des intervalles égaux, par exemple, lorsque chaque palette arrive à un point de repère pris avant le mouvement imprimé à la machine, quand la manivelle, dont il a été question plus haut, est au point mort ; s'il s'agit d'un appareil à hélice, on arrête lorsqu'on a parcouru, sur le vireur, un certain nombre de dents facteur du nombre total.

Un moyen plus certain, et qui est souvent employé, consiste à entourer l'arbre d'une bande de papier divisée en autant de parties égales que l'on veut avoir de points de la courbe. Une aiguille fixée convenablement permet d'arrêter en temps opportun.

A chaque station on note exactement à quel point des deux règles graduées correspond chacun des repères pris sur les tiges. Si les points morts et les extrémités de course ne se trouvent pas à des stations, on doit faire arrêter à ces points importants pour avoir alors les positions relatives du piston et du tiroir.

Toutes ces données sont rangées dans une table portant trois colonnes ; la première contient les numéros d'ordre des stations, la seconde reçoit les degrés de la règle correspondant aux diverses positions du piston ; dans la troisième on range les données semblables prises sur la règle de la tige du tiroir.

En agissant comme nous venons de le dire, on a trouvé à bord de la *Biche* les nombres suivants :

MACHINE DE TRIBORD.			MACHINE DE BABORD.		
NUMÉROS DES STATIONS.	COURSE		NUMÉROS DES STATIONS.	COURSE	
	du piston.	du tiroir.		du piston.	du tiroir.
1	$0^m,0$ PB	81^{mm}	1	$0^m,897$	76^{mm}
2	$0^m,091$	111	2	$0^m,810$	102
3	$0^m,180$	115 $^1/_2$	3	$0^m,710$	112
4	$0^m,270$	116 $^1/_2$ TH	4	$0^m,630$	116 TH
5	$0^m,360$	114	5	$0^m,529$	117
6	$0^m,450$	109 $^1/_2$	6	$0^m,440$	117
7	$0^m,540$	104	7	$0^m,349$	114 $^1/_2$
8	$0^m,630$	96 $^1/_2$	8	$0^m,260$	108
9	$0^m,720$	86 $^1/_4$	9	$0^m,160$	97
10	$0^m,820$	70	9 _bis._	$0^m,94$	84 $^1/_2$
11	$0^m,901$ PH	43 $^1/_2$	10	$0^m,70$ PB	78 $^1/_2$
12	$0^m,820$	14	11	$0^m,00$	38 $^1/_2$
13	$0^m,718$	5	12	$0^m,71$	9
14	$0^m,630$	1 $^1/_2$ TB	13	$0^m,160$	2 TB
15	$0^m,540$ $^1/_2$	0	14	$0^m,260$	0
16	$0^m,450$	0	15	$0^m,351$	1
17	$0^m,359$	3 $^1/_2$	16	$0^m,445$	5 $^1/_2$
18	$0^m,269$	10	17	$0^m,543$	12
19	$0^m,163$	22 $^1/_2$	18	$0^m,620$	18
20	$0^m,078$	39 $^1/_2$	19	$0^m,710$	27 $^1/_2$
			20	$0^m,810$	41 $^1/_2$
			20 _bis._	$0^m,930$ PH	64 $^1/_2$

Si on opère pour les deux machines à la fois, en partant du point mort de l'une, on n'est pas arrivé à ce point pour l'autre, alors qu'on a fait une révolution complète, il faut encore faire un quart de tour pour finir sur l'autre machine.

Sur la table, la course du piston, au point le plus bas, est indiquée par les deux lettres P B ; P H indique la course du piston au point le plus haut. Il en est de même pour le tiroir ; T H indique sa course au point le plus haut, et T B celle au point le plus bas.

On prend alors deux axes perpendiculaires, et l'on considère le chemin parcouru par le tiroir, pour arriver à chaque station, comme des ordonnées, et les chemins correspondants du piston, comme des abscisses. Au moyen de ces coordonnées, on marque tous les points de station, et enfin l'on unit tous ces points par une ligne courbe continue.

Pl. XX, fig. 1.

La courbe, ainsi obtenue, est celle qu'on nomme courbe de l'œuf; elle est d'autant plus exacte que les points de station sont plus rapprochés les uns des autres. L'ordonnée d'un point quelconque de cette courbe est le chemin parcouru par le tiroir, tandis que l'abscisse est le chemin parcouru par le piston dans le même temps.

Le tracé de la courbe de l'œuf ne demande que l'attention, mais il faut remarquer qu'ordinairement on ne prend pas pour abscisse les chemins parcourus par le piston dans leur vraie grandeur, mais seulement une fraction de ces chemins, le cinquième, le dixième ou le quinzième, par exemple.

Quant aux ordonnées, ou les chemins parcourus par le tiroir, on peut, le plus souvent, les tracer dans leur vraie grandeur.

Dès lors, considérant la courbe représentée par la fig. 1 comme obtenue par les moyens indiqués plus haut, les courses du tiroir ou les ordonnées ayant été prises sur l'axe xx' et celle du piston, on les abaisse sur l'axe yy', à partir de leur point de rencontre A. Le point B, le plus bas du piston, est marqué P B (piston bas) ; le point le plus haut, C, est marqué P H (piston haut); de même le point le plus bas du tiroir D est marqué T B (tiroir bas), et le point le plus haut E est marqué T H (tiroir haut).

Si l'on mène les tangentes F G et G I parallèles, la première à l'axe A x', la seconde à l'axe A y', ces quatre lignes enfermeront la courbe dans un rectangle dont la hauteur A I représentera en grandeur réelle le chemin total parcouru par le tiroir, et la base A F le chemin total du piston, réduit cependant à l'échelle convenue en commençant le tracé de la courbe.

Comme on vient de le voir, la courbe de l'œuf rapporte à la

course du piston tous les points de la course du tiroir, et réciproquement ; mais, pour se rendre compte des mouvements d'ouverture et de fermeture des orifices du cylindre, il faut tracer ces orifices sur la courbe ; dès lors on pourra leur comparer les positions de l'arête de la plaque frottante ou barrette dont on veut s'occuper. C'est ici que servent les dimensions prises primitivement sur la machine elle-même.

Si la plaque frottante du tiroir commençait à avoir l'orifice à l'introduction seulement au point mort du piston, un des bords des orifices, celui ouvrant, serait figuré par une parallèle à l'axe horizontal, et passant par chacun des points de la courbe marqués P H et P B. Mais il n'en est pas ainsi, l'orifice d'introduction est toujours ouvert d'une certaine quantité lorsque le piston arrive à chacun de ses points morts ; il faut donc représenter l'orifice ouvert de cette quantité au moment où le piston arrive aux points P H et P B. C'est dans ce but qu'on mène les horizontales K L et M N à une distance des points P H et P B égale, pour le bas, à 0^m,006 et, pour le haut, à 0^m,005 3/4, quantités représentant l'avance à l'introduction.

En considérant que le sens indiqué par la flèche montre la marche du piston, on voit que, quand le piston arrive au point P B, le tiroir est ouvert de la quantité K B ; le piston, continuant son mouvement, monte successivement en passant par les points de la courbe pour arriver à l'autre point mort P H ; alors l'introduction est ouverte pour le retour du piston sur lui-même de la quantité N C. On mène O P parallèle à A F et passant par le milieu de la distance qui sépare les deux lignes K L et M N qui figurent les bords des orifices à l'introduction. Cette ligne est ce qu'on nomme la ligne des centres ; les deux plaques frottantes qui ouvrent les orifices étant menées par la même tige, c'est à cette tige O P que doit nécessairement se rapporter le point d'attache de la tige pour que les mêmes circonstances se produisent de la même manière pour les deux orifices.

Pl. XX, fig. 1. A partir des lignes K L et N M, on porte toujours, dans le sens indiqué par la flèche, la hauteur des orifices 0^m,058 prise sur la machine ; les horizontales Q R et S T indiqueront les limites des orifices du cylindre en haut et en bas. Dans le cas que représente la fig. 1, le tiroir de la *Biche* étant un tiroir en coquille, la courbe est tracée par l'arête extérieure de la plaque frottante ; du reste, tous les points d'un tiroir ayant la même course, on peut prendre tel point que l'on désire pour tracer la courbe.

Chacun des points du tiroir marqués T H et T B indique la limite à laquelle parviendra le bord des barrettes à l'introduction ; par suite, les distances des points T H et T B aux lignes K L et M N donnent le plus grand dégagement des orifices à l'introduction de la vapeur, en dessus et en dessous du piston.

On trace ensuite les orifices à l'évacuation, mais, pour ne pas les confondre avec ceux à l'introduction, on les figure du côté opposé à ces derniers ; ainsi, pour la figure qui nous occupe, les orifices à l'évacuation seront à droite, ceux à l'introduction étant à gauche.

Si la distance qui sépare les bords des barrettes à l'évacuation était toujours égale à celle qui sépare les arêtes correspondantes des orifices du cylindre, la ligne O P serait évidemment la limite à laquelle se ferait l'évacuation de la vapeur au condenseur, évacuation qui cesserait alors d'un côté, juste au moment où elle commencerait de l'autre, et réciproquement. La ligne O P serait donc alors la limite inférieure de l'orifice destinée à laisser passer au condenseur la vapeur qui vient d'agir sur le dessus du piston, et la limite supérieure de l'orifice qui laisse passer la vapeur qui vient d'agir sous le piston.

Mais la distance qui sépare les arêtes à l'évacuation du tiroir est parfois plus grande que celle qui sépare les mêmes arêtes des orifices du cylindre; c'est ce qui arrive pour la *Biche*, puisque la distance des bords à la condensation est, pour le tiroir, de $0^m,180$ et, pour les orifices, de $0^m,170$; la différence $0^m,01$ est donc le recouvrement total.

Le recouvrement retarde évidemment l'ouverture des orifices à la condensation; la moitié de ce recouvrement doit donc être portée de chaque côté de la ligne O P, mais à l'opposé des orifices, c'est-à-dire que, pour l'orifice à la condensation de la vapeur qui vient d'agir au-dessus du piston, les $0^m,005$ de recouvrement seront portés au-dessous de la ligne des centres O P. Pour l'orifice à la condensation de la vapeur qui vient d'agir au-dessous du piston, ce sera le contraire; le recouvrement sera porté en dessus de la ligne des centres O P. La ligne *a b* indiquera donc l'arête à la condensation pour l'orifice qui donne passage à la vapeur qui vient d'agir au-dessus du piston, et la ligne *c d* celle de la condensation de la vapeur qui vient d'agir sous le piston.

Il suffit alors de prendre, au-dessus de *a b* et au-dessous de *cd*, une distance de $0^m,058$ égale à la hauteur des orifices du cylindre, pour avoir ces orifices représentés sur la fig. 1.

II.   23

On peut, dès lors, suivre sur la courbe tout ce qui se passe dans le cylindre, les mouvements réciproques du piston et du tiroir, et voir si l'avance à l'introduction, celle à l'évacuation, et la proportion de la détente fixe, sont bien celles voulues par le constructeur de la machine que l'on conduit.

Ainsi l'on voit, en partant de B, point le plus bas de la course du piston, que l'avance à l'introduction à ce moment est représentée par K B et celle à l'évacuation par M. Alors le piston commence à monter ou, pour notre figure, à marcher dans le sens de la flèche de gauche à droite. Ainsi, au point E, les deux orifices sont à leur maximum d'ouverture, celui à l'introduction est ouvert de toute la quantité mesurée par la distance qui sépare les deux lignes K L et I G, et celui à la condensation de toute la grandeur possible, diminuée cependant du recouvrement qui se trouve être naturellement au-dessous du point E. A partir de la station E, les deux orifices diminuent et celui à l'introduction se trouve fermé au point L; la détente naturelle commence alors et dure pendant une portion de la course du piston mesurée par la distance du point L à la ligne F G. Arrivé au point b, le bord de la barrette, à l'évacuation, rencontre l'arête de l'orifice du cylindre et ferme toute sortie à la vapeur, du côté opposé à l'action de la détente. Il s'ensuit que cette vapeur est comprimée entre le piston et le couvercle du cylindre ; mais sa pression est si faible, que cet effet est peu sensible, d'autant plus qu'il ne se fait sentir que pendant une bien petite portion de la course du piston, et que l'avance à l'introduction ne tarde pas à remplir ce petit espace d'une vapeur autrement énergique que celle qui reste après la condensation. Arrivé au point C, le piston a terminé sa course ascendante. Dès lors le piston, pour descendre, va aller de la ligne F G à la ligne A I. Au point mort C l'avance à l'introduction est exprimée par la distance N C et celle à la condensation par la distance qui sépare la ligne N M de la ligne cd. Au point D, l'orifice d'introduction est ouvert de toute la quantité qui sépare le point M de la ligne A F, et l'évacuation de toute la quantité mesurée par la distance qui sépare la ligne cd de la ligne gh, quantité égale à la largeur de l'orifice, diminuée seulement du recouvrement. Au point M, commence la détente fixe, et le piston, arrivé au point B, a terminé ses deux courses. Dès lors il se trouverait dans des conditions exactement semblables à celles dont on a parlé en commençant.

En résumé, pour connaître, au moyen de la courbe de l'œuf,

l'ouverture des orifices pour un point quelconque de la course du piston, il suffit de prendre le chemin parcouru par le piston sur la ligne A F, de A en allant vers F, d'élever au point d'aboutissement une perpendiculaire à AF et de voir les points où cette perpendiculaire coupe la courbe. Les deux points ainsi obtenus, comparés aux orifices, donnent non-seulement ceux qui sont ouverts ou fermés pour les deux positions symétriques du piston, soit dans son mouvement de descente, soit dans celui de montée, mais encore de quelle grandeur chacun d'eux est ouvert.

COURBE DE M. REECH.

343. M. Reech, auquel la marine doit tant de travaux importants sur les machines à vapeur, représente la relation des mouvements du tiroir et du piston de la manière suivante.

Pl. XX, fig. 2.

Considérant que la circonférence décrite par le centre du bouton de la manivelle et celle décrite par le centre du chariot d'excentrique ont pour diamètre la première la course du piston, la seconde celle du tiroir, il rapporte les chemins parcourus par le bouton de la manivelle et par le centre du chariot d'excentrique sur les diamètres des circonférences. Quoique les deux circonférences dont nous venons de parler aient des diamètres différents, la même circonférence et, par suite, le même diamètre peuvent représenter les deux chemins parcourus, l'un en grandeur réelle, l'autre dans une certaine proportion facile à trouver, car toutes les circonférences sont semblables.

Toute la difficulté consistait à trouver la position relative des deux diamètres représentant, l'un la course du tiroir en grandeur réelle par exemple, l'autre celle du piston, réduite à une certaine échelle, et sur lesquels devaient être rapportés tous les points de la circonférence.

Supposons le tiroir dans la position que représente la fig. 2, c'est-à-dire les plaques flottantes, arêtes pour arêtes, avec celles des orifices à l'évacuation. Ces arêtes Q et Q' sont celles extrêmes, il est question ici d'un tiroir en D : mais ce que nous allons dire se rapporte aussi aux tiroirs en coquilles, avec cette différence que les arêtes intérieures se trouveraient arêtes pour arêtes.

Sur une ligne verticale A B et à partir du point C, on porte les distances C Q, C Q' égales à la hauteur des plaques flottantes du tiroir.

Des points Q et Q', en allant vers C, on prend QK et Q'K', distances égales à la hauteur des orifices du cylindre; KC et K'C représentent donc l'excès de hauteur des plaques flottantes ou barrettes du tiroir comparées aux orifices du cylindre. Le point C peut donc être considéré comme l'arête à l'introduction du tiroir, et le milieu de sa course. QK étant l'orifice supérieur du cylindre, on le désigne par VH, qui veut dire vapeur haute; Q'K', orifice inférieur, est désigné par VB, qui veut dire vapeur basse. Sur une ligne horizontale passant par le point C, et avec un rayon CD égal à la distance qui sépare le centre du chariot d'excentrique du centre de l'arbre sur lequel il est calé, on décrit la circonférence CEGH. Pour qu'il n'y ait pas de confusion dans la figure, on place les orifices à l'évacuation à droite, celles à l'introduction étant tracées à gauche; à cet effet, on porte, de chaque côté de G, GL' et GL égaux à la hauteur des orifices du cylindre. Par suite, GL' représente l'orifice inférieur à la condensation et se désigne par CB (condensation basse), et GL représente l'orifice supérieur à la condensation et se désigne par CH (condensation haute). (Nous supposons ici qu'il n'y a pas de recouvrement.)

D'après ce qui vient d'être dit, on comprend que, si le point C est le centre du chariot d'excentrique et qu'il parcoure la circonférence CEGH, on pourra facilement rapporter ses différentes positions sur le diamètre HE, représentant la course du tiroir, et par suite connaître les quantités dont sont ouverts les orifices du cylindre, soit à l'introduction, soit à la condensation, mais on ne voit pas encore comment représenter la course du piston.

Si l'introduction commençait juste au moment où le piston se trouve à l'extrémité de sa course, le piston occuperait l'extrémité du diamètre passant par le point de la circonférence décrite par le centre d'excentrique qui correspond à celui où l'arête C de la barrette est arête pour arête avec l'arête K de l'orifice.

Mais il n'en est pas ainsi; le tiroir a toujours un peu d'avance, c'est-à-dire qu'il est arête pour arête à l'introduction, avant l'arrivée du piston à l'extrémité de sa course. Ainsi donc, O'N représentant l'avance du tiroir, O sera le point d'arrivée du centre du chariot d'excentrique, au moment où le piston est à l'extrémité de sa course; le diamètre ODP, qui passe par le point O, représentera la course du piston réduite dans une certaine proportion. Veut-on maintenant connaître la quantité dont sont ouverts les orifices et la partie de la course correspondante du piston à un point donné : supposons les diamètres E H et O P partagés en dixièmes, ainsi que la hauteur des orifices K Q, K'Q', G L' et GL, et prenons le point X. Au moment où le centre du chariot d'excentrique est rendu à ce point, l'orifice K Q, à l'introduction, est ouvert de toute la quantité représentée par R K ou des 6/10 environ de sa hauteur, et le piston se trouve au point S, ayant parcouru 1/20 de sa course; quant à l'ouverture à la condensation G L', elle est presque complétement ouverte à ce moment.

Pl. XX, fig. 2.

Si l'on veut connaître la relation qui existe entre le tiroir et le piston au point E, on verra qu'à ce moment le tiroir ouvre l'orifice à l'introduction K Q le plus possible, des 8 dixièmes 1/2 environ, et que le piston n'a encore parcouru que 1/4 de sa course.

Au point T, le tiroir est fermé à l'introduction et le piston a encore à parcourir toute la distance T'P, plus de 1/10 de sa course, d'après notre figure. Quant à l'orifice à la condensation G L', il est encore ouvert de plus de 3/10 de sa hauteur. De T en V, c'est-à-dire pendant le temps que le piston met à parcourir T'V', l'orifice à l'introduction reste fermé; par suite, la vapeur agit par détente.

Au point G seulement l'orifice à la condensation se trouve fermé pendant un moment. Le piston continuant à marcher, la vapeur est pressée, mais il faut remarquer qu'alors cette vapeur a une densité très-faible et que, par suite, la compression qu'elle éprouve de la part du piston est peu sensible.

Au point V, l'orifice à l'introduction ou K'Q' commence à s'ouvrir, le piston ayant encore le chemin V'P à parcourir; alors l'orifice à la condensation G L est déjà ouvert de plus de 3/10 de sa hauteur. Au point L, l'orifice à l'introduction est ouvert le plus possible; quant à celui à l'évacuation, il est ouvert en entier.

Ainsi donc, le moyen graphique que l'on doit à M. Reech représente bien les fonctions du tiroir par rapport à celles du piston et réciproquement; mais dans son tracé on ne tient aucun compte des obliquités des bielles et des manivelles, de la flexion des différents renvois de mouvement du tiroir et du piston, ni des effets de la dilatation.

COURBE DE MM. MOOL ET MONTETY.

344. MM. Mool et Montety, ingénieurs des constructions navales, ont imaginé une autre construction graphique, dans la-

Pl. XX, fig. 3.

quelle entrent le mouvement du tiroir, celui du piston et les angles que la manivelle fait avec une de ses positions prise pour point de départ. Les courses correspondantes du piston et du tiroir sont mesurées, comme nous l'avons dit au sujet de la courbe en œuf, mais on ne se guide plus sur les rayons des roues ni sur les dents du viseur. L'arbre est entouré d'une feuille de papier ayant exactement pour longueur la circonférence de l'arbre et divisée en 360 parties égales ou degrés. Un curseur, fixé sur un point immobile, permet de connaître les changements d'angle de la manivelle, correspondants aux chemins parcourus par le piston et par le tiroir, en partant d'une des positions extrêmes du piston, celle d'en bas, par exemple.

Pour tracer cette courbe, on prend une ligne A B, ayant une longueur arbitraire, mais divisée en autant de parties égales que la bande de papier collée sur l'arbre. A chacun des points de la ligne A B correspondant aux stations de la machine dans son mouvement, on élève des perpendiculaires à A B, sur lesquelles on prend des longueurs, représentant les chemins parcourus par le piston et par le tiroir.

Faisant passer une ligne continue par tous les points qui marquent les positions successives du tiroir, et une autre par tous ceux qui représentent les positions successives du piston, on obtient la courbe L F R V, qui représente le chemin parcouru par le tiroir, et A C E′ B, qui représente celui parcouru par le piston. Celle relative au tiroir est ordinairement de grandeur naturelle, et celle du piston est réduite dans un rapport déterminé.

On marque alors les orifices du cylindre; pour cela on se reporte aux mesures prises sur la machine.

La ligne S T, parallèle à A B et passant par le sommet de la courbe du tiroir, marque l'extrémité de la course de cet organe; A′ B′, parallèle à A B et passant par le milieu de la distance A S, indique le milieu de la course du tiroir. Or on connaît la hauteur des barrettes et celle des orifices; par suite, l'excès de largeur des barrettes sur celle des orifices. Cette quantité est portée de A′ en M et de A′ en M′. Dès lors les lignes M V et M′ V′ représentent les bords des orifices à l'introduction.

Pour les orifices à l'évacuation, on marque à droite de la figure, en dessus et en dessous de la ligne A′ B′, la moitié du recouvrement, et les lignes X X, X′ X′, menées parallèlement à A B, représentent les arêtes à la condensation. Partant enfin au-dessus de X et de M et au-dessous de X′ et de M′, la hauteur des orifices, on a les orifices C H et C B à la condensation à l'opposé des orifices V B et V H à l'introduction.

Alors que le piston est au point mort A ou P B, le tiroir est déjà ouvert de toute la quantité qui sépare le point L de la ligne M V ; à l'autre point mort P H, le tiroir se trouve ouvert de toute la quantité qui sépare le point R de la ligne M'V'. Ces deux quantités sont les avances à l'introduction au bas et au haut de course du piston. La détente fixe commence au point E en bas, et au point E' en haut ; en abaissant de ces points des perpendiculaires sur A B, on peut connaître les angles faits par la manivelle avec sa position au point mort du piston pris pour point de départ. Si l'on désire connaître la course du piston qui correspond à un angle quelconque de la manivelle, il suffit d'élever une perpendiculaire à A B, au nombre de degrés qui représente cet angle, et de rapporter le point d'intersection de cette perpendiculaire avec la courbe du piston sur la ligne A Y, représentant une certaine fraction de la course réelle du piston.

En prenant un point quelconque C de la courbe du piston, la distance A C' mesure l'angle correspondant de la manivelle, A C'' est le chemin parcouru par le piston depuis son point de départ P B, FF' représente la quantité dont le tiroir est ouvert à l'introduction et FF'' celle dont il est ouvert à l'évacuation au condenseur.

La courbe de MM. Mool et Montety, comparée aux autres tracés graphiques dont nous avons parlé plus haut, a l'avantage immense de permettre de suivre les variations qui pourraient résulter d'une modification dans une des fonctions du tiroir. Dans ce cas, la courbe du piston et celle du tiroir restent les mêmes, mais leurs relations sont changées; pour se rendre compte des changements produits par une augmentation dans l'avance à l'introduction par exemple, il suffit de calquer la courbe du tiroir et de la porter parallèlement à elle-même sur la gauche de la figure, c'est la courbe pointée sur la figure 3. S'il s'agissait d'une diminution dans l'avance, elle serait portée sur la droite.

Cette dernière observation fait voir que la courbe de MM. Mool et Montety, une fois tracée, et avec un profil de la courbe du tiroir, peut faire reconnaître les résultats obtenus par des modifications apportées dans les organes de distribution de la vapeur; les autres courbes dont nous avons parlé ne présentent pas un semblable avantage.

345. Mais, comme nous l'avons déjà dit au sujet de la courbe Courbe de M. Morin.

en œuf, tous les tracés graphiques ont le désavantage de ne tenir aucun compte des dilatations inégales des différents métaux qui entrent dans la construction des organes et de la flexion des renvois de mouvement. Alors qu'on vire aux roues ou qu'on se sert du vireur, le piston reçoit le mouvement de la machine au lieu de le lui donner ; les articulations ne forcent donc pas dans le sens convenable. Il résulte de ce qui précède que les dimensions devraient être prises alors qu'elle reçoit l'action de la vapeur et non quand elle est froide. C'est pour atteindre ce résultat que M. Morin, ingénieur de la marine, a pris les dispositions suivantes :

Une planchette, portant une feuille de papier, glisse entre deux coulisses. Un fil, passé sur une poulie et agissant sur des renvois de mouvement convenablement disposés, communique le mouvement du piston à la planchette. Cette dernière possède ainsi une course fraction connue de celle du piston.

Un contre-poids ramène la planchette quand le piston revient sur ses pas.

Un crayon est fixé sur une tige mobile entre deux glissières dont la direction est perpendiculaire à celle de la planchette ; cette tige suit le tiroir dans son mouvement, soit que le chemin qu'elle parcourt soit égal à celui du tiroir, soit qu'il ne représente qu'une fraction de ce chemin. Si donc la planchette et la tige du crayon sont animées de leur mouvement propre, et qu'on laisse alors le crayon appuyer sur le papier, une courbe donnant les positions relatives du piston et du tiroir sera tracée par la machine elle-même, alors que la vapeur lui donne le mouvement.

M. Morin a beaucoup modifié sa première idée, et il a donné à son instrument les mêmes formes qu'à l'indicateur des pressions, dont nous parlerons un peu plus loin.

AVANCE A L'INTRODUCTION. AVANCE A LA CONDENSATION. RETARD.

Quoique nous ayons déjà parlé plusieurs fois de l'avance à 'introduction et de celle à l'évacuation, nous allons encore revenir sur ce sujet, car il est on ne peut plus important.

546. L'avance à l'introduction, comme nous l'avons déjà dit, est la quantité dont l'orifice du cylindre à l'introduction de la vapeur est ouvert au moment où le piston est à ses points morts.

Cette quantité est toujours très-faible, quelques millimètres seulement, parce que la vapeur, agissant dans un espace aussi resserré
que celui qui se trouve entre les extrémités du cylindre et le piston à bout de course, agit immédiatement. Si l'avance à l'introduction dépassait certaines limites très-restreintes, la vapeur qui
arrive pourrait empêcher le piston de terminer sa course. Il ne
faut pas oublier que l'avance à l'introduction n'a pour but que
de produire, dans le cylindre, comme une espèce de matelas élastique qui use le reste de mouvement du piston et de toutes les
pièces mobiles de la machine ; elle est utile, mais elle n'est pas
indispensable comme l'avance à la condensation ; aussi elle varie
beaucoup tout en restant très-petite, et l'on trouve même des
machines qui n'ont pas du tout d'avance à l'introduction. Cependant l'avance à l'introduction est le seul moyen d'empêcher le
choc, l'ébranlement général qui se produirait inévitablement, si
la vapeur agissait tout à coup sur le piston, alors que ce dernier
est arrivé à l'extrémité de sa course ; dans ce cas, il faudrait encore ajouter à l'action si brusque de la vapeur l'inertie de toutes les
pièces mobiles. Enfin il faut aussi que la vapeur arrive en assez
grande quantité pour agir avec énergie sur le piston, au moment
où il a franchi son point mort et qu'il doit entraîner toutes les
pièces de la machine.

547. L'avance à la condensation est la quantité dont l'orifice Avance à la conden-
sation.
à l'évacuation est ouvert au moment où le piston arrive à ses
points morts. Le but de l'avance à l'évacuation est de préparer le
retour du piston sur le chemin qu'il vient de parcourir, en produisant une diminution dans la force qui le pousse avant son arrivée à bout de course ; de plus, on prépare ainsi un vide plus
parfait du côté du piston opposé à celui qui va recevoir l'action
de la vapeur. Du reste, la condensation ne peut pas alors diminuer d'une manière instantanée la pression dans le cylindre ; c'est
le moment où ce dernier se trouve rempli de vapeur ; par suite,
l'effet du condenseur sur cette masse de vapeur ne peut être que
lent et faible. D'après ce que nous avons dit au sujet de l'avance
à l'introduction, on peut voir quelle différence immense il existe
entre ces deux effets ; autant l'avance à l'introduction agit avec
spontanéité, l'espace dans lequel arrive la vapeur étant aussi petit
que possible, autant l'avance à la condensation agit avec lenteur,
le volume de vapeur à condenser étant alors le plus grand possible.

L'avance à la condensation, pour les raisons que nous venons de donner, est toujours plus grande que celle à l'introduction ; et si, par exception, l'avance à l'introduction peut être nulle, celle à l'évacuation existe de toute nécessité.

L'effet de la vapeur sur le piston d'une machine est à peu près constant pendant tout le temps que la vapeur arrive au cylindre ; elle doit donc produire une vitesse accélérée sur les organes de la machine ; si aucune cause ne venait détruire cet effet, le piston se trouverait avoir le plus de vitesse possible au moment même où il devrait s'arrêter tout à fait pour revenir sur ses pas. Dans de telles conditions, une machine ne marcherait pas ; il faut de toute nécessité que le piston arrive aux points extrêmes de sa course avec le moins de vitesse possible. C'est pour cette raison que l'on diminue la puissance qui agit sur lui en mettant la vapeur qui le pousse en communication avec le condenseur, et que l'on fait arriver de la vapeur du côté opposé pour l'arrêter dans sa marche. Mais on comprend que ces deux actions simultanées ne doivent avoir lieu qu'à un certain point de la course du piston, alors que sa vitesse acquise lui permet de franchir le point extrême de sa course ; sans cette condition, le piston pourrait revenir sur ses pas avant sa fin de course. Il est très-difficile de fixer avec précision le point de la course du piston auquel ces deux avances doivent commencer, et cependant la plus petite différence dans le calage du chariot d'excentrique peut changer la régulation d'une machine, c'est-à-dire la manière dont se fait la distribution de la vapeur, car c'est au moment où le piston arrive à bout de course que le mouvement du tiroir est le plus précipité.

L'avance s'exprime de plusieurs manières ; parfois on donne en millimètres la quantité dont l'orifice à l'évacuation est ouvert alors que le piston est à fin de course, d'autres fois on n'indique que le point de la course du piston qui correspond au moment où l'orifice à l'évacuation commence, et enfin d'autres fois on donne l'angle que fait la manivelle dans deux positions, l'une au moment où l'orifice commence à s'ouvrir et l'autre au point mort du piston. L'avance à la condensation est ordinairement de 0,08 à 0,10 de la course du piston, c'est-à-dire que l'orifice à l'évacuation s'ouvre alors qu'il reste encore au piston un dixième de sa course à parcourir. Du reste, on trouve de grandes différences dans l'avance des différentes machines, et certaines circonstances peuvent la faire augmenter ou diminuer.

Retard. **348.** On dit qu'une machine a du retard quand, au lieu de s'ouvrir un peu avant la fin de course du piston, l'orifice à l'introduction ne donne passage à la vapeur qu'alors que le piston a dépassé son point mort. Dans de semblables conditions, il ne peut y avoir mouvement qu'autant que la machine se trouve entraînée par une autre dans laquelle la régulation est bonne, ce qui arrive parfois sur un navire.

DE LA DÉTENTE.

549. Nous avons vu, dans la première partie de ce cours, que la vapeur, isolée de son liquide générateur, rentre dans la loi commune du gaz, et par suite est soumise à la loi de Mariotte. Les pressions d'un gaz sont en raison inverse des espaces qu'il occupe.

Si l'introduction de la vapeur, en dessus ou en dessous du piston d'une machine, reste ouverte pendant tout le temps de la course du piston, ce dernier se trouve pressé également pendant tout le temps de son mouvement; la partie du cylindre qui reçoit la vapeur, restant en communication avec la chaudière, est toujours saturée de vapeur, car l'ébullition de l'eau dans le générateur fournit sans cesse une quantité de vapeur nécessaire. On dit alors que la vapeur agit en pleine pression.

Si, au contraire, on ferme l'introduction de la vapeur, alors que le piston n'est pas encore rendu à l'extrémité de sa course, la vapeur n'arrivera plus au cylindre et se trouvera isolée du liquide générateur contenu dans la chaudière; mais, en vertu de sa puissance d'expansion, elle continuera à vouloir occuper un espace plus grand, et le piston sera poussé jusqu'à l'extrémité de sa course. Il faut remarquer que la quantité de vapeur restant la même, et l'espace qu'elle occupe augmentant toujours jusqu'au moment où le piston est arrivé à bout de course, la force expansive de la vapeur diminue en conséquence de plus en plus. Dans ce cas, on dit que la vapeur agit en pleine pression pendant tout le temps qu'elle arrive au cylindre, et avec détente pendant le reste du temps que le piston met à terminer sa course.

Ainsi, prenons pour exemple un piston ayant une surface de 1 mètre carré ou de 10,000 centimètres carrés, et de la vapeur à 1 atmosphère, c'est-à-dire exerçant une pression de 1 kilogramme par centimètre carré de surface; convenons, en outre, que la vapeur agit à toute pression pendant le quart de la course du piston, et, par suite, à détente pendant les autres trois quarts de la course.

Voyons quelle sera la pression de la vapeur à la fin de la course du piston, et quel effort elle aura exercé pendant le temps de sa détente.

Pendant tout le temps de l'introduction, c'est-à-dire pendant le premier quart de la course du piston, ce dernier est soumis à une pression de 10,000 kilogrammes. Le mouvement continuant, quand le piston est arrivé à la moitié de sa course, le volume occupé par la vapeur est doublé; par suite, sa pression n'est plus que la moitié de celle qu'elle avait alors qu'elle était en communication avec le liquide générateur; le piston n'est donc plus pressé que par une force de 5,000 kilogrammes; de la demi-course aux trois quarts de cette course le volume occupé par la vapeur devient trois fois plus grand, et la pression trois fois plus petite; l'effort exercé par elle sur le piston n'est donc plus que de 3,333 kilogrammes. Enfin, à bout de course, la vapeur occupe un volume quatre fois plus grand, et sa pression sur le piston n'est plus que le quart de celle sortant de la chaudière; par suite, 2,500 kilogrammes.

L'effet moyen sera donc
$$\frac{10000^k + 5000^k + 3333^k + 2500^k}{4} = \frac{20833}{4} = 5208^k.$$

Ainsi, en négligeant les 208 kilogrammes, on voit que l'effet utile de la vapeur est réduit à la moitié de ce qu'il était pendant le premier quart de la course du piston, mais on n'a dépensé que le quart de la vapeur qu'il aurait fallu si l'introduction était restée ouverte pendant tout le temps de la course. L'économie du combustible qui produit cette vapeur doit donc être dans la même proportion, c'est-à-dire qu'en employant la détente dans les proportions indiquées plus haut on devait, avec la moitié moins de combustible, produire le même effet utile. Mais aussi le cylindre n'est pas capable de produire autant de travail, il faut donc, si l'on veut conserver la même puissance, augmenter la surface du piston de manière à compenser la perte de force résultant de la détente.

L'économie en combustible n'est pas tout à fait proportionnelle à celle de la vapeur, parce que la vapeur, en contact avec les parois du cylindre, se refroidit, et l'on détend, par le fait, dans une plus grande proportion de la course du piston. Des expériences faites avec le plus grand soin pour connaître cette perte ont prouvé que, avec une détente ne dépassant pas les $\frac{5}{6}$ de la course du piston, la différence entre l'effet réel de la vapeur et celui calculé par la loi de Mariotte était de $\frac{1}{20}$ ou 5 pour 100 de perte; différence qui diminue avec une détente moins grande et qui devient négligeable dans bien des cas.

La détente présente de grands avantages pour le mouvement alternatif du piston d'une machine à vapeur, en évitant l'accélération de vitesse qui serait indubitablement produite sur le piston arrivé à bout de course, et sur les autres pièces de la machine, au moment même où cette vitesse doit être détruite pour que le piston revienne sur ses pas. La condensation se fait aussi beaucoup mieux sentir avec détente que sans détente; aussi beaucoup de nos machines dans lesquelles le défaut de place n'a pas permis de donner une capacité suffisante au condenseur ne pourraient marcher sans détente.

D'après ce qui a été dit plus haut, la détente entraîne nécessairement une augmentation de force dans toutes les dimensions des pièces d'une machine; ainsi, en supposant l'introduction pendant le quart de la course du piston d'une machine, comme nous l'avons supposé plus haut, si l'on voulait qu'avec cette détente la machine produisît le même effet que sans détente, il faudrait donner un volume double au cylindre; ce serait donc une augmentation de poids considérable, parce que la machine, ayant un cylindre d'un grand diamètre, devrait nécessairement avoir des renvois de mouvement assez résistants pour supposer la pression considérable exercée pendant le temps de l'introduction.

Pour la navigation, cette augmentation de poids dans l'appareil est un si grand inconvénient, qu'on devrait chercher à utiliser la détente sans être forcé d'augmenter le poids de la machine dans des proportions qui dépassent parfois le poids du combustible économisé.

Les machines de Woolf, à deux cylindres, employées à terre, réalisent cet avantage. La vapeur arrive d'abord à pression élevée dans un petit cylindre où elle agit avec toute sa puissance; quand le piston de ce cylindre est rendu à bout de course, la vapeur qui vient d'agir sur lui passe au-dessous du piston d'un grand cylindre, où elle agit par détente, alors que la vapeur de la chaudière arrive sous le petit piston. La vapeur qui agit par détente sous le grand piston exerce aussi un certain effort sur le dessus du petit, et s'oppose à son mouvement; mais cet effet est

Machines de Woolf.

de beaucoup inférieur à celui exercé sur la surface du grand piston dont la pression l'emporte sur la première.

La différence entre ces deux effets opposés s'ajoute à la pression que le petit piston éprouve sur l'une ou l'autre de ses faces, pour former la force totale qui tend à faire mouvoir l'ensemble des deux pistons. Cette force est évidemment plus grande qu'elle ne le serait, s'il n'y avait qu'un cylindre, et si la vapeur, après avoir agi sous le piston de ce cylindre, passait immédiatement dans le condenseur ; cependant, dans ce dernier cas, la quantité de vapeur dépensée, pour chaque coup de piston, serait la même.

Enfin, dans cette espèce de machine, l'introduction ayant lieu pendant presque toute la course du petit piston, l'effort exercé sur toutes les pièces est uniforme, et se trouve être égal à l'effort moyen, tandis qu'avec une grande détente dans un seul cylindre il est égal à l'effet maximum.

Malgré les avantages réels que pourraient procurer les machines de Woolf sur les navires, il est une considération qui a pu contribuer à les faire laisser de côté : c'est qu'une machine, construite pour marcher ordinairement avec une grande détente, serait capable, dans un moment donné, en supprimant la détente, de fournir au navire une grande vitesse qui peut être un élément de succès dans bien des cas ; mais il faudrait que le générateur pût fournir la quantité de vapeur nécessaire.

550. Toutes les machines ont une détente fixe, résultant de la largeur donnée aux barrettes, comparée à celle des orifices qu'elles doivent recouvrir. Pour les machines à basse pression, la détente fixe ne commence que quand le piston a parcouru les $\frac{8}{10}$ de sa course ; on dit alors que l'on a $\frac{2}{10}$ de détente ou qu'on introduit aux $\frac{8}{10}$; pour les machines à moyenne pression, la détente est plus considérable, elle commence généralement quand le piston a accompli les $\frac{6}{10}$ ou $\frac{7}{10}$ de sa course.

C'est pour augmenter à volonté la détente fixe dont nous venons de parler, qu'on ajoute un organe particulier qui produit une détente variable.

Au n° 136 et suivants nous avons donné les différents systèmes que l'on rencontre le plus souvent ; nous ne reviendrons donc pas sur cette question.

Comme nous l'avons dit, l'organe de détente, quel qu'il soit, interrompt la communication de la boîte des tiroirs avec la conduite de vapeur pendant plus ou moins de temps. La courbe en œuf, nᵒ 342, peut servir à régler la détente, en montrant exactement les relations qui existent entre le chemin parcouru par le piston et celui de l'organe qui produit la détente. Quand on veut tracer la courbe de régulation pour la détente, on laisse de côté l'organe de distribution de la vapeur, pour considérer à sa place celui de détente.

Mais, dans aucun cas, l'organe de détente ne doit modifier la régulation produite par le tiroir de distribution. Ainsi, quand le tiroir ouvre les orifices du cylindre pour changer le mouvement du piston, la vapeur doit arriver aussitôt pour produire l'effet attendu de l'avance jugée nécessaire.

Il faut donc qu'à ce moment précis l'organe de détente laisse arriver la vapeur dans la boîte du tiroir ; mais il ne doit pas non plus l'ouvrir trop tôt, parce que, si elle le faisait avant que le tiroir ait fermé le passage et commencé sa détente naturelle, la vapeur se répandrait inutilement dans le cylindre où elle a commencé à se détendre.

Quand il y a peu de détente fixe, l'instant de l'ouverture de la détente variable doit être fixé avec exactitude, et son mouvement doit être très-prompt ; mais, dans les machines employées sur mer, la détente fixe est généralement assez considérable pour que la détente variable ait tout le temps de s'ouvrir.

EMPLOI DE LA DÉTENTE PENDANT LA NAVIGATION.

351. Les avantages de la détente, soit au point de vue de la marche de la machine, soit au point de vue de l'économie en combustible, font comprendre de quelle importance est son emploi dans la navigation. Ainsi tel navire qui, avec la quantité de combustible qu'il peut porter, resterait loin du but qu'il veut atteindre en marchant à toute vapeur, arriverait à ce but en employant la détente. Il marchera moins vite, il est vrai, mais ce qu'il gagnera en économie de combustible dépassera de beaucoup la perte de vitesse. Pour le comprendre, il suffit de se rappeler que la résistance du navire, ou la force qu'il faut vaincre pour le faire marcher, croît environ comme le carré de la vitesse, tandis que la quantité du combustible consommé est seulement proportionnelle à la force qu'il faut développer ; enfin qu'une consommation quatre fois moindre ne donne qu'une vitesse moitié moindre environ. Ainsi la quantité de charbon à consommer varie comme le carré de la vitesse multiplié par la distance à parcourir. En pratique, les avantages de la détente sont loin d'être aussi grands que semblerait l'indiquer la théorie; mais ils le sont cependant assez pour permettre de parcourir des distances presque doubles de celles représentées par le combustible avec une marche constante à toute vapeur.

A part certaines circonstances particulières, comme le transport des dépêches et la chasse d'un ennemi, dans lesquels la question de vitesse l'emporte sur toutes les autres, le plus ordinairement il s'agit de porter le plus grand poids possible, ou la plus grande force représentée par des hommes et des canons, d'un point à un autre avec le plus d'économie possible. La dépense en combustible est ici la question principale ; autrefois, alors que le vent était le seul moteur utilisé, la science du navigateur consistait à aller chercher les vents qui pouvaient pousser le navire vers le but qu'il devait atteindre ; la ligne brisée était souvent le plus court chemin d'un point à un autre ; mais les temps sont changés, la ligne droite est presque toujours celle à suivre maintenant.

Cependant, dans la nouvelle navigation, il faut encore tenir compte de l'inconstance et des caprices du moteur à vapeur, car chaque machine a, en quelque sorte, un caractère propre qu'il faut étudier avec soin. A cet égard, aucune règle ne peut être donnée, l'observation seule peut guider le mécanicien.

En mettant en regard, dans toutes les circonstances de navigation qui se présentent, la vitesse acquise, le chemin parcouru et le charbon consommé dans le même temps, on pourra, au bout de quelques mois de mer, connaître la marche la plus favorable pour la machine que l'onpossède, en vue de la plus grande distance qu'il serait possible de parcourir avec l'approvisionnement en combustible, la vitesse laissée de côté. Mais les résultats obtenus ainsi seront particuliers à la machine que l'on a observée ; une autre, en tout semblable, sur un navire de même forme et de même tonnage, pourrait avoir une marche toute différente, et il faudra recommencer pour cette seconde machine les observations faites pour la première.

Voyons maintenant comment on obtiendra une marche moins prompte, mais, en revanche, plus longtemps soutenue. Faut-il fermer les registres en partie, pour ne laisser arriver sous le piston que la moitié de la vapeur qui arriverait dans le même temps, si ce registre était toujours grand ouvert? faut-il laisser arriver toute la vapeur possible jusqu'à moitié course du piston par exemple, et fermer tout à fait l'introduction, pour que la vapeur introduite agisse par détente?

Pour pouvoir répondre, il est indispensable de se former une idée exacte de la manière d'agir de la vapeur dans les deux circonstances de distribution dont on vient de parler. Prenons donc le piston au bas de course par exemple ; le registre de vapeur est fermé à moitié et, par suite, ne laisse arriver que la moitié de la vapeur qui passerait, s'il était ouvert en totalité.

Au commencement du mouvement, le piston se meut lentement ; l'espace qui le sépare du fond du cylindre est petit, par suite la vapeur arrive en assez grande quantité ; mais bientôt le mouvement s'accélère, le vide laissé derrière le piston augmente au point que la vapeur peut ne pas avoir le temps de le remplir ; la vapeur peut donc faire défaut, alors que le piston est à moitié course, moment où la grande bielle est perpendiculaire avec la manivelle, et où la machine fait son plus grand effort sur l'arbre du propulseur.

Plus loin, la course du piston se ralentissant, la vapeur a le temps d'arriver et de reprendre toute son énergie, et cela quand le piston n'agit plus, en quelque sorte, sur la manivelle de l'arbre, et au moment où la force qui le pousse devrait cesser, puisqu'il va revenir sur ses pas.

D'après ce que nous avons déjà vu dans les numéros précédents, la détente, pendant une partie de la course du piston, agit différemment. La vapeur arrive avec toute sa puissance au moment nécessaire, c'est-à-dire au commencement de la course du piston, et conserve cette puissance jusqu'à ce que la force expansive de la vapeur, jointe à la vitesse acquise, suffise pour faire arriver le piston à bout de course. Dans ce cas, l'action de la détente va en diminuant, l'espace occupé par la vapeur augmentant et, quand le piston va revenir sur ses pas, elle sera la plus petite possible.

De ces deux observations on peut donc tirer les conclusions suivantes :

En fermant les registres on diminue, il est vrai, l'écoulement de la vapeur, mais cette dernière agit maladroitement sur le piston, en n'arrivant pas en assez grande quantité, alors que sa dépense serait utilisée, et arrivant trop vite, alors que son action est plutôt nuisible qu'utile ; tandis que, par la détente, on force la vapeur à faire, en quelque sorte, le plus de travail possible sans se prodiguer inutilement.

En général, on ne doit donc ralentir la vitesse d'un navire, en fermant plus ou moins les registres de vapeur, que dans les circonstances suivantes :

1° Quand la diminution de vitesse que l'on veut produire ne doit avoir lieu que pendant peu de temps : dans ce cas, il est toujours plus prompt de fermer plus ou moins le registre de vapeur que de manœuvrer l'organe de détente, pour produire la vitesse que l'on désire ;

2° Quand on prévoit qu'il faudra stopper, marcher dans un sens ou dans un autre ;

3° Si le navire fuit devant le temps.

Dans cette dernière circonstance, les résistances variables du propulseur peuvent arrêter momentanément la machine, et la détente peut n'être pas assez énergique pour la remettre en mouvement ; la fermeture du registre, au contraire, laisse arriver de nouvelle vapeur au cylindre ; pendant le moment d'arrêt l'énergie de cette vapeur croît en quelque sorte, et, quand la résistance devient plus faible, le mouvement se reproduit de lui-même.

Mais si le ralentissement du mouvement doit durer quelque temps, si c'est la conséquence des observations sur la marche du navire, eu égard à la plus grande distance à parcourir avec la même quantité de charbon, si encore on a pour but d'attendre un navire de marche inférieure ou de ne pas arriver trop tôt à un point donné, il faut employer la détente et même l'exagérer, pour descendre à la vitesse désirée. Si, dans ce dernier cas, la production de la vapeur dans les chaudières, en laissant le charbon se consumer lentement, est plus grande que la dépense, on doit évidemment supprimer une partie de l'appareil générateur.

Si le navire est en calme, alors que ni le vent ni la lame ne viennent faire varier les résistances qu'il éprouve, l'emploi de la vapeur en détente est très-avantageux. On perd peu de la vitesse normale de propulsion, tout en consommant beaucoup moins de charbon que si l'on marchait à toute vapeur. En cape, alors que l'état de la mer et du vent est tel qu'on ne peut faire route, on veut seulement se maintenir, pour ne pas perdre une partie du chemin fait les jours précédents, la détente doit encore être employée, parce qu'elle donne une puissance assez grande pour soutenir le navire.

Mais, s'il s'agit de lutter contre un vent debout ou de remorquer un navire, l'emploi de la détente serait irrationnel; dans ce cas, l'économie de combustible que l'on ferait ne compenserait pas la perte de force ou de vitesse. Il pourrait même arriver que la puissance développée par la machine ne fût pas assez grande pour vaincre les résistances causées soit par le vent, soit par le navire à la remorque.

DESCRIPTION ET USAGE DE L'INDICATEUR.

352. Au n° 342 et suivants, dans lesquels il est question des différentes courbes de régulation, on a vu que ces courbes donnaient, pour chaque moment de la course du piston, le chemin parcouru par le tiroir et, par suite, l'ouverture des orifices du cylindre. D'un autre côté, on connaît la longueur de ces orifices; on peut donc savoir l'aire qu'ils présentent au passage de la vapeur pour chaque moment de la course du piston. Considérées sous ce point de vue, les courbes de régulation pourraient encore servir à connaître la quantité de vapeur dépensée par chaque coup de piston; mais elles ne montrent pas comment cette vapeur agit, et elles ne tiennent compte d'aucun des effets physiques auxquels la vapeur et la machine sont soumises, pendant que la seconde reçoit l'impulsion de la première.

Pour trouver la quantité de vapeur dépensée au moyen d'une courbe de régulation, on ferait usage de la formule

$$V = s\,u,$$

dans laquelle V est le volume de vapeur cherché, s l'aire de l'orifice en mètre carré, et u la vitesse de la vapeur par seconde et en mètres cubes.

Quant à la vitesse de la vapeur ou la valeur de u, elle est donnée par cette autre formule :

$$u = \sqrt{2\,g\frac{p - p'}{d}},$$

dans laquelle $g = 9^m,8088$; p est la pression sur 1 mètre carré de la vapeur qui s'écoule, p' celle de l'atmosphère, si la machine condense dans l'atmosphère, ou celle du condenseur aussi sur 1 mètre carré, et d la densité de la vapeur qui s'écoule, ou mieux le poids d'un mètre cube de cette vapeur (tableaux III et IV).

Au moyen de ces deux formules on arrivera à une quantité qui sera la dépense théorique de vapeur ; pour avoir la dépense effective ou réelle, il faudrait multiplier le premier résultat obtenu par un coefficient dépendant évidemment des dispositions particulières de la conduite de vapeur.

Indicateur de Watt. **555.** Du reste, le calcul de la dépense de vapeur ne se fait pas par le moyen que nous venons d'indiquer, mais bien en se servant des courbes fournies par l'indicateur de Watt, dont nous allons parler.

Pl. XXI, fig. 1. Cet instrument se composait d'abord d'une planchette mobile 1, qu'une corde 2, attachée à un des points de la tige du piston, tirait d'un côté, quand la vapeur poussait le piston dans un sens. Lorsque le piston revenait sur ses pas, la planchette revenait aussi sur les siens, par l'effet d'un poids 3 suspendu à une corde fixée à l'opposé de la première.

La planchette avait ainsi un mouvement proportionnel à celui du piston.

A côté de la planchette dont nous venons de parler se trouvait un cylindre bien alésé 4, avec un piston 5 sans garniture, ajusté à frottement doux. A l'un des points de la tige du petit piston était fixé un crayon 6, destiné à tracer sur une feuille de papier 7 recouvrant la planchette ; cette tige était aussi disposée pour agir sur un ressort à boudin 8, dont la force était préalablement éprouvée, pour que l'on pût déduire de sa plus ou moins grande flexion la pression exercée sur le petit piston.

Le cylindre de l'indicateur se plaçait sur le couvercle du cylindre à vapeur ; on le vissait sur la douille qui porte le robinet graisseur ; un robinet 9 permettait d'établir ou d'interrompre la communication entre les deux cylindres. Le dessus du cylindre de l'indicateur restait ouvert et portait la planchette sur laquelle venait appuyer le crayon traceur.

L'instrument ainsi disposé, le fil 2 de la planchette attaché à un point choisi de la machine, la planchette se promenait horizontalement. Le robinet 9 du cylindre de l'indicateur fermé, la pression atmosphérique pouvait s'exercer au-dessous et au-dessus du piston 5 et le maintenait en équilibre de pression. Si alors on laissait le crayon appuyer sur le papier de la planchette, on traçait une ligne droite horizontale A B appelée ligne de zéro pression ou ligne atmosphérique.

Si, au contraire, on ouvrait le robinet 9 du cylindre de l'indicateur, le dessous du petit piston se trouvait en communication avec le cylindre à vapeur et éprouvait toutes les pressions, fortes ou faibles, supportées par lui, soit qu'il reçût l'action de la vapeur de la chaudière ou celle restant dans le condenseur après la condensation. Le petit piston faisait alors céder le ressort dans un sens ou dans l'autre, et marquait ainsi, sur la feuille de la planchette, des lignes verticales représentant toutes les pressions supportées par lui. Mais comme pendant le même temps la planchette se transportait horizontalement, proportionnellement à la marche du piston à vapeur, la réunion du mouvement du crayon traceur et de celui de la planchette produisait une courbe fermée A C D B dans laquelle les coordonnées horizontales représentaient la course du piston, et celles verticales la pression de la vapeur pour chacun des points de la course du piston.

D'après ce qui vient d'être dit, on comprend facilement qu'aucun calcul ne peut remplacer les courbes de l'indicateur, parce que ces courbes montrent exactement tout ce qui se passe dans le cylindre d'une machine à vapeur; si l'indicateur est bien construit, si les courbes sont obtenues avec toutes les précautions délicates dont nous parlerons plus loin, elles peuvent servir à reconnaître les qualités ou les défauts de la distribution de la vapeur, la force exercée sur le piston pendant l'une de ses courses et la quantité de vapeur dépensée dans le cylindre.

Depuis l'invention du célèbre Watt, l'indicateur a été modifié par plusieurs, entre autres par M. P. Garnier; nous parlerons principalement de ce dernier, dont les indicateurs sont généralement employés dans la marine impériale.

554. Voici en quoi consistent les modifications apportées par M. P. Garnier : Indicateur de P. Garnier.

Dans l'indicateur de Watt, il n'y avait qu'un ressort 8, qui devait se tendre sous l'action de la différence entre la pression de la vapeur agissant dans le cylindre et celle atmosphérique, et se détendre sous l'action de la différence entre la pression atmosphérique et celle de la vapeur restant dans le condenseur. Or l'action des ressorts n'est pas la même, soit qu'on les détende, soit qu'on les tende. M. P. Garnier a remédié à cet inconvénient en mettant deux ressorts à boudin qui agissent l'un et l'autre sur la tige du piston, mais sans être liés avec elle. L'un 8 est comprimé quand la pression de la vapeur dans le cylindre est plus forte que la pression atmosphérique; l'autre 9 est comprimé à son tour quand la pression atmosphérique est plus forte que celle existant dans le condenseur. Ainsi le premier ressort 8 indique Pl. XXI, fig. 2.

l'excès de la pression de la vapeur employée sur la pression atmosphérique ; il est calculé de manière qu'une diminution de longueur de 3 ou de 6 centimètres corresponde à là pression d'une atmosphère : l'autre ressort 9 indique l'excès de la pression atmosphérique sur celle de la vapeur restant au condenseur ; il est calculé de la même manière que le ressort 8. Il est facile de comprendre que le premier ressort 8 ne donne pas la pression réelle exercée par la vapeur sur le piston, puisque le petit piston de l'indicateur est chargé par la pression atmosphérique, ce qui n'a pas lieu pour le piston à vapeur ; mais aussi, alors que le piston à vapeur revient sur ses pas et que le petit piston se trouve sous l'influence du vide du condenseur, il indique ce que l'on gagne de force en condensant la vapeur. Si donc on ajoute ces secondes indications aux premières, on aura la force réelle exercée par la vapeur sur le piston à vapeur.

Enfin M. Garnier a remplacé la planchette par deux petits cylindres 14 et 15 : le premier porte, dans l'intérieur, un ressort de pendule qui le fait revenir sur ses pas et qui remplace le poids 3 de l'indicateur de Watt ; en outre, il reçoit la bande de papier sur laquelle le crayon trace les courbes. Cette bande est fixée, par son autre extrémité, sur le cylindre 15 et établit la communication du mouvement entre les deux cylindres.

Telles sont les modifications importantes apportées par M. Garnier à l'indicateur de Watt ; les autres petits détails de construction se trouveront dans la description qui suit :

Pl. XXI, fig. 2.   La fig. 2 représente une coupe faite dans un indicateur de P. Garnier. La partie taraudée 1 porte un robinet 13 ; elle se visse sur le couvercle ou sur le fond du cylindre, si les dispositions de la machine le permettent ; dans le cas contraire, elle se place sur des tuyaux qui partent de ces endroits. Cette partie de l'indicateur peut rester sur le cylindre après l'enlèvement de l'instrument, qui se dévisse dans la partie marquée 2.

3 est un petit cylindre, parfaitement alésé, dans lequel peut se mouvoir un petit piston 4 dont la tige traverse le couvercle 5, et un autre cylindre 6 surmontant le premier et de même diamètre que lui. Le petit cylindre 3, dans lequel se fait le mouvement du piston, n'est pas hermétiquement fermé par son couvercle 5 ; il est, au contraire, en communication constante avec l'atmosphère. A la base et au sommet du cylindre 6 sont fixés les deux ressorts à boudin 8 et 9 qui entourent la tige du piston 4 et viennent butter contre un anneau 7 fixé sur la tige du piston. Par cette dis-

position, si le piston monte, le ressort 8 est comprimé, sans que le ressort 9 oppose la moindre résistance ; si, au contraire, le piston descend, c'est le ressort 9 qui fléchit, et le ressort 8 se sépare de l'anneau 7. Cet anneau est fendu et entraîne dans son mouvement une petite pièce 10 qui porte à gauche le crayon et à droite le stylet. Ce dernier parcourt les degrés d'une échelle 11 fixée à droite de l'instrument.

Ainsi, ne considérant, pour le moment, que la partie de l'instrument que l'on vient de décrire, supposons-la vissée sur le couvercle du cylindre d'une machine en marche, et ouvrons les deux robinets 12 et 13. Si la vapeur agit sur le piston du cylindre, elle agira aussi sur le petit piston 4 et le fera monter ; l'énergie qui fléchira le ressort 8 sera indiquée sur l'échelle 11 par le stylet. Si, au contraire, l'introduction de la vapeur est fermée et la communication avec le condenseur ouverte, le vide se fera également sous le piston de l'indicateur, et la pression atmosphérique pèsera sur lui ; le ressort 9 sera comprimé à son tour, et le stylet indiquera sur l'échelle un nombre de millimètres qui représentera la différence entre la pression atmosphérique et celle restant dans le condenseur après la condensation.

Le crayon, porté par le curseur 10, pourra donc servir à indiquer toutes les circonstances qui accompagnent l'action de la vapeur et celle du vide sur le piston de la machine.

Si l'on fait passer sous la pointe du crayon un morceau de papier dont le mouvement, perpendiculaire à celui du crayon, soit dépendant de la course du piston, tous les points de la courbe ainsi tracée auront bien pour ordonnées les différents chemins parcourus par le piston, et pour abscisse la pression de la vapeur correspondante pour chaque moment de la course, au lieu du degré d'ouverture des orifices, comme dans la courbe de l'œuf.

On obtient ce résultat au moyen de la disposition des deux cylindres de même diamètre 14 et 15, dont les axes sont parallèles à la partie de l'instrument décrite plus haut et sont reliés à cette partie par l'équerre 16. Le cylindre 14 porte dans l'intérieur un ressort de pendule fixé, d'un côté, à l'axe et, de l'autre, au cylindre ; mais, pour que ce ressort puisse exercer son influence sur le cylindre, il faut que l'axe soit fixé au moyen de l'écrou à oreille 17. Quant au cylindre 15, il est terminé, à la partie inférieure, par une poulie et peut tourner librement autour de son axe. Une poulie à gorge 18, dont l'axe, perpendiculaire à ceux des cylindres, est lié à la pièce 16, peut communiquer le mouvement qu'elle reçoit au cylindre 15 par le moyen d'une corde à boyau enroulée sur son axe et sur celui du cylindre 15. Le petit cadran 19, sur lequel une aiguille est portée par un axe parallèle à celui de la poulie 18, reçoit le même mouvement que le cylindre 15 et montre si ce cylindre fait un tour complet sur lui-même.

Si donc on tire sur une corde 20 enroulée sur la poulie 18, on fera tourner aussi le cylindre 15 et, par suite, le cylindre 14. Quoique le cylindre 15 soit lié au mouvement de la poulie 18 par la corde à boyau dont il a été question plus haut, il peut cependant être rendu indépendant du mouvement de cette poulie au moyen d'une roue à dents et d'un linguet.

Si donc maintenant on fixe sur le cylindre 14 un rectangle de papier par un de ses petits côtés et que, desserrant la vis 17, on fasse tourner le cylindre 14 et le ressort qu'il contient de manière à enrouler tout le rectangle de papier, se réservant seulement la possibilité de fixer l'autre petit côté du rectangle sur le cylindre 15; en serrant la vis 17 pour laisser le cylindre 14 soumis à l'action de son ressort, et faisant tourner le cylindre 15 après l'avoir rendu indépendant de la poulie 18, on pourra donner au rectangle de papier le degré de tension voulu pour que le crayon, qui reçoit l'action de la vapeur, puisse marquer facilement.

Enfin, si l'on attache l'extrémité de la corde 20 à la tige du piston de manière à ce que cet organe communique son mouvement au cylindre 15, ce cylindre, en tournant, enroulera le rectangle de papier tout en le déroulant de dessus le cylindre 14; mais quand le piston à vapeur sera rendu à l'extrémité de sa course et qu'il reviendra sur ses pas, la corde 20 sera détendue, et c'est alors que le ressort du cylindre 14, qui a été tendu par le fait de l'enroulement du papier sur le cylindre 15, tirera à lui le rectangle pour le dérouler de dessus le cylindre 15. Si alors que le rectangle de papier s'enroule et se déroule avec un mouvement dépendant complétement de celui du piston à vapeur, le crayon suit les effets de la vapeur sous ce piston, les courbes tracées par ce crayon sur le rectangle de papier seront évidemment dépendantes et du mouvement du piston et de la tension de la vapeur pour chacun des points de la course du piston.

355. Comme l'on rencontre parfois, dans nos ports de guerre, l'indicateur modifié par J. Penn et Son, nous dirons en quoi il diffère de celui dont nous venons de parler.

Le cylindre, le piston, les ressorts, le crayon traceur, l'échelle

des pressions, la pièce 16, la poulie 18 avec son axe sur lequel
s'enroule la corde à boyau, sont semblables aux mêmes parties
de l'indicateur de P. Garnier ; mais dans celui de Penn il n'y a
qu'un cylindre-tambour sur lequel se place la feuille de papier ; c'est dans l'intérieur de ce cylindre unique que se trouve le
ressort de pendule ; la corde à boyau s'enroule autour d'une
gorge pratiquée à la partie inférieure. Le cylindre qui porte le
papier est à frottement sur un autre cylindre intérieur qui est lié
invariablement à la gorge dont on vient de parler et au ressort de
pendule.

L'axe de la poulie 18 ne porte pas d'aiguille parcourant un
cadran ; ce système, dont on verra plus loin le but, est remplacé
par deux points d'arrêt qui empêchent le cylindre-tambour de
faire un tour complet sur lui-même,

Dans l'indicateur Garnier, lorsqu'une courbe est tracée, pour
en obtenir une autre on enroule la partie du papier qui la contient sur le tambour 15, tout en déroulant une partie d'égale
longueur sur le tambour 14 ; dans celui de Penn, quand une courbe
est tracée, on coupe la partie du rectangle de papier qui la contient et l'on peut en tracer une nouvelle sur le palier qui reste
fixé sur le tambour.

556. Les quelques mots dits en commençant sur le but de l'in- *Usage de l'indicateur.*
dicateur de Watt et la description que l'on vient de voir vont
nous permettre d'expliquer l'emploi de cet instrument.

Puisque la courbe tracée par le crayon a pour ordonnée le
chemin parcouru par le piston et pour abscisse la pression de la
vapeur correspondante, cette courbe fera évidemment connaître
les défauts de régulation du tiroir ; mais ses indications ne sont
jamais assez précises pour donner le remède, il faudra avoir de
nouveau recours au tracé de la courbe de l'œuf ou de celle
de MM. Mool et Montety, et revenir à l'indicateur pour savoir si
l'on a réussi. En général, toutes les courbes de l'indicateur
montrent bien le mal et la nature de ce mal, mais elles ne suffisent pas pour y remédier.

L'action de la détente, en laissant agir la vapeur par expansion, cause une diminution graduelle de sa pression dans le
cylindre. Cet effet réagit évidemment sur le piston de l'instrument,
sur les ressorts et sur le crayon qui trace la courbe ; donc cette
courbe doit donner la trace des phénomènes de la détente fixe
ou variable. De même, les faits dans le tiroir et dans le cylindre
seront nettement indiqués.

Enfin la courbe de l'indicateur, et certaines dimensions prises sur la machine dont on s'occupe, fournissent les moyens de connaître la force développée sous le piston, la quantité de vapeur dépensée et le poids de la vapeur introduite.

Mais n'oublions pas que l'on ne doit jamais accorder une entière confiance aux résultats fournis par l'indicateur; car, outre les défauts de l'instrument lui-même, il y a encore l'influence des fautes commises par celui qui exécute des observations aussi délicates.

Plus loin, quand nous traiterons du tracé et de l'analyse d'une courbe d'indicateur, nous reviendrons sur tout ce que nous venons de dire et nous compléterons ce que nous avons à ajouter sur l'emploi de l'indicateur.

357. Suivant que l'on veut obtenir des courbes pour le travail de la vapeur au-dessus ou au-dessous du piston, il faut visser l'indicateur sur le couvercle ou sur le fond du cylindre. Dans les machines dont le cylindre est vertical, il est très-facile de disposer l'instrument pour avoir les courbes du dessus du piston; mais, pour celles du dessous, le fond du cylindre n'étant pas accessible, il faut nécessairement visser l'instrument sur un petit tuyau qui part du fond du cylindre. Dans beaucoup de machines à cylindre horizontal, on a adopté cette disposition. Ces petits tuyaux qui partent du couvercle et du fond du cylindre viennent à la portée du mécanicien; leur extrémité est disposée pour recevoir l'indicateur. Sur d'autres machines de la même espèce, l'instrument se place sur les tubulures qui mènent la vapeur du tiroir au cylindre. Dans les machines à cylindres oscillants à mouvements rapides, on doit soutenir la tête de l'indicateur par une bride; sans cette précaution, il pourrait fouetter et se briser.

La plus grande difficulté n'est pas dans le placement de l'instrument lui-même, mais bien dans le choix du point où l'on doit attacher la corde qui doit donner aux cylindres-tambours et, par suite, à la bande de papier un mouvement parfaitement proportionnel à celui du piston de la machine.

Dans les machines à balanciers, l'indicateur vissé sur le couvercle du cylindre ou sur le petit tuyau qui part du fond, on choisit, pour attacher le fil, un point du parallélogramme qui ne fasse faire, au plus, qu'un tour au cylindre 15, car il est nécessaire que ce cylindre ne fasse pas tout à fait une révolution entière pour une course complète du piston de la machine. La flèche du cadran 19 guide pour obtenir ce résultat d'une manière convenable.

Dans les autres espèces de machines, il est souvent très-difficile de trouver un point dont le mouvement soit proportionnel à celui du piston ; dans ce cas, il faut changer la poulie 18 de l'indicateur, et en mettre une dont le diamètre soit en rapport avec la course du piston ; du reste, dans toutes les boîtes d'indicateur, on trouve des poulies différentes, qui portent la course de piston à laquelle elles correspondent. Dans tous le cas, les retours de la ficelle doivent être disposés de telle sorte qu'elle appelle bien dans le plan de la poulie 18 de l'instrument.

La poulie convenable adoptée, le point d'attache du fil trouvé, il faut alors régler, avec le plus grand soin, la longueur du fil, car, s'il est trop court, la poulie étant disposée pour ne faire qu'un tour au plus, il peut en résulter la rupture du fil, et, ce qui est beaucoup plus grave, des avaries dans l'instrument, si délicat par lui-même. S'il est trop long, les inconvénients, quoique moins grands, sont encore très-sensibles, car, à chaque retour du piston sur lui-même, le fil étant distendu, il y a une partie de la cause du piston non transmise aux cylindres qui portent le papier, tandis que le crayon, qui monte et descend sous l'action de la vapeur, trace toujours. Il en résulte nécessairement une courbe fausse qui peut induire en erreur. Un fil trop court, mais assez long pour s'étendre au lieu de rompre, peut produire le même effet ; il faut donc aussi donner le moins de longueur possible au fil, qui est d'autant plus élastique qu'il est plus long.

558. Supposons l'indicateur placé convenablement, et la longueur de son fil réglée ; ce fil est ordinairement rompu dans une partie de sa longueur et terminé, d'un côté, par une boucle et, de l'autre, par un crochet ; on peut ainsi, à volonté, soustraire l'instrument aux mouvements de la machine. Si donc, tout ainsi disposé, on réunit les deux parties du fil, les cylindres qui portent le papier feront à peu près une révolution entière sur leur axe pendant la course complète du piston à vapeur.

De la ligne atmosphérique, précautions à prendre pour la tracer.
Pl. XXI, fig. 2.

Le robinet 13, qui permet à la vapeur du cylindre d'arriver sous le petit piston qui conduit le crayon étant fermé, et le robinet 12 étant tourné de manière que le trou 21 laisse la pression atmosphérique agir sous ce piston, il ne sera plus soumis qu'aux efforts des ressorts et se maintiendra en équilibre ; si alors le crayon est mis en contact avec le papier des cylindres, il tracera évidemment une ligne droite, qui sera le développement d'un cercle parallèle à la base des cylindres-tambours de l'indicateur. Cette ligne, qui partage en deux parties la courbe tracée par le crayon, quand le piston de l'indicateur reçoit l'action de la vapeur, se nomme ligne atmosphérique.

Pour que cette ligne, dont on connaîtra plus loin l'importance, soit bien à la position qu'elle doit occuper, il faut que l'instrument et les ressorts soient élevés à la température qu'ils auront quand on fera tracer des courbes.

Ainsi donc, avant d'obtenir la ligne atmosphérique d'une courbe, on doit faire agir la vapeur sous le piston de l'indicateur pour échauffer l'instrument; pendant tout le temps de cette préparation, le crayon est levé et, par suite, ne se trouve pas en contact avec le papier. Mais aussi, lorsque l'instrument est échauffé au point convenable, il faut avoir le plus grand soin de mettre le piston de l'indicateur bien en équilibre; car la vapeur qui vient d'agir sous lui pourrait conserver une certaine tension, ou encore, en se condensant, elle pourrait ne donner qu'une pression inférieure à celle de l'atmosphère.

On devra donc faire disparaître toute la vapeur qui a servi à chauffer l'instrument, car il en reste toujours, même après la condensation. On atteint ce but en tournant convenablement le robinet 12 qui permet, au moyen du trou 12, de faire communiquer le dessous du petit piston avec l'atmosphère. Alors seulement l'eau et la vapeur contenues sous le piston de l'indicateur peuvent s'échapper, et la pression atmosphérique agit au-dessous comme au-dessus du piston.

Les ressorts étant à la température voulue, la pression atmosphérique agissant au-dessus et au-dessous du piston, ce dernier est dans les conditions voulues pour tracer une bonne ligne atmosphérique. En renversant le crayon, pour le mettre en contact avec le papier, la ligne atmosphérique est tracée.

359. La comparaison entre les indications du stylet qui suit le mouvement du piston de l'indicateur en parcourant les millimètres de l'échelle 11, et celles fournies aux mêmes moments par le manomètre des chaudières et l'indicateur du vide, permet de saisir les différences qui existent entre les pressions dans ces trois endroits.

Comparaisons entre les tensions indiquées par l'indicateur et celles indiquées à la chaudière et au condenseur.

Pl. XXI, fig. 2.

Ainsi on remarque que, quand la vapeur agit sous le piston de l'indicateur, la pression dans le cylindre est moins grande que celle indiquée par le manomètre des chaudières; au contraire, lorsque le vide existe sous ce petit piston, la tension de la vapeur qui reste dans le cylindre est plus grande que celle indiquée au condenseur. Des deux côtés, les résultats sont défavorables pour la puissance qui, en fin de compte, agit pour faire marcher le navire.

Dans le premier cas, la différence qui existe entre la pression de la vapeur dans la chaudière et celle de cette même vapeur arrivant au cylindre est due au parcours de cette vapeur dans les tuyaux de conduite, aux coudes plus ou moins prononcés qu'elle traverse et au peu de surface des orifices par lesquels elle passe ; toutes ces causes produisent le refroidissement ou la condensation partielle de la vapeur et, par suite, une diminution dans sa pression.

Dans le second cas, des causes analogues produisent des effets semblables; la vapeur, pour se rendre du cylindre au condenseur, parcourt encore une certaine longueur de tuyau de conduite, des coudes et des orifices; il suit de là que, n'arrivant pas assez vite au condenseur, elle n'éprouve pas les effets du contact avec l'eau froide.

La vapeur restée dans le cylindre, et qui n'est pas encore rendue au condenseur, doit donc posséder une pression sensiblement plus grande que celle indiquée par le baromètre du condenseur ou par l'indicateur du vide.

TRACER ET ANALYSER UNE COURBE D'INDICATEUR.

560. Pour prendre une courbe d'indicateur, on réunit les Pl. XXI, fig. 2. deux bouts de la ficelle, celle qui vient de la machine et celle qui entoure la poulie de l'indicateur, et on laisse faire quelques tours pour bien s'assurer que les cylindres portant le papier n'éprouvent pas de moments d'arrêt. Alors on ouvre les robinets 12 et 13 pour faire supporter au piston 4 les effets de la pression et ceux du vide ; on le laisse marcher pendant quelque temps sans utiliser le crayon, de manière à donner peu à peu la température du cylindre à l'instrument; enfin on choisit l'instant où le piston à vapeur est à bout de course et presque immobile, pour renverser doucement le crayon et le faire appuyer légèrement sur le papier. Cette opération, qui paraît si simple et si peu délicate, demande beaucoup d'habileté et d'adresse.

Une fois renversé en contact avec le papier, le crayon est abandonné à lui-même, et l'on se dispose à fermer le robinet **12**, dès qu'il a tracé une ou deux courbes. On tourne alors le robinet **12** et l'on relève le crayon. La ligne atmosphérique dont il a été question plus haut, n° 358, se trace souvent à ce moment. Pour cela le robinet 13 est fermé, celui 12 tourné de manière à établir la communication du cylindre 3 avec l'atmosphère, et le crayon ramené sur le papier.

Pour bien se rendre compte des effets de la vapeur agissant dans le cylindre d'une machine à vapeur, il faut prendre un grand nombre de courbes; du reste, plus ce nombre sera grand et plus on sera certain des résultats obtenus. C'est pour atteindre immédiatement ce résultat que la feuille de papier enroulée sur le cylindre 15 est longue de 0^m,80 environ. Quand une courbe est tracée, on présente une nouvelle surface susceptible de recevoir l'action du crayon. Pour cela on détourne la vis 17, et on rend le cylindre 14 imdépendant de son axe ; il est alors possible d'enrouler la partie du papier qui vient d'être tracée sur le cylindre 15. Toutes choses rétablies ensuite dans l'ordre primitif, on prend de nouvelles courbes, et l'on agit ainsi pour remplir toute la bande de papier.

Cette disposition, qui permet d'enrouler le papier sur les cylindres, est préférable à celle qui consiste à changer ce papier à chaque courbe obtenue.

Analyser une courbe
de l'indicateur.
Pl. XXI, fig. 3.

Toutes les courbes que l'on obtient sont plus ou moins semblables à celle représentée par la fig. 3. La ligne A T, tracée par le crayon avant l'introduction de la vapeur dans le petit cylindre de l'indicateur, est la ligne atmosphérique. De A en T le piston monte, il descend de T en A ; par suite, il faut considérer la courbe dans le sens indiqué par les flèches. Si l'on suppose que le tracé de la courbe parte du point C, la ligne C D, étant parallèle à A T, montre que la pression n'a pas varié pendant toute la portion de la course du piston mesurée par A D'. Si cette pression avait varié, la tension du ressort de l'indicateur aurait éprouvé ces variations, et le crayon traceur les aurait représentées par une ligne ondulée, non parallèle à A T. Le petit crochet qui existe en C ne doit pas être attribué aux variations de la pression; c'est l'effet d'une espèce d'oscillation produite sur le ressort qui reçoit tout à coup l'action de la vapeur arrivant sous le piston de l'indicateur.

A partir du point D, la courbe tombe et indique que la pression soutient de moins en moins le crayon de l'indicateur, et au point E toute pression de la vapeur a cessé, puisque ce point est sur la ligne atmosphérique tracée par le crayon, alors que le piston de l'indicateur est soumis, en dessus et en dessous, à la pression atmosphérique. Puisque la pression décroît à partir du point D, c'est qu'à ce point l'introduction de la vapeur est fermée et que la détente fixe commence ; cette détente agit pendant tout le temps que le piston met à parcourir la partie de la course représentée par D′E.

A partir du point E, la courbe, passant au-dessous de la ligne atmosphérique, montre que, dès lors, le vide se fait sous le piston de l'indicateur comme sous celui de la machine ; l'évacuation est donc ouverte et ET mesure le chemin que doit encore parcourir le piston ou l'avance à la condensation.

En G, la vapeur qui vient d'agir est arrivée, par l'effet de la condensation, à son minimum de tension, qui ne varie plus de G en H, puisque cette partie de la courbe est à peu près parallèle à la ligne AT. L'angle arrondi en M fait comprendre l'action de la condensation sur toute la vapeur occupant la capacité du cylindre, celle de l'organe de distribution et celle du condenseur. Cet effet n'est pas instantané, il s'écoule un certain temps avant que la vapeur soit tombée à son minimum de pression, minimum qui dépend évidemment de la manière de fonctionner du condenseur.

Remarquons encore que le tiroir qui a commencé à ouvrir l'orifice à l'évacuation, alors que le piston était au point E de sa course, l'avait ouvert le plus possible quand le piston, revenant sur ses pas, était arrivé au point G ; ainsi donc, presque toute la course du tiroir a eu lieu précisément au moment où le piston à vapeur avait le moins de vitesse.

Au point H la courbe se relève brusquement ; cet effet est dû à la pression de la vapeur qui agit tout à coup ; car le tiroir démasque l'orifice à l'introduction et produit l'avance à l'introduction alors que le piston a encore à parcourir la portion H′A de sa course. La pression de la vapeur atteint bien vite son maximum et fait remonter presque instantanément le crayon au point C. On voit ici que l'action de la vapeur, qui arrive pour agir au-dessus ou au-dessous du piston à vapeur, est infiniment plus brusque que celle de la condensation ; c'est que l'espace à occuper par la vapeur, dans les premiers moments de l'introduction, est très-peu considérable, comparé à celui rempli par cette même vapeur au moment de l'évacuation.

Ainsi donc, l'examen d'une courbe d'indicateur fait voir non-seulement l'action de la vapeur sur le piston de la machine, Pl. XXI, fig. 3.

mais encore il donne le moment de l'ouverture et de la fermeture des orifices du cylindre : en **H**, point où la courbe se relève
pour indiquer l'avance à l'introduction, l'orifice à l'introduction
commence à s'ouvrir pour ne plus se fermer qu'au point **D**; il
reste fermé jusqu'à **E**, point où l'orifice à l'évacuation commence
à s'ouvrir pour se fermer au point **H**.

D'après ce qui vient d'être dit, il est facile de comprendre
quelle importance on doit apporter à ce que A T représente bien
la course complète du piston de la machine; par suite, quelle
attention on doit mettre dans l'attache du fil de l'indicateur et la
fixation de sa longueur. S'il est trop court, non-seulement il peut
briser l'instrument, mais encore, en se détendant, il ne marque
plus la portion de course du piston qui s'effectue pendant son
allongement, et la courbe est fausse; s'il est trop long, le même
effet se produit aux extrémités de la course du piston; il y a des
points d'arrêt qui peuvent induire en erreur.

A l'inspection d'une courbe, il est difficile de voir les effets
d'un fil trop court, parce que ces effets ne se produisent que dans
la verticalité de la partie H C de la courbe; une trop grande longueur est beaucoup plus visible, parce que la partie de la courbe
E M G devient verticale au lieu d'être arrondie comme elle doit
toujours l'être.

Pl. XXI, fig. 4.　Une tige de tiroir trop longue, dans un tiroir en D, ou une
bielle d'excentrique trop courte, ayant pour effet de diminuer le
temps de l'introduction en augmentant celui de l'évacuation, se
traduit sur la courbe de l'indicateur par les particularités suivantes :

La portion de la courbe située au-dessus de la ligne atmosphérique est portée sur la gauche; il s'ensuit que la partie de cette
courbe G H, qui représente le vide, est trop grande par rapport
à la partie C D qui représente l'introduction.

Une tige de tiroir trop courte ou une bielle d'excentrique trop
longue produirait des effets contraires, c'est-à-dire que la partie
inférieure de la courbe serait portée sur la droite, et de plus la
ligne de pression serait plus longue que celle du vide.

Si les courbes prises au-dessus du piston, par exemple, parais-
saient bonnes, tandis que celles prises au-dessous seraient mauvaises, il faudrait en conclure que le défaut de régulation ne vient
ni de la tige du tiroir ni de la longueur de la bielle d'excentrique,
mais bien de la distance qui sépare l'une de l'autre les plaques
frottantes du tiroir.

Dans presque tous les tiroirs on peut augmenter ou diminuer la longueur de la tige, il en est de même pour la longueur de la bielle d'excentrique ; mais dans aucun, celui en D court excepté, on ne peut faire varier la distance qui sépare les plaques frottantes. Dans ce cas, il faut buriner les barrettes d'un côté et leur rapporter des lattes de bronze de l'autre. S'il faut les éloigner l'une de l'autre, elles seront burinées en dedans et augmentées en dehors ; si, au contraire, il faut les rapprocher, elles seront augmentées en dedans et burinées en dehors.

La manière dont l'excentrique qui donne le mouvement au tiroir est calé sur l'arbre moteur peut produire une avance ou un retard plus ou moins exagéré. Dans le cas où il donnerait une avance exagérée, la courbe l'indiquerait, en abandonnant la forme d'un parallélogramme pour affecter celle d'un losange, la partie inférieure portée à droite. Le contraire aurait lieu si l'excentrique produisait du retard, c'est-à-dire que la courbe, quoique se présentant encore sous la forme d'un losange, aurait une partie inférieure portée à gauche. Il est à remarquer aussi que presque toujours un retard est indiqué par le crochet que l'on voit en C et qui se trouve alors au-dessous de la ligne atmosphérique.

Pl. XXI, fig. 3.

Des orifices trop petits, gênant le passage de la vapeur, soit du côté de la pression, soit du côté de la condensation, C D et G H, représentant les actions de la vapeur, perdent leur parallélisme avec la ligne atmosphérique A′T, et la courbe affectera la forme d'un triangle ayant sa base à gauche et son sommet à droite.

Pl. XXI, fig. 5.

Le registre de la vapeur, en partie fermé, produisant, pour l'arrivée de la vapeur au cylindre, un effet analogue à celui d'un orifice trop petit, la partie supérieure de la courbe ressemble beaucoup à celle d'une courbe prise sur une machine dont les orifices sont très-petits ; mais la partie inférieure n'éprouve aucune déformation, elle n'en est même que plus parallèle à la ligne atmosphérique ; et c'est évidemment ce qui doit arriver, car la fermeture du registre n'influe en rien sur ce qui se passe dans le tiroir du côté de la condensation ; de plus, la quantité de vapeur introduite étant moindre, la condensation doit être plus parfaite.

Nous avons vu plus haut que la courbe de l'indicateur donnait la détente fixe et faisait voir pendant quelle portion de la course du piston elle agissait ; il en serait de même pour la détente variable. On pourra donc voir aussi, sur les courbes de l'indicateur, si les graduations de la détente variable sont bien d'accord avec les détentes produites.

En résumé, les courbes de l'indicateur montrent clairement tout ce qui se passe dans le cylindre, au-dessus et au-dessous du piston, et, par suite, donnent le moyen de constater les défauts de régulation ou des vices de construction. Mais il faut toujours avoir présent à l'esprit que ces indications peuvent être fausses, car les courbes sont tracées sous l'influence des défauts de l'instrument lui-même et sous celle des fautes commises par celui qui prend ces courbes. Quoi qu'il en soit, on ne saurait trop recommander aux mécaniciens d'analyser beaucoup de courbes d'indicateur, prises, dans des circonstances différentes, sur la machine qu'ils doivent conduire, car ce n'est que la pratique et l'observation qui leur donneront cette faculté si précieuse de lire facilement les effets représentés par une courbe.

MESURER LE TRAVAIL DE LA MACHINE AU MOYEN DE LA COURBE D'INDICATEUR.

561. Le stylet de l'indicateur marque les pressions exercées par la vapeur sur 1 centimètre carré de surface; si donc on prend ces pressions pour chaque décimètre de la course du piston et que l'on divise la somme de toutes ces pressions par le nombre de décimètres contenus dans la course totale du piston, on aura évidemment la pression moyenne de la vapeur sur 1 centimètre carré de surface pendant une course du piston.

Le produit de ce nombre, multiplié par la surface du piston exprimée en centimètres, donnera la pression moyenne totale exercée sur le piston. D'un autre côté, connaissant la course du piston et le nombre d'allers et de retours qu'il fait en une seconde par exemple, on saura le chemin parcouru par lui; ce dernier nombre, multiplié par la pression de la vapeur obtenue plus haut, donnera le travail théorique dont le piston est capable. Enfin, si la machine a deux ou quatre cylindres, le double ou le quadruple du résultat obtenu sera le travail possible de la machine.

Ainsi donc, P étant la pression moyenne et S la surface du piston, P S exprimera la pression moyenne exercée sur le piston pendant une de ses courses. L représentant la longueur de course, N le nombre de coups de piston dans une minute, N L sera le chemin parcouru par le piston en une minute, et $\dfrac{NL}{60}$ celui parcouru en une seconde.

Enfin $PS \times \dfrac{NL}{60}$ sera le travail théorique d'une machine n'ayant qu'un cylindre. Pour une machine à deux cylindres son travail sera exprimé par $2\left(PS \times \dfrac{NL}{60}\right)$, et $4\left(PS \times \dfrac{NL}{60}\right)$ sera le travail d'une machine à quatre cylindres ; l'un ou l'autre de ces résultats donnera en kilogrammètres le travail théorique de la machine, et il suffira de les diviser par 75 pour avoir ce travail exprimé en chevaux-vapeur.

Voyons maintenant comment la surface de la courbe tracée par l'indicateur peut donner le travail réel exercé par la vapeur sur le piston de la machine.

La distance comprise entre les deux perpendiculaires A R et C D menées aux extrémités de la ligne atmosphérique mesure bien la course du piston. Si donc on partage la ligne E F, ou la course du piston, en dix parties égales par exemple, et qu'on mène, par les points de division, des parallèles aux lignes A R et C D, la partie de ces parallèles comprise entre les deux parties de la courbe représentera la pression exercée sur le piston pour chacune des dix positions supposées. Il est vrai que chacune de ces lignes renferme deux parties bien distinctes, celle située au-dessus de la ligne atmosphérique, qui, mesurée sur l'échelle de l'indicateur, donne bien l'excès de la pression de la vapeur sur la pression atmosphérique, et celle située au-dessous de la ligne atmosphérique, qui exprime l'énergie du vide ou la différence entre la pression atmosphérique et celle de la vapeur restant dans le condenseur. Mais cette action exercée par le vide est évidemment une augmentation dans la puissance de la vapeur de la chaudière, puisque, si la machine marchait sans condensation, la vapeur aurait contre elle la pression atmosphérique entière. Ainsi donc, les lignes parallèles G H, I K, L M, etc., mesurées sur l'échelle des pressions de l'indicateur, donneront bien la pression véritable exercée, par centimètres carrés, sur le piston pour chacune de ses positions ; si maintenant l'on partage chacune des parties E G′, G′ I′, I′ L′ en deux parties égales et qu'on mène des parallèles aux lignes tracées par les points de division de la course, on pourra regarder ces nouvelles lignes comme exprimant en longueur l'énergie moyenne de la vapeur sur 1 centimètre de surface

Pl. XXI, fig. 6.

du piston pendant qu'il parcourt un dixième de sa course totale.

Pour plus de facilité dans la mesure des lignes parallèles, on trace sur le côté de la courbe, le long d'une des verticales qui la comprennent, deux échelles de pression conformes à celle de l'indicateur. Leur graduation partant de la ligne atmosphérique, il faut faire la somme de la longueur des deux parties de chaque ligne verticale moyenne, pour avoir la pression moyenne sur chaque centimètre carré de surface du piston, pendant chaque dixième de sa course.

Remarquons maintenant que, par le fait des parallèles G H, I K, L M, toute la courbe se trouve partagée en trapèzes, dont la surface de chacun d'eux exprime le travail de la vapeur pour 1 centimètre de la surface du piston pendant le dixième de la course de ce piston. En effet, le travail est le produit du poids soulevé multiplié par le chemin parcouru ; or le poids soulevé est précisément la pression moyenne de la vapeur ou la demi-somme des bases du trapèze, et le chemin parcouru est sa hauteur.

Donc, la surface de tous les trapèzes composant la courbe tracée par l'indicateur donnera le travail total de la vapeur pendant la course complète du piston pour 1 centimètre carré de la surface de ce piston. Le résultat, multiplié par la surface du piston et le nombre de coups dans une seconde, donnera le travail de chacun des cylindres de la machine.

Au lieu de chercher la surface de chaque trapèze, il est plus simple de faire la somme de toutes les pressions et de la diviser par le nombre de parties faites sur la ligne atmosphérique : on a ainsi une pression moyenne de la vapeur pendant toute la course du piston ; cette première donnée obtenue, on la multiplie par la course, par la surface du piston et par le nombre de coups donnés en une seconde.

Ainsi, supposons qu'il s'agisse de calculer le travail d'une machine ayant un piston de 1 mètre de diamètre, une course de 1 mètre et faisant 50 révolutions par minute.

La courbe de l'indicateur donnant pour pression moyenne $2^k,15$ pendant une course du piston et pour 1 centimètre carré de surface de ce piston.

Le piston, ayant 1 mètre de diamètre ou 100 centimètres, aura $7853^{c.\,q},97$ pour surface (tableau n° 1). Ce nombre, multiplié par l'effort moyen $2^k,15$, donnera l'effort total moyen exercé sur le piston, $7853,97 \times 2,15 = 15885^k,99$.

Le chemin parcouru par le piston s'obtiendra par le rapport suivant :

$$\frac{1,00 \ \times \ 2\,(50)}{60}$$

dans lequel 1 mètre est la course du piston ;

2 (50) le double du nombre de tours de l'arbre moteur, donnant le nombre de coups de piston en une minute ;

Et 60 le nombre de secondes contenues dans une minute.

Le quotient de $1,00 \times 2\,(50)$ divisé par 60 étant $1^m,67$, cette quantité est le chemin parcouru en une seconde par le piston.

Le travail de la machine pour un cylindre sera donc de 26529,60 kilogrammètres ou 353,72 chevaux-vapeur en une seconde.

Si la machine a deux cylindres, 707,44 chevaux-vapeur sera son travail ; si elle en a quatre, le double de ce dernier résultat donnera le travail. Le travail ainsi obtenu est toujours plus grand que le travail réel de cette machine pour faire marcher le navire, parce que l'on ne tient compte ni des frottements, ni de l'inertie des pièces qui ont un mouvement de va-et-vient, ni de la force considérable qu'absorbent les différents organes de la machine ; aussi faut-il diminuer le résultat ainsi obtenu dans un rapport variable qui dépend du système de la machine employée et de son état d'entretien.

M. Poncelet a donné, pour les machines à basse pression, les coefficients réunis dans le tableau n° 5.

Ces coefficients, d'après M. Clapeyron, peuvent être appliqués aux machines à haute pression.

Ainsi donc, les courbes de l'indicateur font connaître la force réelle développée par le piston, déduction faite de toutes les pertes occasionnées par le refroidissement de la vapeur dans ses tuyaux de conduite, du frottement qu'elle éprouve dans ses tuyaux et de la régulation plus ou moins bonne du tiroir. S'il y a des erreurs, la courbe tenant exactement compte de la manière d'agir de la vapeur, elles ne peuvent provenir que des forces dépensées par le frottement, le jeu nécessaire des différents organes de la machine et l'inertie de ces pièces. Ces obstacles au mouvement dépendent de la plus ou moins grande complication des renvois et de l'état d'entretien de la machine.

L'expérience a fait admettre que le travail d'une machine à balanciers en assez bon état, obtenu par les courbes de l'indicateur, devait être diminué de 10 0/0, et qu'on avait ainsi le travail réel de la machine pour faire marcher le navire ; dans les machines plus simples, comme presque toutes celles à connexions directes, 8 0/0 paraît être une diminution assez grande.

En résumé, le calcul de la force d'une machine au moyen des courbes de l'indicateur est plus exact que par toute autre méthode ; aussi donne-t-on au résultat ainsi obtenu le nom du travail effectif, puissance ou force effective, pour la distinguer de celle déduite seulement des dimensions de la machine et qu'on nomme travail nominal, puissance ou force nominale.

MESURER LA DÉPENSE DE LA VAPEUR AU MOYEN DE LA COURBE DE L'INDICATEUR.

Pl. XXI, fig. 3.   **562.** La courbe de l'indicateur donnant la pression de la vapeur aux différents points de la course du piston, et les dimensions de la machine faisant connaître les espaces remplis par cette vapeur, on peut encore, au moyen de ces données, mesurer la quantité de vapeur dépensée.

En examinant une courbe, on voit que la vapeur arrive dans le cylindre pendant tout le temps de la course du piston représentée par A D′, car au point D l'orifice à l'introduction est fermé pour ne plus s'ouvrir qu'au point H. Si donc ce point D de la courbe était facile à reconnaître, le calcul pour obtenir la quantité de vapeur qui remplit le cylindre serait on ne peut plus facile, mais il n'en est pas ainsi.

La vapeur ne se comporte pas tout à fait suivant la loi de Mariotte ; par suite, le moment auquel elle cesse d'être en communication avec son liquide générateur n'est pas toujours appréciable.

Quoi qu'il en soit, le point D connu, voyons comment on arriverait à la quantité de vapeur dépensée. Admettons que A D′ soit les 6/10 de la course totale du piston ; supposons que la tension de la vapeur introduite, qui, d'après la courbe, est restée, pendant tout ce temps, à peu près égale, soit de 1 at. 1/2, la course du piston et son diamètre étant de **1** mètre.

L'introduction aura duré pendant les 6/10 de **1** mètre, ou pendant une partie de cette course égale à 6 décimètres. (On prend cette valeur en décimètre, parce qu'on ramène ainsi le poids de la vapeur à celui de **1** décimètre cube d'eau, qui est de **1** kilogramme.) La surface du piston, comme on l'a déjà vu dans le n° 361, est de 78$^{d.2}$,54 ; le volume occupé par la vapeur est donc représenté par un cylindre ayant pour base 78$^{d.2}$,54, et pour hauteur 6$^{d.}$,00.

$$78^{d.2},54 \times 6^{d.},00 = 471 \text{ décimètres cubes.}$$

Connaissant la tension de cette vapeur, la table placée à la fin de la première partie du cours nous donne pour sa densité 0,00085. Multipliant le volume par la densité, nous obtiendrons le poids de la vapeur dépensée pour une course du piston.

$$471 \times 0,00085 = 0^k,40035.$$

Si la machine fait 50 tours en une minute, elle aura 100 courses du piston ; elle dépensera donc 40 kilogrammes de vapeur en une minute pour un seul cylindre.

Enfin, si la machine est à deux cylindres, ce qui arrive le plus souvent,

40^k $\times$ 2 $\times$ 60 donnera le poids de la vapeur dépensée par la machine dans une heure. Pour le cas dont il s'agit, les dépenses seraient de 4,800 kilogrammes de vapeur.

Ce résultat serait évidemment au-dessous de la dépense réelle de la machine, car dans le calcul qu'on vient de voir on ne fait pas entrer en ligne de compte la vapeur occupant l'espace laissé entre les extrémités de la course du piston et le fond ou le couvercle du cylindre, et le volume de la partie du canal qui laisse arriver la vapeur du tiroir au cylindre. Ainsi donc, si l'on voulait avoir la quantité exacte de vapeur à produire, il faudrait mesurer ces espaces et les ajouter au résultat fourni par la courbe d'indicateur. Ces espaces, qui consomment de la vapeur sans utilité, sont encore assez considérables dans les machines les mieux disposées pour absorber $\frac{1}{18}$ ou $\frac{1}{20}$ de la quantité de vapeur formée ; il faudra donc augmenter cette quantité de 5 ou 5 1/2 pour 100.

Pour le cas cité plus haut, il faudrait ajouter aux 4,800 kilogrammes trouvés 240 kilogrammes, ce qui porterait la dépense à 5,040 kilogrammes de vapeur par heure de marche. Ces 240 kilogrammes de vapeur, dépensés inutilement dans une heure, donneraient une perte de 3,760 kilogrammes en 24 heures, et, si l'on considère que le kilogramme de combustible brûlé ne fournit guère que 6 kilogrammes de vapeur, on voit que la dépense occasionnée par cette perte de vapeur sera à peu près d'un tonneau par jour. Ce que l'on vient de dire fait voir combien la construction et la conduite des machines laissent encore à désirer et qu'on ne saurait trop se préoccuper des moyens de diminuer les dépenses ; la plus insignifiante des économies peut produire des résultats sensibles.

Il faut encore remarquer que le poids de la vapeur introduite dans le cylindre est toujours plus faible que celui de cette même vapeur au moment de sa production dans la chaudière ; car elle a éprouvé du refroidissement en traversant les conduites et les orifices qui la mènent au cylindre. Enfin la quantité de vapeur fournie par la courbe de l'indicateur ne peut présenter quelque garantie qu'autant que l'instrument fonctionne parfaitement et que les observations sont faites avec le plus grand soin ; car la moindre erreur sur la pression, par exemple, fausse complétement le résultat définitif.

Mais, d'après ce que nous avons dit plus haut, il est souvent impossible de reconnaître sur la courbe le point où la vapeur cesse d'arriver au cylindre ; aussi a-t-on été obligé de chercher un autre moyen de calculer, d'après la courbe de l'indicateur, le poids de la vapeur dépensée. Si le point D est difficile à saisir, le point E, où la courbe coupe la ligne atmosphérique, est toujours parfaitement déterminé. Or la quantité de vapeur arrivée dans le cylindre pendant la course du piston, représentée par A D' ou par A E, est la même, puisque l'introduction a été fermée au point D et qu'elle ne commence à s'ouvrir à l'évacuation qu'en E. Par suite, si nous pouvons avoir toujours la quantité de vapeur contenue dans le cylindre, alors que le piston est rendu au point E, nous connaîtrons sûrement la quantité de vapeur dépensée.

Pl. XXI, fig. 6.

Le volume occupé par la vapeur sera exprimé par $S \times A E$, S étant la surface du piston et A E le chemin parcouru par ce piston. Si l'on multiplie ce premier résultat par 0,000589, densité de la vapeur à 1 at. de pression, on aura évidemment le poids de la vapeur contenue dans le cylindre et, par suite, celui de la vapeur dépensée.

La seule quantité qui ne soit pas connue dans cette formule :

$$S \times A E \times 0,000589,$$

est A E. Pour la trouver, il faut remarquer que les deux lignes A T et A E sont proportionnelles, la première à la course totale du piston, la seconde à la portion de cette course qui correspond au moment précis où la vapeur qui agit en se détendant tombe à une pression égale à celle de l'atmosphère, quelle que soit son énergie primitive.

Supposons A T égale à 1 mètre, et que, sur la courbe, nous trouvions que A T et A E soient dans le rapport de 10 à 9, nous aurons la proportion

$$AE : 1^m :: 9 : 10 \quad \text{ou} \quad AE = \frac{9}{10} \text{ de } 1^m = 0^m,90.$$

Ainsi le piston aura parcouru $0^m,90$ avant d'être arrivé au point E, où la pression de la vapeur est égale à celle de l'atmosphère. Continuant alors le calcul comme nous l'avons dit plus haut, on arrivera à connaître le poids de la vapeur dépensée. Si à ce premier résultat on ajoute la vapeur qui remplit inutilement, à chaque coup de piston, le vide laissé entre le piston et le cylindre et celui des conduites qui amènent la vapeur du tiroir au cylindre, on aura véritablement le poids de la vapeur dépensée.

DÉTERMINER LA FORCE NOMINALE D'UNE MACHINE.

565. Dans une machine destinée à puiser de l'eau ou à monter du charbon d'une mine, il est·on ne peut plus facile de se faire une idée exacte du travail réel effectué par la machine, puisque l'on connaît le poids élevé, la hauteur à laquelle il est élevé, et le temps mis à parcourir la hauteur. On peut donc savoir combien de fois 75 kilogrammes sont élevés à 1 mètre par seconde et, par suite, la force réelle de la machine en chevaux.

Quand la nature du travail ne fournit pas de mesures directes, on se sert du frein de Prony, dont il a déjà été question dans la première partie de ce cours.

Pour opérer, on met d'abord la machine en mouvement à une petite vitesse ; faisant ensuite croître cette vitesse peu à peu, on serre de plus en plus les écrous du frein ; on augmente ainsi le frottement, jusqu'à ce que la machine soit arrivée à sa vitesse normale.

Alors, pour mesurer sa force, on place des poids dans le plateau fixé à l'extrémité du levier, jusqu'à ce que le frein ne touche ni sur l'un ni sur l'autre de ses deux chevalets.

De cette manière, on obtient le même résultat que si on avait un poids suspendu au bout d'une corde enroulée sur un tambour ayant pour rayon la longueur du levier et pour vitesse le nombre de tours de la machine.

Ce moyen, applicable aux machines peu puissantes établies sur terre, ne peut servir pour celles de mer ; l'encombrement de l'appareil met obstacle à son emploi.

Aussi faut-il avoir recours aux résultats fournis par le calcul.

Cependant on a fait parfois des expériences directes au moyen de dynamomètres puissants ; mais alors on avait l'effet produit sur le navire par la puissance de la machine unie à l'action du propulseur, mais nullement la force de la machine seule ; ce n'est que depuis l'invention de l'hélicomètre, par M. Taurines, que l'on peut connaître d'une manière certaine la force réelle donnée par une machine.

Au n° 361 nous avons vu comment on pouvait connaître la force effective d'une machine ; ici nous allons donner quelques-unes des formules employées pour calculer la force nominale d'un appareil, c'est-à-dire celle basée seulement sur les dimensions de la machine, sans avoir égard à la manière de fonctionner de la vapeur. On conçoit combien la force nominale doit être différente de celle réelle agissant pour faire marcher le navire, mais les résultats obtenus ainsi suffisent pour le classement des machines et leur achat.

Formules de M. Morin.

D'après M. Arthur Morin, la formule suivante donnerait la force en chevaux d'une machine à vapeur à basse pression du système Watt,

$$F = kn \times 2{,}222\, p v \left(1 - \frac{p'}{p}\right),$$

dans laquelle k est un coefficient constant, dont la valeur varie avec la force de la machine, la perfection de son exécution et l'état d'entretien où elle est maintenant ;

n, le nombre de coups de piston en une minute ;

p, la pression de la vapeur de la chaudière sur 1 centimètre carré et exprimée en kilogrammes ;

v, le volume engendré par le piston à vapeur ;

p', la pression de la vapeur dans le condenseur sur 1 centimètre carré et exprimée en kilogrammes.

Le travail en kilogrammètres, dû à la combustion de 1 kilogramme de charbon de terre, dans cette machine, serait donné par la formule suivante :

$$T' = 100000^k \left(1 - \frac{p'}{p}\right)^{km}$$

FORCE DES MACHINES EN CHEVAUX.	VALEUR DU COEFFICIENT K POUR LES MACHINES	
	en très-bon état d'entretien.	en état ordinaire d'entretien.
4 à 8 chevaux................	0,50	0,42
10 à 20 —	0,56	0,47
30 à 50 —	0,60	0,54
60 à 100 —	0,64	0,60

Pour les machines à détente et à condensation, leur force en chevaux-vapeur et la quantité de travail fournie par la combustion de 1 kilogramme de charbon seraient données par les formules :

$$F = k\,n \times 2{,}222\,p\,v \left(1 + 2{,}303 \log. \frac{p}{p_1} - \frac{p'}{p_1}\right)$$

$$\text{et } T' = 100000^k \left(1 + 2{,}303 \log. \frac{p}{p_1} - \frac{p'}{p_1}\right)^{km},$$

dans lesquelles les lettres ont les mêmes significations que dans les formules précédentes ; quant à p_1, il exprime la pression, par centimètre carré et en kilogrammes, de la vapeur après la détente.

FORCE DES MACHINES EN CHEVAUX DE 75 KILOGRAMMÈTRES.	VALEUR DU COEFFICIENT K POUR LES MACHINES	
	en très-bon état d'entretien.	en état ordinaire d'entretien.
De 4 à 8 chevaux	0,33	0,30
10 à 20 —	0,42	0,35
20 à 40 —	0,50	0,42
Au-dessous de 30 —	0,44	0,35
30 à 40 —	0,49	0,39
40 à 50 —	0,57	0,46
50 à 60 —	0,62	0,50
60 à 70 —	0,66	0,53
80 à 90 —	0,82	0,66
90 à 100 —	0,70	0,66

Pour les machines à haute pression avec détente, mais condensant dans l'atmosphère,

$$F = kn \times 2{,}222\, p\, v \left(1 + 2{,}303 \log . \frac{p}{p_1} - \frac{1^k{,}033}{p_1} \right),$$

$$T' = 100000^k \left(1 + 2{,}303 \log . \frac{p}{p_1} - \frac{1^k{,}033}{p_1} \right).$$

Pour les machines en très-bon état d'entretien. . $k = 0{,}40$.
Pour celles en état ordinaire d'entretien. . . . . $k = 0{,}35$.
Enfin, pour les machines à vapeur fixes sans détente ni condensation,

$$F = kn \times 2{,}222\, p\, v \left(1 - \frac{1{,}033}{p} \right).$$

Quant à la valeur à donner à k, on peut la prendre dans le tableau qui suit les formules données pour les machines à basse pression.

Il faut remarquer que dans toutes ces formules on ne tient aucun compte de la perte de puissance qu'éprouve la vapeur en passant de la chaudière à l'organe de distribution, et de ce dernier au cylindre. La machine ne serait donc dans les conditions admises par les formules que si le registre de vapeur était complétement ouvert, car alors la tension de la vapeur dans le cylindre diffère le moins possible de celle dans la chaudière.

M. Morin résume les formules pratiques que nous venons de donner dans le tableau suivant :

SYSTÈME DE MACHINES.	EFFET UTILE DU KILOG. DE HOUILLE BRULÉE.		CHARBON BRULÉ par force de cheval et par heure.
	Machines en très-bon état.	Machines en état ordinaire.	
	km.	km.	k.
A basse pression, système de Watt; sans détente, à condensation.	54000	45000	5 à 6
A haute pression, avec détente et condensation.	98000	90000	2,5 à 4
A haute pression, avec détente sans condensation.	93000	55000	4 à 5
A haute pression, sans détente ni condensation.	27000	21480	8 à 10

La formule dont on se sert généralement pour calculer la force nominale des machines à vapeur à basse pression employées dans la marine est la suivante, elle est de Watt :

$$F = \frac{D^2 c N}{0,590},$$

dans laquelle c est la course du piston exprimée en mètres ;

D, le diamètre du piston exprimé en mètres carrés ;

N, le nombre de coups de piston par minute.

Pour les machines à moyenne pression on emploie la formule

$$F = \frac{D^2 C N}{0,590} \times \frac{P}{0,83},$$

P étant la pression de la vapeur.

M. Reech, dans une note fort intéressante sur la force nominale des machines, montre combien il serait nécessaire de laisser de côté ces vieilles formules qui ne se rapportent plus aux machines que nous employons aujourd'hui, et de faire rentrer le mesurage dans le système décimal. Du reste, il y a maintenant une telle confusion dans la valeur à donner au cheval-vapeur, qu'il n'est plus possible de s'entendre.

M. Reech voudrait que la puissance unitaire fût de 100 ou 1,000 kilogrammètres ; celle de 100 kilogrammètres rentrerait, à peu de chose près, dans l'ancien système de mesurage, car une puissance brute de 100 kilogrammètres sur le piston ne représenterait généralement pas plus de 75 à 80 kilogrammètres de puissance nette sur l'arbre d'une machine.

Il voudrait aussi que la puissance réelle, brute sur le piston, fût déterminée au moyen de l'indicateur de Watt.

« Pour mesurer la puissance F d'une machine dans ce système, on se servirait de l'indicateur de Watt pour trouver la valeur moyenne de la différence de pression, dessus et dessous le piston précédant toute la course. Soit p la valeur moyenne de cette différence en kilogrammes par centimètre carré, on aurait à considérer une pression de 100 p par décimètre carré, 10,000 p par mètre carré, le diamètre D et la course c du piston étant supposés évalués en mètres.

« Par suite, la formule à employer serait :

$$F = \frac{\frac{1}{4}\,\pi\, D^2\, \frac{2\,C\,N}{60} \times 10000\, p}{100} = \frac{\pi}{1,2}\, D^2 C N p = 2,618\, D^2 C N p$$

$$\text{ou} \quad F = \frac{D^2 C N}{0,382}\, p.$$

Si l'on voulait représenter la pression moyenne par un nombre a d'atmosphères plutôt que par un nombre p de kilogrammes par centimètre carré, on se servirait de la relation

$$p = \left(1 + \frac{1}{30}\right) a,$$

et, au lieu de la formule donnée plus haut, on aurait celle-ci :

$$F = \frac{\frac{1}{4}\,\pi\,D^2\,\frac{2CN}{60}\left(1+\frac{1}{30}\right)10000\,a}{100} = \left(1+\frac{1}{30}\right)\frac{1,2}{\pi}\,D^2CN\,a$$

$$= 2{,}705\;D^2CN\,a = \frac{D^2\,CN}{0{,}3697}\,a$$

$$\text{ou}\qquad F = \frac{D^2\,CN}{0{,}37}\,a,\ \text{à moins de}\ \frac{1}{1200}\ \text{près. »}$$

Du reste, de cette formule il serait facile de revenir, s'il était besoin, à celle en usage encore, au moyen des deux expressions suivantes :

$$D^2CN = \frac{0{,}37}{a}\,F,\quad\text{et, par suite,}$$

$$\frac{D^2CN}{0{,}59} = \frac{0{,}37}{0{,}59}\times\frac{F}{a}.$$

ENTRETIEN ET RÉPARATION DES MACHINES.

Nous considérons la machine d'un navire dans deux positions bien différentes au point de vue de son entretien :

1° Nous parlerons d'abord du navire armé, dont la machine doit toujours être prête à fonctionner ; son repos n'est que momentané, soit que le navire reste au mouillage, soit qu'il y ait des réparations indispensables à faire à l'appareil moteur.

2° Nous prendrons ensuite le navire désarmé, le personnel des mécaniciens n'est plus assez nombreux pour donner les soins journaliers de propreté si nécessaires pour la durée d'une machine ; il faut donc mettre cette dernière dans une position telle que son mécanisme ait le moins possible à souffrir pendant tout le temps que le navire qui la porte se trouvera en réserve.

ENTRETIEN DE LA MACHINE D'UN NAVIRE ARMÉ.

564. Quoique les soins à donner à la machine à vapeur d'un navire armé découlent naturellement de tout ce que nous avons dit dans le cours, nous résumerons les obligations du maître mécanicien chargé de l'appareil.

Tout, du reste, est renfermé dans les quelques mots qui suivent :

Propreté journalière et soins généraux.

565. Entretenir la machine de manière à ce qu'elle soit toujours prête à servir.

Cette nécessité absolue du navire armé entraîne les dispositions suivantes :

1° Au mouillage, faire le nettoyage complet de la machine chaque matin ; tous les mécaniciens y sont employés ; chaque homme doit avoir un poste particulier qui assume sur lui une certaine responsabilité.

2° Chaque jour manœuvrer la machine au moyen du vireur si le propulseur est une hélice, et tous les huit jours au moins si le navire est à roues. En agissant ainsi, on empêche les parties en contact de s'oxyder.

3° De temps en temps visiter les robinets; s'assurer qu'ils peuvent facilement fonctionner. Il en est de même pour les soupapes d'arrêt, les registres et les vannes.

4° Nettoyer souvent la cale. Pour cela, laisser arriver une certaine quantité d'eau pour délayer la boue noire qui s'y forme presque toujours; retirer ensuite cette eau avec la pompe à bras ou une pompe à incendie, et, lorsque le liquide restant ne peut plus être atteint par ce moyen, faire éponger pour assécher complétement les fonds du navire. Ce travail, fatigant et rebutant pour les hommes, est de la plus grande importance, au point de vue de la durée des chaudières surtout; aussi aucune considéraration ne doit l'empêcher.

5° Le nettoyage terminé, fermer les godets graisseurs et recouvrir avec une tresse sèche les articulations; fermer la machine pour que la poussière provenant du balayage des ponts ne vienne pas se déposer sur les pièces.

6° Mettre et maintenir en place le capot de la cheminée et celui des tuyaux d'évacuation; c'est le seul moyen d'empêcher l'eau de la pluie de tomber dans les courants de flamme et dans la boîte des soupapes de sûreté. Quand il pleut et que l'eau peut tomber par les claires-voies, recouvrir ces dernières de leurs capots.

7° Avoir, nuit et jour, de garde dans la machine un contre-maître et un chauffeur : ils y maintiennent l'ordre et empêchent toute personne étrangère à son service, ou n'appartenant pas à l'état-major du bâtiment, de s'y introduire sans permission.

8° Malgré ce service de garde permanent, exiger que les maîtres et les contre-maîtres fassent des rondes régulières.

9° Passer, chaque jour, l'inspection générale de la machine; examiner avec attention les objets mobiles placés dans la chambre de la machine : un de ces objets se détachant pendant que la machine est en mouvement pourrait causer des avaries graves.

366. 10° Avant le départ du navire, passer une inspection sévère de toutes les parties intérieures et extérieures de la machine, afin d'être certain qu'elle est en état de fonctionner. Dans cette inspection, voir si les garnitures des pistons des divers corps de pompe et celles des tiroirs sont en bon état; si le jeu des soupapes de sûreté et de purge est bien assuré, ainsi que celui des robinets d'alimentation et d'injection ; si l'ouverture et la fermeture du tuyau de décharge peuvent se faire avec facilité ; si la tige du bonhomme repose librement sur le mercure contenu dans le tube du manomètre ; si toutes les pièces à frottement sont convenablement huilées ; si les chaudières sont alimentées au plein ordinaire de marche ; si les tubes de niveau et les robinets-jauges ne sont pas engorgés ; si les foyers sont bien garnis et prêts à être allumés au premier ordre. S'il s'agit d'un navire à roues, voir si les aubes sont fixées à une distance convenable de l'arbre, distance qui dépend de la charge du navire. Dans tous les cas, visiter le propulseur avec soin et toute la ligne d'arbre de l'hélice.

367. 1° Régler la conduite des chaudières de telle sorte que la pression de la vapeur puisse être maintenue toujours à la même hauteur.

2° Maintenir la saturation du liquide dans les chaudières au-dessous du degré où se produisent les dépôts. Il vaut mieux exagérer les extractions que de rester en dessous de celles que la prudence exige de faire.

3° Entretenir le niveau d'eau à la hauteur convenable.

4° La combustion dépendant surtout de la quantité d'air qui passe entre les barreaux des grilles, faciliter l'arrivée de l'air froid dans la chambre de chauffe. Un masque, des manches à vent convenablement orientées, renvoient l'air en bas.

5° Ne jamais pousser avec activité les feux d'une chaudière dans les premiers moments du chauffage, à moins d'ordres formels.

6° Par tous les moyens possibles, empêcher l'air froid de pénétrer dans les conduits de flamme.

7° Ne jamais lancer la machine à toute vitesse au commencement de son mouvement, à moins de nécessité absolue et d'ordres formels ; stopper avant de changer la direction du mouvement.

8° Se tenir sans cesse aux écoutes pour s'assurer que la machine fonctionne sans chocs et sans cris inaccoutumés.

9° Demander à stopper pour serrer les clavettes des articulations.

368. 1° En éteignant les feux, prendre toutes les précautions nécessaires pour que le métal des courants de flamme ne supporte pas de contraction brusque.

2° Ne jamais faire complétement l'extraction de l'eau des chaudières au moyen de la pression de la vapeur.

3° Essuyer la machine avant son refroidissement.

4° Dès que la température des chaudières permet de s'y introduire, les visiter avec soin pour s'assurer de la quantité des dépôts salins qu'elles contiennent, des dégradations qu'elles peuvent avoir éprouvées et des réparations qui doivent en être la suite; visiter avec soin les tubes, les foyers et les conduits de flamme.

5° Nettoyer les chaudières avec soin à l'intérieur et à l'extérieur; mater les fuites; remplacer les rivets partis, les tubes crevés ou tamponnés; ramoner la cheminée ainsi que les conduits de flamme.

6° Réparer, le plus tôt possible, toutes les avaries de la chaudière, du tuyautage et de la machine, constatées pendant la marche, de manière à mettre la machine en position de fonctionner.

7° Ouvrir les robinets de purge des cylindres pour laisser écouler l'eau qu'ils contiennent toujours; c'est le seul moyen d'empêcher l'oxydation intérieure des pièces et la décomposition du liquide mêlé aux matières grasses.

8° Ne jamais fourbir les pièces en fer poli; les corps dont on se sert pour cette opération, quelques soins que l'on prenne, pénètrent toujours dans les articulations, s'interposent entre les parties frottantes et produisent des échauffements qui ne contribuent pas peu à la détérioration des coussinets et des tourillons qu'ils comprennent; toutes les pièces polies doivent être seulement frottées avec des bouchons gras.

9° Les crépines extérieures des prises d'eau devront être nettoyées de temps en temps, surtout si le navire se trouve dans des parages où la carène se salit promptement.

10° Si l'hélice est amovible, la hisser pour visiter ses coussinets et la rondelle de buttée dans la marche en arrière : on la nettoie ensuite et on la remet dans le puits, la laissant hors de l'eau, surtout si elle est exposée à être abordée par des chalands ou accrochée par des amarres.

11° Enfin nettoyer et huiler les parties qui, pendant la marche, ont été momentanément lubrifiées avec de l'eau de mer.

ENTRETIEN DES MACHINES SUR UN NAVIRE DÉSARMÉ.

569. Comme nous l'avons dit plus haut, le personnel ne suffit

plus pour faire la propreté journalière de l'appareil ; il faut donc prendre certaines dispositions qui mettent la machine à l'abri des causes communes de détérioration.

370. Pour les chaudières et le tuyautage :

1° Enlever avec le plus grand soin les dépôts de tous genres ; assécher ensuite les chaudières par l'emploi des procédés efficaces.

371. Pour extraire les dépôts salins il faut, le plus souvent, piquer les chaudières, mais en faisant cette opération éviter de produire un ébranlement général qui pourrait compromettre la solidité des tubes sur les plaques de tête. Une espèce d'arc-boutant en bois, appuyé contre la surface que l'on pique, produit un bon effet en empêchant les vibrations du métal.

Le sel s'attache plus particulièrement entre les tubes, et il est fort difficile de le détacher de ces parties ; si les moyens ordinaires ne suffisent pas pour arriver à un bon résultat, dériver une partie des tubes.

372. Dans une chaudière qui contient de l'eau à la partie inférieure et dans laquelle il n'y a pas de courant d'air, voici le phénomène qui se produit : l'évaporation du liquide restant donne de la vapeur qui sature l'intérieur de la chaudière ; cette vapeur va se condenser contre les parois et une nouvelle quantité de vapeur se forme pour saturer l'espace dessaturé par la condensation, de sorte qu'une cause permanente humidifie continuellement toutes les parois de la chaudière. Pour éviter l'inconvénient signalé, ménager un courant d'air qui entraîne la vapeur au dehors, et bientôt toute l'eau restée dans la chaudière sera sortie à l'état de vapeur. Si le courant d'air n'est pas assez fort, suspendre quelques réchauds aux tirants, dans l'intérieur de la chaudière, au-dessous du trou d'homme.

2° Après l'assèchement, frotter l'intérieur des chaudières avec un bouchon légèrement imprégné d'huile ; renouveler cette opération au moins une fois par mois.

3° Maintenir constamment un courant d'air dans les chaudières, en laissant le trou d'homme et les autoctones ouverts.

4° Gratter et piquer, s'il y a lieu, la cheminée en dedans et en dehors, la peindre ensuite intérieurement et extérieurement au gris de zinc ; enfin la recouvrir d'un capot étanche, ainsi que le tuyau d'évacuation.

5° Huiler légèrement les robinets, les soupapes et les organes qui leur donnent le mouvement.

6° Démonter un des joints des tuyaux d'injection et d'extraction, afin que, dans le cas où la fermeture incomplète des robinets laisserait suinter une certaine quantité d'eau, cette eau ne puisse pénétrer ni dans le condenseur ni dans les chaudières.

7° Conserver montés tous les tuyaux qui ne communiquent pas avec une prise d'eau; refaire tous les joints qui laissent à désirer.

373. Pour la machine :

1° Remplacer toutes les garnitures en chanvre des presse-étoupe par des garnitures provisoires en coton huilé.

2° Visiter, assécher et huiler les cylindres; démonter les garnitures métalliques, les huiler et les remettre en place.

3° Visiter et huiler les tiroirs; remettre les couvercles des boîtes, mais sans refaire les joints.

4° Assécher et peindre à l'intérieur les condenseurs et les bâches. Si les tuyaux de bâches sont au-dessus de l'eau, les tamponner; calfater avec soin les tampons et les recouvrir d'une toile goudronnée. S'ils aboutissent au-dessous de l'eau, prendre à l'intérieur toutes les précautions convenables pour éviter les suintements.

5° Huiler sur toute leur portée les robinets ou les glissières de l'injection, ainsi que tous les organes qui s'y rattachent.

6° Assécher le fond des pompes à air et toutes les soupapes de purge.

7° Entretenir à l'huile toutes les pièces polies de la machine, les articulations, les coussinets, les ressorts et les filets des écrous susceptibles d'être démontés.

8° Garnir de tresses grasses tous les joints dans lesquels pourraient s'introduire des corps étrangers.

9° Si l'hélice est inamovible, la laisser en place ; si le navire possède un puits, remonter l'hélice et la remettre en place une fois au moins tous les trois mois, afin de s'assurer que le système se meut sans obstacles dans ses coulisses.

10° Enlever les feuilles des parquets devant les chaudières pour faciliter l'entretien du tuyautage.

11° Calfater le pont avec le plus grand soin dans la partie située au-dessus des chaudières et de la machine, et fermer hermétiquement toutes les ouvertures pratiquées dans cette partie.

12° A défaut d'appareil mobile à air chaud, établir dans la chambre de chaque machine un poêle en tôle, propre à brûler du coke.

13° Le plus souvent possible faire marcher la machine d'un

quart de tour environ, pour que les mêmes portages n'existent pas longtemps.

On a déjà beaucoup fait pour la conservation de nos machines, alors que les bâtiments qui les portent sont désarmés, mais il y a encore beaucoup à faire. On a augmenté le personnel destiné à l'entretien des navires en réserve, mais ce personnel ne sera suffisant que lorsqu'il permettra de donner des soins journaliers aux machines. Alors elles pourront rester complétement montées et toujours prêtes à fonctionner, ce qui n'a pas lieu dans l'état actuel des choses.

EXEMPLES D'AVARIES SURVENUES DANS LES ORGANES DES MACHINES
ET MOYENS EMPLOYÉS POUR LES RÉPARER
AVEC LES RESSOURCES DU BORD.

374. Les chaudières, les pièces fixes de la machine, celles mobiles, les propulseurs sont sujets à de nombreuses avaries, qui peuvent souvent être réparées avec les seules ressources du bord. On doit connaître les cas qui se sont présentés déjà, savoir comment on a procédé pour remettre la machine en état. Non que les mêmes circonstances puissent se représenter exactement semblables, car il en est des avaries des machines comme de celles qui peuvent survenir dans le gréement ; mais c'est déjà beaucoup alors d'avoir un point de départ, de savoir ce qu'il est possible de faire, de ne pas douter enfin de la réussite des travaux que l'on va entreprendre. Il est une vérité incontestable qui ne peut être discutée, c'est qu'une chose est déjà à moitié faite quand on croit cette chose possible. Du reste, dans toutes les circonstances de la navigation sur mer, alors qu'on est loin de tout secours, livré à ses seules ressources, on est coupable de ne pas tenter tout ce qu'il est humainement possible de faire ; la conscience ne peut être tranquille que quand on peut se dire qu'on a fait son devoir et tout son devoir.

Avec les approvisionnements pour réparations passés sur nos navires de guerre, avec les pièces de rechange qui accompagnent la machine, avec les outils embarqués et avec les ouvriers qui constituent le personnel de la machine, et ceux que l'on trouve toujours dans le reste de l'équipage, un maître mécanicien intelligent et expérimenté peut beaucoup, s'il ne peut pas tout.

Nous partagerons en quatre catégories les avaries auxquelles les machines sont exposées sur un navire.

1° Celles qui ne portent que sur des organes particuliers et qu'on peut réparer immédiatement. Parmi ces avaries, les unes ne mettent pas dans l'obligation de stopper ; les autres, au contraire, paralysent momentanément la machine.

Telles sont les avaries suivantes :

Fuites dans les coutures ou les tôles des chaudières ;
Tubes des chaudières crevés ou fondus ;
Soupapes de sûreté faussées, contre-poids détachés ;
Tubes de niveau cassés ;
Tuyaux crevés ;
Tiges faussées ;
Rayons des roues faussés, etc.

2° Les avaries qui touchent aux organes principaux. Les pièces sont mises, pour un certain temps, hors de service, mais elles sont en double à bord et peuvent être remplacées par celles de rechange. La machine est paralysée pendant tout le temps nécessaire pour faire le changement dont on vient de parler ; on procède ensuite à la réparation de la pièce avariée.

Rupture d'une soupape de sûreté ;
Coussinets grippés ou cassés ;
Collier d'excentrique brisé ;
Piston à vapeur cassé ;
Piston de pompe à air brisé ;
Piston de pompe alimentaire hors de service ;
Rupture des tiges de ces pistons ;
Rupture du tiroir ;
Clapets cassés ou déchirés ;
Rupture des aubes des roues ou des ailes de l'hélice, etc.

3° Les avaries qui portent sur les organes principaux, pour lesquelles on n'a pas de pièces de rechange, mais que l'on peut réparer avec les moyens du bord ou remplacer par une installation provisoire :

Déchirement dans les chaudières ;
Rupture partielle des cylindres et des pompes ;
—   partielle des balanciers ;
—   des arbres,

Rupture des manivelles,
   —   des vilebrequins,
   —   des soies de manivelle,
   —   des condenseurs, etc.

4° Les avaries majeures qui ne peuvent pas être réparées avec les moyens du bord.

Dans ce cas, si l'avarie ne porte que sur une des machines, on peut marcher avec l'autre ou les autres. La machine avariée peut, dans certaines circonstances dont nous parlerons plus loin, être transformée en une machine condensant dans l'atmosphère; elle peut aussi marcher à basse pression ou sur le vide.

Déchirement des chaudières sur une grande étendue ;
Affaissement des ciels des fourneaux ;
Rupture complète des cylindres,
   —   des tourillons des balanciers,
   —   des arbres, etc.

Enfin nous terminerons les avaries des machines proprement dites par celles du navire, comme voie d'eau, échouage, incendie, etc., dans lesquelles la machine peut être d'un grand secours.

Objets plus particulièrement employés en cas d'avaries.

575. Avant de parler des principales avaries survenues sur les navires, il est nécessaire de bien comprendre le sens des mots nouveaux dont on va se servir; car il faut qu'ils représentent bien à l'esprit les objets qu'ils désignent.

Broche ou goujon. — Nous avons déjà parlé de ces pièces lors du montage des machines. Ce sont des chevilles cylindriques, en fer ou en acier, fixées seulement par une de leurs extrémités; leur but est de servir de point de repère ou encore d'empêcher le glissement d'une pièce sur une autre.

Boulons. — Les boulons sont des cylindres comme les goujons, mais, à une de leurs extrémités, ils portent une tête carrée ou hexagonale, et à l'autre ils sont percés d'un trou pour recevoir une clavette, ou taraudés pour porter un écrou qui a le plus souvent la même forme que la tête. Les boulons servent à réunir ensemble plusieurs pièces séparées; ils exercent une force de compression que ne procurent jamais les goujons. On passe dans les rechanges du navire beaucoup de boulons de différentes grosseurs; dans le cas, cependant, où l'on ne trouverait pas de boulons convenables pour le travail qu'il faut exécuter, il faut se rappeler qu'ils doivent avoir un diamètre en rapport avec l'effort qu'ils doivent supporter; on donne ordinairement à la tête une épaisseur égale au diamètre du boulon; il en est de même pour l'écrou. Quant au pas du filet, il faut qu'il soit tel, que l'écrou puisse porter sur six spires complètes.

Prisonnier. — En terme d'atelier, un prisonnier est une pièce d'assemblage qui a beaucoup de rapport avec un rivet, dont la rivure et la tête seraient noyées dans le métal des pièces qu'il réunit. Le plus souvent cependant le prisonnier est fileté, et il entre dans un trou taraudé; sa tête, conique ou cylindrique, se loge dans le métal et est souvent rivée pour qu'elle remplisse exactement le trou qui la reçoit. La surface extérieure de la tête et celle de la pointe sont ensuite burinées et limées pour qu'elles soient bien dans la surface de la pièce que le prisonnier traverse. Le plus souvent cependant la pointe filetée est noyée dans le métal et ne traverse pas.

Lorsque les prisonniers sont bien mis, ils se confondent avec la pièce qui les reçoit, et il faut un peu d'attention pour les trouver.

On donne encore le nom de prisonniers à des pièces de métal que l'on enfonce de force dans un trou plus large au fond qu'à l'ouverture, et qui servent à masquer des imperfections du métal. Mais le mot grain convient mieux dans ce cas, car le but du prisonnier n'est pas le même que celui du grain.

Les prisonniers remplissent le même but que les boulons taraudés, seulement ils s'emploient dans les endroits où les têtes et les écrous de ces boulons ne peuvent pas être en relief sur les pièces, comme cela arrive sur toutes les surfaces frottantes ou en contact.

Frettes ou cercles. — Les frettes sont des pièces de métal qui affectent des formes diverses suivant la place qu'elles doivent occuper. Elles sont ordinairement en fer forgé ou en cuivre, et le plus souvent elles sont mises à chaud sur la pièce qu'elles doivent consolider. Il vaut toujours mieux les faire en une seule pièce, mais il est des cas où elles ne pourraient pas être placées; alors on les fait en plusieurs parties. Leur but est de maintenir en présence et de rapprocher des parties d'une même pièce séparées par une rupture. Lorsqu'elles sont placées à chaud, leur contraction, pendant le refroidissement, exerce une pression considérable sur les parties à réunir.

Cornières. — On nomme cornières des bandes de fer pliées à angle droit dans le sens de leur longueur; elles sont fournies par l'industrie pour la construction des machines. Mais, lorsqu'il est question des réparations, on entend par cornière, ou fer d'angle, une bande de fer pliée sur elle-même de manière à pouvoir se loger dans un angle dièdre et à réunir les plans qui forment cet angle. Il ne faut pas confondre la cornière avec l'équerre ; la première est employée pour consolider, réunir deux parties ne se trouvant pas dans le même plan, tandis que l'équerre ne sert que pour la réunion de parties situées dans un même plan.

Assemblage à queue-d'aronde.—L'assemblage à queue-d'aronde diffère de l'assemblage rectangulaire en ce que les extrémités de la pièce ajustée sont plus larges que son milieu, et qu'il en est de même des entailles qui la reçoivent. Le milieu correspond au point de jonction des deux parties à réunir, de sorte que la pièce d'ajustage, placée, empêche les parties séparées de s'écarter. Ce moyen d'ajustage est employé toutes les fois qu'on ne peut maintenir la pièce au moyen de boulons.

Pl. XXII, fig. 1. La fig. 1 de la planche XXII représente à gauche l'assemblage à queue-d'aronde, et à droite celle rectangulaire.

AVARIES DANS LES CHAUDIÈRES.

Fuite. **376.** Lorsqu'une fuite considérable se déclare dans une chaudière à moyenne pression, la première mesure à prendre est de faire tomber la pression pour que l'eau soit chassée avec moins de force. Mais il ne faut pas arrêter la machine ni produire d'ébullitions, qui donneraient des projections d'eau. Nous supposons ici qu'une seule chaudière est avariée. Ainsi donc, il faudra fermer la soupape d'arrêt de la chaudière avariée, ouvrir sa soupape de sûreté, jeter bas les feux, fermer les portes des cendriers et celles des fourneaux, vider l'eau de la chaudière, et, dès qu'il sera possible de pénétrer dans l'intérieur, procéder à sa réparation.

En règle générale, on doit toujours limiter une fente, quelle que soit sa position ; on parvient à ce résultat en mettant un rivet à chacune de ses extrémités. Si la fuite a lieu dans une partie exposée à l'ardeur du feu, il vaut mieux mettre la pièce de tôle qui doit la fermer en dedans qu'en dehors. Si l'étendue du mal est grande, on doit plutôt débiter la partie avariée, pour la remplacer, que de la couvrir avec une tôle. De cette manière seulement on évite la double épaisseur du métal. La carre de la pièce rapportée doit toujours être arrondie de manière à ne pas gêner le dégagement de la vapeur formée.

Nous avons dit plus haut qu'il fallait éteindre et vider la chaudière, parce que nous avons pris pour exemple une chaudière à moyenne pression; s'il s'agissait d'une chaudière à basse pression, on pourrait aveugler la fuite au moyen d'une tôle contournée de manière à s'appliquer sur la partie qui fuit; cette plaque, enduite de minium et de céruse, serait maintenue en contact avec la chaudière au moyen d'arcs-boutants.

577. On appelle coup de feu la déformation qui résulte, dans un courant de flamme, de la pression sur une surface surchauffée et décomposée, en quelque sorte, par une trop grande chaleur. *Coup de feu.*

Les coups de feu proviennent, dans les chaudières en bon état, de l'impossibilité dans laquelle s'est trouvé le métal de pouvoir transmettre au liquide la chaleur qu'il reçoit, soit parce que ce liquide ne baignait pas la tôle, soit parce que cette tôle était recouverte d'une couche de sel assez épaisse pour empêcher le passage du calorique. Or ce n'est jamais sans exposer le personnel de la machine à des dangers sérieux que ces coups de feu ont lieu ; les causes qui les produisent étant faciles à éviter avec du soin, puisqu'il s'agit de maintenir le niveau d'eau voulu et de surveiller la saturation de l'eau dans la chaudière, le maître mécanicien est, en quelque sorte, responsable de ces événements.

Nous ne parlons pas ici du cas où l'usure des chaudières rend les coups de feu possibles malgré tous les soins, parce qu'alors on ne doit plus faire supporter aux chaudières que la pression que comporte l'épaisseur du métal des surfaces de chauffe.

Lorsque le coup de feu n'a pas corrodé la tôle au point de nécessiter l'enlèvement de la partie brûlée, on peut la faire revenir dans son état primitif en chauffant au rouge la partie bossuée, et la repoussant avec une plaque froide, pressée par un cric ; le métal avoisinant, soutenu probablement par des arcs-boutants placés en dedans; mais la tôle, ainsi redressée, ne présente jamais une solidité bien grande, et il est prudent de la soutenir intérieurement par une cornière fixée par des rivets à la partie redressée et aux parties solides.

578. Si le coup de feu a brûlé complétement le métal, ou s'il *Changer une tôle.* y a déchirure, l'avarie ne peut être réparée que par le remplacement de la tôle déchirée.

Si toute la feuille de tôle ne doit pas être remplacée, les angles du trou à boucher èt ceux de la plaque sont arrondis ; cette dernière est ordinairement placée au-dessus de l'ancienne, s'il s'agit du ciel des foyers ; les coutures sont disposées de manière à ne pas gêner le dégagement de la vapeur. On ne double les tôles que de ce qui est nécessaire pour la pose des rivets, car la chaleur traversant plus difficilement deux tôles qu'une, cette partie est exposée à être brûlée de nouveau. La plaque mise en place, on mate les bords avec soin, et l'on introduit, dans les joints, de l'urine ou du sel ammoniac dissous dans de l'eau, afin de boucher par l'oxyde les parties vides laissées entre les surfaces en contact.

Le changement d'une tôle entière ne présenterait pas plus de difficulté ; il faudrait cependant, autant que possible, utiliser les trous des rivets des feuilles sur lesquelles doit s'appliquer la nouvelle ; par là on diminuerait beaucoup le travail. La feuille, coupée convenablement et courbée au feu, est présentée chaude pour être bien ajustée : ce résultat obtenu, on marque les trous des rivets à percer ; la feuille est retirée, et les trous sont percés commodément. Dans le cas où les anciens trous ne peuvent pas servir, leur percement sur place est un travail long et fatigant pour les ouvriers.

Changer un rivet.

579. Un rivet ne doit jamais être refoulé à froid, on rend ainsi le métal aigre et susceptible de se casser ; il vaut donc mieux retirer un rivet qui a pris du jeu pour le remplacer par un neuf mis à chaud.

Remplacer un tube de chaudière crevé.

580. Au n° 324 de ce cours, nous avons donné les moyens de tamponner un tube qui laisse fuir l'eau. Nous supposons ici que l'avarie est plus considérable ; les tubes crevés sont en trop grand nombre pour qu'on puisse les tamponner, ce serait diminuer d'une manière trop sensible les surfaces de chauffe du générateur. Pour éviter tout accident, on ferme la soupape d'arrêt du corps de chaudière avarié, et l'on jette bas les feux.

Les boîtes à fumée ouvertes, on procède au dérivage des tubes crevés, en coupant au burin les rivures ; cette opération terminée, on introduit, dans le tube que l'on veut retirer, une barre de fer, portant d'un bout un anneau, et de l'autre une espèce de crochet. En faisant pénétrer un burin entre le tube dérivé et le trou de la plaque de tête de la boîte à feu, on replie le métal du tube sur lui-même.

C'est dans cet espace laissé libre que pénètre le crochet de la barre de fer dont on a parlé plus haut. Pendant ce temps un palan a été disposé, et une de ses poulies a été crochée sur la barre.

En agissant sur le palan on fait sortir le tube par le trou de la plaque de tête de la boîte à fumée. Les parties déchirées sont refoulées sur elles-mêmes par la traction exercée ; des coups de marteau donnés en temps opportun sur le tube facilitent beaucoup l'opération. Tous les tubes avariés retirés ainsi, ceux de rechange sont présentés et placés sur les plaques de tête, comme nous l'avons dit au n° 85.

581. Dès qu'un tube de niveau est cassé, on ferme sa communication, en haut et en bas, avec la chaudière au moyen de robinets disposés à cet effet ; on dévisse les presse-étoupe pour retirer le tube brisé, et on le remplace par un autre. Cette opération terminée, on rétablit la communication avec la chaudière, et l'avarie est réparée.

Tubes de niveau cassés.

582. Il peut arriver que les soupapes de sûreté ne laissent aucune issue à la vapeur ; ainsi, à bord d'un navire, le cône placé à l'extrémité du tuyau d'évacuation se détacha, et boucha complétement ce tuyau ; d'autres fois, la tige qui sert de guide à la soupape, peut être faussée et empêcher la soupape de se lever. Enfin le contre-poids se détachant, la soupape peut être projetée à l'entrée du tuyau d'évacuation et le boucher. Dans ces circonstances, toujours critiques, il faut, de toute nécessité, donner un écoulement à la vapeur et arrêter la production.

Avaries dans les soupapes de sûreté.

Si la machine n'est pas en mouvement et qu'on puisse marcher, il faut le faire ; sinon, il faut ouvrir le robinet de purge du condenseur s'il existe, et donner un écoulement à la vapeur par le tuyau de décharge, tout en chargeant le reniflard. Si le robinet de purge n'existe pas, on manœuvre la mise en train pour faire passer la vapeur par le cylindre. Pendant ce temps on ouvre les portes des fourneaux partout, et l'on jette bas les feux ; si, malgré tous ces moyens, la pression monte toujours, il faut se préserver de l'explosion de la chaudière en ouvrant l'extraction en grand. On expose ainsi la chaudière à être brûlée, il est vrai, mais on sauve la vie aux hommes qui sont dans la machine ; du reste, si les feux sont jetés bas avec promptitude, le générateur peut n'avoir pas beaucoup de mal.

C'est dans ces circonstances difficiles qu'on reconnaît le mécanicien habile et expérimenté : tout en jugeant la gravité du moment, les conséquences terribles qui peuvent en être la suite, les dangers réels auxquels sont exposés tous les hommes employés, l doit conserver un sang-froid imperturbable, commander avec calme, et imposer une confiance qu'il peut ne pas avoir. Les inquiétudes terribles qu'il éprouve ne doivent jamais se traduire sur son visage, où la frayeur s'empare des hommes, et tout peut être perdu.

Dans le cas beaucoup moins difficile où les soupapes de sûreté sont séparées du poids qui les charge, la vapeur s'échappe, et il est impossible de maintenir la pression. Alors il faut immédiatement remédier au mal; le plus souvent on devra éteindre la chaudière, pour rétablir tout dans l'état primitif.

583. Il ne faut pas penser à souder à l'étain ou au cuivre les morceaux de celui cassé ; le mercure dissout les métaux. L'amiral Pâris, dans son *Catéchisme*, donne le moyen suivant pour faire un autre manomètre : on prend deux canons de fusil que l'on visse dans une pièce en fer établissant la communication entre les deux. On a ainsi les deux branches d'un manomètre à air libre.

Ce moyen peut encore être employé dans le cas où l'on ne posséderait que des manomètres Bourdon, qui ne donneraient plus de bonnes indications.

584. En temps ordinaire, les haubans en fer de la cheminée suffisent pour la maintenir, son élévation au-dessus du pont, à bord des grands navires de guerre étant, du reste, très-peu considérable. Mais, dans les mauvais temps, ces moyens ne suffisent plus : il faut mettre de nouveaux haubans qui sont ordinairement des palans crochés, d'un côté, dans les anneaux des cercles disposés à cet effet sur la cheminée et, de l'autre, dans les pitons placés en abord. Si l'usure de la partie inférieure de la cheminée est assez considérable pour faire craindre sa rupture par le bas ou la séparation de sa tôle et de la cornière qui sert à la fixer sur les chaudières, on met en usage tous les moyens qui peuvent supporter en partie le poids de la cheminée. Des barres de fer fixées sur les ponts du navire et reliées à la cheminée ont donné une solidité assez grande pour empêcher des avaries plus considérables.

585. Les trous dans une cheminée ne peuvent causer aucun accident, car la flamme ne sort jamais par ces trous; l'air de la cheminée étant beaucoup plus raréfié que celui de l'extérieur, c'est ce dernier, au contraire, qui se précipite dans la cheminée. Le seul inconvénient qui puisse en résulter est une diminution dans l'intensité du tirage et, par suite, une production de vapeur moindre. La détente variable sert alors à diminuer la dépense de vapeur.

386. Le cas d'une cheminée écrasée est plus grave, non pas parce que sa section se trouve tout à coup diminuée considérablement, ou que la fumée qui passe peut mettre le feu à bord, mais bien parce que le tuyau d'évacuation, qui, le plus souvent, est lié à la cheminée, peut être écrasé aussi et ne plus donner passage à la vapeur. Dans ce cas, il ne faut pas penser à jeter bas les feux, l'activité momentanée donnée au combustible pouvant produire assez de vapeur pour faire craindre la rupture des chaudières ; si la machine est en mouvement, ouvrir tous les registres en grand pour consommer la vapeur de la chaudière, fermer les portes des cendriers et ouvrir celles des fourneaux pour diminuer la production ; si la machine est stoppée, sans possibilité de la mettre en marche, caler le reniflard et ouvrir la soupape de purge du condenseur pour faire évacuer la vapeur par le tuyau de décharge, au risque de brûler les clapets du condenseur quand ils sont en caoutchouc. Dès que toutes les mesures sont prises pour éviter l'explosion des chaudières, couper avec la tranche le tuyau d'évacuation et la cheminée, redresser ensuite les tôles et procéder à la réparation en mettant de nouvelles tôles pour croiser celles coupées ; autant que possible, fixer les tôles qui servent à la réparation au dehors de la cheminée et non en dedans.

387. Si, par un abordage ou par un coup de mer, une cheminée est emportée, il faut, avant tout, éviter de mettre le feu au navire ; pour cela, fermer les cendriers et ouvrir les fourneaux, pour que l'air qui se précipite par ces derniers éteigne la flamme ; alors jeter bas les feux et couvrir le plus tôt possible l'orifice de la cheminée, pour empêcher la mer, qui peut embarquer, de tomber dans les courants de flamme, où les contractions qu'elle déterminerait pourraient produire des avaries graves. On procède alors à la réparation de l'avarie. Si le temps le permet, une nouvelle cheminée est faite avec les débris de l'ancienne ; dans le cas contraire, des tôles maintenues par des chandeliers en fer sont placées verticalement autour de l'orifice de la cheminée, de manière à l'exhausser assez pour ne pas craindre de mettre le feu à bord. On peut, dès lors, utiliser la machine en prenant toutes les précautions nécessaires contre un incendie possible.

AVARIES DANS LES ORGANES DE LA MACHINE.

388. *La fêlure dans le sens de l'axe.* — Si la fêlure ne s'étend pas jusqu'à l'un des bouts du cylindre, la limiter en quelque sorte par un trou fraisé, rempli par un boulon en cuivre rouge que l'on peut refouler sans trop ébranler la fonte; masquer ensuite la fêlure au moyen d'une plaque de tôle courbée de manière à bien prendre la forme du cylindre; fixer cette tôle sur le cylindre au moyen de nombreux boulons taraudés; consolider le cylindre, qni est devenu plus faible par le percement de tous ces trous, avec des cercles de fer embrassant tout son contour et serrés au moyen de boulons.

La fêlure dans un sens perpendiculaire à l'axe. — Dans ce cas, la fuite est bouchée comme dans le cas précédent; mais il faut relier entre elles les extrémités du cylindre. On arrive à ce résultat au moyen de barres de fer allant d'un couvercle à l'autre et traversant les trous des collets du cylindre et ceux des couvercles à la place des boulons ordinaires, de manière à serrer les deux bouts l'un contre l'autre sur tout leur contour. Ce travail ne présente aucune difficulté dans les machines à cylindres horizontaux par exemple, puisque l'on peut atteindre la base du cylindre; mais, dans les machines qui ont des cylindres fixés sur des plaques de fondation, on est obligé de terminer les tiges dont nous venons de parler par des bouts taraudés que l'on visse à la place des écrous des boulons qui fixent le cylindre à la plaque de fondation, ou par des oreilles percées qui sont maintenues par les écrous des boulons.

La fêlure à l'un des collets. — Consolider le collet au moyen de cornières boulonnées avec le cylindre et avec son collet au-dessus et au-dessous de la fêlure, mastiquer la fente et relier les deux bases entre elles comme dans le cas d'une fêlure perpendiculaire à l'axe.

Il arrive quelquefois qu'un trou se déclare tout à coup dans la fonte d'un cylindre ou de toute autre pièce d'une machine; ce sont des soufflures restées jusqu'alors fermées : pour le boucher, on commence par le régulariser en lui donnant une entrée ronde ou carrée et en élargissant le fond soit au burin, soit avec une mèche excentrique. On met alors dans ce trou, ainsi disposé, un bouchon en fer forgé, du calibre de l'entrée, et on le refoule de manière à lui faire occuper le fond de l'entaille. Enfin la partie extérieure du bouchon est burinée, limée et polie de manière à faire partie de la surface du métal qui l'entoure. C'est ce qu'on nomme un prisonnier.

589. Dans l'avarie de l'*Eldorado,* si bien décrite par M. le contre-amiral Pâris dans son *Catéchisme*, le fond du cylindre fut brisé en petits morceaux. Dans la réparation, on rassembla tous ces morceaux, on les réunit, par des boulons, sur des feuilles de tôle, en comblant le jour laissé entre eux par du mastic de fonte et du minium. Des cornières furent employées à fortifier le contour en dehors, et une croix formée par deux fortes traverses en fer consolida le milieu.

Le couvercle était fêlé, sur tout son contour, à la naissance du collet : les deux parties étaient détachées ; pour les réunir, on employa des cornières doubles, disposées comme le montre la fig. 2. On plaça seize de ces doubles cornières. Pl. XXII, fig. 2.

Si un couvercle ou un fond était fêlé dans sa partie plate, on pourrait le réparer en appliquant en dessous une ou plusieurs feuilles de tôle tenues par de nombreux boulons ou par des prisonniers. Si la fente s'étendait jusqu'au presse-étoupe, on consoliderait ce dernier par une frette entourant la partie cylindrique du presse-étoupe. Quant aux nervures fendues, elles seraient consolidées au moyen de bandes de tôle unies avec elles ; ces bandes, mises à chaud, produisent, par leur refroidissement, le rapprochement des parties, au point qu'il est difficile de reconnaître où elles sont cassées.

Mais il ne faut pas oublier que la tôle mise au-dessous du couvercle peut être rencontrée par le piston, qui se rapproche beaucoup de cette partie. On remédie à cet inconvénient en mettant une tresse entre le collet du cylindre et celui du couvercle pour élever ce dernier ; mais alors on élève le presse-étoupe, dont la couronne peut être rencontrée par la traverse de la tige ; il faut donc diminuer l'épaisseur de la garniture de ce presse-étoupe.

S'il s'agissait du fond du cylindre, il faudrait empêcher le piston de venir frapper dessus ; pour cela, il faudrait allonger un peu les bielles pendantes ; en agissant ainsi, on empêcherait le piston de descendre trop bas, mais il pourrait monter trop haut ; car, en agissant ainsi, on ne change en rien la longueur de sa course ; il faudrait donc encore élever convenablement le couvercle du cylindre.

390. Enfin, dans le cas où l'avarie du couvercle ou celle du fond du cylindre serait irréparable, on pourrait transformer la machine en une machine à simple effet, comme le fit le navire anglais *l'Abeille*. Transformation de la machine à double effet en machine à simple effet

Pour cela, il suffit de fermer l'orifice du cylindre, communiquant avec la face du piston découverte, au moyen d'un tampon

II. 27

en bois convenablement consolidé et disposé de manière à ne pas gêner les mouvements de la plaque du tiroir. De cette manière, la vapeur agit d'un côté du piston seulement, la pression atmosphérique agissant de l'autre; mais aussi il faut éviter la compression de l'air et lui ménager des issues assez larges pour qu'il ne présente aucune résistance autre que celle de l'atmosphère.

591. Enfin, si le couvercle et le fond sont avariés, il ne faut plus penser même à transformer l'appareil comme on vient de le dire, il faut déconjuguer les machines comme nous le fîmes sur le *Canada*. La chape de l'articulation de la grande bielle est enlevée, ainsi que les coussinets; de cette manière, la grande bielle est séparée de la soie des manivelles, le collier d'excentrique est retiré de dessus le chariot, et l'on marche avec une seule machine.

592. *La fêlure ne passant pas par le centre.* — Dans ce cas, appliquer des feuilles de tôle sur les parties fêlées et les réunir avec le piston au moyen de nombreux prisonniers. Mais en agissant ainsi on augmenterait l'épaisseur du piston, et il pourrait venir rencontrer le couvercle ou le fond. Dans la première supposition, élever le couvercle d'une quantité suffisante au moyen d'une rondelle en plomb ou d'une tresse; dans la seconde, si le fond ne peut pas être écarté de la même manière, allonger les bielles pendantes ou diminuer la longueur de la tige du piston, ce que l'on obtiendrait facilement en augmentant sa mortaise par en bas et mettant en dessus une cale de l'épaisseur convenable.

Nervures intérieures cassées. — Le retrait de la fonte est cause souvent de la rupture des cloisons intérieures d'un piston : lorsque la couronne forme tout le dessus et que le piston peut ainsi s'ouvrir, il est facile de réparer l'avarie au moyen de bandes de fer mises à chaud de chaque côté des cloisons. Les boulons qui unissent ces bandes aux cloisons doivent être tournés, et les trous percés pour les recevoir doivent être très-justes; sans ces précautions, tout le système prendrait vite du jeu.

Dans tous les cas, il faut conduire la machine avec plus de précautions ; ainsi on doit purger longtemps avant de mettre en marche, et cela avec peu de vapeur, pour ne pas produire des dilatations trop brusques : on doit aussi éviter les chocs et, par suite, surveiller davantage les articulations, la fonte cassant plutôt sous l'effet d'un choc que sous celui d'une force constante.

A bord de l'*Albatros*, un des tampons du piston, étant venu à se dévisser, causa la rupture du dessus du piston, tout autour du trou de la tige. On donna au piston toute la solidité désirable au moyen d'une plaque de tôle taillée en couronne et fixée au-dessus du piston, au moyen de nombreux boulons taraudés dans le dessus du piston.

La fêlure passant par le centre du piston. — Dans ce cas, l'avarie est beaucoup plus grave, parce que l'effort de la tige tend toujours à écarter l'une de l'autre les deux parties du piston. Cependant, en enlevant la couronne et mettant à chaud, autour du fond de la gorge qui reçoit la garniture, un cercle soudé sur lui-même, on arriverait probablement à consolider le piston. Mais il faudrait modifier la garniture : si elle était à ressorts, ces ressorts devraient être diminués, par suite forgés et trempés ; si elle était en chanvre, il faudrait faire des tresses moins épaisses que celles employées avant l'avarie. Quel que soit le degré de solidité ainsi obtenu, un piston réparé devra être beaucoup ménagé et les chocs devront être veillés avec plus de soins.

595. A bord de l'*Eldorado*, la tige du piston avait pris une courbure de 0^m,008 environ ; elle fut redressée de la manière suivante : Tige de piston et bielles faussées ou brisées.

Après avoir été chauffée à terre dans un fourneau construit en briques, on la fit reposer, par ses extrémités, sur des billots en chêne ; on souleva une des extrémités pour la laisser retomber d'une hauteur de 0^m,50 environ. On parvint ainsi à redresser parfaitement la tige ; on constatait à chaque choc, au moyen d'une règle, le résultat obtenu.

A bord d'un autre navire qui éprouva la même avarie, on mit bien encore la tige chaude sur deux billots de bois, mais on la redressa au moyen d'une espèce de mouton formé avec l'enclume du bord, dont le poids fut encore augmenté au moyen de plusieurs gueuses. Ce mouton était guidé par des montants en bois fixés solidement.

Enfin, à bord de l'*Albatros,* la grande bielle ayant été faussée, on la chauffa, on la fit supporter par ses extrémités et, au moyen de crics agissant sur la partie courbe de la pièce, on la redressa.

Tige de piston brisée. — Dans le cas de la rupture complète d'une tige de piston il ne faut pas penser à la réparer avec les moyens du bord, il faut mettre celle de rechange en place.

Si cependant elle n'était que fêlée au-dessous de sa traverse, on pourrait peut-être la consolider avec une frette mise à chaud, mais il faudrait ménager la place de cette frette, et si elle dépassait certaines dimensions, si elle n'était pas à toucher la traverse, il est probable qu'il serait impossible de baisser assez la couronne du presse-étoupe du couvercle pour qu'elle ne vînt pas toucher cette couronne.

Traverse fendue et menaçant de se briser.
Pl. XXII, fig. 5.

594. Sur un des paquebots du Levant, la traverse de l'une des grandes bielles présenta une fente près du noyau, et menaçait de se briser. On déconjugua d'abord les machines et l'on procéda à la réparation. On appliqua de chaque côté une feuille de tôle 1, battue à chaud sur la traverse elle-même, pour lui donner exactement la forme voulue. Des boulons traversant les deux tôles et la traverse furent rivés des deux côtés. Enfin, pour consolider le tout, on introduisit à chaud les deux frettes 2, forgées à l'avance pour bien prendre les formes de la traverse. Cette pièce, ainsi réparée, put servir pendant longtemps.

Sortir une grande bielle de sa traverse ou une tige de son piston.

595. Il est souvent difficile de séparer une tige de son piston ou de sa traverse, une grande bielle de sa traverse; les moyens ordinaires, qui consistent à chauffer la pièce, à faire pénétrer de l'huile entre les parties à séparer, à frapper avec des maillets ou à agir avec des clavettes et des coins, peuvent ne pas être suffisants.

On arrive souvent à un bon résultat en mettant le piston à bas de course, et en l'arc-boutant contre le couvercle au moyen de quatre morceaux de bois d'égale longueur. Si alors on vire sur les roues ou sur le vireur, on fera une force considérable, dans la direction la plus convenable pour arracher la tige du piston ou de sa traverse suivant le cas.

S'il s'agit d'une grande bielle, on arc-boutera l'extrémité opposée des balanciers sur les plaques de fondation et on agira comme nous venons de le dire.

Mais, si la tige du piston est vissée dans le piston lui-même, l'opération sera encore plus difficile, parce que l'oxydation des filets peut être telle qu'ils soient comme soudés entre eux. Dans ce cas, on fixe solidement le piston sur le parquet de la machine, et, plaçant, sur la traverse, des palans agissant en sens contraires, on fait un effort de torsion assez grand souvent pour décoller les parties.

Réparation d'un tiroir.
Pl. XXII, fig. 6.

596. A bord du *Castor,* le tiroir en D se fendit dans le sens de sa longueur et de chaque côté, à l'endroit où la partie cylindrique se réunit à la partie plane qui forme les plaques frottantes. On répara cette avarie en fixant solidement, à l'intérieur du tiroir, des plaques en cuivre 1, allant du haut en bas et croisant la fêlure.

Couronne de presse-étoupe brisée.
Pl. XXII, fig. 7.

597. A bord du *Caméléon,* la couronne du presse-étoupe de la tige du piston fut brisée au point de ne plus pouvoir servir :

on la remplaça par le collier en deux parties, que l'on met sur les *tiges* de piston dans les machines à cylindre vatical, pour empêcher le piston de tomber au fond du cylindre quand on démonte la traverse ou les bielles. Seulement on ajouta les deux oreilles 1, et l'on burina le collier sur une partie de sa hauteur et en dehors, pour lui permettre d'entrer dans le corps du presse-étoupe du couvercle. Les quatre boulons de serrage de la couronne passèrent, deux entre les branches du collier dans la partie marquée 2, et les deux autres dans les oreilles 1. Si à bord on ne possédait pas, parmi l'outillage, de colliers semblables à celui dont nous venons de parler, il serait toujours facile d'en confectionner avec les moyens du bord.

598. Les avaries dans le cylindre d'une pompe à air ou dans son couvercle, semblables à celles dont il a été question plus haut pour le cylindre à vapeur, se réparent de la même manière.

Avaries dans les pompes à air.

599. Les tiges des pompes à air étant le plus souvent en bronze, il est plus difficile de les redresser quand elles sont faussées; on n'y parvient qu'à froid et si la courbure est peu prononcée. Il arrive souvent qu'on les brise pendant l'opération ; mais cette considération ne doit pas empêcher de tenter de les redresser.

Tige de pompe à air faussée ou brisée.

Si la tige de la pompe est hors de service, les moyens du bord suffisent pour en tourner une. Un navire en a fait une avec la verge d'une ancre à jet; elle fut tournée au crochet entre les pailles de bittes, le mouvement lui étant donné au moyen d'une grande roue fabriquée à bord.

400. Quoi qu'il en soit, on peut toujours employer la machine pendant la réparation ou la confection de la pièce, surtout lorsque la machine est à moyenne pression. Il suffit, pour cela, de faire évacuer la vapeur qui vient d'agir dans l'atmosphère.

Transformer une machine condensant en vase clos en une autre condensant dans l'atmosphère.

A bord de l'*Égyptus*, la rupture de la traverse d'une des pompes à air mit dans l'obligation de faire fonctionner la machine sans condensation en vase clos. Pour cela, on ferma l'injection, l'on ouvrit et l'on cala dans cette position tous les clapets des ouvertures qui vont du condenseur à la bâche.

Le tuyau de décharge arrivait au-dessus de la flottaison, et la mer y pénétrait souvent dans les mouvements du navire ; pour remédier à cet inconvénient, on le prolongea en fixant, contre la muraille en dehors, un manchon en tôle en forme de demi-cylindre. Un autre navire, qui se trouva dans les mêmes circonstances, prolongea son tuyau de décharge en dehors au moyen d'une manche en toile.

Si le tuyau de décharge aboutissait au-dessous de la flottaison, il faudrait fermer le mieux possible la communication avec la mer, percer le tuyau de décharge et lui adapter une cheminée de cuisine ou l'un des manchons qui servent à l'embarquement du charbon. Ce conduit traverserait les ponts supérieurs pour porter la vapeur au dehors du navire.

Plusieurs navires, qui se sont trouvés dans ce cas, ont conduit la vapeur du condenseur dans la cheminée. La disposition de la machine, les ressources dont on dispose, guident dans de telles circonstances ; ainsi il peut être plus facile d'établir l'évacuation de la vapeur au-dessus du trou de visite du condenseur.

Rupture des clapets. **401.** Dans une machine dont la pompe à air à est simple effet, la rupture du clapet de tête ou de refoulement ne paralyse pas la fonction de la pompe à air ; elle fait seulement un peu plus de travail, parce que l'eau contenue dans la bâche appuie sur son piston toutes les fois que ce dernier descend ; il y a donc plus de force empruntée à la machine. Mais, dans une machine dont la pompe est à double effet, il en est tout différemment, la fonction de la pompe cesse, le condenseur et la bâche se remplissent d'eau et la machine s'arrête.

Dans le premier cas, s'il n'y a pas arrêt de la machine, il peut y avoir des avaries sérieuses causées par les morceaux du clapet brisé ; il faut donc immédiatement les enlever. Dans le second cas, on doit immédiatement procéder au remplacement du clapet mis hors de service. Si l'on ne possède plus de caoutchouc pour en faire, on peut y suppléer au moyen de plusieurs doubles de toile à voile cousus ensemble, et mieux réunis par les rivets en cuivre qui servent à réparer les embarcations à clin.

Lorsque les clapets sont en bronze, on les a remplacés parfois avec un morceau de cuivre recouvert de plusieurs doubles de toile fixés du côté de la fermeture ; on obtenait ainsi un portage suffisant sur le siége, portage qu'on n'aurait pu atteindre entre les parties métalliques que par un travail assez long.

La rupture d'un clapet de pied ou d'aspiration ne paralyse pas une machine, quand le clapet de tête ou de refoulement existe, mais le vide est toujours moins bon ; on doit alors conserver plus d'eau dans le condenseur, y faire arriver moins de liquide et diminuer la dépense de vapeur. Dans cette circonstance encore, il faut immédiatement retirer les morceaux du clapet brisé.

Quant à la rupture des clapets du piston de la pompe à air, ils empêchent les fonctions de la pompe et font arrêter la machine, qui ne peut plus fonctionner qu'en évacuant sa vapeur dans l'atmosphère.

Des clapets qui ne fonctionnent pas bien peuvent produire une partie des inconvénients signalés plus haut.

402. On sait que le but des buttoirs est d'empêcher les clapets de s'ouvrir au delà d'une certaine limite, et de leur conserver ainsi la possibilité de se fermer facilement. La rupture des buttoirs peut donc, en exposant les clapets à rester ouverts, présenter tous les inconvénients signalés pour leur rupture ; en outre, les débris de ces buttoirs, en s'engageant dans les différents organes de la machine, peuvent causer des avaries plus graves. Il faut donc alors procéder immédiatement à la réparation de l'avarie, d'abord en retirant les morceaux, puis en procédant au remplacement des buttoirs.

Rupture des buttoirs des clapets.

403. Si les avaries du condenseur et des organes d'injection ne dépassent pas certaines limites, elles peuvent se réparer comme celles des autres parties de la machine dont nous avons déjà parlé ; mais il arrive parfois qu'elles sont irréparables avec les moyens du bord, et alors on est réduit à faire évacuer la vapeur dans l'atmosphère.

Avaries dans le condenseur et dans les organes d'injection.

Pourtant M. le contre-amiral Pâris, dans son *Catéchisme du mécanicien,* indique, d'après MM. Thomas Brown et Main, auteurs anglais, le moyen suivant, à l'aide duquel on peut encore faire servir un condenseur défoncé ou fêlé dans les parties basses. Ce moyen consiste à enfermer la partie avariée dans une espèce d'auge bien étanche, en bois ou en tôle, formée entre les carlingues, et dans laquelle on fait arriver un jet d'eau continu emprunté au robinet d'extinction des feux ou à toute autre prise d'eau. Cette eau, aspirée dans le condenseur par le vide, est un supplément à l'injection ordinaire, et, pour que l'air ne pénètre pas dans le condenseur, il suffit que les ouvertures par où l'eau s'introduit soient toujours immergées.

M. Pâris cite encore ce second exemple :

« A bord du paquebot-poste *le Tancrède,* le fond de la pompe
« à air et une partie du condenseur tombèrent dans la cale : la
« cassure était dans l'angle des parties latérales et du fond ; elle
« fut réparée au moyen de cornières, dont un des côtés était fixé
« aux faces latérales par des boulons ou des prisonniers taraudés
« dans la fonte, et l'autre côté de la cornière, percé de trous,
« reçut une plaque fermant le fond. Pour plus de simplicité, on
« supprima la soupape de purge et son tuyau ; en mettant en

« marche, on purgeait l'autre machine et on donnait moins de
« vapeur à celle avariée ; au bout de quelque temps le vide s'éta-
« blissait, et on aurait pu naviguer longtemps avec cette répara-
« tion, qui avait coûté neuf jours de travail avec les seules res-
« sources du bord. »

Il peut arriver que la prise d'eau d'injection soit obstruée au
dehors par des herbes marines ou par de la vase ; dans ce cas,
on peut parvenir à dégager les crépines au moyen de la vapeur
introduite par la soupape de purge du condenseur. Mais alors
il faut empêcher le reniflard de s'ouvrir, fermer le tuyau de décharge et ouvrir les robinets de l'injection ; la vapeur, ne trouvant d'issue que par ce tuyau, arrive quelquefois à dégager la
prise d'eau. Pour éviter les chocs violents qui se produisent toujours au contact de la vapeur et de l'eau froide, il ne faut la
laisser pénétrer par la soupape de purge que lentement dans le
commencement. On est prévenu du dégagement de l'injection
quand, fermant la soupape de purge, le tuyau d'injection se
refroidit promptement de la muraille au condenseur.

Enfin, s'il est impossible de dégager la crépine de l'injection, ou
si une avarie dans le tuyau rend l'emploi de l'injection impossible, on peut encore faire fonctionner la condensation, en prenant l'injection dans la cale du navire, par le tuyau disposé à cet
effet. Mais alors il faut laisser arriver l'eau en quantité suffisante,
et pour cela non-seulement enlever les noyaux des robinets des
chauffeurs, mais encore celui de la pompe à bras ou du petit cheval, tout en laissant ouvert le robinet d'injection habituel. La
succion lente qui se produit alors peut parvenir à dégager la
crépine.

Si, par une circonstance quelconque, le robinet ou la vanne
d'injection ne pouvait pas se fermer, on devrait se rappeler qu'il
est possible de fermer la communication du condenseur avec la
mer, au moyen du robinet de sûreté placé en abord sur le tuyau
d'injection.

404. Les balanciers de l'*Eldorado*, qui furent complétement
cassés et dont la rupture passait par le centre, furent réparés au
moyen de deux tôles, épaisses de $0^m,012$, appliquées de chaque
côté, en dehors des flasques de chaque balancier. Ils furent préalablement placés sur des billots de bois, maintenant bien exactement les deux parties en présence l'une de l'autre ; des chaînes
les entourant dans le sens de leur longueur permirent, au moyen
de ridoirs, de bien rapprocher les parties. De nombreux boulons

à vis unissaient les plaques de tôle 1 et les flasques entre elles. Entre les flasques et entourant le noyau des coussinets du tourillon 2, on disposa deux forts tirants en fer plat 3, recourbés l'un au-dessus et l'autre au-dessous. Ces tirants, terminés par des oreilles boulonnées avec les croisillons qui séparaient les flasques, furent aussi liés à ces dernières par des boulons. Enfin on laissa les chaînes qui avaient servi à rapprocher les parties cassées, mais elles auraient pu être supprimées. Ces balanciers tinrent assez bien, mais sur la fin de la traversée ils commencèrent à prendre du jeu.

A bord de la frégate *le Canada*, sur laquelle j'étais second, on s'aperçut à temps de la fêlure du balancier intérieur de la machine de tribord. Les machines furent déconjuguées en démontant la grande bielle, et l'on gagna Lisbonne pour réparer la machine. Quoique la réparation ait été faite par un atelier de terre, comme l'avarie aurait pu être réparée à bord, nous dirons ce qu'on fit alors. La fêlure partait, comme l'indique la figure 9, des deux angles opposés de l'octogone formant le moyeu et se prolongeait en haut et en bas jusqu'à la nervure. Les moulures du moyeu furent burinées de manière à pouvoir recevoir des deux côtés du balancier une frette en fer forgé 1 ; elles furent chauffées au rouge clair dans un fourneau en briques installé sur le parquet de la machine. L'effet de la contraction du métal produisit un rapprochement tel, qu'il était impossible de voir les traces de la cassure après le refroidissement des frettes. Pour consolider encore le balancier, on ajouta deux forts tirants en fer 2, entourant le balancier dans sa longueur. Ces tirants étaient munis, à chaque extrémité, d'un embranchement à brides et à clavettes, semblable à celui des têtes de bielles ; ils furent tenus par des étriers passés dans chacune des fourches extrêmes du balancier. Deux espèces d'étais 3, en fonte, furent placés sous les tirants, pour éviter de donner à ces derniers la forme arrondie du contour du balancier.

Pl. XXII, fig. 9.

Le balancier ainsi réparé, le *Canada* put atteindre sans accidents sa destination, qui était Toulon.

405. M. Pâris cite, dans son *Catéchisme du mécanicien*, la réparation d'une menotte, à bord du *Castor*. Les deux parties, séparées par une cassure ayant la forme d'un Z, furent réunies au moyen d'un boulon rivé 1 ; on relia ensuite le palier d'articulation 2 à la grande bielle 3 au moyen de la bride 4 faite avec un

Avarie dans une bielle latérale ou menotte.
Pl. XXII, fig. 10.

rayon de rechange. Les boulons de serrage du palier servirent à fixer les oreilles de cette bride.

406. Un arbre de couche, fendu dans une partie autre que celles frottantes, peut toujours être plus ou moins bien consolidé, suivant la gravité de l'avarie. Une frette en deux pièces, dont les oreilles sont munies de boulons de serrage, peut renforcer la pièce à l'endroit fêlé. Si la fêlure était perpendiculaire à l'axe, il faudrait encastrer, dans le métal de l'arbre, des barres de fer forgé et réunir toutes ces barres à l'arbre, au moyen de plusieurs frettes.

Le vilebrequin de l'arbre de couche du *Tanger* se gerça à l'angle d'un des coudes formant manivelle ; la fêlure avait 18 millim. de profondeur et suivait la direction indiquée par la figure 11; cette gerçure ne compromettait pas, pour le moment du moins, la solidité de l'arbre, mais il était nécessaire de se prémunir contre les chocs et les secousses que l'on pouvait éprouver dans le mauvais temps. On entreprit donc la réparation à la mer.

On commença par encastrer dans le métal deux pièces d'ajustage en queue-d'aronde. Une frette en deux parties, ayant une épaisseur de $0^m,4$, une longueur suffisante pour entourer toute la manivelle et une largeur égale à celle de cette manivelle, fut posée à chaud ; les écrous des boulons, serrés à ce moment, forcèrent la frette à réagir, par sa contraction, sur le vilebrequin.

407. A bord de l'*Osiris*, l'une des manivelles eut une fente prenant le tiers du métal ; cette pièce fut démontée et portée à l'atelier, où elle reçut une frette à chaud, qui empêcha la fente d'augmenter. En général, il faut que la frette, qu'on emploie dans une circonstance semblable, ait en section une surface au moins égale à celle de la cassure.

408. Sur un navire en station au Sénégal on fit un chariot d'excentrique en bois dur, renforcé, de chaque côté, par une plaque de tôle; le contour fut garni d'une lame de cuivre, et le buttoir fut fixé au moyen de boulons traversant le tout.

409. A bord du *Laborieux*, alors que ce navire se trouvait dans une position où sa machine lui était indispensable, un serrage trop considérable des garnitures du tiroir fit partir le toc fixé sur l'arbre moteur. On remit le chariot à la place qu'il devait occuper pour la marche en avant et on le cala dans cette position au moyen de contre-clavettes engagées entre lui et l'arbre. On put ainsi continuer à marcher.

410. Deux des colonnes de la machine du *Castor* furent répa- Rupture d'un bâti.
rées en passant dans leur intérieur un fort boulon claveté en
dessous et portant un écrou à la partie supérieure. Ce travail fut
rendu facile par l'absence de plaque de fondation.

Dans le cas où il y aurait des plaques, il faudrait les percer au
moyen d'une longue mèche passant dans les colonnes brisées, si
toutefois les carlingues empêchaient de faire ce travail par en
dessous.

Quant aux autres parties du bâti qui ne sont pas creuses, on
répare leurs avaries en les liant par de fortes tôles ou par plusieurs
tôles rivées entre elles et tenues par des boulons traversant le
tout. On emploie aussi des cornières, des équerres et des frettes
suivant le lieu de la rupture.

411. Le poids des arbres et leur action et surtout la déforma- Palier cassé.
Pl. XXII, fig. 13.
tion des navires causent parfois la rupture des paliers. Supposons
le palier cassé comme le représente la fig. 13. Les deux parties sont
bien tenues encore par les boulons qui fixent le palier dans le
bas, mais le chapeau ne suffit plus pour les maintenir par le haut.
Dans ce cas, on peut employer le moyen donné par M. le contre-
amiral Pâris dans son *Catéchisme du mécanicien*. Il consiste en
une frette mise à chaud, et portant à ses deux petits côtés un
boulon à vis et à écrou de serrage, pressant sur les côtés extérieurs du palier.

Sur le *Phoque,* on employa à peu près ce moyen pour réparer
le chapeau d'un palier brisé, mais la frette n'avait pas les boulons taraudés dont nous avons parlé plus haut.

412. Un coussinet grippé se répare à la lime; s'il se présente Avaries dans un cous-
sinet.
des trous trop profonds, on les comble avec du métal antifriction
ou de l'étain. Mais, pour arriver au but que l'on cherche à atteindre, il faut bien décaper la pièce ; sans cette précaution, le métal
ou l'étain ne prendrait pas. Après cette opération, on polit à la
lime, de manière à ce que l'étain ne dépasse pas la surface du
coussinet, car il pourrait arriver que ce métal vînt se loger dans
les lumières et les boucher.

Si un coussinet est brisé, on peut le réparer par le moyen in- Pl. XXII, fig. 14.
diqué par la fig. 14. Sur les côtés et en dessous, on place des
pièces d'ajustage à queue-d'aronde; on met ses pièces à chaud,
pour que leur contraction fasse rapprocher les parties désunies;
une frette mise à chaud, si la place occupée par le coussinet le
permet, complète la réparation.

Dans le cas où il serait impossible de réparer un coussinet, et si l'on n'en possédait pas de rechange, on pourrait en faire un en bois dur, gaïac ou cormier ; il suffirait de lubrifier les parties frottantes avec de l'eau. Si on avait du métal antifriction, on pourrait garnir un coussinet en bois de chêne avec ce métal.

Avaries dans les tuyaux.

413. Au n° 324, nous avons déjà donné les moyens de réparer les fuites dans les différents tuyaux; nous ne parlerons donc ici que des cas plus graves.

Rupture d'un tuyau de décharge.

La rupture d'un tuyau de décharge cause presque toujours une voie d'eau considérable ; toute l'eau d'injection retirée du condenseur est en partie versée dans le navire, et de plus l'eau extérieure peut encore pénétrer, si le navire est à la bande ou si les mouvements de roulis sont un peu prononcés. Dans ce cas, il faut, avant tout, stopper la machine, fermer le diaphragme, la vanne, le clapet ou le robinet obturateur, et procéder à la réparation du tuyau. Si l'on se trouve dans la nécessité de marcher, sans avoir le temps de déconjuguer les machines ou sans que cette opération puisse avoir lieu, il faut fonctionner avec peu de vapeur et une faible injection.

Pendant ce temps, on fait agir la pompe de cale, le petit cheval ou la pompe à bras, et même les grandes pompes du navire, pour puiser l'eau versée par le tuyau de décharge. Si ces moyens ne suffisent pas pour empêcher l'eau de gagner, on peut encore prendre l'injection à la cale, et, aussitôt que la chose est possible, on procède à la réparation de l'avarie.

Des bandes de laine, recouvertes de céruse en pâte, peuvent servir à entourer la partie crevée; on met, au-dessus, des bandes de toile couvertes aussi de blanc de céruse, et enfin on consolide le tout par un garni en ligne. Si la rupture a lieu entre le diaphragme et le bord, on peut encore entourer toute cette partie de toiles à voiles goudronnées, clouées, d'un côté, sur la muraille du navire et, de l'autre, fortement souquées sur le tuyau au moyen d'une rousture en ligne. Du reste, il est impossible de prévoir tous les cas particuliers qui peuvent se présenter; l'expérience, dans ces circonstances difficiles pour un mécanicien, fait plus que toutes les théories possibles.

Rupture d'un tuyau d'injection ou d'un tuyau d'extraction.

Si cette avarie a lieu contre le bord, entre la muraille et les robinets de sûreté, il faut au plus tôt aveugler la voie d'eau, soit en entourant avec des tresses la partie avariée, soit en séparant tout à fait les deux parties cassées pour tamponner la prise d'eau. S'il s'agit d'une prise d'eau d'injection et qu'on soit forcé de la boucher, il faut avoir recours à l'injection avec l'eau de la cale. S'il s'agit d'une des branches du tuyau d'extraction, on fait passer l'eau à extraire des chaudières par l'autre branche, les tuyaux d'extraction portant des robinets qui permettent d'établir la communication avec la prise d'eau de tribord ou avec celle de bâbord.

414. Les avaries qui peuvent survenir dans les soupapes et les robinets sont presque toujours réparables avec les moyens du bord; mais alors il faut souvent suspendre le jeu de la machine pendant tout le temps de la réparation. Comme on peut être dans la nécessité absolue de se servir de l'appareil, nous allons indiquer comment le faire dans certaines circonstances particulières. Dans le cas d'un robinet d'injection qu'on ne peut fermer, il faut employer le robinet de sûreté et manœuvrer ce dernier comme le premier, c'est-à-dire le fermer plus ou moins pour diminuer ou augmenter l'injection, et le fermer tout à fait lorsque la machine est stoppée.

Si un robinet d'extraction ne peut se fermer, il faut aussitôt faire tourner celui de sûreté, qui ferme le tuyau près de la muraille du navire, car, sans cela, la chaudière se viderait indubitablement; c'est alors au moyen de ce robinet que se font les extractions. Si, au contraire, on ne peut ouvrir le robinet d'extraction et que les circonstances ne permettent pas d'éteindre la chaudière pour réparer cette avarie, on fait passer l'eau à extraire par la boîte alimentaire, en soulevant le poids de la soupape de retour ou par la pompe à quatre fins, par celle menée par le petit cheval, dont les robinets sont ouverts comme quand on veut vider l'une des chaudières. Dans tous les cas, on pourrait dévisser un peu les boulons d'une des portes de sel et produire une fuite artificielle donnant une extraction continue s'écoulant dans la cale.

Il arrive parfois que les soupapes à siége fonctionnent difficilement; cela vient de ce que le guide est trop juste dans sa douille : une fois soulevée, la soupape ne retombe plus sur son siége. Des saletés laissées par négligence dans la machine, entraînées par le mouvement de la vapeur ou celui de l'eau, peuvent aussi arrêter le jeu des soupapes; alors il faut démonter la partie du mécanisme qui les renferme, pour les visiter. Mais on peut être dans l'obligation d'employer la machine; dès lors il faut savoir dans quels cas ces avaries n'empêchent pas le travail de l'appareil. Si les soupapes de purge du condenseur ne laissent pas arriver la vapeur dans ce récipient, on peut, au moyen de la mise en train, ouvrir et fermer les orifices du cylindre, de manière à envoyer de la vapeur au condenseur et le purger. Un dérangement dans les soupapes alimentaires peut paralyser les pompes alimentaires : si une seule est avariée, comme l'autre peut, à la rigueur, suffire, on alimente les chaudières avec celle qui reste en bon état ; dans le cas contraire, l'alimentation se fait au moyen du petit cheval ou de la pompe à bras.

Mais, nous le répétons encore ici, la connaissance complète du tuyautage d'une machine, celle des nombreux robinets qui permettent d'établir ou d'interrompre les communications entre les différents tuyaux, donnent au mécanicien une très-grande facilité pour pouvoir remédier à une foule d'avaries dans le tuyautage, tout en mettant à sa disposition des ressources précieuses pour la conduite de la machine.

AVARIES DANS LE PROPULSEUR.

415. Les roues à aubes sont exposées à des avaries de détail qu'il est presque toujours possible de réparer avec les seuls moyens du bord et qui, du reste, pour la plupart, influent peu sur la marche de la machine et sur celle du navire. Des aubes brisées ou enlevées, des cercles courbés, des rayons cassés, quand les pièces brisées ne viennent pas arc-bouter contre le navire, ont peu de conséquences nuisibles. Si elles buttent et arrêtent la machine, il vaut mieux dégager le bois à la hache que de chercher à rendre les roues indépendantes de l'arbre de couche, opération bien longue et souvent impossible.

Mais si le navire est libre de ses mouvements, on doit stopper et réparer aussitôt les avaries. Si un tourteau (disque en fonte sur lequel les rayons sont fixés) est fendu ou cassé, on le frette, et on réunit les parties brisées ou fendues par des bandes de fer, des plaques de tôle boulonnées avec le tourteau. Les rayons ou les cercles cassés ou faussés sont redressés ou réparés à la forge, ou remplacés par ceux de rechange. Il en est de même pour les aubes brisées ou emportées : elles sont remplacées par celles de rechange ou par des planches coupées de longueur convenable. Du reste, il est à remarquer que l'absence de plusieurs aubes ne donne pas une diminution sensible dans la marche du navire ; elles occasionnent seulement une consommation plus grande de vapeur, la machine faisant plus de tours, et des irrégularités dans la vitesse. La perte d'une roue entière n'empêche même pas un navire à vapeur de manœuvrer facilement et ne lui retire guère qu'un tiers de la vitesse qu'il avait avec ses deux roues.

416. L'expérience a prouvé que le nombre des ailes d'une hélice n'influe pas d'une manière aussi sensible qu'on pourrait le croire sur la marche du navire. M. Ortolan cite le paquebot *le Jourdain*, qui, muni d'une hélice à deux branches, a accompli une assez longue traversée, après avoir perdu l'une des branches du propulseur. Le sillage ne fut diminué que du quart à peine; mais les secousses et les chocs qui résultèrent d'un tel état de choses compromirent plus d'une fois la solidité de la machine et celle des parties-arrière du navire.

Il est arrivé qu'on a pu remplacer une aile d'hélice, mais c'est un travail sinon impossible à bord, du moins inutile, en ce qu'il ne peut jamais présenter une solidité assez grande. Aussi, dans le cas où l'hélice peut être remontée, on remplacera celle avariée par celle de rechange. Dans le cas d'une hélice fixe, il faut garder celle avariée; on ne peut même penser à la démonter que dans un port qui possède un bassin, car il serait dangereux d'abattre en carène ou d'échouer un navire portant une machine.

417. Il en est de même pour les avaries dans le presse-étoupe de l'arbre de l'hélice; il est très-difficile d'aveugler la voie d'eau qu'elles peuvent produire, et il est presque impossible de fermer l'extérieur de manière à pouvoir travailler en dedans.

Pourtant, dans le cas où un navire serait à une grande distance d'un port à bassin, ou que la voie d'eau produite donnerait des craintes sérieuses, on pourrait employer le moyen dont on se sert à Toulon pour visiter les prises d'eau d'un bâtiment. Ce moyen consiste dans l'emploi de caisses en bois ouvertes par le haut et par un des côtés. Ce côté a la forme de la partie du navire sur laquelle il doit s'appliquer, et les bords, qui doivent être en contact avec les flancs du navire, sont garnis avec de vieilles couvertures de laine présentant une grande épaisseur. Cette caisse, disposée le long du bord, est conduite, au moyen de bras ou guides convenablement disposés, à la place qu'elle doit occuper.

Quand elle est bien à son poste, des palans ou des caliornes frappées sur les bras permettent de l'appliquer fortement contre le bord. Au moyen de pompes on vide l'eau contenue dans son intérieur, et bientôt la pression de l'eau extérieure, comprimant la caisse contre le bord, empêche les infiltrations. Dès que la caisse est complétement vidée, les ouvriers peuvent y descendre et travailler avec facilité à réparer ou à changer les prises d'eau. Il serait donc possible, dans certaines circonstances, de construire une caisse pouvant s'appliquer sur l'arrière du navire et donnant le moyen de réparer le presse-étoupe d'un arbre d'hélice. Mais alors il faudrait avoir le plan exact des formes de l'arrière du navire que l'on monte et beaucoup de détails de sa construction, qui manquent généralement dans les documents livrés aux bâtiments.

A bord des navires qui vont au loin, on embarque généralement un scaphandre; avec cet appareil il sera toujours facile de constater d'une manière certaine les avaries, si on ne peut les réparer.

UTILITÉ DE LA MACHINE
DANS LE CAS D'UNE VOIE D'EAU CONSIDÉRABLE
ET DANS UN INCENDIE.

Utilité de la machine dans le cas d'une voie d'eau considérable.

418. Dans les cas d'une voie d'eau considérable, la machine peut venir en aide à tous les moyens d'épuisement du bord, en prenant l'injection à la cale. Mais, pour employer ce moyen, il faut que la machine fonctionne, et il se présente des circonstances telles, qu'il y aurait augmentation du danger à mettre en marche. Alors on pourrait encore tirer un grand parti de la machine en agissant comme on le fit sur un navire anglais.

On coupa la crépine de l'injection à la cale pour faciliter l'entrée de l'eau dans le condenseur. Le condenseur plein de vapeur, on chargea la soupape de purge et l'on ouvrit l'injection à la cale; la vapeur se condensant, l'eau de la cale se précipita dans le condenseur. Alors on ferma l'injection et, laissant arriver de nouveau la vapeur dans le condenseur, on repoussa l'eau qui s'y trouvait dans la bâche et de là à la mer. Le condenseur vidé, on ferma l'arrivée de la vapeur pour ouvrir de nouveau l'injection, et le condenseur reçut une nouvelle charge d'eau, qui fut chassée au dehors comme la précédente. On fit ainsi, avec le condenseur, une véritable machine d'épuisement, ayant beaucoup de rapport avec celle de Savery.

Utilité de la machine dans un incendie.

Dans un incendie, en réduisant la vitesse autant que possible, pour donner moins d'activité au feu, on pourrait employer l'ex-

cès de vapeur à faire marcher le petit cheval, et envoyer de l'eau
là où il est nécessaire. On pourrait encore adopter une manche
sur le tuyau d'alimentation et surcharger la soupape de retour;
l'eau fournie par les pompes alimentaires pourrait alors être portée sur le lieu de l'incendie.

HISTORIQUE SUCCINCT

L'INVENTION DES MACHINES A VAPEUR.

---

419. Notre but, en mettant à la fin du cours de machines l'historique succinct des machines à vapeur, n'est pas de suivre pas à pas la marche du génie humain, et de rendre à chacun la part légitime qui lui est due dans cette œuvre de tant de générations, mais bien de montrer à grands traits les phases successives de l'application pratique de la vapeur à l'industrie.

L'antiquité ne nous a laissé que des résultats peu importants ; cependant les philosophes anciens connaissaient la puissance de l'eau passant à l'état de vapeur, puisque Aristote et Sénèque attribuaient les tremblements de terre à la transformation subite de l'eau en vapeur, et Héron d'Alexandrie, qui vivait 120 ans avant notre ère, a laissé l'éolipe rotatif, pl. VII, fig. 1, qui est arrivé jusqu'à nous, et dont on trouve l'application dans les mines de Schemmitz, comme moyen d'épuisement.

Ce n'est ensuite qu'à la renaissance qu'on retrouve la trace de ces questions, dont la solution fait la gloire de notre époque.

En 1543, Blasco de Garay eut l'idée d'appliquer la vapeur à la marche des vaisseaux.

On trouve la trace de son invention dans les archives de l'amirauté de Catalogne ; il y est dit qu'un navire de 200 tonneaux fut mis, par ordre de Charles-Quint, à sa disposition, qu'il y plaça une chaudière à l'intérieur et des espèces de roues de moulin à l'extérieur. Dans les expériences qui, du reste, n'eurent pas de suite, le navire fit 1 ou 2 lieues à l'heure.

En 1615, sous le règne de Louis XIII, Salomon de Caus, ingénieur français, né dans les environs de Dieppe, publia à Francfort un ouvrage intitulé, *Des raisons des forces mouvantes*, dans lequel on trouve le passage suivant :

« La violence de la vapeur qui cause l'eau de monter est pro-
« venue de ladite eau, laquelle vapeur sortira après que l'eau
« sera sortie par le robinet, avec grande violence. »

Et cet autre :

« L'eau montera par l'aide du feu plus haut que son niveau.

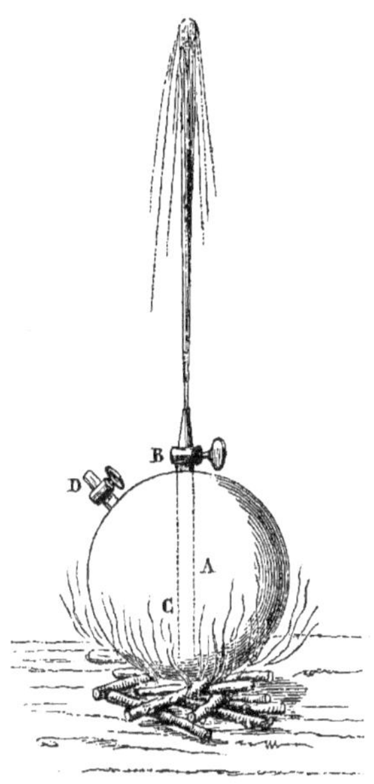

« Le troisième moyen de faire
« monter est par l'aide du feu
« dont il se peut faire diverses
« machines. J'en donnerai ici la
« démonstration d'une : soit une
« balle de cuivre marquée A,
« bien soudée tout à l'entour,
« à laquelle il y aura un soupi-
« rail D, par où l'on mettra l'eau,
« et aussi un tuyau marqué B C,
« qui sera soudé en haut de la
« balle, et le bout C approchera
« près du fond, sans y toucher ;
« après, faut emplir ladite balle
« d'eau par le soupirail, puis la
« bien reboucher et la mettre sur
« le feu ; alors la chaleur don-
« nant contre ladite balle fera
« remonter toute l'eau par le
« tuyau B C. »

Salomon de Caus, né en Nor-
mandie vers la fin du xviᵉ siècle, est mort paisiblement vers 1630, après avoir servi comme architecte et comme ingénieur en France, en Angleterre et dans le Palatinat.

Il n'a jamais été renfermé dans la maison de fous de Bicêtre, et n'a jamais inventé la machine à vapeur.

En 1663, vers la fin du règne de Charles **II**, le marquis de Worcester fit paraître un ouvrage intitulé, *A century of inven-
tions*. Au milieu d'une foule d'inventions décrites d'une manière très-obscure, et sans être accompagnées d'aucune figure, se trouve l'article concernant la soixante-huitième invention, article que certains auteurs anglais regardent comme établissant les droits de Worcester à l'invention de la première machine à feu. Quoique le parlement, sur la demande du marquis, lui ait accordé le pri-

vilége du monopole, on ne trouve aucune trace ni de ses expériences ni de son appareil.

Enfin, d'après M. Stuart, le plus important et le mieux renseigné des écrivains qui se sont occupés de l'histoire des machines à vapeur, Worcester n'a aucun titre sérieux pour être compté parmi les inventeurs des machines à vapeur.

C'est véritablement à Papin que commence une ère nouvelle; c'est de lui que nous allons voir successivement sortir la conception des organes de la plus importante des machines modernes.

Denis Papin, dont la France doit à juste titre s'enorgueillir, est né à Blois le 22 août 1647. Il exerça d'abord la médecine, comme l'avait fait son père, mais, entraîné par son goût pour la mécanique et la physique, il se livra complétement à ces sciences. En 1681 il publia, à Londres, un ouvrage intitulé, *A new digester or engine*, etc. Une traduction française de cet ouvrage parut à Paris en 1682 sous ce titre, *La manière d'amollir les os*, etc. On trouve dans l'une et l'autre édition la description d'une soupape ayant pour but de mesurer la pression de la vapeur dans une marmite cylindrique bien close, de manière à ne pas pousser la pression au delà du point nécessaire à la coction des substances soumises à l'action de la vapeur.

C'est cette même soupape, désignée depuis sous le nom de soupape de sûreté, qui fut appliquée par de Blois en 1705 aux machines à vapeur, pour prévenir l'explosion des chaudières, et qu'on retrouve aujourd'hui dans toutes les machines à vapeur sans exception.

Papin, frappé du fait de la pression atmosphérique, chercha à utiliser cette force, et se demanda s'il ne serait pas possible, par exemple, de la supprimer en dessous d'un piston étanche pouvant monter et descendre dans un cylindre, alors qu'elle agirait avec toute sa force au-dessus.

Il pensa d'abord à emprunter à une chute d'eau la force nécessaire pour faire mouvoir des pompes qui auraient fait le vide au-dessous du piston.

Dans l'application utile qu'il croit pouvoir donner à sa machine pour transporter au loin la force des rivières, on trouve la première idée des chemins atmosphériques.

N'arrivant pas au but qu'il voulait atteindre en faisant le vide sous son piston, il eut recours à la poudre à canon, qui ne lui donna pas de meilleurs résultats. Enfin l'idée vraiment lumineuse qui fait de Papin le véritable inventeur de la machine à vapeur, ce fut celle d'employer la vapeur pour produire le vide sous son piston. Certes, on savait, avant Papin, que l'eau passée à l'état de vapeur occupait un grand volume ; on trouve même dans un manuscrit du chevalier de Morland ce passage :

« L'eau étant évaporée par la force du feu, ses vapeurs deman-
« dent incontinent un plus grand espace (environ deux mille fois)
« que l'eau n'occupait auparavant, et, plutôt que d'être toujours
« emprisonnées, feraient crever une pièce de canon. »

Si l'on considère que le manuscrit dont nous parlons est de 1682, on sera étonné du volume qu'il donne à la vapeur comparé à celui du liquide qui l'a fournie.

Mais revenons à Denis Papin, et transcrivons textuellement quelques passages d'un mémoire qu'il publia d'abord en latin dans les actes de Leipzig, et qu'il traduisit en français en 1680.

« Nouvelle manière de produire à peu de frais des forces mouvantes
extrêmement grandes.

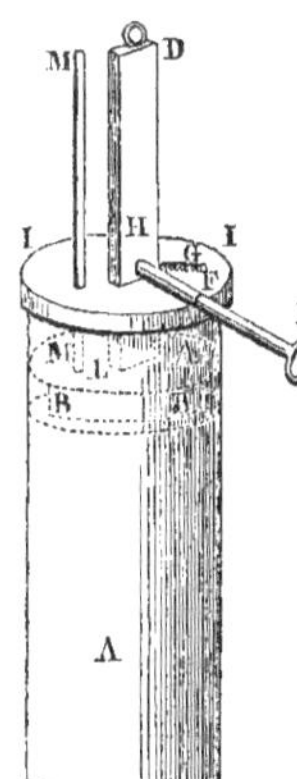

« A A est un tuyau égal d'un bout à l'autre, et bien fermé par en bas. B B est un piston ajouté à ce tuyau. D D est le manche attaché au piston. EE, une verge de fer qui peut se mouvoir autour d'une verge (point fixe) qui est en F. G, un ressort qui presse la verge de fer E E, en sorte qu'elle entre dans l'échancrure H sitôt que le piston, avec son manche, est élevé assez haut pour que ladite échancrure H paraisse au-dessus du couvercle II. L est un petit trou au piston par où l'air peut sortir du fond du tuyau A A, lorsque l'on y enfonce le piston pour la première fois.

« Pour se servir de cet instrument, on verse un peu d'eau dans le tuyau A A, jusqu'à la hauteur de 3 à 4 lignes ; on y fait ensuite entrer le piston, et on le pousse jusqu'au bas, en sorte que l'eau qui est au fond regorge par le tuyau L. Alors on ferme ledit trou avec la verge MM, et on y met le couvercle II, qui a autant de trous qu'il en faut pour entrer sans obstacle. Ayant ensuite mis un feu médiocre sous le tuyau A A, il s'échauffe fort vite,

parce qu'il n'est fait que d'une feuille de métal fort mince, et l'eau
qui est dedans, se changeant en vapeur, fait une pression si forte,
qu'elle surmonte le poids de l'atmosphère et pousse le piston BB
en haut, jusqu'à ce que l'échancrure H paraisse au-dessus du
couvercle I, et que la verge de fer EE y soit poussée par le ressort G, ce qui ne se fait pas sans bruit. Alors il faut incontinent
éloigner le feu, et les vapeurs, dans le tuyau, se condensent
bientôt en eau par le froid et laissent le tuyau absolument vide
d'air ; alors il n'y a qu'à tourner la verge E, autant qu'il est nécessaire, pour la faire sortir par l'échancrure H et laisser le piston en liberté descendre, et il arrivera que le piston est incontinent poussé en bas par tout le poids de l'atmosphère et produit
le mouvement qu'on veut, avec d'autant plus de force que le
diamètre du tuyau est plus grand. Et il ne faut pas douter que
l'air n'agisse sur ces tuyaux avec toute la force dont sa pesanteur
est capable, car j'ai vu par expérience que le piston, ayant été
élevé par la chaleur jusqu'au haut du tuyau AA, est ensuite
redescendu jusque tout au fond, et cela plusieurs fois de suite ;
en sorte qu'on ne saurait soupçonner qu'il y ait eu aucun air pour
le presser au-dessous et résister à sa descente. »

Voilà bien la description la plus claire, la plus méthodique de
la machine appelée plus tard machine atmosphérique. Jusqu'à
Papin, on a entrevu, il est vrai, les propriétés de la vapeur,
mais elle n'a pas été appliquée ; dans la machine que nous venons
de voir, elle agit dans un corps de pompe ou cylindre contre un
piston qui s'y meut à frottement doux, et alternativement de bas
en haut et de haut en bas.

Si le cadre que nous nous sommes tracé permettait de multiplier davantage les citations, nous verrions que notre compa-
triote connaissait parfaitement la cause physique de la force que
pouvait développer sa machine ; il avait même compris tout le
parti que l'on pouvait tirer de son application à l'industrie et à la
locomotion des navires.

Dans un petit volume publié en français à Cassel (1695) on
trouve l'ensemble des idées de Papin dont nous venons de parler.
Cet opuscule est intitulé , *Recueil de diverses pièces touchant quelques nouvelles machines.*

Au nombre des développements que donne l'auteur, il en est
deux qui méritent une attention particulière ; ils sont relatifs, l'un
au moyen d'obtenir une meilleure combustion que par les foyers
ordinaires, l'autre à la transformation du mouvement rectiligne

alternatif du piston en un mouvement circulaire continu pour des rames tournantes.

En résumé, Papin a imaginé la première machine à cylindre et à piston; il a vu, le premier, que l'action de la force élastique de la vapeur pouvait être combinée, dans une même machine à feu, avec la propriété dont cette vapeur jouit, et qu'il a signalée, « de se condenser si bien par le froid, qu'il ne lui reste plus aucune apparence de force de ressort. » Il a compris toute la portée du moteur universel qu'il a imaginé, et a explicitement indiqué la navigation à vapeur.

Le 25 juillet 1698, c'est-à-dire vingt-trois ans après la publication des *Raisons des forces mouvantes* de Salomon de Caus, et huit ans après l'insertion aux Actes de Leipzig de la machine de Papin, le capitaine Thomas Savery prend une patente pour la machine représentée ci-contre.

La vapeur est produite dans la chaudière B, surmontée de la

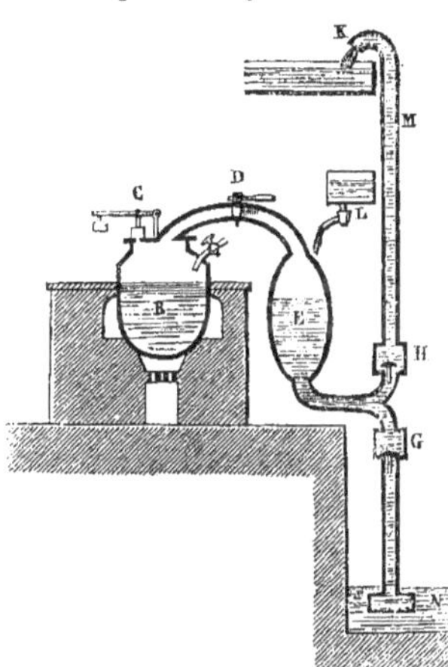

soupape de sûreté C. Le robinet D étant ouvert, la vapeur passe dans le réservoir E; elle presse l'eau qui s'y trouve contenue, ferme la soupape G, ouvre celle marquée H et refoule le liquide dans le tuyau M, et le fait sortir par l'orifice K. Quand le réservoir E est vide, le robinet D est fermé et un autre L est ouvert. Ce robinet laisse couler de l'eau froide sur le réservoir E; la vapeur qui s'y trouve se condense et produit le vide. Alors la soupape G se lève, sous l'action du liquide du réservoir N, poussé par la pression atmosphérique, et le réservoir E se remplit de nouveau. Alors, ouvrant le robinet D, le jeu de la machine recommence comme il a été dit plus haut.

Par le fait, Savery n'a fait qu'étendre l'idée du refroidissement de Papin, en le hâtant par un jet extérieur d'eau froide. Mais une justice incontestable à lui rendre, c'est qu'il est le premier à avoir construit un peu en grand une machine d'épuisement à feu, et certes c'était un problème difficile à résoudre avec le peu de ressources que présentait alors l'art de la chaudronnerie. La machine de Savery fonctionnait à 6 atmosphères, pour élever l'eau à 60 mètres ; par suite, la chaudière et les autres vases devaient avoir une grande résistance ; de plus, le contact de l'eau et de la vapeur, dans le réservoir E, occasionnait une perte considérable.

En 1707, Papin proposa, pour remédier à cette perte, un piston flottant, aussi imperméable que possible à la chaleur.

En 1711, Newcomen, forgeron, et Cowley, vitrier, tous deux habitants de Darmouth, dans le Devonshire, construisirent une machine plus perfectionnée que toutes celles qui avaient paru jusqu'alors ; ce fut la première qui rendit un véritable service à l'industrie.

Ils avaient connaissance des travaux de Papin et lui empruntèrent le piston se mouvant dans un cylindre ; ils condensèrent la vapeur, d'abord au moyen d'un jet d'eau tombant sur le cylindre extérieurement. Savery, qui condensait aussi avec l'eau froide, forma opposition à la demande qu'ils faisaient d'une patente et finit par s'associer avec eux. Le hasard les conduisit à reconnaître quel immense avantage il y aurait à injecter l'eau dans le cylindre même, et ils conduisirent le jet d'eau au-dessous du piston.

Nous avons déjà parlé de la machine de Newcomen, au n° 15 de ce cours, et elle est représentée pl. 1, fig. 1.

C'est à Newcomen et à Cowley que l'on doit les robinets-jauges. Un enfant, nommé Humphrey Potter, chargé d'ouvrir et de fermer les robinets qui donnaient accès à la vapeur dans le cylindre et à celle de l'eau d'injection, eut l'idée de disposer un système de ficelles et de morceaux de bois qui faisait ouvrir et fermer, par la machine elle-même, les robinets dont il était chargé. En 1718, Beighton perfectionna l'idée première de Potter, en attachant au balancier une tringle qui, à l'aide de deux chevilles horizontales, rencontrant les leviers des robinets, manœuvrait ces derniers.

Les machines de Newcomen se répandirent beaucoup, mais pendant cinquante ans on n'apporta aucun perfectionnement important à leur construction.

Cependant on trouve dans Leupold, mécanicien prussien, né en 1674 et mort en 1727, la description de la première machine à haute pression, avec double corps de piston et balancier.

A est la chaudière, B un robinet à quatre fins, servant à faire passer alternativement la vapeur de la chaudière dans un des cylindres et de ce cylindre dans l'atmosphère. Chaque piston a sa tige fixée à un balancier, dont l'autre extrémité porte la tige du piston d'une pompe foulante. Dans la position actuelle, la chau-

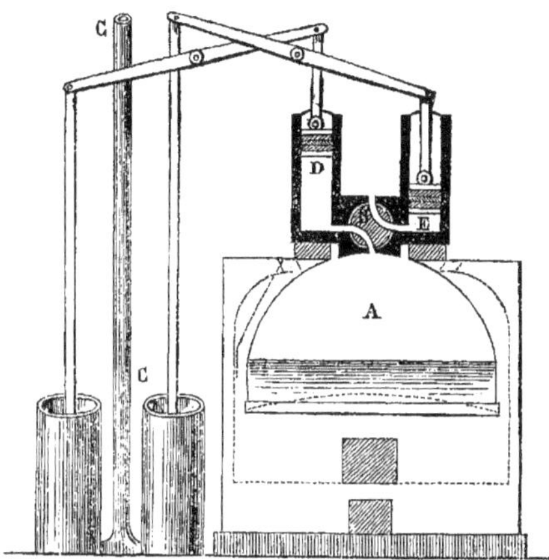

dière communique avec le cylindre de gauche, tandis que celui
de droite communique avec l'atmosphère; il s'ensuit que le piston D monte et que celui E descend sous l'action d'un contre-
poids fixé à la tige de son piston.

Papin a donné la description de cette machine en 1717 ; par
suite, on peut le regarder comme en étant l'inventeur. Il mit deux
pistons à simple effet pour éviter les boîtes à étoupes, que l'outillage d'alors ne permettait pas d'exécuter convenablement.

Jusqu'à l'arrivée de Watt nous n'avons à signaler aucune de ces
modifications radicales qui changent l'état d'une industrie. Cependant l'œuvre marchait, les intelligences travaillaient sans
cesse, et l'on peut citer Gensanne, Français, qui munit la machine
de Savery d'un régulateur ; le Portugais Moura, qui conçut dans
le même temps une ingénieuse disposition de balanciers ; Fitz-
Gerald chercha à transformer le mouvement rectiligne alternatif
du piston en un mouvement circulaire continu : Payne, en 1741,
Smeaton un peu après ; Brindley en 1759, et Louis Guillaume,
de Cambray, s'occupèrent sérieusement de la machine à vapeur
et cherchèrent surtout à diminuer la quantité considérable de
combustible dépensée dans les machines les mieux construites.

James Watt naquit, en 1736, à Greenock ; il fut d'abord ouvrier
opticien à Londres, mais sa mauvaise santé le ramena bientôt au
milieu des siens, à Glascow. Il tenta inutilement de s'établir ; il
n'avait pas un temps suffisant d'apprentissage pour obtenir la

maîtrise, et fut réduit à travailler pour l'université de Glascow, dont il réparait les instruments. En 1756 l'université de Glascow nommait Watt son ingénieur, lui accordait un local dans ses bâtiments et lui permettait d'y établir une boutique.

Watt se lia avec un jeune étudiant, à peu près de son âge, Robison, dont le nom devait aussi prendre rang parmi ceux des hommes célèbres. Ce fut lui qui le premier appela l'attention de Watt sur les machines à vapeur, en lui faisant entrevoir diverses applications possibles, entre autres de les employer pour faire tourner les roues des voitures.

Mais Robison abandonna ses projets et Watt lui-même n'eut pas le temps de s'en occuper. Ce ne fut qu'en 1763 que la réparation d'un modèle de machine de Newcomen les ramena aux machines à vapeur.

Un des vices principaux de la machine de Newcomen était, comme nous l'avons déjà dit au n° 15, une dépense considérable de combustible, pour fournir toute la vapeur employée seulement à réchauffer les parois du cylindre et du piston. Watt remédia à ce vice en produisant la condensation de la vapeur dans un vase autre que le cylindre ; il inventa donc le condenseur et la pompe à air. La machine à vapeur se compliquait, il est vrai, mais elle dépensait moins.

Quoique la condensation ne se fît plus dans l'intérieur du cylindre, le rayonnement faisait perdre beaucoup de chaleur à ce dernier ; aussi Watt entoura cet organe d'une seconde enveloppe ou chemise communiquant avec la chaudière. La vapeur qui arrivait continuellement entre la chemise et la paroi extérieure du cylindre maintenait ce dernier à une température élevée.

Toujours préoccupé de la chaleur perdue, Watt remarqua que l'on pouvait remplacer la pression de l'air qui venait, à chaque coup, refroidir le cylindre par la pression de la vapeur, et il fut ainsi conduit à sa machine à simple effet, dont nous avons parlé au n° 16, et à la machine à double effet décrite au n° 17.

Pour se former une idée du génie de Watt, il suffit d'énumérer ce qu'il nous a laissé et de voir combien peu nous avons perfectionné la machine à vapeur que nous lui devons.

L'idée de faire travailler la vapeur sans augmenter la dépense du combustible, ou mieux l'emploi de la détente, est de lui. Dans la patente qu'il prit pour sa machine à haute pression, on trouve ce passage : « Elle (la vapeur) agira seulement pendant le quart de cette course (celle du piston). »

« Ses recherches portèrent successivement sur tous les points
« qui semblaient pouvoir éclairer la théorie de la machine. Il
« détermina la quantité dont l'eau se dilate quand elle passe de
« l'état liquide à celui de vapeur ; la quantité d'eau qu'un poids
« donné de charbon peut vaporiser; la quantité de vapeur en
« poids que dépense, à chaque oscillation, une machine de New-
« comen de dimensions connues; la quantité d'eau froide qu'il
« faut injecter dans le cylindre, pour donner à l'oscillation des-
« cendante du piston une certaine force; enfin l'élasticité de la
« vapeur à différentes températures. » (ARAGO, *Éloge de Watt.*)

La machine à simple effet de Watt, qui ne dépensait que le
tiers du combustible consommé par les machines employées jusque-là, date de 1769. Watt fut d'abord associé au docteur Rœ-
buck, mais en 1773 ce dernier céda ses droits à Mathieu Bolton.
Watt et Bolton créèrent alors un établissement spécial pour la
construction des machines à vapeur, et c'est encore l'un des plus
célèbres d'Angleterre.

C'est vers cette époque que Watt prit une patente pour la machine à double effet.

Les chaînes qui servaient, dans la machine à simple effet, pour
transmettre le mouvement du piston, ne pouvaient plus être employées, puisqu'elles n'ont de pouvoir transmissif que dans le sens
de leur extension. Aussi Watt, après diverses tentatives, arriva à
la tige rigide et au parallélogramme qui porte son nom.

Il fallait encore transformer le mouvement rectiligne alternatif
du piston en un mouvement circulaire continu, si l'on voulait
voir la machine à vapeur employée par les différentes industries.
On avait sous les yeux la machine du rémouleur; mais ce qui est
le plus simple ne se voit pas toujours. Papin avait déjà travaillé
cette question et Watt continua; mais, au moment où il trouvait
la manivelle, un Anglais, Wahsbrough, de Bristol, proposa cette
manivelle et obtint une patente. C'est pour se soustraire à ce brevet que Watt imagina le système qu'il appela appareil planétaire,
qu'il abandonna aussitôt que le brevet de Washbrough fut
expiré.

Le modérateur à force centrifuge était connu avant Watt, mais
il fut appliqué aux machines à vapeur par lui.

Enfin l'on doit encore à ce grand homme l'indicateur dynamométrique, les moyens de calculer la puissance des machines en
se basant sur des données expérimentales, et les chaudières à
carneaux.

Quant à la substitution d'un tiroir aux soupapes qui servaient à la distribution de la vapeur, elle ne doit pas être attribuée à Watt, mais bien à Murrey, car ce fut lui qui, en 1801, inventa le mécanisme du tiroir et celui de l'excentrique.

Quoique le phénomène de la détente ait été observé par Watt, il en fit peu d'usage dans la pratique, et elle n'a véritablement été employée d'une manière complète que dans les machines à deux cylindres de Woolf, dont la patente date de 1804.

La première machine à haute pression et sans condensation ne fut exécutée qu'en 1802, par Trevithick et Vivian. Dans cette machine, la cheminée pénétrait dans la chaudière et s'y recourbait pour remplir la fonction de courants de flammes ; la distribution de la vapeur était faite par un robinet à quatre fins. L'évacuation se faisait dans l'atmosphère, mais le tuyau qui portait la vapeur inutile au dehors passait d'abord dans le réservoir d'eau destiné à l'alimentation, et débouchait dans la cheminée pour y produire un tirage forcé.

APPLICATION DE LA VAPEUR A LA NAVIGATION.

Parmi toutes les applications des machines à vapeur, la plus importante sans contredit, celle qui a changé les relations des peuples entre eux et contribué à les rapprocher, est l'emploi de la vapeur dans la locomotion, soit sur mer, soit sur terre.

Nous ne parlerons que de la première ; c'est, du reste, par elle que le progrès débuta.

Comme nous l'avons vu au commencement de cette partie, les premières tentatives de l'application de la vapeur à la machine des vaisseaux ont été faites en 1543, à Barcelonne. Ce ne fut qu'en 1695 que Papin reprit la question, et qu'il fit remarquer qu'un navire pouvait marcher à l'aide de palettes adaptées à l'extrémité d'un arbre tournant mû par plusieurs cylindres à vapeur agissant alternativement.

Mais ce ne fut que beaucoup plus tard qu'on fit des applications réelles de la vapeur à la marche des navires.

En laissant de côté les tentatives infructueuses de Jonathan Hull en 1737 et celles de Périer en 1775, nous arrivons aux travaux du marquis de Jouffroy. En 1781 il fit construire, sur la Saône, un navire à vapeur, long de 46 mètres et large de 4^m,50, portant deux machines. Mais les événements de 89 vinrent arrêter ces essais, qui devaient plus tard exercer une si grande influence sur l'humanité.

En Angleterre, de 1791 à 1801, Miller, lord Stanhope et Symineton font aussi de nombreuses tentatives qui restent aussi infructueuses.

Enfin, en 1803, Livingston et Fulton, Américains tous deux, proposent à Napoléon de faire des navires à vapeur pour la descente en Angleterre. L'essai qu'ils font sur la Seine ne semble pas satisfaisant, et ils retournent en Amérique découragés.

En 1807, seulement, paraît le premier bateau à vapeur qui ait véritablement été employé à faire un service quelconque. C'est Fulton qui le construisit pour faire le service entre New-York et Albany, sur l'Hudson.

Les Anglais n'eurent leur premier bateau à vapeur qu'en 1812 ; il fut construit à Glascow, sur la Clyde, et la France n'en posséda qu'en 1816.

Jusqu'en 1840, les roues à aubes furent le seul moyen de propulsion des navires ; le mouvement leur était donné par une machine fixe, à basse ou à haute pression, et par l'intermédiaire de manivelles.

On employa d'abord la machine à basse pression de Watt ; mais la hauteur du balancier, celle du centre de gravité de la machine mettaient l'appareil dans de mauvaises conditions, en l'exposant aux coups de mer. Aussi plaça-t-on le balancier au-dessous du cylindre et de l'arbre moteur ; puis enfin on mit deux balanciers, toujours en dessous de l'arbre, mais par le travers de la base du cylindre. Pour remédier aux points morts et, par suite, à l'irrégularité du travail de la machine, on plaça deux machines conjuguées sur l'arbre de roues ayant leurs manivelles à 90° l'une de l'autre.

Depuis 1840, des tentatives nombreuses ont été faites ; l'expérience aidant, on a pu simplifier la machine à balanciers. Nous devons à M. Cavé l'emploi des cylindres oscillants, agissant directement par la tige de leur piston sur les manivelles de l'arbre moteur.

On plaça aussi le cylindre directement au-dessous de l'arbre moteur ; par ce seul fait on supprima les balanciers, et l'on arriva aux machines à connexion directe.

Malgré tous ces perfectionnements, les roues à aubes entraînaient avec elles tant d'inconvénients, que la navigation au moyen de la vapeur était encore une question à résoudre au point de vue du navire de guerre surtout, dans lequel la machine et le propulseur doivent être à l'abri des boulets ennemis. Aussi la recherche d'un propulseur toujours immergé a préoccupé bien des intelligences, et l'idée d'appliquer la vis d'Archimède à la propulsion des navires remonte à une époque déjà reculée.

Du Quest, Français, en parla le premier en 1727, et c'est son idée que l'Anglais Paucton reproduisit en 1768.

En 1803, Thomas-Charles-Auguste Dallery, né le 4 septembre 1754, présente aussi l'hélice comme moyen de propulsion. Une commission académique, chargée de statuer sur les réclamations des descendants de Dallery, reconnaît ainsi ses droits :

« De l'examen auquel ils se sont livrés, il résulte pour vos com-
« missaires la preuve que, dès l'année 1803, M. Dallery avait
« proposé

« 1° L'emploi des chaudières à bouilleurs tubulaires verticaux
« communiquant avec un réservoir à vapeur ;

« 2° Celui de l'hélice immergée, comme moyen de propulsion
« et de direction pour les bâtiments à vapeur ;

« 3° Celui des mâts rentrants ;

« 4° Celui d'une hélice, comme moyen d'aspiration pour ac-
« tiver le tirage des foyers. »

En 1823, Delisle, capitaine du génie, s'occupe aussi de la propulsion des navires au moyen de l'hélice, et enfin Sauvage, en 1832, prend un brevet d'invention pour ce propulseur.

En 1836, Smith prend une patente, et ses idées sont mises à exécution par MM. John et G. Rennie, ingénieurs anglais.

Enfin, en 1838, Ericson modifie les systèmes de vis employés jusqu'alors, et prend aussi une patente.

On ne vit pas tout d'abord l'avenir de la navigation à la vapeur ; dans l'opinion générale, les navires à vapeur ne devaient jamais dépasser certaines dimensions, parce qu'ils ne pouvaient servir que de courriers ou de mouches dans les escadres.

Quand, en 1842, parurent nos frégates à vapeur de 450 chevaux, elles furent regardées comme la dernière limite que devaient jamais atteindre, comme grandeur, les navires à vapeur. Puis, malgré tous les avantages qu'on voulait bien leur donner, en cas de combat contre des navires à voiles, ce n'étaient pas des navires de guerre, car elles ne pouvaient pas prêter le travers sans exposer sérieusement leur machine et leurs roues, et le vaisseau à voiles resta la machine de guerre par excellence.

Ce n'est véritablement que depuis 1850, époque de l'apparition du vaisseau à vapeur *le Napoléon*, que l'on commença à bien comprendre le rôle que doit jouer le navire à vapeur dans les marines de guerre. Aujourd'hui tous nos vaisseaux sont à vapeur ; les uns ont été transformés, les autres ont été faits pour recevoir des machines, et déjà l'on entrevoit qu'ils peuvent être inutiles. Les batteries flottantes qui furent construites pour la guerre avec la Russie semblent pousser la marine de guerre dans une voie nouvelle. La gloire est un second pas en avant.

Tout d'abord, alors que l'on n'avait pour propulseur que les roues à aubes, les formes du navire à vapeur étaient si différentes de celles du navire à voiles, que les bâtiments à vapeur furent seulement à vapeur ; la mâture fut considérablement réduite et ne devait servir que dans le cas où la machine viendrait à manquer. Mais quand apparurent les navires à hélice, qui conservaient les mêmes formes que celles des navires à voiles, on pensa qu'il fallait, avant tout, pouvoir profiter de l'agitation de l'air, se réservant seulement, à son défaut, la possibilité de marcher à la vapeur. Les navires mixtes furent alors inventés. Aujourd'hui les opinions semblent se modifier encore ; le matériel et, par suite, les poids que comporte une mâture, les rechanges qu'elle entraîne, les dangers auxquels elle expose le navire à vapeur, sont des inconvénients tels pour un navire de guerre en présence de son ennemi, qu'on semble déjà admettre que bientôt la plus puissante machine de guerre marine sera un fort bardé de fer, muni de machines à vapeur puissantes pouvant le pousser avec rapidité et armé de canons rayés servis par des hommes qui seront en quelque sorte hors de l'atteinte des projectiles ennemis. Dès lors plus de mâture, mais bien des ponts nus, construits de telle sorte qu'ils soient à l'épreuve de la bombe même.

Cependant il ne faut rien préjuger, car les pas faits, chaque jour, dans le domaine de l'inconnu sont si rapides, qu'on ne peut savoir quel sentier l'esprit humain prendra ; mais nous devons toujours tenter de perfectionner ce que nous avons, et de ce côté le champ ouvert devant nous est vaste ; pour s'en convaincre, il suffit de voir quel parti la machine à vapeur tire de la force qu'elle reçoit. Dans la meilleure des chaudières, on utilise à peine la moitié de la chaleur développée par la combustion du charbon ; la meilleure des machines ne transmet guère que la moitié de la force qui lui arrive de la chaudière, c'est-à-dire le quart seulement de ce que pourrait produire la chaleur développée dans le fourneau; enfin la meilleure des hélices employées jusqu'à ce jour ne transmet, pour faire marcher le navire, que 50 pour 100 de la force qui lui arrive de la machine. On voit, par ce seul exposé, combien il reste de pas à franchir pour perfectionner la machine à vapeur, qui, en fin de compte, ne parvient à utiliser, pour la propulsion des navires à vapeur, que le huitième environ de la force que pourrait produire la chaleur développée par la combustion de la houille.

On pourrait opposer quelques résultats exceptionnels aux chiffres que nous venons de donner; mais ici nous parlons en général, et nous ne considérons le bâtiment que dans le cours de ses navigations et non pendant ses expériences.

Sans prétendre donner ici toutes les causes qui, dans nos machines, produisent une telle déperdition de la force primitive, nous appellerons l'attention des mécaniciens sur les principales.

Ainsi, dans les chaudières ou générateurs,

1° Tous les gaz produits de la combustion, qui pourraient donner beaucoup de chaleur utilisable, s'échappent sans avoir pu se combiner avec l'oxygène, qui n'arrive pas en assez grande quantité dans le fourneau;

2° Les surfaces qui entourent le corps comburant sont relativement froides et gênent la combustion;

3° La combustion et le chauffage, deux phénomènes parfaitement différents, se font dans le même lieu;

4° Les générateurs ne sont pas assez protégés contre les effets du rayonnement;

5° L'eau douce, provenant de la condensation de la vapeur qui a servi, ne retourne pas à la chaudière sans être mélangée avec l'eau de condensation;

6° L'eau d'alimentation n'arrive pas à une température assez élevée.

Pour la machine proprement dite,

1° Les conduites de vapeur sont trop contournées;

2° Les renvois employés pour transmettre la force expansive de la vapeur au propulseur sont trop nombreux;

3° Les organes de distribution de la vapeur et ceux destinés à produire la détente n'ouvrent pas et ne ferment pas instantanément; les ouvertures qu'ils laissent libres pour le passage de cette vapeur ne sont généralement pas assez grandes;

4° La condensation de la vapeur inutile est trop lente, l'eau d'injection n'arrive pas en assez grande quantité au commencement de la condensation, et elle remplit le condenseur sans utilité alors que la condensation est produite ;

5° Le travail de la pompe à air, toujours plus grand qu'il ne devrait être, est emprunté à la machine au lieu de l'être à la pression atmosphérique, toujours plus forte que celle restant dans le condenseur ;

6° Les pièces qui devraient rester chaudes se refroidissent par le rayonnement, et celles qui devraient rester froides s'échauffent. Pour les premières, il en résulte la perte de toute la vapeur employée à renouveler cette chaleur nécessaire ; pour les autres, des frottements, toujours nuisibles, sont la conséquence forcée d'une augmentation dans leur température.

Pour le propulseur,

On manque surtout d'un moyen pratique pour mesurer, dans toutes les circonstances, les utilisations de ceux que l'on emploie. Aussi chaque inventeur récuse les expériences faites pour juger son œuvre, et il a raison, car la théorie est impuissante, et les instruments d'observation sont ou laissés de côté ou à inventer.

L'hélice, appliquée en 1822 par Sauvage, n'a pas fait de grands progrès depuis son apparition ; pourtant bien des théories ont été produites sur elle, bien des essais ont été tentés ; on a fait varier séparément et simultanément tous les éléments de ce propulseur, et, en fin de compte, il a été impossible de conclure. C'est que tout restait dans le domaine des suppositions, des appréciations personnelles ; aucun instrument ne donnait encore des bases assez certaines pour pouvoir appuyer sûrement les calculs de déduction. Aujourd'hui il pourrait en être différemment ; l'hélicomètre de M. Taurines nous permet de faire des expériences sérieuses ; on est déjà entré dans cette voie, et bientôt nous en verrons les bons effets.

NOTES

COMPLÉTANT LES QUESTIONS DU NOUVEAU PROGRAMME
DES MÉCANICIENS.

Note 1.

Équilibre du cric.

Le cric est une machine qui sert à exercer des efforts considérables; il montre d'une manière palpable la vérité de ce principe
mécanique, qu'il ne faut jamais oublier :

Dans les machines, quelque parfaites qu'elles soient, on perd
en temps ce que l'on gagne en force, et réciproquement.

Le cric se compose ordinairement d'une tige en fer à dents,
nommée crémaillère, pouvant monter ou descendre dans un bloc
de bois. Sur les dents de cette crémaillère viennent prendre ou
s'engrener celles d'une petite roue appelée pignon, dont l'axe est
conduit par un bras de levier ou manivelle.

Pour connaître la loi d'équilibre de cette machine, nommons R
la résistance appliquée sur la crémaillère, P la puissance à exercer
sur l'extrémité de la manivelle, et, pour fixer les idées, admettons
que la longueur de la manivelle est dix fois celle du rayon du
pignon. La résistance R se transmettant, par l'effet des dents de
la crémaillère, sur celle des pignons, on rentre dans le cas d'un
levier du premier genre, ayant le bras de la résistance dix fois
plus petit que celui de la puissance (1er vol., n° 528), et les conditions d'équilibre seront

$$m'\,\mathrm{R} = m\,\mathrm{P},$$

m étant la longueur de la manivelle et m' celle du rayon du pignon.

II.

Remplaçant m' et m par leur valeur, on a

$$R = 10\,P \text{ ou } P = \frac{P}{10}.$$

Ainsi la force à produire à l'extrémité de la manivelle, pour faire équilibre à la résistance, ne sera que la dixième partie de cette dernière.

Souvent le pignon qui engrène avec la crémaillère porte sur son axe une roue dentée, avec laquelle vient engrener un second pignon que fait mouvoir directement la manivelle. Dans ce cas, la puissance du cric est beaucoup plus grande. Ainsi, supposons que la roue du pignon de la crémaillère porte quinze dents, le pignon de la manivelle n'en portant que 5, cette roue et ce pignon auront leurs rayons dans le même rapport, car les circonférences sont entre elles comme le nombre des dents (1er vol., n° 547); c'est donc, par le fait, l'action d'un nouveau levier dont les bras sont dans le rapport de 1 à 3. Si donc nous considérons le premier cric, auquel on ajoute la roue et le pignon dont il vient d'être question, on aura

$$R = 3 \times 10\,P, \text{ d'où } P = \frac{R}{30};$$

c'est-à-dire que, avec ce nouveau cric, la puissance qui fera équilibre à la résistance sera le trentième de cette dernière.

Note 2.

Principales précautions à prendre, en raison de la dilatation et de la contraction des métaux, dans la construction, le montage, la réparation et la conduite des machines.

Sous l'influence d'une augmentation de chaleur, tous les corps, avant de changer d'état, augmentent de volume; sous celle d'une diminution de chaleur, tous diminuent de volume; de plus, cette augmentation et cette diminution, ou mieux la dilatation et la contraction, sont différentes pour chaque espèce de corps.

Il faut donc nécessairement tenir compte des effets produits par la chaleur et de la différence de ces effets dans des métaux que l'on emploie.

Dans la construction des machines, les modèles des pièces à
fondre doivent être plus grands que ces pièces, et cette augmentation, dans toutes les dimensions, doit être le résultat de calculs
faits, en tenant compte de la dilatation de la fonte pour passer de
la température ordinaire à celle de sa fusion. Si l'on fait entrer
dans une même pièce deux métaux différents et que cette pièce
soit d'une certaine étendue, il faut tenir compte des effets particuliers que produiront sur ces deux métaux les variations de
température. Ainsi, supposons qu'il s'agisse d'une barre de fer de
1 mètre de long qui devra être recouverte de cuivre ; on voit, en
considérant la table V du premier volume, que, pour 1 degré
d'augmentation dans la température des barres, le fer l'allongera
de 1 millimètre et le cuivre de 2. Par suite, si ces barres sont
réunies d'une manière invariable, elles se courberont, le creux
du côté du fer pour une augmentation de température; s'il s'agit,
au contraire, d'une température plus basse que celle qui existait
lors de la réunion, le creux sera du côté du cuivre. Or il peut être
de la plus grande importance que ces barres restent droites ou
que leur surface reste plane; il faudra donc opérer leur réunion
de telle sorte, que celle qui se contracte et se dilate le plus puisse
le faire sans être gênée par l'autre. La même considération doit
guider lorsqu'il s'agit de pièces faites d'un même métal, mais susceptibles de recevoir des températures différentes ; enfin on doit
encore considérer la forme des pièces et leur volume, parce qu'ils
modifient les effets produits sur elles par la chaleur. Dans les
chaudières, les tirants qui soutiennent les parties intérieures sont
de différentes longueurs; par suite, la dilatation produit sur eux
des effets différents qui fatigueraient les parois et leurs points de
réunion avec ces parois. Il faut donc, là encore, tenir compte de
ces effets et laisser un certain jeu dans les points d'attache. Les
différences de dilatation produisent aussi de grands efforts sur les
tuyaux d'une machine, et les briseraient indubitablement si leurs
formes, leurs dispositions et le métal dont ils sont faits ne leur
permettaient pas de céder à ces efforts, « car à leurs extrémités,
dit M. le contre-amiral Pâris, ils sont fixes, et même, par leur
étendue, ils ne sauraient souvent varier d'angle et se gauchir; en
se dilatant, ils se fausseraient et se briseraient en se contractant,
s'ils n'avaient pas la facilité de plier ou de glisser; aussi faut-il
toujours qu'un tuyau soumis à des variations de température
comme tous ceux des machines à vapeur fasse des contours assez

grands ou soit assez long, s'il reçoit un autre tuyau par côté, pour plier facilement et sans forcer sur les collets. »

Dans le montage, il faut aussi tenir compte de la dilatation et de la contraction des métaux. Ainsi certaines pièces seront chauffées par la vapeur, et celles contre lesquelles elles buttent ou avec lesquelles elles sont unies ne le seront pas; ainsi donc, il faudra laisser un certain jeu entre elles ou les réunir de manière à permettre les effets de la chaleur de se produire. Sans ces précautions, ces attentions, les pièces peuvent se fausser ou se briser, et souvent il ne faut pas chercher d'autres causes à la rupture des pièces qui se fendent tout à coup.

Dans la réparation d'une machine, les considérations précédentes sont de la plus grande importance; en outre, on peut utiliser les efforts produits par la chaleur pour cette réparation même. La contraction étant une force que rien ne peut vaincre, on pourra l'employer à rapprocher, réunir ou consolider les pièces entre elles. Un cercle de fer mis à chaud sur une pièce serre cette dernière avec une énergie considérable; mais il faut que l'expérience ou, mieux, la théorie pratique vienne indiquer à l'ouvrier les dimensions qu'il doit donner à ce cercle, en tenant compte de l'espèce de métal qu'il emploie et de la grandeur du cercle qu'il doit faire; sans ces données, il est exposé à voir la frette ne pas produire sur la pièce l'effet qu'il attend, ou encore elle peut se briser avant son entier refroidissement.

Dans la conduite des machines, le maître mécanicien doit voir en quelque sorte les effets de la dilatation et de la contraction qui se produisent dans les différentes pièces; ce n'est qu'à cette condition qu'il pourra éviter les chocs et les échauffements. Dans nos appareils à hélice, dans lesquels la vitesse est si considérable, on doit toujours être en garde contre les effets produits par la chaleur, si l'on veut éviter des avaries souvent très-graves.

Note 3.

Calcul de la pression exercée sur une surface donnée; effort qui tend à déchirer un tuyau cylindrique dans le sens de sa longueur.

Si la surface est plane et que la force qui agit sur elle lui soit perpendiculaire, la pression exercée sur cette surface sera égale à l'énergie de la force par unité de surface, multipliée par la surface que l'on considère.

Ainsi, S représentant une surface quelconque et P la pression exercée sur l'unité de surface, S P donnera la pression sur la surface S.

Si la surface n'est pas perpendiculaire à la force ou si cette surface est courbe au lieu d'être plane, S' P représentera la pression exercée sur elle, S' étant la projection de la surface donnée sur un plan perpendiculaire à la direction de la force.

Si P représente la pression en centimètres de mercure, comme 76 centimètres font équilibre à la pression atmosphérique ou à $1^k,0330$, $\dfrac{1^k,0330}{76}$ donnera la pression de 1 centimètre de mercure

sur 1 centimètre carré de surface, et $\dfrac{1^k,0330}{76} \times P$ sera la pression exercée par la force que l'on considère sur chaque centimètre de surface. Nous appellerons cette dernière quantité π.

S'il s'agit d'un tuyau cylindrique ayant un diamètre D et une longueur L exprimés en centimètres (on le suppose partagé en deux par un plan passant par son axe), chacun de ces demi-cylindres sera poussé en sens contraire par une force $D \times L \times \pi$. $D \times L$ étant la surface de leurs projections sur un plan perpendiculaire à l'effet considéré,

$$2\,(D \times L \times \pi)$$

sera donc l'effort qui tend à déchirer un tuyau cylindrique.

Si E représente son épaisseur, A le coefficient de résistance de la matière par centimètre carré, coefficient déterminé par l'expérience et dont les valeurs pratiques sont d'environ

1,500 kilog. pour l'acier fondu,
  700   pour le fer forgé ordinaire,
  500   pour la fonte de fer,
  900   pour le bronze de canon,
  800   pour le cuivre rouge battu,
  400   pour le cuivre jaune,
   50   pour le plomb,

l'effort résistant qui s'oppose au déchirement du tuyau sera

$$2 \times A \times L \times E,$$

et, au moment de la rupture, on aura

$$2 \times A \times L \times E = 2 \times L \times D \times \pi,$$

ou

$$A \times E = D \times \pi.$$

Ainsi, pour les tuyaux d'un même métal, les épaisseurs doivent augmenter dans le rapport direct des pressions des diamètres.

Note 4.

Quantité d'eau froide nécessaire pour condenser un poids donné de vapeur.

Au n° 144 du second volume, nous avons vu que la formule qui servait dans ce cas était

$$P = \frac{p\,(537 + T - t')}{t' - t}.$$

Supposons des valeurs à la place des lettres :

p poids de la vapeur à condenser. . . . . $= 2^k,548,$

T température de la vapeur arrivant au condenseur. . . . . $= 118°,$

t température de l'eau d'injection. . . . . $= 12°,$

t' température du mélange après la condensation. $= 36°,$

la formule précédente devient

$$P = \frac{2^k,548\,(537 + 118° - 36°)}{36° - 12°} = 65^k,70;$$

par suite, la quantité d'eau à 12° nécessaire pour condenser $2^k,548$ de vapeur à 118° serait 66 litres environ.

Note 5.

Théorie du parallélogramme de Watt.

Pl. XVI, fig. 4.　Trois pièces A E, E H et B H, avec la portion A B du balancier, forment un parallélogramme dont les côtés sont articulés aux points de rencontre; par suite, ce parallélogramme peut changer de forme. Le balancier oscille autour du point O, et son extrémité B décrit l'arc de cercle B′ B B″; il en serait de même du point H si le parallélogramme A B H E ne se déformait pas; mais, puisque cette déformation a lieu, il se pourrait qu'on pût la diriger de manière à ce que le point H suivît uue ligne droite, et, par suite, attachant à ce point l'extrémité de la tige du piston, cette dernière serait maintenue dans l'axe du cylindre.

Watt est arrivé à ce résultat en observant que, si, pendant le mouvement du balancier, le point H suit une ligne droite, le point E décrit une ligne courbe qui se rapproche beaucoup d'un arc de cercle; si donc on force ce point E à suivre un arc de cercle, le point H suivra sensiblement une ligne droite. Ainsi donc, il suffit de chercher le centre de l'arc de cercle décrit par le point E et de joindre ce centre à ce point au moyen d'une tige ayant pour longueur le rayon de l'arc de cercle.

Note 6.

Inconvénients des tirants. — Des armatures.

1° L'eau dépose toujours, sur les tirants, des incrustations qui facilitent leur oxydation, et cette détérioration a surtout lieu près des points de réunion avec les parois de la chaudière; il en résulte que leur diamètre, successivement réduit, finit par être hors d'état de résister à la pression. La rupture d'un tirant reporte sur les voisins la pression qu'il supportait; ces derniers peuvent aussi se rompre, surtout s'ils sont déjà attaqués.

2° Le grand nombre de tirants nécessaires pour soutenir les surfaces considérables de nos chaudières, leur croisement dans tous les sens, rendent les travaux, dans l'intérieur de l'appareil, très-difficiles. Il est vrai que l'on peut séparer les tirants des parois des chaudières, mais cette opération est souvent plus difficile qu'on ne pense, les clavettes ou les boulons étant presque toujours rongés par la rouille.

3° La dilatation et la contraction dépendant de la longueur des pièces sur lesquelles agit la chaleur, et les tirants ayant des longueurs bien différentes, suivant la position qu'ils occupent.

ils fatiguent souvent les parois des chaudières et les soutiennent rarement d'une manière uniforme.

Ainsi on a pensé à les remplacer par des armatures en fer forgé ou en tôle. On consolide le dessus du fourneau de certaines locomotives au moyen d'une espèce d'arcade unie à la surface à soutenir par des boulons. Ces pièces ne font qu'appuyer par leurs deux extrémités sur la partie qui correspond à la réunion des côtés du foyer avec son ciel. Dans tout le reste de la longueur elles ne touchent la chaudière que là où doivent passer les boulons. Elles ont peu d'épaisseur et beaucoup de hauteur ; de cette manière elles ne gênent pas le dégagement de la vapeur, et surtout ne recouvrent qu'une petite partie de la surface qu'elles doivent consolider. Ce système paraît bien supérieur aux cornières que l'on met quelquefois ; ces dernières doublent l'épaisseur du métal partout où elles sont appliquées et, par suite, augmentent la difficulté que la chaleur éprouve à passer au travers du métal.

Note 7.

Calcul approximatif auquel doit résister un tirant dans une chaudière donnée.

Supposons d'abord que les tirants soient à $0^m,50$ de distance les uns des autres ; chacun d'eux supportera, à chacune de ses extrémités, une force équivalente à la pression de la vapeur sur un carré ayant $0^m,50$ de côté. Si la tension de la vapeur est de deux atmosphères, la pression exercée sera exprimée par

$$2^k,066 \times \overline{0^m,50}^2 = 2^k,066 \times 2500^{\text{cent. }2} = 5165^k.$$

Ainsi donc, chaque tirant aura à supporter, à chacune de ses extrémités, 5,165 kilogrammes ; ou bien encore, on peut le considérer comme portant, dans le sens de sa longueur, un poids de 10,330 kilogrammes.

Voyons si les 40 millimètres de côté donnés aux tirants des chaudières réglementaires suffisent pour supporter ce poids.

En se reportant à la note 3, on voit que le coefficient de résistance du fer forgé est, en nombre rond, 700 kilogrammes par centimètre carré de section transversale. Les tirants des chaudières réglementaires ont 0^m,04 de côté ; par suite, leur section transversale contient 16 centimètres carrés ; donc leur force de résistance est de

$$16 + 700^k = 12,000^k.$$

Et il faut remarquer que 700 kilogrammes que nous avons pris est au-dessous du nombre admis par M. Morin.

Note 8.

Précautions de toute espèce à prendre pour empêcher les voies d'eau par les nombreux trous percés dans la carène pour le service de l'appareil à vapeur.

1° Il faut empêcher l'eau extérieure de pénétrer à bord ou dans l'intérieur de la membrure par les trous qui donnent passage aux tuyaux. Pour cela, agir comme nous l'avons dit au n° 176 de ce volume.

2° Munir tous les tuyaux qui traversent la muraille d'un robinet, dit de sûreté, placé le plus près possible de cette muraille et solidement établi. C'est le seul moyen de pouvoir isoler de la mer un tuyau qui viendrait à se crever.

3° Sur le parcours du tuyautage, disposer des robinets en assez grand nombre pour pouvoir séparer, isoler des parties avariées, qui pourraient occasionner des voies d'eau ou des fuites.

4° Pendant le montage, alors qu'on place le tuyautage et les robinets de sûreté, on devrait faire tourner des cônes en bois dur, destinés à boucher les ouvertures faites dans la muraille, en cas de rupture des tuyaux. Ces cônes seraient saisis directement au-dessus du trou qu'ils doivent boucher, de manière à se trouver sous la main en cas de besoin.

5° Le moyen employé pour la fermeture du tuyau de décharge doit être soumis à une attention scrupuleuse, et l'on doit prévoir toutes les circonstances qui pourraient nuire à son action.

6° Mettre le plus possible de tuyautage au-dessus du parquet de la machine en vue des mécaniciens.

7° Écarter toutes les causes qui peuvent avarier les tuyaux.

8° Faire sur les robinets des marques visibles et faciles à reconnaître pour indiquer qu'ils sont fermés ou ouverts.

Note 9.

Dispositions qu'il faudrait prendre pour chauffer avec du bois.

En se reportant au n° 257, on voit que le charbon de terre, sous le même volume que le bois, donne cinq fois plus de chaleur que lui ; par suite, il fournit cinq fois plus de vapeur. Sous le même poids, la houille fournit deux fois plus de vapeur que le bois ; mais aussi, pour se consumer, 1 kilogramme de bois demande trois fois moins d'air que 1 kilogramme de charbon de terre.

D'après ces données, voyons quelles modifications il faudrait faire subir aux foyers, si l'on se trouvait dans la nécessité de brûler du bois au lieu de charbon de terre.

Pour produire la même quantité de vapeur, il faudrait brûler, dans le même temps, un volume de bois cinq fois plus grand, ou un poids deux fois plus grand : or le fourneau est trop peu élevé pour recevoir de 60 à 80 centimètres de bois au-dessus des grilles, il faudrait donc abaisser ces dernières d'environ 50 centimètres et, par suite, diminuer les cendriers d'autant ; seraient-ils alors assez grands pour laisser passer la quantité d'air nécessaire à la combustion du bois ?

On doit brûler dans le même temps deux fois plus de bois, mais il faut à ce combustible trois fois moins d'air qu'au charbon de terre ; les cendriers ne devraient donc être diminués que du tiers de leur hauteur environ, tandis que l'on sera conduit nécessairement à dépasser cette limite.

Mais on pourra rétablir les rapports qui doivent exister entre l'espace livré au passage de l'air et la quantité de combustible à brûler, en augmentant la distance qui sépare les barreaux les uns des autres. On supprimera, par exemple, un barreau sur trois.

Il ne faudrait pas croire qu'en agissant ainsi on n'augmente pas la quantité d'air qui vient entretenir la combustion, car la section des cendriers est toujours plus grande que l'espace libre laissé entre les barreaux d'une grille.

Note 10.

Précautions à prendre dans le service des machines avant et pendant le combat.

Avant le combat :

1° Mettre les chaudières dans le meilleur état possible pour fournir toute la vapeur qu'elles peuvent donner. Faire le plein et garnir les feux de celles qui ne sont pas en service ; faire jouer leurs soupapes d'arrêt et celles de sûreté. Visiter les manomètres ; disposer tous les instruments de chauffe de rechange et ceux nécessaires pour le ramonage et le changement des tubes ; avoir à portée du mastic au minium et au blanc de céruse, et tout ce qu'il faut pour faire du mastic de fonte.

Pour aveugler une fuite dans le tuyautage, avoir à sa disposition des bandes de toile, de laine, de la ligne, des plaques de plomb, de cuivre, de tôle, des tampons pour les tubes et d'autres pour les tuyaux.

Avoir sous la main toutes les clefs à douilles, placer tous les hommes à leurs postes respectifs, leur répéter ce qu'on attend de chacun d'eux en particulier. Emplir les fontaines d'huile, sortir du suif en assez grande quantité, de la fleur de soufre, de la plombagine et des boulons de toute espèce.

2° S'assurer que tous les organes de la machine fonctionnent bien, que rien ne peut venir empêcher son mouvement. Enlever les claires-voies des panneaux de la machine, et les remplacer par des filets, dont le but est d'empêcher les débris de tomber dans les mouvements, et de causer des avaries, toujours graves dans un semblable moment.

Avoir sous la main toutes les clefs, des marteaux, des balanciers, etc. S'assurer que toutes les pièces de rechange, tout en restant à leurs places, peuvent être retirées en peu de temps. Disposer des palans, des crics, des leviers dans les endroits convenables pour atteindre les pièces difficiles à manier.

Rappeler aux hommes leurs devoirs et les postes qu'ils devraient occuper s'il y avait des blessés.

Toutes les pompes de la machine qui pourraient servir en cas d'incendie doivent être disposées ; tous les moyens de donner de l'eau en grande quantité doivent être prévus ; ils sont souvent particuliers aux machines et ne peuvent être indiqués. Écarter des mouvements tout ce qui pourrait tomber dans les machines, voir si tous les instruments et les outils qu'il faut avoir sous la main sont bien saisis.

L'homme chargé du magasin doit être prêt à fournir tout ce qui serait nécessaire. Garnir toutes les lampes pour pouvoir éclairer la machine, dans le cas où les ouvertures qui lui donnent du jour seraient obstruées par les débris des voiles et de la mâture. Renouveler l'huile des godets, avoir sous la main des mèches de rechange coupées de longueur, et des fils de fer pour les introduire. Lubrifier avec excès toutes les parties, s'assurer avec le plus grand soin qu'aucune articulation ne s'échauffe, faire disparaître les chocs.

Enfin mettre la machine dans les meilleures conditions possibles, pour qu'elle puisse fournir toute la force qu'on peut attendre d'elle.

3° Visiter toute la ligne d'arbre ; s'assurer que rien ne peut s'engorger entre les cloisons et les différentes parties de l'arbre, visiter le propulseur. S'il s'agit de roues à aubes, avoir dans les jardins des aubes de rechange. Si le navire est à hélice, et que le propulseur soit à démonter, avoir les apparaux disposés ; s'assurer que l'hélice de rechange pourrait être facilement retirée de l'endroit qu'elle occupe. Mettre les palans sur la cheminée pour la soutenir dans le cas où les haubans viendraient à être coupés. Avoir sur le pont, près de la cheminée, des tranches et des masses, pour pouvoir couper le tuyau d'évacuation, si, par la chute d'un mât ou d'une vergue, la chaudière venait à être écrasée ; si la cheminée est à tubes de longue-vue, ne pas la laisser sur les chaînes des treuils, parce qu'elles pourraient être coupées ou cassées ; la saisir dans sa position. Disposer un plateau de bois, garni de toile goudronnée et de suif, pour boucher extérieurement le tuyau de décharge dans le cas où, étant au-dessus de la flottaison, il viendrait à être brisé intérieurement.

Avoir des planches ayant exactement la forme des orifices du cylindre, pour pouvoir les boucher s'il fallait transformer la machine en machine à simple effet. Aviser un moyen pour marcher sans condensation, si la pompe à air ou les organes d'injection venaient à manquer.

Pendant le combat :

1° Régler les feux de manière à ne marcher qu'à la vitesse ordonnée. Le moins possible laisser échapper la vapeur par le tuyau d'évacuation, le bruit qu'elle fait nuisant à l'exécution des ordres pendant le combat. Être toujours prêt à fournir plus de vapeur s'il le fallait.

Tous les hommes conserveront leurs postes particuliers, concentrant leur attention sur les organes dont ils sont chargés. Attentifs à tous les bruits, les yeux dirigés sur le maître mécanicien, ils se tiennent prêts à exécuter instantanément ses ordres. Dans un moment aussi grave qu'un combat, alors que l'honneur du pavillon est en jeu, les mécaniciens doivent être pénétrés de leurs devoirs et bien comprendre que la machine qu'ils sont chargés de conduire est un des éléments du succès. C'est à elle que l'on demandera ce que l'on réclamait du vent autrefois ; c'est elle qui fera exécuter au navire ses mille feintes par lesquelles on cherche à tromper son ennemi ; c'est elle qui le sortira du combat, qui l'y ramènera. Réduit à ses voiles, un navire de guerre serait aussi impuissant qu'un fort en bois placé sur un rocher qui peut être tourné et approché de tous côtés.

2° Être préparé à tout changement de marche, aussi ne pas avoir de détente variable. Écouter avec attention les ordres donnés dans le porte-voix, et les exécuter immédiatement et sans indécision. Le commandant seul est responsable de la gravité des mesures qu'il ordonne ; pendant le combat on doit non-seulement obéir avec la plus grande promptitude, mais encore chercher tout ce qui peut compléter, rendre plus profitable la mesure prescrite.

En cas d'avaries, adopter immédiatement et utiliser tout moyen qui permet de continuer à se servir de la machine. S'il faut, de toute nécessité, remplacer une pièce, prendre les ordres du commandant et en même temps faire tout disposer pour faire la réparation. Le maître mécanicien ne doit jamais oublier que l'ordre est le premier de tous les moyens pour arriver à la réparation d'un navire dans les circonstances ordinaires, à plus forte raison pendant le combat.

Note 11.

Détermination de la force effective d'une machine.

Soient D, le diamètre des pistons exprimé en mètres ;
      C, la course des pistons   *id.*

Soient N, le nombre de coups par minute ;

P, la pression exprimée en centimètres de mercure et donnée par l'indicateur.

On sait que l'effort exercé par une pression de 76 centimètres de mercure (atmosphère) est égal à 10,330 kilogrammes par mètre carré.

Chaque centimètre de mercure représente donc une pression en kilogrammes égale à $\dfrac{10,330}{76}$ par mètre carré de surface.

La quantité de travail développée sur chaque piston sera, pour chaque coup, exprimée par sa surface $\left(\dfrac{\pi\,D^2}{4}\right)$ multipliée par l'effort supporté $\left(P + \dfrac{10,330}{76}\right)$ et par l'espace parcouru, aller et retour (2 C). Pour un nombre de coups de piston N par minute, ou $\dfrac{N}{60}$ par seconde, on aura une quantité de travail de

$$F = \frac{\pi\,D^2}{4} \times P \times \frac{10,330}{76} \times 2 \times C \times \frac{N}{60}.$$

Remplaçant π par sa valeur et changeant l'ordre des facteurs, on obtient

$$F = \frac{3,1415}{4} \times \frac{10,330}{76} \times 2 \times \frac{1}{60} \times D^2 C N P.$$

Effectuant les calculs, on trouve pour chaque piston $\dfrac{7,117}{2} +$ D²C N P ; et, s'il y a un nombre de cylindres A, la force totale développée par l'appareil sera en kilogrammètres :

$$F' = A \times \frac{7,117}{2} \times D^2 C N P.$$

Note 12.

Mesure approximative de l'effort exercé sur le palier de buttée, quand on connaît la puissance de la machine et la vitesse du bâtiment.

Soient F, la force en kilogrammètres développée par la machine ;

v, la vitesse du bâtiment en mètres par seconde ;

V,   *id.*   en nœuds à l'heure ;

B^2, la surface plongée du maître-couple (donnée par le devis).

On veut savoir quel est l'effort sur le palier de buttée.

Cet effort est sensiblement égal à la vitesse du bâtiment π.

$$\pi = K\ B^2\ v^2.$$

K étant le coefficient de résistance élémentaire, c'est-à-dire la résistance du mètre carré de la surface du maître-couple à la vitesse de 1 mètre par seconde,

Quelle est la valeur de ce coefficient pour le bâtiment en question ?

La résistance du navire étant exprimée par $K\ B^2\ v^2$, le travail résistant le sera par $K\ B^2\ v^3$.

On a fait de nombreuses comparaisons entre le rapport de ce travail résistant $K\ B^2\ v^3$ et la force F développée par le piston.

Le rapport $\dfrac{K\ B^2\ v^3}{F} = K\,u$ est ce qu'on nomme l'utilisation du navire.

L'examen des différents chiffres ainsi obtenus a conduit M. Leboulleur à admettre que ces valeurs de $K\,u$ sont sensiblement égales pour des bâtiments de différentes grandeurs, mais établis dans de bonnes conditions (consulter à cet égard l'hélice propulsive de M. le contre-amiral Pàris, p. 504 et suiv.).

Or, pour le *Napoléon*, on a trouvé $K = 3,5$ et $u = 0,172$, d'où l'on tire $K\,u = 0,60$. Si nous admettons, comme première approximation, la loi de M. Leboulleur, nous aurons

$$\frac{K\ B^2\ v^3}{F} = K\,u = 0,60.$$

Ce qui permet de connaître la valeur du coefficient K pour un navire quelconque, et même d'avoir immédiatement la valeur de

$$\pi = K\ B^2 v^2 = \frac{0,6 \times F}{v}.$$

De là cette règle pratique : *La force exercée sur le palier de buttée peut être considérée comme égale aux* **6** *dixièmes de la force développée sur les pistons, divisée par la vitesse du bâtiment, exprimée en mètres par seconde.*

Pour rapporter cet effort de poussée à la vitesse V en nœuds à l'heure et à la force de la machine F' exprimée en chevaux de 75 kilogrammètres, il faut observer que

$$v = \frac{V}{1,944} \text{ et que } F = 75 \, F', \text{ d'où l'on a, pour } \pi,$$

$$\pi = \frac{0,6 \times 75 \times 1,944 \times F'}{V} = \frac{8,75 \, F'}{V}.$$

Ainsi on pourrait encore tirer cette nouvelle règle : *Sur un navire quelconque à hélice, l'effort de poussée exercé sur le palier de buttée est égal à environ neuf fois la force de la machine exprimée en chevaux-vapeur de 75 kilogrammètres, divisée par la vitesse du bâtiment en nœuds à l'heure.*

Note 13.

Mesure approximative du travail de la pompe à air.

D représentant le diamètre du piston en mètres,
C la course de ce piston en mètres aussi,
N le nombre des coups par minute,
P la pression exprimée en centimètres d'eau,
on sait que l'effort exercé par une pression de 1,000 centimètres d'eau (10 mètres, hauteur de la colonne d'eau faisant équilibre à la pression atmosphérique) est égal à 10,330 kilogrammes par mètre carré.

Chaque centimètre d'eau représentera donc une pression en kilogrammes égale à $\frac{10,330}{1,000}$ ou $10^k,33$ par mètre carré.

H étant la hauteur verticale en centimètres qui existe entre le dessus du piston de la pompe à air à moitié course (si elle est verticale), ou le centre de ce piston (si elle est horizontale) et le niveau de la flottaison (si le tuyau de décharge aboutit au-dessous de l'eau), ou la partie inférieure de l'orifice du tuyau de décharge (si ce dernier débouche au-dessus de l'eau),

$$H \times 10^k,33$$

exprimera l'effort exercé sur chaque mètre carré du piston de la pompe à air par le liquide qu'il doit soulever. D'un autre côté, il faut tenir compte d'une partie de la pression atmosphérique qui pèse sur le piston ; nous disons une partie de la pression atmosphérique, parce qu'il existe toujours une certaine pression dans le condenseur et, par suite, du côté du piston qui communique avec cet organe. Ainsi donc, $\dfrac{10,330}{76}$ représentant la pression en kilogrammes de chaque centimètre de mercure par mètre carré et P' étant la pression intérieure du condenseur en centimètres de mercure,

$$\dfrac{10,330}{76} \times (76 - P')$$

exprimera l'effort exercé sur chaque mètre carré de surface du piston de la pompe à air par la portion de la pression atmosphérique.

La quantité de travail absorbée pour chaque coup de la pompe à air sera exprimée par sa surface $\left(\dfrac{\pi D^2}{4}\right)$, multipliée par le poids de l'eau à soulever $(H \times 10^k,30)$, plus sa surface multipliée par la portion de la pression atmosphérique qu'il doit soulever $\left(\dfrac{10,330}{76} \times (76 - P')\right)$, la somme de ces deux quantités multipliée par l'espace parcouru, aller et retour $(2\,C)$ si la pompe est à double effet, et aller seulement (C) si la pompe est à simple effet. Pour un nombre de coups de piston N par minute ou $\dfrac{N}{60}$ par seconde, on aura une quantité de travail exprimée par les deux formules suivantes :

$$F = \left(\frac{\pi D^2}{4} \times H \times 10^k,33 + \frac{\pi D^2}{4} \times \frac{10,330}{76} \times (76 - P')\right)$$
$$\times \frac{2\,C\,N}{60}$$

pour les pompes à air à double effet, et, pour celles à simple effet,

$$F' = \left(\frac{\pi D^2}{4} \times H \times 10^k,33 + \frac{\pi D^2}{4} \times \frac{10,330}{76} \times (76 - P')\right)$$
$$\times \frac{C\,N}{60} ;$$

remplaçant, dans ces deux formules, π par sa valeur et effectuant

II.

une partie des calculs, on arrivera aux deux expressions suivantes :

$$F = 0{,}026\ D^2\ C\ N\ \left(H + \frac{10{,}330 \times 76 - 10{,}330 \times P'}{76} \right),$$

$$F' = 0{,}013\ D^2\ C\ N\ \left(H + \frac{10{,}330 \times 76 - 10{,}330 \times P'}{76} \right).$$

Note 14.

Avaries dans les organes d'alimentation.

Si une des pompes alimentaires est hors de service, on doit se
rappeler que chacune d'elles (car chaque machine a la sienne) est
calculée de manière à pouvoir fournir deux machines; si enfin
toutes les pompes alimentaires sont hors de service, on a la ressource du petit cheval, qui peut alimenter les chaudières avec
l'eau de la mer. Mais alors l'introduction de l'eau froide dans le
générateur fait perdre beaucoup de chaleur, et il serait à désirer
que la machine auxiliaire prît l'eau d'alimentation à la bâche ; il
faudrait un tuyau de plus il est vrai, mais les avantages réels
qu'on en retirerait pour la conduite de la machine compenseraient
largement cet inconvénient. Quant aux avaries qui peuvent survenir dans les tuyaux d'alimentation, elles se réparent comme
celles des autres tuyaux de la machine; il en est de même pour
les soupapes ou les robinets d'alimentation.

Note 15.

Changer un boulon d'entretoise.

Un boulon d'entretoise venant à manquer, on le remplace par
un de rechange, en le faisant passer dans le cylindre en tôle qu'il
doit traverser; mais il y a certaines précautions à prendre pour
ne pas laisser tomber le cylindre au fond de la chaudière. Ainsi,
en sortant le boulon à changer, on le fait suivre par celui qui
doit le remplacer, s'il n'y a aucun inconvénient à mettre la tête
d'un côté ou de l'autre. Dans le cas contraire, on met une broche

de fer à la place du boulon retiré, et l'on passe ensuite celui de rechange dans le sens convenable.

Si le cylindre tombe au fond de la chaudière, le plus souvent on peut l'atteindre et le sortir par une des portes de sel ; on fait ensuite passer par un des trous de la chaudière destiné au boulon une ficelle terminée par un petit poids ; ce poids tombe facilement au fond de la chaudière, d'où on le retire comme on l'a fait pour le cylindre. Il suffit alors d'attacher le cylindre sur la ficelle et de tirer sur son autre extrémité ; on parvient ainsi, plus ou moins vite, à remettre le cylindre en place. Quand le tour des trous est rongé par la rouille, il faut souvent mettre des rondelles d'un certain diamètre et enduites de minium entre la tête et l'écrou du boulon et la tôle de la chaudière.

Note 16.

Calcul approximatif du nombre de mètres cubes de vapeur à la pression atmosphérique qui peut sortir d'une chaudière donnée en cas d'explosion ou de déchirement.

En considérant d'abord la vapeur contenue dans le réservoir de vapeur, on sait qu'elle occupera d'autant plus de place à sa sortie, que sa pression sera plus grande, comparée à celle de l'atmosphère (loi de Mariotte).

Ainsi, sa pression étant, au moment de l'explosion, de A atmosphères, et N représentant le nombre de mètres cubes de cette vapeur, A N sera le nombre de mètres cubes de vapeur à une atmosphère.

S'il s'agit d'une chaudière réglementaire de 100 chevaux de force, contenant 12,000 litres de vapeur et 12,200 litres d'eau (nº 96), et qu'elle éclate sous une pression de 3 atmosphères, les 12 mètres cubes de vapeur qu'elle contient occuperont, à leur sortie, trois fois plus de place, par suite 36 mètres cubes.

D'un autre côté, il se produit une immense quantité de vapeur par la chaleur continue dans le liquide. Ainsi, dans le cas qui nous occupe, l'eau de la chaudière, au moment de l'explosion, est à 135 degrés ; elle a donc 35 degrés de plus que l'eau produisant de la vapeur à la pression atmosphérique. Si tout cet excès de chaleur était employé à produire de la vapeur, on aurait 35 calories par kilogramme d'eau, par suite les 27,000 calories disponibles dans l'eau de la chaudière. Ce nombre, divisé par 537, quantité de calories nécessaire pour la transformation de 1 kilogramme d'eau à 100 degrés à l'état de vapeur, donne 795 kilogrammes de vapeur ; chaque kilogramme de vapeur à 100 degrés contenant 1,700 litres, on trouve que ces 795 kilogrammes occuperaient 1,351,500 litres ou 1,351 mètres cubes. Il est impossible de pouvoir déterminer d'une manière positive quelle est la fraction de la chaleur en excès dans l'eau de la chaudière qui est employée à la formation de la vapeur ; mais on peut juger que cette source est considérable et que le contenu du réservoir de vapeur ne joue qu'un rôle bien secondaire comme espace occupé.

Note 17.

Épreuve des chaudières en service.

Au n° 320 nous avons déjà parlé des épreuves que l'on fait subir aux chaudières en service ; nous ne ferons donc que rappeler ce que nous avons dit.

D'après une décision ministérielle du 29 septembre 1853, toute chaudière marine en service d'un navire armé sera essayée au moins une fois l'an. Pour les chaudières tubulaires, l'expérience se fait à une pression supérieure de moitié à celle indiquée par la charge des soupapes ; pour les chaudières à carneaux, à une pression égale.

L'épreuve doit être faite tous les deux ans (par les soins du service des bâtiments à vapeur) sur les navires en réserve ou en commission.

Les essais après réparation ont lieu dans les mêmes conditions que dans les essais périodiques.

D'après une décision du 16 janvier 1860, le temps durant lequel la pression double doit être maintenue dans les appareils soumis à des essais à l'eau froide est fixé à 5 minutes.

Enfin une décision du 3 novembre 1859 porte à $1^k,75$ par centimètre carré de surface la charge des soupapes de sûreté des nouvelles chaudières.

TABLEAU Nº I.

Nombres, circonférences, carrés, cubes, racines.

NOMBRES.	CIRCONFÉRENCE.	SURFACE.	CARRÉ.	CUBE.	RACINE carrée.	RACINE cubique.
1	3,14	0,78	1	1	1,000	1,000
2	6,28	3,14	4	8	1,414	1,259
3	9,42	7,07	9	27	1,732	1,442
4	12,57	12,57	16	64	2,000	1,549
5	15,71	18,63	25	125	2,236	1,709
6	18,85	28,27	36	216	2,449	1,817
7	21,99	38,48	49	343	2,645	1,912
8	25,13	50,26	64	512	2,828	2,000
9	28,27	63,61	81	729	3,000	2,080
10	31,41	78,54	100	1000	3,162	2,154
11	34,55	95,03	121	1331	3,316	2,2 3
12	37,69	113,00	144	1728	3,415	2,289
13	40,84	132,73	169	2197	3,609	2,351
14	43,98	153,93	196	2744	3,741	2,410
15	47,12	173,71	295	3375	3,872	2,466
16	50,26	201,06	256	4096	4,000	2,519
17	53,48	226,98	289	4913	4,123	2,571
18	56,54	254,46	324	5832	4,242	2,620
19	59,69	283,52	361	6859	4,358	2,668
20	62,83	314,15	400	8000	4,472	2,714
21	65,97	346,36	441	9261	4,582	2,758
22	69,11	380,31	484	10648	4,690	2,802
23	72,25	415,47	529	12167	4,795	2,843
24	75,38	452,38	576	13824	4,898	2,884
25	78,54	490,87	625	15625	5,008	2,924
26	81,68	530,02	676	17576	5,099	2,962
27	84,82	572,55	729	19683	5,196	3,000
28	87,96	615,75	784	21952	5,291	3,036
29	91,10	660,52	841	24389	5,385	3,072
30	94,24	706,85	900	27000	5,477	3,107
31	97,53	754,76	961	29791	5,567	3,141
32	100,83	804,24	1024	32768	5,656	3,174
33	103,67	855,29	1089	35937	5,744	3,207
34	106,81	907,82	1156	39304	5,830	3,239
35	109,95	962,11	1225	42875	5,916	3,271
36	113,09	1017,87	1296	46656	6,000	3,301
37	116,23	1075,21	1369	50453	6,082	3,332
38	119,38	1134,11	1444	54872	6,164	3,361
39	122,52	1194,94	1521	59319	6,244	3,391
40	125,66	1256,63	1600	64000	6,324	3,419
41	128,80	1320,25	1681	68921	6,403	3,448
42	131,94	1385,44	1764	74088	6,480	3,476
43	135,08	1452,20	1849	79507	6,557	3,503
44	138,23	1520,20	1036	85184	6,633	3,530
45	141,37	1500,43	2025	91125	6,708	3,556
46	144,51	1661,90	2116	97336	6,782	3,583
47	147,65	1734,94	2209	103823	6,855	3,608
48	150,79	1809,55	2304	110592	6,928	3,634
49	153,93	1885,74	2401	117647	7,000	3,659
50	157,08	1963,49	2500	125000	7,071	3,684

NOMBRES.	CIRCONFÉRENCE.	SURFACE.	CARRÉ.	CUBE.	RACINE carrée.	RACINE cubique.
51	160,22	2042,22	2601	132651	7,141	3,708
52	163,36	2123,71	2704	140608	7,211	3,732
53	166,50	2206,18	2809	148877	7,280	3,756
54	169,64	2290,21	2916	157464	7,348	3,779
55	172,78	2375,82	3025	166375	7,416	3,802
56	175,92	2465,09	3136	175616	7,483	3,825
57	179,07	2551,75	3249	185193	7,549	3,848
58	182,21	2642,08	3364	195112	7,615	3,870
59	185,35	2733,97	3481	205379	7,681	3,892
60	188,49	2827,43	3600	216000	7,745	3,914
61	191,63	2922,46	3721	226981	7,810	3,936
62	194,77	3019,07	3844	238328	7,874	3,957
63	197,92	3117,24	3969	250067	7,937	3,979
64	201,06	3216,99	4096	262144	8,000	4,000
65	204,20	3318,30	4225	274625	8,062	4,020
66	207,34	3421,18	4356	287496	8,124	4,041
67	210,48	3525,65	4489	300763	8,185	4,061
68	213,62	3631,28	4624	314432	8,246	4,081
69	216,77	3739,28	4761	328509	8,306	4,101
70	219,91	3848,45	4900	342000	8,366	4,121
71	223,05	3959,19	5041	357911	8,426	4,140
72	226,19	4071,50	5184	373248	8,485	4,160
73	229,33	4185,38	5329	389017	8,544	4,179
74	232,47	4300,84	5476	405224	8,602	4,198
75	235,61	4417,86	5625	421871	8,660	4,217
76	238,76	4535,45	5776	438976	8,717	4,235
77	241,90	4656,62	5929	456533	8,744	4,254
78	245,04	4778,36	6084	474552	8,831	4,272
79	248,18	4901,66	6241	493039	8,888	4,290
80	251,31	5026,54	6400	512000	8,944	4,308
81	254,46	5153,00	6561	531441	9,000	4,326
82	257,61	5281,01	6724	551368	9,055	4,344
83	260,75	5410,59	6889	571787	9,110	4,362
84	263,89	5541,77	7056	592704	9,165	4,379
85	267,03	5674,50	7225	614125	9,219	4,396
86	270,17	5808,80	7396	636056	9,273	4,414
87	273,31	5944,67	7569	658503	9,327	4,431
88	276,46	6082,11	7744	681472	9,380	4,447
89	279,60	6221,13	7921	704969	9,433	4,461
90	282,74	6361,72	8100	729000	9,486	4,486
91	285,88	6503,87	8281	753571	9,537	4,497
92	289,02	6647,61	8464	778688	9,591	4,514
93	292,16	6792,90	8649	804357	9,643	4,530
94	295,31	6939,78	8836	830584	9,695	4,546
95	298,45	7088,21	9026	857375	9,746	4,562
96	301,59	7238,81	9216	884736	9,797	4,578
97	304,73	7389,81	9409	912636	9,848	4,594
98	307,87	7542,96	9604	941192	9,899	4,610
99	311,01	7697,68	9801	970299	9,949	4,626
100	314,15	7853,97	10000	1000000	10,000	4,641

TABLEAU N° II.

Alliages pour coussinets de frottement.

	CUIVRE.	ÉTAIN.	ZINC.	ANTI-MOINE.	PLOMB.
Alliages blancs ou antifriction pour coussinets.........	2,00	90,00	»	8,00	»
	6,00	90,00	30,00	»	»
	1,80	89,30	»	8,90	»
Alliages gris.					
Pour pièces exposées à des chocs.	83,00	15,00	1,50	»	1,50
Pour sifflet aigu.............	80,00	18,00	»	2	»
Pour sifflet grav.............	81,00	17,00	»	2	»
Bronzes.					
Pour coussinets.............	82,00	18,00	»	»	»
Pour les pièces des machines.	84,00	16,00	»	»	»
Pour les canons.............	91,00	9,00	»	»	»
Id.	100,00	11,00	»	»	»
Pour le doublage des machines.	55,00	45,00	1,00	»	»
Id.	45,00	55,00	1,00	»	»
Laitons.					
Ordinaire..................	66,00	»	10,00	»	»
Pour tubes des chaudières.....	90,00	9,00	»	»	»

TABLEAU N° III.

Poids et vitesse de la vapeur s'échappant dans l'atmosphère à diverses pressions.

PRESSION ABSOLUE de la vapeur qui s'écoule.	POIDS du mètre cube.	VITESSE d'écoulement par seconde.	PRESSION ABSOLUE de la vapeur qui s'écoule.	POIDS du mètre cube.	VITESSE d'écoulement par seconde.	PRESSION ABSOLUE de la vapeur qui s'écoule.	POIDS du mètre cube.	VITESSE d'écoulement par seconde.
5,00	2,568	262	1,60	0,900	368	1,09	0,630	170
4,75	2,457	554	1,50	0,854	343	1,08	0,626	161
4,50	2,334	549	1,45	0,830	331	1,07	0,622	151
4,25	2,217	546	1,40	0,800	318	1,06	0,619	140
4,00	2,096	537	1,35	0,778	302	1,05	0,610	129
3,75	1,972	530	1,30	0,150	285	1,04	0,607	116
3,50	1,855	520	1,25	0,722	265	1,03	0,601	101
3,25	1,734	512	1,22	0,705	252	1,02	0,598	83
3,00	1,611	502	1,20	0,693	242	1,01	0,595	58
2,75	1,487	488	1,18	0,681	232	1,00	0,590	41
2,50	1,363	472	1,16	0,670	220	1,00	0,588	00
2,25	1,238	451	1,14	0,658	213	»	»	»
2,00	1,111	427	1,12	0,647	194	»	»	»
1,75	0,984	394	1,10	0,636	178	»	»	»

TABLEAU N° IV.

Écoulement de la vapeur dans un milieu à une pression plus faible.

VAPEUR À 5 ATMOSPHÈRES ABSOLUES.			VAPEUR À 4 ATMOSPHÈRES ABSOLUES.			VAPEUR À 3 ATMOSPHÈRES ABSOLUES.		
Pression dans le récipient.	Pression effective en kil. par m. q.	Vitesse d'écoulement en mètres par 1″.	Pression dans le récipient.	Pression effective en kil. par m. q.	Vitesse d'écoulement en mètre par 1″.	Pression dans le récipient.	Pression effective en kil. par m. q.	Vitesse d'écoulement en mètres par 1″.
4,95	517	63	3,95	517	60	2,95	517	79
4,90	1,034	89	3,90	1,034	97	2,90	1,034	112
4,85	1,550	108	3,85	1,550	120	2,85	1,550	137
4,80	2,067	125	3,80	2,067	139	2,80	2,067	158
4,75	2,584	140	5,75	2,584	155	2,75	2,584	178
4,65	3,618	166	3,65	3,618	184	2,65	3,618	210
4,55	4,651	188	3,55	4,651	209	2,55	4,651	238
4,50	5,168	198	3,50	5,168	220	2,50	5,168	251
4,25	7,752	242	3,25	7,752	269	2,25	7,752	307
4,00	10,336	281	3,00	10,336	311	2,00	10,336	355
3,75	12,920	314	2,75	12,920	347	1,75	12,920	396
3,50	15,504	344	2,50	15,504	380	1,50	15,504	424
3,25	18,088	371	2,25	18,088	411	1,25	18,088	469
3,00	20,672	396	2,00	20,672	439	»	»	»
2,75	23,256	421	1,75	23,256	466	»	»	»
2,50	25,340	444	1,50	25,840	591	»	»	»
2,25	28,422	465	1,25	28,424	515	»	»	»

TABLEAU N° V.

Coefficients de correction d'après M. Poncelet pour les machines à basse pression.

FORCE DES MACHINES en chevaux.	MACHINES en bon état d'entretien.	MACHINES en état ordinaire d'entretien.
De 4 à 8	0,50	0,42
10 à 20	0,56	0,47
30 à 40	0,60	0,54
60 à 100	0,65	0,60

TABLEAU N⁰ VI.

Table de la fusion des différents corps.

	Degrés du pyromètre.	Degrés centésimaux.
Mercure.	»	$-39^0,0$
Essence de térébenthine.	»	-10
Glace.	»	0
Suif.	»	33,33
Spermacéti.	»	49
Stéarine.	»	40 à 43
Cire non blanchie.	»	61
Cire blanche.	»	68
Phosphore.	»	43
Alliage de 5 plomb, 3 étain, 8 bismuth. . .	»	100
— 2 plomb, 3 étain, 8 bismuth. . .	»	100
Iode.	»	107
Soufre.	»	109
Alliage de 5 bismuth, 1 plomb, 4 étain. . .	»	118,9
— 1 étain, 1 bismuth.	»	141,2
— 3 étain, 2 plomb.	»	167,7
— 2 étain, 1 bismuth.	»	667,7
— 8 étain, 6 bismuth.	»	200,0
Étain.	»	210
Bismuth.	»	256
Plomb.	»	260
Zinc.	»	360
Antimoine.	»	432
Cuivre.	27	»
Or.	32	»
Acier et cobalt.	130	»
Fer.	130	»
Argent pur.	»	999
Argent allié avec $\frac{1}{10}$ d'or.	»	104,8

TABLEAU N° VII.

Quantités de chaleur développées par 1 kilog. de combustible.

NATURE des COMBUSTIBLES.	COMPOSITION de la PARTIE COMBUSTIBLE.	QUANTITÉS de CHALEUR développées en calories.	OBSERVATIONS.
Hydrogène carboné.	Hydrogène. 0 25 / Carboue... 0 75	6622	Dalton.
Gaz oléifiant.......	Hydrogène. $0\frac{1}{7}$ / Carbone... $0\frac{6}{7}$	6833	
Oxyde de carbone...	Carboue... 0 43	1944	
Alcool...........	Hydrogène. 0 1224 / Carbone... 0 4785	6194	
Éther sulfurique....	Hydrogène. 0 133 / Carbone... 0 596	8030	Rumford.
Huile de térében-thine...........	Hydrogène. 0 0962 / Carbone... 0 825	4667	Daltou.
Naphte.	Hydrogène. 0 123 / Carbone... 8 83	7333	
Huile d'olive.......	Hydrogène. 0 1336 / Carboue... 0 702	9000	Rumford.
Huile de navette ou de colza.........	....	9300	
Cire jaune.........	....	10344	Laplace.
Cire blanche......	....	9820	Rumford.
Suif............	....	8370	
Houille collante de Newcastle.......	Hydrogène. 0 0416 / Carbone... 0 7516	5123	Watt.
Houille *dite* Cherry de Glascow.......	Hydrogène. 100 / Carbone. 0 666	9776	
Houille à feuillet de Glascow.........	Hydrogène. 0 044 / Carbone... 0 568	4630	
Houille à longue flamme, cannel-coal des environs de Coventry......	Hydrogène. 0 200 / Carbone... 0 626	9501	Tredgold.
Cannel coal de Wood-hall, près de Glascow............	Hydrogène. 0 039 / Carbone... 0 722	5424	
Charbon de bois sec ou distillé.......	....	7050	
Charbon de bois ordinaire.......	....	6000	Contenant 0,20 d'eau.
Coke pur	....	7050	
Houille de 1re qualité.	....	7050	— 0,02 cendr.
Houille de 2e qualité.	....	5345	— 0,10 do
Houille de 3e qualité.	....	5932	— 0,20 do
Bois séché au feu...	....	3666	— 0,52 charb.
Bois séché à l'air....	....	2945	— 0,20 d'eau.
Tourbe ordinaire...	....	1500	
Tourbe de 1re qualité.	....	3000	(Extrait de l'*Aide-mémoire de mécanique pratique* de M. Morin.)

TABLEAU N° VIII.

Puissances calorifiques et pouvoirs rayonnants des différents com-
bustibles avec les volumes d'air nécessaires à leur combustion
*et ceux qui se dégagent par les cheminées pour **1** kil. de com-*
bustible.

DÉSIGNATION DES COMBUSTIBLES.	PUISSANCES calorifiques.	POUVOIRS rayonnants.	VOLUMES d'air froid.	VOLUMES de gaz qui se dégagent (1 + at.)·
Bois sec..................	3 600	0,28	6,75	7,34
Bois ordinaire à 0,20 d'eau.	2 800	0,25	5,40	6,11
Charbon de bois..........	7 000	0,50	16,40	16,40
Tourbe sèche.............	4 800	0,25	11,28	11,73
Tourbe à 0,20 d'eau.......	3 600	0,25	9,02	9,65
Charbon de tourbe........	5 800	0,50	13,20	13,20
Houille moyenne..........	7 500	Plus que le charbon de bois.	18,10	18,44
Coke à 0,15 de cendres.....	6 000		15,00	15,00

TABLEAU N° IX.

Températures correspondantes aux degrés de chaleur rouge connus
dans les arts.

	Degrés centig.
Rouge naissant..	525
Rouge sombre...	700
Cerise naissant.......................................	800
Cerise...	900
Cerise clair..	1,000
Orange foncé...	1,100
Orange clair..	1,200
Blanc..	1,300
Blanc suant..	1,400
Blanc éblouissant.....................................	1,500

TABLEAU N° X.

Calcul du travail de la vapeur aux différentes détentes.

POINT de LA COURSE totale du piston auquel la détente commence.	TRAVAIL dû A LA DÉTENTE seule, le travail à pleine vapeur étant 1.	TRAVAIL total, LE TRAVAIL à pleine vapeur étant 1.	RAPPORT du TRAVAIL TOTAL avec la détente au travail total sans détente pendant la course complète.	POIDS de LA COURSE totale du piston auquel la détente commence.	TRAVAIL dû A LA DÉTENTE seule, le travail à pleine vapeur étant 1.	TRAVAIL total, LE TRAVAIL à pleine vapeur étant 1.	RAPPORT du TRAVAIL TOTAL avec la détente au travail total sans détente pendant la course complète.
0,01	4,6052	5,6052	0.056	0,51	0.6733	1,6733	0,854
0,02	3,9120	4,9120	0,098	0,52	0 6539	1,6539	0,860
0,03	3,5066	4,5006	0,135	0,53	9,6348	1,6348	0,867
0,04	3,2189	4,2189	0,179	0,54	0,6162	1,6162	0,873
0,05	2.6953	3,9958	6,200	0,55	0,5978	1,5978	0,879
0,06	2,8134	3,8134	0,229	0,56	0,5798	1,5798	0,885
0,07	2,6703	3,6703	0,257	0,57	0,5621	4,5621	0,890
0,08	2,5257	3,5257	0,282	0,58	0,5447	1,5147	0,896
0,09	2,4030	3,4080	0,307	0,59	0,5276	1,5276	0,901
0,10	2,3026	3,2026	0,330	0,60	0,5108	1,5108	0,906
0,11	2,2073	3,2073	0,353	0,61	0.4943	1,4943	0,912
0,12	2,1203	3,1203	0,374	0,62	0,4780	1,4780	0,916
0,13	2,0400	3,0400	0,380	0,63	0,4620	1,4620	0,921
0,14	1,9661	2,8661	0,415	0,64	0,4460	1,4460	0.925
0,15	1,8971	2,8971	0,435	0,65	0,4307	1,4.07	0,9299
0,16	1,8326	2,8326	0,453	0,66	0,4155	1,4155	0,9342
0,17	1,7720	2,7720	0,471	0,67	0,4012	1,4012	0,9388
0,18	1,7148	2,7148	0,489	0,68	0,3853	1,3853	0,9420
0,19	1,6607	2,6607	0,506	0,69	0,3718	1,3718	0,9465
0,20	1,6094	2,6094	0,522	0,70	0,3563	1,3563	0,9494
0.21	1,5607	2,5607	0.538	0,71	0,3424	1,3424	0,9531
0,22	1,5207	2,5207	0,555	0,72	0,3284	1,3284	0 9564
0,23	1,4697	2,4697	0,569	0,73	0,3147	1,3147	0.9597
0,24	1,4271	2,4271	0,583	0,74	0,3011	1,3011	0,9628
0,25	1,3863	2,3863	0,597	0,75	0,2877	1.2877	0,9658
0,26	1,3471	2,3471	0,619	0,76	0,2723	1'2723	0,9669
0,27	1,3093	2,3093	0,624	0,77	0,2614	1,2614	0,9713
0,28	1,2730	2,2730	0,636	0,78	0,2466	1,2466	0,9723
0,29	1,2378	2,2378	0,649	0,79	0 2357	1,2357	0,9762
0,30	1,2040	2,2042	0,661	0,80	0,2231	1,2231	0,9785
0 31	1,1712	2,1712	0,673	0,81	0 2107	1,2109	0,9807
0,32	1,1394	2,1394	0,685	0,82	0,1984	1,1981	0,9827
0,33	1,1087	2,1087	0,696	0,83	0.1863·	1,1863	0,9846
0,34	1,0788	2,0788	0,707	0,84	0.1745	1,1743	0,9864
0,35	0,0498	2,0498	0,717	0,85	0,1625	1,1625	0,9881
0,36	0,0217	2,0217	0,729	0,86	0,1507	1,1507	0,9696
0,37	0,9943	1,9943	0,738	0,87	0,1392	1,1391	0,9911
0,38	0,8676	1,9676	0,748	0,88	0,1278	1,1278	0,9925
0,39	0,9416	1,9416	0,757	0,89	0,1164	1,1164	0,9936
0,40	0,9163	1,9163	0,767	0,99	0,1054	1,1054	0,9949
0,41	0,8917	1,8917	0,776	0,91	0,0943	1,0943	0,9959
0,42	0,8674	1,8674	0,784	0,92	0,0833	1,0833	0,9966
0,43	0,8440	1,8440	0,793	0,93	0,0725	1,0725	0,9974
0,44	0,8209	1,8209	0,801	0,94	0,0618	1,0618	0,9981
0,45	0,7985	1,7985	0,810	0,95	0 0513	1,0513	0,9 81
0,46	0,7765	1,7765	0,817	0,96	0,0408	1,0408	0,9987
0,47	0,7750	1,7550	0,825	0,97	0,0307	1,0307	0,9992
0,48	0,7340	1,7340	0,832	0,98	0,0202	1,0202	0,9998
0,49	0,7133	1,7133	0,840	0,99	0,0110	1,0110	1,0000
0,50	0,6932	1,6932	0,846	1,00	0,0011	1,0011	1,0000

TABLEAU N° XI.

Mesures anglaises comparées aux mesures françaises.
Mesures de longueur.

ANGLAISES.	FRANÇAISES.	FRANÇAISES.	ANGLAISES.
Pouce (1/36 du yard).	2,539954 centimètres.	Millimètre.	0,3937 pouce.
Pied (1/3 du yard).	3,0479449 décimètres.	Centimètre.	0,393708 pouce.
Yard impérial.	0,91438348 mètre.	Décimètre.	3,937079 pouces.
Fathom (2 yards).	1,82876696 mètre.	Mètre.	3,937079 pouces.
Pole ou perch (à 5 1/3 yards).	5,02911 mètres.		3,2808992 pieds.
Furlong 220 yards.	201,16437 mètres.		
Mile 1760 yards.	1609,3140 mètres.	Myriamètre	1,093633 yard.
Nautic mile.	1852 mètres.		6,2138 miles.

TABLEAU N° XII.

Vapeurs et gaz autres que la vapeur d'eau.

NOM DES FLUIDES.	DENSITÉ ROTATIVE.	POINT DE VAPORISATION.	CHALEUR LATENTE absorbée.	COEFFICIENT DE dilatation.
Air pur..................	1,0000	»	»	0,0036706
Azote.................	0,9720	»	»	0,0036706
Oxygène...............	1,1057	»	»	0,0036700
Hydrogène.......... ...	0,0688	»	»	0,0036613
Acide carbonique solidifié.	1,5290	— 58°	»	0,0037099
Vapeur d'éther sulfurique.	2,5860	37°,80	96°,80	0,00367
Vapeur chloroforme.....	2,9400	61°,00	»	0,00367
Vapeur d'alcool absolue..	1,6133	78°,40	207°,00	0,00367
Vapeur d'eau...........	0,6235	100°,00	537°,00	0,00367

LÉGENDE EXPLICATIVE DES PLANCHES.

PLANCHE I.

Fig. 1, n° 15.

MACHINE ATMOSPHÉRIQUE DE NEWCOMEN.

Le cylindre est ouvert par le haut; la pression atmosphérique est équilibrée par la vapeur qui agit sous le piston. Ce dernier remonte entraîné par le poids des pompes. La condensation se fait dans le cylindre, et la pression atmosphérique fait descendre le piston.

Fig. 2, n° 15.

MACHINE ATMOSPHÉRIQUE DE NEWCOMEN, PERFECTIONNÉE PAR WATT.

Watt ajoute un conducteur séparé qui remédie au refroidissement du cylindre.

Fig. 3, n° 16.

MACHINE A SIMPLE EFFET DE WATT.

La pression atmosphérique n'agit plus sur le piston, le cylindre est fermé par le haut; le piston, pressé également des deux côtés par la vapeur, remonte sous l'action du poids des pompes; le bas communique avec le condenseur, tandis que le haut reçoit l'action de la vapeur qui fait descendre le piston. Alors la communication du haut et du bas du cylindre est établie; celles avec la chaudière et avec le condenseur étant fermées, le piston remonte sous l'action du poids des pompes.

Fig. 4, n° 17.

MACHINE A DOUBLE EFFET DE WATT.

La vapeur pousse le piston par en haut pour le faire descendre, et par en bas pour le faire remonter. — 1. Cylindre. — 2. Condenseur. — 3. Tiroir. — 4. Pompe à air. — 5. Bâche. — 6. Pompes alimentaires.

PLANCHE II.

MACHINE A BALANCIER OU A CONNEXION INDIRECTE. N° 31.

Changements de mouvements.

Une tige du piston et sa traverse.
Deux bielles pendantes.
Deux balanciers.
Une grande bielle avec traverse et menottes.
Une manivelle.

Mise en train à levier.
Tiroir en D long.

Fig. 1.

1. Cylindre. — 2. Condenseur. — 3. Tiroir. — 4. Pompe à air. — 5. Bâche. — 6. Arbre moteur. — 7. Palier de l'arbre. — 8. Bâtis. — 9. Balancier. — 10. Traverse de la tige du piston. — 11. Bielle pendante. — 12. Grande bielle. — 13. Traverse de la grande bielle et menottes. — 14. Bielle d'excentrique. — 15. Levier du tiroir. — 16. Bras du parallélogramme. — 17. Bielle du parallélogramme. — 18. Chariot d'excentrique. — 19. Contre-poids du tiroir. — 20. Clapet de pied ou d'aspiration. — 21. Clapet de tête ou de refoulement. — 22. Boîte d'alimentation. — 23. Tuyau de conduite de la vapeur. — 24. Tuyau de décharge. — 25. Reniflard. — 26. Guide de la pompe à air. — 27. Soupape de sûreté du cylindre. — 28. Piston à vapeur. — 29. Injection. — 30. Orifices du cylindre.

Fig. 2, n° 33.

LE BALANCIER PEUT ÊTRE AU-DESSUS DU CYLINDRE.

Disposition employée à terre.

Fig. 3, n° 33.

LE BALANCIER PEUT ÊTRE AU-DESSOUS DU CYLINDRE.

Disposition employée à terre.

Fig. 4, n° 33.

MACHINE DU FIRE-QUEEN A HÉLICE.

Un seul balancier au-dessus du cylindre.

PLANCHE III.

MACHINE A CONNEXION DIRECTE, A CYLINDRE FIXE ET A BIELLE DIRECTE. N° 36.

Changements de mouvements.

Une tige du piston et sa traverse.
Une grande bielle.
Une manivelle.

Mise en train système Stephenson.
Tiroir en coquille.

Fig. 1.

> 1. Cylindre. — 2. Piston. — 3. Tige de piston. — 4. Grande bielle. —
> 5. Arbre moteur. — 6. Condenseur. — 7. Pompe à air. — 8. Bâche. —
> 9. Tuyau d'injection. — 10. Clapets d'aspiration. — 11. Clapets de
> refoulement. — 12. Tuyau de conduite au condenseur. — 13. Tiroir.
> — 14. Communication avec le condenseur. — 15. Tige du tiroir. —
> 16. Guide de la tige du tiroir. — 17. Levier du tiroir. — 18. Galet du
> levier ; il peut glisser dans l'arc fendu. — 19. Arc fendu. — 20. Ex-
> centrique de la marche en avant. — 21. Excentrique de la marche en
> arrière. — 22. Levier supportant l'arc fendu 19. — 23. Bielle de mise
> en train. — 24. Roue de mise en train. — 25. Conduite de vapeur. —
> 26. Orifices. — 27. Glissière. — 28. Bâtis. — 29 et 30. Boîtes d'aspi-
> ration et de refoulement de la pompe à air.

Fig. 2, n° 39.

> Machine à roues. — Cylindre vertical au-dessous de l'arbre.

Fig. 3.

> Machine à hélice. — Cylindre vertical au-dessus de l'arbre.

Fig. 4.

> Machine à hélice. — Cylindre incliné par en bas.

Fig. 5.

> Machine à roues. — Cylindres inclinés par en haut.

PLANCHE IV.

MACHINE A CONNEXION DIRECTE, A CYLINDRE FIXE ET A BIELLE REN-
VERSÉE. N° 41.

> *Changements de mouvements.*
>
> > Deux tiges et leur traverse.
> > Une grande bielle.
> > Une manivelle.
>
> *Mise en train Mazeline.*
> *Tiroir en coquille.*

> 1. Cylindre. — 2. Piston. — 3. Tiges de piston : il y en a deux, mais
> une d'elles se trouve tout à fait en avant et ne peut se voir. — 4. Porte
> de visite des extrémités du cylindre. — 5. Tige du piston donnant le
> mouvement à la pompe à air et à celle de cale. — 6. Arbre moteur. —
> 7. Grande bielle. — 8. Manivelle. — 9. Tourillon de la traverse des
> tiges. — 10. Glissière. — 11. Condenseur. — 12. Pompes à air. —
> 13. Son piston. — 14. Sa tige. — 15. Pompe de cale. — 16. Orifice du
> cylindre. — 17. Boîte du tiroir. — 18. Tiroir. — 19. Communication
> avec le condenseur. — 20. Excentrique du tiroir. — 21. Arbre des
> tiroirs. — 22. Roue à dents de l'arbre moteur. — 23. Roue à dents de
> l'arbre des tiroirs : elle est folle. — 24. Arc fendu ménagé dans cette
> roue. — 25. Autre arc fendu portant des dents sur un de ses côtés.
> — 26. Roue à dents portant un pignon engrené avec les dents de l'arc

fendu 25. Son axe est à l'extrémité d'une double manivelle calée sur l'arbre des tiroirs. Le bouton placé à l'autre extrémité de cette double manivelle est engagé dans l'arc fendu 24. — 27. Roue à ma nettes, folle sur l'arbre des tiroirs et portant un pignon qui s'engrène avec la roue 26. — 28. Tiroirs de détente. — 29. Excentrique de détente (il est caché). — 30. Purge continue. — 31. Robinet d'injection. — 32. Conduite de vapeur. — 33. Frein pour les roues à manettes.

PLANCHE V.

MACHINE A CONNEXION DIRECTE, A CYLINDRE FIXE ET A PISTON ANNU-LAIRE, OU MACHINE A FOURREAU DE PENN. N° 45.

Changements de mouvements.

Une grande bielle.

Une manivelle.

Mise en train système Stephenson.

Tiroir en coquille caché par le cylindre.

Fig. 1.

1. Cylindre. — 2. Piston. — 3. Fourneau. — 4. Tourillon de la grande bielle. — 5. Grande bielle. — 6. Manivelle. — 7. Conduite de la vapeur au condenseur.—8. Condenseur.—9. Pompe à air. — 10. Bâche. — 11. Tuyau de décharge. — 12. Pompe alimentaire. — 13. Bâtis. — 14. Excentriques. — 15. Arc fendu. — 16. Mise en train.

Fig. 2, n° 48.

Le cylindre vertical au-dessous de l'arbre pour une machine à roues, et vertical au-dessus de l'arbre pour une machine à hélice. Cette dernière est appelée machine à pilon.

Fig. 3, n° 48.

Le cylindre incliné par en bas pour une machine à hélice et incliné par en haut pour une machine à roues.

Fig. 5, n° 51.

MACHINE LEGENDRE SANS TIGE NI FOURREAU.

Fig. 6, n° 50.

MACHINE DE BRODERIP.

Le piston ne porte qu'un demi-fourreau.

PLANCHE VI.

MACHINE A CONNEXION DIRECTE ET A CYLINDRE MOBILE. N° 52.

Changements de mouvements.

Une tige de piston.

Une manivelle.

Mise en train des machines oscillantes avec arc fendu.

Tiroirs en coquille.

1. Cylindres. — 2 et 3. Conduits annulaires qui mettent en commu-

nication le tiroir avec la chaudière et avec le condenseur. — 4. Tiroirs.
— 5. Orifices du cylindre. — 6. Conduits qui mettent les tiroirs en
communication avec les orifices. — 7. Paliers des tourillons. — 8. Tige
du piston. — 9. Manivelle de l'arbre. — 10. Presse-étoupe des cylindres. — 11. Leviers des tiroirs. — 12. Excentriques des tiroirs. —
13. Roues de mise en train. — 14. Vilebrequin des pompes à air. —
15. Bielle de pompe à air. — 16. Pompe à air. — 17. Conduite de vapeur. — 18. Système de détente. — 19. Roues d'engrenage qui donnent le mouvement à la détente. — 20. Pompes alimentaires. — 21. Bâtis. — 22. Arbre moteur. — 23. Bâche. — 24. Pompe de cale. — 25. Communication des pompes à air avec le condenseur. — 26. Arc fendu,
guidé par les colonnes 27 ; il donne le mouvement aux leviers 11 des
tiroirs. — 28. Levier de déclanche.

PLANCHE VI *bis.*

Fig. 1.

Vue d'une des extrémités de la machine représentée par la planche VI,
mais à une autre échelle.

Fig. 2.

Coupe verticale par l'une des pompes à air de la planche VI, mais à une
autre échelle.

PLANCHE VII.

Fig. 1, n° 57.

Éolype d'Héron. Machine à bras à réaction 130 ans avant J. C.

Fig. 2, n° 57.

Machine rotative de Watt. 1782.

1. Arrivée de la vapeur. — 2. Piston. — 3. Vanne mobile. — 4. Place
de la vanne quand le piston passe. — 5. Conduite au condenseur.

Fig. 3, n° 57.

Machine de Mardock. 1799.

La vapeur arrive par l'orifice marqué 1 et s'en va au condenseur par
celui marqué 2.

Fig. 4, n° 57.

Machine rotative américaine.

1. Cylindre emmanché sur l'arbre moteur 2. — 4 et 5. Deux parties
concentriques. — 6. Fond du cylindre. — 7. Vis de pression. — 8. Disque portant un piston. — 9. Communication des parties 4 et 5. —
10. Ouverture réservée dans le disque. — 11. Piston. — 12. Vannes
mobiles. — 13. Cames qui donnent le mouvement aux vannes. — 14. Arrivée de la vapeur. — 15. Évacuation.

Fig. 5, n° 60.

Machine a vapeur régénératrice de Siemens.

1 et 2. Foyers. — 3 et 4. Chaudières. — 5 et 6. Parois cylindriques. —

7 et 8. Enveloppes en fonte. — 9 et 10. Pistons travailleurs. — 11 et 12. Cylindres. — 13. Bouton de la manivelle. — 14. Piston régénérateur. — 15. Cylindre régénérateur. — 16. Conduite de la vapeur. 17. Échappement de la vapeur en excès.

Fig. 6, n° 63.

EFFET PRODUIT PAR LES CONDUCTEURS DE CHALEUR DE M. WILLIAMS.

1 et 2. Vases d'étain contenant la même quantité d'eau. Un est muni de conducteurs. — 3. Thermomètres. — 4. Carneau vertical.

PLANCHE VIII.

Fig. 1 et 2, n° 69.

Fig. 1. COUPE VERTICALE FAITE DANS UNE CHAUDIÈRE A CARNEAUX EN DEUX PARTIES, L'UNE DERRIÈRE L'AUTRE.

Fig. 2. COUPE HORIZONTALE FAITE SUIVANT LA LIGNE Y DE LA CHAUDIÈRE REPRÉSENTÉE DANS LA FIG. 1.

1. Foyer. — 2. Cendrier. — 3. Fourneau. — 4. Grille. — 5. Autel. — 6. Courants de flamme. — 7. Réservoir d'eau. — 8. Réservoir de vapeur. — 9. Coffre à vapeur. — 10. Nappe d'eau inférieure. — 11. Nappe d'eau supérieure. — 12. Lames d'eau. — 13. Cheminée. — 14. Chemise de la cheminée. — 15. Collerette. — 16. Registre de la cheminée et leviers qui servent à le faire mouvoir. — 17. Soupape d'arrêt. — 18. Soupape atmosphérique. — 19. Soupape de sûreté avec son contre-poids et les leviers qui permettent de le soulager. — 20. Tuyau d'évacuation. — 21. Tuyau de conduite. — 22. Tube de niveau. — 23. Manomètre. — 25. Disque de communication des deux parties de la chaudière. — 26. Alimentation. — 27. Tuyau de prise d'eau et communication inférieure des deux parties de la chaudière. — 28. Entretoises. — 29. Tirants. — 30. Sole. — 31. Traverses des barreaux de grille.

Fig. 3, n° 63.

TROU ET PORTE DE SEL OU AUTOCLAVE.

Fig. 4, n° 74.

TROU D'HOMME ET SA PORTE.

Fig. 5, n° 53.

FORME DONNÉE AUTREFOIS A L'EXTRÉMITÉ DU TUYAU D'ÉVACUATION.

PLANCHE IX.

CHAUDIÈRE TUBULAIRE EXTERNE A RETOUR DE FLAMME DE 100 CHEVAUX, RÉGLEMENTAIRE DANS LA MARINE IMPÉRIALE, n° 76 et suivants.

Fig. 1. *Vue de la chaudière par l'avant, une partie ouverte.*

Fig. 2. *Coupe dans le sens de la longueur de la chaudière.*

1. Réservoir d'eau. — 2. Réservoir de vapeur. — 3. Foyers. — 4. Cendriers. — 5. Fourneaux. — 6. Grille et ses barreaux. — 7. Barre

d'appui. — 8. Autel. — 9. Boîte à feu. — 10. Boîte à fumée. — 11. Culotte. — 12. Tubes courants de flamme. — 13. Porte des cendriers. — 14. Porte des fourneaux. — 15. Porte des tubes. — 16. Soupape de sûreté, son contre-poids et les leviers pour la manœuvre. — 17. Naissance de la cheminée. — 18. Niveau d'eau. — 19. Alimentation. — 20. Tirants. — 21. Soupape d'arrêt. — 22. Entretoises. — 23. Trous de sel ou autoclaves.

Fig. 3, n° 85.

Moyen de réunion des tubes et des plaques de tête.

1. Tube. — 2. Bague. — 3. Plaque de tête.

PLANCHE X.

Fig. 1, n° 80.

Chaudière Beslay.

Les tubes sont verticaux. — 1. Cheminée. — 2. Fourneaux.

Fig. 2, n° 89.

Générateur Boutigny a diaphragmes.

1. Chaudière. — 2. Alimentation. — 3. Diaphragmes. — 4. Tuyau purgeur ou reniflard. — 5. Tuyau d'épreuve. — 6. Tuyau de trop-plein de vapeur. — 7. Prise de vapeur. — 8. Soupape de sûreté et manomètre.

Fig. 3, n° 87.

Chaudière Lamb et Summer.

Les conduits de flamme sont des carneaux étroits. — 1. Foyer. — 2. Fourneau. — 3. Cendrier. — 4. Porte des carneaux. — 5. Conduits de chaleur. — 6. Carneaux. — 7. Lames d'eau.

Fig. 4, n° 101.

Grille a mouvement continu de Tailfer.

Fig. 5, n° 88.

Chaudière a haute pression, dite a bouilleurs.

1. Chaudière. — 2. Bouilleur. — 3. Communication des bouilleurs avec la chaudière. — 4. Coffre à vapeur. — 5. Courants de flamme. — 6. Fourneau.

Fig. 6, nᵒˢ 77 et 88.

Chaudière tubulaire externe, a flamme directe.

Chaudière à haute pression des canonnières. — 1. Cheminée. — 2. Réservoir de vapeur.

Fig. 7, n° 81.

Chaudière mixte.

Les tubes ont un diamètre plus grand dans les chaudières tubulaires ordinaires. — 1. Réservoir d'eau. — 2. Réservoir de vapeur. — 3. Foyers.

Fig. 8, n° 98.

FOYER WILLIAMS.

L'auto est percé, et laisse passer de l'air très-divisé qui produit la combustion des gaz.

Fig. 9, n° 107.

FOYER DUMÉRY.

Le charbon descend par les conduits 1; il est poussé sous celui incandescent par les cames 2. La grille est en dos de selle. — Les quatre barreaux du milieu sont mobiles.

PLANCHE XI.

RABATTEMENT DES CHEMINÉES, n° 96.

Fig. 1.

Le rabattement se fait au moyen d'une charnière. Ce système est employé sur les petits navires; il laisse les cheminées ouvertes.

Fig. 2.

Ce système est employé sous les bateaux de rivière; il permet d'utiliser la cheminée alors qu'elle est inclinée pour franchir les ponts.

Fig. 3.

La partie 1 est mobile, on la retire et la cheminée peut alors se coucher, et elle est fermée, de sorte que l'eau de pluie ne peut entrer dedans.

Fig. 4.

La partie 1 est d'un diamètre plus petit que celui de la partie fixe 2. Les treuils 3 et les chaînes qui s'enroulent dessus permettent de monter et d'abaisser la partie mobile 1.

Fig. 5, n° 97.

UN BARREAU DE GRILLE.

Vu dans trois positions : par le travers, en dessus et par une de ses extrémités.

Fig. 6, n° 106.

TUBES DE NIVEAU ET ROBINETS-JAUGES.

1. Tube de verre. — 2. Boîtes en bronze qui reçoivent les tubes 1. — 3. Communication des boîtes avec la chaudière. Elles sont fermées par un robinet. — 4. Robinet qui permet de purger le tube. — 5. Bouchons qui permettent de dégager les communications 2.

Fig. 7, n° 106.

FLOTTEUR INDIQUANT LE NIVEAU DE L'EAU DANS LA CHAUDIÈRE.

Fig. 8, n° 106.

INDICATEUR MAGNÉTIQUE DU NIVEAU D'EAU DE M. LE THUILLIER.

1. Armature magnétique qui termine la tige du flotteur placée dans le

tube 4. — 2. Partie plane du tube 4 sur laquelle peut glisser l'aiguille 3.

Fig. 9, n° 105.

CONSOLIDATION INTÉRIEURE DES CHAUDIÈRES.

1. Attache d'un tirant dans les chaudières à basse pression.
2. Attache d'un tirant dans les chaudières à moyenne pression.— 3. Cornières. — 4. Entretoise. — 5. Boulon à écrou. — 6. Tôle d'une lame d'eau. — 7. Cylindre dans lequel passe le boulon.

Fig. 10, n° 106.

SIFFLETS D'ALARME.

1. Arrivée de la vapeur. — 2. Timbre vibrant. — 3. Lame vibrante.

Fig. 11, n° 110.

SOUPAPE DE SURETÉ.

1. Disque de la soupape. — 2. Tige de la soupape. — 3. Douille servant de guide à la tige. — 4. Siége de la soupape.

Fig. 12, n° 112.

SOUPAPE ATMOSPHÉRIQUE.

PLANCHE XII.

ALIMENTATION DES CHAUDIÈRES. N° 107.

Fig. 1.

PETIT CHEVAL RÉGLEMENTAIRE.

1. Cylindre. — 2. Piston. — 3. Tiroir. — 4. Conduite de vapeur. — 5. Pompe. — 6. Piston plongeur. — 7. Arbre coudé du volant. — 8. Volant destiné à faire dépasser les points morts. — 9. Excentrique du tiroir. — 10. Évacuation de la vapeur. — 11. Aspiration. — 12. Refoulement. — 13. Communication avec la chaudière. — 14. Communication avec la mer. — 15. Communication avec le pont. — 16. Communication avec la mer.—17. Communication avec la cale.—18. Communication avec la chaudière.

Fig. 2.

PETIT CHEVAL DE PENN.

1. Pompe. — 2. Cylindre à vapeur. — 3. Traverse faisant manœuvrer les tiroirs.—4. Déclics et ressorts de la tige des tiroirs.—5 et 6. Tuyaux d'aspiration et de refoulement de la pompe. — 7 et 8. Conduite de vapeur et évacuation.

Fig. 3 et 4.

DEUX POMPES ALIMENTAIRES.

1. Pompe. — 2. Piston plongeur. — 3. Boîte alimentaire. — 4. Clapet ou soupape d'aspiration. — 5. Clapet ou soupape de refoulement. — 6. Soupape de retour avec son ressort ou son contre-poids. — 7. Communication avec la bâche. — 8. Communication avec la chaudière.

Fig. 5.

POMPE A QUATRE FINS.

1. Pompe. — 2. Balancier des pistons. — 3. Bringueballe. — 4. Boîte d'aspiration. — 5. Boîte de refoulement. — 6. Soupape d'aspiration. — 7. Soupape de refoulement. — 8. Réservoir d'air. — 9. Tuyau de refoulement. — 10. Communication avec la mer. — 11. Communication avec la chaudière. — 12. Tuyau portant l'eau sur le pont ou ailleurs.

Fig. 6.

INJECTEUR GIFFARD.

1. Tube terminé en côue. Il peut monter ou descendre au moyen de la manivelle 14 dans le tube 4. — 2. Communication du tube 1 avec le coffre à vapeur de la chaudière. — 3. Tige terminée en côue. Elle peut monter ou descendre dans le tube 1. — 6. Communication avec la boîte ou la mer. — 7. Soupape qui ferme le tuyau d'alimentation 5 sous l'action de la pression dans la chaudière. — 10. Robinet de purge. — 11. Regards.

PLANCHE XIII.

Fig. 1, n⁰ˢ 113 et 114.

CYLINDRE ORDINAIRE.

1. Collets du cylindre. — 2. Collets du couvercle et du fond. — 3. Orifices du cylindre. — 4. Trous des soupapes de sûreté. — 5. Passage de la tige du piston ou presse-étoupe.

Fig. 2, n° 116.

PISTON AVEC GARNITURE EN CHANVRE.

1. Corps de piston. — 2. Garniture en chanvre. — 3. Couronne. — 4. Trou de la tige. — 5. Cercle destiné à maintenir les boulons de la couronne.

Fig. 3, n° 118.

BAGUE MÉTALLIQUE EXCENTRIQUE POUR GARNITURE DE PISTON.

Fig. 4.

GARNITURE MÉTALLIQUE.

La bague 2 est poussée contre les parois du cylindre par les ressorts 3.

Fig. 5, n° 118.

AUTRE SYSTÈME DE BAGUES MÉTALLIQUES.

Elles sont en plusieurs parties; les coins 1, pressés par les ressorts 2, font écarter ces parties.

Fig. 6, n° 120.

PISTON A FOURREAU.

1. Le fourreau. — 2. Piston. — 3. Collets intérieurs du piston. — 4. Tourillon de la grande bielle.

Fig. 7, n° 147.

PISTON ET CLAPETS D'UNE POMPE A AIR A SIMPLE EFFET.

1. La garniture. — 2. Couronne destinée à presser cette garniture. — 3. Tige du piston. — 4. Vides laissés dans le piston. — 5. Clapets du piston. — 6. Buttoirs des clapets.

Fig. 8, n° 148.

CLAPETS EN CAOUTCHOUC A DISQUES DANS DEUX POSITIONS, OUVERTS ET FERMÉS.

1. Siége du clapet. — 2. Clapets. — 3. Buttoirs sphériques.

Fig. 9, n° 151.

FERMETURE DU TUYAU DE DÉCHARGE AU MOYEN D'UN DIAPHRAGME.

1. Boîte cylindrique intérieure. — 2. Muraille du navire. — 3. Couvercle de la boîte. — 4. Tige du diaphragme 5. — 6. Siége du diaphragme. — 7. Le diaphragme ouvert. — 8. Tuyau de décharge. — 9. Presse-étoupe glissant. — 10. Communication de la boîte avec l'extérieur du navire. — 11. Vanne extérieure. — 12. Position de la vanne si elle était à l'intérieur.

Fig. 10, n° 151.

FERMETURE DU TUYAU DE DÉCHARGE AU MOYEN D'UN CLAPET.

1. Boîte en bronze. — 2. Collet qui unit cette boîte à la manivelle 5. — 3. Clapet.

PLANCHE XIV.

ORGANES DE DISTRIBUTION DE LA VAPEUR.

Fig. 1, n° 125.

TIROIR EN D LONG.

Fig. 2, n° 126.

TIROIR EN D COURT.

Fig. 3, n° 127.

TIROIR CYLINDRIQUE.

Fig. 4, n° 126.

TIROIR EN D DU VAISSEAU L'ALGÉSIRAS.

1. Boîte du tiroir. — 2. Le tiroir. — 3. La glace du cylindre. — 4. Couvercle de la boîte. — 5 Communication avec le condenseur. — 6. Communication avec la chaudière. — 7. Tige du tiroir. — 8. Barrettes ou pistons pour la figure 3. — 9. Presse-étoupe ou garniture. — 10. Orifices du cylindre. — 11. Communication des deux boîtes dans le tiroir en D court. — 12. Tuyau qui donne passage à la tige dans le tiroir en D court.

Fig. 5, n° 129, et fig. 6, n° 130.

TIROIR A COQUILLE OU A TROIS ORIFICES.

1. Tiroir. — 2 et 4. Communication avec les orifices. — 3. Communication avec le condenseur. — 5. La boîte du tiroir. — 6. Trou percé dans le dessus de la coquille et communiquant avec le condenseur. — 7. Tuyau qui remplace ce trou. — 8. Communication avec la chaudière. — 9. Garniture du tiroir.

Fig. 8, n° 123.

SOUPAPE ÉQUILIBRÉE.

Deux disques sur la même tige ; l'un de ces disques reçoit la vapeur par en dessus, l'autre par en dessous.

Fig. 7, n° 128.

PLAQUES DISTRIBUTIVES.

Celles représentées par la figure seraient les plaques à l'évacuation ; de l'autre côté du cylindre seraient celles à l'introduction.

Fig. 9, n° 122.

ROBINET DISTRIBUTEUR A QUATRE FINS, DANS QUATRE POSITIONS DIF-FÉRENTES.

5. Communication avec la chaudière. — 6. Communication avec le condenseur. — 7. Communication avec le haut du cylindre. — 8. Communication avec le bas du cylindre.

Fig. 10, n° 132.

TIROIR A QUATRE ORIFICES.

La partie marquée 1 est en communication avec le condenseur, mais 2 et 3 le sont avec la chaudière. Chacun des orifices du cylindre vient en former deux vers la plaque de frottement du tiroir.

PLANCHE XV.

ORGANES PERMETTANT D'UTILISER LA DÉTENTE DE LA VAPEUR.

Fig. 1, n° 136.

DÉTENTE VARIABLE DES MACHINES A BALANCIERS.

1. Ellipse terminant la bielle 11 et comprenant l'arbre 2. — 2. Arbre moteur. — 3, 4, 5, 6, 7. Cames fixées sur l'arbre. — 8. Galet de détente. — 9 et 10. Manivelle et poulie à gorge qui permettent de porter le galet sur une came ou sur l'autre.

Fig. 2, n° 136.

AUTRE SYSTÈME DE DÉTENTE. UNE SEULE CAME.

1. Came fixée sur l'arbre. — 2. Arc qui vient frotter sur la came ; cet arc peut augmenter de longueur au moyen de la vis 3. — 4. Est un point fixe. — 5. Bielle de la soupape ou du papillon de détente.

Fig. 3, n° 136.

DÉTENTE PRODUITE AU MOYEN D'UN TIROIR.

1. Boîte formant le tiroir de distribution et surmontée du tiroir 4 de détente. — 2. Orifices du tiroir pouvant seuls donner passage à la vapeur qui se rend au cylindre. — 3. Plaques frottantes produisant la détente en fermant les orifices 2. — 4. Boîte du tiroir de détente. — 5. Tige du tiroir de détente. — 6. Volant qui permet de la faire tourner. — 7. Intérieur de la boîte des tiroirs. — 8. Curseur indiquant la portion de la détente. — 9. Conduite de vapeur.

Fig. 4, n° 136.

DÉTENTE MAZELINE DE L'AMAZONE.

1. Tiroir de distribution de la vapeur. — 2. Boîte de détente qui surmonte le tiroir de distribution : elle est ouverte en haut et en bas. — 3. Papillon de détente. — 4. Portions cylindriques de la boîte de détente. — 5. Volant faisant marcher la roue dentée 6 dont le mouvement se communique à la roue 7, qui fait monter ou descendre le galet 8, extrémité de la bielle qui donne le mouvement au papillon. — 9. Volant qui permet de maintenir le galet 8 dans la position convenable. — 10. Embrayage de l'axe du papillon. — 11. Volant qui permet d'embrayer ou de désembrayer. — 12. Levier qui donne le moyen de mettre le papillon dans une position verticale, alors que la détente ne fonctionne pas.

Fig. 5, n° 136.

DÉTENTE DE M. MATHIEU DU CREUZOT.

1. Conduite de vapeur. — 2. Tiroir de distribution. — 3. Tige des barrettes de détente. — 4. Piston de cette tige. — 5. Tête de la tige des barrettes qui vient appuyer sur les cames de l'arbre. — 6. Loquet pour suspendre l'action de la détente. — 7. Baquet établissant l'égalité de pression des deux côtés du piston.

Fig. 6, n° 159.

TÊTE DE GRANDE BIELLE DE L'ALGÉSIRAS.

1. La sole. — 2. Coussinet intérieur. — 3. Bouton de manivelle. — 4. Coussinet supérieur. — 5. Bride. — 6. Clavettes à mentonnet. — 7. Clavette de serrage.

Fig. 7, n° 162.

MOYEN DE RÉUNION DES DIFFÉRENTES PARTIES D'UN ARBRE D'HÉLICE.

1. Plateaux fixes sur les parties de l'arbre à réunir. — 2. L'arbre. — 3. Trous coniques recevant les boulons à têtes sphériques 4. — 5. Menottes qui unissent les têtes sphériques des boulons deux à deux.

PLANCHE XVI.

Fig. 1, n° 163.

LES POINTS MORTS DE LA MANIVELLE NE CORRESPONDENT PAS EXACTE-
TEMENT A CEUX DU PISTON.

A B, A B′ et A B″, les trois positions du balancier. — B M, B′ H, B M′ et
B″H′, positions correspondantes de la grande bielle. — D, milieu de la
flèche de l'arc B″ B B′. — O, centre de l'arbre moteur. — M, H, M′
et H′, positions du centre du bouton de la manivelle. — D C, verticale
passant par le centre de l'arbre O et le milieu D de la flèche de
l'arc B″ B B′.

Fig. 2, n° 164.

MANIVELLE ÉQUILIBRÉE DE M. CARLSUND.

Fig. 3, n° 464.

MANIVELLE ÉQUILIBRÉE DE M. LA BROUSSE.

Fig. 4, nᵒˢ 166 et 167.

PARALLÉLOGRAMME DE WATT POUR MACHINES A BALANCIERS ET SON
TRACÉ.

A B, 3/4 de la 1/2 longueur du balancier. — E H, bras du parallélogramme parallèle à A B. — B H, bielle pendante. — A E, bielle du
parallélogramme parallèle à B H. — E R, manivelle du parallélogramme.

Fig. 5, n° 168.

EXCENTRIQUE, SA BIELLE ET SON COUTEAU DE DÉCLANCHE.

A, arbre moteur. — B, chariot d'excentrique. — C, collier d'excentrique. — D, bielle d'excentrique. — O, centre du chariot d'excentrique. — E, bouton du levier du tiroir. — G, couteau de déclanche
entrant dans une rainure pratiquée dans la queue de la bielle d'excentrique. — K, étrier de retenue pour le bouton E. — I, arc formant ressort pour lever ou abaisser le couteau.

PLANCHE XVII.

Fig. 1, n° 179.

SOUPAPE KINGSTON.

Fig. 2, n° 186.

UN PALIER ET SES COUSSINETS EN DEUX PARTIES.

1. Palier. — 2. Chapeau. — 3. Boulons qui unissent le chapeau au palier. — 4. Les coussinets. — 5. Boulons qui unissent le palier aux
bâtis. — 6. Lumière.

Fig. 3, n° 187.

COUSSINETS EN QUATRE PARTIES.

1. Palier. — 2. Chapeau. — 3. Boulons du chapeau.—4. Coussinets de

côté.—5. Boulons de serrage des coussinets de côté.—6. Coin de serrage. — 7. Coin de serrage. — 8. Coussinets du haut et du bas. — 9. Coin inférieur qui permet de retirer le coussinet inférieur. — 10. Boulons de serrage des coussinets 8.

Fig. 4, n° 189.

Coussinet a tringles de gaiac.

Fig. 5, n° 192.

Presse-étoupe ordinaire.

1. Presse-étoupe. — 2. Garniture. — 3. Couronne. — 4. Cylindre en bronze. — 5. Boulons de serrage.

Fig. 6, n° 192.

Presse-étoupe d'un cylindre oscillant.

1. Garniture du fond. — 2. Cylindre en bronze.— 3. Garniture du haut. — 4. Couronne terminée par le godet.

Fig. 7, n° 192.

Presse-étoupe métallique de la tige de pompe a air du Breslaw.

1 et 2. Bagues en bronze, coniques à l'extérieur. — 3. Presse-étoupe. — 4. Bague conique de serrage. — 5. Couronne.

Fig. 8, n° 193.

Modérateur a force centrifuge de M. Silver.

PLANCHE XVIII.

Fig. 1, n° 196.

Roue a aubes fixes.

1. Tourteau. — 2. Rayon. — 3. Aubes d'une seule pièce. — 4. Aubes en deux pièces. — 5. Aubes en trois pièces.

Fig. 2, n° 196.

Crochet a deux écrous pour fixer les aubes en une seule pièce.

Fig. 3, n° 196.

Système d'attache des aubes en trois pièces.

1. Taquet. — 2. Écrou à oreilles. — 4. Les parties de l'arbre. — 5. Le rayon de la roue.

Fig. 4, n° 197.

Roue a aubes mobiles.

1. Traverses qui unissent les rayons. — 2. Plaques et contre-plaques. — 3. Douille pour le passage des tourillons. — 4. Tourillons. — 5. Manivelle de la palette. — 6. Bielles des aubes. — 7. Collier d'excentrique. — 8. Excentrique fixé sur la muraille du navire.

Fig. 5, n° 198.

Développement d'une spirale. Surface courbe d'une spire.

Fig. 6, nº 199.

Limite du pas d'une hélice.

Fig. 7, nº 201.

Construction graphique de l'hélice.

Fig. 8, nº 202.

Moyen pratique de trouver le pas d'une hélice.

PLANCHE XIX.

Fig. 1, nº 204.

Emmanchement a T d'une hélice et de son arbre.

    1. Moyeu de l'hélice. — 2. Bout de l'arbre.

Fig. 2, nᵒˢ 205 et 206.

Tube de l'arrière, presse-étoupe et manchon de l'arbre.

    1. Collet du presse-étoupe. — 2. Collet du tube de l'arrière. — 3. Garniture en caoutchouc. — 4. Tube de l'arrière. — 5. Manchon de l'arbre. — 6. Arbre de l'hélice.

Fig. 3, nº 207.

Buttée a rondelles.

    1. Rondelles sphériques. — 2. Rondelles plates. — 3. Arbre de l'hélice. — 4. Coin qui permet de faire marcher la boîte contenant les rondelles.

Fig. 4, nº 207.

Buttée a Collets.

    1. Les collets de l'arbre. — 2. Coussinets de la buttée. — 3. Godet graisseur.

Fig. 5.

Puits, hélice et ligne d'arbre avec accessoires d'hélice.

    1. Nº 206. Presse-étoupe de l'hélice.

    2. Nº 207. Buttée de M. Mazeline. Les roues dentées portent, sur leur arbre, un pignon qui s'engrène sur le dessus du chapeau du palier; l'on peut, en agissant sur la double manivelle, faire marcher sur l'avant la buttée, et avec elle l'arbre. Les tourillons de la buttée peuvent glisser dans une rainure ménagée dans le bâti de la buttée. La pièce 9 est une espèce d'épontille horizontale, qui maintient les tourillons lorsque l'arbre est emmanché dans l'hélice. — 2′ est une section faite, suivant la ligne C D, dans le manchon qui reçoit l'arbre; l'intérieur du manchon est en bronze. — 2″ est une section faite dans la buttée, suivant la ligne A B.

    3. Nº 210. Frein. Le frein est sur un des manchons qui composent l'embrayage. — 3′ est une section faite suivant la ligne H K.

    4. Nº 208. Embrayeur. L'arbre est coupé entre les deux manchons qui sont aux extrémités de l'arbre. Le tourteau R est fixé à demeure; il

porte les boulons d'embrayage P et le frein 3. — Le tourteau S est
mobile, il peut être éloigné ou rapproché du tourteau R ; il porte le
vireur 6.

5. Nᵒ 211. Joint universel ou mobile.

6. Nᵒ 209. Vireur. 6' est une section suivant la ligne E G.

7. Palier de l'arbre. Il porte à la partie inférieure une clavette de serrage, qui permet de monter ou de descendre les coussinets.

8. Nᵒ 313. Puits de l'hélice et appareil de remontage. — A, cadre qui
porte l'hélice et qui repose sur les chaises B. Sur la face-avant de
l'étambot-arrière et sur la face-arrière de l'étambot-avant sont fixées
les glissières K du cadre A. — C, linguets qui prennent dans la crémaillère des glissières et qui ont pour but d'empêcher l'hélice de tomber sur ses chaînes si les apparaux venaient à manquer. — D, loquet
qui maintient fixes les ailes de l'hélice. — E, aussières qui servent à
remonter ou à amener l'hélice à son poste.

PLANCHE XX.

Fig. 1, nᵒ 342.

Courbe de régulation de M. Fauveau.

Cette courbe se désigne aussi sous le nom de courbe en œuf.

Fig. 2, nᵒ 343.

Courbe de M. Reech.

Fig. 3, nᵒ 344.

Courbe de MM. Mool et Montety.

PLANCHE XXI.

Fig. 1, nᵒ 353.

Indicateur de Watt.

1. Planchette mobile.—2. Cordon qui lie la planchette au mouvement du
piston. — 3. Contre-poids qui fait revenir la planchette sur ses pas.
— 4. Cylindre de l'indicateur.— 5. Piston de l'indicateur. — 6. Crayon
traceur. — 7. Feuille de papier. — 8. Ressort à boudin. — 9. Robinet
du cylindre. — A B C D, courbe d'indicateur. — A B, ligne atmosphérique.

Fig. 2, nᵒ 354.

Indicateur de P. Garnier.

3. Cylindre de l'indicateur. — 4. Le piston. — 7. Anneau fixé sur la
tige du piston. — 8. Ressort pour la pression de la vapeur. — 9. Ressort pour le vide. — 10. Crayon traceur. — 11. Échelle de pression. —
12 et 13. Robinets du cylindre. — 14 et 15. Cylindres-tambours. —
16. Équerre qui supporte les cylindres-tambours.—17. Écrou à oreille.
— 18. Poulie sur laquelle s'enroule la corde qui est unie au piston à
vapeur. — 19. Cadran qui sert pour régler l'instrument. — 20. La
corde qui donne le mouvement aux cylindres-tambours. — 21. Communication du cylindre de l'indicateur avec l'atmosphère.

Fig. 3, n° 360.

ANALYSE D'UNE COURBE D'INDICATEUR.

A T, ligne atmosphérique. — C D, ligne de pression. — H G, ligne du vide. — D E, détente fixe. — A H', avance à l'introduction. — T B', avance à la condensation.

Fig. 4 et 5, n° 360.

COURBES VICIEUSES.

Fig. 6, n° 361.

MESURER LE TRAVAIL D'UNE MACHINE AU MOYEN D'UNE COURBE D'INDICATEUR.

PLANCHE XXII.

AVARIES.

Fig. 1, n° 375.

AJUSTAGE A QUEUE-D'ARONDE ET AJUSTAGE RECTANGULAIRE.

Fig. 2, n° 389.

RÉPARATION D'UN COUVERCLE DE PISTON DONT LE COLLET EST CASSÉ.

Fig. 3, n° 392.

RÉPARATION D'UN PISTON DONT LES NERVURES INTÉRIEURES SONT CASSÉES.

Fig. 4, n° 392.

AUTRE RÉPARATION D'UN PISTON FÊLÉ EN DESSUS.

Fig. 5, n° 394.

RÉPARATION D'UNE TRAVERSE DE TIGE DE PISTON.

Fig. 6, n° 396.

RÉPARATION D'UN TIROIR EN D.

Fig. 7, n° 397.

RÉPARATION D'UN PRESSE-ÉTOUPE.

Fig. 8, n° 404.

RÉPARATION DES BALANCIERS DE L'ELDORADO.

Fig. 9, n° 404.

RÉPARATION DU BALANCIER DU CANADA.

Fig. 10, n° 405.

RÉPARATION D'UNE MENOTTE.

Fig. 11, n° 406.

RÉPARATION DU VILEBREQUIN D'UN ARBRE DE COUCHE.

Fig. 12, n° 407.

Réparation d'une manivelle.

Fig. 13, n° 411.

Réparation d'un palier.

Fig. 14, n° 412.

Réparation d'un coussinet.

TABLE DES MATIÈRES.

II.   31

DESCRIPTION DES MACHINES EMPLOYÉES POUR LA NAVIGATION.

CONDUITE DES MACHINES.

QUESTIONS

OBSERVATION. — Chaque candidat sera interrogé sur les principaux détails de la machine qu'il déclarera le mieux connaître.

PARIS. — IMPRIM. DE MADAME VEUVE BOUCHARD-HUZARD, RUE DE L'ÉPERON, 5.

www.ingramcontent.com/pod-product-compliance
Lightning Source LLC
LaVergne TN
LVHW011944170726
843503LV00001B/37